民國建築工程期刊匯編

MINGUO JIANZHU GONGCHENG QIKAN HUIBIAN

25

《民國建築工程期刊匯編》編寫組 編

廣西師范大學出版社
GUANGXI NORMAL UNIVERSITY PRESS
·桂林·

第二十五册目録

工程界

12245

工程界

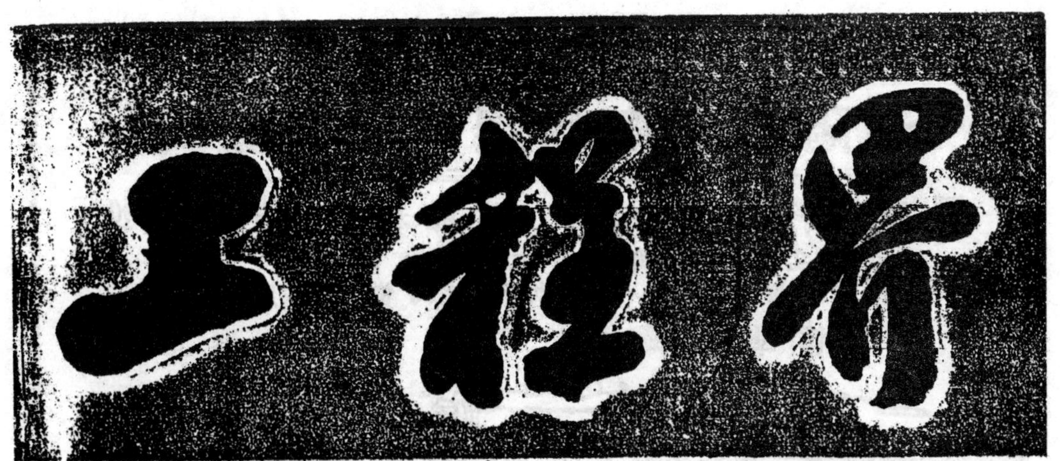

第三卷 第二期 三十七年二月號

農業機械化的行列（參閱本期中國農業機械公司特輯）

中國技術協會出版

本期要目

12247

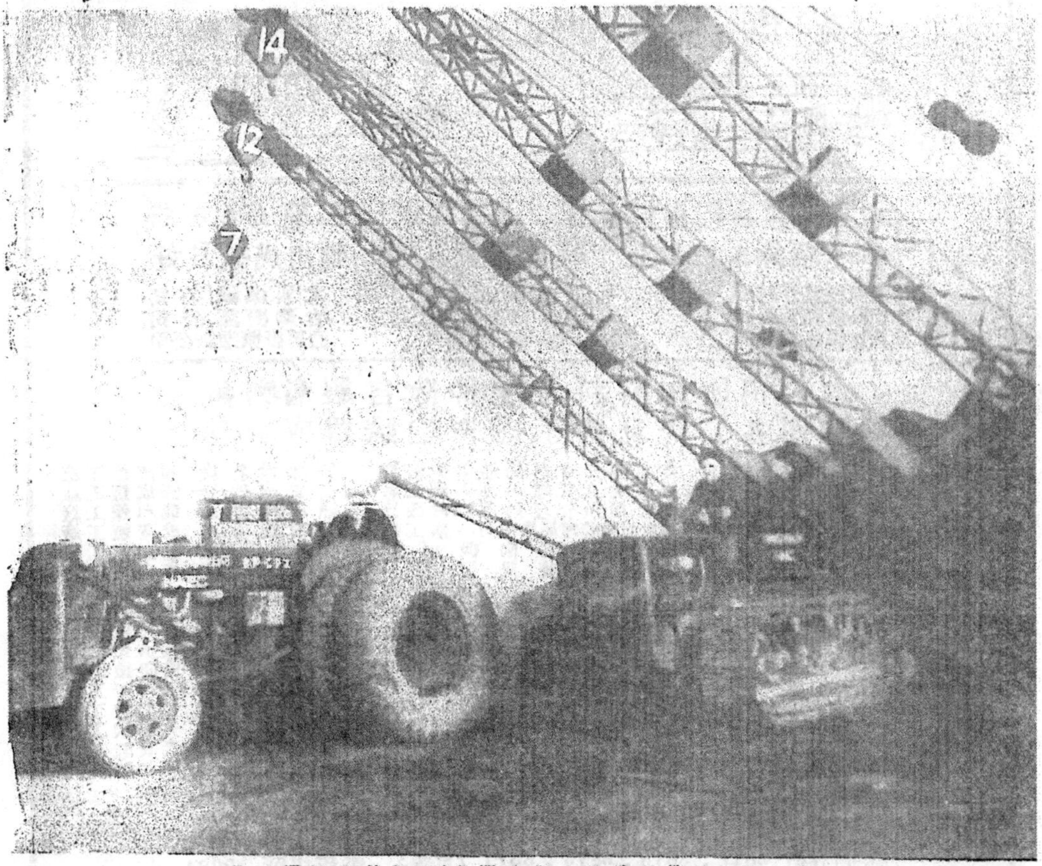

家釀家厨勝於沽酒市脯
國貨國產勝於洋品劣貨
丁亥重秋
子愷畫
金錢牌面盆
益豐搪瓷公司出品

德豐紡織公司
自紡
自織
自染
自整理
棉紗毛紗商標 呢絨毯布商標
金雙獅 藍雙獅 獅 月
廠址：上海康定路一一二〇號 電話二一八〇二 事務所：上海漢口路一一〇號 電話一六六〇九

中國技術協會主編

·出版·發行·廣告·

工程界雜誌社

代表人 宋名適 鮑熙年

上海(18)中正中路517弄3號 (電話78744)

·印刷·總經售·

中國科學公司

上海(18)中正中路537號 (電話74487)

·分經售·

南京 重慶 廣州 北平 漢口
各地
中國科學公司

本期零售定價二萬五千元

直接定戶半年六册平寄連郵十二萬五千元
全年十二册平寄連郵二十五萬元

廣告刊例

地位	全面	半面	¼面
普通	$5,400,000	3,000,000	1,800,000
底裏	9,000,000	5,400,000	——
封裏	12,000,000	7,200,000	——
封底	15,000,000	9,000,000	——

POPULAR ENGINEERING
Vol. III, No. 2, Feb. 1948
Published monthly by
CHINA TECHNICAL ASSOCIATION
517-3 CHUNG-CHENG ROAD,(C),
SHANGHAI 18, CHINA

·通俗實用的工程月刊·

第三卷第二期 三十七年二月號

目錄

西北機車廠自製機車首次行駛

西北機車廠自製復興第一號機車，在正太路太(原)榆(次)段作處女駛行，經過情形良好。此車在物質條件限制下，經廠方努力，歷時一百九十日始成，共需鋼鐵料七六七一〇公斤，其性能時速每小時卅五公里，馬力七八，機車全重七四五〇〇公斤，牽引力一一二〇〇公斤，每小時燃煤八四〇公斤。按我國戰前各地機廠多從事裝修工作，戰後日人在瀋陽、皇姑屯、大連、沙河口及青島等處始有製造之舉。勝利後，青島與皇姑屯機廠經我接收，繼續製造，殆為我國製造之始，惟純用自力創造者，當推西北機車廠。據劉依仁廠長稱：今後將繼續製造，向年造機車一百台貨車二千輛之目標邁進。

KVA施測工程仍在進行

贛江上游KVA水利工程，並未因戰事稍有停緩，必由工程顧問團督導各隊進行勘測中。在贛江本流方面，自南昌起向上游施測，已抵吉安，測線完成二六四公里，設從水準點一一五點。但工程之能否進行，尚屬渺茫。

CVA計劃在起草中

錢塘江塘工局曾會同全國水力發電工程處，組織錢江上游勘察團，勘察錢江上游灘位及試測水深。據云錢江上游水流湍急，如能裝置發電設備，當可發電十萬瓩以上。且可使汽輪溯江而上，直達屯溪，開浙皖水路交通新紀元。現在塘工局方面正着手草擬CVA計劃。

粵省貸美款興辦肥田粉廠

粵省實業公司近與美國進出口銀行商借五百萬美元，在穗設置大規模肥田粉製造廠，現正辦理手續中，這個廠據說本年內可成立。

台省工業新措施

據台灣建設廳長楊家瑜氏談：台省工業雖有相當規模，但無相當基礎，並且缺乏煉鋼軋鋼設備。資源委員會現同意將資渝煉鋼廠在本年內從四川搬到台灣，作價賠償；該項機器共重二百四十噸，搬運費需台幣十六億元。又台省向國外訂購礦用炸藥二百多噸，本年內可運到，現正研究自製炸藥，試驗滿意還未生產。

捷克工業恢復舊觀

捷克於一九三七年淪於德國後，其工業生產十之七八為德國破壞。一九四五年捷克反攻，德國崩潰，才得整頓，新政府於十月下令工業國有，五百工人以上之企業，全部國營。一年之內(1946年度)，工業復興飛速推進，已達1937年之80%。到1947年底，很多重要工業已超過了1937年的水準，重要工業如：

	一九三七年	一九四七年
煤	140,000噸	145,000噸
褐煤	145,000噸	190,000噸
鋼	16,500噸	18,000噸
電	35,000,000瓩	59,000,000瓩

浙贛鐵路即可直達通車

浙贛鐵路南昌到上饒段全線長達二百五十五公里的釘道工作，已於去年年底完全接通，一俟全部橋樑工程修復完成，南昌杭州間即可直達通車，預計二月初可正式開始營業。

阿爾巴尼亞工業有大發展

阿爾巴尼亞一向在強鄰之威脅下，沒有獨立的工業經濟。第二次世界大戰以後，德國的經濟脅迫解除了藉若自身的努力和南斯拉夫給予技術上的協助，已於1947年完成了她的第一條長四十三公里的鐵路。1947年石油工業的產量，比1946年增加了百分之一百七十九。計劃規定1948年的石油產量，要比1947年增加百分之一百五十。並規定建築杜那左——地拉那新鐵路線，以助農業的發展。

十七萬青年敷設煤氣管

羅馬尼亞經濟重建部委員所擬的一年計劃中，包括敷設總長四十六公里的煤氣管，包括建造兩條鐵路，舖築布加勒斯特郊外街道，及整理普魯特河下游的水道。青年工作者同盟的各地區代表，在最近一次會議中，保證動員十七萬盟員，於四個月內完成以上任務。

匈牙利工農業增產 國家經濟在改善中

匈牙利農業部宣布：今春國內將開辦三十家農業機械站，每處備有十至十二具曳引機，為二十公里內各農場服務。又煤炭工業的生產由於普遍展開勞動競賽的結果，許多礦廠完成計劃，已到達一九五〇年預定之目標。

農村安定，農產增加，工業上需要的材料和勞力，不虞缺乏；
國民經濟問題就可以迎刃而解了。

中國農業機械化之前途

中國農業機械公司總經理

美國名教授卡飛(T. N. Carver)曾說過：「農非業但爲各大國主要之實業，即對世界各國皆遍冒之，亦屬主要之實業，農業雖失去此早年之地位，然人類之發展，仍須依靠農業而生活。」我國幅員遼闊，人民百分之七十五以上以農爲業，人民的衣食，國家的稅收，政府的兵源，政局的興替，都是以農村爲依據。關於這類的事，歷史的記載很多，如齊民要術序：「神農爲耒耜，以利天下，堯命四子，敬授民時，舜命后稷，食爲政首，禹制土田，萬國作乂，」禮記月令：「孟春之月，天子乃以元日祈穀於上帝。乃擇元辰，天子親載耒耜帥三公九卿諸侯大夫躬耕帝籍。」書經：「德維善政，政在養民，」語云：「孝弟力田」。當時的執政者雖以教民耕種爲國家大政，士大夫們却以耕桑爲細民之業，不加注意，樊遲請學稼，孔子回答他是：「吾不如老農。」莊子甚至以運用農業機械爲羞事，天地篇內載有這樣一段：「子貢南遊於楚，反於晉，過漢陰，見一丈人方將爲圃畦，鑿隧而入井，抱甕而出灌，搰搰然用力甚多，而見功寡，子貢曰，有械於此，一日浸百畦，用力甚寡而見功多，夫子不欲乎？爲圃者仰而視之，曰：奈何，曰：鑿木爲機，後重前輕，挈水若抽，數如泆湯，其名爲槔，爲圃者忿然作色而笑曰：吾聞之吾師，有機械者必有機事，有機事者必有機心，機心存於胸中，則純白不備，——吾非不知，羞而不爲也。」足見當時有抽水機械之發明，可是，因爲一般知識階級不屑研究，甚至「羞而不爲」致由漢至唐，我國農具尚無具體的改進，更以農民保守性非常濃厚，復歷經兵燹，人民流離，周而復始，更使農村益趨凋敝。

繼工業革命之後，因爲工業上所需原料，資本，勞力，市場，無不與農村有密切的關係，農業工業化，便逐漸開展。歐美的電氣農村，和蘇聯的集體農場，便是利用牽引力來耕種土地，於是土地利用的程度和面積，有着顯著的增加，農業和工業有着交相繁榮的現象。從美國農民人數的逐漸減少，由百分之八十六減至百分之二十三，蘇聯由百分之九十減至百分之六十一，可見農村中農民生產率日增，能以剩餘的勞力來從事工業發展。根據美國農業專家貝克（Baker）統計：美國每一農民每一年之工作，生產穀物二萬斤，中國每一農民每年僅能生產一千四百斤，約爲十四比一，生產能力低弱，農村的貧乏，自然可想而知。

欲使我國農業改革，農村富足，農產增加，雖有許多政治上的因素，但是實行農業機械化，則是必由之道。有些人或者以爲我國人口過剩，勞力充沛，如果農村中利用機械生產，必使更多的農民失業，將促使社會過度不安，要知農業和工業息息相關，我國工業未藉發展，農村中的不安定與生產力的薄弱，是一個很大的因素，假使農村安定了，農產增加了，則工業上需要原料和勞工，可不虞缺乏，農產品能出口，資本的來源有着，則工業自然會繁榮。同時，我們自己的工業產品可以暢銷農村，出產的情況可以改善，如果故步自封，俯足遠風，徒使我國國民經濟日趨沒落已而。

中國農業機械公司的成立

中國農業機械公司爲我國以專業製造農業機械之新機構，由農林部、中國農民銀行及貴州企業公司發起，於三十二年十二月在渝成立。三十五年公司增資改組，中國、交通、中信局及新中公司亦參加爲股東。三十六年八月奉農林部命承辦聯合國善後救濟總署整個在華設廠製造農具計劃。最近行政院善後救濟總署亦參加投資，資本總額增爲國幣八百億元。

按整個設廠計劃，包括總廠一所，分廠十八所，鐵工舖三千所之全部機器設備及工具，以及鋼鐵原料四萬餘噸。上項器材，均已陸續運滬，交由該公司接收。該公司除已在上海興建總廠預計三十七年春季即可開工外，刻已決定先在廣州、漢口、柳州、天津等地設立分廠六所，由行總與當地國家銀行及地方人士各半投資。其他各區分廠，概由該公司斟酌情形，自行投資創設。目的在大規模製造農具，普遍廉價供應，以期儘速恢復戰後農業，奠定國內農業機械化之基礎。

同時該公司為協助黃泛區農墾工作起見，特於開封設立「黃泛區服務站。」已運送流動修理機車(Mobile Units)三套，鐵工舖四十套，以及各項機械設備暨鋼鐵原料前往開封，俾扶助當地鐵工，設立鐵工舖，切實合作，製造該區急需之農具。

中國農業機械公司的成立，無疑的是在我國農業史上開一新紀錄，將來在農業技術方面，該公司可以配合政府國策，逐漸使全國農業機械化，同時對於農業機械工程師及技術人員的訓練，以配合政策使能擔負這一偉大使命。

農業機械在我國之運用

我國農具，發明極早，周書：「神農之時，天雨粟，神農遂耕而種之，作陶冶斤斧，為耒耜鋤耨。」呂氏春秋說：「耜博六寸，」又「養苗之道，鋤不如耨，耨不如鏟，鏟柄長二赤，刃廣二寸，以剗地除草，」許慎說文：「耒，手耕曲木也，」由此可知我國古代農具，即已利用槓桿作用以省人力，灌溉方面，春秋時已利用「桔槔」取水，不過仍舊是手的勞動，漢搜粟都尉趙過始為牛耕，即已知利用獸力，有說牛耕起源於三代，但無文字可考。總之，我國農具在數千年前雖早已運用，但技術上的發展，至為遲緩，明徐光啓作農政全書，曾將農業上通用的機器作一簡單的介紹，明王徵翻譯西教士鄧玉函的奇器圖說，其中關於農業機械，繪圖說明，非常詳盡，這些器械，我國農村中，至今還沿用着。

近年國內農具逐步改良推進，一般人已知道要發展中國農業，非實行農業機械化不可了。

我國農業，歷來注重灌溉，遠在二千年前李冰父子即在四川灌縣都江堰開鑿岩石，興建水利，成都平原一帶農田，遂成沃土。灌溉設施已成為集體農耕的基礎之一，利用江河自流水以資灌溉，其效率高而成本低廉，但因地勢關係，不合條件之地區，必須另謀提升水流以為灌溉。因此，在我國農業機械化上，灌溉設施的機械化為目前最重要改進之一。民國九年，安徽、江蘇各地方，使用汽油和石油馬達的機器抽水，到民國十五年，滬杭線一帶，已有抽水機一千架以上，民國十三年，常州戚墅堰震華電廠與武進縣定西鄉協定，試行農田的電力灌溉，設立二十七匹馬力的電力馬達二座，六吋水管的抽水機二座，在該鄉的蔣灣和吉三朵兩處地方，灌溉農田二千畝，這一年，恰值大旱，其他各處的農田都乾死了，只有這二處却豐收。其費用，每畝僅當時幣值一元二角，第二年，武進各處農民，紛請設立，竟擴充到十二處，灌溉面積九千八百三十四畝八七。至民國十八年，電力灌溉的地方，增加到四萬二千八百七十畝八七，除武進以外，普及到了無錫開原及浙江福建一帶，其他各地，如蘇州電氣廠。在澄暨閘一帶，施行電氣灌溉三萬餘畝。試驗的結果，計六吋口徑的抽水機一架，在一小時內，對農田八畝，供給二吋深的水量，足四天用，如一天工作二十二小時，能灌溉一百七十六畝，三天給水一次，一架抽水機可灌溉五百餘畝，其對稻作的收穫百分比，電力為100%，油力為71.5%，人力或牛力為18.6%。

關於利用農業機械耕種農田，在我國尚未見有顯著的擴充與改進，浦東中國建設農場，曾利用曳引機耕種土地，頗獲成效，聯總為謀復興我國戰後農村，曾經在全國各地設立復耕基地，利用牽引機，及訓練技術人員，開始墾荒。

行總農墾處長馬保之先生於機械農墾復員物資管理處成立週年紀念大會時講演辭：「農墾處之工作為（一）計劃全國機械農墾，增加糧食生產，（二）分配及處理聯總運華機械農墾物資，包括曳引機，灌溉抽水機，柴油引擎，鑿井機，畜用及手用小型農具等，（三）指導及監督各地區運用農業機械增產工作，並訓練保養駕駛人才，目前本處復耕區包括河南、湖北、湖南、廣東、廣西、浙江、江蘇、江西、安徽、綏遠，台灣，及東九省等地區，在過去一年內，所撥到之曳引機約59%已予利用，已耕墾之農田，計有二十五萬畝，經過訓練之技術人員，有五百名，至曳引機之附件有72%已經分運各地，抽水機連有發動機者約27%現已發出，其中有三七〇九架，因缺少發動機，尚未分發，柴油引擎一項，約10%已予配發，機械打井計劃，現已在河北河南二省舉辦，截至三十六年九月一日止，接到之鑿井機計有55架，其中15架已予配發，畜用小型農具68%及手用小型農具92%現已分發利用。」

由上說明可知我國農業機械化現已萌芽，將來配合中國農業機械公司所設立之各區分廠及三千鐵工舖，當可完成全國農業機械網，其發展正方興未艾。

如何促進我國農業機械化

在農村經濟凋竭的今日，對於農具的改良及推廣，必須注意下列各點：

(一)推廣員對改良或推廣之農具，必須有正確的認識！其推廣之農具，是否確爲當地農作物所需要？是否適合當地農民之購買力？

(二)儘先改良本地之農具；以減輕農具製造之成本。

(三)介紹及仿製他處已經改良之舊式農具；以增工作效率。

(四)介紹新式農具。

我國農民的保守性極强，且經流離之後，元氣未復，新式農業機械之運用，當比較困難，就本人觀感所及，以爲我國目前採用新式農業機械最困難之點，尙不在技術人員之缺乏，因技術人員，可以分期訓練，最感棘手的還在採用機械後的動力問題和土地區劃問題。

(一)動力問題：我國歷來農具的使用，都以人力和獸力爲主，其次爲風力和水力，如果利用牽引機以後，不論柴油、汽油、電力、或者其他燃料，都需照顧其來源及添置各種必需之附屬設備如電力廠農械廠等。尤以目前我國油料缺乏，外滙來源涸竭，油料的供應更爲困難，此為採用新式牽引機的一大障礙。

(二)土地區劃問題：我國農村，阡陌縱橫土地的分佈極爲零碎，土地之整理旣感困難，一時便無法利用機械從事大量耕種，華北一帶，山地較少，集中整理工作，比較容易，機械耕種，尙感便利，如川桂湘黔一帶，山陵起伏，要想利用新式機械來耕種，就非短時所能完成的了。這是就地理形勢言的，再就土地所有權的不平衡性言，也是機械耕種的大障礙，必需澈底改革。

然則究應如何始能完成全國農業機械化的使命呢？根據上述的困難，並爲配合我國農村的實際情況，本人認爲應採下列步驟：

(一)製造切合各地實用之小型農具，小型農具之使用，在我國目前農村中，確屬最迫切需要，且可解決目前使用機械所發生的燃料土地等問題之困難，在利用機械大模規生產之前，對於農民一向使用過的農具，我們應該切實研究改良，以達成製造方法之標準化，俾動員國內農具工廠及農村鐵工舖，逐步改進，分別大量生產，廉價供應，使農民能儘速恢復戰前的生產能力，然後再進而逐漸製造切合各地實用之農業機械，以促成機械耕種。

(二)分區舉辦合作農場：我國耕地，因地域不同，有平原和丘陵之別，且因各地原有耕種方式習慣上的差別，機械的利用也有不同，行總農墾處的技術專員馬鑑周曾經以考察的經驗，計劃分全國爲(一)松遼平原區。(二)黃河冲積平原區，(三)西北高原區(四)長江冲積平原區(五)南方丘陵地區等五區，各按當地地形，地勢，耕種方法，和作物種類以確定將來利用農業機械化的程度，這種劃分，是否適當，目前尙難斷定，不過我國農業機械化之應分區實行，則是必然的事實。將來由各處設立農業機械分廠，負責推廣農業機械的運用，及技術人員的訓練，由全國性農業機械擴建事業執行機構統轄指揮，以期達到集體完成的目的。

提倡合作農場對農業機械的運用，將發生很大的功效，合作農場就其投資經營方式言之，可分公營與私營兩種，前者爲政府利用公地，征集場員，參加耕作，後者爲私人的組合，由耕農互相結合，集體耕種，其經營的方式，可由生產以至運銷，全部採取合作方式，場員及眷屬的食宿，也由農場供給，形同蘇聯的集體農場，也有僅合作生產而按土地面積及工作時間比例分配農作物的，視各該地民情決定。

利用機械耕種以替代人力，確可節省人工減低成本，利之所在，人必趨之，苟能規定地區，設立示範農場，於施工時：確實表現減低成本之數目，於收穫時：確實表現增加收穫之數量，則鄰近農民必將羣起而自動倣效，前途必可樂觀。

——三十七年一月十日於上海中正東路

中國農業機械公司

憑着全體技術員工不屈不撓的工作精神，

一個龐大的生產機構才得以長成！

中國農業機械公司總廠之長成

中國農業機械公司總廠廠長

陳 錫 祥

在抗戰結束前，聯合國已成立了一個偉大的新興機構，卽現在大家都曉得的善後救濟總署。中國受戰事最久，也最需要救濟；當時各部門均有一套不同的請求救濟善後計劃，其中有一部份就是農林部提出的農具廠計劃，內中有大批機器設備及原料爲設一個總廠，十八個分廠，及三千個鐵工舖，以作全國性的設廠製造均合各當地實用的農具。這個龐大的計劃，最初由農林部請中國農業機械公司起草，待政府提出聯總並經通過後，茲將這個計劃的執行及經營事宜也委託這個公司承辦。

三十五年八九月間，這批器材開始運抵上海。公司在當時並加以改組，請由工程界老前輩素負盛名苦幹實幹的支秉淵先生爲總經理。在八月裏，才發現農林部撥作建廠的地面在上海楊樹浦軍工路上，在滬江大學與虬江碼頭之間，靠近軍工路上虬江橋口的一塊大空地。在八月底就開始發掘這塊新園地，九月裏添加了一些人，一共也不過二三十個，由帳蓬而一二所小活動房子，少許填平了三四畝地，爲停放停放車子和一些器材之用。一直到十月，這個總廠的名稱才算誕生了！

先看看這個廠的地形和環境

在上海這個重要海口處辦這樣一個廠似乎是不十分合宜的，但目前上海總算我國一個最大的進出口海港，尤以這個計劃是全國性的，材料和機具收到後如何整理，如何分配到各區去，以及訓練人員等等，在目前環境還是上海比較合適 廠的地位在上海算是東北區，距市區較遠，附近的環境也很夠辦廠的條件，並且對將來發展的環境也很有利，水陸交通更是非常理想，廠的西界橫過了軍工路由虬江碼頭通入市區的虬江，經過日人佔領期的修建放寬和拉直並放寬至一百五十呎，潮漲的時候，大致五六百噸的船都可泊進來。這一段四千呎的水道，對這廠關係太大了，我們很可以說，這一個優點能將所有其他的缺點蓋過；再註明一句，這段虬江是東西向的，也就是這廠的北方天然界，廠的東界是黃浦江，和有名的虬江碼頭祇有一河之隔，並不誇張的話，將來在這江邊上可建造大碼頭，和虬江碼頭一樣的能爲外洋巨輪的停靠和裝卸，這豈不是它的水運能進而直接連上海運和洋運了嗎！

初創時期，一片窪地！

但我們反過來看看這塊地，又會嘆口氣而搖頭卻步的，如果不是在上海的話，恐怕沒有人敢利用它來建廠，因爲在任何別的地方，這填土填高的工程太巨大了。這兒有許多低地低得能每次有潮的時候淹下水去。還有很多的河浜以及小港，更令人而興嘆的是一個巨大的老虬江蜿蜒在廠界內，試想這段老虬江有一英哩長，河面闊的地方有二百呎寬，爲了建廠，我們一定要把它填起來，不但填滿它，還要填得很高，假若沒有上海濬浦局由江底挖泥及吹填泥的設備和經驗，任何人對這樣一個場地會束手無策的。這兒一共有四百畝光景，把河填平後然後總平均再要填上平均十一呎光景的土，把這塊地整個的填高得和軍工路差不多，一共大概要二百萬立方碼——多麼巨大的一個數目。一個人一天在一百尺距離內取土，最多能挑一方土，想想二百萬立方碼要多少人工去挑，要多少工資？就算有這許多錢，那兒來這麼多的土？怎樣運送這許多土？

三項工作，同時並進！

三十五年十月計劃這個廠的二大主要任務：一個是如何準備大批器材湧到後的堆放處所，第二個是如何進行填土和吹泥等種種有關工程，同時另一個附帶的重要工作，就是馬上要開始製造手用農具。

關於前者當決定沿新虬江一帶地區，還就原有較高地區，並劃西半區者劃爲存放器材處所。記得在十月裏好多黃豆還未收穫，一方面催促農民趕快收穫，一方面四出奔走，由聯總行總撥到推土機數部，日夜趕工，在平地和耕作的鬆軟土上，這種推土機効力卻是很大的，當時估算一部機一天的工作，可以抵到一百二十個小工的工作，所以在很短的二個月期間，除雨天不能工作外，將和虬江平行狹長的一條地大半推平了，因之總算能在今年一月份大量器材開始湧到時，能有這一塊平地存放。

但是單是這平地工作，用來担負接收器材，還是不夠的。我們還得有碼頭，有了碼頭還得有吊車起重機，還得有馬路以及拖車等，能將由船上卸下的器材用這些車輛運到指定的地段存放。

前面提過這新虬江在日人佔領時期，曾經加工放寬拉直，最可貴的這江的南岸就是廠的北外河沿，日人做了洋灰的駁岸，但仍還不夠高。爲時間迫促當決定沿岸在洋灰堤岸上用方木空花交架起來，這一來，沿河全可作爲碼頭了。這方木當時用的多半是八十方十四尺長的方木，共計用了千餘根，要不是由聯總行總撥來，靠自已買價値就不可計算了？黄浦的潮汐水位差很大，大致平均有六尺到十尺上下，我們希望能在低水位時一樣能用起重吊車卸貨，所以又決定了自建吊車碼頭若干，決定在沿江每二百公尺建一個大型的或小型的起重碼頭，小型的還算比較容易施工，但是有三個大型的可就不容易了，單是那三十尺長十寸圓的大椿木就要三十五根，其他還有很多鐵條螺絲木架等等，這確是一個不小的工程。但我們總算自已把牠建起來了。

不能疏忽了建築道路的工作

在這個準備堆放器材的工程上，我們對於平地和建築碼頭以及索取卡車大拖車吊車等工作都很順利，但是我們對於道路一點却疏忽了。去歲秋天，天氣特別好，很少有雨天，當時百廢待舉，一個個工作人員忙得不可開交，全把這個冬天雨季泥路不行一點疏忽了，到十二月裏，情形就愈來愈嚴重！材料一船一船又一車一車的運進來，那些通往堆材料的泥路全給重載車壓成泥漿一樣，當時排水又不行，下雨後這些泥坑再經重車淘深，更將這些泥路弄得非常惡化，當時差不多全在二三尺深的泥裏工作，幸好聯總運來的車子多半前後軸均能轉動的，但是那時每天總有好多起車陷入泥中。當時推土機的工作，就由推土一變而爲推車出坑的工作了。我記得那是在前年十二月某一個早晨，會議席上把這個嚴重的問題提出，經總經理核准，從那天起，我們廠裏開始從事築路工作了，一直到本文寫作時，本廠一年多來無日不在築路。

工程浩大的吹泥工作

吹泥的工程，也在前年十月就開始了，一直到去年十二月份才完成，前後整整一年多。在前年十月裏最先要做的第一是泥船靠站和泥管架，這碼頭是需要在吃水很深的江心，這樣那只吃水很深的打泥船才能停靠工作，這又需要很長很長的圓椿木，由那個接管外一路把管子接進來。每個管子有二十尺長，是由鋼鐵鉚釘而成的，有28寸直徑大，最初恐怕管子不夠，我們需要供給鋼板，而自製這些鋼管，當然又是一個大工程，所幸後來能另外摘調了來，否則在當時又會令我們忙上加忙。每隔二十尺，有一個木架支持着這些管子，椿木的長短應地形而決定。第一期吹泥工程管子需要八百尺，所以在各方趕工下，第一次吹泥到了前年十二月開始工作。

我們要知道，管子接通，還不能說就可填土了，關於吹泥工程，還有二個必要的條件，一是圍堤，二是排水，我們要堆高任何一個面積，必需把這個面積四圍用堤圍起來，在這裏不妨再說一說吹泥的簡單過程，第一因爲怕江底汙塞，有阻航道，所以像上海這種要緊的港口，有一個專施濬河工作的上海濬浦局的設立，由掘泥機從江底裏到泥淘起來裝在泥駁船上，然後用小火輪將駁船拖到吹泥船站傍，這輪上有很大馬力的打水和吹送機，一方面將江水打進駁船裏將泥和水一齊打入輸送管中，吹送出去，所以這管子送來的不但是泥，還有大量的水，這泥因重量而沈澱，而水卽用閘門放走。

在外國因爲人工難找而且很貴，所以這浩大的堤岸工程，最初外籍人員堅主用他們的推土機以及運土機，但後來看看這還是辦不通的；一則因土鬆軟，天雨就不能工作，而若干地形又決非體重二三十噸的推土機所能工作，所以在外籍人員很不贊同下，我們還是用人工來趕完他，這不是說機器不如人力，我們要反過來說，我們不應迷信機器，人工還是很重要的。

製造工作開始，先做手用鋤頭

馬上開始製造工作也是前年十月決定的另一個重要工作，在當時器材剛在開始來，當然一些大規模製造的計劃，因限於人手限於地形及有用的高地，所以最先決定先製造手用農具，並且先選擇了鋤頭，作爲第一個自製的農具。同時並且積極設計了國內農村最需要的軋花機（軋棉花用）及打米機，所以在十月初，就開始建築一所40×100呎的大型活動鋼屋爲鍛工場，在傍邊又蓋了一所20×48呎的小型鋼屋作爲金工場用，重要的大鐵錘全還沒有到，幸好已有好多部二百磅電動擊錘到了，當時就安裝了八部。過後嫌佔地太好，遷出了二部，由決定起到第一個鋤頭做出來，一共化了二個月光景。

工作才有端倪，新的開展接踵而至。

到去年三月份的時候，存放材料的地方有了，一些馬路也完成了，碼頭也有了，吊車等等也有了，材料也在大批的湧進來，經過了一個苦惱的冬季，我們似乎已能站起來應付一切的困難了！

正在這時，我們內部組織上有了很大的改動，同時我們又得了一個新的重要工作，這連帶的要影響到我們整個的廠務，公司方面以廠裏這些低地一時無法建廠，填土後又不能馬上利用,而製造工作又不容久延,所以决定了另找廠址,先行建屋裝機籌備生產。我們很僥倖的找到離我們不遠的,也是由濬浦局填高的一塊平地,交通也很便利,廠西界軍工路,廠東界黄浦江,廠北緊鄰着原名開成硫酸廠,現名中國酸鹼廠的。這兒一共有二百多畝地,完全是一張白紙,我們可以要怎麼畫就怎麼畫,這當然是一大優點。但在一塊白地上建設起來,好比建設一個小市鎮,埋裝水管,架設電線,開闢馬路。下水道,化糞池,排水溝,這一切所費巨萬,而一寸一尺都是費了很多心思和人工的呀!

增强工作效率,展開分組組織工作。

當時因工作開展和增多,把工作除總務會計外,分交七個組織去執行,這七八月來的長成,不比以前能綜合了解,現就用每一個組來代表講講他的工作,也等於在告訴讀者關於某一方面工作,這廠是如何長成和牠特有的去處。當時我們分的是下列七組:建築組,製造組,設計研究組,廠房保養組,運務組,材料組和人事組。

建　築　組

第一先說這廠的建築組;我們這種建廠工作不比一種經常的工作,所以對於組內人事的組織我們力求每組的獨立性,這組有牠自已的工程師,自已的繪圖員,工人也包羅所有建築有關必需的泥水匠,管子匠,電線匠,電燈匠,木匠漆匠等等,因爲我們自已有活動房屋,自已有器材,自已有起重機具,所以大部建築工[illegible]是自設,這是一個相當大胆的嘗試 這組人數最多的時候,除包工工人不計外,有三四百人在經常工作。因爲工程的繁多和零碎,能承包適合的包工也不容找,而况大部器材還靠我們自已,所以這個决定可以說是對的。當時在手上最繁重的是吹泥填土工程,和分廠建廠工程;我們有四百多畝地待塡,當然我們不能一氣呵成,一則人力不夠,二則築堤無從,這整個的塡土工程,我們分了六期才完成牠,築堤前當然要測量,要定線,要計算土方,要規定取土地段,而各期的堤工,要能配合吹泥進度,因爲這吹泥開動起來,一天也不能停,每天要經過那打泥站船把由江底掘出的泥送走,否則管子一天不吹,濬浦的工作就得停一天,我們總不能使江底掘出的泥又倒下江呀!這件擾人的巨魔,一年來照臨在我們這批經辦的工程人員上,日夜在忙於下期的堤岸準備工作,因爲下雨了,或其他的原因難免遲誤,那只好將泥仍舊吹送到已不能再加的地段中,這一種堤岸會因水滿而溢漏,或風大而浪衝堤漏,這種保護堤岸溢漏的工作,也爲我們很多員工全體守護。但最後我們終於完成牠了,將來在這廠工作的人們,應該曉得這不是一個小工程,而是積了數百人員辛苦一年多的產物呀!

建廠的工作是在二方面同時進行的,總廠方面,最初蓋了幾所房子,水平原是就地高低砌的,後來感覺到,將來遲早要升高,不如現在就升高,作一勞永逸之計。但屋基如何生根呢:後來决定用建在樁木上的辦法,如40×100呎的活動屋子,做底脚用的樁木,就需要七十根,房子的地面完全是用人工塡土。後來所有的幾棟建築全給塡高,這樣一來,將來整個塡土工程完畢後,房屋不用再升高了。內中僅有三棟工場,因爲機器移動的困難及影響工作太大,迄今還未改正升高。

我們的施工,採取小組制,因爲建築範圍的廣闊,小組分得很多,這一來活動性較大,應付起緊急工程更能有伸縮性,每個小組多半一二個或三四個機工不等,另外再加上八九個或十餘個臨時小工,這一組就能勝任了。經過好幾個月的訓練,這些能領導工作的工匠們,多半能各自負責,經過幾次的經驗後,對任何工作的人工數,差不多能有系統的預估了!

我們所建的房屋,全是半圓式鋼架上釘鐵皮的房子。小的是20×48呎,大的是40×100呎。因爲設計的完善和精巧,我們這些屋子沒有多大問題,建大型的我們又有吊車來協助,所以也不成問題。但塡地基和內部裝修的工作,要比屋的本身繁重得多了!

還有一個大困難,就是遷移材料堆的工作。因爲前年九十月間收進的材料,當時沒有地方堆,就放在當時方便的空地上,而這些地方,現在多半要建屋,把這些遣移實在是一個很大的問題,吊車和拖車在很忙的卸新到器材,而空地原已不敷應用,外加這些材料,當時因忽促中全未入帳或查對 現在旣然遷移,當然要清點和入帳,所以建築的工作從來不準期完工。

在那二百多畝平地起家的分廠,情形就好多了!在這兒我們不會受現成建築物的限制,也沒有器材堆來阻礙,所以首先决定了縱橫的馬路,把地面分了200×300呎一方一方的,每一長方塊大致分給一個主要工場,並多半留了另一空地爲將來發展之用。

我們的屋架雖不用化現錢,但地面工程及重型機的機座地基工程,確化了不少的錢。我們所有的地面差不多全是鋼筋水泥的,一個一噸重的吊錘的地基,除了牠本身的死重,還得加上打擊的及鋼筋水泥座上的重量等等。我們計算要在二百多平方尺上能吃一百五十噸的負荷,最初用30呎的十寸圓樁木,但因地土的鬆軟,所以雖打了二十根還不夠,所以後來又加了十根。

活動鋼屋本來是軍用倉庫,等之用的,所以大型的一個邊窗也沒有,小型的才只六個邊窗。我們把它改爲連續不斷的邊窗,以改善室內光線。同時我們在每一幢房子裏,差不多全裝了廁所,有些工場和翻砂工場等,還得裝上淋浴的設備,過去國內廠務管理對於工人往廁所藉口偷懶，很難管理，所以我們决定了每個工場自有廁所爲原則，這當然增加了不少管子和化糞池的設備，但在管理上我想這是可效法的一件事。

到去年年底這十幾個月來，我們完成了近二十萬平方尺的房屋，築了三英里的道路，填了四百多畝地，裝了二英里的水管。這些產物是化了多少的人力和財力呀！

設　計　組

關於製造方面，我們先來談談設計組．牠的性質和工作也是一個新的嘗試，一般廠家也許很少能像我們這樣重視牠。我們對於製造的步驟，打算先經研究，然後設計，試製一二只經實地試用認爲合適後，才交製造部門大量製造。有很多廠家多半將這個門的工作歸併在工程課或技術課內，本廠因認爲我們研究的對象是如此廣大，而一經决定了的製造又將會是大批的，所以有一個專門部門來担任研究，設計，試製，試用，而至改良到最後審定的工作，再交製造部門大量製造，在我們這個性質的廠，不失爲一個合宜的辦法。

到去年年底爲止，我們大致完成了二百餘張的設計圖。預備大量製造的一種汽油引擎和柴油引擎，目前都在試製階段中。

製　造　組

製造方面，固然是一個技術問題，同時也是一個管理問題 這一年多來因爲建廠還未完成，所以除小量的做些手用農具外，大部份工作是做一些建築上需用的東西，目前在生產的工場爲：四個鍛工間，每天可出一千多只鋤頭，但却爲建築方面用的鐵件，做了不少的工作。一個金工間，目前爲止還沒有到大量生產的階段，完全是一個要做什麽就做什麽的工作性質，一個冷作工場，它的設備相當完備，所以廠裏所有的冷作工，差不多完全由自已做，如廠裏的水塔，大油池等，全是自已做的。木工間已裝置了各種機具如車床鉋床鋸床等等，一反過去手工式的木工，並且也能訓練他們盡可能的分工，我們廠房用的邊窗，數近千付，都是由本廠木工間生產的。

整個看起來，這幾個工場，僅不過製造組工作的一方面。在這一年多來，我們在管理方面，有一個很好的起頭。第一在製造組內各工場成立了兩個小組，一個是製作工程一個是製造管理。製造組收到廠長室通知製造某一出品時，同時會收到設計組的藍圖。製作工程小組根據這一藍圖再行復製。所有的工作圖，以便發交各工場去做。因爲要大量製造，必需要有附有特種工具或樣板或鑽架或樑架。這種設計，確是一個較高深的技術，必需有很周密的設計，否則影響工作成本和工作程序，非常巨大。

製造管理確是一個很大的題目，我們總算能局部的陸續的把一個現代化製造廠應做的事，在不斷的加進去。對於材料供應有專人追查，希望不致有待料停工的現象，使每一個工作單的發出，已能把材料準備齊全。工作程序以及每一個動作都要編號，而將所有的人工，不但記在某一個工作單帳上，並且記入每一個動作上，這樣一來，我們才能根據每一個動作的時間記錄，而加以對工作程序作更進一步的管理。對於工作進度，工作成本等等。都在逐步推進中。

我們在製造方面，雖在實際工作上沒有多大成就，但至少我們的員工，已在科學化製造過程中受訓練。今年開始大量生產時，我相信這批員工一定可以很順利的担承起來。

材　料　組

第一先談談材料，進料的工作從前年九月開始到現在，一直沒有斷過，剛開始的時候，多半是由上海各碼頭各堆棧裏運來的，經過一次清理後，已存放各碼頭的屬於我們的器材，總算大致提完，去年二月起，就大都忙於接收由美國剛運來，直接用駁船運來的材料。最後我們又忙於提運現存各碼頭各堆棧的一些已分配給我們或新分配給我們的器材，從前年九月到去年年底止，收運材料的總量，可用一個正弦曲綫來表示，去年四五月時最高額幾爲每月二萬噸，到年底祇每月六七百噸了！

這個工作的繁重是不難想像的，第一聯總這個機構是太龐大了，各種紀錄如船單運單裝箱單庫單等難免有很多錯誤，所以我們得派大批幹員在滿上海的碼頭倉庫找我們已到了的東西，每一個美國新到的大船（指運聯總東西的船）我們又得派人去看清，把我們的東西駁在駁船上。萬一裝錯，把我們的東西送到別處去，我們當可想到是怎樣一個困難，才能找回來。

這些車運或駁船運到本廠時，我們得及時準備好人工和機具，才卸下貨來，並運到指定的地段去。一方面還要查他原來編號，還要點數，我們自已又得編上我們自已的號碼，這查對點數編號入帳等工作，若是幾百噸猶可說，假若是僅僅幾種簡單的材料猶可說，而我們則差不多包羅萬象，而且每個駁船都是急如星火的要趕緊卸下來，車到的更是要當天卸下來，所以有時我們分三班人日夜工作，不但動員我們龐大的機動部隊，我們有如許貨車拖車吊車，但有時還要用碼頭小工，最多時我們一天用過四百多人。

廠 務 保 養 組

現在再說說我們的廠務保養組。一般說來，我們各工廠對於保養工作，都不很注意。我們看到有很多很多事業或機構不幾年就失敗或落伍了，可以說那是因爲缺乏保養的緣故，任何一個事業或一個機動的組織，設若要他發揚光大，或求他本身的堅實充沛，非平時注意保養不可。

我們把一切設備的維持和定期檢驗，修理，保護，安全等全交給這個組來負責馬路在建築的時候是建築組的工作，在完成後就變爲保養組的責任了！保養組同時負責所有全廠公用的水電風等之供應事宜，我們知道這樣統一的受一個保養機構來經辦，要比另碎的交各使用部門來保養要好得多了！

運務組

運務組統管我們所有一切的機動車輛，這裏大概分三個部門，一是汽車方面的修理和保養，二是重型機車如吊車推土機等之修理保養，第三是運用部門。

上面說過，國人對於汽車熟手的還不少，但這些重型機等，有經驗的就很少了。所以前年開始，這些重型機駕駛人員多半客籍担任，經一年多的經驗，我們已能自行運用和修理了！現在大大小小運用的車輛，共有一百四五十部，員工共有二百人之多，可想而知這一組工作的繁重了。

人事組

最後來說一說一年多來我們對於人事方面的工作，這大別爲兩方面：一是關於登用手續，一則爲訓練。訓練的工作我們在一開始就注重，房子還未蓋的時候，就收了幾個實習生，等房子次第完成，我們的夜校也產生了。對於訓練方面，我們確已化費了不少的精力，過去很多機構訓練人員，多半是放任式由實習者自動去研究，派給某一工場與某一工匠一同工作相當時期後，再調往他處。以我曉得，在外國好多有名的廠家也不過如此。但我們則在試行一種訓導員制，每一個實習科目在可能範圍內，總有一個專任的教練，其次訓練本身有小型的工場和工作地，這一來可以不妨害經常工作，但同時他們還是到各工場去實習的。大致是一半時間在訓練組，另一半在正式出品的工場工作。這可以給訓練者自習及引證的兩面見習，我們這訓練，非但包括大學畢業的實習生，而且有在職的職員和在職的工友。並且視事實之需要，常常短期訓練我們所需要的人，譬如說吊車司機經驗都不夠豐富，學理更是欠缺，過去常因爲駕駛員把重量估算錯誤吊得過重而出事，後來我們予以學理上吊架角度與吊重增減之關係及鋼鐵等材料之重量如何計算等問題的訓練，從此這方面差不多就沒有出過意外的事。

因爲建廠時期，員額不是一成不變的，在已批准的編制裏，各部如需補充人員，我們就通知全廠各方面，任何人均可應徵和介紹，然後需經幾方面的面試，將幾個可能人選者的資歷，面試成績，及各人評語等送總經理核定。最初三個月作爲試用三月期滿後再召集一個會，由各有關方面共同會商，試用後新核定的薪水，才算是正式的薪水。年終考績不是憑空泛的評語，而是實際的分數，分成勤惰，品行等好幾個項目計分。爲恐這種例常的考績還不足鼓勵眞才或黜退不良分子，所以另外還有一種特別考績的制度，如某員對廠務有重大的供獻或能力特別優良，還可以在例常考績加薪水，在特別案中審查考績，現在這廠的職員有二百人左右，工友有七百人光景，確已是一個不小的數目。記得去年九月才一二十人，短短十幾個月，擴展了幾十倍，而能人事制度漸上軌道，不能不說是我們所化的精力的代價。

最後幾句話

我個人因始終這一段開創史，對於這一個廠，自然有很多的感觸和期望。我想任何一個參加工作的分子會有一個共同的感想，就是對於這一事業的興趣和對於這個廠前途的樂觀寄予無限的期望。

古人說謀而後動，近代的術語在動作前先須準備設計，有了一定詳細的計劃，然後再去推行或執行，關於這一點，當然不能說這廠的舉措沒有計劃，但對「預謀」「設計」「計劃」等還是欠缺；就是有好的設計或計劃，或因時間忽促或因組織未健全，沒有能有足夠的人力和時間，去檢討這些計劃或設計，而況這些設計或計劃又常改動呢？在我個人的愚見，任何事尤以如此巨大的工作，應先能集思廣益，由一個專任的機構彙總各方的意見整理一個方案或計劃，經數度審查而終於決定後，則非萬不得已不半途而廢，不中途改換，以底於成，集思爲爭取各方之見地，決定後則爲統一意志而以予達成。

單單有計劃還不行，還得有個機構去推行他這在我看再沒有比組織更重要了，說起組織並不是我們造一個組織表就算了事，這個有組織的組織，常常是一個活用的有活力的有機體，不但各自責任分明，各個的任務也劃分得有條不紊而各分子如何去担負他的責任和達成他的任務，又有了各個說明或規章爲依據。這樣一個機構好比一個複雜的機器，每個人或每部機器在走他應走的動作，好比一部汽車，譬如說廠務保養組好比汽車上的幾個輪胎，這車在走時輪子也一定在走，但是輪子不能隨便自己走，一定要和其他輪子平行，而輪子本身又有若干必需遵守的規章，我們設若能把一個事業運用得如一部車子似的有機動性，同時有各自的規定運用條件，我們才可以駕駛這部車子。眞正的爲中國農業即中國百分之八十以上的農民做一點事。

我們希望在一九四八年這個新年度裏；這個廠能有更多的成就，同時也希望讀者多多予以指教，很希望此後在「工程界」上能發現討論辦廠的文字，能切磋能引教，這就是作者作此文最大的願望。

創建中的中國農業機械公司

·沈熙樑·

吳淞總廠在建築中，從這裏可以看見在一片荒地上建造起大規模的工業是多麼艱辛的一件事

人物介紹

中國農業機械公司最高機構爲董事會，一切重要的政[illegible]和方針，均由董事會決定之，董事長爲孔祥熙氏，副董事長爲農林部長左舜生氏，常務董事及董事等則由國家行局及金融界知名之士担任之。特聘國內內燃機工程權威支秉淵先生爲總經理兼總工程師。支先生是我國工程界熟知的一位俊傑，一個腳踏實地埋頭苦幹的實幹主義者。最近因廠務積極展開，集內外事務於一身實無暇兼顧，支先生爲專心從事廠務工程方面起見，專任總工程師一職。另聘前經濟部粵桂閩特派員林繼庸先生爲總經理。林先生也是我國工程界傑出的人材，對農業機械公司的前途實寄以極大的希望。協理袁丕烈和高道春先生也是工程界知名之士，工務處長孫家謙先生歷任中國汽車製造公司廠長等職，爲國內內燃機工程專家之一，目前總廠的總建以及各地分廠計劃，都由孫處長企劃着，廠長陳錫祥先生卅五年八月開始以迄於今，每天在廠內各處巡視指示，這一年來能有如此成就，陳廠長確曾化了不少心血。同時聯總派來了美國籍及英國籍的工程師十數人駐廠協助建廠事宜。

組織一般

在上海中正東路有一個總公司，總管一切工務，財務，業務，和人事，祇下有一個總廠各地分廠，總廠內部大致可分爲人事管理，設計，材料，建築，廠務保養，製造，運輸，訓練，八大部門，茲將各部分別介紹如後：

建築活動金屋 Quonest Hut

人事管理部

管理廠內一切人事登記，考勤，警衛，膳食，宿舍，衛生，安全等事務。

材料部

管理一切材料之收進，整理，儲藏，發出，裝箱裝船等事項，爲目前廠內機構最龐大的一部門，人數佔全廠四分之一。但是這是臨時性的過渡時期。

水塔上俯瞰本廠一角

建築部

廠內一切房屋建造，道路修築，給水及排水系統之裝置，及電線的安裝等，都是建築組的工作。

設計部（簡稱D.D.R.）

D.D.R.就是一個中央農業機械試驗研究所，從事各種農業機械的研究和改進工作，其使命的重大於此可見。在吳淞廠內 D. D. R. 有一個極完善的實驗工場，包括所有金工，木工，鍛工等工作機械，設備完善，規模宏大，爲國內工業研究所之首屈一指。

廠務保養部

這是一種新的制度，專管廠內一切設備的保養工作。內分機械，電氣，土木三組。凡廠內一切設備，以及損壞後的修理由這組負責。

製造部

這是正式開工後最大最主要的一個部門。內分 (1) Production Engineering Dept. (2)Production Control Dept. (3)Production Shops 三部。

化低窪爲平地塡土工程

製造工程部 P.E.D. 的工作是將 D.D.R. 發下的藍圖，分成 Detail 及 Working Drawings，設計繪製各種特殊工具及 Jigs, Fixturer 送交 D.D.R. 審核後，再發交各工場製造用。同時再研究各種工作法及製造程序 Manufactnring Methods and. Processing，規定一個標準，分發各工場。

製造管制部 P.C.D. 的工作是準備各種工作的一切材料，分派工作及記錄人工和分析工作，並計算成本。

生產工場包括下列各工場：

木工場 專門製造各項木器工作，舉凡廠內一切櫈櫈門窗，以及各工場內的木工設備等都由這部製造，將來鑄工場內翻砂用的木模也由這部製造，木工場內各項設備完全機械化。

巨大的鐵臂把東西安排起來

鑄工場 本廠的翻砂工場規模宏大，現正在建造中，其房屋係特別設計者，中央爲一地坑，預備放砂泥及砂箱用，四周水泥地供做模型用，頂上爲一行車，以備吊鐵水及笨重之砂箱及鑄品用。其高插雲霄的熔鐵爐業已裝配就緒，大約還有二個月即可開爐，其設備當屬十分新穎的，有 Molding Machine 等翻砂機械。

鍛工場 也在建造中，無疑地這將是中國唯一的鍛工場，有許多電動式鏈床氣鎚及最大的 $2\frac{1}{2}$ 噸 Drop Hammes，其本身的重量即達150噸，所以將來可以鍛造一切大鍛件，如大引擎上的彎地軸 Crank Shaft。

金工場 這裏的設備都是最新式的工作母機，對於將來大規模生產非常適合。在吳淞總廠的重工場，現正在安置工作母機，預計在春季中即可開始大規模生產。

合作工場 專做各種鋼鐵結構方面的工作。這裏的設備有橫臂鑽床，磨床 Grinder，滾床，刨床銑床，鋸床，電焊機及氣焊器。還有二套叫 Radio Graph 及 Plano graph 的設備頗爲新穎，在中國以前可說未曾見過，專門預備割切鐵板上的弧形工作物用的，一頭是一個指針，一頭是一個乙炔氣頭子，指針依照藍圖上弧形劃去，一邊鐵板上也就割好。

運輸部

這部門的機構相當龐大，非常重要，負担起整個公司的運輸交通業務。目前有二百多部各式各類的汽車，以及各式的重型機車，推土機曳引機築路機，括路機，壓路機，水泥混合機，及碎石機等組成了一支強有力的機械化部隊。在建廠過程中，依賴了這許多機械，確實節省了不少金錢，縮短了不少時間，建立了許多豐功偉績。

在這運輸部門下分爲三部份就是車輛管制部汽車修理保養部和重型機車修理保養部，茲分述如下：

車輛管制部 專管各項車輛的調派，分配，加油，及檢查等工作。

汽車保養修理部 這部的工作專管各項汽車的保養及修理工作，有一所設備完全的工場。內部分爲：保養，充電，電焊，電氣修理，修胎等各組。有各項新式設備構成一個最新式的健全的汽車修理工場，和重型機車修理工場完全相同，爲運輸處底下的二個姊妹工場。這部份負担起保養修理這數百部汽車的重任。最近又有二套完全的 Standard Automotive Repair Shop 的設備，由 CNRRA 裝來，即將裝配起來，使成爲一個最新技術的修車工場。

本廠還有許多 Mobile Machine Shop，亦稱 Couse Unit，爲裝配在十輪卡車上的流動修理工場，爲此次美國於戰爭時期集合許多專家，悉心研究的心血結晶。

推土機和泥濘搏鬥

由二部車子合成一單位，一部是"L" Unit 上面有發電空氣壓縮機，車床，鑽床，壓床，磨床及各項新式的精細工具。另外一套是"W" Unit 有 40 K.W. 的發電機一只供給電源，可以供電焊及電瓶充電用。還有氣焊設備。本廠設立在河南的黃泛區服務站，就送了數套這種 Mobile Machine Shcp 去，在荒僻的鄉村間設立分廠。

重型機車保養修理部　這部份專門負責保養及修理上述各項吊車及推土機曳引機等重型機車，這些東西可說完全是新的設備，所以這部份外籍技術員最多，在全盛時代共有八個「客卿」包括美，俄，法，波蘭猶太等各國籍。份子極爲複雜，形成一個小型的國際社會。聯總結束後，這批洋人，相繼地離開這裏，到現在爲止一個也沒有了，我們毫無畏懼地毅然接下這個重任，繼續工作下去，一切情形在逐漸進步中。往日認爲最困難的一部份現在却步入最上軌道了，工場內處理得井井有條，各項設備也相繼地建立起來，而其工具間尤爲出色，確立了一個良好的工具備用制度，管理既容易，又不會缺少，於是廠內其他工場，都相繼地仿效起來，已成爲一個標準的工具間，這是值得一提的。修理部內部分爲檢查，修理，工場保養，工程車，工具材料，電氣修理，電焊，冷作，油漆，修理鋼絲繩等十組，並有各項修理設備，構成一個健全的修理保養工場，可以勝任一切重型機車的修理工作。

開動鐵馬——曳引機

重型機車修理保養

聯總送給我國的數千部曳引機分散在全國各處其運用及管理，歸 A.M.O.M.O. 主持，但是對於保養及修理工作，似無健全的機構去專門負責，任其發展頗爲可惜。中國農業機械公司的工作，一方面是從事生產大批農具，同時還得負起修理全國農具的責任。三千所鐵工舖的目的，就是協助修理各地農具，對於修復曳引機的任務，當然責無旁貸地由中國農業機械公司負起，這將是全國農業機械擴建事業執行機構中最重要的一部。在「關於蘇聯集體農場」的一篇中記載着：「滿佈在蘇聯全境的機器曳引機站，Tractor Station，在這次戰爭發生以前，已有7500所，它們對於集體農場的發展，有極大的貢獻。那是完全國營的一項事業，平均每個站上有曳引機80架，兩用聯合機22架，複式的打穀機14架，曳引機犂60架，曳引簸穀機13架，種植機32架，曳引播種機29架，以及其他的許多機器。每個站上附設有修理工廠，它擁有世界上最進步的農學技術，和許多農學專家和技術人員，蘇聯農業集體化，機械化的成功，使國家的糧食充裕，使千百萬農業勞動力，從耕作中解放出來，而參加到工業建設中去。而且農業機械的大量需要，曾刺激了工業的生產，蘇聯工業的突飛猛進，得自蘇聯農業集體化的力量，實不爲少。同時在最近的五年計劃中，將建立950所曳引機站，325,000架曳引機，在五年內供應農用。設計製造新的，更完善的農業機械，發展集體農場上的水電站，訓練必需數量的技術人員……」從這裏我們可以看出蘇聯的集體農場和農業機械的應用如此發達。但是我們正在開始，也就是說未來的工作永無止境，所以農業機械公司的前途及發展，是光芒萬丈，未可限量！

Mobile Machine Shop 分廠的開始先鋒

好偉大的一個鐵頭

Northwest D Crane 修復了！

訓練部

在 Farm Shops Program 中，有一個很大的 Training Program，因爲有了這許多新式的機械設備一定要有許多技術人員去運用和管理才行，所以這許多外籍顧問，擬定了一個龐大的訓練計劃，協助中國訓練大批青年工程師，和技術工人來負担起這偉大的使命。

許多從全國各大學工科畢業的學生，初到廠裏來時是實習工程師 Student Engineer，施以一年的各方面的技術訓練，成爲本廠的基本幹部，預備分派到各地分廠去。訓練部底下有一個自己的實習工場 Training Shop，有各項完全的設備，如車鉋銑鑽床等等，凡是總廠所有的設備，這裏都有，不過是一個規模較小的雛型工場而已。採取指導員

Instructor 制度，每一個學科都有一個指導員負責講解，並有許多的講義及圖書雜誌以供參考，有時還請各項專家來演講。這種活的教材，及親手實習，比之學校中的讀死書要容易吸收及進步得多，課程分爲下列各項：

重型機車駕駛	重型機車保養及修理
汽車駕駛	汽車保養修理
廠務保養實習	金工場實習
木工場實習	鍛工場實習
鑄工場實習	冷作工場實習
流動工場的實習	設計部的實習

除此以外，還有一個全廠員工受訓的計劃，他們的意思是不管你是有五年十年以上經驗的工程師，或工人中的領班，機匠及小工，皆需經過訓練，因爲以前所學到的東西，都是陳舊了落伍了，現在機械設備，應當再吸收一些知識，新技術。目也是依照上面所講的，不過時間較短，大約三個月光景，分批調訓。

這個計劃在開始，將來一定可以成爲最完備的工廠中的學校，照其計劃發展的趨勢看來，簡直可以成爲一個 N.A.E.C. Engineering College。像美國各大企業工廠，如 Texaco Co,等都有如此組織。這種新的制度和嘗試，如能獲得非常成效的話，將在中國普遍地盛行起來，希望這個訓練計劃不要使我們失望。

結　尾

最後引用林總經理告同仁書中所說的作爲本篇的結束『我們和農民有密切的關係，諸位要學習農民，模仿他們的勤勞，儉樸，天眞的精神，早起早睡，集中精力於工作，以提高工作效能，我更希望外國機器搬到中國來，同時希望外國工廠的工作精神，亦搬到中國來。本公司是個新的組織，應當充滿着朝氣，我們現在還在建廠時期，將分廠和鐵工舖要分佈到全國，完成農業機械網，我們的工作精神，就應該爲全國工廠的模範，而且我們的工作對象是農民，我們更不能像官場衙門一樣，工作懈怠，暮氣沉沉，希望大家能自己覺悟，自己奮發，把振興我國農工業的責任，放在我們自己身上。……』

也許有一天中國農業機械公司所製造出來的堆積如山的農業機械，沿着新虬江——這本廠水運的咽喉一用重機吊到船上，裝運到全國各農村裏去應用。我們自己做的曳引機及收穫機，在數千個廣大的集體農場上騁馳着，那個時侯正是國家富強，人民安居樂業的境地了！這一幅美麗的遠景，希望在不久的將來就會實現！

我在中農機械公司實習　·姜爾華·

我們常常可以在雜誌上或是電影中看到機械在農業上所表現的豐功偉績，我們也朝夕的期望着我們以農立國的國家有天能放棄了原始的，缺乏效率的耕種方法而代之以大規模的，經濟的機器耕種。但是，要使農業機械化，基本的生產工具是缺少不了的，新成立的中國農業機械公司，目的就在企圖以大量生產方法來製造農具和農業機器，使我國農業逐漸地機械化。

這次進廠的實習員共十九人，其中有十一位，是民卅六年交大機械系的畢業同學，筆者亦爲其中之一。我們屬於訓練組，負責人是人事處主管法萊爾(Mr. Farrell)，他是聯總派來的人員。本屆實習員底薪八十元，折扣後實得七十四元，依職員生活指數發薪。根據訓練計劃，我們這批實習員先要經過汽車和重型機器（例如曳引機起重機等）的駕駛和修理，動力廠與給水系統的維護等訓練，爲期共十二個星期，然後再到金工廠、鍛鐵廠、翻砂廠、冷作工場等處去實習。每處工作八星期，其中四星期在訓練工廠工作，另外四星期則在製造工廠工作。此外我們還要到設計室實習四星期，那時我們一般的訓練，可說業已完成。我們對於廠裏的機械等已粗知其大概，於是我們就要派到分廠幫助分廠工作半年，以後我們大概又要調回上海在製造工廠工作七個月。至此訓練方算正式完畢，訓練證書就在此時發給。廠裏更進一步的計劃是預備在實習完畢後，和實習員訂立一個五年合同，第一年由廠方派遣赴國外實習或讀書，回國後則需爲廠方服務四年，但計劃的實踐與否，當須看國家的安定和事實的需要。

由於宿舍缺乏的緣故，我們這一次進去的實習員，並不能夠全體住宿。團體生活是怪有趣的，他能陶冶你的性情和幫助你了解朋友，我是個企望嘗試團體生活的人，可是我却暫時沒福享受，因而不得不借重廠中的交通車；因爲廠址遙遠我們耗費在交通車上的精神和時間頗爲驚人，廠裏每晨八時一刻上工十二時中膳，十二時三刻上工，五時放工，我們每五個人一組，有指導員担任講解，他們大多是上屆的實習員，態度很和藹，凡有疑難，總是盡力的解釋，我衷心非常喜歡這實習制度，尤其對於我們這一批剛畢業的大學生，因爲僅僅憑了校中所得的書本知識，而担任廠中某固定職務，實在是件辛苦而乏味的工作，有了實習制度以後，我們可以見識不少，學習不少，同時我們所負的責任也較輕。不過話得說回來，實習制度是非規模宏大有遠見的工廠是辦不到的，因爲他所需的經費究不是尋常工廠所能負担，然而一個工廠想要訓練幹部及熟練技術人員非注重實習制度，不能達到成功的希望。上海外人所營的公用事業，如上海電力公司上海電話公司等，向來注重實習制度，現在國人所辦企業擬起效法的有中國紡織建設公司及中國農業機械公司等，想來有遠見的企業家，如果要發展他們事業的話，這種有百利而無一弊的工廠實習制度一定也會舉起而推行的！

當鋼鐵的牛馬奔馳於我國廣大農田中時，農村的現象就要改變了。

曳引機與農業機械化

陳貴耕

農業機械化並不單是說在每一單位耕田面積上增加產量的意思，主要是如何利用少量的人工，可以耕耘廣大面積的耕田。由於近代工業之進步農田之耕耘，作物之收割，水利之灌溉等均能以機械替代獸力人力，而於耕耘，除草各項農作方面則可賴曳引機獲得最大效率。此次大戰以後，美國蘇聯均因人力之大量缺乏，農田耕種使用曳引機之數量乃大量增加。根據美國1946年七月一日農業經濟部統計，曳引機數量已增加至二百二十萬輛(2,201,197)；我國經八年離亂烽火兵燹之餘，農村破產，人口流亡，致耕牛農田大量喪失；又加勝利後，內戰頻仍，農村經濟破壞更甚，廣大地域之農民均陷於流離失所。雖如白山黑水華北平原等可大量使用農機之地區，現仍滿地烽烟，生活既不安定，遑談農業之機械化？然時代進展未已，科學之改革，正可促使人類能走上最經濟最規則之途徑。況今日農村之大破壞，適足為日後大建設之準備故欲求農村之富康，除澈底進行合理調整地權外，惟有增加耕田面積與改進耕作技術。農業機械化正可使少數人工耕種大量之農田，並令大量多餘之人力轉至工業，對於國計民生當有極大之利益。但因曳引機為農業機械化之最主要生產工具，故欲求農業之高度發展，曳引機之研究實為必要。

曳引機之效率極高，如美國 Mc Cormich-Derring Farmals H 式曳引機，若拖二犁每日可耕160至200畝，若用最新式之噴火除草機，則每日可

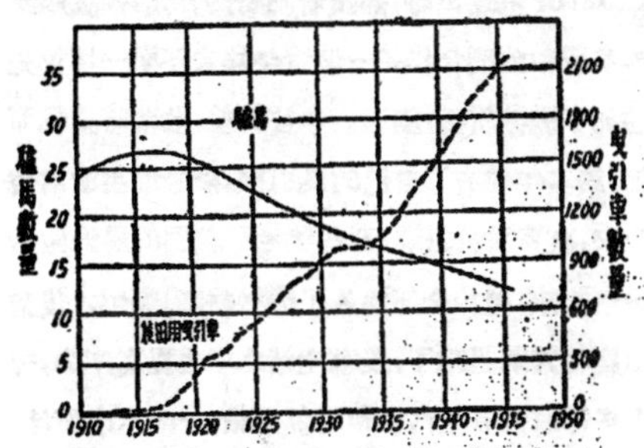

上圖：三十六年來美國曳引車之數量變遷

除草五十英畝。美國各大農具機械公司如 International Harvest, John Derc 等均有零售商分佈於各村鎮專門為修理裝配農用機械，而各村鎮又有曳引機整修場，此種便利情形以美國南部為尤甚。圖1為美國農業經濟部所統計之曳引機及騾馬數量之演變，如一九三五年騾馬數為一千七百萬頭，而曳引車數僅十萬零五千架，然至一九四五年已增至二百十萬架，騾馬數則減至八百萬頭，可見獸力與機力之利用程度一般。

曳引機之種類

曳引機依車輪種類之不同分為輪胎式與鏈帶式二種，通常美國農田應用輪胎式者較多，因鏈帶式之曳引車既易損傷路面，且成本較高，除用以拖曳較重之機件如混合收獲機等外，普通應用較少。美國 Allis Chamber，所出品之鏈帶式曳引機係用汽油引擎，如 Caterpillar 廠所產者均為柴油引擎。但輪胎式之曳引車通常都用汽油引擎，如美國 International Harvest 公司所生產之 Farmals H 式曳引機，其曳引馬力可達25.5匹本身重量為3175磅，每天僅需耗汽油平均17加侖至20加侖。又如 Farmall A 式曳引機所拖之收割機，每小時能收割四英畝，而耗油僅六加侖至八加侖，其經濟程度可想而知。

曳引機之性能

曳引機大小估計，依拖犁多少為定：犁以14寸闊者為標準，根據 Corn Belt of Middle West 之標準，曳引機拖曳力與犁尺寸之關係為5.5—7磅/平方寸，故若14寸之犁耕深6寸則每耕一溝所需之拖力約為450—600磅，下表為14"犁於各種不同之土質上耕耘所需之曳引力磅數：

耕深		6 吋	7 吋	8 吋
土地性質	沙土	250	300	340
	草泥	590	690	785
	黏土	1680	1960	2240
	沙泥土	675	785	900

由上表可見曳引車所需之馬力，隨土壤性質之不同與車輪大小而定。於農田工作時，車輪愈小

陷進愈深，結果曳引力消失甚多；曳引車車輪之大小則隨作物而變化，如將輪胎式曳引機用於較軟之農田時，必需調換鐵齒後輪。

較新式輪胎曳引機之最大曳引力，每一最大曳引馬力（max. Draw bar Hp.）約有二百磅之曳引力，以曳引效率而論僅75%，即指曳引馬力爲最大引擎馬力之75%而言。當曳引機運用於每小時$2\frac{2}{4}$哩之速度時，一曳引車所能發出之最大曳引

上圖：鏈帶式曳引機

馬力，約爲該車全重之75%。曳引車之曳引力受下列三因素決定，即：

1. 曳引機之引擎馬力及所用減速齒輪之減速比關係，

設　T　爲引擎力矩，磅吋；r　爲減速比率；

　　R　爲車輪直徑，吋；

則　曳引力矩　　　$Td=0.84Tr$,

而　曳引力　$F=0.84Tr\times12/R\ =10Tr/R$

舉例如 International Harvest Farmall H 式之曳引機最大引擎馬力爲　27.9 匹，後輪尺寸約60吋，若減速比率爲 1:4；

則　$F=10\times27.9\times33000\times\frac{2}{4}/60=38,500$磅。

2. 受車輛本身重量及車輪與地面黏附力之限制，因曳引車於理論上所能有之最大拖曳力，僅能至與車輪本身同樣之重量。

3. 受前後車輪間車輛重量分配之限制。

鏈帶式之曳引機適用於土質較軟之農田。因鏈帶受壓面積較廣，如 Caterpillar廠出品之D-8曳引機爲該廠出品中最大之曳引機，本身重量竟達三萬四千餘磅，曳引馬力可達一百十三匹，最小之D4亦有一萬六千餘磅，曳引馬力約六十匹，初觀之鏈帶式曳引車之曳引效率較差，因本身需帶全車重量15%—20%之鏈帶，但據美國 Nebrask之試驗，鏈帶式曳引車較輪胎式爲佳，因能將較多之引擎馬力轉爲曳引馬力。且鏈帶式之傳動輪較輪胎式者爲小，故不需高度之減速變化，由於鏈帶運轉之關係，此類曳引車陷進泥土較淺，故對於壓實泥土等所費之虛功較少；總之，此類曳引車有三優點：(1)重量分配平均，故能運用於較鬆之泥地；(2)爬行較平穩，曳引力較大；及(3)較爲耐用。

結　　論

現在曳引機在我國農田上之應用尚在發軔時期，僅在少數之農場中試驗，其大量應用，仍有待將來。蓋安定農村，重整土地，吸收農村過剩人口，提高農民知識水準等等均爲農業機械化之先決條件，而此等工作之完成均非一朝一夕之事。惟工程同志當著鞭先進，研究此等機械，俾將來需要之際，謀求改良革新之道也。

電影故事

影片中可以看到當時美國田納西河流域泛濫所造成的嚴重災荒，洪水把沃土淹沒，變成一片汪洋，一如我國的黃河泛濫區域，洪水退後，一望無際的平原上渺無人烟，顯得滿目悽涼。於是美國議員 Norris 等建議政府開發田納西流域，獲得國會通過，成立了一個 Tanasia Valley Administrat'on，從事建設水閘，水力發電廠，同時推行農業機械化。頑固的農民當第一次看見曳引機 Tractor 在耕田時，都投着驚奇的目光，搖搖頭表示不屑和他們合作。一個青年農夫不顧一切首先參加了機械耕種，經過一年苦幹後，收穫時滿載而歸。第二年他有了自己的曳引機，漸漸地生活富裕起來，事實勝於雄辯，那些年老而頑固的農夫開始覺悟起來，終於全部加入了機械耕種。幾年之後整個農村繁榮起來了，農家生活水準也提高不少，差不多每家都有了汽車和電氣冰箱，一改本來面目。往日多難的泛濫一變而爲最富饒的區域。

這不僅是一個工程技術問題，只有在上正軌的社會中才能完全實現。

上海市營建工程的管理

楊　謀

營建工程爲什麼要管理？簡單言之，管理營建工程的目的可說是：一、配合都市計劃，二、避免妨礙公共安全，三、避免妨礙公共交通，四、避免妨礙公共衛生。一個都市的發展，必須事前要有計劃，執行時要有貫澈的決心，才能獲得好的結果。固然，假使我們着眼到個人的利益，那末營建工程的管理確是可以說增加了不少的麻煩，也可能使私人利益遭受到損失和限制，然而假使營建工程沒有嚴格的管理，那末整個都市計劃也都是紙上談兵，决然沒有實現的一天。

就拿上海來說，上海的發展，可以說一直是任意而沒有什麼大規劃的。要改善一個房屋稠密的都市，較諸在空地上規劃一個都市爲困難。加之今日上海房荒的嚴重，社會經濟力一般的衰弱，營建工程的管理，執行更見困難，但是它關係的重，實在是握着這世界第六大都市未來發展的樞紐。

建築執照制度

在原則上，凡在上海市區，起造，改造，修理，拆卸，甚至油漆粉刷，無論公私機關，都須向工務局事先請領執照。因爲按照三十三年九月廿一日國民政府修正公布的建築法第三條規定：『主管建築機關在中央爲內政部，在省爲建設廳，在市爲工務局。』而上海市復按照該法第四十六條的規定，訂有上海市的建築規則，這本規則還是民國廿六年制訂的，新的改訂工作正在進行，有的地方已經不甚合時宜，但是一般說來，還是不失爲好的繩準。

營建工程管理的重心，就是在建築執照制度。執照分五類：（甲）營造執照，起造新建築物，拆修建築物須更動主要載重部份者，建築物被燬須重行接造者，均須查核產權證並路線。（乙）雜項執照，搭蓋板屋敞棚編築笆棚及築設臨時綵棚裝置廣告牌等。（丙）修理執照，裝修工程之並不拆動主要載重部份者；（丁）油漆執照，沿公路之油漆粉刷工程；（戊）拆卸執照，拆卸建築物。工務局審查執照時，除一方面根據建築規則，一方面還得視情形分別和有關機關如地政局，警察局消防處，公用局會同審核。假使建築圖樣有不符規定的地方，均須飭令改正。

建築物的設計人及承造人，按照建築法的規定，以依法登記的建築師及營造廠爲限。因此，凡是要在上海執行業務的建築師及營造廠均須於事前向工務局登記，而管理建築師及營造廠在營建工程管理中也是一個很好的對象。

假使執照頒發以後，工務局就有指定的查勘員隨時到工場檢驗工程的進行，查核是否和圖樣相符，是否侵佔路線，是否有偷減工料的地方，工程進行是否安全。營造廠商方面，應予查勘員檢查上的便利。

理論上講，上海市是嚴格執行這一制度的，可是，實際上，在三十四年九月至三十六年八月的二年中，據工務局的發表，營造執照共二四一八張，修理執照共六〇八四張，拆卸執照共四九張，油漆執照共八一八一張，而查獲的違章案件共九四〇一件。這中間，沒有查獲的當更不止此數。因此，據筆者的估計，無執照與有執照的比例，可能爲二比一。像散處閘北南市楊樹浦的五萬餘間棚屋，大部份就是沒有執照的。

違章建築的處理

簡單的解釋，所謂違章建築，就是沒有執照的建築。在上海，這問題的處理已經是相當的嚴重。分析目前上海所以大量發生違章建築的原因，不外乎：一、房屋不敷支配，一幢房屋以內，往往住有四五十人，於是有的搭擱樓，有的晒台搭房子，有的升高屋面，有的天井蓋沒，不一而足。二、難民集中上海，自蘇北受戰亂影響的同胞，多有以上海爲棲止，於是紛紛就空地搭建棚屋，以謀棲息。三、建築費用高昂，正式請照建造，材料必須堅固，所費也就加增，於是頗多以違章私建爲捷徑。四、無法請領執照，如舊法租界A字住宅區內限制平房的建造，如閘北西區因爲土地重劃尚未實施而停發執照，都可能是一部份違章建築發生的原因。五、不明請照手續，致逕行建造者，也頗不乏人。六、上海良莠不齊，少數歹徒多就空地搭建棚屋，頂租漁利，俗稱搭屋黨，或包庇建造，從中取利。

不過，除了對少數搭屋黨以外，其他大部份搭建違章建築者都是可以原諒的。當然，誰都願意住花園洋房，又有誰高興住三層擱呢？然而，時勢如此，又有什麼辦法？反過來看，今日上海的五萬餘間棚屋，大部份是沒有執照的，在建築規則立場上看，當然都是違章的，但是在解決房荒，復興閘北等區市面上，可以說也不無功效。

對於違章建築的處理，應該只有二種辦法：能補照的補領執照，不能補照的予以拆除。並且，按建築法第十七條的規定無照動工還得予以造價百分之一以下的罰鍰。不過，當違章建築接踵而來以後，欲其補照因爲格於建築規則不能獲准，强制拆除又拆不勝拆，在執行上既不可能，就情理上更有所不忍。於是便只有延宕一途了。

延宕當然也不是辦法，於是工務局第一步就先訂定臨時棚屋建築暫行辦法，劃定棚屋非禁建區，以放寬建築的標準，來爭取市民請領執照。從三十五年十一月實施以來，的確也使一部份的棚屋納入了正軌。去年十月，復分別訂定了處理違章建築暫行辦法，棚屋登記暫行辦法，希望能對已完成的棚屋及違章建築，停止適用本市建築規則的一部份，而予以保留。不過對新的違章建築，仍是要以拆除爲處理最後辦法的。

區域問題

還有一個問題，在目前營建工程管理上，也是非常困難的，那就是區域問題，也就是工廠問題。上海是一個工業發達的都市，而目前我國幼稚的工業，自不能任意加以摧殘。在劃分區域的時候，自亦不能不遷就事實，就這一點予以考慮。

因爲抗戰期中工廠的集中租界，使今日處理工廠問題特別感到棘手。當然，工廠房屋的危險，設備的簡陋，聲音的嘈雜，烟味的濃濁，在市政主管機關的立場上，不能予以放任。然而新的都市計劃既然還沒有制定，即使區域明確劃定以後，按照都市計劃法十八條的規定『原有建築物不合使用規定者不得增築，但主管機關認爲必要時得斟酌地方情形限期令其變更使用，其因變更使用所受之損害，應補償之』。所以，在實施區域計劃時，應該以制止新建改善舊有爲主，而用斷然手段對付工廠，應該盡力求其避免。

另外一點非常重要，就是都市計劃的實現必須多方面的合作，不是單方面可以奏功的。照理論講，市區內的工廠應該都移設到近郊的工廠區，但事實上，馬路不平，運輸不便；電力不繼，像南市時有斷電現象，一般工廠都視之如畏途，政府又沒有協助的辦法，無怪工廠問題的不易解決了。

結論

綜觀上海市營建工程的管理，雖然已經盡了很大的努力，然而爲顧及社會情形的困難，下列各點似乎不無可以研究：

一、缺乏彈性 上海市區遼闊，從最熱鬧的中心區，到最荒野的鄉郊；從最高貴的住宅區，到最襤褸的貧民窟，却要適用同一本建築規則，這中間的距離，當然是無法估計的。就是現在的棚屋禁建區和非禁建區，劃定亦嫌硬性。再就事實講，現在所用的建築規則是民國廿六年制訂的，與現在有十年之隔，非但社會情形大異，抑且工程技術亦日新月異，所以在管理上，必須因地制宜，普遍的增加彈性。

二、缺乏明朗性 現在的營建工程管理，很多人認爲好像是一種苛擾，這就是因爲工作的缺乏明朗性，一般人都不明白它的性質的緣故。馬路的路界假使預先能普遍的竪立，一定很少會有人把房子造出路界，這只是舉個例說明吧了。營建管理假使發展到能使每個人瞭解到切身的利益，那末一定都可以自我管理。像擱樓等建築，幾乎已經每戶必備，在不妨礙安全的條件下，似乎也應該考慮明確的對策。

三、缺乏積極性 在目前的局勢下，消極性的工作是不容易奏功的。而假使營建管理只是消極性的取締，當然也難生效果。所以營建管理，應該有指導性，改善性，服務性，譬如說，對於棚屋消極性的管理只是催拆，這當然非一時所能辦到，那末是不是可以積極地就地代他們把消防排水市容略爲規劃呢？在這一方面，工務局聽說籌劃有棚戶新邨，可是還沒有見到實現。

營建管理不只是一個工程技術的問題，並且是一個社會問題。假使社會能上正軌，一切也一定會迎刃而解了。

如何調節紡織廠中的溫度與濕度，這裏有一個優良的辦法！

蒸發冷却工程在紡織廠中之應用

鄒 汀 若

本文作者，任英商馬爾康洋行冷氣工程部主任工程師凡十六年，對於冷却工程，研究有素，今在公務繁忙中爲本刊撰述斯篇，闡釋蒸發冷却工程之應用，極爲詳盡，洵屬珍文，尚希讀者留意爲幸——編者

空氣調節設備，爲紡織工業上一種極重要之設備，蓋凡空氣之乾濕與冷熱，皆能影響生產品質，以及工作者之健康與工作效率，所謂空氣調節，即指空氣之溫度及其所含之濕度，使之適合工作條件是也，據美國給熱及通風工程學會之年刊記載，紡織工業之適宜溫度及濕度，應如下表：

表 1

紡織廠需要之溫度及濕度

部	分	溫度，°F.	濕度，%
棉 類	清 棉 室	75—80	50
	梳 棉 室	75—80	60—65
	紡 紗 室	60—80	60—70
	織 造 室	70	70—80
絲 類	整 理 室	75—80	60—65
	紡 絲 室	75—80	65—70
	撚 線 室	75—80	65—70
	織 造 室	75—80	60—70
毛 類	清 毛 室	75—80	65—70
	紡 紗 室	75—80	55—60
	織 造 室	75—80	50—55

在冬季之時，欲維持上表所列之溫度與濕度，設備尚輕，籌辦較易，至若夏季，如仍欲將室內空氣調整至標準程度，則費用龐大，非一般能力所能籌措，因此利用蒸發冷却(Evaporative Cooling)之設備，遂興而代之，蓋此法雖不能使溫度十分減低，然具有相當調節效力，使工作不因溫度過高而中輟，濕度亦可升至適宜程度而使產品保持正常。

我國紡織界現雖漸見注意利用蒸發冷却方法，以冀維持原有工作效率，苦少專書，以供參考，致使所有設備，有時未能盡其效能，作者爰不揣譾陋，草擬斯篇，抛磚引玉，尚希高明指正。

蒸發冷却之原理

空氣經過絕緣之處，不使受外界溫度之影響，而與大量之水面接觸，假定接觸時間充份，效力達百分之一百，則水與空氣之溫度，終得平衡而均達到原來空氣之濕球溫度，此時水吸收空氣中之熱量而蒸發，空氣則釋放顯熱 (Sensible Heat) 予水，并降低溫度，同時吸收水份而增加潛熱 (Latent Heat)，得失相等，結果總熱量不變，是謂斷熱飽和 (Adiabatic Saturation) 或稱爲蒸發冷却，Carrier 氏將上述情形，以公式表示如下：

$$r'(W'-W)=C_{pa}(t-t')+C_{ps}W(t-t') \quad \cdots\cdots(1)$$

上式中 t＝空氣之乾球溫度，°F

t'＝空氣之濕球溫度

r'＝水在 t' 溫度時之潛熱量，每磅 Btu.

W＝t 溫度時一磅乾空氣所含水份，磅。

W'＝空氣溫降至 t' 時一磅乾空氣所含水份，磅。

C_{pa}＝恒壓時之空氣比熱。

C_{ps}＝恒壓時之蒸汽比熱。

公式中 $r'(W'-W)$＝空氣所吸收之潛熱量，$C_{pa}(t-t')+C_{ps}W(t-t')$＝空氣及空氣中所含水份在降低溫度時放出之顯熱量，二者相等，故其冷却作用$(t-t')$，不必取值於外界。

蒸發冷却之設計，即利用此斷熱飽和作用，使溫度已降低之空氣，輸入工場，吸收工場內之相當熱量。

蒸發冷却既爲使空氣增加濕度而降低溫度之方法，故輸入工場之後，可得較高之濕度，此點對於紡織工業爲一種重要之利益，茲將空氣經過蒸發冷却之後，輸入室內，及直接自室外輸入室內，作一比較，如例一及例二所示。俾得更明瞭其情形。

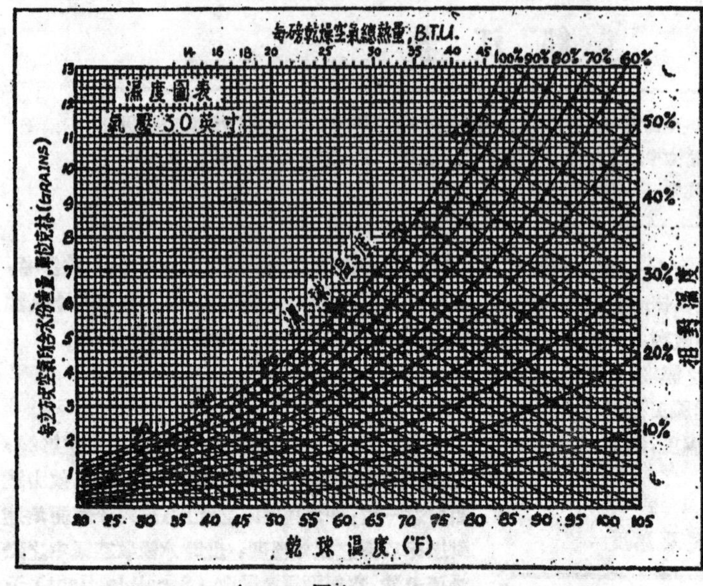

圖 1

*紡織工場所產生之熱，大部份均係顯熱，水份產生極微，可以不計。

例一 設室外空氣之乾球溫度爲90°F，濕球溫度爲80°F，又假定設備效率爲100%；則空氣溫度下降(t—t')可得10度，即空氣溫度在輸入室內之前爲80°F。

空氣輸入室內之後，吸收室內所產生之熱量，*假定其熱量適足升高輸入室內之空氣12度，查閱濕度圖表（見圖一與圖二），得相對濕度70%。

例二 設室外空氣直接輸入室內，溫度與濕度如上，入室後亦增高12度，參閱濕度圖表（見圖三），得相對濕度46%。

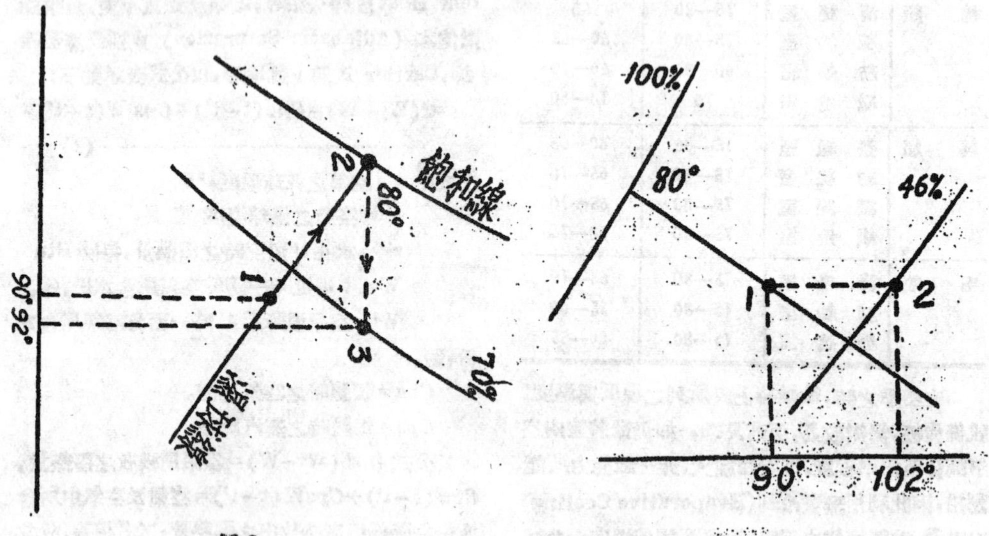

圖 2

點1爲室外空氣溫度：乾球 t=90°F，濕球 t'=80°F；
點2爲經過蒸發冷却後，t=t'=80°F，
點3爲空氣吸收室內熱量後，乾球溫度升至92°F．因無水份增加，相對濕度爲70%。

圖 3

點1爲室外空氣溫度，乾球 t=90°F，濕球t'=80°F
點2爲直接輸入室內後，溫度增高 12°(=102°F)。相對濕度爲46%。

蒸發冷却工程

蒸發冷却，設備簡單，且一切機械，本國均能設計製造，其設備由三個部份組織而成：(1)爲噴霧箱或稱空氣洗滌器，(2)爲風扇，(3)爲風管。兹再分别述之：

(1)噴霧箱——噴霧箱大都以白鐵皮製造，容量大者則用磚或鋼骨水泥製造，圖四爲水泥製成者之外貌，圖七及圖八爲顯視内部構造之情形，空氣由箭頭方向前進，經過噴霧頭(Spray nozzles)

圖 4——噴 霧 箱

受大量水點洗滌，再經隔水器(Eliminator)，以除去未被空氣吸收之水點，於是送往工場，以供應用。

噴霧頭所噴出之水點，愈細則效率愈佳，通常皆利用離心力循環唧筒，增加噴水壓力，使水在未噴出之前發生劇烈旋轉，然後噴出，即可有霧狀之細點，散佈如圓錐形，並使噴霧頭排列成行，噴出之水，可以充滿箱内各部，凡經過之空氣，因莫不受其洗滌而加速其飽和作用。

(2)風扇——風扇爲輸送空氣之必要工具，普通皆用前向多葉式離心力風扇，取其旋轉速度較低而震動較少，但採用後向多葉式者，亦不乏人，

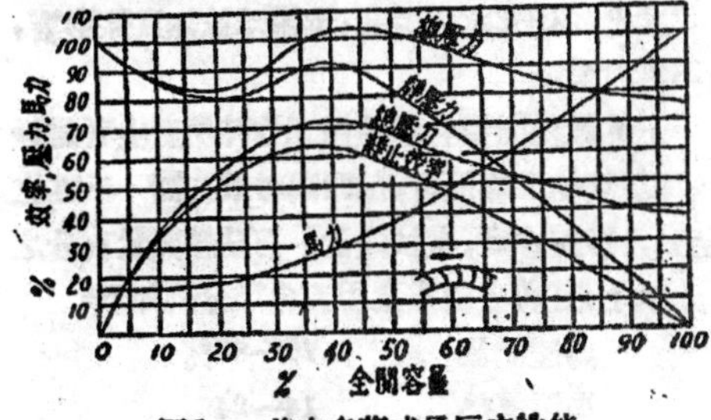

圖5——前向多葉式風扇之性能

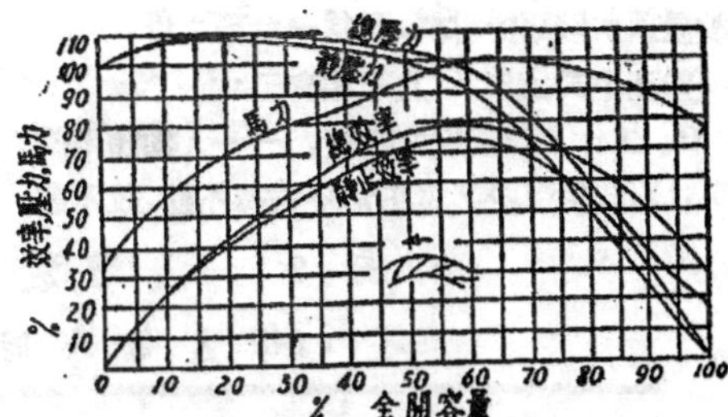

圖6——後向多葉式風扇之性能

該式旋轉速度較高，可用直接馬達，且具有不過荷(Non-overload)之特性，是其優點，參閱圖五與圖六，可見兩種風扇性能之梗概。

(3)風管——風管大都以白鐵皮製成，分佈工場之内，使空氣平均分配於室之全部而無停滯不暢之處，排氣設備亦同樣重要，往往有祇顧供給空氣而忽略引導等量之空氣至室外者，實係嚴重之錯誤，室内應備適當地位及充份之排氣孔面積，使廢氣迅速排除，如是始可得預期之空氣調換率也。

工場產生之熱量及來源

工場產生之熱源有三，請分條述之：

(1)來自室外者，如室外氣溫高於室内時，熱量由墻壁窗戶傳入室内，陽光直射，傳入熱量尤

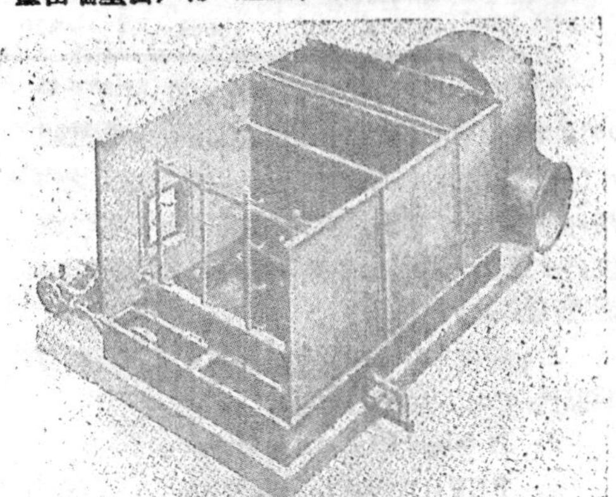

圖 7——噴霧箱之構造

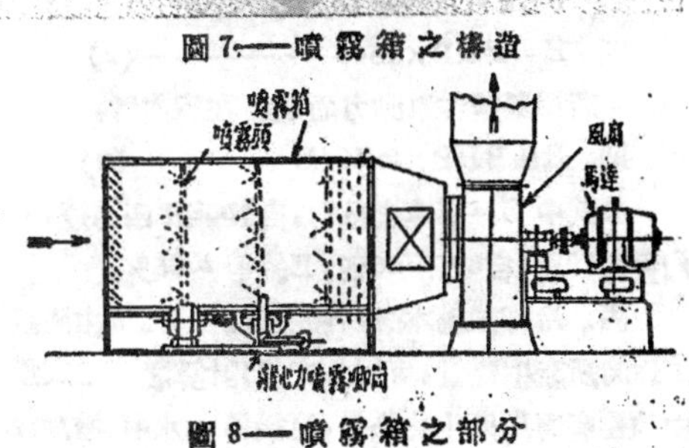

圖 8——噴霧箱之部分

12273

多，故屋頂加裝阻熱材料，實爲一合理之舉。

(2)產生於室內者，其來源有二：

甲、工作人員產生之熱量，——人類體溫約爲98.5°F，此體溫於健康正常時維持不變，故不論時在冬夏，人體必須在一定時間內發散若干熱量，俾使體溫保持正常，發散方式，一部由於傳導與輻射，一部由於蒸發，茲將人體在不同工作情形時所發出熱量，如表二所示。

表 2　人體放出之熱量及水份

(每人每小時以Btu計算)

室溫 °F	70	75	80	85	90
1. 休息時或不做工作					
顯熱量	300	265	220	170	110
潛熱量	100	135	180	230	290
2. 坐或輕微工作					
顯熱量	325	270	210	135	50
潛熱量	225	280	340	415	500
3. 立或輕工作					
顯熱量	350	285	210	145	60
潛熱量	310	375	450	515	600
4. 步行或普通工作					
顯熱量	400	335	225	175	90
潛熱量	400	465	545	625	710
5. 急行或重工作					
顯熱量	540	480	385	265	130
潛熱量	660	720	815	935	1070

蒸發冷卻在普通載荷時，室內溫度，鮮有低於90°F者，人體在該情形下放出之顯熱量，爲數頗小(見上表)，其大部份之熱量，藉蒸發水份之作用，由身體放出，僅增加空氣中水份而不影響其溫度，昔時設計者往往假定每人每小時放出300Btu者，實屬過甚。

乙、機械工作時所發生之熱量。機械能轉變爲熱能，可以馬力數計算之。

設　H＝每小時之熱量，Btu.

BHP＝實際所用馬力

則　H＝BHP×2546……………(2)

若用馬達作原動力而放置在室內者，

則　H＝BHP×2546/E……………(3)

公式中E＝馬達之效力，自½匹至3匹馬達，E約等於70%；自3匹至20匹，E約等於85%。

丙、冷卻設備本身所發熱量。一、爲由風扇工作時所產生熱量，可用公式(2)計算之。二、爲由噴霧唧筒所產生之熱量，直接傳入水中，增加濕球溫度，其值可由下列公式求得之：

$h_2 = h_1 + BHP \times 2546/Q$……………(4)

公式中h_1＝進入噴霧箱前之空氣總熱，每磅Btu，

h_2＝出離噴霧箱後之空氣總熱，每磅Btu，

BHP＝噴霧唧筒所耗實際馬力，

Q＝經過噴霧箱之空氣量，每小時磅。

既得總熱h_2後，其相當之濕球溫度，即可藉濕度圖表求得之。

唧筒所產生之熱量，影響濕球溫度頗微，實際上如不需要極度準確，設計時可以略去不計。

其他如補充水之溫度，予濕球並無實際影響，故不再討論。

上述數種熱源，以機械工作時所產生者爲最大，即以精紡工場而言，每四萬紗錠約需一千匹之馬力，凡紗錠多者，機械熱量，可佔總熱量百分之八十以上，茲將各項熱量用百分數分列如下：

馬達熱量	70—80%
房屋傳熱	14—24

工作人員　　½—1

風扇　　6—5½

空氣之需要量

空氣自噴霧箱經過洗滌後，乾球溫度即降至濕球溫度或相近濕球溫度，再吸收工場內之熱量而升高，升高程度，須視空氣流通量而定。

設t_1=未吸收熱量前之空氣溫度°F

t_2=吸收熱量後之空氣溫度°F(室內溫度)

H=工場內總熱量，每小時 Btu.

Q=流通空氣量，每小時磅。

C=空氣比熱

則$H=QC(t_2-t_1)$……(5)

或$Q=H/C(t_2-t_1)$……(5A)

由上開公式觀之，空氣量Q愈多，室內溫度t_2可以愈低，不過Q若過份巨大，不但設備費用必將異常浩繁，失去採用蒸發冷却之初衷，且因室溫太低而致濕度過高，凡不需要濕度過高之工場，即不相宜，普通情形，空氣流通量大概在每小時15與20調換率之間。

需要較高濕度之工場，惟有織布工場而已，空氣調換率，因之亦須增加，且常輔以直接噴霧設備，以增加空氣中之水份。

冷却效率

空氣經過噴霧設備，理想上乾球溫度應降至濕球溫度，但事實上不能如此完美，事實上之溫度降落與理想上溫度降落之比，稱為冷却效應(Cooling Effect)或稱冷却效率，可用下列公式表明之：

冷却效率$=(t_1-t_2)/(t_1-t')$……(6)

公式中符號同前。

普通所有噴霧箱之設計，其冷却效率，多在60%與98%之間，鮮有超過98%以上者，凡噴霧箱作為蒸發冷却之用者，應有95%以上之冷却效率。

增加冷却效率，最有效之方法，為增加噴霧頭之行數：

設n=噴霧頭之行數

E=每行冷却效率，%

ΣE=噴霧箱之總效率，%

則$\Sigma E=[1-(1-E/100)^n]\times100$……(7)

假定有一噴霧箱內設置噴霧頭四行，每行冷却效率為60%，代入公式(7)

$\Sigma E=[1-(1-60\div100)^4]\times100=97$

一副單行噴霧設備之冷却效率，約為60-75%，其成績之高下，實受下列數點之控制。

1.噴霧頭所噴出水點之粗細，對於噴霧頭之構造，噴水壓力，及每具噴水量均有密切關係。

2.噴霧室之長短，有無充份時間，使水汽被空氣盡量吸收。

3.水與空氣有無充份之接觸及互相衝激，此於空氣經過噴霧箱之速度，噴水壓力，噴霧頭之排列，與噴射方向，均有甚大關係。

4.空氣與噴霧水量，應求一最有效之比例。

蒸發冷却對於紡織工業之關係及井水之功效

蒸發冷却之效能，視大氣濕度之高低而定，濕度過高時，乾球與濕球溫度，早頗接近，無法再使氣溫降低，噴霧效用因之全失，此時祇有直接輸入室外空氣，無庸加濕，此為蒸發冷却之唯一缺點，因此亦惟有紡織工業，或總熱荷載巨大之處，才被採用，而幾乎成為彼等專屬之設備。

近有不少人士，擬利用井水，冀得更有效之冷却，此雖不屬蒸發冷却範圍之內，但不妨在此略述一二，藉供讀者參考。

深井水溫，就現在所有紀錄(江浙一帶)，約為70-72°F，以70°F之水溫，倘能利用其顯熱，則欲吸收大量之熱，非應用大量之水不為功，今假定以每分鐘100,000立方尺空氣在不同之需要溫度時，應用若干井水量，製表如下，讀者稍加思考，即可決定取捨之途。

表3　井水需要量

空氣每分鐘100,000立方尺，濕球溫度80°F.，井水溫度72°F.最後氣溫較最後水溫高1°F.——

空氣最後溫度 °F.	井水需要量，每分鐘英介侖
74	4500
75	1890
76	1022
77	584
78	314
79	131
80	0

可見如欲溫度十分降低，應用水量太大，常為實際情形所弗許，至若利用井水以補充噴霧用水，冀得較低氣溫，更為不可能之奢望矣。

參考文獻

1. Heating Ventilating Air Conditioning Guide, 1939, Page 641.

2. Temperature of Evaporation, by W.H. Carrier (A.S.H.V.E. Transactions, Vol. 24, 1918.)

3. Tables from Chart of "Heat Evolved from Human Body", Refrigerating DataBook 1939-40, p. 206.

4. Air Conditioning, 1st edition, by Moyer and Fittz, p.86.

5. Mechanical Equipment of Buildings, Vol. I, Heating and Ventilation, second edition, by Harding and Willard, p.763.

冷氣機在冷天變成了取暖的火爐

熱泵是什麼？

黎　　飛

在熱天風行一時的冷氣機，如果轉變一下，就會變成冷天的恩物——熱泵。這個原理雖然很是簡單，而且老早已爲開爾文(Lord Kelvin)在1852年時指出，可是眞正的發展和應用還是最近的事。在1946年十月的瑞士巴登城(Baden)的 The Brown Boveri Review 刊物上發表了一篇關於熱泵的報告，說是他們 Brown Boveri & Co. 所屬的各辦公處和工廠中都用這一個熱泵的系統來取暖了，玆將簡略的情形，說明於后，以饗工程界讀者。

如果用每一度電能(Kwh)去加熱爐子，使成蒸汽，可以發出熱能860千卡(Kcal)，但是，用同樣的電能，熱泵却可以發出3300千卡；所以，很顯然的，熱泵的發熱量效率是非常超越的。

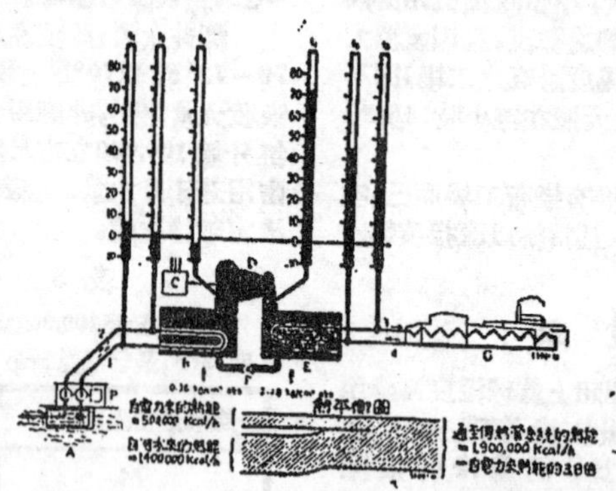

如上圖所示。就是熱泵的循環和熱平衡，在循環中每一部分的溫度也有明顯的表示。A是熱力的來源，此地所用的是從水泵站P打出來的河水；是蒸發器；C爲壓縮機用的電動機；D爲壓縮機；E B爲冷凝器；F爲調節活門；G 爲傳熱管系統；這是整個系統的主要部分。從1至2是河水的循環，從3至4是熱水循環；在B端是低壓系統，E端則爲高壓系統。蒸發器B中間都是水管，管子的外面則是一種液體的帶熱體(Heat Carrier)，其成份包含有弗理翁11號(Freon 11)，即三氯氟甲烷(Monofluor-trichloromethane, $CFCl_3$)，在蒸發器中的弗理翁壓力，保持得相當低，使在河水溫度之下亦能蒸發，那末在蒸發時，河水的熱力可以轉移到這個帶熱體。從水取得的熱力，當水經過蒸發器的時候，可以完全從蒸發的弗理翁中回復過來。當弗理翁的蒸氣經過壓縮機壓縮之後。再驅至冷凝器，冷凝器中亦有水管圍繞且通至外面的傳熱管系統。在冷凝器中的壓力較高，目的在使弗理翁於傳熱溫度較高時可以凝結；這樣，蒸發熱和弗理翁蒸汽的壓縮熱就完全傳到了外面的傳熱管。

熱泵的熱平衡是這樣的：每小時共有一百九十萬千卡供給於熱水，其中一百四十萬千卡是從河水取得，祇有五十萬千卡的熱能來自壓縮機的電能。弗理翁凝結後，就由調節活門調節回復到蒸發器，因爲是膨脹的過程，所以在蒸發器中的溫度變成了很低。這樣一來，弗理翁的循環又開始了。

所以，在熱泵原理上是和冷氣機沒有什麼相殊處的。譬如以家用的電冰箱而言，冰箱中的食物，和壓縮機的電能，都是供給熱力的地方，這一種熱力可使廚房中的熱度無意地增加；但是這種機器的目的是爲了冷化。現在『熱泵』的目的，却正相反，它不是在使河水冷却，倒是在使傳熱系統中的熱水溫度增高。所不同的只是帶熱體的區別而已，工程的妙用正在於此，這種高效率的熱泵，也許就會風行全球的吧！

原子能原動機

君　羊

原子能的發展

1942年之前人類生活所需要的能量都靠着太陽。地面上的水受了日光的熱能，蒸發而成爲蒸汽，上升到天空，受冷成雨而下降，這就是我們水力的來源。油類及煤炭均爲古代的動植物儲有日光所供給的能量，才能現在用來燃燒發生熱力和動力。就是我們人類的生存也全靠着太陽不斷的供給能量於食物，才能維持我們的生命。

自1942年12月2日，人類揭開了新紀元的幕序，進入了原子時代。利用了不穩定鈾原子核中所含的能量，超出了太陽的範圍。在12月2日的那天美國芝加哥大學的物理學家，發現了世界上有史以來未有的新記錄，從他們的實驗室中將巨大的石墨塊所嵌有的鈾，用控制的自營鏈反應(Self-Sustaining Chain Reaction)分裂U 235不斷的發生熱量。

這原子能偉大的發明雖然在這次世界大戰中完成了和平的使命，摧毀了黷武者的力量。但是我們不能再讓牠向殘殺人類的方面發展，應當轉換過一百八十度，替人類謀幸福，這才是合乎科學的眞諦。

美國政府爲致力於這方面的發展，不惜每年耗費3,500,000,000美元，來探求及發展運用原子能的新園地。現在美國Oak Ridge，Schenectady及Chicago等三處正在積極進行研究，可能在此兩三年中，將原子分裂時所產的能量來產生機械動力，實驗成功，但原子能要實際的利用到工業上，這當然是另外一回事了。不過據權威科學家及工程家的預言，原子能在工業上的應用，在此十五年內可以實現，如果進行順利的話，也許在短短的五年內就可以成功。再進一步，如果世界上的工業生產，不爲少數人私有而互相猜忌的話，也許技術的合作，將更高度的發揮其效能，使這一尚在毀滅性階段的原子能，貢獻給人類。

原子能原動機的梗概

現在所設計的原子能原動機是將原子在控制下使牠慢慢分裂，將所發出的熱量來運用於蒸汽原動機的鍋爐或加熱空氣來運轉氣渦輪機。(gas turbine)。此計劃中的困難問題是：(一)如何控制原子慢慢分裂以及(二)如何將此產生的熱量傳達到水或空氣。

下圖所示即此種原子能原動機的大概構造情形。圖的左方爲原子能熱量的發生器。此器的外殼爲混凝土所製成。殼內爲炭調節器（Carbon

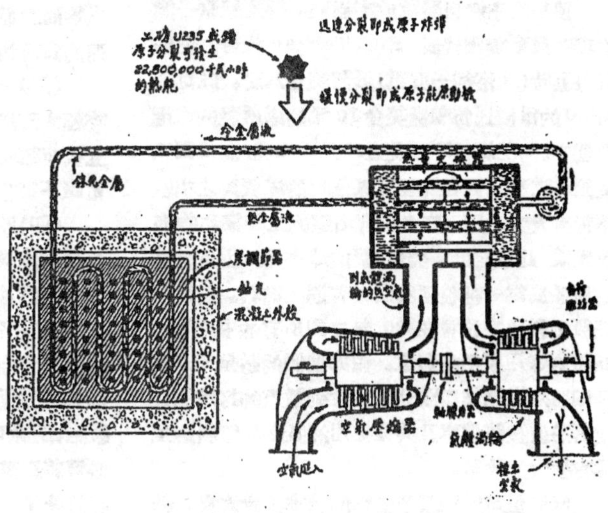

原子能原動機

12277

moderator)。此器中置有迴曲管，迴曲管的灣中即置有分裂性的鈾丸。迴曲管中充滿着鎔化的鋁或鈉鉀齊。迴曲管與右方的熱量交換器（Heat Exchanger）相聯。原動機部分包含一空氣壓縮機及氣渦輪(gas turbine)。

其作用的情形如下：鈾原子分裂所生的熱量由炭調節器之調節而傳入迴曲管中的鎔化金屬。此鎔化金屬由循環抽機的作用將熱量傳入熱量交換器中。空氣經空氣壓縮機而吸入熱量交換器中受及鎔化金屬的高溫而膨脹，衝入氣渦輪推動葉輪而旋轉。

在此構造中所以用鎔化的鋁或鉀鈉齊來作熱量傳遞的介質者，因為此種鎔化金屬能達高溫度而不產生高汽壓。

此種原子能原動機消耗一磅鈈(plutonium)或U235原子可產生熱量11,400,000瓩時。此熱量經鎔化金屬而傳至熱量交換器加熱空氣推動了氣渦輪來發電，可以產生2,500,000到3,500,000瓩時的電力。

美國 Oak Ridge 的 Clinton 實驗室及 Schenectady 的 Knolls 實驗室專門設計於研究上述的方法利用原子能產生動力。Chicago 的 Argonne 實驗室打算利用高溫度與熱量交換器組合運用。

原子能原動機所用原料的成本和來源

使用原子燃料發電成本極輕。據國際原子能管理委員會美國代表 R.C. Tolman 報告。他估計每瓩時(即俗稱一度電)祇需美金八釐。此每瓩時8釐的電價比每噸僅美金10元的煤所發的電還要便宜。何況煤價不祇美金10元一噸呢？像我國及英國和歐洲諸國在此極度煤荒時的煤價與之相較不啻有天壤之別。許多很有名望的工程家和物理學家說：此種每瓩時美金8釐的成本足以促使分裂的原子成為一種很便利而很普通的燃料。有幾位高級的科學家預言在 20 年之內所有的中央電力廠將均採用原子能發電。假如他們的話是千眞萬確則將來煤礦業與礦油業將受到嚴重的打擊呢！或者將使鐵路機車及其他使用油及煤為原料的工業有極大的改革。

我們更可說明原子燃料的成本不會太貴。鈾及釷(thorium)這兩種有名的原子燃料蘊藏很豐富。就現在世界上所知石油礦中所含的此種高級礦石可供全世界所需的電力20年。即使讓所有的鈾原子發生爆炸亦要幾年才完哩！何況此種礦源還在不斷的發現呢！原子能燃料更可從低級礦源中提取如石墨，頁岩，海水等等。鈾是一種極普通的元素僅次於銅，鈷，鋅，鉛等元素為多。釷則又較鈾要多三倍。要是一旦原子能電力廠在商用上建立的問題解決以及國際情勢許可的話，前途的發展一定很快。現在所存儲預備軍用的原子原料希望牠就能變成未來的動力原料。

原子能電力廠與火力發電廠的不同原子能動力設備有幾種顯著的特性。此類特性影響牠的商業化。

(一)原子能動力必須發生 100,000 瓩下之電力方可合乎經濟原則。雖然原子燃料的本身極微小，但需要有巨大的蔽護物以及分裂原子能的運搬設備。此兩種偉大的設備，可使小原子電力廠的成本太大而不合算。故原子能動力設備的成本及體積龐大使原子引擎不能應用於自動車上。但此種引擎可使用於船舶上，尤其是軍艦，因為此種船隻需要巡遊極大的範圍，如使用原子引擎可免去巨量的燃料，載重及裝載燃料所需很多的時間。原子引擎應用於潛水艇則極佳，因原子能動力能使潛艇沉於水中長時期的運用。

(二)原子能動力設備的輸出，可以瞬時調節自零而到最大值，故原子能原動機適應於變化迅速的負荷情形下，不若火力發電的鍋爐調節緩慢。

(三)一原子能電廠尤如一水力電廠，創辦成本極大而燃料成本幾等於零。故原子電廠一旦建立後荷載使用對於每日的運用成本甚微。原子能電廠不啻相當於一具有無限量儲水的水力電廠。

(四)原子能電廠最可貴，而最顯著的優點就是沒有燃料運輸的問題。因為原子燃料的輸入，僅幾磅而已，攜帶便利，不若煤之運輸以噸而計的麻煩。故原子電廠可建立於任何需要電力之處，無須顧慮到交通的如何困難。此種特點可以打破許多需要大量電力的重工業在地理方面的限制。例如製鋁，鋁廠可開設於礦砂出產的山中，無需像現在必須將鉅重的礦砂舶運到有大電力供給的地方再行製煉了。

染料工業概要(下)

吳興生

陰丹士林藍

各色陰丹士林染料之在美國，其地位之重要，一若靛青之在中國。查1945年美國共產染料137,670,000磅中，甕染染料占有32,400,000磅之多，約合24%。陰丹士林藍爲甕染染料中最著者。其製法，可擇其兩種最有實用於中國市場者如下：

1. Indanthrane blue RS
2. Indanthrane dark blue BO (即 Violanthrone)

第一種爲1901年 Bohn 氏所發明，是用 2-amino-anthraquiorone 與苛性鉀熔融而成。

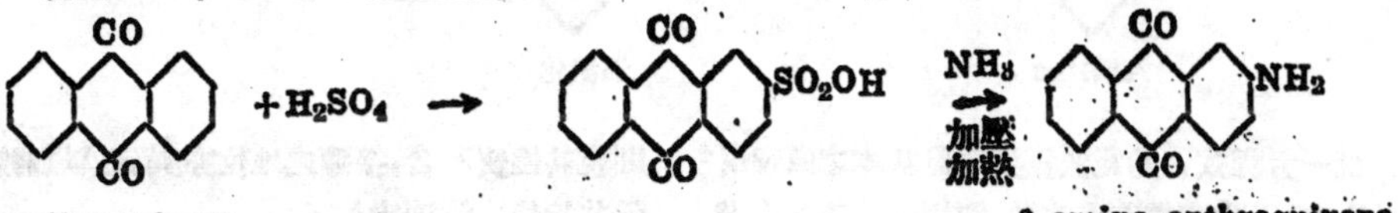

anthraquinone $+ H_2SO_4 \rightarrow$ (anthraquinone-SO_2OH) $\xrightarrow{NH_3,\ 加壓加熱}$ 2-amino-anthraquinone $\xrightarrow{KOH}$ Indanthrane RS

第二種係1905年 Bally 氏所發明，帶紫光，其銷路不若RS之廣。是以 Benzanthrane 與苛性鉀熔融而成。

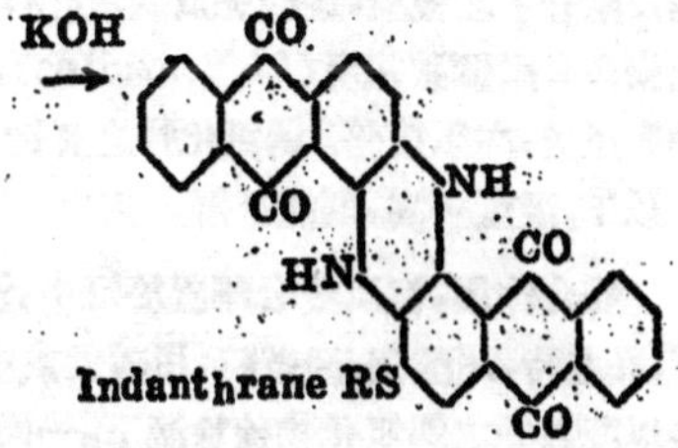

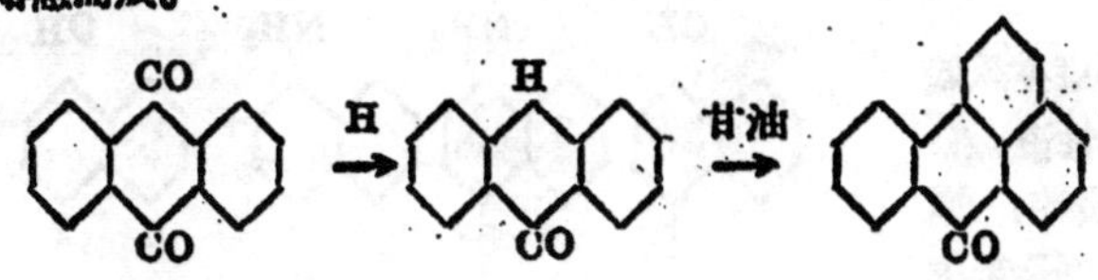

anthraquinone $\xrightarrow{H}$ (anthrone) $\xrightarrow{甘油}$ (benzanthrone) $\xrightarrow{KOH}$ violanthrone

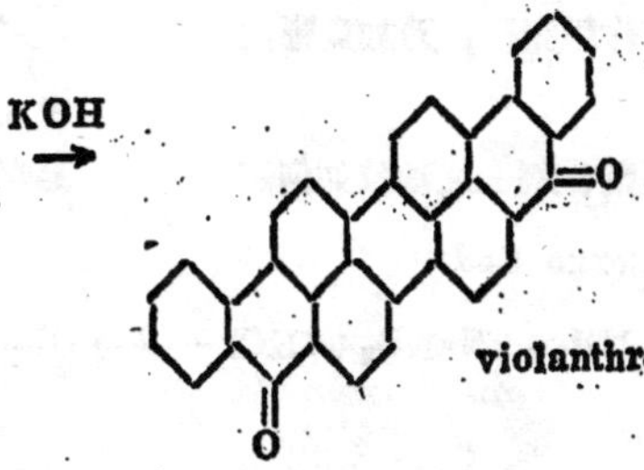

如以此物與硝化之，又可製成黑色染料。

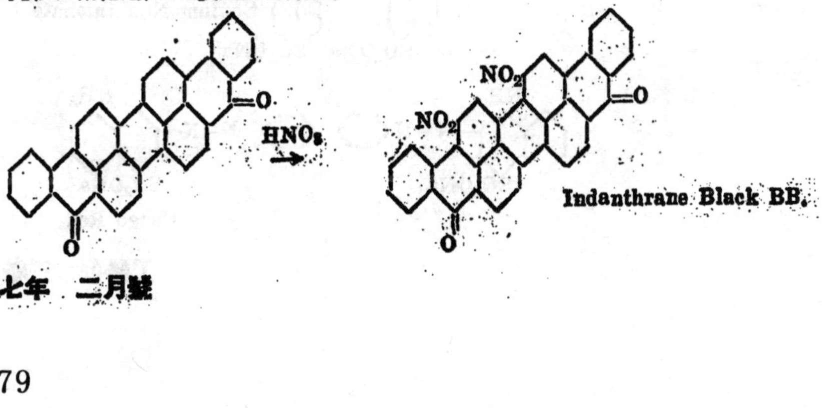

violanthrone $\xrightarrow{HNO_3}$ Indanthrane Black BB.

12279

偶氮染料

前節論及所謂染料者，爲自十種最基本之物質，經處理後變成三百種中間物。以中間物與中間物化合乃成染料。偶氮染料者乃標準之實例也。

基本物質 ⟶ 中間物(1) + 中間物(2) ⟶ 染料

在偶氮染料中，此兩種中間物有不同之命名(1)曰偶氮化物(Diazonium compound)，即含有兩個N原子者；(2)曰雙合劑 (Coupling Compound)。雙合劑常爲芳香族胺或芳香族酚 (Aromatic amine與Phenol)兩種。(1)(2)兩物之化合作用，又名之曰雙合作用(Coupling) 故簡寫之，可作：

$$(1)+(2) \xrightarrow{\text{Coupling}} \text{Azo-dye.}$$

偶氮染料有多種，其含有一對N原子者，謂之單性偶氮染料，兩對者曰雙偶氮染料，更多者曰三或四，總稱之曰複性偶氮染料(Poly-azo-dye)

偶氮物之製造，全恃偶氮化作用(Diazotization)。即將原有一個含氮物質用亞硝酸鈉及鹽酸處理之，再接上一個N原子而成。今以苯胺爲例：

$$C_6H_5NH_2 + NaNO_2 + 2HCl \longrightarrow C_6H_5N{=}N{-}Cl + NaCl + 2H_2O$$

Aniline　　　　偶氮化物

此一方程式，乃爲偶氮染料最基本之原理所在。即一分子之有機芳香族胺，須用一分子之硝酸鈉及兩分子之鹽酸，遂能完成偶氮化作用。如偶氮化物含有兩個胺基者(如 Benzidine)，則亞硝酸鈉與鹽酸，亦須雙倍。偶氮化物之製造，均須在 5°C 以下，溫度一高，則能分解。

雙合作用，恒以雙合劑置於缸中，溫度亦須低下，胺基時，用酸浴，酚基時，用鹼性或中性浴。然後以配備好之偶氮化物徐徐滴下。一面攪拌，一面測驗用度之適量。雙合作用完畢，即染料全部生成，但最好拌攪逾夜，可使作用完全，乃加食鹽並加熱達80°C以鹽析之。

至於偶氮化物接合至雙合劑上之地位如何，則視其性質不合，接連之地位亦異。茲以加號(+)示其地位之接連處如下：

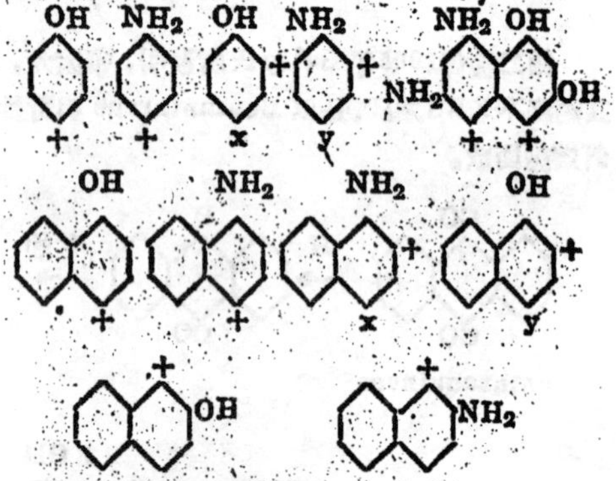

(結構式：OH、NH_2、OH、NH_2 苯環及萘環，以 +、x、y 標示接連位置)

茲舉三數製造實例如下：

(甲)大穚硃紅 Congo Red

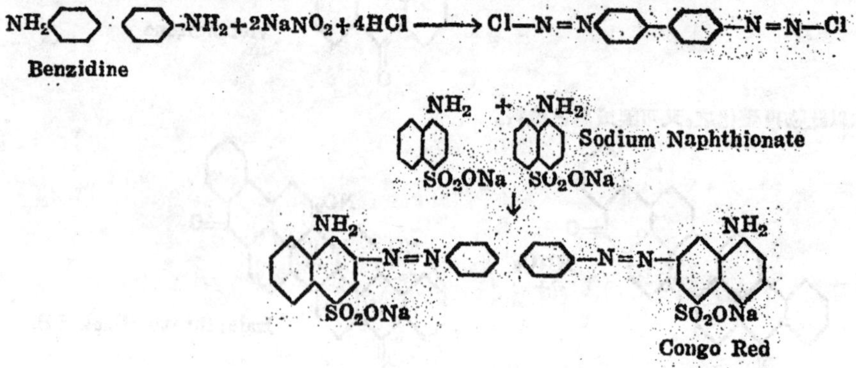

$$NH_2{-}C_6H_4{-}C_6H_4{-}NH_2 + 2NaNO_2 + 4HCl \longrightarrow Cl{-}N{=}N{-}C_6H_4{-}C_6H_4{-}N{=}N{-}Cl$$

Benzidine

+ NH_2 / SO_2ONa 萘環 ×2　Sodium Naphthionate

↓

(萘環 NH_2, SO_2ONa)$-N{=}N-C_6H_4-C_6H_4-N{=}N-$(萘環 NH_2, SO_2ONa)

Congo Red

12280

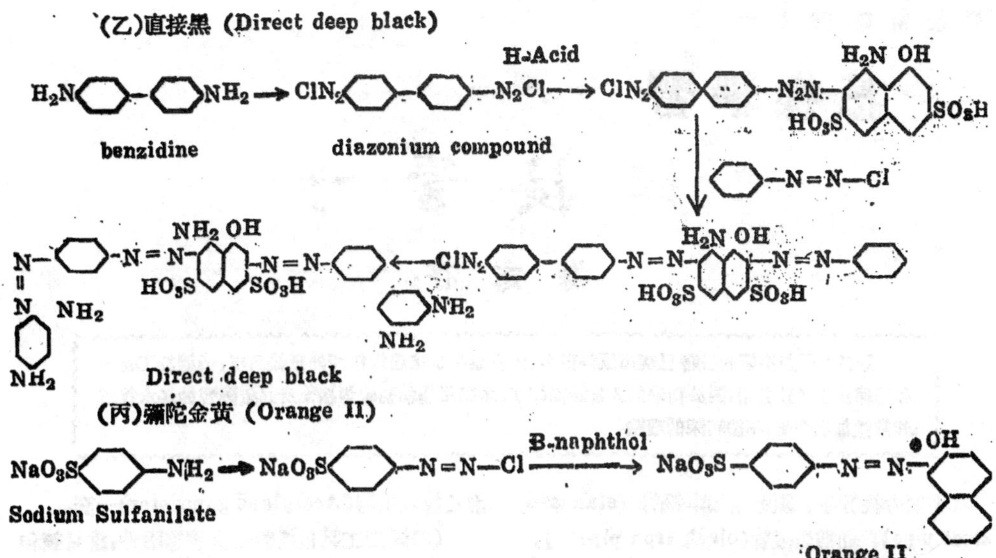

至於實際製造，則不若硫化元之簡單，其配合份量稍有出入，並不十分影響製品，而偶氮染料，則配量亦不可少微差誤，酸度，濃度、溫度稍有不同，亦隨時影響成品。一般之指示劑(Indicator)即以偶氮染料爲之。旣知指示劑對 pH 值有絕大關係，則製造染料時 pH 值當爲最重要之關鍵。至於工廠中之工作步驟約有十一類：(1)溶解，(2)偶氮化，(3)雙合作用，(4)煮沸，(5)鹽析，(6)過濾，(7)乾燥，(8)研碎，(9)染色，(10)混和(11)裝桶。

卅六年十月卅日上海電力公司化驗室

焊接術講話之一

怎樣學習 焊接管子

梅志存

> 關於管子焊接術的書籍已經出版得很多，內容泰半是處理焊接術的複雜問題，僅適於工程師和熟練技工參考之用，對於初學的人就嫌高深了。本講話僅就初學焊接術所必須熟習的基本技巧和常識加以介紹，不涉高深的理論。

初習焊接管子，須選用標準鋼管 (standard steel pipe)，通稱黑鐵管(black iron pipe)的，來實習。這種管子是用低碳鋼（普通約含碳素0.15%或較少）製成的。它的焊接性很好，可以用圖1中的任何一種方法製造。

	焊接前	焊接後	尺寸範圍
對頭焊接法			$1\frac{1}{2}$吋以下
			$1\frac{1}{2}$吋至3吋
搭頭焊接法			3吋至24吋
	抽製前	輾壓抽製後	
無縫焊接法			$\frac{1}{2}$吋以上
	穿孔鋼塊	無縫管	

圖1. 製造管子的各種方法

實習焊接術所需物料

從$\frac{1}{8}$吋到12吋直徑的管子是焊接工作人員所最經常處理到的。它們的尺寸大小詳列第一表。

要進行本文所述的各種練習課程，須將下列各項物料先行備妥。

(1)氧氣(俗稱風)和乙炔氣(俗稱電石氣)：如無乙炔氣，則可用電石(碳化鈣)自行發生，惟須另備乙炔發生器(Acetylene generator)一套。

(2)焊接工具包括割切吹管等附件，護目鏡和

表 1.

尺寸(吋)	外徑(吋)	內徑(吋)	管壁厚(吋)	每呎重(磅)
$\frac{1}{8}$	0.405	0.269	0.068	0.244
$\frac{1}{4}$	0.540	0.364	0.088	0.424
$\frac{3}{8}$	0.675	0.493	0.091	0.567
$\frac{1}{2}$	0.840	0.622	0.109	0.856
$\frac{3}{4}$	1.050	0.824	0.113	1.130
1	1.315	1.049	0.133	1.678
$1\frac{1}{4}$	1.660	1.380	0.140	2.272
$1\frac{1}{2}$	1.900	1.610	0.145	2.717
2	2.375	2.067	0.154	3.652
$2\frac{1}{2}$	2.875	2.469	0.203	5.793
3	3.500	3.068	0.216	7.575
$3\frac{1}{2}$	4.000	3.548	0.226	9.109
4	4.500	4.026	0.237	10.790
$4\frac{1}{2}$	5.000	4.506	0.247	12.538
5	5.563	5.047	0.258	14.617
6	6.625	6.065	0.280	18.974
7	7.625	7.023	0.301	23.544
8	8.625	8 071	0.277	24.696
8	8.625	7.981	0.322	28.554
9	9.625	8.941	0.342	33.907
10	10.750	10.192	0.279	31.201
10	10.750	10.136	0.307	34.240
10	10.750	10.020	0.365	40.483
11	11.750	11.000	0.375	45.557
12	12.750	12.090	0.330	43.773
12	12.750	12.000	0.375	49.562

手套。

(3)$\frac{1}{8}$吋 No.1 H.T.焊料絲(welding rod)兩磅。

(4)$\frac{5}{32}$吋 No.1 H.T.焊料絲四磅。

(5)鐵鉗一付。

(6)火磚兩塊。

(7)C形夾鉗(C-Clamp)數枚。

(8)約長十八吋的3吋水流鐵(channel iron)一塊。

(9)約長十八吋的2吋角鐵(angle iron)一塊。

(10)$\frac{1}{4}$吋×2吋鋼條(steel bar)一塊，長度約需2呎。

(11)六吋見方，$\frac{1}{4}$吋厚鋼鈑六塊。

(12)下列各類不同長度的管子：

標稱管徑(吋)	長度(吋)	根數
1	3	2
2	6	6
3	6	1
6	6	6
6	10	3
8	4	4

焊接各種管子的接頭製備法，隨管子尺寸的大小而略有不同。如果管子的管壁厚度超過$\frac{3}{16}$吋，必須先把管子接頭的端緣切斜(beveled)；這樣焊接好的管子內壁才會平整光潔。如果管壁薄於$\frac{3}{16}$吋，接頭端緣無須先行切斜，逕就平緣加以焊接即可。圖2列示適用於黑鐵管對頭焊接(butt weld)的常用接頭製備法(Recommended joint preparation)。表2列舉兩管接頭間的常用間距(Recommended spacing)——圖中的"S"是。按

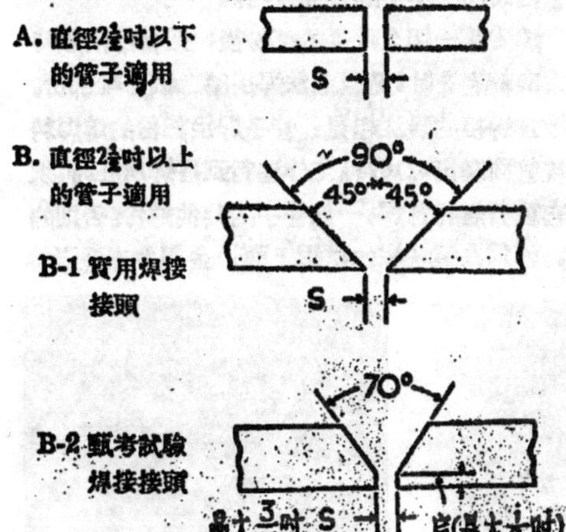

圖 2.

表 2.

(燒搭焊之前)

端緣式樣 / 常用間距 / 標稱管徑(吋)	單V形斜緣(90°) 吋	未切斜 吋
$\frac{3}{4}$ 至 $1\frac{1}{2}$	—	3/32
$1\frac{3}{4}$	—	1/8
2 至 $2\frac{1}{2}$	3/32	1/8
3 至 8	3/16	—
8 至 12	1/8	—

照通常慣例，只有當管子的運用壓力(operating pressure)很高，或是接合需要最大強度的場合，才把2吋管徑管子的接頭端緣切斜。

接頭的製備要符合規定

圖2中B-2簡圖所列示的接頭製備法是符合美國焊接學會(American Welding Society or A.W.S.)的標準甄考程序(Standard Qualification Procedure)中用於$\frac{3}{8}$吋厚試件(test specimens)的規定。這程序是用以甄定焊匠焊接管壁厚度在$\frac{3}{8}$吋以下管子的技術的。這種接頭製備設計在近焊接的底盂(root)處有一直肩(shoulder)；可以把管子接頭的端緣先割切平直再行切斜；或是全部先行切斜，然後用吹管火焰割切成直肩再加以銼平或磨平。甄考試驗焊接接合(qualification test weld)的兩管間隔距離通常較平斜接合(plain beveled joint)稍闊，如圖2 B-1中所示。

前表所列舉的短段管子可以用後列任何一種方法切取：(1)用車床鏇斷或用手鋸鋸斷；(2)用管子割刀(pipe-cutter)割斷，割取的管端邊緣稍具斜面，對於焊接是有利的；(3)用吹管割切，這是最好的方法。吹管可以用手握持或利用適當的機械裝置。

一種易於製作的焊接工作架，如圖3中所示，對於實習訓練工作是很有用的。這具工作架製作便易，只須把兩對平行鋼條用銅焊焊住在一個適當

圖 3

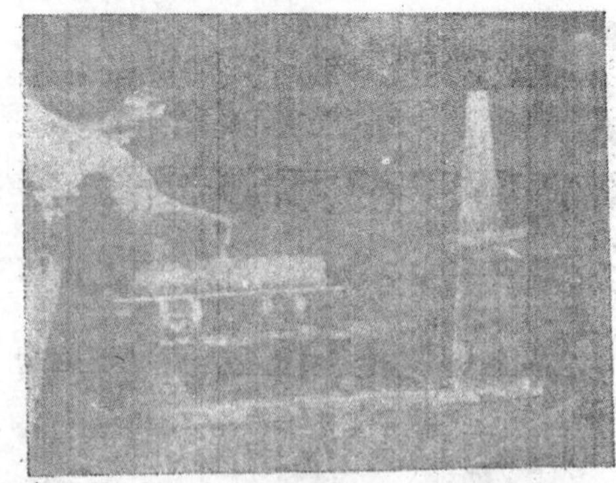

圖 4

的底座上再把滾輾和滑屐 (roller skates) 用翼形螺母裝配在鋼條上就成。

開始本務前的準備

第一步先練習用滾動焊接法(Rolling weld)焊接 2 吋管徑的管子。這種管子的管壁厚度小於 3/16吋，所以無須把管端邊緣切斜。在開始本務焊接之前，兩段待焊接的管子須先用搭焊 (tack-weld) 搭牢，以保持它們的正常對直位置。把兩段管子準確對直 (alignment)的一種簡便方法就是把它們放置在2吋角鐵之中，參閱圖 4。它們接頭邊緣之間須相距1/16吋。然後用 No.3 吹管頭(head) (或其他相當大小的他廠出品亦可) 和 1/8 吋焊料絲：在管周上等距三點施行搭焊。用吹管燒熱兩管端緣的一小塊，正當它們的金屬熔化流合時，把焊料絲插入熔金漿(molten metal puddle) 中，熔下足量的焊料以完成搭焊；它的寬度約為 1/4吋。工作時，吹管須握持得約與焊料絲成90°角，它們則又各自與管面成45°角，施行搭焊時，無須把管壁貫透熔化，因為在進行本務焊接時尚須重加熔化的。

搭焊完成之後，移去角鐵，把管子放置在焊接工作架的滾輾上，以備進行本務焊接工作。燒焊工作從兩個搭焊的中點開始進行。如果把管端與時鐘的部位對比，從相當於1點30分的位置起焊最為方便(圖5)。調整吹管火焰成為中性，在管子需要接合的部份普遍加熱，並且使火焰環行運動。待該部金屬燒紅後，把火焰的環行運動集中到一小點上，使兩管邊緣熔合 1/8吋光景。當熔化的金屬剛要開始流動時，插入焊料絲，熔下焊料以填滿其中的間隙。焊料絲須握得近乎垂直，並與管子橫剖面在同一平面內。吹管須握得近乎水平，焊料絲與吹管頭互成90°角(圖6)

吹管火焰須稍向上吹，這樣才可維持熔化金屬不流下。管料與焊料須確實透澈熔合，但切不可因而燒穿成孔。這是在焊接無斜緣的管子時免除管子內面凸凹不平的普通技巧。

焊妥第一個 3/4 吋長的部份後，把管子沿順時鐘方向轉過 3/4 吋；仍照上法焊接第二個 3/4 吋部份。為增加焊接的強度起見，管子焊接部份的熔焊料須較管面高出1/16吋。工作進行到搭焊所在時，須把它重行熔化加焊，一如管子的其他部份。否則的話，因為在這狹窄的搭焊下面，金屬並未透澈熔

圖 5

圖 6

圖 7

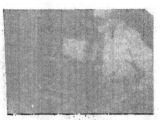

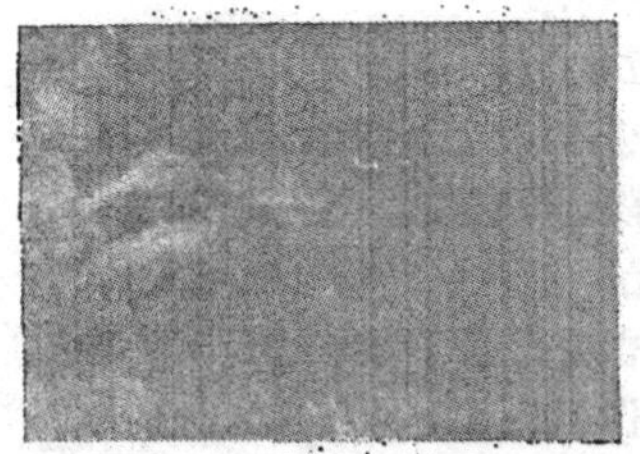

圖 8

圖 9.

圖 10

合，於是成爲焊接接合的弱點所在；所以切不可把搭焊當作完成的焊接看待。全部管周均焊妥後，用滑石標明焊接的起始點和終止點，作爲割切試樣(test specimens) 的標記(後節再詳細探討)。完好的焊接接合須有像圖7中所示光滑均勻的外觀。

另取 2 吋直徑管子兩段，先依前法在圓周等距三點施行搭焊。這次將管子直立，焊接線是水平的。爲防止搭焊後的管子在焊接工作進行中傾倒起見，把它搭焊在習焊工作架的鋼鈑上（見圖8)；惟焊料須用青銅，如此，管子焊接完畢後，較易自鋼鈑上熔離；並可避免毀傷鋼鈑的表面，使它以後還可被應用。

調整工作架的裝置，使焊接線(Line of Weld)與眼的視線幾相齊平。仍照前法從兩個搭焊的中點開始施行焊接。握持吹管使管頭部份保持水平位置並與管面成 45° 角。於是燒熱兩管管頭接緣，每次以一吋左右爲度，把火焰環行閃動直到它們的金屬開始熔合，再把焊料熔入。焊料絲須水平握持，並與焊接線近乎平行。管子與焊料絲間仍要成90度角。焊料熔入時，須把吹管略向下撳，使火焰微向上吹，姿勢須如圖 9。吹管的焰力會得使熔化金屬保持原有位置的。

焊料與管料均須熔化

施行焊接須確使焊料和管料均行熔化，但是熔渠的量愈少愈好。如果熔融金屬有失却控制沿管邊滴下的趨勢時，應瞬即把火焰移開片刻，待它稍稍凝固再繼續進行。管子焊接完畢後，起始點須用滑石劃一標記以資識別。做過 2 吋直徑管子焊接的工作之後，接着就可開始學習焊接 6 吋管徑的管子了。因爲 6 吋管子的管壁厚度超過3/16吋，所以要先把管子端緣切斜。這項工作可以利用工作架來做得很整潔。

把6吋直徑管子一段擱置在工作架的滾輾上，再照圖 10 把吹管夾住在調節架上。取結實的繩索一根，在離身較遠的管子一頭上圍繞一匝後，把它的頭繫住在曲搖柄上（用 $\frac{3}{8}$ 吋焊料絲製成)，繩的另一頭經過左側游輪(idle pulley)，結掛重物把它拉緊(圖4)。調整曲搖柄和游輪的高度使它們都比管頂稍低。這樣，繩索可以把管子緊繫，而不會把管子從滾 … 上拉出。吹管角度調整到 45°。取 16 號金屬薄鈑製成角規，按照圖12的用法，對於調整吹管角度可以方便不少。

吹管火焰適度調整之後，就可把它向着管端邊緣吹燒，使預熱焰剛好觸及邊緣。等到有一小塊管料已燒到紅熱，把吹管頭對準割切線，旋開氧氣割切閥 (cutting-oxygen valve)；同時搖動曲搖柄，使管子緩緩旋轉。工作者在經驗之下，不久就可判斷適宜的旋轉速率，並且在割切過程中，可以始終保持均勻一致。如果把工作架靠近身體的一端，稍稍墊高一些，管子的那一端就因重力關係抵住面鈑。熟練地利用這種裝置，極容易完成光潔均勻的割切。只須調整吹管頭的角度，管子端緣就可割成平直或任何斜角。

圖 11

圖 12

圖 13

圖 14

俟兩根6吋管子管端的斜緣都已割好，氧化物用銼刀或鋼鑿除去之後，把它們放在角鐵內對直，並在管子間的V槽底搭焊三點。搭焊前管子接頭間的距離約為⅛吋；但仍視焊接進行的速度而略有伸縮的。就是說，焊接工作的時間愈長，間距的收縮愈大。如果管端的間距太寬，熔融的金屬就很難搭牢；反之，如果間距過窄，因冷卻收縮作用，管子端緣就要互相重疊起來。所以在焊接過程中，間距不可小於1/16吋。

管子搭焊完妥後，移去角鐵，把管子擱在工作架的滾輥上，就可開始進行正常焊接了。焊料絲用3/16吋的。如果使用31號吹管，要配7號吹管頭。一如焊接2吋管子，從兩個搭焊間的中點開始，並在1點30分的位置進行燒焊工作。吹管與焊料絲須互成90度角，和管面則各成45度角。燒熔V槽底緣，把焊料熔入間隙，焊料與管料務須完全熔合。這樣地焊過半吋光景，把吹管回轉火燒，再把焊料熔入V槽，使焊接部分比管面稍高一些，以增加它的強度。這樣繼續做下去，直到全部焊好。每次焊到離管頂一吋地位時(圖12)，把管子滾轉，使焊接的終點仍在相當時鐘1點30分的位置，熔融的金屬就可不向下流了。

如果燒焊V槽底緣時加熱過度，可能燒穿成像圖13中的孔洞。如果遇到這種事件，須先把孔洞補焊完好。補焊工作可以照下述方法做。把管子滾轉，使孔洞在相當於3點鐘的位置。這樣，管緣垂直，可以減少熔融金屬落入內部的機會；而且重力亦有助於焊補工作。把吹管火焰向上燒，焊料絲垂直握持。一俟孔洞的邊緣熔化，即熔入焊料，孔洞就可補好。於是，把管子仍轉到1點30分的位置，繼續進行正常焊接工作。

完好焊接的管子外部須是一連串光滑均勻的重疊波形環，內部並無凹凸不平。圖14所示，是一個優良完好的焊接接合。（待續）

12286

熱處理講話之四

鋼的熱處理(下)

台灣省鐵路管理局材料處副處長 吳慶源

什麼叫表面硬化(Case Hardening)?

工業上有很多種類的機件,需要用表皮甚硬但內部却柔韌的鋼來製造,表皮硬所以防制磨損或腐蝕作用,內心韌則在受力時不致斷折;這種兩全其美的鋼鐵機件是往往在加工後以『表面硬化』的熱處理方法產生出來的。我們如果能很小心地控制淬火和回火的手續,即使是這一種條件的材料,也可以根據以前的熱處理方法完成的。但是,對於有幾種機件,例如汽車上用的活塞梢或紡織機上用的鋼領圈之類,表皮和內心的不同性質,事實上只可以用一種化合元素如碳或氮去加入表皮內,再用淬火的方法來使之保存這種特硬的性質,方才能成功;並且這一類機件,內心的性質往往就是原來材料的性質,外表皮的性質則可以用表面碳化法或氮化法來改變它,下面是討論這二個方法的要點:

表面滲碳法(Case Carburizing)

這一個方法是改變鋼鐵材料外表皮的最基本方法,即若將製成後的機件暴露在一個容易供給碳分與鋼的環境之中,溫度普通爲840°~950°C(或1550°~1750°F)之間,在這一個溫度範圍時,鋼正變成了奧登體,而外界所產生的碳就可以溶解在奧登體之內,溶解的步驟首先是表皮,其次逐漸滲透入內部。表皮的硬度因爲碳分較濃,所以硬度也顯然地高過內心部分,這一層顯然分明的表皮厚度,名爲表皮深(Case depth)。大概表皮的碳分濃度是依據了碳化物與溫度而決定。表皮的深淺則按表皮上所能維持的碳分濃度,溫度鋼鐵的成分和時間而分高下。

事實上,按碳化的環境不同,這一種表面滲碳法又可分成三種方法,那就是:(1)包裹滲碳(Pack-Carburizing),就是把鋼件包裹在一種固體的碳素物質之內;以令碳化;(2)氣體滲碳(Gas Carburizing),就是將鋼件暴露在一種碳化的氣體,如甲烷、乙烷或一氧化碳等之內,俾令碳化;(3)液體滲碳(Liquid Carburizing),這一種方法又名爲氰化法,實際上其中還包含着氮化,普通工業上應用最多,鋼件是浸在一種溶融的含氰鹽浴之中,以使碳化。

表面滲碳過後的機件是不大容許做太多的車削工作,至多是稍爲精磨去一些;所以在未做表面碳化工作之前,主要的車削工作或成形工作都要預先完成。同時,在碳化和淬火的過程中,我們要注意的就是如何減少變形或是免除脫皮等弊病。爲了要達到這一個目的,機件在碳化之前常須經過退火的手續,同時在加熱的過程中,應該要十分均勻地獲得所需的溫度。而且機件更需要有牢靠的支架及適宜的運移工具,以防變形。

可以用爲表面淬火的鋼鐵材料,主要當然須視內心所需的性質來決定選擇的標準,同時也根據了用途而變化,最粗淺的分級方法,可以把這些鋼鐵材料分成三個等級:

(1)普通碳鋼,含碳分自0.10至0.25%,在正常狀態之下,這一類鋼的表皮只有用突然淬入液體中的方法來超越過臨界冷却速率(Critical Cooling rate),內心是不會變硬的,除非斷面積特別的小。內心的強度大約不會超過每平方吋100,000磅,然而因爲價格低廉,手續簡易的緣故,所以應用範圍頗廣。如果機件構造十分脆弱,突然淬火會發生甚大變形的話,我們就要選擇有合金元素含入的鋼鐵了。

12287

(2)少量合金的碳鋼，含1至2%的合金元素如鉬、鉻、釩、鎳等，而碳分最高祇有0.40%。合金元素在學理上說來，因爲減低了臨界冷却速率，足以產生較深的硬化程度，這種合金碳鋼要用油淬，因此變形亦較少，內心的强度可以抵達每平方吋175,000至190,000磅，視合金成分的變化而異。

(3)高量合金的碳化鋼，約含2%以上的合金元素(如上節所述)，碳分則不超過0.2%。這種鋼即使用較爲和順的油淬方法，也能產生所需要的各種特性。由於價格的高昂和淬火手續的精密麻煩，因此用途亦大大受了限制。

以下是三種表面滲碳方法的簡單介紹，讀者可以觀察這三種方法究竟有什麼區別？

包裹滲碳法

應用這一種滲碳法時，機件是放在一只用抗熱材料(合金鋼或澆鋼特製的滲碳箱中，機件是完全給固體的碳化材料所包裹。在機件和滲碳箱之間的地位(大約是½吋左右)，需要愈均勻愈好，目的在使箱外的熱能均勻地傳至箱中的機件。這樣包裹好了的滲碳箱加上了蓋之後，就放到一個爐子內，維持一個相當時期的碳化溫度，這項溫度、時間和碳化物的成分是依據機件需要碳化程度的深淺來加以選擇的。碳化物的種類很多，有好多專門製造的廠商可以供給，例如有一種市場上可以買到的碳化物，能在九小時的碳化時間中(溫度維持在925°C)可以產生一個表皮深度到0.040～0.050吋。在這整整的九小時內，其中只有四小時是實際上在碳化，其餘的時間却用在使機件加熱。碳化之後，機件可以迅速地淬火，或是慢慢地冷却，再加以適當的熱處理。

一種機件也許只消一部分碳化，那末不需碳化部分可以用幾種方法避免；一種是鍍銅的方法，還有一種是把不需碳化的部分用火泥或砂土包封起來。如果機件是漸緩冷却的話，那末先把整個機件碳化，然後把無需碳化的部分用車削的工具去除之。

市場上習見的碳化物商品原料成分變化甚多，大多數包含碳及鹼的化合物，或是鹼土金屬的碳酸鹽，後者往往作用如『促力劑』(energizers)，因爲它是促進反應速度用的。一種標準碳化物的成份是：53～55%的硬木碳，30～32%的焦碳，2～3%的碳酸鈉，10～12%碳酸鋇，3～4%的碳酸鈣。在化合的過程中，我們相信固體的碳不會直接跑到鋼鐵材料中去形成化合碳，它一定經過相當的中間步驟，如先變成一氧化碳再與鋼鐵的表皮化合，然後又產生碳，再溶解在鋼的奧登體中的。若用化學方程式來表示，步驟如下：

$$2C + O_2 \rightleftarrows 2CO \cdots\cdots (1)$$

各種碳化物　已吸收的空氣　氣體

$$BaCO_3 \rightleftarrows BaO + CO_2 \cdots\cdots (2)$$

促力劑　氣體

$$CO_2 + C \rightleftarrows 2CO \cdots\cdots (3)$$

氣體　各種碳化物　氣體

$$\begin{cases} 2CO + 3Fe \rightleftarrows Fe_3C + CO_2 \cdots\cdots (4a) \\ 2CO \rightleftarrows C + CO_2 \cdots\cdots (4b) \end{cases}$$

(4a) 氣體　鋼鐵　溶於奧登體中　氣體

(4b) 氣體　溶於奧登體中　氣體

在上列(4a)(4b)式中所產生的CO_2仍會如(3)式所示的反應化合成一氧化碳。事實上，這一種滲碳方法很有點兒像製造坩堝鋼的手續差不多。

氣體滲碳法 (Gas Carburizing)

這一種方法在近幾年來頗爲應用，尤其是對於小型機件的滲碳或表皮不需十分厚的機件，很是適用。這方法的優點在清潔、迅速、而作用可以自動化。然而，如果要經濟而有效率的話，必需有大量生產上的工作物；因爲設備的昂貴和專家的需要，如果去處理少量的機件，當然是不合算的。

普通滲碳用的氣體是甲烷、乙烷、丙烷、丁烷和一氧化碳，按照上面包裹滲碳法的化學反應看來，一氧化碳的滲碳作用其實不够活潑，因此，在氣體滲碳的過程中，以用有機性烷屬氣體爲佳。甲乙丙丁四種烷屬氣體的活潑性按照其次序有所先後，不過實用上是四種烷屬的混合氣體，因爲純粹的氣體要沉澱一種煤黏物在工作物的上面，當然會妨害到滲碳的作用。甲烷和乙烷的混合物可以從天然煤氣(約含75～85%甲烷，5～20%乙烷)中取得。在使用之前，天然煤氣還要用足量的較淡氣體或是已經滲碳作用過後的廢氣來攙和，使只含40～50%的天然煤氣。至於丙烷和丁烷則可以在市場上買得到裝在壓力筒內的液體，到應用的時候，再用氣體冲淡，但是因爲市場上出售的這種氣體成分變化甚多，碳氫化合物的成分少而二氧化碳及水蒸氣。來得多，因此在未用之前，必須要經過乾燥及加濃碳氫化合物（如丁烷）的二個步驟。

氣體滲碳的化學作用是這樣的：

$$\begin{cases} \underset{\text{氣體}}{2CO} \rightleftharpoons \underset{\text{溶在奧登體內}}{C} + \underset{\text{氣體}}{CO_2} \cdots\cdots(5a) \\ \underset{\text{氣體}}{2CO} + \underset{\text{鋼鐵}}{3Fe} \rightleftharpoons \underset{\text{溶於奧登體內}}{Fe_3C} + \underset{\text{氣體}}{CO_2} \cdots\cdots(5b) \end{cases}$$

$$\begin{cases} \underset{\text{甲烷}}{CH_4} \rightleftharpoons \underset{\text{溶於奧登體內}}{C} + \underset{\text{氣體}}{2H_2} \cdots\cdots(6a) \\ \underset{\text{甲烷}}{CH_4} + \underset{\text{鋼鐵}}{3Fe} \rightleftharpoons \underset{\text{溶於奧登體內}}{Fe_3C} + \underset{\text{氣體}}{2H_2} \cdots\cdots(6b) \end{cases}$$

$$\begin{cases} \underset{\text{乙烷}}{C_2H_6} \rightleftharpoons \underset{\text{溶於奧登體內}}{2C} + \underset{\text{氣體}}{3H_2} \cdots\cdots(7a) \\ \underset{\text{乙烷}}{C_2H_6} + \underset{\text{鋼鐵}}{6Fe} \rightleftharpoons \underset{\text{溶於奧登體內}}{2Fe_3C} + \underset{\text{氣體}}{3H_2} \cdots\cdots(7b) \end{cases}$$

以上許多反應，尤以(5)(6)二種，在滲碳溫度時是可逆的，純粹的 CO_2 會起減碳作用，變成了CO；同時，純粹的H_2也會起減碳作用，形成CH_4。此外水蒸氣也可能有減碳的影響，如以下的反應：

$$\underset{\text{氣體}}{H_2O} + \underset{\text{溶在奧登體中}}{C} \rightleftharpoons \underset{\text{鋼鐵}}{Fe} + \underset{\text{氣體}}{CO} + \underset{\text{氣體}}{H_2} \cdots(8a)$$

$$\underset{\text{氣體}}{H_2O} + \underset{\text{溶在奧登體中}}{Fe_3C} \rightleftharpoons \underset{\text{鋼鐵}}{3Fe} + \underset{\text{氣體}}{CO} + \underset{\text{氣體}}{H_2} \cdots(8b)$$

根據實驗；混合氣體是否有滲碳或減碳的作用，是完全依靠了(1)氣體的成份，(2)溫度，(3)鋼內的碳分，和(4)對於混合氣體的壓力而決定的。例如，在900°C(1650°F)和760糎水銀柱壓力時，CO與CO_2混合氣體(含91% CO)，可與含0.4%碳的奧登體鋼處在平衡狀態，那是說這一個混合氣體，在900°C和760糎水銀柱壓力時，如含了超過91% CO，就會有滲碳作用；反之，含了低於91% CO的混合氣體，就產生一種減碳的作用。如果溫度再增高的話，在CO與CO_2混合氣體中的CO成分一定還要增高，那末才能有相等的滲碳作用。

以下要提起的應該是液體滲碳法，但是這個方法的原理普通都是滲碳和氮化二種方法合併起來的，因此我們先得談一下什麼是氮化法？

表面氮化法 (Nitriding)

這個方法是比較新式的表面硬化法，大約在公元1920年起開始應用到工業上去。要氮化的鋼體，必須先行車製完工，同時把各種銹痕和斑點除去後，始可放在一只可以調節溫度的容器內，然後通入適量的氨(NH_3)，溫度普通在480°～540°C(900～1000°F)，這是在鐵碳合金的臨界溫度之下，但當氨進入這個氮化室中之後，氨就進行分解，大約有30%的氨分解成氮和氫，這個氮是原子氮，所以就和鐵化合成氮化鐵，Fe_4N（有時也會成Fe_3N及Fe_2N）；可是Fe_4N是不大安定的，然而，鋼鐵中其他的合金成分如 Al, Cr, Si, Mn 及 Mo 等，若與氮化合，却較為安定，因此要氮化的鋼，常常含有這許多成分；（有一個特殊的名稱，叫氮化合金 Nitralloys）。大概的氮化反應如下：

$$2NH_3 \rightleftharpoons 2N + 3H_2$$

$$N + N = N_2$$

$$\begin{cases} 2NH_3 + 8Fe = 2Fe_4N + 3H_2 \\ N + 4Fe = Fe_4N \end{cases}$$

$$\begin{cases} 2NH_3 + 2Al = 2AlN + 3H_2 \\ N + Al = AlN \end{cases}$$

$$\begin{cases} 2NH_3 + 2Cr = 2CrN + 3H_2 \\ N + Cr = CrN \end{cases}$$

普通應用的氮化鋼約含碳0.20～0.40% 鋁0.90～1.50%，鉻0.90～1.4%，鉬0.15～0.25%；有幾種則可以鉬代替鉻的成分，釩去代替鉬的含量。雖然鎳是不大會形成安定的氮化物，但在有種合金內却加入鎳去加强內心的强度；也許有時也加入若干硫，俾便增加車削的性能。

應用氮化法，可能獲得較高的硬度，較佳的磨損抗力，較强的抗銹性能和較好的高溫硬度保持性。但是因為需要價昂的合金鋼，因此就比較滲碳法來得不合算。然而，有很多地方仍還需要氮化鋼，特別是在較高溫度仍需硬度甚高的機件例如飛機和汽車引擎的凡而和凡而座，活塞梢，桃子軸和汽缸襯等機件；還有如球軸承，輥軸承，抽絲模子，模鑄模子以及各種抵抗高壓蒸汽的機件等均屬之。

普通氮化後的硬度厚度祇有0.01～0.02吋，最大可達0.04吋，但是需要100小時以上的氮化時間。

氰化法 (Cyaniding)

氰化法適用於鍛鐵或低碳鋼的表面硬化。在很早的年代，粉末狀的氰化物(俗名山奈)已經被鐵匠們所應用，但是近代的氰化法是用液體的溶融氰鹽來處理的。普通的氰鹽浴含20～50%的氰化鈉，其餘是碳酸鈉或碳酸鈉和食鹽的混合劑。最近還有各種促進氰化的活力劑發明出來，(例如卜內門洋行經理"Cassel"牌子的 Rapideep 即是一種)，雖然對於較薄的硬皮沒有什麼顯著的作用，可是對於產生較厚的硬皮，却有很大的效果。這種活力劑成份不一，除了氰化鈉以外，大概是些鋇和鈣的氯化物或氰化物。

在氰鹽浴的表面硬化法中，氮化和滲碳作用是同時產生的。普通的鹽浴溫度是 730°～900°C (即 1350°～1650°F)，較低的溫度適宜於氮化作用，較高溫度却便於滲碳。含有活力劑的鹽浴中，滲碳作用比較顯著，表皮上的氮化鐵也較普通鹽浴所產生的為少，(約少50～75%)。

這二種氰化作用的化學反應如下所示：

$2NaCN+O_2$(少量)$=2NaCNO$ ……(9)

$4NaCNO=2NaCN+Na_2CO_3+CO+2N$ ……(10)

$2CO+3Fe=Fe_3C+CO_2$(滲碳作用) ……(11)

$N+4Fe=Fe_4N$，$N+2Fe=Fe_2N$ (氮化作用) ……(12)

以上是普通的鹽浴，若含有$BaCl_2$或$Ba(CN)_2$活力劑的鹽浴，其反應大概是：

$2NaCN+BaCl_2\rightleftarrows 2NaCl+Ba(CN)_2$ ……(13)

$Ba(CN)_2\rightleftarrows BaCN_2+C$ ……(14)

$3Fe+C=Fe_3C$ (滲碳作用) ……(15)

從上面的反應看來，很明顯地可看出為什麼在含有活力劑的氰鹽浴中，滲碳作用較氮化作用來得顯著。

普通的氰化法，在機件上只能產生較淺的硬皮，厚度只不到0.01吋，到0.02～0.03吋厚度的硬皮，其實是最大的限度了。當然，只要浸入時間較長，機件原料成份適宜，鹽浴的成分確當，溫度準確控制，也可能產生更厚的硬皮，可是比較經濟的方法還是第一種的包裹滲碳法。舉一個例如 S. A. E. 1015碳鋼機件，若浸在一種標準活力劑的氰鹽浴中，於溫度870°C(1600°F)時，其硬皮厚度在30分鐘內可能達0.01吋，60分鐘內達0.014吋，90分鐘內達0.018吋。

氰鹽浴還有一個用途是作為熱處理的淬媒(medium)，尤其是為了避免減碳或氧化作用起見，有些經過別種滲碳熱處理的，是可能常常把這一種氰鹽浴來作為熱處理的一個步驟用的。

× × ×

鋼的熱處理講到此地為止，當然不能包羅萬象的把所有東西談到，尤其是對於工具鋼及特殊合金鋼方面。但以後若有機會，我們當可再提出若干問題，和大家一同來研究討論的。

12290

關於金屬材料(下)

孫士宏 譯

抗張試驗(Tensile testing) 當一金屬樣片受抗張試驗以測其張力强度時，其結果胥視其化學成份與影響其晶粒結構的生產過程如何而定。其結果或許像軟鋼一樣，如圖6及7。爲簡便

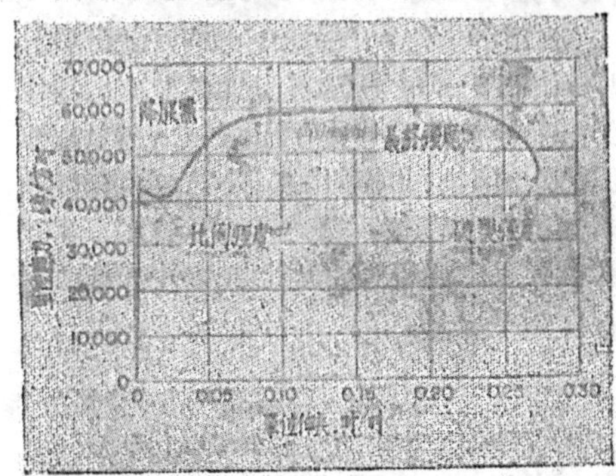

圖 6.

起見，假定這樣片的斷面積爲1方吋。這意思就是說，加於其上的力即等於應力(stress)的數值，因爲應力是以單位面積上所受的力來計，此時即可拿磅/方吋以表示之。當張力增加至達40,000磅/方吋的應力時，這受試驗的圓柱被拉長，或均勻地與所加之力成正比例而伸長。用每吋延長幾分之幾吋來表示時，即稱爲應變(strain)。如圖7中，B和C爲誇大的伸長情形。

當應力增加到40,000磅/方吋以上時，此樣片加速伸長，直至達到60,000磅/方吋時爲止。在增加負載的過程中，伸長率是很顯著的，圖6，在最後所加的5000磅/方吋應力中尤其增加得快。在60,000磅/吋時，試片上某部份就開始有變細的現象。這便是"頸形"現象(necking)的開始。此後應力雖連續減少，伸長仍繼續發生，而且頸形部斷面積繼續減小，以至樣片在最小斷面積處破裂爲止。

彈性係數(modulus of elastisity) 倘使在圖6及7中樣片上的應力在達到40,000磅/方吋後即移去時，則此樣片將回復到其原來的長度。換句話說，這金屬的彈性範圍可達40,000磅/

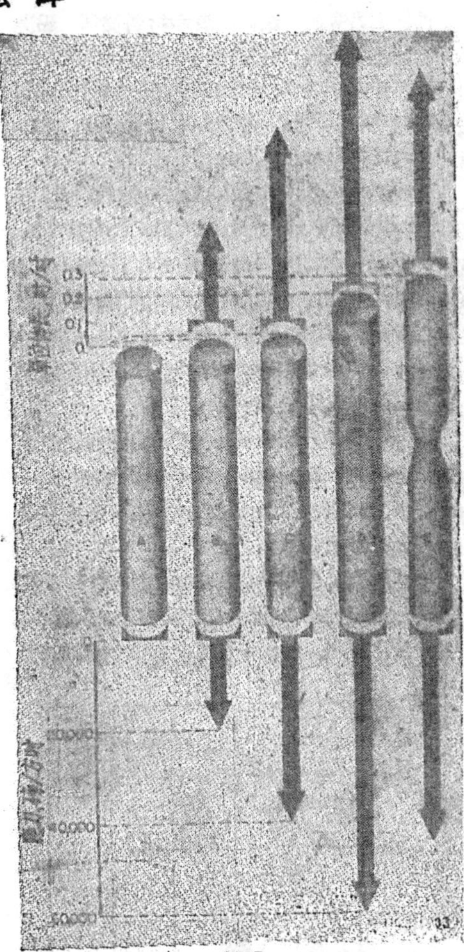

圖 7.

方吋，在此限度內，變形與應力成正比例，如圖6中應力一應變曲線上的直線部份所示。應變與應力停止其比例關係的一點，即40,000磅/方吋，就叫做彈性限度(elastic limit)或稱比例限度(proportional limit)。大多數金屬的應力在此限度以下時都能有它們實際的用途。

當所受的應力超過這比例限度後，金屬就達到其降伏點(yeild point)了。倘所加的應力在超

過降伏點以後除去時，則金屬就不再能回復其原來的尺寸，而依受力的方向作有定的變形(set)即永久的伸長。由降伏點開始，其應變一應力曲線突然下降，這種情形乃是很多種鋼和鐵的特性。其他金屬，自降伏點以後的曲線，則隨應變的增加而平滑地上升。

曲線上最高的一點，就表示材料從那一點開始，發生頸形現象，也就是代表所加的最大應力，叫做金屬的最終强度(ultimate strength)。曲線右方最末端，通常稱爲破裂强度(breaking strength)，金屬達到這點，即行破裂。

研究圖6中曲線的直線部份，我們就可以看到，在彈性限度以內，金屬的變形是非常微小的。就所加的應力而論，發生的變形愈小，即表示材料愈堅。金屬的堅度可以拿曲線的斜度來表示，這就是應力與應變的比。這種比值，稱爲彈性係數，其單位爲磅/方吋。係數愈大，材料愈堅。每種金屬或合金各有其自已特有的係數。

材料的壓力，剪力和扭力也可以和張力同樣得到各種應力一應變曲線。而且在所得的應力一應變曲線上，也各有比例限度，降伏點，最終强度和破裂强度等特性點。

比例限度(proportional limit) 因爲在應力一應變曲線上，鄰近比例限度之處，曲線很平坦，所以要在這曲線上明確地指出比例限度所

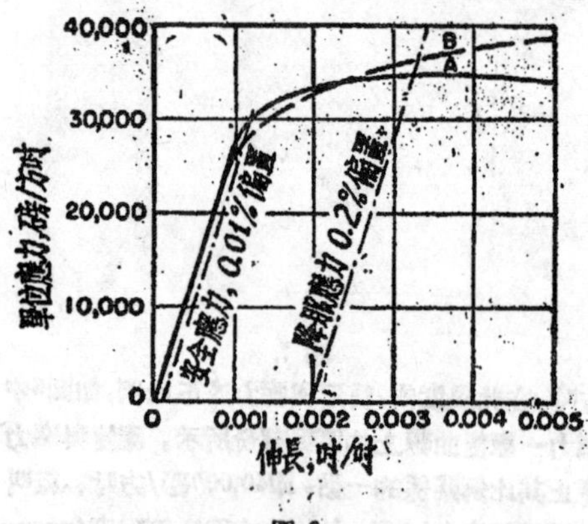

圖 8.

在點和降伏點等，事實上相當困難。而如圖8中曲線B的情形，從金屬試驗所得的結果，其曲線根本並無顯著的下降，則降伏點更不易覺得。

因此在決定降伏强度時，常常採取下述方法，在曲線的應變座標上，在應變爲0.002吋/吋的地方，作一根直線與曲線的直線部份平行，拿這根直線與曲線相交的一點，作爲這金屬的降伏强度。

在圖8中，材料A與B的彈性係數相同，但在偏置(offset)0.2%處作直線所求得的降伏强度，A爲35,000磅/方吋，而B則爲36,700磅/方吋。爲估計愼重計，則常採用0.01%的偏置而作直線以求安全應力(proof stress)。其求法完全相同，不過作直線的開始點在0.0001吋/吋的應變處，而不在0.002吋/吋處。在圖8中，A的安全應力爲30,000磅/方吋，而B則爲27,500磅/方吋。

冷作(cold working) 金屬在室溫情形，可以製出許多有用的形狀來，這種加工方法，稱爲冷作，其形狀能製成到如何程度，要看金屬的延性與展性如何而定。這兩種性質，是以彈性限度與破裂强度之間的變形多少來決定的；倘使這二點離開得比較遠，即表示這種金屬的延性很大，倘使很近，就是說它很脆。

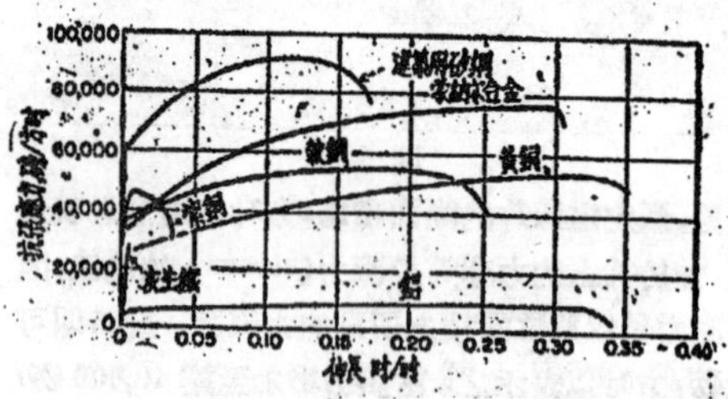

圖 9.

圖9表示七種金屬的這些特性。灰生鐵的曲線很短，它的破裂强度與彈性限度同在曲線的末端，約爲28,000磅/方吋。有許多金屬，在彈性限度內，其應變與應力并不成比例。圖中所示的七種金屬，黃銅的延性最高，鉛，蒙納爾合金(monel)，軟鋼，矽鋼(silicon steel)和紫銅等各順次而下。延性與强度完全無關，但當冷作加工時，究竟應當用多少力量，就得看它的强度如何而定了。

一種金屬經過冷作後，通常會增加其强度和硬度。例如，在圖10中，OAB爲一種可延性金屬的應力一應變曲線。當這金屬拉到A點後除去應力時，則另成一新的彈性曲線AO'。於是它就有於永久變形O'-O。此後再將這金屬加以應力時，就將顯出另一應力一應變曲線如O'AC，其最終强度和破裂强度都比原來時爲高。

12292

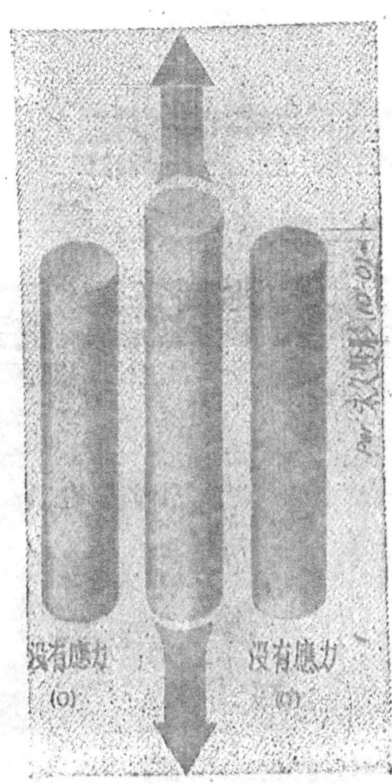

持久限度(Endurance limit) 如前所述，要決定一種材料的有用强度 (useful strength)如何，只須視其所受負載(load)的情形如何而定。所以一種金屬在承受穩定負載的情形下，會有很高的最終强度，但如果負載頻頻變化時，其有用强度即顯著地減少。決定這種因負載變化而發生的疲乏特性 (fatigue characteristic)，須用特殊設計的試驗機器。試驗方法如下：拿受試驗的金屬製成許多合乎規範的樣片，將這種樣片，依次置於試驗機上，每種樣片試驗時，加於其上的負載大小雖各不同，但各次試驗時，其負載變化的情形則須一律；例如，由最大張力變到最大壓縮力。各樣片經過若干次的負載變化而告破裂，則視負載的大小而定。

由上述試驗所得的紀錄，可繪成如圖11中之曲線。雖然這種金屬在穩定負載時的抗張强度爲124,000磅/方吋，但如負載由80,000磅/方吋的抗張應力變至同值的抗壓應力，這樣經過10,000次週變後，這金屬即告破裂。如負載爲48,000磅方/吋時，則在100,000次後破裂，在33,000磅/方吋時，則須在1,000,000次後才破裂。而在30,000磅/方吋時，則經過100,000,000次後，仍無破裂現象，而且可斷定還可經受很多次的變化。

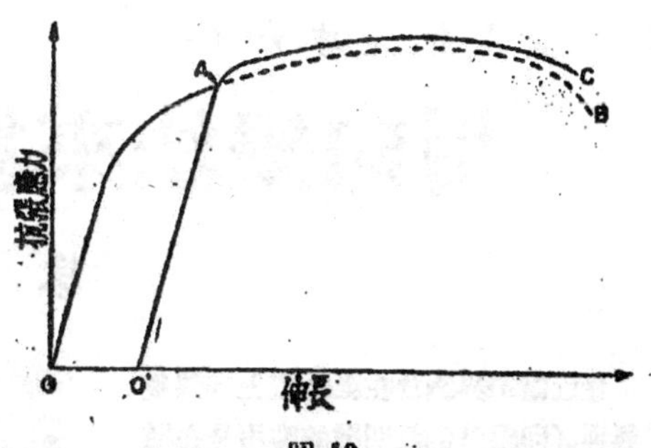

圖 10.

此種材料的疲乏强度 (fatigue strength) 因此可用下述方法來表示：在10,000次週變時爲80,000磅/方吋，在100,000次時爲48,000，而在1,000,000次時則爲35,000。其持久限度爲在1,000,000,000次週變時30,000磅/方吋。所以持久限度可以有下面的定義：可以受無窮次數的反覆而不破裂的最大應力。持久比(endurance ratio)爲持久限度除以抗張强度的商數，各種不同金屬的數值約爲0.18至0.60。

金屬所處的周圍境況如何，對於其疲乏强度有顯著的影響。倘使與金屬接觸之氣體或液體有腐蝕作用時，則此金屬會被逐漸腐蝕，使其受力面積一步步變得更小。這種腐蝕作用，再加疲乏破裂，很快地減低了可蝕性材料的有用强度。在圖11中，倘使A表示金屬在空氣中的疲乏特性，則B就可以表示其暴露在腐蝕液體內的情形。

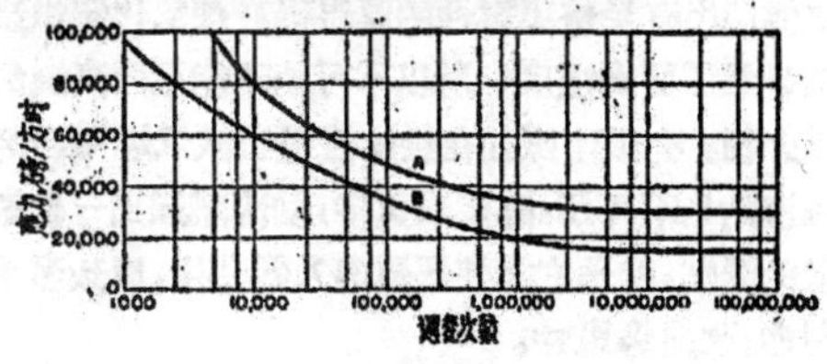

圖 11.

(根據 Power, Oct. 1947.)

電器製造的大革命！

用印銀法來製造新型電器

啓　迪

最近電工界對於在絕緣體上印銀很感興趣。(印銀法的最明顯的應用是在絕緣版上印刷導電線路來代替接線)。印銀法有幾種：在雲母片上，普通用銀液穿過印花鈑噴洒。磁質電容器也可用這法子，但普通多用刷子刷上去或放在銀液裏浸浸。印刷線路以前最好的方法是用絲質篩布。各法爲了適應市面現成原料的特性，大都不很適宜於大量生產。

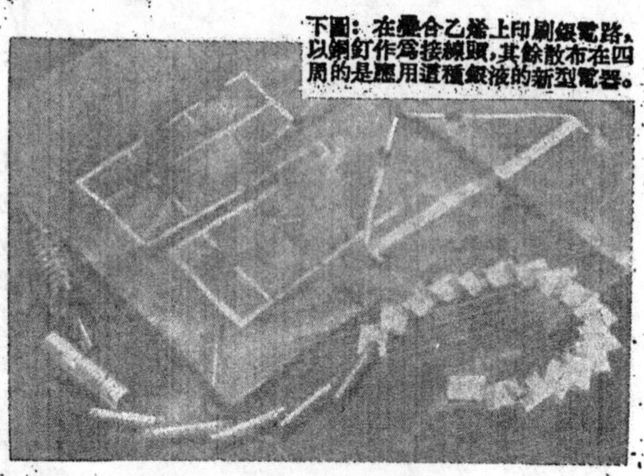

下圖：在疊合乙烯上印刷銀電路，以銅釘作爲接線頭，其餘散布在四周的是應用這種銀液的新型電器。

銀液原料普通是極細的銀粉，氧化銀或碳酸銀懸垂在有機媒介物中（媒介物如：全溶硝化纖維 Pyroxylin，或他種纖維素衍生物和有機性溶媒）。此外尚需加一助溶劑來保持良好的凝黏性。雲母片上塗銀可用松脂酸銀溶在有全部或一部份精油 (essential oil)的有機溶媒中。這種東西乾後烘焙時仍會熔化，所以不能用來印刷精細的東西。

用上述各原料印刷時，似乎只有用絲質篩布才能印出有足够導電性的厚銀線，使氧化銀烘焙成純銀需要高溫度，所以不可用不能忍受高溫的媒介物。有機溶媒如在烘焙後遺留減低導電性的殘渣的也不可用。銲接銀質時，助溶劑顯出一個嚴重的缺點，就是它能使銀質溶入銲錫中，以致發生氣泡，改變導電性。

可以印刷的新銀液

研究家聯合製造家們經過多次試驗後已經製成新的銀液，它能克服上述各種困難，而且可以塗印在更多種絕緣物上。

這新銀液是穩定的膠質金屬銀 (stabilized colloid of metallic silver)。它含有最低量的氧化銀，不含任何其他無機物質。它所含有的有機物都能在300°C 以下化汽。它不含什麼樹脂性物質。更重要的，它完全不可含有少許受熱即起疊合作用的東西(所以不可用松節油爲溶媒)。他們已能做成含有70％純銀的這種銀液。

這樣子做成的銀液有許多優點。略述一二如下。

這種新型的銀液可以放在印刷機內大量印刷。用絲質篩布印刷，雖然工具簡單成本便宜，但是需要相當工作技巧，而且須常常清除篩布，麋費多量人工和原料。如用新銀液，則可用簡單印刷機(如圖)大量印刷；便捷價廉。圖上E是不停轉動的光滑鋼盤，上儲銀液。兩個白明膠製的滾筒D來往

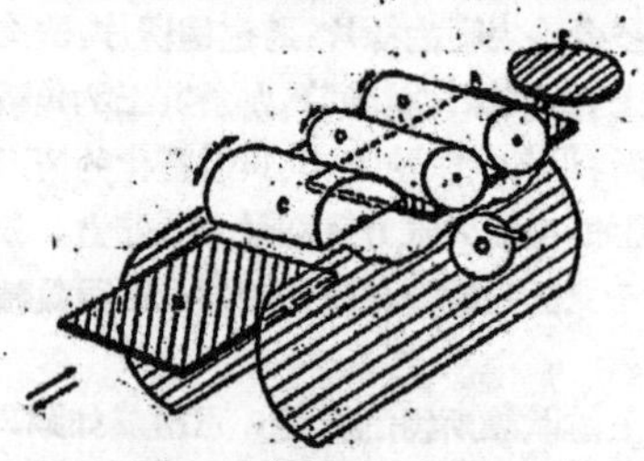

上圖：簡單的印銀機

滾動搬運銀液到鋅版匯樣A上。同時C滾筒上的橡皮把鋅版搬印到受印物B上。這機器可以印千分之二英吋厚的銀線，後者的導電性普通已很够用。假使要印狹細而有高度導電性的銀線，那末必須把線加厚。加厚的法子，可把上述銀液化成一種低溶點的銀粉。在印刷物未乾透時，(它在短時內富有黏性，不會乾透)，把銀粉洒上。多餘的銀粉

12294

用法國粉筆(French Chalk,西裝裁縫用的粉筆)吸去。再加熱到60°C左右。這樣的交替洒粉加熱,可以任意把銀線加厚起來。

新銀液的又一優點是在溫度300°C溶媒揮發後,它變成均勻而凝黏的純銀,不會再溶解而走樣了。就是在溫度110°C時,它已是黏凝而有永久性的東西,雖然略含氧化銀而導電性只及純銀的75%;後者外表和純銀一樣,很可作爲裝飾品,它的强度和導電性可以用電鍍法鍍銀銅或鎳來增加。這時可以用蜂蠟等物來保護受印物,免得讓它被電鍍用的藥水侵蝕。

可以製造新型的電器

用高頻率渦流電熱法加熱於印刷上述銀液的塑料上,能使電工界得到多種新穎的良佳器材。刷銀塑料放在電熱器兩極中後,塑料溫度增加得很少。銀液最初導電性低,溫度漸高後,導電性亦增,這時電熱器的電流也要減少些,銀液溫度增到300°C變成純銀,若以手摸塑料,這時也只能覺得微溫。於是可以做成許多以前無法製造的有用東西。例如:在千分之四英吋厚的保有良好傷電特性的疊合乙烯(Polythene)塑料片上,雙面印刷上述銀液,可製成十分優良的電容器。它的絕緣性比雲母片高,體積小,而且有撓性,因爲這種銀質十分凝黏,不會剝落。

電容器塗銀最好是用噴洒法,不管它噴在塑料上或雲母片上。即使噴在雲母片上,像"Elargols"那樣的膠質銀液也比老式的銀液好。因爲它只須烘焙到300°C即可,而普通的雲母片在500°C左右會減輕而變質。

這種銀液的穩定劑必須在最末蒸發,那末膠質不會在烘焙初期就破裂而銀質可以塗布均勻只有均勻的銀質適宜於銲接。銲接可用普通銲銀子的銲料(Argent solder),或者用含35—40%鎘,60—65%鋅的合金。後者在120°C熔化。假使受印物不能忍受120°C溫度,那末可以在銲接處噴銅或者加一片細銅紗。

編　輯　室

這一期我們介紹一個以全新姿態創建起來的中國農業機械公司。特別值得介紹的是陳錫群先生的『中國農業機械公司的長成』一文,淸楚描繪出一個生產機構的創建。化了多少技術人員的血汗,陳先生自始至終主持了這個廠的內部建立工作,克服了各種各樣的限制與困難,表現出初創時期艱苦奮鬥的工作精神。讀者如能仔細研究本文,有很多關於建立一個大規模機械廠的實際問題,是值得我們學習和提出來討論的。

數千年來中國人民的生活,藉着中國農民最原始的勞作,維持至今。中國農村經濟問題,誠如林耀庸先生所說,對於全國人民的生活,起着決定性的作用。因此在今日,提出農業機械化這一問題,如果確能付諸實現的話,一定能促使全國農作物的豐收。我們技術人員瞻眼着一個工業建設的遠境,已不自今日始,多少技術人員途進一個具有規模的建設機構,先是滿懷着希望,繼之以懊傷,最後是失望,編者有好幾位眞如行總機械廠工作的朋友,就是終於受了磨折而消沉下來的。市政工程機關的技術人員,眼看着各式各樣的醜惡,結果也灰心了。據很多朋友的意見,都認爲人事糾紛是逼使整個工程機關不安寧的主因。但是如果更進一步追究的話,我們認爲產生人事糾紛的基本原因,還在乎整個社會經濟的組織不健全所致。技術人員不能發揮其技術上的成就,繫乎人事糾紛的牽制,而社會經濟的不安寧,却造成了各式各樣的人事糾紛。中國農業機械公司行將貢獻大批工作農具,供應給貧瘠的中國農村,我們深信中農機械公司由於本身組織機構的健全,不會因人事問題而妨礙了技術人員的專心工作。但我們想一想,中國今日的農村,將怎樣來接受這一批機械農具?整個社會環境,發展的不平衡性,會不會影響了這個頗具規模的大工廠,各個工程機構的技術人員都在過着最淸苦的生活時,如果單只一個機構的待遇好,是不是算合理?處在這個社會環境下,任是怎麼大本領,怕也沒法使這個工廠不照顧到四週的遭遇罷!因此我們要提醒讀者,如果這個大廠因受環境的限制而不能充分發展的話,不要着重去歸咎於個別的負責人,而要正視現實,盡求問題的根源。消極的悲觀或隨波逐流,都不是技術人員應有的態度。

史炳先生爲我們特撰的各種機械農具的介紹,描繪出代替牛馬牽動的各種機械;可惜本期因製版不及,下期準能刊登,希望讀者注意。

楊謀先生綜合本人管理上海市建築工程的實際經驗,提出有關上海廣大市民居住福利的建議,是値得注意的,讀者中如有對此問題的意見,不妨提出來加以討論。

本期起本刊將連續刊載梅志存先生的『怎樣學習焊接管子』,這是根據很多讀者要求而刊載的。本文取材大部得自Product Engineering,經梅先生根據國情,增删而成,是一篇很實用的文章。

三月號本刊將介紹上海最大電化工廠,天原電化廠,請讀者特別注意。

丁莫生柯和馬爾也夫

——現代機械工程界二大權威——

凡　夫

現在大學工學院讀書的學生們大概總不會忘記丁莫生柯（S.P. Timoshenko）所著的『材料力學』和馬爾也夫（V.L. Maleev）的『機械設計』吧？的確，在世界工程學術方面說來，他們二人是可以稱為"權威"而無愧的。為了使景仰他們的讀者，有一個比較詳細的印象起見，下面是他們二人的簡史：

榮獲瓦特國際獎章的丁莫生柯博士

丁莫生柯是俄國人，生於1878年，他底工程教育和學位是在聖彼得堡的交通學院(Institute of Ways of Communication) 中獲得的，他畢業於1901年，後歷經數年的研究和旅行後，他接受了基輔工業學院的應用力學教授位置，隨後即任該院的土木工程學院院長。1913年回到母校，迄1918年始離開。又二年，至南斯拉夫的柴格拉勃（Zagreb）工學院任教。到了1922年，他就離開歐洲，因為美國的振動專門工程公司（Vibration Speciality Co.）聘請他去但任顧問工程師，嗣後，他又担任了威司汀好司電氣公司的研究部工作。

S.P. 丁莫生柯氏

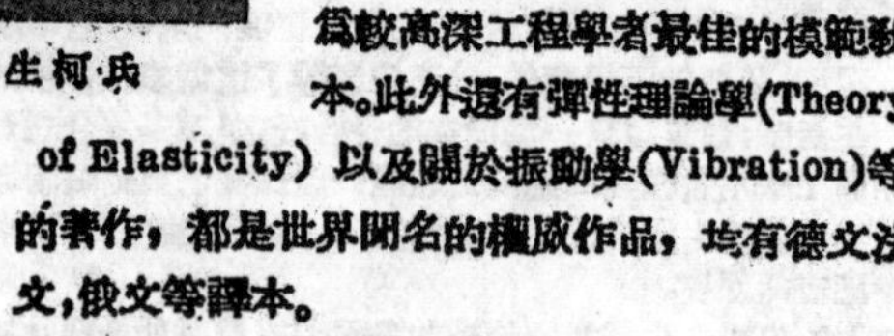

不過，丁莫生柯對於講授工程學術和寫作科學研究文章却極有興趣，由於他底熱烈愛好，使他對於商業組織最後就斷絕了關係，却去担任學校的工作，這對於現在中國的情形當然是一個極尖銳之對比；他做過教授的學校有密歇根和施丹福二個大學，都是担任理論力學和應用力學的科目。由於他在學術上輝煌的成就，獲得了不少獎章，最著名的有1935年美國機械工程師學會所頒給的華納獎章（Worcester Reed Warner medal），與1939年工程教育促進協會所頒給的拉瑪獎章(Lamme medal)。最近，他還榮獲最高國際榮譽獎章，——英國機械工程師學會所議決頒給的瓦特國際獎章(James Watt International medal)，這一種獎章在美國只有已經逝世的汽車大王福特才得到過，所以，在機械工程學術方面，丁莫生柯氏的確可以算得近世紀的彗星呢！

丁氏在材料力學，尤其是彈性和震動方面極有研究，他所著的材料强弱學(Strength of Materials，分上下二冊，國內已有中文譯本)，工程力學(Engineering Mechanics 分靜力，動力二部分，美 McGrawHill 公司出版)迄今為較高深工程學者最佳的模範教本。此外還有彈性理論學(Theory of Elasticity) 以及關於振動學(Vibration)等的著作，都是世界聞名的權威作品，均有德文法文，俄文等譯本。

具有四十五年機械設計經驗的馬爾也夫

佛拉迪米·馬爾也夫(Vladimir L. Maleev) 現在是美國南加利福尼亞大學的機械工程教授了，他辭去了哈凡機器公司 (Harvey Machine Co.) 的顧問工程師職務，來接受這一個教職，正因為他願意把自己四十五年的機械設計經驗貢獻給年青的工程師們，他底設計經驗是多方面的，包括柴油引擎、汽油引擎、吊車、油井機械、傳動機械、製冷和通風工程等等。

他同樣是俄國人，1902年在舊俄莫斯科的皇家技術學院得到了機械工程博士的學位，自1903年至1906年，在聖彼得堡的工業學院做了三年講師之後，就到托木斯克(Tomsk)的工學院担任副教授和教授，一直到1917年才離開那裏，去鄂木斯克(Omsk)任工學院院長；到美國是1920年的事，那時有西方機械公司 (Western Machinery Co.) 聘他去担任設計工程師，後來即任顧問工程師，最後為該廠的總工程師。從1031年到1942年，他離開了該公司，去奥克拉好瑪農業及機械工程學院(Oklahome A. & M. College)任教授，在二次大戰的幾年中，他是美海軍部愛那波利斯(Annapolis)工程實驗站的高級機械工程師(Senior Eng.)，戰後即至西方機械公司，最近仍入工程教育界担任現在的職務。

V.L. 馬爾也夫氏

馬爾也夫积四十多年來的經驗，著作了五十餘本的書籍和論文，對於熱力學，內燃機的理論和設計，汽輪機的設計和試驗等等有卓越的研究。他同時也是熱心工程教育的教育家，桃李門牆，人才輩出；只要看他捨商業機關而就教授之職，就可知道他的為人。

他有一本機械設計(Machine Design)是美國萬國教本公司(International Textbook Co.)出版的，說理新穎而精詳，尤推優良之教本；有興趣者頗有參攷之價值。現由中國科學公司有馬明德氏的中譯本，惟在印刷中，不久即可出版。

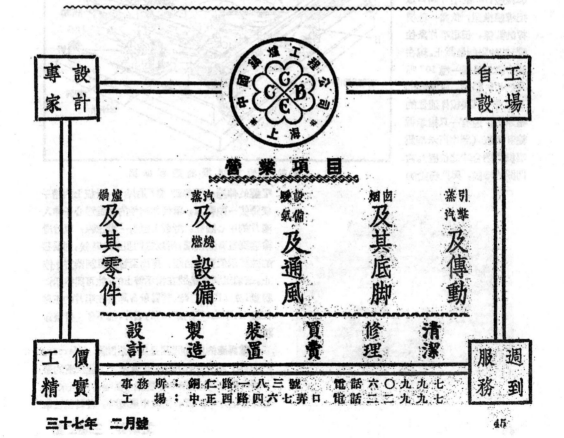

新發明與新出品

唱片推入，就可發音的飛歌1201式

自動無線電唱機

這一種新發明的自動唱機，在上海已有出售。它底作用非常巧妙，一張10"或12"的唱片推入槽內，可以自動調整安放在轉盤心子上，同時唱針就在正確的地位落在唱片上，於是開動馬達，使唱片發音，至唱片終了，馬達就自動的停止。唱機的門可以隨時開閉，以備取去唱片或重行開唱之用。

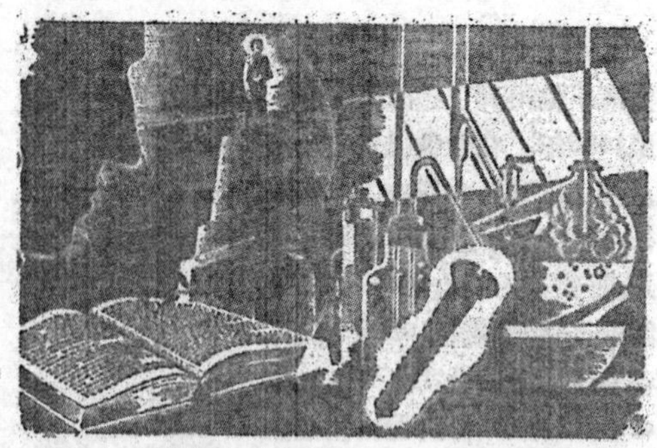

要明白這種新穎唱機的構造，可以參看下面的附圖。唱片在門拉開的時候，推入槽內，唱片就沿沿機內的導輥進去，至後面的阻制器才停止。如果是10"的唱片，齊巧沿着導輥邊，12"的唱片則可以把導輥推開，依靠一種槓桿的關係，使這唱片靠住到12"的限制器爲止。現在圖中表示的是一種10"唱片適用的情形。阻制器的下面有一只與槓桿連住的指示釘，還有一只指示偏輪和滑板（圖中所示均爲唱機門閉合時之位置）。當門開的時候，與門聯動的滑板就向門的方向移動，使指示偏輪旋轉，超出指示釘的運動路程。如果是12"的唱片已放在唱盤上時，當門閉合時，那指示釘就會朝前被指示偏輪的鉤子套住，這樣，會使導輥格外拉開一些，使12"的唱片亦能够在導輥中間自由旋轉。

在滑板的一個槽子上穿過的是一根彈簧，與唱盤的伸縮心子聯動。當門閉合時，滑板上的槽子使彈簧一頭朝上，就使伸縮性的圓錐形心子伸入唱片的中心圓孔。滑板上還有一根弦線，以竹滑輪連到音臂的後端，所以當門張開的時候，那緊張的弦線就使音臂抬起，揮出至音臂阻制器方才停止。這個阻制器是裝在指示臂上的，並可與控示臂聯動；故當門閉合時，音臂就會降落在唱片的正確位置上，不論10"的或12"的唱片，都不會有什麼錯誤的。

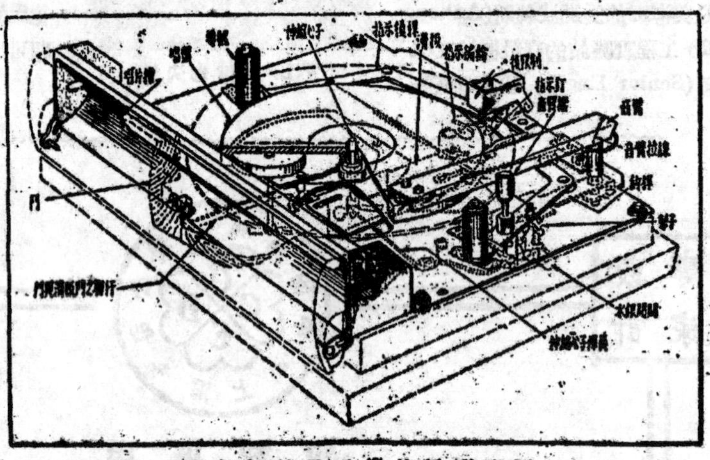

自動無線電唱機的透視斷面

電馬達的自動開關是以水銀開關（Mercury Switch）來完成作用的。音臂軸之下連接着的是一個鉤桿，與橡皮頭擊子聯動，當唱片轉至末尾，唱針在唱片末的偏心槽紋中迴繞時，音臂就使擊

子推動水銀開關上的機件，只消二三次的迴繞就使開關接觸點分開，使馬達停止轉動了。使馬達自行開動的是滑板下的一根彈簧，這根彈簧是鈹銅合金製的，當門閉合時，這彈簧與水銀開關軸的伸出部分聯動，推至"ON"地位，馬達就會轉動；但當門張開時，彈簧脚越過開關軸，結果，到了開關軸的下面，待開關軸因管臂銷子動到"OFF"地位時，這彈簧又到了原來的地位。

這種唱機是美國費拉特爾非亞城飛歌廠的出品。

噴射式自由車 噴射式自由車是新近由美國俄亥俄文達利亞公司(Vandalia Co.)製造成功的。圖中所示的車後三個動力單位看來很小，但其構造完全同航空工程上所用一樣。所以當它開動的時候，正像一架戰鬥機的聲音。每小時速率25英里；但因爲耗油很費，所以不能長時間工作。(稼)

畢卡達式潛水艇 這是 Auguste Picard 教授最近設計成功的。今無以爲名，就稱它爲畢卡達式潛水艇了。那是和齊柏林飛艇一樣，用一個很大的浮筒，下面吊着圓形的船艙。裝着二個推進機，照明燈，及其他雷達宋納等設備。燃料——汽油——藏在浮筒內，人就在艙裏控制。據說它能沉到二英里以上的絕對黑暗深海區，而不受壓力的影響。打破了從來的潛水紀錄(稼)

最大的避雷塔 圖中所示偉大的三脚台，是目前世界最大的避電。它用三根 29 呎高的脚桿組成。能毫無損害地把雷電從頂部傳至地面。這是由美國西屋公司新近製造的。裝置在俄亥俄(Ohio)保護着一個五十萬伏特的傳輸綫路。(稼)

最大動力的直昇飛機 XR-10型是世界上最大動力的直昇飛機。新近它曾搭載了二個駕駛員及十個乘客在1900呎的高空中以每小時100英里的速率飛行過。成績很好。現美國空軍正想利用它作傷兵運輸機。這種飛機特別裝有昇降機及33×55吋大小的艙口。以便在不能降陸的地方，病人和病床都可從地面吊上去，進入機中。它用二個525匹馬力動力機驅動二個相反轉動65呎圓周的推進槳，所以當它們旋轉的時候，會互相契合。機重11,000磅，載重2,000磅，速率90哩。(稼)

水底電視機 曾受原子彈試驗的比基尼礁湖(Bikini Lagoon)最近科學家們用水底電視勘察了湖底的實況。圖示電視機裝於鋼壳之內蓋上有玻璃洞口，海底情形就可從洞口進入發射機傳送在水面。(稼)

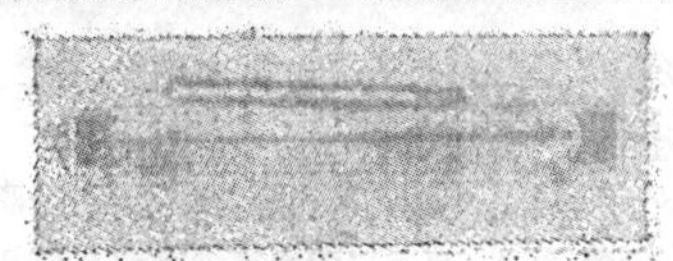

12299

讀者信箱

·中國發明學會·

(29)蕪湖清水河方東白先生大鑒：所詢關於中國發明學會通訊地址及出版刊物一節，據本刊調查結果如下：

一、中國發明學會，前曾有二相同之組織後合併而稱「中國發明協會」以前會長爲王雲五，顧毓琇，俞斌祺諸先生。

二、中國發明協會其事業及宗旨與技術協會相仿，入會資格爲有所發明而曾得經濟部專利者，或未得專利而經濟部曾審查其發明而執有審查決定書者亦可。

三、我國發明物較之外國爲少，該會僅有會中組織之刊物，並不對外發售。

四、該會上海通訊處爲楓椰路247弄20號姚忿公先生(吳福元)

·陶瓷機械·

(30)南京黃肯平先生：來信告訴我們許多關於湖南陶瓷業的情形，我們很是高興。並且希望各地讀者今後能夠多寫一些工業內幕，工程集錦這一類的通訊文字，使這本工程界不僅譯載些國外的文章，並且能夠真反映一些國內工程的動態，此地，謹留着空白，等待各地讀者的回音。至於先生所詢簡答如後。

一、20多匹的柴油引擎，目前上海有現成的可以買，售價大約是一匹合一担米，如果眞要買的話，那末還需要較詳細的規範，諸如，馬力，速率，衝程，等等。欲購可以直接向上海中華鐵工廠接洽。

二、碎粉機市上現成出售的很少，如果要定製，時下鐵工廠可以代爲製造，有意可向上海昆明路江南機械廠接洽。

三、所謂乾燥機是否烘箱的意思，這類「機器」可以因地制宜，不外由燃料或電氣烘乾，不知然否！

四、最後關於人才的訓練問題，以及有無廠商以機械製造瓷器一節，據悉，滬上以機器製造陶瓷器的益中與瑞和兩家，益中廠設上海浦東以製造電氣用絕緣材料爲多瑞和廠設上海西康路一五〇一弄三六號以製造火磚等工業用陶器據多。至於人才訓練這個問題比較空洞了些，如果眞有的話可再函本刊當代爲設法。

如果你還有有關陶瓷的問題，我們極願答覆祝健。(慶)

·麵粉廠傳動裝置·

(31)淮南礦路公司麵粉廠胡君鑒：

一、通常牛皮帶之打滑爲不可避免然而其程度通常極不嚴重約2％左右。

二、如果所用纖維繩之拉力足夠強大則亦不無可用。

三、三角橡膠帶不可使用，因按所示之裝置，皮帶轉動方向有倒順，則三角皮帶無法安置。

四、六角皮帶雖屬可用然而往往容易折斷(按所示裝置言)市上該項皮帶並無出售，國貨亦復缺少。

五、所云鋼鍊易斷，是否鍊條太細，或則其他原因請細查詳告。(林)。

·山芋磨粉·

(32)無錫徐紹蛟先生惠鑒：台端擬向機器廠問訊之機器因缺乏詳細資料，俟難照辦。最好請將其大概惠下當可代爲詢問，忿測是項機器不甚複雜，在製造上亦不致有所困難，祇是內部結構最好能將所見之圖函下，則不難獲一解答，況且技術協會近有技術服務之組織，本刊當可代爲轉達也。(沈)

·建築學·

(33)本埠江蘇路殷與瑞先生：(一)關於鋼鐵焊接工作法散見報章雜誌，國外 Welding雜誌一種專門討論是項問題，本刊，本期有專門討論焊接之長文請評閱(二)建築刊物有建設評論，Dutlior, Forum 等數種(三)工程圖以交大，大同較多，技協圖備有工程雜誌亦不少。(蔣)

·電機學 A. B. C.·

(34)本埠復旦大學讀者先生台鑒：你既有與趣於電機事業欲從事研究以資深造，苦於知識淺薄不知初學者該從何着手，該先讀那一種書籍。我們不很清楚所謂『電機事業』是指電機製造呢？還是指電機的一般知識？然而從所問的後段來看先生或許很想學習電機學的初步理論，這在普通的教科書上都有說明，我們想在此地從略了。由於電與磁的相互作用各種電動機，發電機，變壓器，以及電信方面的電話，電報，電視等都在這個理論的引申下產生了。所以，學電機學第一要把有關電與磁的各個基本概念明晰的了解。最後我們想說一說電與機械的不同。電機學有許多地方與機械相似，有許多電機的現象上是用機械學上的對比來說明。不過在電機上有一個因素在機械是很少出現，這就是時間，一切交流電學的基礎在於時間與空間的不同而產生。因爲在學習上多了第四個因素——時間，所以交流電機學的學習比較複雜了些。

至於實際的參攷書，除了一般通用的物理教科書以外，我們以爲中國科學圖書公司所出版的有關電機學的各方面的一套叢書是可以參攷的，其他專科學校常用的有 Timbie & Bush: Principle of E.E. Gray & Wallace: Principle & Practice of E.E.(姚)

天廚味精製造廠股份有限公司

佛　　老

手　　牌

歷史悠久　規模宏大
出品精良　信用卓著

出　品

味精　味宗　醬油精液　澱粉　麵粉

鹽酸　燒碱　漂白粉及其他化學品

總管理處

上海順昌路三三〇號　電話八〇〇九九　電報掛號三二二五

上海工廠

粗製工場　徐虹路二八九號　滬西陳家渡

精製工場　順昌路三三〇號

澱粉工場　寶山路七八二號　凱旋路七九八號

四川工廠

味精工場
麵粉工場　重慶化龍橋貓兒石

香港工廠

味精工場
碱工場　九龍北帝街

味精主要成份，為哥羅登酸之鈉鹽係從蛋白質中提出，素知有助於人生之營養。現經美國科學家齊慕門醫學博士 (F.T. Zimmerman, M.D) 柏葛米託博士 (R.B. Bargemeister, Ph.D.)及浦南醫學博士 (T.J. Putnam, M.D) 之研究並經多次實地試驗，更證明哥羅登酸能增加人之智慧，對於兒童尤著成效，即白癡之小孩，亦能使變為聰穎，各種研究結果，已在芝加哥腦學及精神學雜誌上發表(Arhcirts of Nenaology und Psychiatsy, Chicago) 故味精不特增加食物之鮮味，且具有意想不到之益智效能，實不可忽視也。

中國科學期刊協會聯合廣告（以筆劃多少為序）

以服務為目的
以經濟為原則
資源委員會
材料供應事務所
供應工礦電化器材 ★ 辦理採購儲運銷業務
代銷資源委員會各廠產品
水泥 硫化碱 硫化元 硫酸 硝酸 鋁錠 銻白 矽鐵 酒精 銲錫
★ 歡迎採購 ★
地址 上海黃浦路十七號二樓 電話 四二二五五
分所

斯太靈牌濾油機

STREAM-LINE OIL FILTER

欲節省潤滑油消耗請從速採用

斯太靈牌濾油機

潤滑油價格昂貴，若不時常更新，必致損壞寶貴機件，若隨意廢棄，徒增國家外滙消耗，欲節省外滙，合理解決辦法，唯有從速採用**最新式斯太靈牌**（Stream-Line）**濾油機**，本機構造堅固，功效偉大，凡污濁滑油，**經本機過濾後，所得油質，與淨潔新油相等**，置備一具，所有全部費用，即可於短期間內，自節省潤滑油中補償，純無耗費，確爲對於潤滑油用戶之一個重要貢獻。

（備有詳細目錄函索即寄）

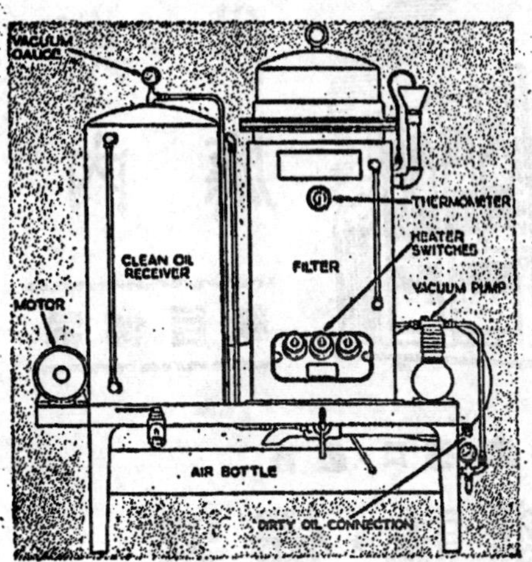

發電廠必備

斯太靈牌絕緣油濾油車

斯太靈牌活動濾油車，專供發電廠用於濾除變壓器絕緣油內所含一切潮氣雜質固體，爲維持電源供給最高效率所必需，今世界所有大小電廠，早已競相採用，不脛而走，洵爲一最實用之器械。

用戶一班

中國公共汽車公司
淮安電氣公司
錫滬長途汽車公司
香港電燈公司
江南汽車公司
九龍公共汽車公司
上海法商電車公司
亞細亞火油公司
上海自來水公司
香港黃埔船廠
濬浦局
太古船廠
中華煤球公司
鼓浪嶼中華電氣公司
浙江省公路局
油蔴地渡輪公司
大冶富華煤礦公司
岐關汽車公司
江陰華明電氣公司
南通大生紗廠

用戶衆多．恕不備載

中國總經理

馬．爾康有限公司

上海匯豐銀行大樓一一七號　電話一一二二五

上海郵政管理局執照第二四六號
內政部登記証京警滬字第一四七二四號

本期定價二萬五千元

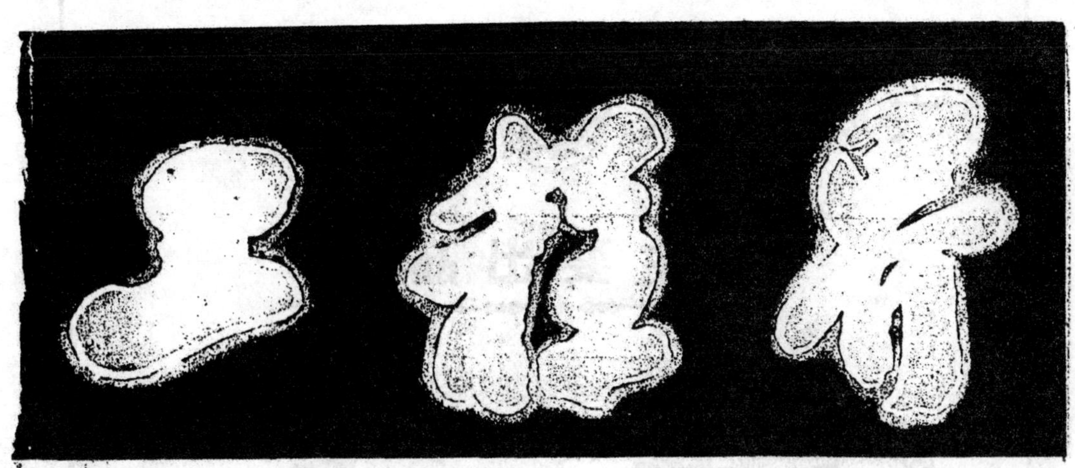

第三卷 第三期 三十七年三月出版

天原電化廠

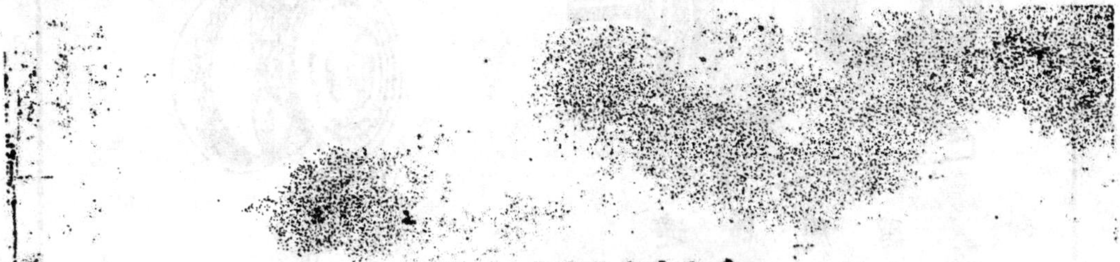

中國技術協會出版

家釀家廚勝於沽酒市脯
國貨國產勝於洋品劣貨
丁亥首秋
子愷畫
金錢牌面盆
益豐搪瓷公司出品

浦東電氣公司

營業種類：

電光

電力

電熱

營業區域：

上海市浦東全境

上海縣浦東全境

南匯川沙奉賢三縣全境

事務所：浦東東昌路三九六號

電話(〇二)七四〇二三

發電所：浦東張家浜十號

電話(〇二)七四〇二五

資源委員會

中央電工器材廠

·製造一切電工器材·

·供應全國電工需要·

出品內容

電線　電纜　電燈泡　電話機

電話交換機　開關設備　電動機　發電機

變壓器　電表　電

營業處

南京　中山東路東海路8

上海　廣東路137號3樓

漢口　北京街業銀行2樓

天津　羅斯福路298號

北平　崇文門大街48號

重慶　中一路四德里一號

昆明　環城東路46號

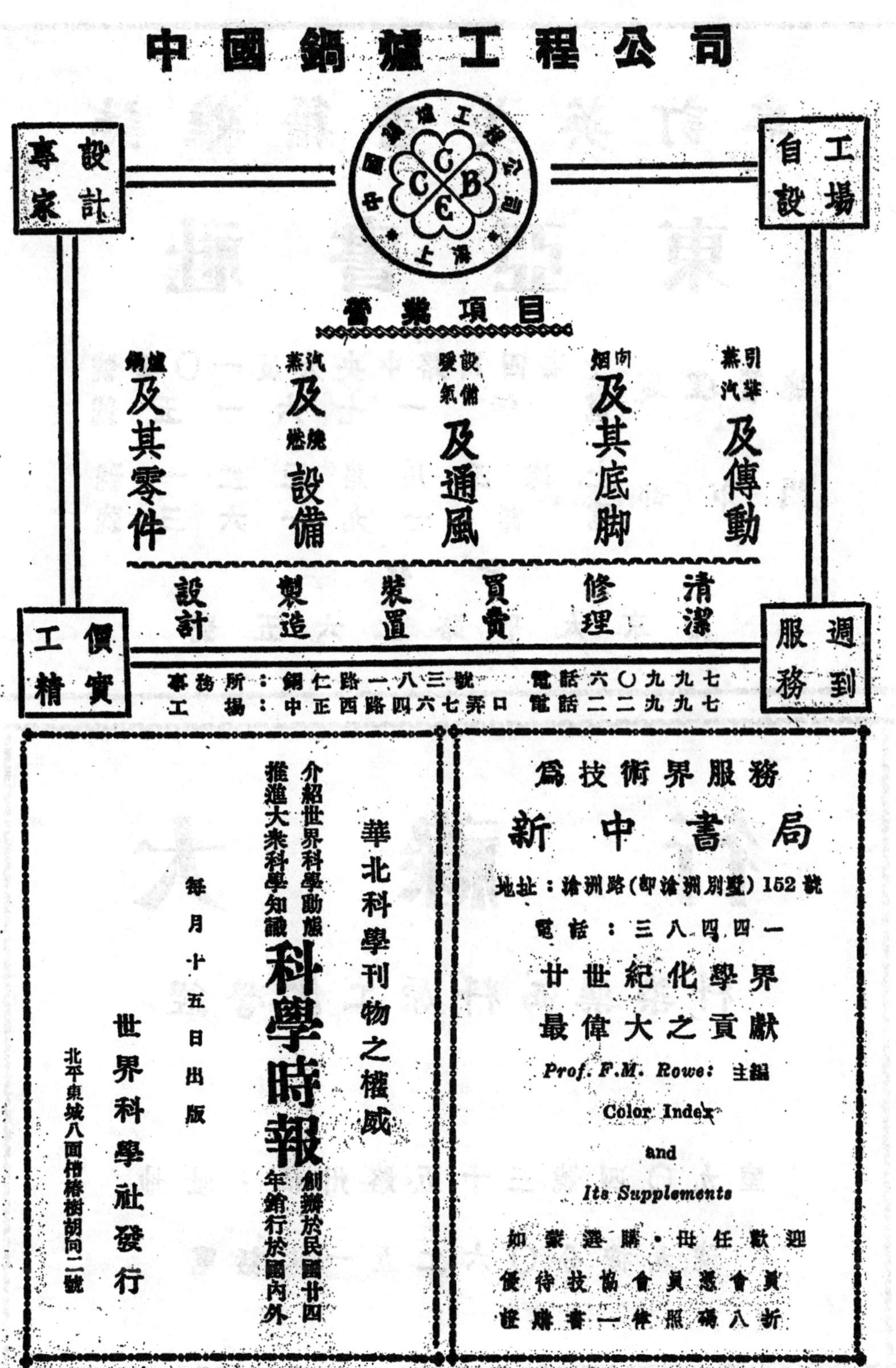

中國鍋爐工程公司
設計專家
工場自設
中國鍋爐工程公司 上海
CGBE
營業項目
蒸汽引擎及傳動
烟囱及其底脚
暖氣設備及通風
蒸汽及燃燒設備
鍋爐及其零件
清潔 修理 買賣 裝置 製造 設計
價實工精
週到服務
事務所：錫仁路一八三號 電話六〇九九七
工　場：中正西路四六七弄口 電話二二九九七
華北科學刊物之權威
介紹世界科學動態
推進大衆科學知識
科學時報
創辦於民國廿四年
銷行於國內外
每月十五日出版
世界科學社發行
北平東城八面槽椿樹胡同二號
爲技術界服務
新中書局
地址：滄洲路(即滄洲別墅)152號
電話：三八四四一
廿世紀化學界
最偉大之貢獻
Prof. F.M. Rowe: 主編
Color Index
and
Its Supplements
如蒙選購・毋任歡迎
優待技協會員憑會員
證購書一律照碼八折

·出版·發行·廣告·

工程界雜誌社

代表人　宋名適　鮑熙年

上海(18)中正中路517弄3號 (電話78744)

·印刷·總經售·

中國科學公司

上海(18)中正中路537號(電話74487)

·分經售·

南京　重慶　廣州　北平　漢口
各地
中國科學公司

本期零售定價四萬元

直接定戶半年六册平寄連郵二十萬元

全年十二册平寄連郵四十萬元

POPULAR ENGINEERING

Vol. III, No. 3, Mar. 1948

Published monthly by

CHINA TECHNICAL ASSOCIATION

517-3 CHUNG-CHENG ROAD,(C).

SHANGHAI 18, CHINA

·通俗實用的工程月刊·

第三卷第三期　　三十七年三月號

目錄

12315

中國技術協會二週紀念

中國唯一青年技術人員團體中國技術協會，定於三月二十一日上午假座中央研究院舉行二週紀念典禮，中午在上海律師公會聚餐，下午並有遊藝節目，該會現擁有會員二千四百餘人，為學術團體中最具有活力之集團，屆時必有一番盛況，當可預期也！

安插東北技術人員 開發華中華南資源

資源委員會為安插由東 北撤退之 技術人員 二千餘人，使不受顛沛流離之苦。積極準備開發華中華南，計發電2,000,000,000瓩時，產煤4,000,000公噸，石油提煉4,000,000桶，生產鐵砂300,000公噸，生鐵46,000公噸，鋼品16,000公噸，造紙25,000噸，水泥36,000 噸，其餘如電工，化工等均有計劃。資本方面將由中美兩國進一步合作。但華南尤其是廣東因去年慘遭水災，據估計全年缺糧六百萬担，故開發華南工業雖已作若干決定。但一般華僑及外國人士都還在觀望，整個華南的治安和金融動盪及輸出入的限制都使人躊躇 如是則撤退之技術人員能否適宜安插，尚屬一大疑問，上述數字能否實現，當視整個局勢之進度為準也！

鞍山失陷礦山技術人員無恙

據資委會副主委孫越崎氏稱：鞍山的技術人員是全國，也是全世界最優秀最知名的鋼鐵技術權威。此次失陷，僅鞍山鋼鐵公司的經理邵逸周及張毛兩工程師在滬，其餘如阮志成，靳樹梁，王之璽，楊樹棠等中國鍊冶機械專家，均未能走出，但據鞍山失陷後至滬者談他們並無傷亡。

川滇鐵道決定重修

據交通界人士談：中央重視西南鐵道交通，川滇鐵道又有重修之決定。交通部已向美比兩國訂購鋼軌，該路由霑益至四川隆昌，全長六百公里，全綫路基已於戰前築完，路面橋樑及舖軌工程一年內可完成。

川西都江火電廠即將發電

川西都江據專家估計，可發水電十萬至十五萬瓩後經決定先作五萬瓩水電計劃，並先建立一個二千瓩的火電廠，但由於四川五年計劃經費之全被剔除，這個水電廠計劃自亦被停頓，故該電廠發電後僅用於挽救成都之停電困難。該廠股本為四川與中央按四六比例負担，但均未繳足，故現款用盡，材料未齊，即民生公司之運輸費亦無法償清云。

內遷工廠晉京請願要求優先獲得賠償機器

戰後內遷後方工廠為優先獲得賠償機器，迭向政府籲請未獲結果，因特派代表京晉請願，希望政府不忘過去曾長久追隨政府之內遷工廠對國家之貢獻，並擬報告目前之處境及利用賠償物資發展生產之計劃，祇需政府供給機器，卽可成立製造造紙機，紡織機及內河輪船之機械工廠去。（請參看本期賠償物資座談記錄）

蘇聯鋼產約增百分之五十 飛機生產每年可達四萬架

真理報發表：本年一二兩月份蘇聯鋼鐵業之驚人成績，鋼鐵產量較去年同月增加百分之四十，捲鋼增加百分之五十，焦煤增加百分之三三，鐵砂增百分之五七。

另據蘇聯航空工業部發言人稱：戰後蘇聯飛機每年生產四萬架，又稱蘇聯國內各航空公司所用的飛機大都為伊里烏欽及密格蘭廠的一一一或一一二型。

鄂工業請願團晉京請願

湖北工業請願團，繼華北請願團於三日晚在滬招待各界，到劉攻芸，李立俠 吳蘊初等，定七日晉京請願，商談工貸賠償 物資及 機器業 紡織業 產銷等問題。聞劉氏已口頭允可貸予三百億元云。

英國科學新動向

英國科學界權威司蒂芬•坦勒博士，於戰後發表其『科學五年計劃』謂：科學是一條路線，從這路線上去搜尋事事物物，科學的演變與發掘，永無終點。

坦勒博士並強調其主張謂：此乃政府之工作，應如何網羅科學人才，安定若輩生活，制定研究目標，並依科學的道路，去獲致和平，促進健康。今後五年中應以五萬萬英鎊的經費，訓練科學人才，鼓勵科學研究及設計等事工。

坦勒博士擬定了下列三大綱領，作為英國『科學五年計劃』的前進獨導：

（一）應如何去產生世界性的組織，使各民族享受和平的生活。

（二）應如何去促進世界各民族『身』『心』的健全。

（三）應如何善於利用世界的財富，並以此造福於世界各民族。

波蘭煤炭工業產量大增

波蘭工業國有化政策實施以來，產量與出口量逐年增加，煤炭工業1947年生產59,130,000噸較之計劃中估計超過1,500,000噸 較1946年超過12,000,000噸。採煤工作的機械化，也到達了很高的水準，各礦現裝置286具砍煤機和空氣鑽孔機，採煤工作百分之九十七都機械化了！

12316

技術雖改善了生活·生活却苦難着技術

技術人員生活互助運動的意義

中國技術協會所發起的『技術人員生活互助運動』是一樁極有意義的社會運動，這個運動不應該侷限在技協的圈子內，相反地，要廣泛地深入到每一個有技術人員的地方。今日全國技術人員的職業沒有保障，生活不能安定，有的被迫拋棄崗位，再度流浪，有的受着高物價的威脅，生計已不易維持，遑論教育，娛樂與治療。在通貨膨脹，戰亂頻仍的今天，千萬技術人員祇有團結起來，用集體的力量，本自助助人，自救救人的精神來渡過當前生活上的難關，因爲這是一件有意義的社會運動，技術人員自己的運動，輿論界都寄予極大的重視與同情。我們可以舉出許多例子來說明『生活互助運動』是怎樣深深打入每一個技術人員的心坎。

當『生活互助運動』在技術協會裏第一次提出來時，在上海許多公用事業的機關裏服務的技術人員，華洋一體，不分從屬，無所謂會友與非會友，都自動地捐助了一日所得。

另一方面，許許多多在生活方面確實發生困難的，他們都很急切地等待着技協的幫助。這裏百分之九十以上希望生活互助貸金能够幫助解決他們子女或自己的教育費。申請總額超過了四億，其中百分之三十是公務員，百分之十是教師，有一個在津浦路工務處的工程師，另一個染化廠的總工程師都來申請貸金，他們都是在辛苦的日子中堅持着自己的崗位，可是現在一個的長女患着T.B.，另外一個却是失業！

從這許多事實，我們可以很清楚地看到『生活互助運動』在今天的現實意義，雖然絕對多數的技術人員並不生活在底層，他們的大部份現在還能勉强維持。然而，生活上祇要一起波折，這種不穩定的平衡便會打破，這是每個技術人員最明白的事。因此，成家了的深怕子女有疾，妻子生育；單身的果然可以維持一個子，然而亦僅此而已，成家立業已經不是年青人應有的權利了。

許許多多技術的非技術的人員來響應『生活互助運動』決不是偶然的。他們發覺了生活的黑影，看清了自己的將來，因此，不僅有許多慷慨捐輸，並且熱烈地參加了技術協會，一致認爲在今天唯有互助，才能生存。

這次的生活互助運動，從一個團體發展的經過來看，我們可以很清楚的看出其必然的規律。奠下中國技術協會基礎的，是三十五年三月轟動全滬的上海工業品展覽會。在全滬市民，特別是實際從事工業生產的廠商的一致信念下，這個展覽會，在淪陷了八年的上海，辛辛苦苦的投下一顆種子，但這顆種子，沒有得到培養和灌溉，却遭受了滿天烽烟的踐踏。

希望像浮雲一樣，這時候技協的工作就轉變到更長期性的準備建設階段。工業講座，中國技術職業夜校，上海釀造廠和中國化驗室，這些工作，都是想把各階層的技術人員裝備起來，等待明天的建設，但是這些工作，因爲社會經濟情況的日趨險惡，受到經濟上的打擊，業務上的限制，使得這些事工的推展，增多了困難。

到今天非常明顯的，專心致力從事於技術研究的條件已愈趨困難了；首要的問題已經是在如何生存，如何渡過這一空前未有的大難關。我們每天可以從報紙上看到爲公教技術人員呼籲的消息，隨時可以發現技術人員失業，受餓，甚之自殺的新聞，不願貪污吹拍，隨波逐流的技術人員，在這個醜惡的現實社會裏，始終是渺小和被蔑視，終至無法維持最低限度的生活，最明顯的例子，就是勝利後應聘回國效力的留法工程師郁貴林先生的自殺，有人也許認爲自殺是弱者的行動，我們却認爲應當給予較高的評價。上海市財政局職員陸濂先生的自殺，大公報刊載社會局同人的慰問辭有一句說：他能用一死來贏得社會的同情，你能說『他是一個無力掙扎的弱者嗎？』

中國技術協會發起技術人員生活互助運動的意義，就在於此。我們希望通過『生活互助』運動的力量，不再有第二個第三個郁貴林和陸濂的悲劇出現。

（本刊同人）

上海市之公用事業

趙曾珏

過去一年的上海公用事業，由於經濟上通貨膨脹的狂潮，勞工問題的不安定，主要公用設備器材方面的缺乏，和國際時局的混亂；在行政方面無疑是遭受到了最大的困難，這種困難只有靠了從事公用事業員工的不懈不怠的精神，和市政當局的通力合作，方才能完全克服的。完成的固然不少，未完成的工作還待我們去努力。

一、聯合電力公司的計劃

這一個計劃無疑是戰後復興上海第二年踏要事之一，其草案係由第五次市參議會所推舉的三十八位參議員所組成的審查會通過，並將修正後的意見，呈報中央作最後的核定。電力企業組合方面，在規定時間之內，負責訂立及獲得必需的外國貸款，俾便組成聯合電力公司，該公司須按照中國的公司法組成。

聯合電力公司的完成，將在不侵犯現存六個電力公司權利的情形之下，補救了目前緊急的電荒情形。開始的時候，該公司計劃先建造十萬瓩的發電廠。此草案於1947年十二月十三日已提交行政院。

二、給水的緊急計劃

去年水量消費的激增，也是上海的一件大事。上海自來水公司在夏天有一次曾達到九千萬加侖水量唧送器水管系統的最高紀錄，打破了過去1946年七千三百萬加侖的紀錄。這樣一來，使該公司不得不在最大負荷之下運轉，如果單靠濾水池的擴增，當然不足以應付目前緊急情勢的。

為了增加滬西區的給水供應起見，公用局曾會同工務局建築了三個自流井，地點在虹橋路，林森路和華山路；每一處裝有8吋徑水管和六千加侖的蓄水池一所，此外又在中正西路另建六十萬加侖的蓄水池一所，不日即可完工。此等水池所出的自來水，根據暫行的約定，是有65%售給英商自來水公司，以便轉售用戶。這一個計劃不過是應付西區的緊急給水用途，至於根本的解決辦法，公用局尚在擬訂中。（關於滬西區給水計劃詳情，請參看本刊二卷六期）。

三、大量煤氣供應的約定

英商上海自來火公司在1947年三月三日曾和公用局的吳淞煤氣廠，有一個大量供應煤氣的約定，根據這個約定，該公司的虹口北區煤氣是由吳淞煤氣廠每天供應不得少於十萬立方呎；以後當漸增加至每天七十萬立方呎的煤氣供量。

四、電話網的擴展計劃

雖然行政院還沒有正式批准上海的統一電話系統的計劃，可是過去一年間上海電話公司的工作卻是根據了公用局和上海電信局暨該公司的會同報告而加緊努力着。在未轉換到6字號碼制度之前，電話公司的計劃是再擴充7A1的轉盤自動電話系統的一萬根線。其必要的設備一部分已運抵上海，只是因為電纜和附件必需有充足的外匯可以獲得，在無法解決這個困難之前，擴展線路暫時還不能夠成功。

電話公司還計劃裝置7A2自動電話一萬五千根線以應付現在請求添裝的用戶需要，為了此事，本人曾勸告該公司最好在7A1擴充線完成後再做這件事。

五、公共交通問題

去年還批准了英商上海電車公司延長營業期限七年（至一九五四年十月九日）的議定。這一個延長是和政府獎勵外商投資的政策符合的。

值得提起的是去年三月上海市政府邀請交通專家康威博士（Dr. Thomas Conway Jr.）與哈爾博士（Dr. Luther Harr）及尼格爾先生（Mr. Thomas Nicholl）諸人來滬調查及研究本市的交通運輸問題。他們來滬兩月，到了去年八月提供給我們一份報告，內有不少可貴的建議。現在該報告書正由有關各部門在研究中，俾便改善目前的交通情況。康威的調查只有37%的最忙碌交通（Rush-hour Traffic，大概是寫字間時間-譯者）為公共交通工具所運輸，這一個數字只及美國同等城市的一半。無疑，這一個極大部分的交通應由新的運輸工具來解決，但在目前的情形之下，這當然是很困難的。

六、卡車輪渡

去年的雙十節完成了卡車輪渡這項工作。本市的特殊情形是浦東多倉庫而浦西多市場和工廠，因此貨物的運輸，供靠這一種卡車輪渡的服務可以便利不少。事實上，這項工作簡直有點像把浦東的倉庫遷移到浦西去一樣。十二月十二日正式承運，所用的渡輪是用戰時剩餘物資的LCT型登陸輪改裝成的，共有二艘，每艘可載10噸卡車九輛，來回一次約需二十分鐘。

—— 下接第 46 頁 ——

座談會記錄：

從此次日本賠償物資看中國機械工業

主　辦：中國技術協會，工程界雜誌社

日　期：三十七年三月九日　　**地　點**：中國科學社

出席者：周承佑　顏耀秋　胡嵩嵒　胡西園　李泰雲　陳悟皆　周錦水　余名鈺　（宋名適代）

記　錄：朱周牧　沈惠龍　楊　謀　蔣宏成

——記錄未經出席者過目如有錯誤由記錄者負責——

主　人　第一批的日本賠償物資已經絡續來到中國，因爲多的是工作母機，因此今天中國技術協會與工程界雜誌社特地邀請機器工業的先進以及專家共同來對於這一批日本賠償物資與中國的機器工業發表一些意見，現在先請顏先生發表一點高見：

不要被當作游資的籌碼　豪門資本的托辣斯

顏耀秋　關於這次日本賠償的機器，應該由經濟部的陳主委悟皆先生來報告，現在陳先生還沒有到，兄弟就先約略地說一說，再讓陳先生來補充。

日本機器到上海，兄弟有二重關係，第一兄弟是遷川工廠聯合會負責人之一；第二兄弟是七區機械業公會負責人之一，經常爲了這件事奔走，很想聽聽各方面對這回事的意見。

中國機器工業差不多有六十年的歷史，據本人的估計，戰前上海有五萬部工作母機，全國有十萬部。戰後的上海，依據機械業同業工會七百多個

中華民國三十七年三月九日午後五時中國技術協會工程界雜誌社為日本賠償物資事業舉行座談會于中國科学社支誼室　賓主題名

周承佑　胡嵩嵒　宗名道　宗文錦　周淑芥　于訪焉　周錦水　蔣宏成　沈惠龍

顏耀秋　胡西園　李泰雲　錢湘舟　仇啓琴　陳悟皆　朱周牧　楊謀

12319

會員的報告(上海共有九百多家機械廠)有工作母機九千部,再接收敵僞的有七千部,總共大概不會超過二萬部工作母機,而全國總數當在五萬部左右。意思說經過這次戰爭,我們的工作母機已經損失了一半。這許多機器遠不如美國,就與戰敗的日本比較亦是望塵莫及。

資委會杜殿英先生在民國三十三年曾去美國的克雷斯勒(Chrysler)廠參觀,原先這一個專門製造汽車的工廠,因爲戰爭的需要要改造飛機引擎,他們並不把原來製造汽車引擎的廠改裝,却是另外造了一個廠,專門製造飛機引擎,其中就有了工作母機九千部。勝利之後杜先生又到了那裏,滿以爲那個由戰爭中發軔的飛機廠一定要停歇了,其實不然,這個在戰時製造飛機的工廠在戰後所接的訂貨單已到了1949年!

據民國三十五年戰爭剛結束的時候,麥克沃塞曾經要求調查日本經過戰爭剩餘下的機器,總共是八十萬部,以後第二次調查的時候,却祇剩了四十六萬部。第三次調查時的結果,如果根據麥帥的對日放任政策,大概還要減少些的。看看戰敗的日本,再想想我們所謂四强之一的中國,戰後所剩的却祇是人家在大轟炸下所餘的十分之一,實際上僅是二十分之一呀。

所以我說中國遠不如美國,連戰敗的日本亦望塵莫及。

在這次戰爭裏政府的損失當然很大,人民所遭受到損失更不可計值,事實上此次賠償物資,因爲不是我們自已出力爭來的,所以可以說都是外快。照例賠償應該是人民與政府均分的,可是這次政府却在外快中還要撈外快,只有全數的五分之一是撥歸經濟部「價配」給民營工廠的。價格却又規定得如此之大:六角美金一磅的機器,第一次先繳百分之四十,二年內分四期還淸,並且每次還有要按官價結滙,這叫民營工廠如何担負得了!而政府則口口聲聲說政策已定,無法變更。因之後方工廠曾經要求在本國內應該以本國的法幣來支付,不該以美金作籌碼。退一步講,如果美金不能更改,希望第一次的付款減低至百分之十,而淸償時期延長到十年;現在美國通行定購機器,交款期有長至二十五年的,我們並不算創先例。目前辦工業的都是些傻蛋,有錢的不會辦工業,但是一旦生產工具集中起來,情形又不同了!有一種傳說,這些賠償物資很可能爲豪門資本所操縱,他們要實行機械托剌斯,賠償分配的不合理,亦是理所當然的了!虽自操縱着這些工具,而不去實實在在的利用,結果是把這些機器當作游資籌碼,在市場上拋來拋去。

雖然中國的工業將臨崩潰,我還是很樂觀的,中國工業還在萌芽的時代,不能自給自足。拿造紙工業來說,戰前全國每日需紙四百噸,但現在每天的產量五十噸都不到,我們可以永遠如此嗎?再如紡織,如果要達到全國每人每年十五碼布,那末就需要一千二百萬錠子,可是目前中國的錠子祇有四百萬,因此經濟部在去年訂了二個五年計劃,預定在今後十年內製造八百萬個錠子,第一次三百萬,第二次五百萬。

至於中國的資源,據資源委員會統計,中國有煤二千五百六十億噸,鐵三十億噸,水力一億三千萬瓩,其他鎢,錦,石油,硫磺,鹽等都很豐富,如果開採還愁工業落後嗎?目前的困難最主要的還是政治不上軌道不能按照計劃切實生產。其次經濟的窘迫,使許多工業家不敢放手去做。就說工貸吧,恢復果然很好,但是最好有訂貨貸款,這樣才不會將貸款去投機囤原料。第三是勞工生活沒有保障,辦工廠的人無法管理。

在歐美各國政府都很注重民營工廠,所以希望政府能把眼光放遠一點。這樣初生的嫩芽可以成樹,由樹而變爲森林。

主人 胡西園先生有事要先退席,現在請胡先生發表對此問題的意見。

大家都受着戰爭的損害,賠償那一個好?

胡西園 剛才顏先生在數字方面講的很多,本人想對賠償兩個字講一講,正像顏先生所說,論賠償,人民的損失也不小,有人就會問爲什麼獨獨賠償工業界呢?其實這次日本來的是機器,所以賠償的對象,當然是機械工業界,在分配中應該以優待受損工廠爲原則。至於技術方面例如美金結滙等等,掛牌一天天的高,承購的人就一天天的提心吊胆起來,這樣幾年之後這些機器都會發銹的。

主人 陳惜皆先生恰巧到了,陳先生是主持保管此次賠償物資的負責人,一定比較的熟悉，我們先想聽一下陳先生的報告：

陳悟皆 沒有什麼可說，最熟悉的人其實是最不熟悉的，我所担任的工作祇是把機器從船上放到棧房裏去，同時做一個記帳的工作。到今天（二月九日）為止總共收到第一批是432件，第二批是二百多件，總共有五百多部的機器，放着保管不是一件容易的事，希望趕快能分配出去，大家利用。

顧耀秋 對於賠償的事曾去南京請願，當局有二種說法，面子上總是說一定幫忙之類的官話，私下却說損失誰都有，將來賠償那一個好，否則其他的人就不高興。況且，「賠償」二個字在目前的國際形勢下，不說中國的賠償，在國際間都要取消了。遷川工廠聯合會，這次去請願效果是極微的。我們祇希望把單價降低，UNRRA出賣的機器祇是五角錢（美金）一磅，為什麼現在日本的舊機器倒要六角錢呢，況且規定機器的單價應考慮第一機器的性能，第二機器的折舊才是。這點希望陳主委能够轉陳當局。還有希望第三者，能起來說幾句公道話。

第一批賠償物資要切實分配，第二批又怎樣？

李秦甕 對於賠償的事本人相當隔膜，只是在報紙上看到一點而已，賠償的機器是勝利最大的收獲。中國是列為四强之一，對於戰敗的日本自然應該有所主張，其所賠償的機器當然要按照中國的意思。可是二年以來，一直却受着另外一個四强之一的支配，要中國亦能出主張是沒有希望。現在第一批的賠償機器來了，以後有沒有第二批，第三批不無問題。

第一批九千部工作母機，二千部配售民營工廠，數目已經很小，四分之一與四分之三根據什麼原則分派我們亦不知道。在國民的立場上，分配給國營也好，分配給民營也好，只要能充份利用。恐怕那四分之一的機器也許要比那四分之三能產生更大一點，更快一點的效果。因此如何能產生最大的，最快的效用是分配最重要的原則。行政院公佈的分配辦法相當公平，祇要能够切切實實地去做。什麼時候辦完，可以幾年，也可以幾個月，祇是時間一長，許多問題便會發生，尤其在現在的時候。

至於價格，不知道機器的規範是不能確定價格的。拿經濟部的目錄來看，其中所開列的規範亦太簡單，往往尺寸不全。如果完全用重量作規定的價格那出入一定很大。現在如果民營工廠要申請，就不知葫蘆裏是些什麼藥，本來在裝箱之前應該把詳細的規範弄好，到上海再弄就難辦了，多少的人申請豈不是和買奬券一樣嗎？現在所到機器不多，將來絡續增加，問題可就大了。

沒有原料和動力還是有問題的！

胡嵩嵒 以機械工程師的立場來說，能有這末許多賠償機器的確值得高興，本人對這件事很隔膜，不知道究竟，現在明白事先也沒有什麼計劃，或許是麥帥總部配給的緣故。照例有這許多機器，應該更有動力機，現在全國各地都在鬧電荒，顧先生說中國有一億三千萬瓩蘊藏的水力，可是遠水救不得近火。第二是機器的配合問題，最好賠償的機器能整個工廠的機械成套的來，這樣一定能事半工倍。從技術上講，這一次的賠償最好能成立設計委員會，把所有的工作母機研究，調查成套的將它配合，零星的立即發民營廠應用。如果拆散了，那太可惜。在中國原料是有的，可是煤呀，鐵呀都需要加以採掘和提煉，雖然有機器來了，沒有動力，沒有原料，還是有問題的。

幾點希望

周承佑 綜合各位的意見，有幾點希望：

一．雖然賠償機器在拆的時候，政府沒有計劃，希望各方面在接收和保管方面能够更進一步把機器整理清楚，因為這是遲早要做的工作。

二．希望民營工廠不要爭賠償，以前的損失還是小的，希望大家能够拿出計劃來，以增加生產，來得到賠償。

三．希望技協鼓吹，為工業家呼籲。記得庚子賠欵，日本曾在下關築了一個地下隧道，希望這次日本賠償不要像前個產業一樣糟塌了，最低限度，一萬噸的機器要有一萬噸的出產。

申請賠償好比買獎券

周錦水 老老實實說，現在計劃做了等於白做。華成電機廠曾經做過不知多少次的計劃，結果次次都是落空。那時我們由衡陽撤退到重慶，原來三千噸的器材，到最後僅剩了連人帶行李十七噸，五百多人什麼都沒有了，有的僅是一身白衣。當時草擬計劃由政府貸款八十四萬，後來戰時生產局認為華成廠不應這樣簡陋，於是又草擬第二次計劃，訂了近六十萬美金的機器，現在這許多機器都到了上海，能賣的已給物資供應局標售，而那些華成特定的冲模等雖然幾次向翁先生，物資供應局及經濟委員會交涉，都沒有結果，任讓這種特殊機器腐爛，眞是可惜。

這次經濟部為了賠償物資要我們計劃建造一家大的 Ball Bearing 工廠，我們就動手起草，到計劃將擬好的時候，說這個計劃暫時不能進行了。再說賠償，為了賠償在抗戰時先後填過五十多次的單紙，現在就是配給，我們也無錢可買。政府的法令實在太多，朝令夕改，那眞太『勞民』了。這次的賠償機器華成亦曾去申請，但也好比是買獎券，辦工廠的，現在是一百二十分的無希望。國家的存在要靠工業，政府現在不要工業。

中國的工廠弄不好，第一是人事問題第二是政府的領導問題，要是說這次機器以官商合辦的公司來經營，物價飛漲，指數高，原料不易，不會有人來投資的。為什麼現在有許多人從上海，漢口，昆明都擠到彈丸之地的香港去辦廠，那裏沒有米，煤，礦產等工業所需的一切原料，這是很奇怪的一樁事。

要注意機器的出路

宋名適 余名鈺先生因為胃病不能來，然而曾談過不少的意見，這裏摘錄要點，有出入的地方，由兄弟負責。

余先生的意見與各位相同，以為政府對於賠償沒有整個計劃，事先沒有調查，執行更何從談起。據說經濟部存有三大本很詳細的關於賠償機器的目錄，他和支秉淵先生曾經提議將它印刷發行，幾次沒有下文亦祇好作罷。拿現在經濟部印行的很簡單的目錄來講，余先生以為很不合理，比如把輾鋼機(Rolling Mill)等礦冶機械和工作母機歸在一起，再譬如六角錢一磅的單價，說精密的銑床或則六角車床與笨重的錘子同樣論價，不是很笑話。

關於訂立計劃的事，余先生也有與周錦水先生一樣的經驗，余先生已經有很多經驗知道政府要他訂的計劃是不會兌現的，所以此次用敷衍的態度交了卷，結果果然因為整個賠償的權，不在我們手裏，自己訂的計劃，根本沒有用。還有賠償機器中很有些是特殊機械，在中國不一定合用。現在浦東棧房內機器堆積如山，如果事先有一個周密分配計劃的話，那些應該運往漢口，廣州，或是天津，重慶，就不必在上海卸下，可以直駛目的地，這樣可以減少一筆可觀的搬運費和無謂的棧租。關於這批機器的出路，余先生以為不外三條路：第一作為游資的籌碼，第二為豪門資本獨佔，第三堆存在浦東棧房銹蝕。

顧巍秋 把日本工廠，整個的拆除，當時十九國曾經開過會議，在中國為分配事宜，在民國三十五年亦曾開過會議，規定承受賠償機器的單位是：第一國防部。第二交通部，第三資委會，第四教育部第五經濟部。當時規定由經濟部承受分配民營的祇是百分之七到八，還不是現在的百分之二十，後來因為政府需要錢方始把限額擴充，其實要說政府把機器賣給我們，單是機器的搬運費與裝置費已經不勝負擔。

原先依照經濟部在對日賠償委員會所提出的計劃，預定利用日本賠償機器在中國建立十個巨型的製造工廠，可是麥克沃塞第一次調查日本戰後所剩的機器是八十萬部，第二次卻減少三十四萬僅存四十六萬部，因之十大工廠計劃一變為四大製造廠計劃，即一、電機製造廠，二、機械製造廠，三、礦冶化工廠，四、軸承製造廠，這些計劃就是政府徵用了我們幾個人逼出來的。可是直至現在為止，所謂戰後剩留的四十六萬部機械中，究竟拆除三十萬作為賠償，還是保留三十萬部，今天仍然沒有決定。祇是所謂保留日本工業水準的問題，現在已經有了定論，就是維持一九三〇——三五年間的水準，這樣預備由日本整套拆四個工廠來中國的計劃又擱淺了。這次賠償的機器，實際上是雜七雜八地由軍工廠裏拆來的零星的工作母機。

陳晤省 這次賠償的機器在日本由橫濱，橫須賀，名古屋，長崎，大坂，與港六個港口出發。經濟部的冊子實際上亦很簡單，也只有重量。價格還是日本的價格，日本都是用重量註的，這批機器在橫須賀拆，到中國又拆，整套的是不可能了，好在也無特殊的機器。

關於做計劃，兄弟也竭力反對的。剛才各位所提到的意見，兄弟事先也都想到過，不過提出來不會有人採納，這是做一個小公務員的苦楚。看起來這些機價賠器要一二年才弄得好，所以當時兄弟主張在江灣跑馬場那裏用六十畝地搭一個臨時堆棧，預備二年的時光來整理發配。但是事實上這個辦法沒有行通，只得暫借招商局第七碼頭，露天堆置。

機器擺着是不行的，有一部份好的是重機器，小件的上海都有的。分配要分配得散，給小的賠主。好的機器，一般廠家沒有的機器，要分配得平均。爲了整個機械工業水準的提高，我主張分散，不要集中。

周錦水 除非政府改變方針，不要說二年，十年也弄不好。這樣擺下去，慢慢連棧房錢也出不起了。

主 人 今天承各位費了很多時間來這裏，講了許多寶貴的意見，我們當將記錄在工程界雜誌上刊載。紀錄也許事前來不及讓各位過目，如有錯誤，由紀錄者負責。現在代表本會和雜誌社謝謝各位。

本刊同人的意見

這一次座談會，是本刊第一次爲了討論實際工業問題，而與各位專家接觸的機會。諸位先生能在百忙中抽空出席，貢獻很多寶貴的意見，實在使我們欣幸和感謝。

爲了時間關係，當日的座談會在匆促中結束了。綜合以上的談話，本刊同人提出一些淺薄的意見，權作本記錄的尾聲。

賠償物資應該給誰？

上面討論了很多賠償物資應該如何分配的問題，誠如李泰雲先生所說，站在國民的立場，分配給國營也好，民營也好，只要能充分利用，胡西園先生說，賠償的物資既然是機器，當然以分配給機械廠最爲合適，如果賠給被砲火毀了家的貧民，自無使用價值，其實我們認爲正不必以分配不均爲遁辭，只要這些物資確是用來繁榮社會經濟，生產人民日常必需品的，那就做到了眞正賠償給中國了堅毅不拔的工業家們，雖然在抗戰中犧牲了自己的生產工具，却沒有在要求賠償他個人的資產這一點上爭執，眼看着生產工具的被銹蝕，才是一樁最傷心的事。

賠償的物資正像李先生說應該最迅速最有效地爲大多數人民來服務；儘儘計較誰得到了，誰沒有，不估量到使用之後對於大多數老百姓眞正的利益，那末，所謂賠償實際上就是分贓。因此我們要響應顏周余諸先生的呼籲，希望國家從速根據國計民生的立場來分配這一批賠償物資，不要讓它們作爲游資的籌碼，不要讓豪門資本據爲己有，更不要任它們堆在浦東變成廢鐵。

怎樣看中國機械工業的前途？

中國的工業水準一向很低，加之抗戰八年，民營工業的一點基礎，全被摧毀，原來不可能靠這次賠償物資，一下子就變成一個新興工業國，可是我們從顏先生所報告的數字來看，可以推想，第一步要恢復我國戰前的機械工業水準，如果能有爲數約五萬部工作母機的物資來補充的話，是很能有些成就的。

另一方面顏先生却又把一個大秘密拆穿了，原來不要說日本對中國的賠償，連國際間的一切賠償，都要停止了呢！換句話說，我國廿餘年遭受的侵略，八年抗戰含辛茹苦的民族血債，現在都要一筆勾銷了。親乎近日報章上也都在說麥帥將保存日本的賠償物資，作爲工業復興之用，中國工業家們的血汗所造成的基礎最後將被置不顧，中國是直接遭受日本的破壞最深的一個國家，正當我們從毀滅中求更生的時候，那一個昨天曾經摧殘了我們民族工業的日本，却一天天在滋長起來，過去慘痛的經驗，使我們想起明天危機，要爲中國的機械工業尋求一條正當的出路，除了在國內爭取一個合理的環境之外，在國際方面，顏先生，李先生都曾說過，我們應該竭力防止日本的再興。賠償就要取消了？第二批賠償物資還會來嗎？都決定於四强之一的美國的態度怎樣。可是現在，事實是最好的明證，麥帥在東京執行的政策，可能給中國機械工業帶來如何樣的命運，在記錄中有着許多具體事實，不用我們再在此地贅述。

打火機中所用的火石究竟是什麽東西？

發火合金的研究

王子厚

提起發火合金，我們立刻就可以聯想到吸香烟用的打火機上裝着那塊稱爲火石的小石頭，說起牠的功用，並非僅用於供給人們吸香烟，對於兵器及重工業上，其實都有很大的效用，例如在煤礦裏若利用火柴來點火，當然是非常危險的，所以在煤礦內爲避免礦內的爆發性氣體而燃點安全燈的時候，多半利用發火合金的。又如在壁爐裏，因爲濕氣的關係，使用火柴殆不能燃燒，也需要發火合金來點火，所以發火合金在現代工業上佔有很重要的地位。

我們所使用的發火合金，差不多完全是舶來品，本國產物還沒有見到，這雖然是一件很小的東西，但龥對於工業，和日常生活有着不少關係，因此在這裏提出一點著者的個人經驗，供大家研究研究：

發火合金的小史

發火合金幷不是一件新發明，現在使用的發火合金，其成分主要爲鈰族元素，如鈰石〔$(2Ca \cdot Fe)O_3 Ce_2 O_3 \cdot 6SiO_2 \cdot 3H_2O$〕及火石〔$(Ce,Ta,Nd,Pr)PO_4$〕等鑛物。按鈰石等均爲稀有元素，此種工業於1885年由威爾斯巴哈氏(Auervon Welsbach創立，彼於研究礦物時發現了光性礦物，進而發明白熱氣燈，幷於1887年得美國之專賣特許權，於是設立了威爾斯巴哈照明工業公司，嗣後從事將稀金屬的氧化物熔融電解而製鈰稀金屬的工作，更發現了若將軟質的鈰族金屬，添加微量鐵而使其硬化，然後以摩擦之能發生火花，這就是現今的發火合金。此項發明曾獲得英國的二次特許權，嗣後乃於澳洲(Au tralia)的封頓巴哈 (Treibach)地方設立封頓巴哈化學公司，集中鍊製發火合金，更於英、美、蘇、法等國設立分公司，廣爲推銷。純粹的金屬鈰是在一九一五年威斯康新 (Wisconsin)地方研究製成的，先是威斯康新化學公司與美國另外幾家化學公司，合作鍊製金屬鈰(Ce)但未成功，不久威斯康新大學發明以電解法提鍊成功，乃交新型金屬工業公司(New Process Matal. Co.)大量製造，該公司幷獲得美國專賣特許權，販賣金屬鈰，在一九一八年以前，爲世界唯一的金屬鈰製鍊廠，世界各國亦無不仰賴該公司供給發火合金。

德國方面則有"Aver"合金及"Kunheim"合金等發明，所以發火合金再也不是一件祕密的東西了。

發火合金如何製造

發火合金的原料是鑭鈰系合金，其主要成分倘夾雜其他金屬，如鐵 Fe，鑭 La，釹 Nd，鐠Pr 等混合物，但鈰族金屬中若 Ce 含量在35%以下時，則不能發火。然金屬鈰於空氣中易受氧化，所以其中必需添加適量之鐵，但含鐵不過多，多則融點昇高，發火速度及火焰長度均形減少，爲其缺點。

合金之熔解爐多用骸炭爐，煤氣爐，重油爐，電爐等；其中尤以電阻爐爲最相宜，或利用二重坩堝式爐，俾使融熔金屬，不直接受火而氧化，但石墨坩堝絕不可使用，恐起炭化作用，最好用磁製坩堝。熔劑多以苛性鹽類爲宜，尤以無結晶水者爲佳；若製鍊少量之合金，可用食鹽作被覆熔劑，唯利用食鹽，非高純度食鹽不可，否則不但不能防止合金之氧化，而且更形促成合金融熔困難之弊，所以歐美各國之發火合金所用熔劑，皆祕密不宣，但以著者之實驗經驗而言，用稀金屬之氯化物或鹼土屬之氯化物作被覆熔劑，最爲滿意。

製煉合金時，首將坩堝加熱，然後投入熔劑，繼續灼熱，使熔劑溫度昇至800°C 時，投入金屬鈰，再繼續熔融，俟其全部熔解後添加鐵。

鐵的成分以含炭量越少者越佳，在添加之前，鐵須先打成小片或細粒，粉末均可，使沉於被覆鹽下，急速加熱，當鐵可能與Ce作成金屬間化合物

($CeFe_2$或Ce_2Fe_5及 Eutectic) 其熔解溫度自然降下，於1100°C迫完全熔合，然後徐徐攪拌五分鐘，再添加鋅Zn，鋁Al，鎂Mg，銅Cu等金屬小片，上記金屬之比重較小，可作成中間合金而添入之，其反應非常迅速，尤易氧化，添加時宜特別注意。

茲將發火合金的組成實例二則如下：

例1 Ce 族金屬 2公斤，Fe 0.4 公斤，合金屑 0.7 公斤，Zn, Al, Mg, 0.15 公斤

例2 Ce 族金屬 1000 公分，Fe 500 公分，Si 10 公分，Mg 40 公分，Cu 50 公分。

以上二例製成的合金Ce約占61.5%比較質地良好，比重輕，但硬度增加，而耐風化質為其特徵，茲舉現代使用的各種Ce—Fe 發火合金組成如下：

名　　稱	Ce%	Fe%	Si%	Mg%	其他	備　考
Treibach Werke	76.10	23.63	0.27	—	Al	長火焰
Pyropher A.G.	72.50	24.88	2.0	0.62	Zn	遠　焰
B. Wetzler Bruck	73.50	24.41	0.28	1.72	Cu	飛散火花

發火合金的鑄造法

合金熔融後，視其流動性是否良好，然後取出坩堝，略施迴轉振盪，搖落其表面熔劑，而後於鑄型內完全形狀；其鑄造法大別有三：

1. 普通鑄造法及硬型鑄造法——普通鑄造是用鑄沙製成鑄型，然後澆鑄成型，硬型鑄造是用鑄鐵鑄型鑄造，此二種方法雖然對飾工業的發展上，有所貢獻，究屬利少弊多，已不為人所採用。

2. 管型鑄造法——管形鑄造法為最新鑄造法，其優點甚多，可鑄成圓形或角形各種形狀。鑄形多為鋁鍛製成，長約30公分寬約18公分分為二片，其中鉤以方形或角的溝二百或三百條，當二片合攏時即形成圓形棒二三百條，如圖1.所示。

將該型加熱至暗紅色程度，然後置於鑄型架上，次將中間鑄造用的耐火坩鍋放上，然後以熔融合金傾入於中間坩鍋內，俟熔劑浮上後，立即將坩鍋之栓拔開，使合金注入鑄型內，則一次可得二，三百枝棒狀合金。但上述方法亦有缺陷，往往不能完全鑄入，僅可得參差不齊的合金棒，著者曾研究二法，一即將中間坩鍋及鑄型加熱至850°C然後鑄入，鑄入後立將中間坩鍋拆下，將鑄型放於迴轉

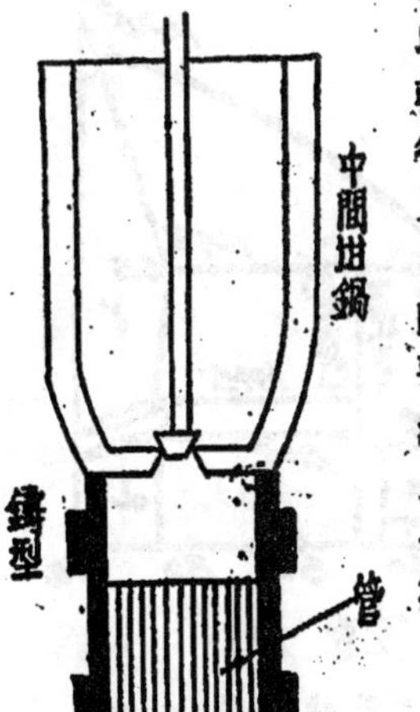

圖1.——管型鑄造裝置

圓盤，(直徑80公分)以每分30週的速率迴轉之，俟冷却後，即可得完整無缺的坩狀發火合金。

3. 減壓鑄造，如圖2，唯鑄入時應以所要合金的直徑而施以減壓，可得完整的發火合金，1公斤的熔融合金可得1公斤有完整形狀的發火合金。

圖2.——減壓鑄造裝置

1. 鐵製坩鍋
2. 注入栓子
3. 黑鉛製鑄入口
4. 鑄鐵鑄型
5. 鐵管
6. 砂
7. 鐵管
8. 橡皮管
9. 支台

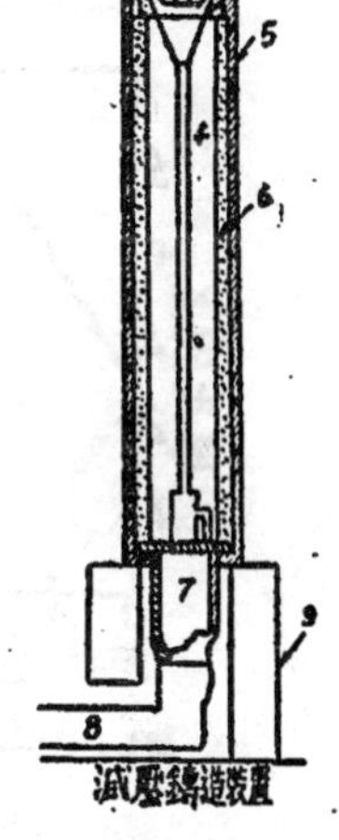

合金鑄成後的手續

將管鑄型打開後，用鋼製鉗子將合金棒鉗出，放於平台上，取去凝固之熔劑，及打掉收縮部分，然後以稀硝酸(1:10)浸漬二分鐘，取出塗以亞麻仁油，再塗以紅色的 Bakelite，或塗以 Glyptal，俟烤乾後，切斷即成市售之發火合金。

發火合金的性質

通用的發火合金多為 Ce-Fe 系合金，鐵占全成份的20～40%，主要的性質是硬度，其化學的性質，我們可以用圖3至圖7幾個狀態圖來作參考。至於其他如機械的性質，物理的性質等，在這裏因限於地位不另贅述了

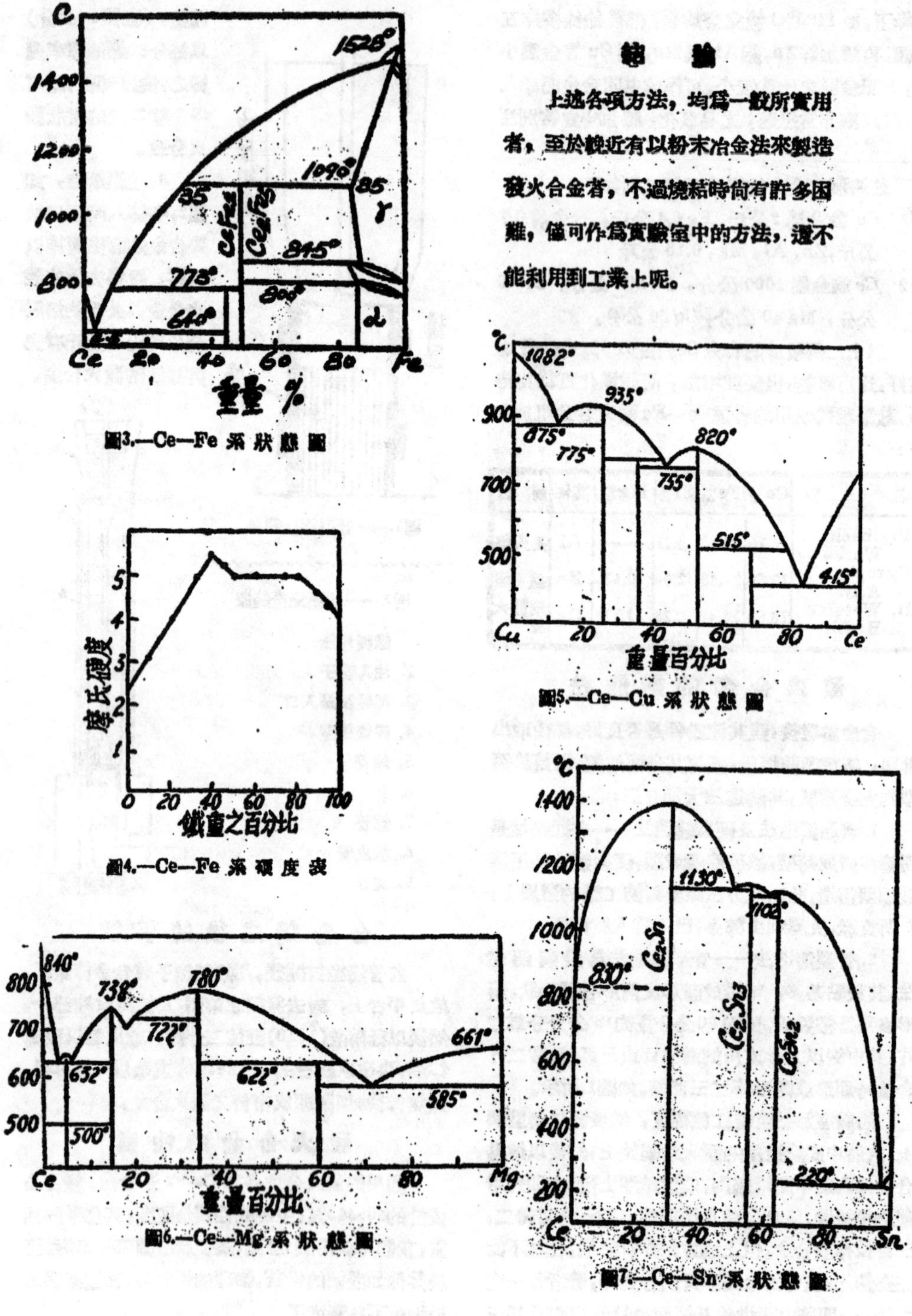

總論

上述各項方法，均為一般所實用者，至於晚近有以粉末冶金法來製造發火合金者，不過燒結時尚有許多困難，僅可作為實驗室中的方法，還不能利用到工業上呢。

圖3.—Ce—Fe 系狀態圖

圖4.—Ce—Fe 系硬度表

圖5.—Ce—Cu 系狀態圖

圖6.—Ce—Mg 系狀態圖

圖7.—Ce—Sn 系狀態圖

廢氣餘熱的經濟利用

顧澤民譯

這裏是一種新的方法，用來收回引擎廢氣中的熱量，它很容易改裝在應用中的引擎上，所費的資本也並不大。

將內燃發動機廢氣中熱量加以利用的種種方法，已早爲大家所注意和提倡。我們已經知道好幾個例子，在固定的發動機上裝了廢氣餘熱利用的裝置，可以得到百分之六十以上的熱效能，這已經是日常應用很可能的事，這種餘熱不但利用來產生動力，而且用來加熱汽鍋給水，暖室裝置，供給製品過程中所需熱量以及各種家庭用途等。普通都利用餘熱裝置中的熱水，如環境許可時，也可以得到熱的蒸氣。

利用餘熱的最大問題端在設備費用的是否合算，而許多例子已能證明它毫無問題。

這裏所介紹的利用餘熱的裝置名叫「餘熱套」(Thermozaust Pack)。它既簡單又便利，大小也能適合任何固定的燃油發動機或軌道牽引車。「餘熱套」在空間上和功用上並能代替一個廢氣減音器，因此購用「餘熱套」的人應該要注意，它的代價須從售價減去原有減音器的價格才是。

簡單的結構——「餘熱套」是由不拘多少的環形輕質合金套疊合而成(圖1)，兩環之間有一個軟的襯墊使其密閉不致漏氣漏水。

全部疊合後用四根鋼桿縱貫地穿過，鋼桿兩端有螺絲和帽，把這疊合的環狀物夾住在一起，成爲兩個同心管，裏面一個是廢氣通路(圖1 C)，另一層是一個水套(圖1 D)，在這鑄物上還有個橫檔管(B)橫在中間通路中，管中也可以通過水，使左右兩半個水套中的水可以貫通而增加熱量的交流。正對這橫檔管的一頭，水套的外殼上有一個孔(A)，裝有一個特製的閂頭，用作放水孔或裝保安閥之用。

參看圖2，其中表示三個環的疊合法。請注意相鄰兩環的橫檔管方向是互相交差，使在內管沿軸向流動的廢氣與通水的橫檔管有最大的接觸面，並且還可以增加它減音的功效。該兩通路的比例是根據氣流容易流動的原則而設計的。同樣情形，水流也應儘量避免阻礙，所以相鄰兩環水套的筋(連牢內層和外層的地方)也要互相差開着裝，否則水套被這些順列的筋會分成兩半，使裏面的水不能自由流通。每一個環的裏層和外層只有兩段筋連接，則熱脹冷縮時「餘熱套」的內外兩層不致發生意外的應力。如此簡單的裝置，可在極短的時間以內將其拆開，把外層水垢和內層烟炱掃除，再換新的襯墊重新裝起來，這種情形對於水質不穩定的地區特別重要，因爲水垢容易沉積在水套

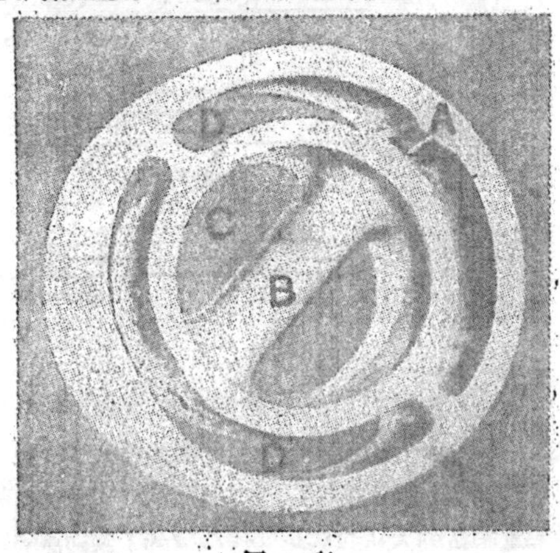

圖 1

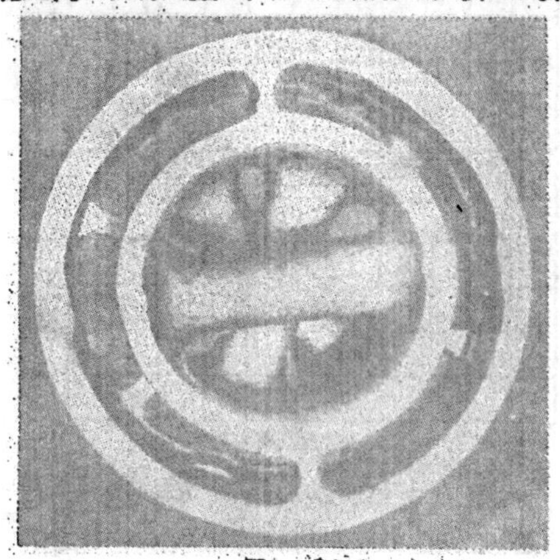

圖 2

12327

內阻塞水流之故。

製造廠家意欲將「餘熱套」規劃成兩種標準大小，除了目前的最大號燃油引擎之外可適合於各種裝置。如果廢氣管直徑過大，一個「餘熱套」不敷應用時，可以用並聯的幾個「餘熱套」。先將廢氣引入一個總筒內再通入兩個或兩個以上的「餘熱套」裏，氣和水的出口也可以裝兩個筒使其各各歸併。這種裝置大概需每呎五英鎊的代價。

新式高速度發動機小於二百匹馬力者，一個「餘熱套」兼代減音器已足够應用，直裝和橫裝均可，而且佔地位也不多(見圖3)。這一點在圖中有很好的說明，它顯示A·E·C·六汽缸每分鐘一千

圖 3

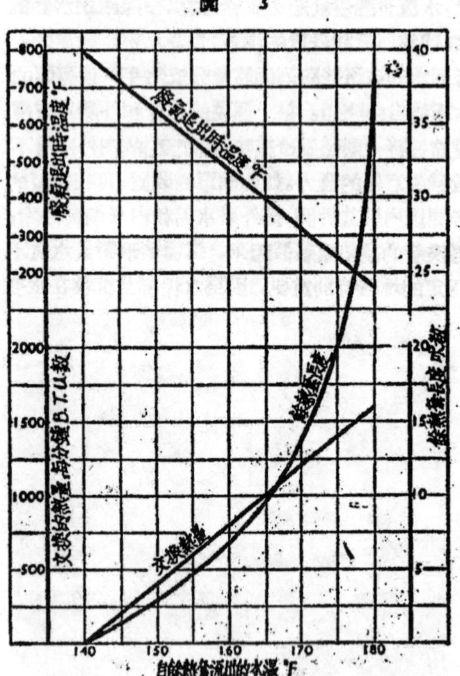

圖 4「餘熱套」的成績曲線。廢氣流量是每分鐘十磅。從「餘熱套」流出的廢氣約在300°F 左右，流入套中的冷水是60°F。

二百轉的發動機驅動66.6瓩發電機裝用「餘熱套」的情形。這個「餘熱套」有廿個環共計五呎長，它的

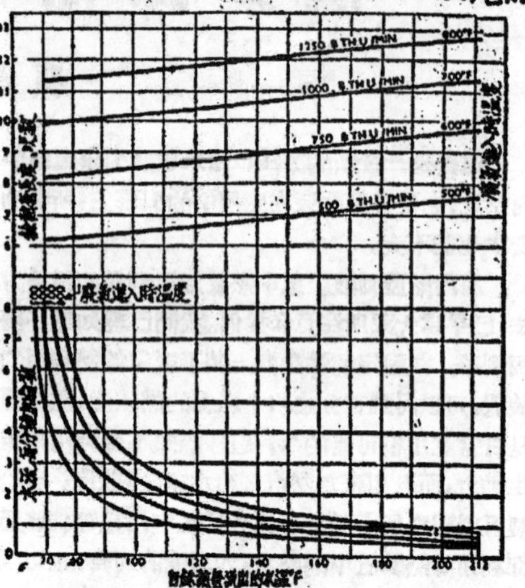

圖 5 雙重餘熱利用的成績資料。從發動機水套內每分鐘取出四加崙140°F的水通入「餘熱套」。廢氣流量是每分鐘十磅，800°F

外徑和全長度並不比圖中另一發動機的單純減音器大多少。

圖4和圖5表示「餘熱套」的成績曲線。全荷載時的背壓不過水銀柱1.5吋，而普通減音器有時也會升到0.8吋水銀柱。從「餘熱套」散出的廢氣間壁也並不比普通減音器大。一般而論，吸收的熱量大概和廢氣流量成正比例。

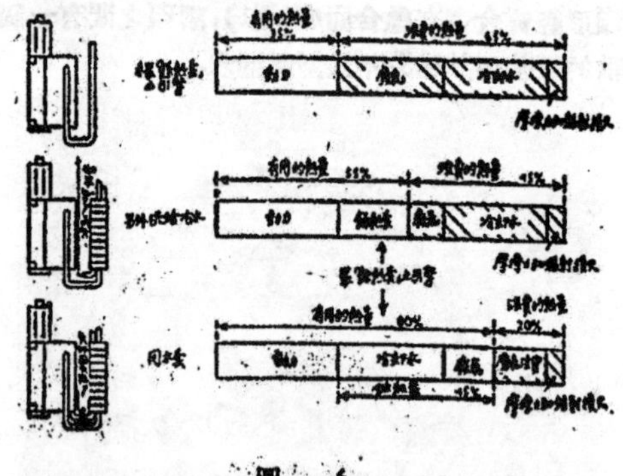

圖 6

圖6是「餘熱套」的簡單圖解說明，表示已裝和未裝「餘熱套」的新式燃油發動機的熱量平衡情形。從這上面，我們就可以知道「餘熱套」所能收回的熱量相當的大，也就是間接地增高了發動機的效率了。

12328

防止混凝土裂縫的有效方法

先施應力混凝土

俞份文

先施應力(Prestress)的觀念是很簡單和合乎常理的，人類日常活動中應用它的地方很多。

在造一個木車輪時，工人把輪子外圍箍的鋼圈先適度加熱後才裝上去，當溫度回復正常時，輪子木造的部份就受到壓力。要是那箍是用電爐烘熱的，用現代術語來說，就是『電化先施應力』。

當我們要從書架的一橫格裏取出一組書籍，我們要注意二件事：每次不要拿得太多和一定要用我們的雙手夾緊那些書籍，這也是先施應力。那些書合在一起等於一根樑，不過組成這樑的質料不能承受拉力，所以它不能抵抗由書的自重以兩手爲支點所產生的彎矩(Bending Moment)。但是假使拿我們的手使整個這樣的樑受縱方向的壓力，使它具有壓應力，可以抵抗任何因彎矩而產生的拉應力，祇要這拉應力小於我們兩手所造成的壓應力，那些書就不會跌下來。

先施應力的原理就是這樣簡單的一些，所以當鋼筋混凝土的效用展開時，自然而然的使人想到要應用它，事實上它是被試驗過的，不過在初期沒有成功。

鋼筋混凝土有幾個特點，較任何其他材料應用先施應力更爲有利：

(1) 混凝土承受拉力的能力極低，並且在拉力使它斷裂前伸引(Elongation)量極小，它的結果成爲：在一個鋼筋混凝土樑承受外力時，在拉應力下之混凝土不能追隨和它因粘着力而結合在一起的鋼筋起相同的形變(Deformation)。進一步說，所有這種樑承受外力後，都有隙縫。(Hair-crack)

(2) 因爲混凝土承受拉力量的低微，樑對剪力的抵抗也就削弱。這迫使工程師們在設計樑的時候要增厚梁腹(Web)，致鋼筋混凝土樑的自重很大而不能有長的跨度。

(3) 在收縮(Shrinkage and Flow)之後混凝土也發生裂隙，而這裂隙往往較前述隙縫更寬闊。

我們要是能把混凝土在上述三種無法避免的呆儎重，活儎重和收縮所牖的力發生作用之前將混凝土置在均佈壓力之下（能在各個方向下最好），那末這三種壞特性都可以毫無疑問的避免掉。這就是先施應力於混凝土的作用，換句話說，要當呆儎重，活儎重和收縮產生拉應力在某一面的某一點上時，先使這個面有預先建立的壓應力去抵消或超出那拉應力，如此佈置之後結果所得的合應力是壓應力，裂隙就不成爲問題了。

關於怎樣實際應用它到混凝土建築上去的方法有好幾種，我們列舉幾種現代歐美已經在應用的方法，並加以簡明的分析。

(甲)混凝土管——製管時將外面的模板做成固定的，裏面的模板活動而可以向四週伸張的，混凝土注入之後裏面的模板向四週緊壓使混凝土密度增大，有一部份水流出。同時外面的模板也有一些伸張，使裏面的模板伸張較大，維持混凝土上的壓力，在這樣情形之下混凝土內的鋼筋環也增加它的直徑和受拉應力，接着就施180°F的熱度，使混凝土加速凝固，然後拆去裏面的模板，此時因鋼筋要回原，使管徑略爲縮小，但混凝土的壓應力因此增強至每一平方吋7000—8000磅。所得的結果是尚未應用的管子，它的混凝土部份已受壓力，鋼筋已受拉應力了。

上述不過是圓徑較小的管子，要是建造50—150呎直徑，用做水池或油池的圓形混凝土建築物，另外有一種方法可以防止混凝土發生裂縫。當池壁施工完畢之後，外面圍以1吋徑造成的鋼箍，在每道的接頭處加道旋套筒(Turnbuckle)，套筒處的池壁預留旋轉的地位，絞緊鋼箍時它的長度就縮短而有拉應力。池壁的混凝土就受到先施壓應力。鋼箍可在池壁外加覆一道混凝土或用新的噴注法(Gunite)噴水泥膠泥在鋼箍上保護它。

這種水池的先施應力分析起來，和管子的差不多。但有的不同是鋼箍的先施應力，從開始而增加至最大。管子所受的恰巧相反。

（乙）混凝土梁——先施應力的鋼筋混凝土梁僅有成品（Precast），聯梁應用先施應力目前還很困難並且不經濟。所以它的應用僅止二端支持的簡單梁（Simple supported），

（一）假設有一66呎跨度的橋梁能負活儎重420磅/平方呎，其混凝土的品質爲安全應力每平方吋1500磅，這橋的種類是簡單混凝土板（Simpleslab）。我們把這混凝土板造成2呎8吋厚。在每一呎闊的板中，在跨的中央近板的底部放2根鋼筋，每根約可承受75噸拉力。這2根鋼筋外需加套薄鋼管（或塗脂肪與瀝青）使鋼筋與混凝土沒有粘着作用，同時這鋼筋的二端要伸出在混凝土外。

當混凝土凝固之後，我們在鋼筋上施拉力，也就是先施應力，則此拉力傳至混凝土時變成壓力。施力的方法是先在板的兩端特製承鈑，用千斤頂（jack）將鋼筋逐根拉緊，加以固定引伸後的鋼筋，一時不能回復原來的長度。而在兩端承鈑緊壓之下混凝土即受壓力。

這方法經五十年來許多發明家實驗，最先試驗成功的是法國工程師費氏（Freyssinet）。全體試驗者所用的鋼筋是軟鋼或半軟鋼（Mild or Semi-mild Steel）在施加先施應力時，他們都成功的。但一二年之後先施應力就消失了。

這個不能竟全功的原因極明顯。用軟鋼加應力至每平方吋16000磅，它的伸張度在我們66呎跨度的橋上僅約½吋。但是我們知道混凝土本身有收縮，其數量約½吋。所以在幾個月之後鋼筋的½吋伸張就逐漸消失。混凝土沒有東西夾緊，就沒有先施應力的作用了。軟鋼顯然是不能產生永久的先施應力。但是假使我們能用一種高級的鋼它的應力不是16000磅/平方吋而是120,000磅/平方吋，伸張度可能到4吋，而混凝土收縮後縮短的長度僅½吋也就是說先施應力的的消失僅12.5%。這樣就

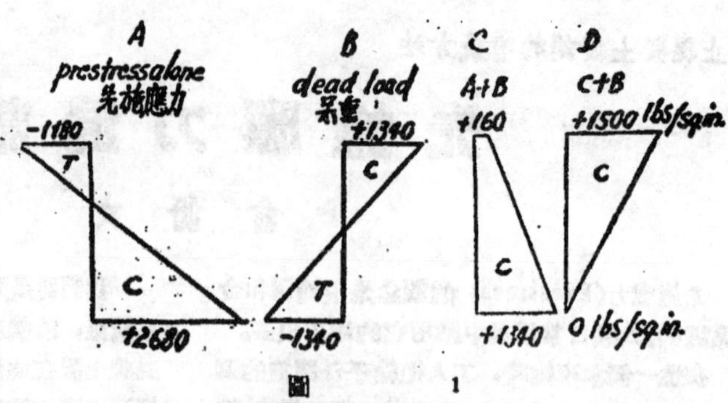

圖 1

沒有問題了。

而這困難竟化了工程界三十餘年的研究。現在歐美好幾個國家已有冷引鋼絲，（Cold Draw）安全應力達120,000磅/平方吋，直徑自3/16至5/16吋。所以我們的梁可以用44根3/16吋的鋼絲絞成可承受120,000磅/平方吋應力的鋼纜，去替代要承負75噸拉應力的鋼筋，

這根先施應力的梁經試驗後，其結果：裂縫開始發現於當36噸的集中儎重加於梁的中部；最大儎重至60噸時鋼纜斷裂；安全儎重是26噸。

圖一是混凝土板跨度中央斷面的應力圖。在這假設的例題裏，呆儎重適等於活儎重。

A.爲先施應力的應力圖。

B.爲假定混凝土能抵抗1340磅/平方吋拉應力的呆儎重應力圖。

C.爲先施應力加呆儎重的應力圖，即A+B.

D.爲C加活儎重（等於B）之後的應力圖。

同時值得注意的是在普通鋼筋混凝土梁或板內剪力所產生的斜拉應力（Diagonal tension）是等於剪應力的。可是在先施應力的梁內，剪應力是相同，但不再等於最大拉應力。莫氏圓（Mohr's Circle）可以證明這一點。在我們這橋梁剪應力是95磅/平方吋，但主要時拉應力僅13磅/平方吋。

再要指明的是用平直的先施應力鋼纜於我們設計的混凝土板內是不行的。因爲施拉力之後，上部的混凝土會向上拱起，即同時也受了拉力，而發生裂縫的。

——下接第37頁——

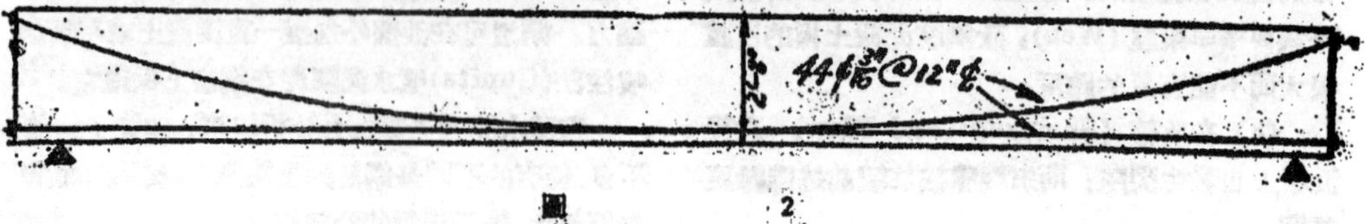

圖 2

12330

過去一年中

工程新進展一瞥

——同高輯——

1. 4,000匹馬力6,600伏特的三相同步電動機，60週波，每分78轉，重達110噸。

2. 通用電氣公司(General Electric)所造的第一架非航空用氣渦輪動力裝置，共4,800匹馬力，圖示在廠中試運轉時的情形。

12331

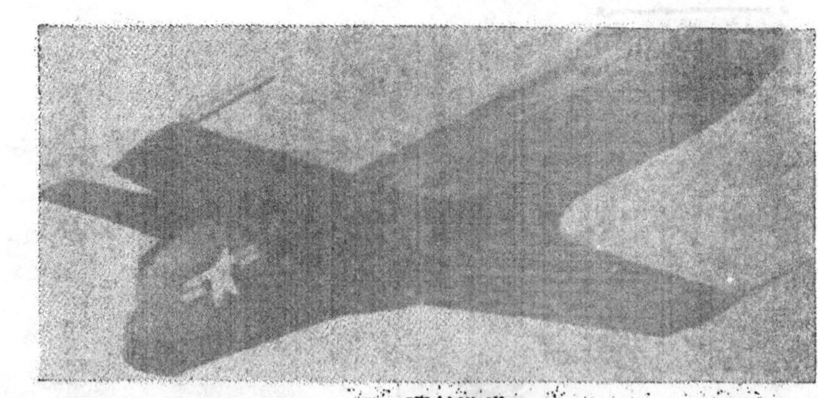

3. 噴射推進的道格拉斯 (Douglas) D-558 天條號(Skystreak)，裝着一具單獨的軸流式渦噴發動機。它造成了1947年的世界速率紀錄，每小時650.6哩。

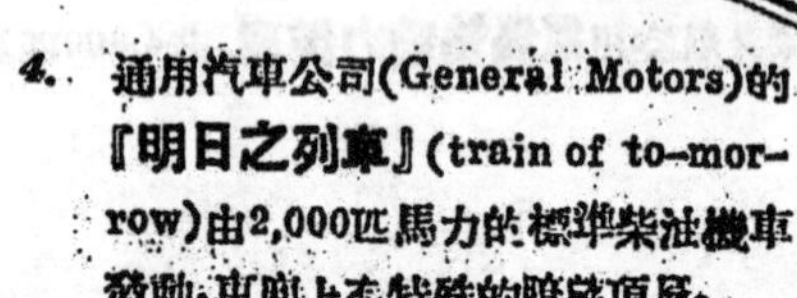

General Motors

4. 通用汽車公司(General Motors)的『明日之列車』(train of to-mor-row)由2,000匹馬力的標準柴油機車發動，車廂上有特殊的瞭望頂層。

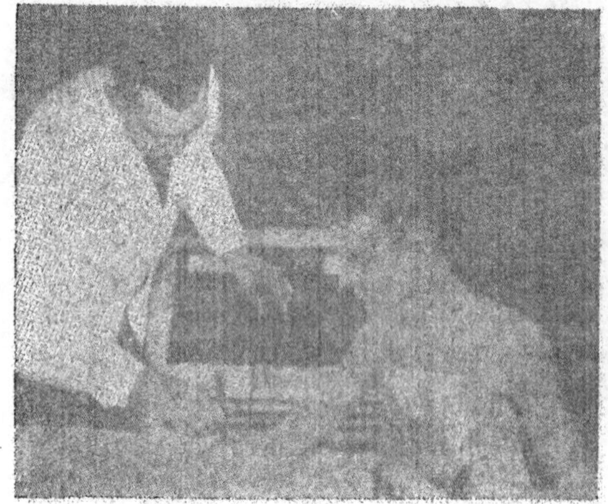

5. 一種有趣味的電化醫學發明，變週率正弦波發生器，名叫『肌肉刺戟器』(muscle stimulator)。這儀器的輸出小至每分鐘兩週，大至每秒鐘100週，造成劇烈的肌肉反應，但電流強度很低，使兒童也能忍受，用來阻止神經麻痺的肌肉發生萎縮。

6. 巨大的**電用變壓器**，60,000/75,000-kva, 132,000/13,500伏特，Y接法，接地的中線。圖示一部分拆開在待裝運中。

7. **不用電流在銅片上塗鎳**，是去年的新發明。這種方法在金屬表面上造成高度純淨的鎳層或鈷層。圖中設備包含玻璃杯一只，溶液，及一半浸液的加熱器，比電鍍設備簡單而容易裝備。

8. 通用電氣公司所製造的**攝影鏡箱**，速率可達百萬分之一秒，是一個有用的新工具，用來突擊抽試發電和輸電儀器。

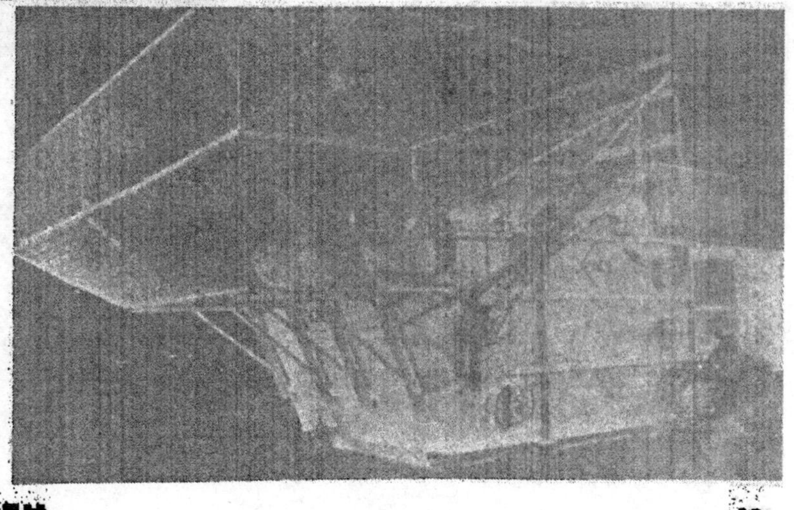

9. 2,500-kva.的**流動發電站**全部完備，具了低壓開關設備與替栽及電表等附屬裝置。

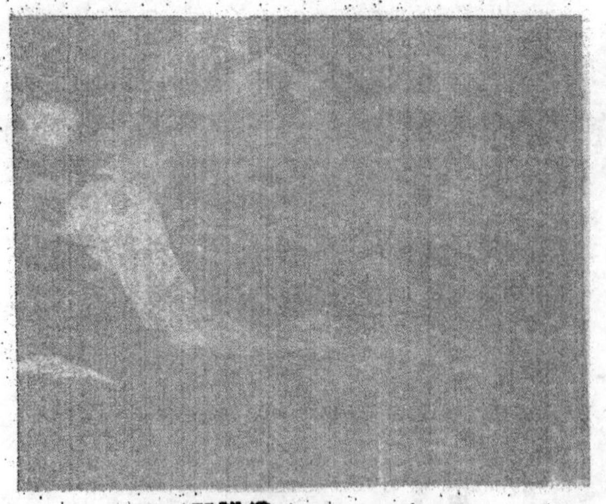

10. **質譜儀**（mass spectrometer）原來是一種試驗室的儀器，去年已有逐漸增加的商業用途了。圖示一種漏洩檢驗器，只對於氦氣靈敏，用來檢驗冷凝製造的管子有否漏洩。

11. 在許多工業的工廠中，**射電週率生熱法**（radio-frequency heating）已經是1947年一種不稀奇的生產工具了。

★　★　★

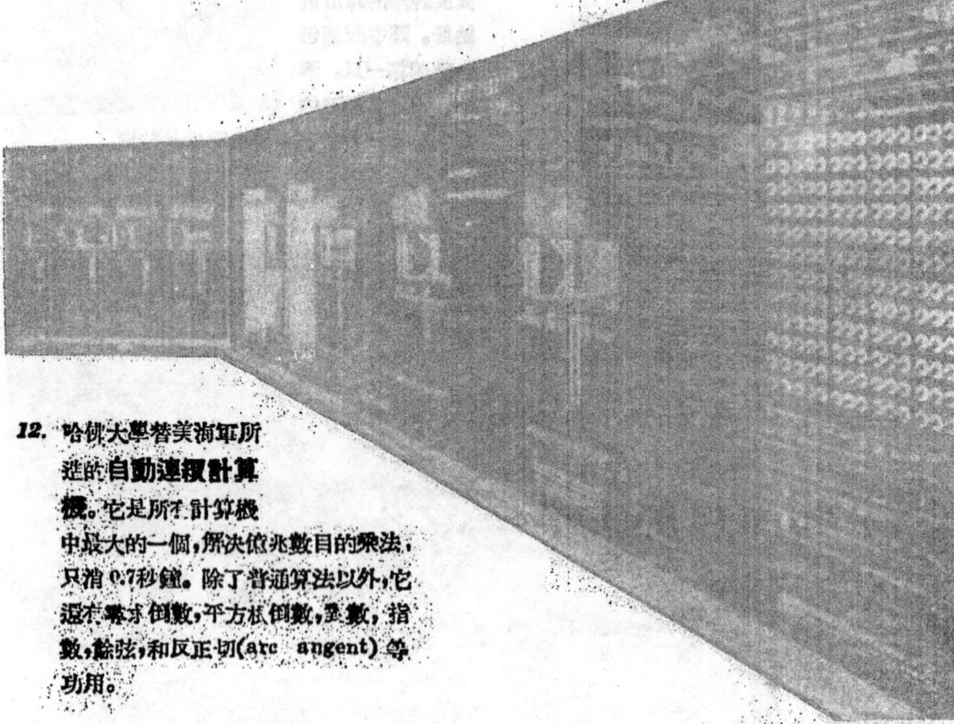

12. 哈佛大學替美海軍所造的**自動連續計算機**。它是所有計算機中最大的一個，解決億兆數目的乘法，只消0.7秒鐘。除了普通算法以外，它還有專求倒數，平方根倒數，對數，指數，餘弦，和反正切(arc tangent)等功用。

12334

天原電化廠

高家明　　趙鍾美

化學工業隨着電力事業的發展而推進。無論是分解或加熱提煉，只要能以電的處理來替代一般化學方法，生產效率就大增。食鹽電解的工業生產，早在十八世紀就已有顯著的成就，而我國自設電化廠，却還是民國十八年的事。

食鹽是世界上最普遍供應的原料，溶入水中經過電解作用，使鈉離子與由水所得的氫氧離子結合而成NaOH，即市上所稱的燒碱，氯離子從電解槽的負極放出，氫離子從正極放出，兩者合成爲HCl，如將氯通過石灰使石灰吸收氯，就是日常所用的漂白粉。

天原電化廠是民國十八年十月始開等組的，經過八年的經營，到民國二十六年，已經有三百只直立隔膜式電槽在生產了、抗戰軍興，上海全部爲日寇所侍，天原在上海，自然沒有立足之地。當時就積極內遷，於民國二十九年，在極困難的環境下，設立了重慶廠，民國三十一年，並在宜賓設廠。而上海廠除了一部份廠房及電槽被炸外，於三十三年爲日人利用生產。三十四年十月，日寇投降，上海廠全部接收，並接收浦東前產江南化學廠，經新舊工作人員積極整頓之下，至目前爲止在天原系下共有四廠在不斷生產中，生產情形，有如下表：

		上海廠	浦東廠	重慶廠	宜賓廠	合計
電槽總數		100	50	100	50	300
開工電槽		50	50	50	50	200
每月產量	3 %液碱	150噸	150	150	150	600
	30%鹽酸	1800箱	1000	1200	——	4000
	30%漂粉	600箱	1600	1500	2500	6200
最大產量	30%液碱	400噸	200	400	200	1200
	30%鹽酸	3000箱	1500	3000	——	7500
	30%漂粉	3600箱	2000	3600	3000	12200

附註：鹽酸每箱120磅漂粉每箱100磅

天原廠的技術部份是依據總經理吳蘊初氏洽購的國外設計創設的。所以四廠所用的電槽，都是一種式樣，Allen-Moore 式，我們參觀上海廠已可概見其他各廠。上海廠在滬西長寧路周家橋，佔地一百餘畝，全廠工務方面分電氣，製造，化驗，修配等部，事務方面分材料，成品收發等部下頁所示是該廠製造程序。

食鹽純淨處理（化鹽）部

鹽水未經電解前，必先經提淨處理，以除去鈣，鎂等鹽及硫酸根離子等雜質。因爲前者當電解時能生成不溶性的鈣，鎂化合物，而附着於電解槽中之石綿紙粕上，則電解後所得的碱液就無法通過，並可能起其他化學變化；後者者則對於碳精極之腐蝕性很大。其對於鈣，鎂鹽類的去除法，用碳酸鈉及氫氧化鈉，使其生成不溶性之化合物而沉澱。硫酸根離子，則用氯化鋇使成不溶性之硫酸鋇沉澱，然而近來因所加氯化鋇之價值，高於腐蝕的碳精極，故該廠對於硫酸根離子仍讓其存留在鹽水中，鹽水的濃度約爲23°Be'，略低於其飽和溶液，該廠對於鹽水純淨處理之設備爲一10呎轉方10呎高的桶四座，底部有孔，其中放置食鹽，水從上面噴下，經過食鹽部分將其溶解後從槽底流出，入另一槽，然後加碳酸鈉及燒碱水，就將此混濁鹽水引入第一沉澱池中，池長約爲15呎轉方，11呎

天原電化廠製造程序簡圖

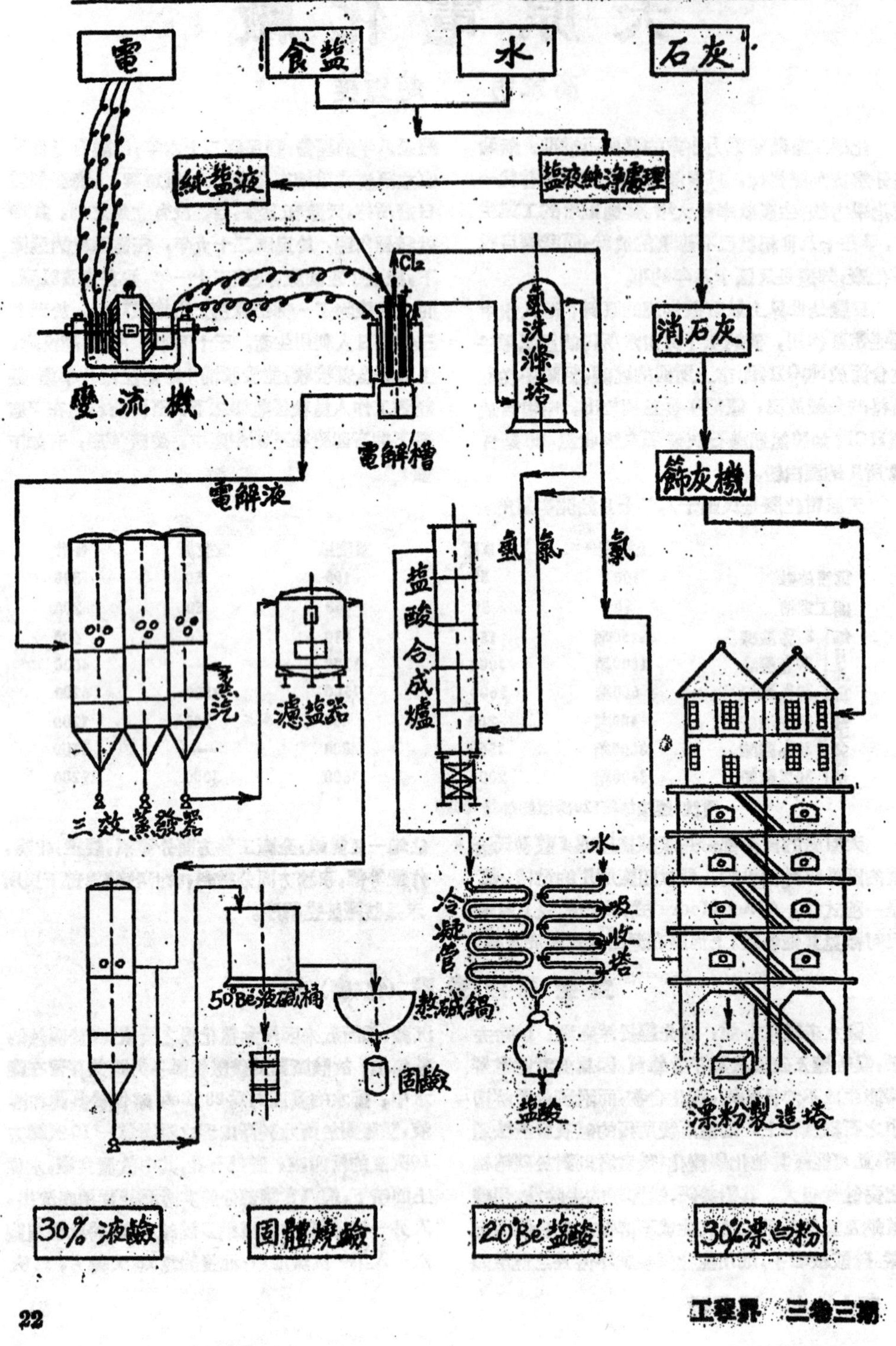

12336

渫，經沉澱後上部澄清液流入第二沉澱池沉澱，依次經過五只池始得澄清之鹽水，再加鹽酸使成中性後，引入一純鹽水塔再用管子引導至每一電解槽中作爲電解液。

電 解 部

前面已經說過，上海廠電解槽共有一百座，(戰前另有二百座均遭炸毀，尚有殘跡。)電解室長約二畝餘，槽身都用石條鑿成，是防免腐蝕性最好的材料。正極丁字式(碳精板八塊)在中，外邊用襯有石棉紙粕內有孔鐵板夾起來，以柏油固封，務使不漏。五十座電槽用銅條串聯使通過直流電。兩端電壓約爲610V左右。通電後電解液溫度漸漸上昇，電槽底部就有稀鹼溶液流出，在電槽中央碳精板間放出氯，電槽兩邊放出氫，均用管子串聯，導至鹽酸部及漂白粉部。

圖1：串聯的50只直立隔膜式電槽

電解槽的電源來自上海電力公司，有一座3000 KVA的大變壓器，由上海電力公司裝置在天原廠內，從22,000V降至6,300V，這座變壓器同時並供應該廠附近用戶用電。另有6,600 V/380V的變壓器四座供應全廠用電。變流部份係300 KW的變流機(Convertor)兩座，供給電解槽用直流電。

圖2：300 KW的變流機供給直流電

燒鹼(氫氧化鈉)部

從電解槽中出來的苛性鈉溶液，其濃度約爲10%，又因其電能效率約在50%以下，故尚含有多量之食鹽，必需先經蒸濃，除去食鹽。該廠所用之蒸濃設備爲一座三效蒸發器(Triple-effect Evaporator)，和一座單效蒸發器(Single-effect Evaporator)，及附帶濾鹽器(Salt filter)。所用蒸汽之壓力爲每平方吋20磅，由另一鍋爐供給，當鹼液蒸濃時，固體鹽隨時析出，沉入於椎形底，由濾鹽器濾去。這種鹽因其中還含有少量鹼液，當重用於配製鹽水對於純淨處理時，可不必另加燒鹼水。鹼液自第一效至第三效，濃度漸增，最後至50%濃度爲止，即可裝入鐵桶出售，其現在之工作情形爲每月從電解部100只電解槽所得全部10%鹼液只需半月就可全部蒸濃至30%，其產量爲每月30%液體燒鹼300噸。戰前天原還製固體燒鹼，其製造方法爲先將鹼液蒸濃至50°Be'再入一大型生鐵鍋，用火直接加熱至大部分水被蒸去，即可入桶，冷後就凝成固體，因其體積較小運輸方便可銷售至外埠。現在設備仍在，然因該廠最近產量較戰前減少，而所出之燒鹼供給本市廠商還嫌不足，且對於用戶使用方便，廠方又可減低成本，所以固體燒鹼暫時停製。

圖3：三效蒸發器並濃電解液

圖4：濾鹽器除去食鹽

鹽酸部

從電解槽發出的氣體，在正極爲氫，負極爲氯。二氣體各自匯集後，即通入一高約四十呎的圓柱形合成塔之底部，先使氫燃着，再通入氯，二者即自行化合，溫度約在700°—800°C。合成之氯化氫氣體從上部通至室外，進入蛇形冷凝管，再入吸收管使溶於水中即成鹽酸，濃度約爲 19Be

氯與氫化合之比例在原則上爲 1:1，然因其爲爆炸性的發熱反應，爲防止危險起見，故通入過量之氫，多餘之氯即用之製漂白粉。

漂白粉部

圖5：由氫與氯合成之HCl經蛇形冷却管用水吸收成酸

裝漂白粉之原料爲石灰及氯。先以石灰灑水使成粉狀消石灰，經篩過後即舖入氯化室之地面，約四吋厚，通入氯，並時時翻動，約一二日後石灰吸收氯而漂白粉。現因電解槽未全部開放，氯產量不多，故漂白粉產量亦少。

該廠最近已建成一全部鋼骨水泥的迴轉式吸收塔（Backman Tower），高四層，每層有二格，每格有旋轉之刮刀使石灰從頂格徐徐下降，氯從底層通入迂迴上升，每格底部並有蜿旋形冷空氣槽減低溫度，石灰降至最下層後即已吸收氯而成漂白粉，此格倘建造經費，按市價估計，當在一百五十億元以上，其生產量之大，可以想見。

圖6：製造漂粉的吸收塔

陶器部

以前之天成陶器廠，今已併入爲天原之一部，因爲在電化廠中，有許多裝置需用陶器來做，以抵禦酸及氯等之腐蝕，所以如電解部所用之漏斗，氯之出口，以及引導至鹽酸部漂白粉部的管子，鹽酸部之冷凝管，吸收塔，以及酸甏，甏蓋，放酸用之龍頭等等，都由陶器部自已製造出來，其所用原料多來自常州，無錫等地，其設備以前有一座小窰，已不敷應用，今另建一座大窰，以事擴充，左圖即爲已築成之鋼骨水泥廠屋及正在建築中的鋼骨水泥烟囱，約在今年秋季即可開工，其建築之精究，實爲滬上窰業之冠。

圖7：陶器廠新屋落成

結論

天原電化廠爲吳蘊初氏所創四大化工廠之一，四大化工廠即天原，天利，天廚及天成。從天原的生產數量方面看：全國燒碱的總產量約爲每月一千六百餘噸，而天原的最大產量爲液碱一千二百噸，約合固體碱三百六十噸，佔全國總產量的百分之二十三，僅次於台灣製碱公司的產量。鹽酸方面每月能產七千五百箱，約爲全國產量的百分之四十，且據一般應用，其成份要較台灣製碱公司爲佳。其在中國化學工業界的地位，可以想見。

對於整個中國電化工業的發展言，在上海設廠，已受到了很多的限制了，如久已設備就緒的天利廠就是因爲受到電力的限制，遲遲未能開工，而天原廠的擴展計劃也始終受到牽制。由此可見配合中國工業的發展，動力泉源的建設，是最基本的工作。至此我們不禁又要想到已經潤飾而未興工的Y.V.A了！

傳真電報的今昔

迪　譯

傳遞電信的方法已經從手拍電碼式進步到電傳眞蹟了。新聞圖畫經常地由電報傳送，美國 Western Union 電報公司的自動電信機更能自動地把眞蹟傳送遠處，拍電人只須把硬幣和電稿塞入機內。這都是今日傳眞電報術的成績。

傳眞電報的詳細進化史簡直包括這一世紀全部通信工程，此地當不能一一詳述，本文只能把一些有歷史價值的機器和各種現在通行的機器的基本組織介紹一下。

原始的傳眞電報

最初的傳眞電報是1842年 Alexander Bain 所設計的。他解決了傳眞電報上一些最基本的問題。他的發送圖畫是刻在印刷用的金屬版上的。一個鐘擺下端裝着輕小堅韌的接觸點在圖版上擺來擺去。當它觸着圖版上凸起部份時，電流就可通過。鐘擺每擺動一次，圖版移動一步。接收圖畫處裝着同樣的鐘擺，在浸過碘化鉀的紙上擺動。這紙和發送處的金屬圖版在同樣地移動。假使兩鐘擺不是在同時擺到同樣位置，有種機件把那在前的那個拉住，俟落後者到達同樣位置時，才同樣移動。發送處通電時，電流通過接收處的碘化鉀紙，碘化鉀就變成棕色而傳出原圖。由此可以看到傳眞所用最簡單的掃描法(Scanning)；利用鐘擺的同步法 (Synchronization)；和一種利用化學作用的顯影法。Bain氏發送器很少人使用過，他的顯影法却曾被電信界採用來記錄馬爾斯符號。

應用光電管的開始

光電管的出世使得普通紙張上的書畫印刷都可以直接發送。這種紙張可以很方便地捲在圓筒上，圓筒則同步地旋轉和橫移。最先採用光電管的機器之一是 Dr. Shelford Bidwell 在1881年所發明的。他的法子雖不過是一種科學玩具，却可算做這時期傳眞術的典型。他把發送器和接收器的軸子接在一起來取得同步。發送器有一只木箱，木箱接牢螺絲母，螺絲母旋在上開每吋64螺紋的軸子上。軸子轉動時，螺絲母帶着木箱移動，軸子兩端裝着兩只綫螺形桃盤(linear spiral cam)。軸子轉動時，桃盤使木箱上下移動。所傳送的圖畫是在像幻燈片那樣的透明片上，用透鏡投射到木箱正面。木箱正面中央有一小洞。箱內洞後裝着一只硒管(Selenium Cell)。這樣木箱小洞可說是把圖畫的投影分割成許多平行狹條而在狹條上移動。通過小洞而達到硒管的光，它的强弱跟着投影光的强弱而變化；硒管的電阻跟照到的光的强弱而變化。接收器有一只鍍鉑的銅筒。銅筒旋轉的速度和發送器模形輪相同。和發送器一樣的螺絲軸把銅筒橫移。筒上捲着浸碘化鉀的紙。一枝鉑質描畫針壓在紙上。描畫針和銅筒之間加以跟硒管電阻變化的電流。通電時，紙上描出棕線，棕色深淺跟着電流强弱而變化，這樣畫出原圖。

現代的傳眞電報

眞空管使各種通信機件大大改進。因此1920年以來有多種傳眞機器出現。能接收相當良佳的圖畫的機器很多，例如 Bart-Lane, Korn, Belin, Jenkins, Ferre, A.T. & T., R.C.A., Siemens 等出品。經過數次淘汰和改良後，變成最新式的機器，像英國的 Muirhead-Jarvis, Postoffice-Cable and Wireless和美國的 Times Telephoto, Finch, Hogan 等等出品，本文並不個別介紹某一機器而把組成各種機器的收發程序說明如下。

如何發送傳眞電報

除 Bain, Shelford Bidwell 等一二種機器外，發送器的掃描裝置都是一個旋轉的圓筒，它的橫面移動都被螺絲軸所控制，圓筒和螺絲間的傳動齒輪，有的用車床式簡單齒輪，有的用差動螺綠，有的用閘輪，有一二種機器(像R.C.A.的)，橫移的不是圓筒而是對光機件。

使色彩的明暗影響到電流强弱的方法有機械法和光電法兩種。Bain氏用凹凸金屬版的方法屬於前者，它只能分別黑白而不能分別黑色的深淺。Belin氏把圖畫改成膠版上的立體圖，然後把連接可變電阻的描畫針掃描它；1909年改用微音器代替可變電阻，光電法起初使用硒管，後來改用新式光電管。兩者都用强光照耀被傳圖畫，再用顯微鏡物鏡(microscope objective)式的透鏡把光線聚焦到光電管的光敏面。圖畫色彩的深淺就此變為光電管電流的强弱。掃描時必須選擇圖案中個別各點，選擇法可在聚光鏡(Condenser)中裝一針孔(Aperture)，或者把圖畫全部照亮而在物鏡和光電管之間放一針孔。新式機器多採用後法；因為用後法時，即使紙張稍移也不致改變影像的位置。

另有一種光電法，如圖1所示，這需要使用電

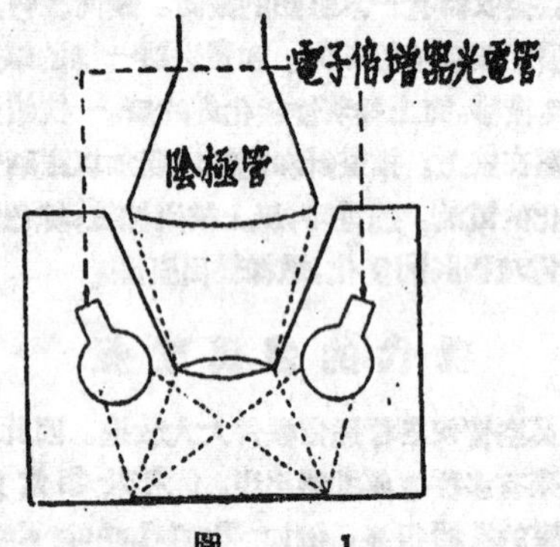

圖 1

視技術，被傳圖畫平放架上，陰極管的螢光幕對正圖畫，全部為透鏡聚焦到圖畫上。陰極管有一發光點掃描全幕。這點光亮透過透鏡掃描全圖，再從圖上反射到兩旁電子倍增器光電管上，戰時德人曾用這法子來傳遞軍用地圖，它需用廣闊的頻率帶，不宜用電線傳遞。

色彩明暗所化成的電流變化是漲落不平的直流電，它不易為普通通信機件所放大和傳送。因此普通另有一斬波器(Chopper)，以一固定頻率，夾斷到光電管的光線。普通電線的頻率帶約有2500週闊可用±1000週來調幅。典型的頻率是：斬波器7200週，光電管±1000週來調制它，再和5900週的振盪器合拍而成±1000週調制的1300週載波。在電報線上，會有把色彩明暗化成電碼而傳送的，傳送的速度比較遲緩，無線電波因有訊號衰落(fading)的現象，簡單的調幅波不能做出滿意的成績。因此有的把圖畫分割成很多小塊，把它們的明暗化成發射時間長短不同的電波而不必管電波的强弱。這法子已被調頻法所淘汰。大多數傳真無線電現已改用副載波調頻。副載波在顏色深黑時的頻率可為1600週，純白時2000週，這些週率可以把普通無線電發射機調幅。

收報和發報的聯絡線路

收發兩機可以用有線或無線電聯絡起來，傳遞的速度要看頻率帶的闊狹和圖畫的粗細，每吋中掃描線愈多，圓筒旋轉得愈慢，頻率帶愈闊，那末圖畫收得愈精細。英國電局的實際情形可以舉出來作例子：八吋闊十吋長的圖畫，每吋掃描一百五十線，每秒旋轉二次，頻率帶±1000週闊，收到的圖畫幾乎與原圖無異，傳遞所費時間是十分鐘。

傳真電報的方法

接收器的掃描裝置大多和發送器的相同。此外最重要的是把變動的電流化成圖畫的法子。百餘年前的Bain氏電化法至今通用，藥液的成份已有改良。另有一種用汽化墨水噴射到紙張上而以轉向版來控制墨水的多少深淺；轉向版接在電磁主動器的平衡引綫上，由收到的電流來推動。複寫紙也可利用，老式的機器就用描畫針壓在複寫紙上畫出。

不割斷的捲筒紙亦可用來收畫(圖2)。接收器

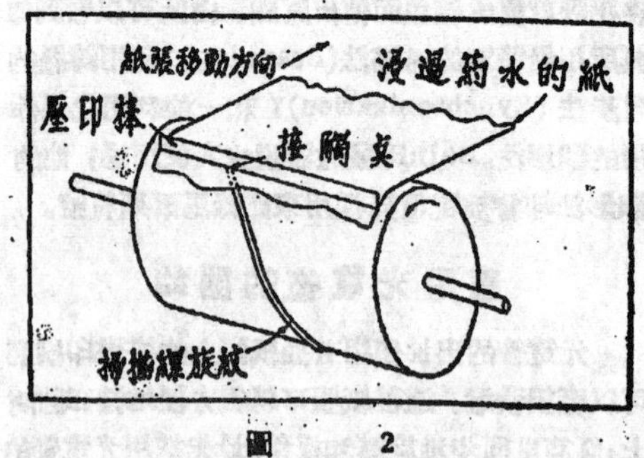

圖 2

圓筒上有掃描螺旋紋一條，發送圓筒轉動一次，螺旋紋也轉動一轉，在適當的時候，收到的電流推動壓印棒，壓在螺旋紋上，複寫紙下印出圖畫。各種

12340

使用捲筒紙的接收器大多原理如此。用浸有藥水的捲筒紙時，壓印棒常期壓在紙上，在適當的時候通電。

熱氣亦可利用來畫圖。在塗有某種鉛鹽或者蠟質的紙張上，噴射高溫空氣。鉛鹽遇熱變黑色。蠟質遇熱溶化吸入紙內，然後傾倒鹽水在上，結晶體的和溶化的蠟質吸收鹽水多少不同，圖畫明暗各點就可以分別畫出。最近流行的收圖用紙是 Teledeltos 紙，它的製法是先塗一層炭質，再塗一層金屬細粉。塗金屬粉的那一面覆在金屬圓筒上，描畫針壓住反面。描畫針和圓筒之間加以 100—200伏交流或直流電，燒焦這紙張，電壓高低變化，焦化程度也跟着有深淡。

以上各種收圖技術都未利用照相方法，所得圖畫深淡各點不能十分和諧，上等圖畫一定要採用照相技術。有幾種方法可以把收到的電流變成可以攝影的光線。如圖 3 所示是最普通的，這是把

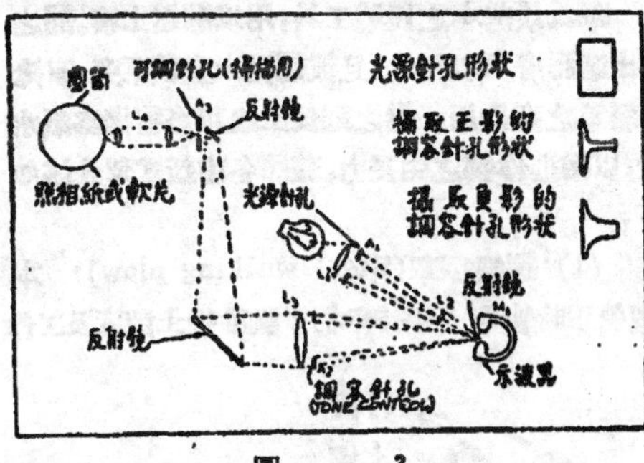

圖 3

整流後的電流通到示波器 (Oscillograph)，轉動示波器上的反射鏡，把亮光反射到一個針孔上，針孔能通過多少光線全看電流的强弱。光線通過針孔後，聚焦到圓筒軟片或照相紙上。

另外有種簡單的方法是用輝光燈 (Glow Tube)。氖氬氣或混合氣體的輝光燈，通電後發生一强光點，光的程度差不多跟電壓成正比，再用透鏡把光聚焦到收圖筒上去。

老式西門子機器有利用偏極化的光線的。兩個同平面偏極化的 Nicol三稜鏡把光線從光源引到最後針孔，兩者之間放著一只刻耳電池 (Kerr Cell)。電訊通到刻耳電池變更它的偏極平面，因而改變光線的强度。

利用電視術的，只須用普通照相機把陰極管螢光幕上圖畫照下，最爲簡便。

收發兩機的同步方法

收發兩機間的同步問題有幾種解決方法。普通的方法是雙方都有一個標準頻率器來管理馬達速度。鐘錶和晶體都可以用作標準頻率器，大多數人却用音叉。D'Arlincourt在1869年已用音叉，到如今它仍是最簡單的標準頻率器，最直接用音叉管理馬達速度的是1878年發明的音馬達 (Phonic Motor)。

另一種同步法用一只直流馬達轉動一只交流發電機。後者輸出接到眞空管屏極，標準頻率接到同管柵極。如果兩者頻率相同，發電機電荷穩定不變。馬達負荷如有變動，交流發電機跟着變相而改變眞空管屏柵兩極電相，這種變化會改變交流發電機的負荷而維持同步。

標準頻率也可由發送機發送到接收器上，標準頻率老式的機器用每秒五十週左右，新式的多用500到2000週。

把發送和接收兩機同步地聯接起來，就可以傳送文買照片或圖畫的眞蹟。

農業機械介紹之一：

犁 和 耙

中國農業機械公司

史 炳

引 言

我國四千餘年以來號稱以農立國，全國農民佔總人口百分之八十以上，惟每年所產食糧不够自給。米麵棉花等農產品進口數量，恒佔總入口之首位，實爲我國一大恥辱。雖人口分佈不均，可耕土地面積有限，運輸不便，戰亂頻頻，有以致之。但生產方法與使用工具如能予以改良，使有限之土地，少數人力，能得最大之收穫量，多餘人力，又可從事其他生產，則經之營之，不十年不難使全國人民足衣足食而趨富强矣。

我國農業社會雖延續極久，但因封建思想之羈絆，『學而優則仕』爲智識份子之座右銘。仕而後則日忙於逢上籌下，以保其富貴榮譽，焉能分身注視此最基本之生民之道。間或有一二有心人，體察人民疾苦，出而爲天下創，但亦僅及灌溉水利之興建與改良。故農業工具歷代因習，少有改良。且製造時，毫無標準，全憑工匠手藝。即或有改良型式之試用，但因日久沿習，缺乏準繩，亦必以訛傳訛距原案大遠矣。

科學昌明後，農業亦蒙受洗禮。1837年美人 John Deere 首先創鋼犁以解決當時西部之墾荒問題。1847年 John Deere 第一廠即全世界第一座用機械生產農業工具之製造廠成立於密失斯比河畔之 Moline城。此後共有十一家 John Deere 農業機械製造廠分佈於美國各地以供應農業工具。1923年美國 International Harvester 公司首創萬能牽引機(Farm-all Tractor)以代獸力，農業生產技術始有劃時代之改進。此後 Massey Harris, Caterpillar, Ford 諸廠相繼生產農業機械，其服務站，配件補給所遍設美國各鄉鎮。具改良，是以效率提高，在美國一人墾殖三四百英畝，並非妄談。

農業工具既經科學整理後已蔚爲一新穎之學問。有專書以討論之，美國各大學且設立專系以教育之，其重要與廣泛性可以想見，決非短文所可介紹完善者。本文僅就歐美各國常用之農業工具及機械作簡單明瞭之介紹。並爲提高大衆興趣起見，一切理論設計，俱予删略。惟如能拋磚引玉，使海內賢達羣起研討，以改進我國之農業生產工具與方法，因而奠國家於富强，則筆者幸之。

犁 (Plow)

犁爲最基本之農業工具，用以翻鬆土壤。翻之則土壤肥瘠可以平均，且被翻泥土堆積兩旁，有掩埋雜草之副作用。鬆之則使土壤可多蓄儲空氣水份，以增進作物之生長力。玆將各種新式犁分述如下：

(1) 鋼製手犁(Steel walking plow)：本犁使用時管理人手持兩柄以調節掘土深度及工作

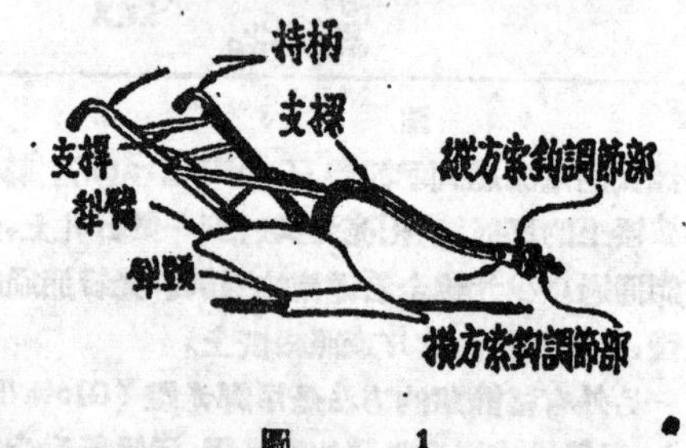

圖 1

方向。一切全憑工作者之經驗，與我國現時所用之手犁相同。犁頭使用過久，常易磨損。故普通犁頭常用螺絲固定於犁臂以便更換。

犁身分犁臂犁頭兩部，犁頭用以砌土，犁臂用以翻土，因工作性質有別，故形狀亦異，下列六種爲常用之犁身，玆介紹如下

A. 鬆土犁 (Stubble Bottom) ——犁臂彎曲，以便粉碎泥土，普通多用於已開墾之土壤，但不適用於粘性土壤。

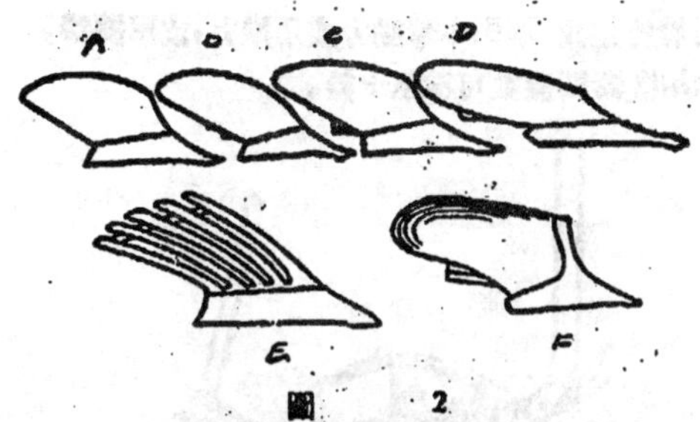

圖　2

B. 粘土犂(Black Land Bottom)——本犂經特別設計適用於粘性土壤。

C. 通用犂(General Purpose Bottom)——本犂大致適合於各種不同性質之土壤。

D. 碎土犂(Breaker Bottom)——犂足扁平，犂肾斜度不大，適用於初墾土壤。如欲翻土完全之工作亦可用之。

E. 條形犂(Slat Bottom)——本犂改良通用犂及黏土犂而成，適用於各種性質土壤，犂肾成空條，以便泥土滑出。

F. 冷鑄鐵犂(Chilled Iron Bottom)——本犂因用冷鑄鐵製造而名。其外形與通用犂及黏土犂相同。

(2) 輪導犂(Wheel Plow)

本犂使用時較手犂容易控制。駕駛者坐於駕駛椅上，調節控制桿以分別控制陸輪(Land wheel)，前溝輪(Front furrow wheel)及犂身之高低，不必隨時注意犂之工作情形，故較手犂省力而迅速。普通俱裝輪三只即陸輪，前溝輪，後溝輪(Rear furrow wheel)，陸輪最大。使用時陸輪滾行於未耕之泥土上，前溝輪則滾行於已耕之溝槽內，有時後溝輪改爲二輪組成之機架。輪導犂因使用犂之多寡可分單犂複犂二種。複犂又可分雙犂三犂及多犂等數種。犂多則每次翻耕面積增大，但所需牽引力亦相對增加。小型者用馬一匹，大型者則可用馬數匹同時工作。

本犂如不使用時，調節深度控制桿可使犂頭提高離地面至八吋，以便拖引。爲增加工作效率起見，犂頭須保持尖銳，尤須避免生銹。輪軸軸承須注意加油及防止泥土侵入。

本犂工作開始時，需先將陸輪與前溝輪升起，使犂頭入土達一定深度。第二轉時，調節陸輪使犂頭得適當深度，同時調節前溝輪與犂身平齊。調節完畢，即可任之前進工作。無需再加注意矣。亦有爲免調節困難，先用手犂翻耕一次，再用輪導犂工作者。

繫犂繩索之安置，對犂之性能大有關係。正確繫繩法爲ABC三點在同一直線上。繫鈎B點太高，則犂頭尖端下壓，致犂頭後端外露土面。反之，則使前端離土。B點高低因馬之大小及位置不同亦需調節。B點在高馬深耕時較矮馬淺耕爲高。多馬直牽較平牽爲低。

(3) 機引犂(Tractor Plow)

其構造與獸引輪導犂同。惟因機器牽引，運行較爲迅速，各種控制器之調節須極靈敏，以便配合工作。普通有接合器直接或經過減速裝置而達曲柄。此項曲柄再連接陸輪或前溝輪。當駕駛員拉動

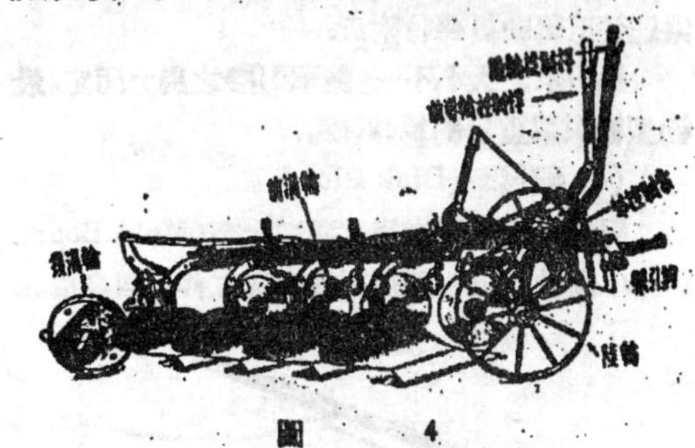

圖　4

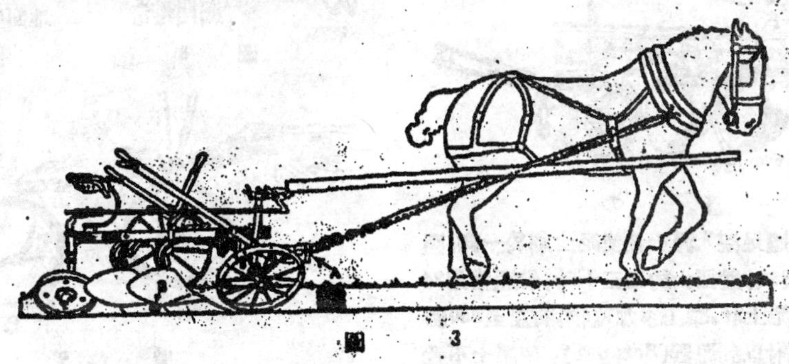

圖　3

控制桿時，使接合器上滑輪脫離輪槽，假輪前進時，由飢輪之傳達使接合器轉動，曲柄隨之運行，

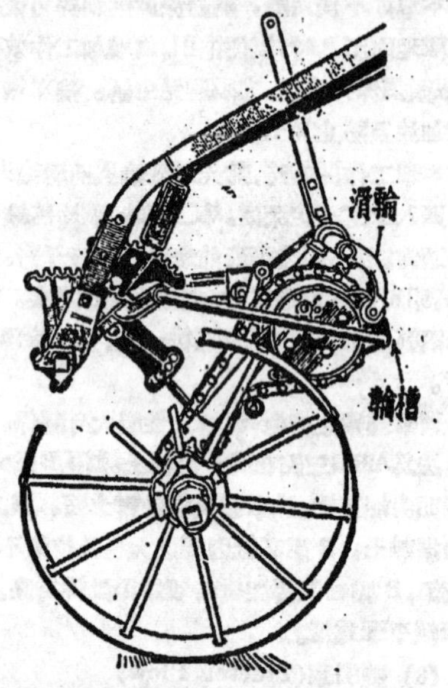

因以提高犁頭。惟接合器上有二凹陷輪槽，相距百八十度。當滑輪滑入輪槽內，接合器轉動立刻停止。故接合器僅可旋轉半圈，犁頭亦僅能提高離地面至七八吋。調節機引犁耕土深度，普通皆有控制索連接至駕駛員坐位附近。

機引犁之大小不一，隨牽引機之馬力而定。最輕型機引犁重量約爲425磅。

(4) 盤形犁(Disk Plow)

對於極硬或不能用普通深土犁(Mold-Board Plow)翻耕之土壤則須用盤形犁工作。犁身成圓

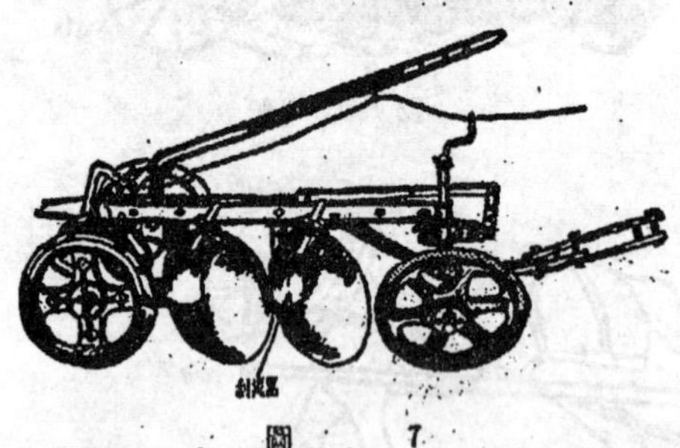

圖 7

盤形，其曲度適足深入泥土且使泥土翻於一側。圓盤多用鑄鋼製成，盤徑大約二三十吋，普通常用24吋，爲求深入泥土計，犁上多加重物，有重至500磅者。使用時常附以刮泥器(Scraper)，使泥土不致附着於盤面。牽引本犁動力或用獸力，或用機器。如用機器則盤數可增至十餘。

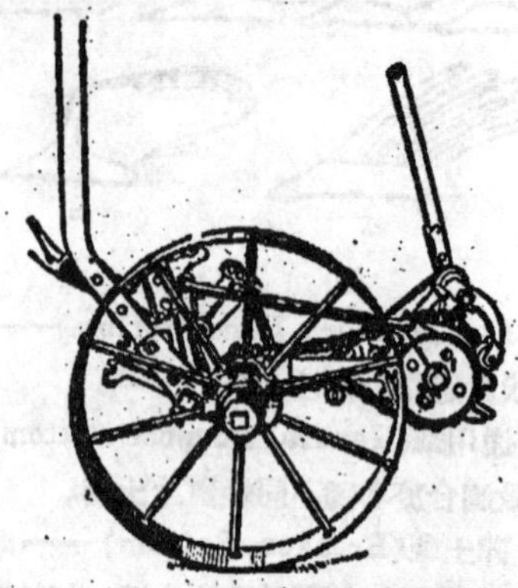

圖 5 (左) 犁已提高位置
圖 6 (上) 犁未提高位置

盤形犁工作時，其切割泥土方向可以用控制桿調節之。盤面與前進方向所成角度愈大，則阻力愈小，但耕土寬度亦減少。普通24吋盤犁，可以耕土10至12吋寬。盤犁工作時恒與前進方向成一定角度，常受相當大之側壓力，故盤犁俱裝於斜滾軸承上以承受此等側壓力，然後傳於犁架。軸承外包密封軸殼，免侵入泥土。

圖 8

盤犁尖頂最好與地面垂直，則犁之重量與切削泥土方向一致，可增加深切效率及割切雜草枝根之作用。同時因盤內面常與泥土摩擦，可以使犁常保持鋒銳。

圖A示犁身與地面垂直。

圖B示犁身與

圖 9

12344

地面傾斜。無切割效應，僅有鎮壓效應。

耙 (Harrow)

耙之功用不外為(1)平坦已翻耕土地，(2)使泥土組織鬆軟，可促進泥土之毛細管作用及存貯多量空氣，(3)剷除雜草。

耙之構造，多係附有多數長齒之機架由獸力或機械之牽引之。惟耙齒則有各種形式：

(1) 釘齒耙(Smoothing harrow)

此種耙製造便利，使用較多。齒用軟鋼製成。或方或圓或三角形。大小亦不一致，自$\frac{3}{16}$"至$\frac{3}{4}$"見方俱有，惟普通多用$\frac{5}{8}$"×$\frac{5}{8}$"之菱齒。取其切口損蝕

圖 10

僅轉向裝置，又可得新切口之便捷也。齒之固定法亦不一致，茲將常用者，列舉如圖10，齒之間隔，每呎四至八齒不等，惟常用每呎六齒。耙齒與地面所成角度，隨事實需要可用控制桿調節之。

(2) 彈簧齒耙(Spring Harrow)

如土壤堅硬多砂石，或需深耙時多用彈簧齒

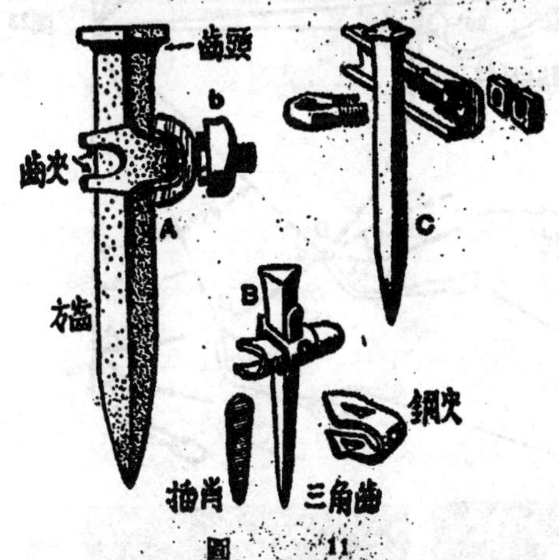

圖 11

因齒有彈性，故遇堅石或其他障礙時，可免耙齒斷折。

彈簧齒耙之裝置如圖11所示。每呎寬普通裝齒三只，有控制桿以調節齒之高低，以定耙泥之深度。標準彈簧齒耙每呎重可40至50磅。最大拉力可

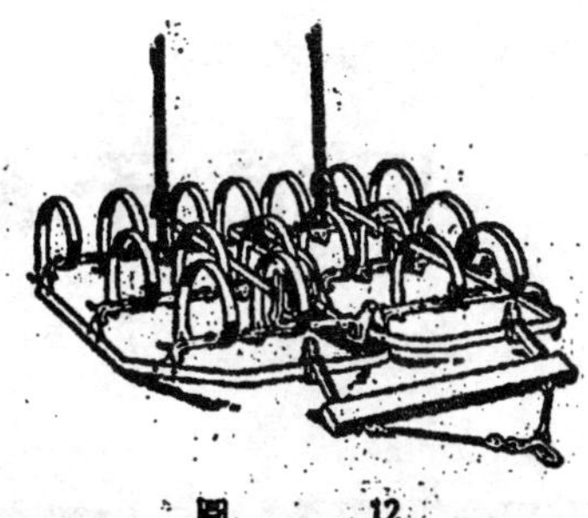

圖 12

至每呎 25磅，普通約為五六十磅，視泥土之疏硬及齒入土深度而定。

(3) 刀形耙(Knife Harrow)

以其形如刀而名。特點在易於碎裂土塊。設有控制桿以調節刀之耙土深度。

(4) 盤形耙(Disk Harrow)

外形與盤形犁相似，乃連接多數軟鋼製之圓盤而成，盤數有多至40者，橫闊達20呎。因盤形耙不需深入泥土，故盤上不置重物。切泥深度，完全

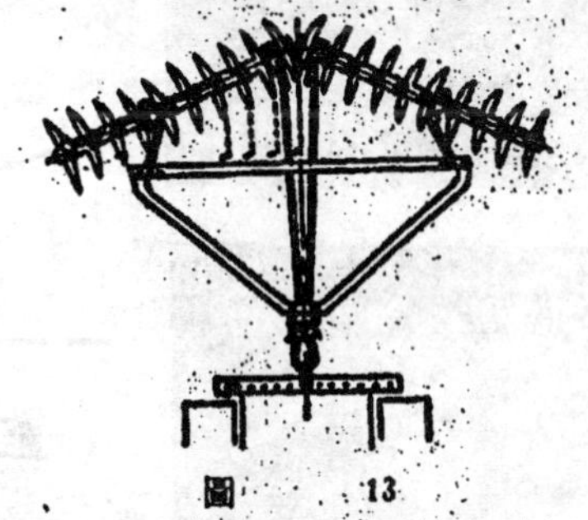

圖 13

賴本身重量及視盤與前進方向所成角度而定。圖，前半盤身與進行方向平行，可得最大切泥效應。盤形耙俱備有控制桿以調節盤之角度，盤面正對前進方向，則阻力最大，入土不深。

盤形耙之優點，不在碎裂表面土塊，在易於控制耙土深度及無害於既長成農作物之根株。如土壤過粘，他種耙不能工作時，盤形耙仍可勝任愉快

盤之大小自14吋至20吋不等，惟16吋至18吋為最常用者。每盤之間隙為6吋，用長柄連接各盤，盤數可至20。有時盤形耙可有若干組長柄連接一起工作，故耙寬可增至廿餘呎。

盤形耙工作時，在二盤之間，常留土堆一條。故使用時，在耙後常接一彈簧齒耙或盤形耙，其裝置位置適足以耙平遺留之土堆。

盤形耙每呎寬之平均重量為100磅左右。其最大受拉力為每呎250磅，平均約每呎90磅。（待續）

焊管子的進一步技巧

·梅志存·

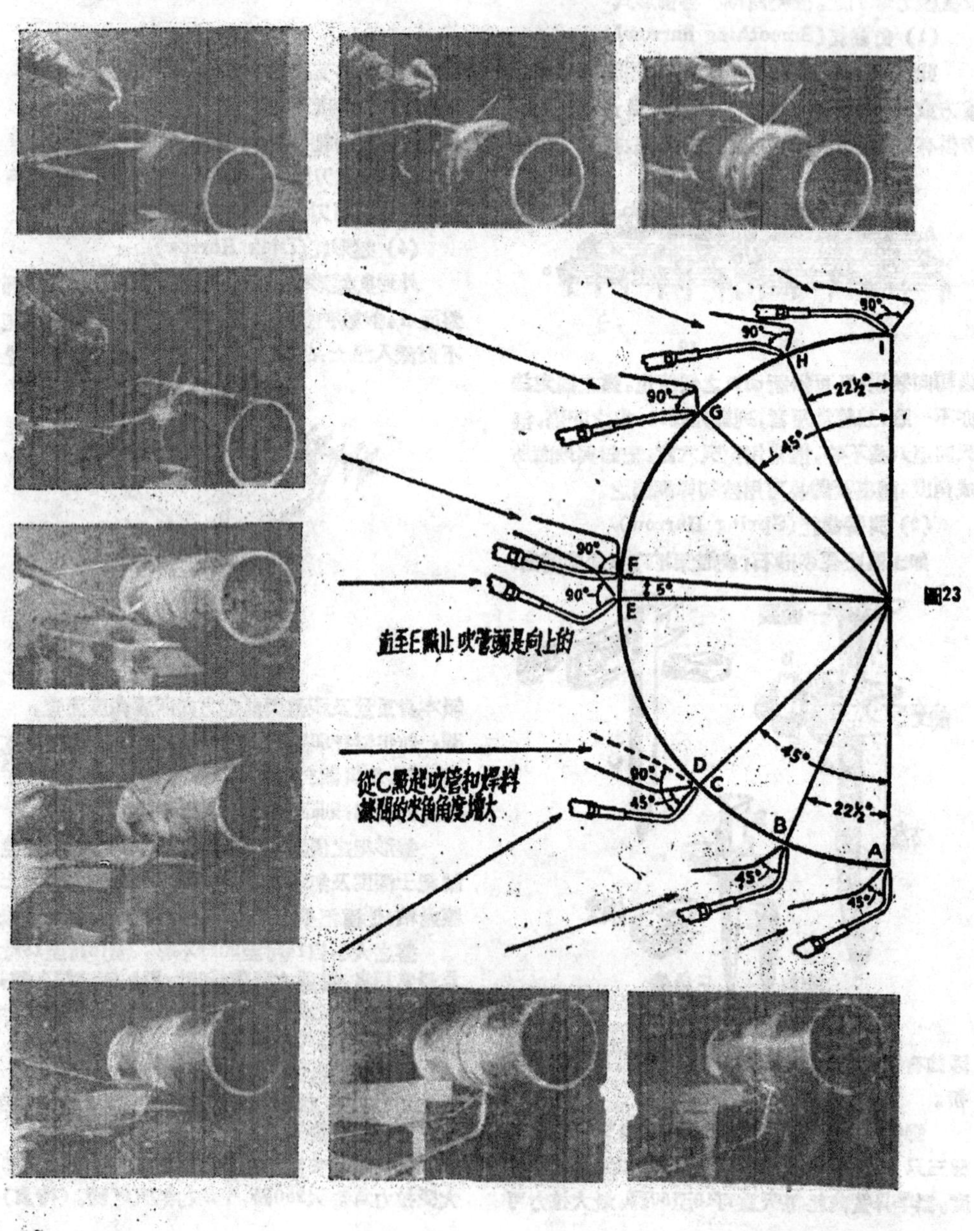

（續 上 期）

現在可以練習焊接豎立的6吋管子了。照前述的方法把6吋長的兩根6吋管子接頭邊緣切斜；準確對直後，用搭焊焊住，再把它用銅焊搭焊在工作架的鋼板上（和燒焊2吋管子一樣的手續）。這樣可以調整管子的焊接線正好和工作者的視線相齊。依照圖15所示的姿態位置，握好吹管和焊料絲，從兩個搭焊間的中點開始燒焊工作。

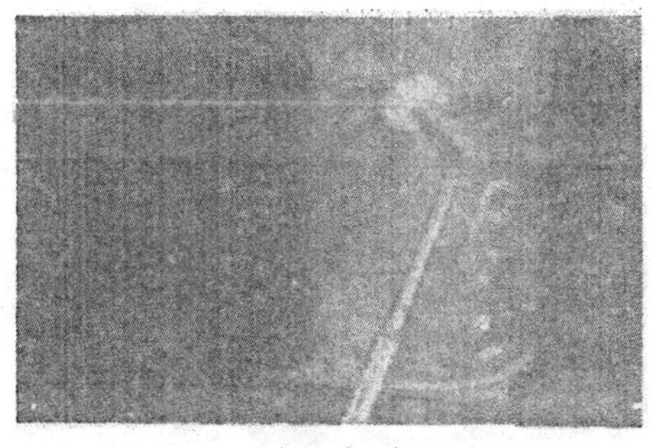

圖 15

初學焊接術的人，水平地燒焊這種厚度的管子，通常要往復動作三次才能完成。待工作稍有經驗，只須一次就可焊好。

第一次先從右向左燒焊（正手），燒熱熔合V槽底部約達一吋到一吋半光景時，熔入少許焊料。然後從左向右回動（反手），燒焊到起點為止，只須熔入足够焊料，把V槽塡滿一半就行。第三次再從右向左，把V槽全部用焊料塡滿，並稍呈隆起以增加强度。此後，依照上述方法逐段施行燒焊工作，以完成全部焊接。

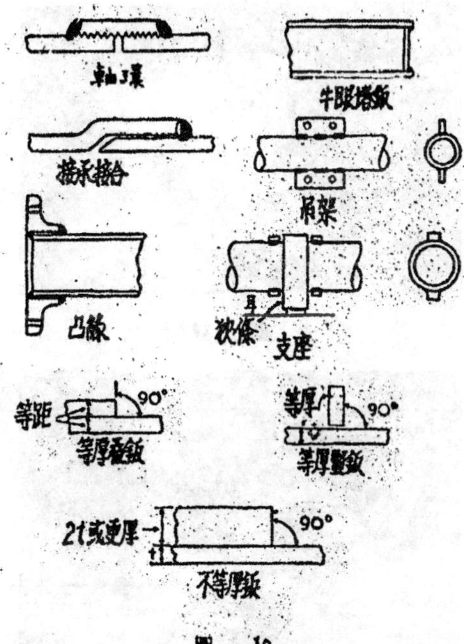

圖 16

控制熔金漿的技巧

施行燒焊工作時，須時時留心弗使V槽的兩條外緣熔化過度。下緣如能保持完好，對於熔金漿的控制是極有利的。如果不愼把上緣熔壞，固然可以焊補，不過焊料，氧氣和電石都要多消耗，並且因此增長了工作的時間。但這並不是說，它們無需透澈燒熱熔合的。

練習過焊接不切斜的對頭接合後，現在可以開始學習塡條焊接（Fillet Weld）了。圖16列示各種塡條焊接的式樣。

焊接管子之時，先取$\frac{1}{4}$吋厚鐵鈑兩塊學習塡條焊接。把它們重疊起來，使上下鈑的中左右偏差$\frac{3}{8}$吋（圖17）這樣置放的四條邊都可以被用來練習。第一次把鐵鈑平置檯上，取下向焊接的位置，選用No. 5管頭和$\frac{1}{8}$吋焊料絲。從一角開始把兩條邊燒到暗紅，約一吋長為度。熱力大部須集中在下鈑（圖18）。上鈑邊緣會被輻射加熱的——事實上，如果工作不小心，它可能過度燒熱，在下鈑尙未熱熔之前就熔解了。鈑緣後部務使透澈受熱；否則，焊接的底部不易得到完全熔合。一俟底部熔接，就插入焊料絲，塡成三角形的焊接接合。這樣地繼續分段焊過去，直到全部完成。做過之後，就

圖 17

12347

圖 18

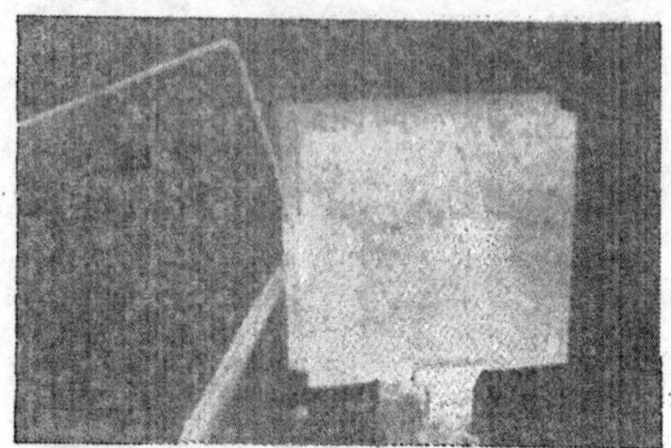

圖 19

圖 20

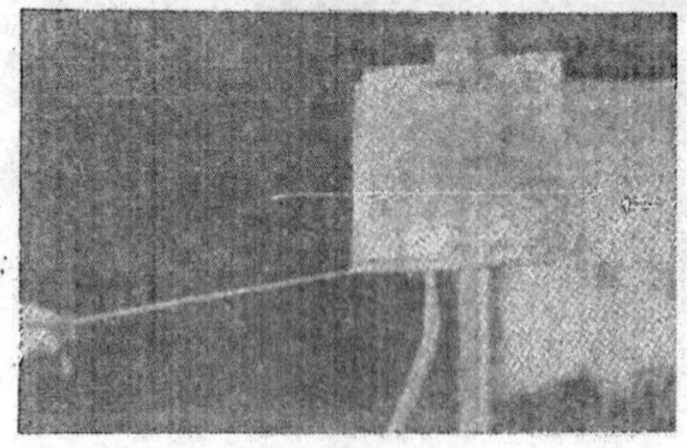

圖 21

可明瞭，這次焊接過程和燒焊45°斜緣的管子或鐵鈑很是䜘像。

管料金屬要透澈燒熱熔合

把剛才已焊好一邊的鐵鈑，豎直地夾住在工作架上，使焊好的一邊在頂上，如圖19所示，仍用No. 5吹管頭和$\frac{1}{8}$吋焊料絲，燒焊左側垂直邊。從下角開始漸次向上燒焊，火焰須向上吹，藉以控制熔金漿，不使流下。注意，焊料絲和火焰中心線須成90°角。和燒水平填縫焊接一樣，須確實燒熱鈑緣的背面和後部，使得鈑料金屬在焊接的底部透澈熔合。

另取$\frac{1}{4}$吋鐵鈑兩塊，依照圖20所示，互相垂直豎放。用搭焊把它們固定。在兩鈑交會處所，把它們燒熱一吋光景。吹管須與下鈑近乎垂直，並把熱力大部加在下鈑，因為它比豎鈑需要較長的時刻到達燒焊的溫度。豎鈑邊緣底下的下鈑須確切加熱。在着手進行焊接之前，先把吹管角度轉過4度，使火焰向着尚未施焊部份。同時，插入焊料絲，熔下焊料。焊料絲須與鐵鈑成45度角，指向燒焊的起始點，和吹管頭則成90度角。要和焊接45度斜緣的對置鐵鈑一般地進行工作。一吋一段地繼續下去，直到全部完成，如果想多練習的話，交會的兩側都可以施行填縫焊接的。

火焰的吹力可以保持熔金漿

把已焊過兩邊的重疊鐵鈑垂直夾在工作架上。下面的一條邊須是未焊過的(圖21)。這是一個很合宜於學習吊懸填縫焊接(overhead fille welc)的佈置。

澈底燒熱V槽底部，把熱力大部加在下鈑上。使V槽底部金屬確實熔合$\frac{1}{2}$吋光景。吹管火焰須向上吹燒。火焰的吹力可以保持熔金漿的位置，它並不如想像中那般易於流下。一俟V槽底部金屬熔合，平持焊料絲，插入熔金漿中，熔下焊料。不可把焊料絲拉出熔金漿之外，亦不可拌攪熔金漿。如果熔金漿有失却控制的徵象，速即把吹管火焰移離片刻，就可凝固不墜。在前一次熔積的焊料尚未再度熔化之前，切不可立即再熔入新焊料，否則焊接就會有重疊成層(laps)，冷摺，缺口等等疵瑕

吊懸填縫焊接

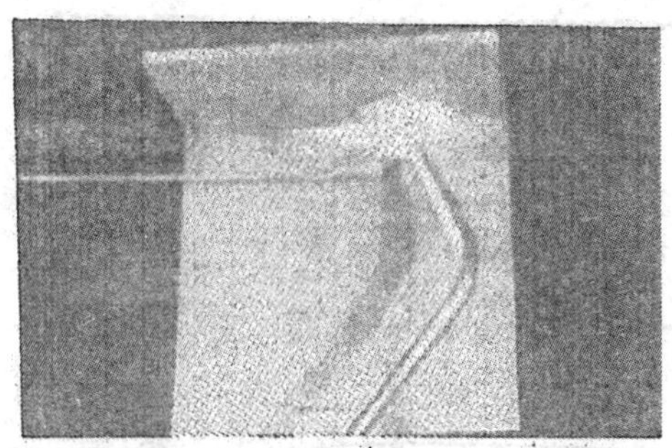

圖 22

圖 24

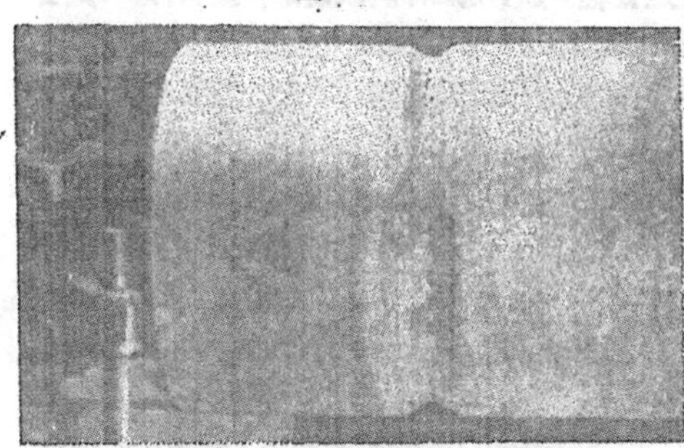

圖 25

另取1/4吋鐵鈑兩塊，用搭焊把它們互相垂直搭住，並夾持在工作架上(圖22)。依照上節所述的方法燒焊兩鈑間的內角。熱力應大部加在上鈑(或稱天花鈑)上，那塊垂直鈑很快地會被輻射熱度熔化。每次燒熱熔合V槽底部1/4吋後，熔入焊料。如此逐段繼續進行以至全部完成。焊料絲和吹管須依照照片中的位置。

現在再照前法預備好第三段6吋長的6吋管子，用來實習定位焊接(Position We d)。——所謂定位焊接，就是管子在施行焊接過程中是固定不動的。把搭焊完妥的管子放在3吋水流鐵上，並置鐵條一根於管中；然後把鐵條和水流鐵一同夾在焊接工作檯(welding table)上，這樣就可使管子固定不動。不過，V槽須伸出於水流鐵端部之外，方可在管子底部從事燒焊(圖25)。燒焊從底部開始，順着管子的一側焊到頂點；再從底下重行開始，順着另一側焊到頂點，待左右合攏，焊接就算完成。

怎樣施行定位焊接？

在進行定位焊接的過程中，吹管和焊料絲與管子面間的夾角角度，依焊接部位的轉移不同而隨之不斷改變。圖23的圖照表示了許多位置和姿勢。學習者須詳加研究。先用無火吹管和焊料絲，按照圖照中的姿勢多多演習。簡圖中僅表示管子左側的各種位置，右側亦有同樣的相當位置。

簡圖中詳示從底A點起向上到E點，吹管應反持使火焰向上吹。一過E點，吹管就恢復正手握持的姿勢。在E點吹管頭的彎曲部分須稍向上指，在F點則近於水平；再向頂部，吹管頭的角度逐漸還到正常下向焊接(Downhand weld)的位置L。完成的焊接接合須是一連串光滑均勻平整的重疊波形環，內部并無凸凹不平和『冰柱』(icicles)狀物。

焊料絲要浸在熔金漿中

燒焊工作從管子底部開始，適度把握吹管使火焰幾乎直向上吹，焊料絲則稍稍側斜。圖24是從管子下方向上看的情景。先把V槽底部燒熱熔合，再把它一次用焊料填滿。熔金漿要愈少愈好。在正對燒焊處所前面的邊緣亦須燒熱，但不可使其熔化。把焊料絲浸入熔金漿中，但不可攪拌亦不可拉出。吹管的焰力和薄層熔化金屬對於管面的黏附力足以保持熔金漿，不使流下。如果不愼而有流下的徵象時，速將火焰移離片刻，熔金漿就可冷凝而固着了。(待續)

航空談座*

像天平秤一般平衡的飛機

——沒有發動機的飛機便成了一架滑翔機——

凌之鞏

車子有四個輪子在地上滾，所以很安定。飛機機翼發生舉力，使飛機在天空浮着，但機翼各部份發生的舉力，集中起來，作用在機翼的一點，這舉力的作用點，不見得就對好飛機的重心，爲什麼飛機也可以安定的在天空飛呢？我們用一枝鉛筆頂住一塊木板，是很不安定的，木板一定要丢下來。

飛機機翼本來就是一件不安定的東西。就算舉力的作用點，有一個時候對好飛機的重心，但當飛機的飛行狀態一改變，譬如說飛機頭向上，衝角變大，於是因爲機翼的特性，舉力作用點向前移，以致飛機頭更向上；譬如說飛機頭向下，衝角度小，於是舉力作用點向後移，以致飛機頭制向下。飛機機翼這種不安定性，好像一個立錐體，豎在它的頂點上（圖甲）一旦失去平衡，就跌倒的。雖然飛機機翼是一件不安定的東西，但整個飛機並不能不安定，這怎麼辦呢？所謂安定，就是好像一個立錐體，它的底放在收板上，我們推側它，它會回到起先的位置來。

完全靠了在飛機尾的安定面，空氣經過機翼後，氣流會轉往後下方，這在前面已經說過。安定面在機身所成的角度，比機翼在機身所成的角度小，安定面對吹來後下方的氣流所成的角度（衝角）是負的，於是往後下方的氣流經過安定面，在安定面發生一個向下的力。飛機重量也是一個向下的力。機翼的舉力則是一個向上的力，工程師設計機翼在機身的位置的時候，使舉力作用點在飛機重心的後面。那麼，機翼向上的舉力，在向下的飛機重量，和也向下作用在安定面的力的當中，三個力成了一個平衡狀態（圖1）。

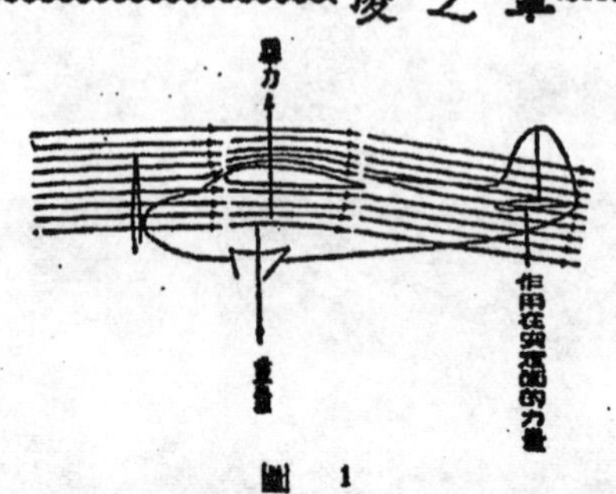

圖 1

這三個力的平衡，正像一把秤的平衡。飛機的重量好像要秤的東西的重量，舉力好像提着秤紐所出的力，作用在安定面的力好像一個秤錘。拿一把秤來秤一件東西，用離秤鈎較近的秤紐，秤錘就放在離秤紐較近的地方，用離秤鈎較遠的秤紐，秤錘就放在離秤紐較遠的地方，才能使秤桿平衡。假如秤錘不變它的地方，用離秤鈎較近的秤紐，秤錘一定要輕一點，用離秤鈎較遠的秤紐，秤錘一定要重一點。作用在安定面的力好像一個會變輕重的秤錘，當舉力作用點因飛行狀態改變而向前移，或向後移的時候，作用在安定面的力，就會變小一點，或變大一點，來調整它和舉力與飛機的重量平衡。飛機頭向上，舉力向前移，但安定面的衝角加大（負角減少），作用在安定面的力量便變小；飛機頭向下，舉力向後移，但安定面的衝角減小（負角加大），作用在安定面的力量便變大。

這裏講到的只是當飛機頭向上或向下改變飛行狀態時的安定性，飛機向左右轉，和向左右側滾改變飛行狀態時，也要有安定性的。安定性大的飛機，在天空偶而因爲一陣風吹來，改變了飛行狀態，不用駕駛員操縱，自己會回復到原本的飛行狀態來。這樣，飛機的安定性和它的操縱性是互相矛盾的。我們不能讓飛機在天空打跟斗；但飛機的安定性太大，便不容易操縱。有些飛機，如民用機，安定性來得重要，有些飛機，如戰鬥機，操縱性來得重要，這些工程師設計的時候會去考慮，我們不必去管它。

工程師把飛機的重心，設計在舉力作用點的前面，還有一個很大的理由。當發動機發生毛病，

* 這是一連串的系統性談座，第一篇是舉力和拉力的發生，發表於本刊二卷十期，第二篇是影響舉力的因素，刊于三卷一期，本期所刊爲第三篇，下期刊第四篇，飛機可以飛得多少快？——編者。

馬力減小，或當飛機被操縱到一個飛行狀態，速度減小，使舉力不能等於飛機重量的時候，好像一

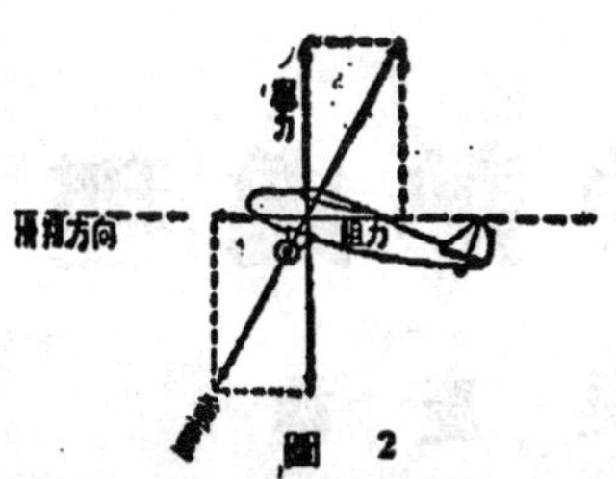

圖 2

把秤的飛機失去平衡，但因為飛機重心在舉力作用點的前面，飛機頭就有較重的趨勢，使飛機向前下方衝，於是重量在向前下衝的方向的一個分力，使飛機速度增加，舉力也就增加，飛機便回復平衡。

滑翔機滑翔就是這個道理。滑翔機沒有發動機，沒有螺旋槳來發生拉力，但當滑翔機重量在滑翔方向的分力，等於空氣阻力，空氣經過滑翔機機翼發生的舉力，等於滑翔機重量在舉力方向相反的分力的時候，滑翔機就會繼續在那速度在那方向滑翔(圖2)。由此看來，滑翔機一定要向前下方衝，才有舉力，才能前進。所謂滑翔，也就是向前下方進行的意思。換句話說，滑翔要前進，便失去高度。但滑翔機的飛行，有時飛得很高，有時飛得很遠，一九四六年六月廿四日藍臘小姐在法國南部乘滑翔機在空中停留十二小時五十三分，造成世界新紀錄，這是因為空氣裏有上升氣流的緣故。

雖然滑翔機要前進，便要失去高度，但滑翔機的用途還是很大。飛機工業發達的國家，都用滑翔機來協助訓練大批飛機駕駛員，因為滑翔機製造容易，便宜，不用汽油，飛行速度又小，很安全，但得到一樣的飛行感覺，這感覺訓練純熟，將來就可以用來駕駛飛機。普通人都可以駕駛滑翔機，滑翔飛行是一種很好的運動。這次大戰裏，滑翔機建了很大的功勞。一九四三年七月同盟國進攻地中海的西西里島的時候，就用了大量的滑翔機。一九四四年七月同盟國在法國諾曼底 (Normandy)登陸的時候，很多滑翔機把一師配備齊全的美軍，和一師配備齊全的英軍，由空中載運到德軍的後方，使瑟堡(Cherburg) 半島的德軍，受到同盟國海軍的攻擊，而孤立無援。同樣九月同盟國進攻荷蘭的時候，也用了很多的滑翔機。艾森豪威爾將軍說過，沒有空運的成功，歐洲登陸恐怕是一個不可能的冒險。而滑翔機在這空運上幫忙很大。

一架載重五千一百磅的天空列車飛機，自己載了規定重量外，還可以拖兩架載重三千七百磅(可以載十五個配備齊全的士兵，或一部吉普車和六個士兵，或一條七五公厘的砲連砲兵和彈藥)的 Wacō CG 4A 滑翔機，因為拖滑翔機的飛機制勝滑翔機在天空飛行的空氣阻力，空氣經過滑翔機機翼，就會發生舉力來抬起滑翔機自己的重量的。但不要忘記飛機在天空像一把秤的平衡，然後發動機停了，飛機才會滑翔起來。滑翔機就是沒有發動機的飛機。

先施應力混凝土

——上接第 16 頁——

所以鋼纜在近二端支點時應漸漸升高使纜成拋物線形如圖二。先施應力橋時另一特性，是鋼筋於承載活儎重後它的應力僅起3－4%變化。

(二)另一種無粘滑力的方法是搗製一根工字形的混凝土梁。鋼筋放在腹板的兩邊，不在混凝土內。梁的兩端則做成實體的，可承置於特置的承鈑。在腹板上加插短鋼條使鋼筋近似拋物線形；鋼筋外面加不加被護都可以。

(三)最後一種梁二端不用承鈑，而以鋼筋與混凝土間的粘着力代替。所用的鋼筋是很多極細的鋼絲約 5/64 吋(2公厘)直徑，可使粘着面積增大。搗製這種梁的方法是在兩端拉鋼絲，使承受每平方吋 200,000磅的拉力。如所用鋼鐵模板可以承載這個反應力，就可固定在模板上。然後搗注水泥混凝土，當混凝土凝固之後，鋼絲在模板處切斷，切斷後的鋼絲有回復原來長度的趨勢，但有粘着力阻止着，那末混凝土受到先施壓力了。

像這樣的一根梁如果有20呎跨度，需要放40根5/64吋的鋼絲或鋼琴弦。

我們再回看一下：第一種的混凝土板假使用最高應力至1500磅/平方吋的混凝土，用通常方法設計，它的厚度至少要3呎7吋，和要 2.4%鋼筋。由此可證明先施應力的經濟。它的將來，尤其在預配(Prefabrication) 建築上是未可限量的。數年後的歐美各國也許會有混凝土橋梁和其他建築物都用先施應力建造，本文不過是一個介紹，我們應該急起直追。

熱處理講話之五

工具鋼的熱處理

台灣鐵路管理局
材料處處長　吳慶源

各種工具鋼的含碳量

工廠內普通工具鋼的含碳量，大略如下表所示：

工具名稱	碳之百分率	工具名稱	碳之百分率
打鐵用鐵砧面	0.75	圓鋸	0.85
鎚	0.75	車床鉋頭	1.05
鏨(冷)	0.75	絞刀	1.10
螺帽板手	0.75	螺絲公	1.10
手鉗	0.75	銑刀	1.15
鏨(熱)	0.85	銼刀	1.25
鏨(硬)	0.85	鍊鋼用鋸片	T.00
車床軋頭軋子	0.85	管子割刀	1.75

工具鋼的淬火

不論淬火、退火、回火，其關鍵即在乎溫度，工具鋼在加熱時，溫度不可過高，過高則鋼有過火之弊；但亦不可過低，過低則鋼不會硬。每一種鋼有其臨界溫度，在這個溫度時，方可投入冷水或油中淬火。在工廠中鐵匠每用眼光來決定淬火的時刻這種決定即根據鋼的顏色，也就是前一期中所表列的回火溫度（讀者可參閱本刊二卷十二期鋼的熱處理一文）。

兩個臨界溫度

在鋼的熱處理中，有兩個臨界溫度(critical temperature)是須得加以注意的，那便是 decalescence point 和 recalescence point。前者爲鋼加熱時的臨界點，後者爲鋼冷却時的臨界點。普通一塊鋼被加熱時，分子即起變動，到華氏1347度時，突然吸收大量的熱；冷却時，到華氏1335度時，則又突然放出大量的熱，所以這兩個臨界點很容易確定。如用自動記錄量熱計(recording pyrometer)，則更爲明顯。

關於臨界溫度還有一個特點，即在decalescence point 以上，鋼會失掉磁性作用。至於臨界點的度數，隨鋼中含碳量不同而變，而合金鋼則又各不相同。

將鋼淬火時，先把鋼燒熱，然後投入液體中冷却之，其投入時鋼的溫度須剛剛在 decalescence point 以上。鋼在淬火後往往須受回火，回火的主要目的是減少脆性，各種工具回火溫度大約如下：

螺絲公$\frac{1}{2}$"徑或$\frac{1}{2}$"徑以上	華氏494－500度
切螺帽之螺絲公$\frac{1}{2}$"徑或以下	華氏495－500度
螺絲公$\frac{1}{4}$"徑或以下	華氏515－520度
絞螺絲鋼鈑(切近肩部)	華氏525－530度
絞螺絲鋼鈑(普通用)	華氏500－510度
絞螺絲鋼鈑(工具鋼及鋼管上用)	華氏495度
圓螺形刮刀(車床上用)	華氏440－450度
切螺絲鋼鈑(切近肩部)	華氏525－540度
螺形鑽頭	華氏450度
銑刀	華氏435－440度
管子割刀	華氏480度
鉚釘用鉚碗	華氏460－520度

此外還有一點須得加以注意的，因鋼鍛製時的溫度比淬火的溫度高，所以凡經鍛製的鋼品，在淬火前必須先行退火。例如有一件鋼品鍛製時溫度爲華氏1600度，待冷到華氏1400度而淬火，其中的晶粒仍舊是華氏1600度時的晶粒；如果冷後經退火一次，則其晶粒即可變更到第二次溫度時的晶粒了。

各種鋼的熱處理種類

這裏把熱處理的種類大別分爲十六種，列表如後。再把軟碳鋼、鎳鋼、低鎳鉻鋼、中與高鎳鉻鋼、以及鉻釩鋼等五種常用的工具鋼應當用那幾種熱處理各列表如下，以供讀者參考。

各種熱處理步驟表（依自左至右的次序）

種類	加熱至	碳化時溫度	緩冷或淬火	再熱至	是否須再淬火	再熱至	緩冷或淬火	再熱至	緩冷	投入油中溫度	備註
A		1600°—1750°F	緩冷	1450°—1500°F	是						在鍛製或車製後施行
B		1600°—1750°F	緩冷	1500°—1550°F	是	1400°—1450°F	淬火			300°—450°F	在鍛製或車製後施行
C	1475°—1525°F		淬火	600°—1200°F			緩冷				在鍛製或車製後施行
D	1500°—1550°F		淬火	1400°—1450°F	是	600°—1200°F	緩冷				在鍛製或車製後施行
E	1500°—1550°F		緩冷	1400°—1450°F	是	600°—1200°F	緩冷				在鍛製或車製後施行
F	1425°—1475°F		淬火	*400°—800°F							在鹽鍍後施行
G		1600°—1750°F	緩冷	1450°—1525°F	是	1300°—1400°F	淬火	250°—500°F	,,		在鍛製或車製後施行
H	1500°—1550°F		淬火	600°—1200°F			緩冷				在鍛製或車製後施行
K	1500°—1550°F			1300°—1400°F	是	600°—1200°F	緩冷				在鍛製或車製後施行
L		1600°—1750°F	緩冷	1400°—1500°F	是	1300°—1400°F	淬火	250°—500°F	,,		在鍛製或車製後施行
M	1450°—1500°F			500°—1250°F			緩冷				在鍛製或車製後施行
P	1450°—1500°F			1375°—1425°F	是	500°—1250°F	緩冷				在鍛製或車製後施行
Q	**1475°—1525°F		緩冷	1450°—1500°F	是	250°—500°F	緩冷				在鍛製後施行
S		1600°—1750°F	緩冷	1610°—1700°F	是	1475°—1550°F	淬火	250°—550°F	,,		在鍛製或車製後施行
T	1600°—1700°F			500°—1300°F			緩冷				在鍛製或車製後施行
U	1525°—1600°F		冷却needed緩	1650°—1700°F	是	350°—550°F	緩冷				在鍛製後施行

* 須依照預定之回火程度而任其冷却

** 須確實加熱澈底

注意：普通碳鋼常投入水中淬火，但如含碳量在0.75%以上，則投入油中淬火。合金鋼則常投入油中淬火。

12353

軟碳鋼

碳之百分率	錳之百分率	鎳之百分率	鉻之百分率	釩之百分率	熱處理種類	附註
0.10	0.45	—	—	—	在1500°F時淬火	適於無縫管,鋼架,壓床工作。軟而有延性,但不易受車磨。熱處理的效果很少。
0.20	0.65	—	—	—	A或B	易受車磨,拉長,及冷軋。B法適於同時需要堅硬表面及靭度,如齒輪、凸輪、夾輥子等。
0.30	0.65	—	—	—	C或D	易鍛,且極宜於車磨。不宜表面淬火,但經熱處理後適於車軸與其他結構零件。
0.40	0.65	—	—	—	E	適用於限於需要高度韌性並強度的情形。可用於曲柄軸,但倘經表面淬火,則硬度與強度並不適於齒輪。在退火狀態時雖可受車磨,但不宜於絞螺絲。
0.50	0.60	—	—	—	E	較硬而較強,但亦較難車磨。
0.60	0.65	—	—	—	E	,,
0.70	0.65	—	—	—	E	,,
0.80	0.35	—	—	—	F	彈簧鋼。淬火溫度可以隨需要而稍低。
0.95	0.35	—	—	—	F	,,

鎳鋼

碳之百分率	錳之百分率	鎳之百分率	鉻之百分率	釩之百分率	熱處理種類	附註
0.15	0.65	3.50	—	—	G或K	較其他合金鋼易受車磨。最適於表面淬火。倘經適當之碳化與熱處理,可用於齒輪。
0.20	0.65	3.50	—	—	G或K	含硫與磷不超過0.04%
0.25	0.65	3.50	—	—	G或K	最適合齒輪。H法合乎結構零件。K法合乎齒輪。
0.30	0.65	3.50	—	—	H或K	用於極大強度之傳動軸——車軸與曲柄軸。不宜表面淬火。
0.35	0.65	3.50	—	—	H或K	同上
0.40	0.65	3.50	—	—	H或K	
0.45	0.65	3.50	—	—	H或K	
0.50	0.65	3.50	—	—	H或K	

低鎳鉻鋼

碳之百分率	錳之百分率	鎳之百分率	鉻之百分率	釩之百分率	熱處理種類	附註
0.15	0.65	1.00 1.50	0.30 0.75	—	G,H或K	如含碳量稍高,可用於油淬火的齒輪和彈簧。 如含碳量不高,可用於車軸,地軸,鍛品,和表面淬火的齒輪。這種鋼車磨和熱處理都有些困難,但在製造滾珠軸承的珠槽上用得很多。
0.20	0.65	1.00 1.50	0.30 0.75	—	G,H或K	
0.25–0.40	0.65	1.00 1.50	0.30 0.75	—	H或K	
0.45–0.50	0.65	1.00 1.50	0.30 0.75	—	K	

中與高鎳鉻鋼

碳之百分率	錳之百分率	鎳之百分率	鉻之百分率	釩之百分率	熱處理種類	附註
0.15	0.45	1.75	0.75	—	G,H或K	中鎳鉻鋼
0.20	0.45	1.75	1.00	—	G,H或K	中鎳鉻鋼
0.25	0.45	1.75	1.00	—	H或K	中鎳鉻鋼
0.30	0.45	1.75	1.00	—	H或K	中鎳鉻鋼
0.35	0,45	1.75	1.00	—	H或K	中鎳鉻鋼
0.40	0.45	1.75	1.00	—	H或K	中鎳鉻鋼
0.45	0.45	1.75	1.00	—	K	中鎳鉻鋼
0.15	0.45	3.50	1.50	—	L	高鎳鉻鋼
0.20	0.45	3.50	1.50	—	L,M或P	高鎳鉻鋼
0.25	0.45	3.50	1.50	—	M或P	高鎳鉻鋼
0.30	0.45	3.50	1.50	—	M或P	高鎳鉻鋼
0.35	0.45	3.50	1.50	—	M或P	高鎳鉻鋼
0.40	0.45	3.50	1.50	—	P	高鎳鉻鋼
0.45	0.45	3.50	1.50	—	Q	高鎳鉻鋼

鉻釩鋼

碳之百分率	錳之百分率	鎳之百分率	鉻之百分率	釩之百分率	熱處理種類	附註
0.15	0.65	—	0.90	0.1	S或T	合於表面淬火。
0.20	0.65	—	0.90	0.1	T	合於表面淬火。
0.15–0.40	0.65	—	0.90	0.1	T	合乎結構零件。
0.45	0.65	—	0.90	0.1	U	合乎齒輪和彈簧。
0.50	0.65	—	0.90	0.1	U	合乎齒輪和彈簧,但最後的投入温度視工作而定。

技 術 人 員 生 活

我們所面臨的困難

·墨芷·

爲了生活互助運動，走訪一位技術界的老前輩。談話的內容，當然不離生活互助運動的範圍；話題又漸漸從生活互助運動所面臨的困難，談到當前技術界所面臨的困難。有如飲水，冷暖自知；這位前輩先生所談的，是眞切的體驗；並不是在生活互助運動之前夜，來談些拗興話；面對現實，想法子解决，才是堅強者應有的態度。

實在，生活互助運動所面臨的困難，和技術界所面臨的困難是同源的，像是出自一條主流的四條支流。譬如說，目前大部份技術人員，生活都很淸苦，要發揮互助的力量也就不容易。因之，往往有人在慨嘆，這運動在繁榮時代推進就要容易得多了。這極普通的一句話，的確點出當前的矛盾：然而，我們知道，唯其因爲不景氣，生活才悲慘窘迫；生活的悲慘窘迫又引起互助運動的展開。這好像是一個永解不開的結，連鎖在一起，現在就要看看我們有沒有毅力和能力來解開它？我相信，這解不開的結，只有用熱情和毅力是能夠打開的。

又有人會這樣說：現在要捐款的地方實在太多，捐簿拿出去，總是搖頭的多。還有，門戶之見也封閉了一部份人的熱心。因爲這運動是廣泛性的技術協會所發起的，不是紡織學會，電機工程師學會……或者以及其他專門部門的學會所發起的；固然，對技協有相當認識的人，是相當慷慨，對技協毫無印象，或者印象不深的人，就不同了，他們這樣想：「技術協會，和我並不相干呀！就自已是學機械的：假使是機械學會，就不好意思不捐了！」這種心理，反映出另外二重困難來：第一點是技協本身的工作不夠深入，不夠廣泛；外界對之尙無深切的認識；第二點是這次互助運動的宣傳工作還沒有幹得透澈，甚至連技術界人士也不瞭解它的意義 忽略了它的重要性，用偏狹的眼光來看它。這是二重困難，我們有沒有能力衝過這二道大關，一半有待於我們本身的努力，本身的成績，一面亦待社會熱心人士尤其是技術界熱心人士協助鼓吹。

另外有人提出來問「生活互助，確實是很好 然而，捐來的錢如何加以保存，而不使貶值，以致一筆錢可以不竭地幫助着別人下去，而沒有短少的一天」，這是第四個困難，亦是最實際的困難，我們知道現在誰也沒有通天的本領可以把CNC的幣值保持一成不變，那末，二十億的互助貸金有一天消化完了又怎麼呢

其實每一個贊助生活互助運動或推動生活互助運動的人，在基本上應該認識生活互助運動是一個消極的治標的運動，本身上慈善的救急的成份比任何其他的意義來得明顯，祇有多數人響應和支持的時候，互助運動才會像雪球一樣愈滾愈大，而成爲一個壯大的行列。

本來，在互助運動熱烈展開的時候，不該來當頭「澆冷水」，不過，我得重複一句，有敢於面對現實，正視現實，從而克服各種各樣困難的，方始是堅韌的強者。生活互助運動還是剛剛開始，前面有着重重的困難，凡是我們想像到的和不曾想像到的我們一定要克服它！

早上九點卅分

·方文·

早晨照例在簽名簿上把到簽好，胡亂地吃了頓早點，看看時針已指九時，正好這天沒事，和老郝打一個招呼，就溜了出來。

提籃橋人壽里，可是提籃橋附近沒有什麽人壽里，好在申請書有着惠民路三個字，摸準了方向，就朝前走，保定路——大連路——荆州路，哧！前面是人壽里。

二六號在弄堂的底里，垃圾桶旁半癩的小狗在找尋骨頭，紅絲的眼睛對着來的生客，不時投以驚異的眼光，不知道是歡迎，還是恐懼？

"請問此地有可一位王先生？"不等裏面開門我已經走入天井。

一個半瞎的老者隔着玻璃窗祇是望望，當我把那扇盡是塵埃的長窗拉開，他方始明白來意，淡淡的說着在二樓亭子間，再問人是不是在他已經把門砰的一聲關上了。

從過道中走上扶梯，半腰裏有個人伸了個頭出來，看見轉灣上二樓，身體又縮了進去。

二樓的亭子間很窄小，朝北一扇小窗，玻璃都不齊整，發黃的報紙暫時抵當了風雨。

屋子零亂得很，祇是一只破鐵牀，和一張褪色的半桌，之外簡直沒有什麽了。

我正要啓口，他已經從僅是一層薄被單牀沿上很懶散地站起來，似乎已經明白了來意。

那天，屋外正在下雨，早幾天的燠熱天氣，一變爲酷寒，他僅穿着一件救濟的破棉袍，灰白的棉絮多伸了出來。牆角一隻灰燼未息的小炭爐，此地還有一絲暖氣！

我不禁打了一個寒噤問道：這位是王先生嗎？

"王先生是大同念書的，……"不等他回答，我把申請書所塡的逐一地問完，他總是用姿勢作爲答示。

這時，我已經走到小室中央，他從牀底下抽出了一根木凳來放在我的脚邊，等到我把凳抹淸坐下以後，他似乎沒有起始那樣拘謹，說話亦

互　助　動　運　專　頁

漸漸多起來。我方始明白：

他家裏現在已經沒有別人，這間屋子是去世的哥哥留下唯一的遺產，現在他還分租給一個朋友作爲日常的貼補，同時還在空餘的時候修理風琴，他本來是學的化學，對於機械方面原來沒有什麽專長，有一個同鄉開着小舖，專門修理風琴，於是他就常常去幫忙，

"平時你讀書的時間很少吧。"

"爲了維持生計，能夠勉強的敷衍已經是好的了。"

"那末，你以前學費呢？"

"去年學校裏有助學金，這次統一獎學金還沒有頒發，學校裏倒有獎學金，不過……"

"那末，數目多少？"我正想學校有獎學金，爲什麽還要向技協申請？

"一百二十萬。"

"全部學雜，書籍費用却要七百二十萬元，所以才向貴會申請，"他似乎明白我的意思，所以很快地補充了一句。

雨點愈來愈大了，滴在玻窗上，望出去前面盡是白茫茫的一陣。西北風從窗檻裏溜進來，寒氣逼人。

談話到此地已經告一段落，我就告辭出來，瘦削黃臘似的臉上，露出一絲微笑，

再會聲中，半傴僂的身子，不時叮嚀着討一個回音。因爲他是熱切地期待着的呀！

外面，已經是傾盆大雨了！

誰　毀　了　他　　　梅

誰忘記現在

誰就被明天忘記——歌德

那是在抗戰還沒有勝利的時候，我剛跨出校門，在一家化工廠裏服務。在敵僞的統制和壓迫下，生活的高潮逼得人透不過氣來。整整一個月的薪水，只夠添些手帕，襪子和作零用，不是我那一部份的主任，從旁邊鼓勵的話，恐怕早已改了行。他雖然年紀輕輕，但是服務極勤敏，爲人也爽直。在他領導下，我們工作都十分盡力，往往直到天黑才拖着疲倦的身子回去，偶然空閒時大家就在一起聊天，在閒談裏知道他有一位賢慧的太太和一個不滿週歲的孩子大家都一致稱頌。但是常常在這時候，他便把話對於這樣一個溫暖美滿的家庭談話收住了，或則轉變了話題，隱約中有着難言的苦衷，之後，大家亦漸漸習慣，談話中就不常提到他那漂亮的太太和活潑的小孩了！

那年春天，剛過了新年假期，我們循例又工作起來，奇怪的是那位勤奮的主任，却三天請假，五天不到，即使到廠也是心不在焉。大家都很關切，可是誰也不便啓口。還是總務處消息靈通，說主任的孩子惺紅熱，整天發燒，大年初一就送了紅十字醫院。

另一個陰雨的早晨，我冒着雨到廠，在樓梯口碰着廠長，這天他似乎不很高興，並且不久之前好像曾經發怒的樣子，他等我招呼了，還是站在那裏，一時我不便望實驗室裏跑，祇好亦停了下來，不等我把雨披御下，他已經在說話了："廠裏出事情了！"我着實吃了一驚，暗自忖着，莫非有什麽過失，難道爲了昨天那只實驗，可是，亦不能怪我呀，這幾天，主任老是不來，昨天偶然到了實驗室裏，不等我和他商量實驗，人已經走出去了，很慌張的樣子。

"究竟是什麽事"我以最大的勇氣反問了一句，同時表示內心是很鎭靜的。

"昨天有人冒領了廠裏近百萬的藥品。"

"誰——？"不是關於那只實驗，我已經大大的鬆了一口氣。

"你們的主任，"他一個個字咬得很準的。

這好比千萬枝針，刺痛了我的心："不，決不是他，這一定有人要陷害他，"我終於把心底的話說出來。

"事情是千眞萬確的，今天早晨他已經到我辦公室裏來承認，說孩子前天逝世，所以他這樣幹了，"

"以後，"廠長頓了頓接着說："實驗室的事情還得你多多照應。"

一時我直說不上話來，心裏祇是一陣陣的酸痛。一個我素來頌敬的人，竟這樣幹了起來，這是誰毀害了他呀？

抬頭雨仍舊陣陣地下，可是傾盆大雨也訴不盡我心底的沉痛！

廠長看我呆着發楞，就走近來，拍了拍肩胛說："你亦不用傷心，我祇是把他辭了，別的決不追究，你以後要好好地幹，"

想一想廠裏亦是週轉不靈，廠長還能原諒，我的眼睛漸漸潤濕了。

離開廠是那年的秋天，這時聽說從前的主任常常涉足賭場，並且更時時酗酒，以致把身體亦糟壞了；

時間慢慢冲淡了往事的記憶，這天在一條偏僻的馬路上瞥見一個熟識的面孔，老遠在躲躲閃閃，當我走近的時候，他把衣領拉得高高地，頭幾乎碰到了胸口。我沒有勇氣像往常一樣向他招呼，現在我們好比絕然生活在兩個世界裏一樣。當他在我身邊閃過的時候，我不禁默默地爲他祈禱。

這之後，他在我腦海中永遠是這樣的鮮明，在生活的高壓下，一個人是多麽容易踏上了毀滅的道路。

波特溫1500馬力柴油電機車

最近美國若干鐵道上，已在使用波特溫(Baldwin)機車製造公司所造之1,500馬力柴油電機車，其特點爲可用各種齒輪比，從而得到隨意速度，在鐵路上，能應用在客運，貨運以及調車等業務工作。此項機車，其性能如表所列。總長58呎，使用狀態時，包括蒸汽發生器與用水供給，總重爲280,000磅，在黏力因數30%時，開動拉力爲56,000磅。當齒輪比爲15:63時，與開行時之連續拉力爲42,800磅，最高速度爲每時62哩。

軌距 4呎8½吋

柴油引擎：

引擎	1座	汽缸	8
制動馬力(牽引用)			1,500

引曳電動機：

電動機	4
式別	威司汀370式
普通軸承尺寸	6½吋×12吋

車輪：

動輪	4對	從輪	2對
直徑	12吋		

輪距：

轉向架	11呎6吋
總軸距	43呎9吋

總重量：

應用時	280,000磅
在動輪上	187,000磅
空車時	260,000磅

最外長寬高尺寸

長(鞔鉤距)			58呎
寬	10呎2吋	高	14呎

最小曲率半徑(機車及列車)250呎(23°)

總供應量：

滑潤油	135加侖	柴油	1.000加侖
引擎冷却用水			300加侖
鍋爐熱水	800加侖	沙	30立方•呎

性能：

齒輪比	15,63
連續牽引力	42.800磅
連續行動速率	10.5哩/時
最大安全速率	65哩/時
開動牽引力(30%黏着力)	56.000磅

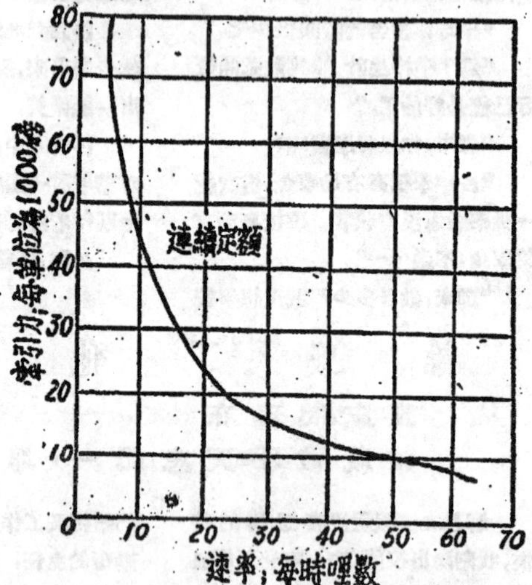

爲使讀者有一較詳之觀念起見，其構造要點分述如後：機車底座爲一塊鋼架，上置柴油機，發電機，控制裝置，以及各種附件，如空氣壓縮機，風扇與電動打風機等，所有上述設備，均在機車司機室之前，至於如蒸汽發生器，及其附件，以及控制裝置，則皆裝在司機室後面，形成另一單位。發動機與發電機之一頭，均裝近司機室，輪注及超量注油器裝在機車之左邊。一切電氣裝置，都裝在直通到司機室的另一小間裏。

發動機爲波特溫廠出品的直立式，八汽缸，四循環柴油機。上裝愛立德勃企式(Elliott-Buchi)輪注輸油器，在引擎每分鐘有625迴轉時，可產生1.500馬力，汽缸直徑爲12¾吋衝程爲15½吋，引擎底板，係鋼板銲接而成。底板延長處，並置發電機，引擎曲軸，係熱煆而成，曲拐銷直徑8½吋，主軸承直徑8½吋。座架也爲鋼板銲接，形成汽缸座與軸座的上部。汽缸內層，有生鐵鉻表襯，活塞乃鋁金屬所煆製而成，汽缸蓋則以生鐵翻砂後再經退火之熱處理者。

燃料注入，所採用者爲固體射入法，每汽缸上都有一具燃料噴射器，噴射管嘴，用彈簧調整其壓力，所用柴油，盛於底架下之儲箱中，由唧筒打上，經過濾器後，再入燃料噴射器，以供使用，引擎調整器爲水力繼動器式，用齒輪傳動到凸輪軸上，以及可以在司機室內以空氣節流閥控制之，尙有一離心鉤絆式止動器，也用齒輪傳動到凸輪軸上，如果引擎超過原定最大速度以上，則此種裝置，立刻可以把引擎停下。

冷却設備之地位，接近引擎，而與發電機相對，其中包含輻射器，水唧筒，風扇，以及開閉器。輻射部份有油及水之輻射器，風扇用電動機轉動，而開閉器則以溫變斷流法控制之。水唧筒爲鏈動離心式，位於引擎上面，使水在輻射器與引擎中循環。輻射器中尙有滑潤油在一分部中流動着。滑潤油置於底座間使經過唧筒而入濾器，乃經輻射器，然後流入引擎各部分而返歸原處所用之唧筒，乃以鏈接至機軸上者，流水與流油之溫度，以溫變斷流開閉器調節，使恒在正常狀態，風扇爲螺槳式，用電動機轉動之。

輻射器之旁邊爲三個二級空氣壓縮機。空氣壓縮機中空氣用減壓法，使壓力常在每方吋 140 磅。

在輻射器部份之對面爲一范撲克拉克孫(Vapor-Clarkson)蒸汽發生器，每小時蒸汽產量爲1.600磅。

機身下面爲二個六輪轉向架所支持，轉向架爲搖樑，高速度及軸台式。架身係鑄鋼鑄成，中心板鑲有高速鋼之邊緣及底襯，並用油滑潤而獲有保障。轉向架軸台叉頭，亦鑲以高速鋼底襯。軸承係普通式樣，軸頭之直徑爲$6\frac{1}{2}$吋，長12吋，車軸二端裝直徑42吋輾鋼輪，轉向架上裝有每輪雙履式的車韌，韌氣缸壓力爲每方吋50磅，上韌效率爲75%。

電氣設備內包括之主要發電機爲威司汀好司471式，直流旋轉極，自通風而分勵法，裝於柴油機同一底座上而其電樞則亦與柴油機同曲軸。其外端裝有自位單滾軸承，並裝有特製線圈，與起動開關聯鎖着，藉以開動引擎。至開動時之用電，可取自蓄電池中。

六輪轉向架之二外軸，藉電動機以轉動，故機車各輪之排列成 A1A-A1A式，所用之四個電動機爲威司汀370式，各機均用串繞，通風祇用壓力法並使有乙級絕緣能力，其軸以單級齒輪連接於各轉向架之外軸上而減低速度。此四電動機之連結，先成串聯，再成並聯，各機之打風電動機，亦均連接到主發電機，並有導管連接到空氣槽中。輔助發電機及勵發機，裝在發電機上，而藉連接到發電機軸上之V式皮帶以轉動之。輔助發電部份所發之電，其用途爲蓄電池充電，調節電流，電燈，以及轉動燃料唧筒有電位調整器，可使在各種速度之下，均可得固定電位，勵發機用差動接線法，所發之電，除供主發電機電場勵發之外，並與負載調整器連接，以維持原動機在使用限度內出功之平衡。

爲控制發電機與發動機間之關係計，裝有一套電風設備，此項設備包括主要電綫路中之總開關及反向開關。當一對車輪發生滑動時，則所裝之車輪滑動繼電器，即發聲警告司機，且於同時關車電力將自動降低，直至車輪之滑動停止而後止之後，電力再自動恢復遞升，與原有節流管之位置相脗合，靠近司機室之一小箱中，裝有此種控制機件，俾容易使用。

備起動用之蓄電池，由32個鉛酸電池組成，並可控制諸線路及燈光之用，車頭燈置於特製之箱中，機車上各燈亦均利用電流。

司機室乃以鋼板電銲而成，並經堅釘於底架上，所用門窗，有固定者及活動者兩種，並都裝有不碎玻璃，牆及天花板均爲絕緣體，坐位均有坐墊，且有絲絨靠背，此外，司機室中，且裝有電動窗刷，滅火機電熱，電燈，韌表，車輪滑動指示器，車頭燈光開關，以及鈴，喇叭，起動機用功等制動器，引擎室適在司機室之前，亦係鋼鐵所製成之間架，並支以縱樑，設計時，對於是否容易接近機件與起移機件，都經審考。頂上並裝有升降口，俾容易接近機頭，滑閥，控制機構，以及其他機件，兩側裝有百葉窗，以利機器之通風，下面裝有不易傾滑之地板。

沙箱容量爲30立方呎，位於機車之後，使用砂箱中細沙，使其至軌道時，其制動器，爲空氣鼓動式，加沙時，可於機車外面使行之。

柴油與壓縮空氣之儲藏器，均掛於底架上之轉向架中，用水櫃則置於發電機之下面。(程信)

——上接第 4 頁——

七、上海港口管理處的計劃

上海建成大港的計劃已由市長吳國楨所主持的港口管理處提出至行政院。這一個計劃是經過本人主席的委員會所草成的，基本上和倫敦海港管理處很相似。

八、南市碼頭的興建

關於南市碼頭的重建，已在1946年十二月開始着手組成了一個南市碼頭復興委員會，組成的份子包括工務局，地政局局長，內地民船公會和交通銀行的代表等，而由本人任主席。第一步先興建一號至九號碼頭，已於去年十月完成并使用。其餘的九個碼頭，自十號至十二號現在已有臨時搭成的碼頭作爲緊急的應用，還有其他六個，則尚在疏濬建造中。

碼頭對於上海非常重要的，若能合時的復興對於本市的經濟情形一定有很多的幫助。

×　×　×

最後，作者對於吳市長的指導和各局同僚的幫助致最熱誠的謝意。

編　輯　室

這一期我們很欣幸能將「從日本賠償物資看中國機械工業」的座談紀錄刊出，出席座談的各位先生都是中國機械工業專家，對於今日中國機械工業的發展，有很敏銳的感覺，因此能提出很寶貴而切中時弊的意見，本刊同人根據各位先生的意見，綜合提出兩點，也許值得讀者的參攷和比較，同時也歡迎讀者發表意見。

留心日常應用品的製造的讀者，一定注意過打火機裏的電石究竟是什麼東西。王子厚先生爲我們寫了「發火合金的研究，」一文，是一篇可以據此實際試驗的實用文章。

俞先生的先施應力混凝土一文，啓示我們混凝土建築物如果在建築時先加適當的處理，那麼同樣的材料，可以承受更多的壓力。希望建築界注意這個問題，加以實驗，以抵於成。

這一期的事業介紹，介紹了天原電化廠，這是一個歷經困艱奮鬥過來的重化學工業，對於新中國的貢獻是無可限量的。新發明與新出品因稿擠，暫停一期，好在本期有工程畫刊，介紹去年的新進展，可資代替。

「農業機械介紹」是上一期因稿擠來不及刊出的一個連載，是一篇既通俗且實用的介紹，將分幾期刊畢。我們相信它定能引起許多人的注意，因爲關於農業機械的中文書籍市上還很少見到過哩。

12360

讀者信箱

·電冰箱設計·

(35)廣州何平先生大鑒：茲將來信所指各點，略答如下：

(1)製冰設備之設計，先應規定每日(24小時)產冰量若干及當地水溫之高低若何。於是計算一切機械設備及馬力等有所根據。在普通情形下，每日出冰一噸時，製冰機械應有8—10匹之馬力(一切需要動力包括在內)。

(2)發冷劑之需要量，大部份須視膨脹管體積之多少及發冷劑蒸發之情形而定（譬如採用 Flood System 或Direct expansion 等情）若預先不能確定膨脹系統之式樣大小，則可假定每噸冰需要40磅氨(Ammonia)，作為約略之初步估計。

(3)一般壓縮機皆為來回式(Reciprocating type)工作時之壓力應視冷却水之溫度及所採用何種發冰氣而定。以 Ammonia 作為發冰劑時其壓力約為每方吋 180—220磅。

(4)不論液體或氣體，在管中流動愈速，壓力消耗愈大，故凡計算管徑，路程長者，其全程壓力消耗，最好使之不超過預定之限度(約每方吋½—1½磅)。管路短者，則可以假一定限度之速率以計算管徑。譬如壓縮液體速率每秒鐘應在2—4呎之間。壓縮機之進出管氣體速率，應在70—80呎之間。

(5)冷凝器之需水量，視採用冷凝器之種類而異，Atmosperic及Evaporative 式冷凝器，僅需少量補充水，若爲其他種類冷凝器而不附涼水塔者，以每日一噸冰計算，每分鐘約需水 4 介侖。

(6)鹽水池之大小與冰塊厚薄有關，冰塊薄，收穫時間短，池之容量可小，小規模之冰廠最好用 5—6 寸厚冰塊。每日可收穫二次，但普通冰廠皆用11吋厚冰塊，每日收穫一次，以此計算，每噸冰約需池之容量150立方呎。

(7)鹽水唧筒，都爲螺旋槳式(Propeller type)，效率佳者消耗馬力極微，普通自½至5匹不等，視鹽水池之大小及格式而定。

(8)參考書籍：The Pocket Book of Refrigeration, by Wallis-Tayler，中美或別發書店恐有售。Refrigeration, by Moyer & Fittz. 有翻版書

(9)關於修鐘錶之參考書有科藝所出公司鐘錶函授講義二册

（鄭汀若）

·機械工作法·

(36)本埠楊傳英先生鑒：關於熱處理，機械工作法，金屬材料法等參攷書有：

1. Bughardt: Machine Tool Operation I, and II.

2. Smith: Advanced Machine Work

3. Ford Training School: Shop Theory

4. Leighou: Engineering School

5. Sauver: Heat Treatment of Iron and Steel

以上 1.2.4 龍門有翻版，其餘可詢中美或東亞，3. 及 5. 對於熱處理頗有幫助，4. 對於金屬材料頗多。

(37)廣州戴汝平先生大鑒

1. 本刊自創刊至第二卷第四期尚有九期每期售價一萬元，用掛號寄遞三萬元。

2. 歐美著名化工刊物有：

Industrial & Engineering Chemistry
Jonrnal of American Chemical Society
Chemistry
Chemical Engineering
Chemical Industries
Journal of Organic Chemistry
Industrial Chemist
Chemical Abstract

·黃肯平君注意·

(38)南京中央大學黃肯平君：茲接上海法華路216弄16號樂善機製磚瓦廠姚繼灝先生來函，渠現從事磚瓦製造而於陶瓷亦極感興趣，國內外有關是項資料亦收集有年，並且被徵爲美國陶瓷協會分會會員對於湖南陶瓷情形極願明悉，請黃君按址通訊可也。

·自設農具機四種·

(39)西安西北工學院方志忠先生台鑒：果然，改進中國的農村生產方式是時下中國農村中一個很值得重視的問題，而美國農具是否能在中國應用亦是個問題，先生說的插秧，割麥，刈稻，割稻不知理論成功究竟如何，我們很想更清楚地知道一些，能夠寫成專文，工程界更是樂意發表，至於實驗方面，如果設計確實可以存在的話，我們很想在各種方面，使之實現，在沒有得到更詳細的解釋之前，我們所能說的祇是這些，祝您成功！

中國科學期刊協會聯合廣告（以筆劃多少爲序）

上海郵政管理局執照第二四二六號
內政部登記京警滬證字第一七四號

本期定價四萬元

工程界

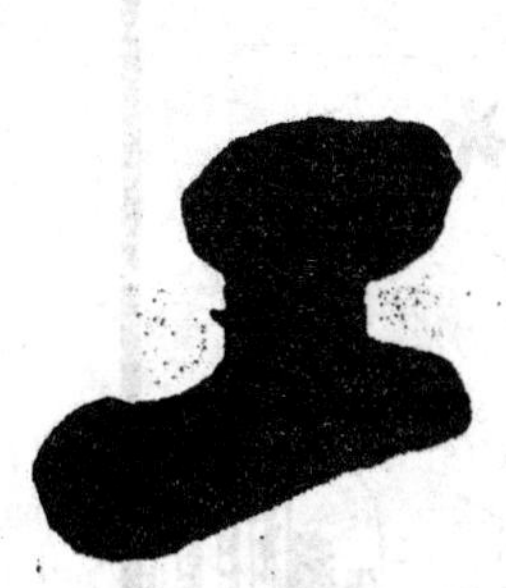

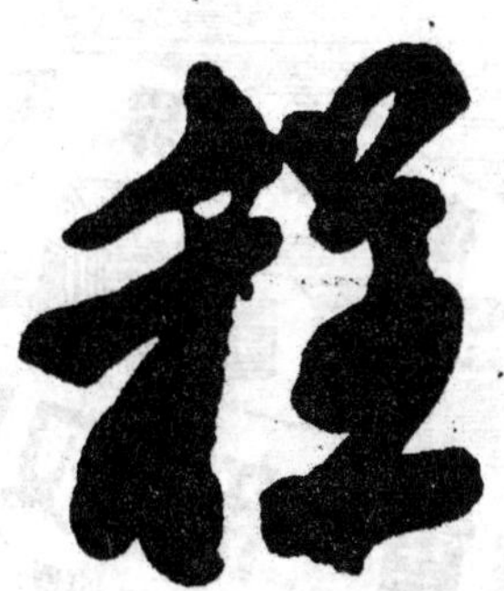

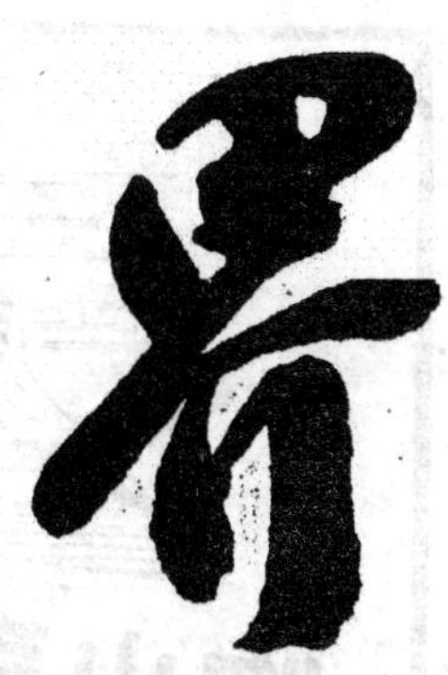

第三卷　第四期　　　　三十七年四月號

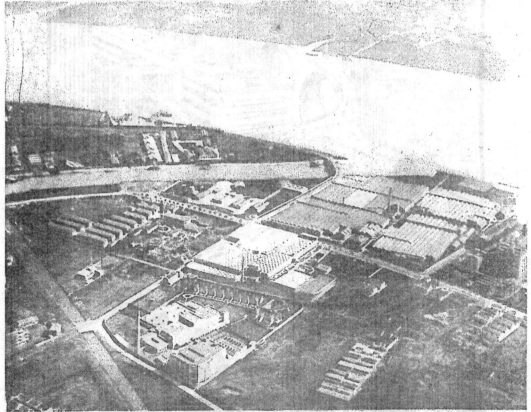

中國紡織建設公司上海第十七廠鳥瞰圖

中國技術協會出版

本期要目

12367

建設新世界
堅固又耐用
首推泰山牌
泰山牌水泥
中國水泥股份有限公司出品
總事務所：上海江西路四〇六号　廠址：江蘇龍潭　南京發行所：鼓楼十四号

半微量定性分析試驗藥品

〔全部德國E. Merck廠出品 chemical pure 分析試劑〕

總公司：上海(18)中正中路537號(福煦路慕爾鳴路西，上海祗有一家) 電話 74487

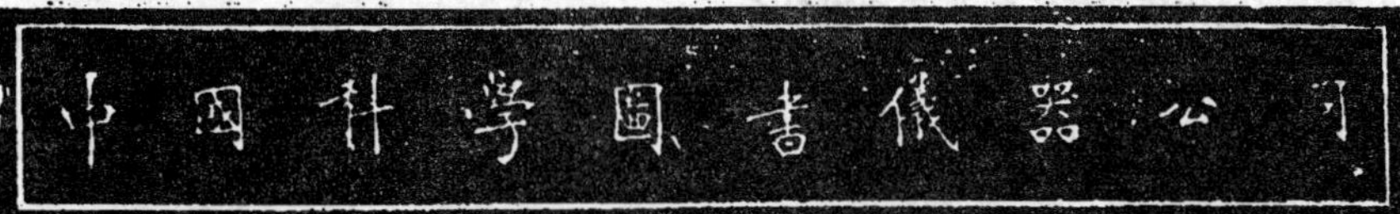

(如欲零購請函示品名數量以便報價)

本公司出版葉治鑣教授著半微量定性分析一書，因內容充實，所舉例證均為經歷次試驗之最佳方法。我國各大學及工廠均紛加採用。本公司依據著書設計，除已製半微量分析用儀器一組(細目備索，每組30種)外，最近復出品半微量定性分析試驗藥品。種類及數量均依據葉教授之設計，而從德國名廠 E. Merck 出品之C.P.分析試劑中分裝而成，茲將細目分列如下：

定價表

(1)固體試劑60種	合售	$ 500.00
(2)液體試劑 6 種	合售	$ 100.00
(3)特種試劑溶液28種	合售	$ 400.00
全組94種合售		$1,000.00

外埠加裝箱郵寄費(詳情函詢)

(暫乘一萬倍發售)

種類齊備

共計液體試劑 6種(每瓶20cc)
固體試劑 60種(每瓶2gm)
特種試劑溶液28種(每瓶10cc)

品質純粹

全部從 E. Merck 廠出品之C. P. 分析試劑中分裝。

保護嚴密

雖經久藏不變其質，裝璜美觀。

購置便利

可不受每次祗少購一磅之限制，且便於郵局寄遞，故一接定單即可寄上，迅速穩妥，內地交通偏僻處亦能寄達。

(1)液體試劑 每瓶 20c.c.

		Sp.gr.	
(1)	冰醋酸	1 05	17N.
(2)	鹽酸	1.19	12N.
(3)	硝酸	1.42	16N.
(4)	硫酸	1.84	36N.
(5)	氫氧化銨	0.90	15N.
(6)	氫氧化鋇	Saturated Solution	

(2)固體試劑 (每瓶 2gm)

(1)鋁片
(2)醋酸銨
(3)氯化銨
(4)硫酸銨
(5)草酸銨
(6)碘化銨
(7)鉬酸銨
(8)硫化銨
(9)碳酸銨
(10)硝酸鋇
(11)硼 砂
(12)硝酸鈣
(13)碳酸鈣
(14)氟化鈣
(15)硫酸銅
(16)Congo red paper
(17)Diphenylamine
(18)氯化高鐵
(16)硫化鐵(不純)
(20)石蕊試紙(藍)
(21)石蕊試紙(紅)
(22)Methyl orange paper
(23)醋酸鉛
(24)硝酸鉛
(25)鎂片成粉
(26)硫酸錳
(27)氯化錳
(28)氯化高汞
(29)氟化鉀
(30)碳酸鉀
(31)氯酸鉀
(32)鉻酸鉀
(33)重鉻酸鉀
(34)氟化鉀
(35)鐵氰化鉀
(36)亞鐵氰化鉀
(37)碘化鉀
(38)亞硝酸鉀
(39)高錳酸鉀
(40)硫代氰酸鉀
(41)氫氧化鉀
(42 硝酸銀
(43)硫酸銀
(44)醋酸鈉
(45)碳酸氫鈉
(46)碳酸鈉
(47)鉍酸鈉
(48)氫氧化鈉
(49)過氧化鈉
(50)亞硝酸鈉
(51)磷酸鈉
(52)亞硫酸鈉
(53)硫代硫酸鈉
(54)Soluble Starch
(55)氯化錫
(56)錫 粒
(57)酒石酸
(58)硝酸鋅
(59)鋅 粒(無砷)
(60)硫酸鋅

(3)特種試劑溶液 (每瓶 10 cc)

(1)銀氨溶液 $Ag(NH_3)_2NO_3$ (錳之試劑)
(2)乙醇Alcohol, ethyl(醋酸根之試劑)
(3)戊醇Alcohol, isoamyl(鈷及醋酸根之試劑)
(4)甲醇 Alcohol methyl (硼酸根之試劑)
(5)茜素Alizarin in 95% alcohol(鋁及鋯試劑)
(6)Aluminon 即 aurintricarboxylic acid之銨鹽(鋁之試劑)
(7)Benzidine in HAc(鉛,錳,鉻,金及磷酸鹽,鐵氰化物之試劑)
(8)Cupferron 即 Nitorso phenyl hydroxylamine (鋁,銅,鐵,鋯,鈦之試劑)
(9)Cacoth lin (亞錫之試劑)
(10)四氯化碳
(11)Cinchonine-KI (鉍之試劑)
(12)Dimethyl-amino benzyl.dene rhobamine in aceton (銀,汞,亞銅金之試劑)
(13)Dimethyl-glyoxime in95% alcohol(鎳及亞鐵之試劑)
(14)Diphenyl carbazide in 95% alcohol(汞及鉻酸之試劑)
(15)乙醚
(16)過氧化氫
(17)0.1. N I_2 溶液(有KI)
(18)Miller氏試劑
(19)α-naphthylamine in HAc 亞硝酸之試劑)
(20)Nessler氏試劑(銨之試劑)
(21)硫氰酸汞銨 $(NH_4)_2Hg(CNS)_4$(鋅及銅之試劑)
(22)α-nitrosoβ-naphthol(鈷之試劑)
(23)鈷亞硝鈉 $Na_3Co(NO_2)_6$ (鉀之試劑)
(24)硫化鈉•氫氧化鈉試劑(銅組與錫組之分組試劑)
(25)Rhodamine B(銻之試劑)
(26)Sulphanilic acid in HAc (亞硝酸之試劑)
(27)Turmeric in 95% alcohol (Saturated Solution) (硼酸根之試劑)
(28)Zinc Uranyl acetate in HAc

最小二乘法

張樹森編　基價 320

本書以 Merriman 氏之書為藍本，加以改編而成，曾在浙江大學採用多年，內中如角綱之調整，杜立德氏解法等，為學測量者所必需，原書所無，均已添加。

鐵路公路實用曲線表

毛漱泉編　基價 480

本書為從事路線測量所必備，關於曲線公式，曲線測設法，及變更路線之特殊問題，公路曲線之簡易測設法均有詳明解說。數表十一種，二百餘頁，極切實際需要。英尺制及公尺制，均有載列。

農業土木學

樊明初譯　基價 150

本書重在闡明農業土木學之一般原理及應用，並論及與作物生產有直接關係之排水及灌溉諸問題，為研究農業生產者必讀，並適於各級農業學校之教學。

世界工程奇蹟

楊臣勛編　基價 300

現代文明各國，道路縱橫，交通便利，街市崇樓，巨港閘壩，其工程往往極其偉大，設計施工之巧妙複雜，尤多足供談助之資料，本書內容精采，可見一斑。

軍隊渡河工程

王壽寶譯　基價 60

本書關於用器渡河法，架橋渡河法渡過濕地，淺灘，冰面之方法，橋梁之修補法均有敘述，精美插圖多幅，尤助於實地之應用，

戰時工程備要

沈怡譯　基價 160

本書為德國軍事工程專家 Zahn 氏所著，編制新穎，凡戰事工程基本常識，如築城，偽裝，架橋，渡河，修橋，爆炸，引火，障礙物之構設與除去等，均所論及，且依法實施，收效宏大。

城市防空

黃立之譯　基價 90

本書是指示市民與市政當局防禦空襲的專書，關於防彈，防毒，防火均有討論。

（暫按1000倍發售全部書目函索即寄）

中國科學圖書儀器公司

印　行

上海(18)中正中路537號

中國科學社工程叢書

實用土木工程學

主編者　顧世楫　汪胡楨

本書係採用美國技術學會土木工程叢書之最新版本為藍本，由國內工程界富有學識經驗之人士，以簡潔之文字，從事譯述。全書三千五百餘頁，分為十二冊，附圖達一千六百餘幅。原書在美國出版界素負盛譽，可為高級職業學校土木科之教本，大學土木科學生之課外讀物，及工程服務人員之自修及參考書。

1. 靜力學及水力學 Maurer & Turneaure　沈寶璋 顧世楫 譯　基價240
2. 材料力學 E.R. Maurer……沈寶璋譯　基價230
3. 平面測量學 J.K. Finch……顧世楫 陳鑫 譯　基價380
4. 道路學 A.T. Byrne……沈寶璋譯　基價310
5. 鐵路工程學 W.L. Webb……汪胡楨譯　基價420
6. 土工學 A.B. McDaniel……汪胡楨譯　基價220
7. 給水工程學 F.E. Turneaure……顧世楫譯　基價310
8. 溝渠工程學 Marston & Fleming……顧世楫譯　基價340
9. 混凝土工程學 Webb & Gibson……蕭開瀛譯　基價550
10. 鋼建築學 H.J. Burt……許止禪譯　基價630
11. 房屋及橋梁工程學 Dufour & Schantz　馬登雲 蕭開瀛 譯　基價670
12. 租工契約及規範 R.I.D. Ashbridge……顧世楫譯　基價330

中國科學圖書儀器公司謹啓

上海中正中路五三七　電話 74487

CHINESE AUTOMATIC ELECTRIC CORP. LTD.

中國自動電器股份有限公司

設計製造修理經銷各種電信器材

上海(五)四川北路一三五六號

電話(〇二)六〇七〇二 (〇二)六二二七一

本廠出品：20+3門共電式交換機

另備10+2門共電式交換機式樣與上圖相似

上海華豐染織廠

出品

織花線呢 士林色布 學生布 條子府綢 素府綢 校服布 藍色布 漂布 漂白斜紋 元色斜紋 嗶嘰 健美呢 條素絨 綿紋呢 大衆布

商標

華豐 美球 月美 健美 美亭 大路 女學生 團圓 樸蝶 醒鐘

總務處 上海天津路四二六衖四號

電報掛號五一四六 電話 九二六〇三 九一四六九

富中染織整理廠股份有限公司

THE FUH JONG DYEING WEAVING & FINISHING CO. LTD.

廠址 海防津五九〇號 電話 三九一三七 三七二八二

事務所 天津路四二六弄四號 電話 九二三六九 九二六〇三

·通俗實用的工程月刊·

第三卷第四期　　三十七年四月號

目　錄

——中國技術協會主編——

·編輯委員會·

仇欣之　王樹良　王　燮　沈惠龍
沈天益　周炯槃　戚阪彬　黃永華
欽湘舟　楊　謀　趙國衡　蔣大宗
蔣宏成　錢　儉　顧同高　顧澤南

特約編輯

林　俊　吳克敏　吳作泉　何廣乾
宗少彧　周增業　范寧壽　施九菱
徐穀良　俞　鑑　唐紀瑄　許　鐸
楊臣勳　薛鴻達　趙鍾美　戴令奐

·出版·發行·廣告·

工程界雜誌社

代表人　宋名適　鮑熙年

上海(18)中正中路517弄3號（電話78744）

·印刷·總經售·

中國科學公司

上海(18)中正中路537號（電話74487）

·分經售·

南京　重慶　廣州　北平　漢口

各地

中國科學公司

本期零售定價五萬元

直接定戶半年六册平寄連郵二十五萬元

全年十二册平寄連郵五十萬元

POPULAR ENGINEERING

Vol. III, No. 4, Apr. 1948

Published monthly by

CHINA TECHNICAL ASSOCIATION

517-3 CHUNG CHENG ROAD,(C).

SHANGHAI 18, CHINA

社會部檢查上海工礦設施

社會部工礦檢查處，前派檢查員二十八人來滬實習，一部份檢查報告業經發表，經檢查上海二十四工廠，有詳情之統計。計：

1. 工人比率：男工 49%，女工 48%，童工 2%，學徒 1%。

2. 工作時間：以化工業延長時間最多，有工作達16小時者。鋼鐵業最少，為規定之八小時。

3. 工資方面：最高每日三元三角，最低六角。平均最高二元二角五分，最低八角。以業別分最高為製藥業，次之肥皂業，最低為橡膠業。

4. 安全設備：僅有滅火彈太平箱，並無消防隊之組織。太平門太平梯無明顯標誌。廠房除新申，信誼，及新光等廠外，其餘均太狹窄，機器排列過密。對機器保護，除通用機器廠及上海水泥，申新九廠外均無防護設備，易使工人發生危險。

5. 工廠衛生：以紡織，水泥，玻璃，電化，橡膠造紙等廠最為嚴重，通風不良，光綫欠佳，沐浴設備不敷，電鍍，搪瓷，油漆，染料等廠工人每易中毒。醫藥設備除申新有醫藥室外，其餘均僅有消極治療。

6. 工人福利：申新九廠工人子弟學校最佳，托兒所亦好，其餘多為職工自組福利組織，食堂宿舍亦不完善。

小豐滿已恢復發電

北平東北電力局長郭克梯氏頃在北平談，國軍三月八日撤出小豐滿後，經共方趕修，三月十八日已恢復發電，但尚不能輸出哈埠。

浙贛路局覆勘贛閩綫

浙贛路局刻正進行覆測贛閩路綫，分三組測量隊出發，第一隊由上饒經廣豐，吉水，建甌至南平。第二隊由鷹潭經資谿，順昌至南平。第三隊由鷹潭經南城，黎川，至光澤。並另測比較綫，由溫家圳或梁渡經臨川南城黎川，泰甯至順昌，一俟測竣，研究後即可決定建築。

中國農業科學研究社
舉辦首屆農業展覽會

中國農業科學研究社，係全國各著名農機科大學畢業生所組織，成立至今已近一年。平時從事農業科學研究工作外，並設有花圃及實驗農場等。近更籌辦農業展覽會，農林部，市工務局，中農機械公司等均予贊助參加展覽。日期為四月二十四日至五月三日地點假上海重慶南路復興公園。

我國防部測量局工作計劃

國防部測量局為提高行政工作效率，經擬定卅七年度工作計劃。1. 土地測量工作，將與中研院合作，在紫金山天文台經常實施天文觀察及發授時號等。2. 攝製航空測量東北萬分之一城市圖九十二幅，陸地測量預計完成十萬分之一地形圖卅八幅，五萬分之一五十六幅。

京滬綫使用電力灌溉農田

京滬鐵路沿線無錫常州丹陽三地周圍，有30,000畝田，已經使用新的灌溉方法。在這一地區中有 128 所電力抽水中心，灌溉 24,000畝農田，電力來源係戚墅堰電力廠。常州附近的 7,000 畝農田則由33 處柴油機抽水中心灌溉。據估計，單這 33 處抽水中心，至少可以節省國幣 3,300,000,000 元的農民勞力，今年秋收時至少可望增收 21,500 石的稻。(FanEastern Engineer, Feb. 1948)

我科學家請求政府在
北平創立原子研究中心

我國科學家已請求政府撥款美金四十萬元，以在北平建立一原子研究中心。

北平國立研究院是我國研究原子性質的先驅，已擬訂了一個四年計劃，打算把它編錠研究院改組成中國第一個原子研究的試驗所。

該院董事長李書華是個著名的物理學家，曾和教育部磋商過這件事。他最近在一次訪問中宣佈。人力和資源在中國都現成，對於這樣一個計劃只要有一筆適當的開辦費用，中國就可以開始有組織的原子能和原子核分裂研究。

很少人知道，中國已有十幾位科學家正進行着原子能的工作，有的在國內，有的在國外。錢三強，居禮夫人的一個學生，據說已經發明了一個新的分裂原子的方法。他和他的夫人，都是原子核物理學家；已被北平國立研究院聘請主持這計劃中的原子研究中心。

錢江將試航貨運進出口

中信局決定錢江試航貨運進出口，工程師周念先進行調查通航之經濟價值，玆已調查竣事，塘工局已備築一碼頭，浙贛路並允築支線，一俟碼頭支線築就，即可試航。

法國礦煤爆炸

法國北部蘭斯附近沙萊煤礦，於四月十九日發生爆炸後，陷於礦底之礦工三百五十名大部受傷，發現之屍體現有十四具，失蹤者十七名。

中國的紡織事業已經到了千鈞一髮的時候！

中國紡織事業的現狀和前途

束雲章先生於本年三月十六日晚七時半應本會之邀，為本會會友暨交大同學演講。會場假交通大學體育館，茲將當日記錄，發表如後：

中國紡織建設公司總經理 束雲章

主席，各位會友，各位同學：

今天承蒙中國技術協會邀約兄弟到交通大學來講演，感到非常的興奮和惶恐。為什麼感到興奮呢？交大是兄弟的母校，光緒二十八年，南洋公學的時候，兄弟就進校了；光緒三十三年畢業，到現在離開母校已有四十多年。今天是第四次到交大來。兄弟離開母校後，一直在華北和西北做事，迨抗戰勝利後，始奉政府命令，到上海負責中國紡織建設公司的事務，四十多年來，可以說一直沒有功夫回到母校，而今天能夠舊地重臨，實在是够興奮的。為什麼感到惶恐呢？交大是國內外馳名的學校，而我因為辦實業的緣故，對於學問已拋棄了幾十年；那裏有什麼好的意見可以貢獻給各位？一定要我到學校裏來演講，那真是獻醜了。雖然旁的大學也曾屢次請我演講，可是我都沒有答應；這一次完全因為交大是兄弟的母校，同學和會友們又都是自己人，所以才應允下來，如果演講得不好，請各位要包涵！

全世界的紡織事業概況

兄弟雖然不是學工程的，可是紡織事業對於我是最親近的了，所以今天的主題，就從紡織事業談起：

要了解中國紡織事業的情形，一定先得把全世界的紡織事業談一下：在第一次世界大戰之前，獨霸全球紡織界的是英國，後來才是美國，可是到了大戰以後，日本却「後來居上」。以數字作證，第一次大戰前英國的錠子有四千幾百萬枚，美國有二千四百多萬枚，但是到了一次大戰後，日本的紡織事業突飛猛晉，它在國內有一千二百餘萬錠子，在中國也有到二百多萬枚，總共有一千四百餘萬枚；同時，因為日本人的工作效率來得高，紗錠都是日夜運轉不息。所以，他的一千四百萬錠子，就要相當於英美的四千萬錠子。講到市場方面，南洋，南美，南非一帶所需的布疋本來百分之七八十由英美供給，到了第二次大戰前的一個時期，南洋的市場已完全由日本取而代之，就是非洲和南美的市場也有日本侵入。後來日本的發動戰爭，而且能够支持得如此長久，紡織工業的基礎是有很大的力量。

如果說到紡織的條件，可以說全世界各國除了美國以外，英國和日本都不及中國。為什麼呢？紡織的條件有三：一是原料，二是人力，三是氣候。中國在這三方面都很有利：中國幅員廣大，又處在溫帶，原料棉花不虞匱乏，可以自給自足，氣候良好；適宜紡織；而人力更不成問題。雖然，在許多地方還及不上美國，可是中國實在應該居第二而無愧，可是為什麼却讓先天不足的英國和日本來稱霸呢？他們自己不產棉花，人力更少，可是成功的地方却在於技術精良和管理得法，因此，能把別國的棉花運到本國來發展，這可說完全是由於發展後天條件的結果！

中國的紡織事業

但是，中國的紡織事業家不要自暴自棄，以為是沒有前途了，我們只要發揮本身固有的優越條件，中國的紡織事業仍是有希望的！

中國現有錠子約二百五十餘萬枚，全世界的錠子總數是一萬萬二千餘萬枚，中國的紗錠只佔全世界紗錠總數的四十八分之一。如果以中國這許多人口而言，這個數目實在不够，勝利後連接收了日本的紗錠在內，共計祇有四百五十萬枚，這仍

12377

尚離開需要數量太遠。我們姑且假定中國每人每年可以分配到八碼布吧，就需要六百萬錠子，方才可以生產到這個數字，可是八碼布只有二十四英尺，只够做兩身短衫褲，够不够穿呢？可是，照目前中國的經濟情形而言，這八碼布幷不是每個人的力量所能辦得到的，鄉下人可以三年不買一尺布，這幷不是眞的不需要，實在是中國人太貧窮了。照理說，每人每年十六碼布也不算多，可是這就需要一千二百萬錠子，方才能够生產到所需的布疋，現在就是這個自給自足的情形還够不上，我們怎能與外國去競爭，把國產的紗布推銷到南洋去呢？

警惕日本東山再起

中國抗戰勝利了，紡織事業的情形是這樣：日本在戰收後，雖然紗錠因爲軍備的關係，從一千二百萬枚減到三百萬枚，然而已經超過他們七千萬人口的實際需要。照他們的人口比例，一百萬紗錠已够了，可是，麥克沃瑟還答應他們可以增加到九百萬紗錠。這是我們應該警惕的地方，中國如果再不爭氣，急起直追的話，日本就要東山再起，而我們又要回到萬刼不復的地步了。所以目前中國的紡織事業眞是到了千鈞一髮的危險時候！

我們應該反省：幷不是我厠身紡織界的緣故，所以有這個偏見：中國的工業復興，實在應該從紡織工業做起。證之其他各國，都有同樣的情形，如英美日本等都是有了紡織工業，然後有其他工業。譬如說，要製造紗錠機，就發展了機器工業；要印染漂煉，就產生了化學工業。而除了這二項比較直接的工業之外，還有比較間接的如煉鋼礦冶等等重工業亦都能够因之而發達。所以兄弟幷不是有這一種偏見，實在建國必須從紡織事業做起。然而，紡織事業現在却又到了風雨飄搖的時期，我們該如何穩定紡織事業的基礎呢？

建立中國紡織事業的基礎

我認爲我們中國是缺少錠子，但是幷非向外國去購買機器，就算建立了紡織事業。記得去年紡織業聯合會議中已有決議要培植棉種，製造全套的紡織機器和培養紡織人才，這三點才是建立基礎的首要條件。現在的成績如何呢？第一點，改良棉種，推廣棉田，我們已著手做了好幾年，可是因爲國內局勢不安定，到現在仍須賴美棉供應，否則，全國四百五十萬紗錠需要的棉花，今年當可以完全自給自足，不必外求。第二，製造紡織機械這一點也正在開始進行，最近經濟部又召開過一次紡織機器製造會議，各機械專家正分頭著手籌備中。第三點，關於培養人才一點，我對於各位同學寄以深切的期望，因爲到現在爲止，人才感到非常的缺乏，紡織事業需要發展，人才還需要增多。不但需要紡織的人才，同時還需要機械方面，化學方面，礦冶方面等等人才。交大過去和現在都有光榮的歷史，人才輩出，希望各位同學和校友們都能保持這一個傳統，發揚光大，爲我國紡織事業開闢途徑！

紡織界領導人士的責任

在中國現在紡織界處於領導地位之人要負起責任，幷且深刻的自責，我們過去爲什麼辦不好紡織事業？幷不是說中國的技術不行，倒是在管理不良，組織不善。一個廠如果管理方面有了問題，就是最好的技術家也要束手無策的。中國任何機構，可以說沒有一個眞正完善的人事制度，大多是講私人交情，講面子，以致技術人員即使有什麼改良的建議，在上者往往不顧，置之腦後，以致把事業越弄越糟。對於這一點，過去兄弟經過的事情很多，舉一個例子，兄弟在中國銀行的時候，有人來找我去管理一家紗廠，這家紗廠過去一向是賠本的，後來我去接管之後，我當時聲明，我對於用人進退，一定要有全權指揮，否則，就辦不好。原來這一家紗廠的缺點，就在徇私，經過我研究考察之後，發現機器幷不壞，技術也不差，只是，在人事問題上却一團糟，什麼董事長家裏老媽子的哥哥，什麼董事外甥的兄弟某某，用了許許多多，採購物料，引用工人，都是上下其手，曲盡包庇之能事，像這樣的廠，安有不賠本的道理呢？後來，我去接管，只派了廠長，工程師和物料採辦幾人，不到一年半，非但把賠去的錢還淸，而且還賺了一百餘萬，這是什麼緣故呢？

所以，如果要生產進步，在目前，管理人才比技術人才更重要，但幷不是輕視技術人才的意思，我正是尊重和愛護技術人才，要以良好的管理和制度，來爲技術人才舖好一條康莊大道，才能使技術人才有發展的機會。

可是，要在中國訓練管理人才又談何容易？他不單要懂得如何管工人，也要懂得管廠務，此外，他又要會應付種種商業上的概術，因為現在社會上信用不好，處處都有陷阱，環境十分複雜。兄弟敢說，中國如能培養出優秀的管理人才，他可以到全世界各國去應付困難，管理工廠更不必過慮，因為歐美各國的工廠管理决沒有這樣的複雜。

技術界人士應盡的責任

各位都是技術界的青年，那末技術人士們應當盡些什麽責任呢？兄弟覺得中國的技術界大多數總不能登峯造極有最高的成績，也許對於一般粗枝大葉的問題能夠了解，但對於專門的細節就不大清楚，要知道小的細節正是一般大問題的基礎，我們的技術專家們如果只知道唱高調，搭空架子，那是完全不對的。

還有一點是兄弟在西北的時候所深切感覺到的。也許是中國各地太不安定的緣故技術人才們多數薈集在上海或別的大都市裏。兄弟感覺到工業必需要分散，像上海，一無煤二無鐵，完全不是發展工業的地方，我們為什麽要集中在上海呢？如果能向外發展，到中國的各個角落裏去，對於國家，對於民衆，都有好處。

兄弟的演講，今天到此為止，希望各位同學和會友們都能努力本位工作，表現自己的成績。謝謝各位！（紀錄：仇啓琴）

值得猛省的：

日本的復興

積極扶植日本經濟 美代表團提復興計劃

德萊勃代表團二日返美，向美政府，提出日本經濟病徵之「代表實業界」之解决辦法。接近代表團人士歸納該團主要人物所表示之意見稱：最後之報告書或將提出下列數點：（一）日本應使之自給自足；（二）在和約締結前，能由美援完成此事；（三）日本賠償問題，應儘速解决；（四）日本與外國之貿易應加擴大；（五）日本之海運業應重建；（六）工商業統制應取消，允許自由企業；（七）美國會應在一九四九年會計年度，供給日本經費五億美元；（八）應小心監督日本人進行一切自助之事；（九）如日本不依賴戰爭工業，能由其本身之努力，達成更高水準，則美國不應凍結其工業容量於一九三〇年至三四年之水準上；（十）日本貿易不應限於美國；（十一）一切援助應使日本成為遠東工廠；（十二）日本工業應採進步技術；（十三）關於美國投資日本，應制定明確政策；（十四）解散財閥組織問題，應儘速解决；（十五）日本工商界應允許其出國。

日本人士自德萊勃代表團方面所獲悉之消息：殊為欣慰。

日本鋼鐵產量創戰後最高紀錄

日本工商部卅日宣稱：二月份日本鋼鐵產量已達戰爭結束以來之最高紀錄。該部稱：二月鋼鐵產量為二八、四〇二噸，鋼貨五六、九四九噸。鋼鐵產量已達出產計劃百分之百，鋼之產量超出原定計劃百分之四十。

日將輸出鋼百萬噸換我錳苗砂石

據悉日本貿易廳現正計劃輸出一百萬噸鋼至我國以換取我之錳苗及砂石，此項鋼價將按政府新定官價計算。

日本五年經濟計劃側重重工業

接近蘆田人士透露：首相於二十日之施政演說中，曾表示希望在一九五四年底，日本之生產量為一九三四年之百分之一二五，大體為：（一）農業生產：「括弧內係一九四五年度生產實績」，米六千八百萬石（五千九百六十二萬石），麥二千四百五十萬石（一千二百十五萬石），甘薯十六億萬貫（十一億萬貫），馬鈴薯八億萬貫（五億八千萬貫），此外預定輸入食糧約四百萬噸。（一）工礦業生產：炭四千八百萬噸至五千萬噸（一九四八年度目標三千六百萬噸），鋼材二百五十萬噸（一九四八年度目標一百萬噸），惟自產業構造上言之，自戰前之纖維產業中心，將重心移至機械工業化學工業，此在增加輸出力上，殊為必要，而將纖維產業恢復至基準年度之〇・八五倍時，則機械工業三倍；化學工業二倍最為適宜。

美國代表團整頓日本航業

美國海外顧問公司代表團，已提出整頓日本航業計劃。該代表團認為日本至少應有四百萬噸商航。日本經濟欲求平衡，應每年製造新船四十萬噸，並應准其保有北起箱根西迄下關之造船廠二十七所，舞鶴海軍造船廠應保留專供修船之用。

規模宏大的中國紡織建設公司

望 孚

中國紡織建設公司現擁有紗錠一百七十餘萬枚，織機三萬八千餘台，可年產棉紗九十餘萬件，棉布約二千餘萬疋；其他尚有毛、蔴、絹紡、針織、印染、各廠之產品，最近尚在計劃自製紗錠布機等；實爲開世界先例 規模宏大的衣着工業；本刊爰請望孚君撰作此文，以餉讀者，藉悉此一大企業之發展歷史與生產近況焉。文中資料表格多由該公司資料部供給，特此聲明。——編者

民國三十五年的元旦，這一個在中國工業史上沒有先例的中國紡織建設公司正式在上海成立了。二年多以來的慘淡經營，樹立了中國紡織工業的基礎，眞不是一件輕易的工作。在這一個時期中，除了上海的總公司與所屬各廠以外，天津、青島、瀋陽各地又先後分設了分公司，以便接管各該地區的敵僞紡織工廠及附屬機構；此外又爲了收購原料，供銷成品的便利起見，陸續在重慶、漢口、沙市、西安、鄭州、南通、杭州、廣州、汕頭、嘉定、蘭州、北平、濟南、南京等地分別創立各辦事處；爲了適應零售顧客的便利，在上海更設立了門市部二處。所有各地的紡織、印染、化工、機械各廠，經過二年來分別修繕、整理、併合、經營的結果，現在共有八十四個工廠，其分佈地區及廠別如下表：

表一 紡建公司各廠分佈表

	棉紡廠	毛紡廠	蔴紡廠	絹紡廠	印染廠	針織廠	紗帶廠	機械廠	梭管廠	化工廠	軋花廠	打包廠	共計
上海	18	5	2	1	6	1	1	3	—	—	1	*1	39
青島	8	—	—	—	1	1	—	1	1	1	—	—	13
天津	7	—	—	1	—	—	—	1	—	—	—	1	10
東北	3	—	—	—	1	—	—	—	—	—	18	—	22
合計	36	5	2	2	8	2	1	5	1	1	19	2	84

*此廠在漢口

敵僞紡織工廠的接收情形

紡建公司是中國抗戰勝利後的果實之一，全部生產機構完全由政府接收敵僞各大紡織工廠改組併合成功的。在抗戰之前敵人爲了加緊剝削起見，直接在中國各地設立諸大紡織工廠及各附屬機構，主要有內外棉、同興、大康、日華、豐田、公大、上海、裕豐八大系；還加上其他零星小廠，單位多至七十餘處，當以上海一地爲最多，天津、青島、東北諸地區略少。政府在籌設紡建公司的時候，首先於民國三十四年十二月四日開第一次董事會，嗣後。天津區接收人員即首批啓行，十二月下旬，主要人員與上海區的接收人員亦陸續抵滬，就展開了上海區的接收工作。三十五年一月上旬，青島區的接收工作開始；東北區接收工作開始最晚，至三十五年六月始奉命辦理。茲將各區接收情形簡略敍述如下：

上海區——上海方面的敵僞紡織工廠在紡

12380

建未接收之前，已早由經濟部蘇浙皖區特派員辦公處接收，並已部份復工，所以紡建的再接收工作就比較簡單；陸續交接的工廠先後共有三批，自三十五年一月十六日開始至二月中旬爲止，共接收四十二個單位，嗣後又有各附屬機構等十個單位陸續接收，前後共計五十二個單位。各廠在接收時，部分均已復工，故未有停頓生產的現象，接收後更將未開工部分積極整理復工，增加生產。但是各廠的情形不一，除大部分（有35個單位）均按原來單位獨立經營外，尚有合併數個單位經營者如第一製蔴、第一紗帶，第二機械三廠；亦有自原有設備劃分一部分獨立經營者如第一機械廠（自豐田紗廠鐵工部劃分）；尚有設備極少或原係空廠暫時無法開工或另作別用者，如內外棉三四廠，日華一二廠等均是。

天津區——紡建公司的天津區接收人員出發最早，先分別參加經濟部冀察熱綏區特派員辦公處協同工作，三十四年十二月二十日分公司正式成立，二十五日再接收經濟部移交之天津日資七紗廠嗣後又接收經濟部轉來之八個小型工廠成立紡建天津七大紡織廠，三月一日一律復工，積極增開紗錠布機；後又爲修配機件便利起見，將平津日資之鐘淵、昭通等七鐵工場併成天津第一機械廠，現均次第開工。

青島區——青島區之接收人員係於三十五年一月十三日由渝抵青，開始工作，即向經濟部魯豫晉區特派員辦公處接收紡織廠九個，機械、針織、印染廠各一個，共十二個單位，即根據各廠設備，遵照總公司規定標準，分別開工。

東北區——在日寇投降前夕，東北區共有紗廠十一家，計瀋陽區四家，大連區三家，遼陽、營口、錦州等三家。設備均甚新穎，惜勝利後，政府未能順利接收，致各廠機械設備多遭破壞移轉。至三十五年六月，紡建方面始奉命接收東北區敵僞紡織事業，乃籌組東北分公司，馳抵瀋陽，籌備接收工作。但因軍事甫定，交通阻隔關係，各廠之接收情形未能一致，至九月始接管遼陽、營口二紡織廠，十月東北分公司正式成立，十一月接收錦州紡織廠，嗣後又接收安東及復州二紡織廠，至年底，接收復工者有遼陽、營口、錦州、安東四紡織廠，及瀋陽染整廠一處。三十六年一月起，又接收遼陽、遼中、承德、溝幫子等地軋花廠十八處，至四月間，東北方面已能開紗錠十四萬餘枚，方期繼續進展，不意五月間軍事形勢又起突變，安東、復州二廠，先後被迫放棄，物資機器全部損失。嗣後戰局屢弛屢緊，各地軋花廠份已破壞殆盡，遼陽、營口諸廠亦先後遭陷，現僅錦州及瀋陽二地之事業，尚能維持，所以東北方面之紡建事業接收工作實在是該公司最不愉快的一頁。

組織的機構

這樣一個龐大的紡建公司，在組織方面自有其特點，但一切措置，却按照商業經營的方式，獨立經營的。只是上面沒有普通公司組織的股東大會，董事會是由經濟部聘請的，現任董事十一人，監察人五人，董事長由經濟部長自兼，紡織公司的最高權力機關就是董事會，公司中的一切營業計劃，預算決算，盈餘分配，重要人事，章則法令等均由該會決定。

董事會下面是綜理公司全部業務的總經理和副總經理，下設六處一室及各種委員會等，秉承總經理的意旨辦理各種事務。主要的是業務、工務、秘書、會計、財務、稽核各處，及統計室；購料委員會，巡迴督導團，勞工福利委員會，技術委員會等；各處處長或委員長多由總經理或副總經理兼任，所以工作很能直接指揮，收提高效率之果。這樣一個機構就是直接指揮全國各地紡建分公司的總公司組織。總公司之下尚有各地分公司，其組織比較簡單，有經理一人，副經理一至二人，下設總務、業務、會計、工務、材料五課，此外又爲業務上之需要，在附近地區設立辦事處，軋花廠等，各處設主任一人，下設總務、業務、會計三組，分別擔任收花收繭及推銷成品等業務。

公司所屬的各棉毛絹染蔴機械化工等廠的組織視事實的需要與範圍的大小，設廠長一人，副廠

1.紡紗的第一道工程——清花。

12381

長一至二人，綜理全廠的工務，工場內則分別由工程師技師各負責一單位，廠下設有人事、總務、會計三課處理各種事務工作。各廠的組織及人員配備有統一的規程辦理。

根據該公司紡建要覽的統計，現在全國紡建公司各機構的人員共有5,504人，其中以上海各廠數最多，計2,382人，青島(850人)與天津(845人)分公司及各廠，次之；上海總公司亦有591人，東北分公司最少(580人)，各辦事處併計248人。各處人員的考核、訓練和考試都有專門機構辦理，但因國內技術人員的缺少，如果紡建的事業還需要擴充的話，這些人員顯然是不够的。

生產的情況

在紡建開始生產的時候(即三十五年一月初)，各主要棉紡織廠的紡錠運轉數僅二十六萬餘枚經過二年間的整頓，和員工的努力，到最近已開足紡錠一百七十四萬二千餘枚，線錠三十三萬六千餘枚，織機四萬八千餘台；二年來供應了棉紗一百十六萬餘件，棉布二百五十六萬餘疋，此外毛、蔴、絹等產量也有長足的進步，這不可不說是紡建公司對於整個國家衣著所需，盡了最大的力量。表二、表三、表四所示的各項數字，對於關心中國國營紡織事業生產情況的人是絕好的參攷資料。

表二　紡建公司所屬各棉紡織廠三十五年及三十六年份機械運轉概況

運轉機械		紡錠平均每日運轉數(枚)			織機平均每日運轉數(台)		
地區	年份	日班	夜班	合計	日班	夜班	合計
上海	35年 36年	489,477 585,355	561,648 795,098	1,051,125 1,380,453	9,503 9,980	10,889 13,805	20,392 23,785
青島	35年 36年	189,620 231,372	166,844 229,627	356,464 460,999	4,546 5,165	3,798 5,116	8,344 10,281
天津	35年 36年	173,988 249,956	16[illegible],177 252,557	339,165 502,513	5,292 6,819	4,954 6,754	10,246 13,573
東北	35年 36年	53,204 42,895	32,437 38,371	85,641 81,266	1,280 716	191 642	1,471 1,358
共計	35年 36年	906,289 1,109,578	926,106 1,315,653	1,832,395 2,425,231	20,621 22,680	19,832 26,317	40,453 48,997

表三　紡建公司三十五年至三十六年底紗布生產量

地區		上海	青島	天津	東北	共計
棉紗(件)	35年 36年	253,651.09 388,867.05	85,351.41 146,136.59	7[illegible],422.70 184,500.29	7,978.70 26,185.85	426,403.90 745,689.78
棉布(疋)	35年 36年	5,406,742 7,716,826	3,198,562 2,148,317	2,148,317 4,849,507	121,061 356,299	9,546,075 16,121,194

2. 梳棉機梳理棉花的纖維

3. 併條機將梳理後的棉條併合起來，成爲粗細均勻的棉條

12382

表四　紡建公司上海各毛蔴絹染廠三十五至三十六年底生產量

類別	毛織品(碼)	蔴織品(碼)	絹織品(碼)	加工布(疋)
三十五年	1,225,880	2,709,517	1,085,224	2,452,358
三十六年	2,059,083	6,454,434	1,754,817	4,507,800

在生產的過程中，遭受到之技術上及管理上之困難頗多，此外原棉燃料機件以及電力之供應補給問題，均感棘手。但已開工部分之運轉速率及產量，均已超過日人經營時期之標準。該公司並且爲了提高工作效率起見，釐訂各廠經營標準，作爲實際生產之準則，對於中國紡織業之貢獻是非常大的。

業務實施情況

紡建公司業務方面主要包括原料的購置與產品的處理兩部分。在公司創立之初，原料存底缺乏，主要均靠洋行定貨或善後救濟總署所供應之外棉，國棉供應量較少，但到三十五年下半年度，各地新棉登場，爲減少入超，節省外匯起見，在各產棉區收購之國棉量，爲數頗見增加。惟因國內戰亂頻仍，交通阻滯，各種籌措甚感困難，但是，幸賴員工協力，一年以來各地工廠(除東北外)，尚未有以原料中斷而停工的。

關於產品的處理方面，紡建的產品雖然種類繁多，數量亦夥，然而對於全國的需要，尚有很大的距離。現在的製品，除大部分供應軍需，及配售於公教人員以外，首先供應染織、針織、內衣等複製業，其次再配售門售商經銷，售價較市價略低，以配合平抑物價政策。按照該公司之業務計劃，除準備在國內各大商埠設門市部以外，對於國外各地，如香港、新加坡、菲律賓、暹羅、近東、中東、北非、西非各地亦將陸續推廣市場，以謀國產紡織成品在世界市場有一席之地。表五所示爲該公司三十五年一月起至三十六年六月底止購銷業務方面之主要數字。

表五　紡建公司之購銷業務概況

(三十五年一月起至三十六年六月底止)

甲、購進原料：

棉花	國棉	1,508,292市擔
	外棉	3,301,761市擔
	共計	4,811,053市擔
	羊毛	6,847,177磅
	蔴	83,235市擔
	絲類	11,204司馬擔

乙、售出成品：

棉紗線	400,211件
棉布	19,322,854疋
呢絨	1,535,242碼

丙、供應軍需：

棉花	161,846市擔
棉紗	3,924件
棉布	4,759,295疋
	11,734,604碼
	490,021公尺
	(合計約百萬餘疋)
軍毯	164,000條

4. 棉條先經粗紡。

5. 然後到精紡機上完成紡紗的過程。

12383

今後的展望

按照紡建公司現在的規模，非但在中國的工業史上並無先例，就是在世界各國的紡織事業中，亦尚無此種類似的範圍。這完全是我國抗戰八年歷盡艱辛後所獲得的成果，如果，我們在勝利後能好好的利用，國內戰事停止的話，那末根據該公司的估計：上海各廠可開足紡錠八十八萬枚，織機一萬七千台；青島各廠可開足紡錠三十二萬枚，織機七千五百台；天津各廠開足紡錠三十二萬枚，織機八千七百台；東北方面各廠可開足紡錠十八萬枚織機五千台。全年棉紗產量，共可達九十餘萬件，棉布約二千萬疋，其他毛、蔴、絹、針織、印染等廠產品當亦有同樣的增加；這樣一來，對於國計民生所需，當然有非常大的貢獻。可是，照目前現狀看來前途困難尚多。即使紡建的一百七十餘萬紗錠，再加上民營紗廠的二百萬枚紗錠，能夠全部開足，也還不敷全國人民衣著所需甚多。所以，中國的紡織事業正是方興未艾的時候，除了全國人士應先謀政治經濟的安定之外，剩下來恐怕就是如何培養大批紡織技術人員，來積極自製紡織機械，培植原棉，以擴展紡織事業生產的問題了。

6. 在織布之前，先要做成經紗盤頭。

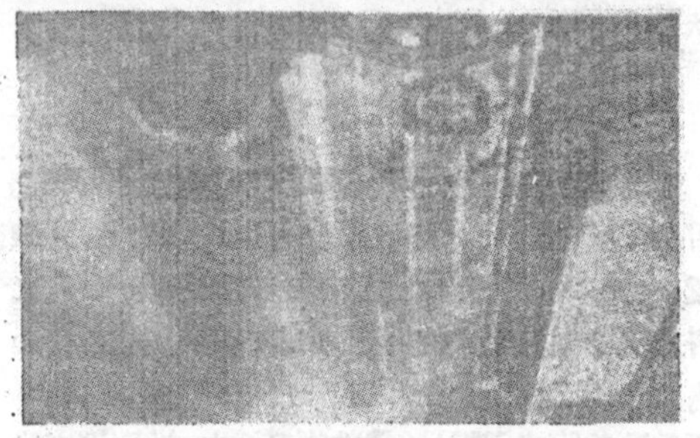

7. 然後將經紗上漿，增加紗的拉力。

8. 準備好的經紗放上自動織布機織成布疋。

9. 如果布疋上要印花，必須經過燒毛機，將布上的毛頭去除。

10. 然後在印花機上印製。

11. 完工的印花布，儲入倉庫，以便運銷各地。

12384

天時地利決定了電廠廠址的優劣

怎樣選擇發電廠的廠址？

勤　慎

當我們要設法供給一個都市的電源，或一個工業區各工廠所需的動力，而需要設立一個大規模的動力廠時，首先要解決廠址的選擇問題，有一個優良而合理的廠址，不但在經濟上有許多便宜，而且能預先防止各種意外事件的發生，譬如有些發電廠，因廠址選擇的不佳，有時會因鐵路罷工就影響了燃料之輸入，而被逼停止供給動力的。在一個都市裏，突然停止供電，不但間接的各方面在經濟上有莫大的損失，同時會影響到社會的治安與引起市民恐慌的情緒，而尤其是在目前這種動盪不安的局面下，將會引起更嚴重的後果，所以當我們要建立一個發電廠，尤其是都市發電之前，對於廠址的決定，必須要加以慎重的選擇，以免引起惡劣的後果，下面將告訴讀者們如何去選擇一個優良而合理的發電廠廠址。

電力用戶的中心

第一，發電廠的廠址必須設立在各用戶的中心。我們知道從電廠裏發出來的電能必須要用輸電線傳送到用戶那兒去，假使電廠的位置在用戶的中心點，那末我們只要用同樣變壓器和同類粗細的電線輸送到各用戶去，這樣不但在輸電設備的設計容易而簡單，並且在輸電設備的裝置與管理，保養等費用也可節省不少，對於廠的經濟方面是很有裨益的，反之若電廠位置不在各用戶的中心，而在盡頭的話，那末因爲輸電至各用戶的距離不同，變壓器及電線的粗細就要各各不同，這樣不但在設計上感到複雜和麻煩，而且材料的費用也較用同一種者來得貴，其他如裝置管理保養等費用，亦因之而增大。所以如果環境容許的話，發電廠的廠址最好是建在各用戶的中心點。

燃料產地的附近

第二，發電廠的廠址須設立在燃料產地的附近，這樣不但在運輸方面便利，而且運輸費又可節省，最重要的一點是它將不會受到燃料恐慌而被迫停止供電，譬如廣州電廠，因爲它不是靠近燃料的產地，而大部份的燃料是由台灣供給，所以台灣事變時，得不到燃料之供給而曾被逼分區供電，而形成一個頗爲嚴重的局面。所以在可能範圍，我們最好把發電廠設立在燃料產地的附近。

充沛的水源

第三，發電廠必須建立在有一良好水源的附近。我們知道凡是大規模的動力廠，除了能夠利用水力發電外，大都是用蒸氣發電的。假使一個用蒸汽發電的發電廠，建立在一個得不到大量水源供給的地方，它在經濟上將有重大的損失，因蒸汽是由水變成的，而蒸汽是用來產生電能的，間接的說，我們用的電是須要水來產生的，大概一度電須要十二磅的水才能產生，在一個大都市的發電廠，如上海，廣州的發電廠，它每小時不知道要用多少度電，那末它每小時所須要的水量將是一個如何龐大的數字，在一個不易得到大量水源供給的發電廠，對這許多水量的消耗，將會有很大因此經濟上也會有重大的損失。有人會說在不易得到水源供給的發電廠裏，我們可以採用冷凝器(Condenser)將排出的蒸汽冷凝成水而再應用，不單水的需要量可以減少，而且因爲應用冷凝器後其排氣壓力可以減低，蒸汽可充分膨脹，反可多利用蒸汽的熱能，這樣不是對於經濟上反有裨益嗎？話是對的，但是我們要知道第一，由蒸汽變成水，再由水變成蒸氣的循環內，理論上固然不會有什麼損失，可是在實際上因爲種種的關係，一個循環之後，必有部份的水量損失而需要補充；在一個大規模的發電廠裏，每小時所要補充的水量仍不在少數，第二，用了冷凝器，則必須要用大量冷水來吸收排出蒸汽的熱量，使它凝結，同時還須要建立一個冷水塔(Cooling tower)，使這種已經吸收了熱量的水，在那兒把它冷卻而再應用。由此可知一個不近水源的發電廠雖然用了冷凝器，它較在水源附近的發電廠，在經常費用上至少要多耗購買每日所須補充水量的一筆錢，在初價上(first cost)又要多出一部份用以建築冷水塔及附屬設備的費用，所以在經濟上是來相當損失的；還有一點必須加以注意的，就是一個不近水源的發電廠，其水量的供給，大都是依賴自來水，萬一自來水廠出了毛病。那未發電廠也將因無水供給而被迫停電，這是一種很大的危險，所以我們無論如何，必須設法把發電廠設立在水源附近，同時還須注意水源要冬夏不竭，水量需充足，水亦要潔淨，因爲混濁的水不但在蒸發爲蒸汽時，留沉雜質於鍋爐，使傳熱困難，熱效率減低，並有爆炸危險，其他經水流通之各部份，也會有因雜質沉積而淤塞，而這對於經濟及安全上都有不利，雖然我們在應用此種水之前，可使其多通過幾個濾池並用化學藥品預先使雜質沉澱，但在經濟上仍因須特置濾池，購買化學藥品而有所損失的。

交通便利的地方

第四：發電廠必須要建立在運輸便利的地方，爲了燃料輸入的方便與運輸費用便宜起見，發電廠的所在地，必須要有鐵路可以直達燃料產區，同時爲了因萬一鐵路罷工的影響，最好還要有一條直通燃料產地而可航行的水路，流經它的旁邊。這樣才能使燃料得源源供給而無缺乏之慮。

具備廣大的空地

第五：發電廠必須要有相當的空地用以堆存燃料。因爲電是一天不能停止供給的，所以也一天不能缺少燃料。所以我們燃料必須要有相當的存儲量，以備不時之須，譬如因燃料運來誤期，運輸突然發生困難等等，規模大的發電廠，所需的存儲量亦多，而空地的面積也要特別大。

便宜的地價

第六：廠址所在地的地價須便宜。這也是選擇廠址一個重要的因素，可以使開辦費減少，同時亦可得到較多的空地來存儲燃料，以防萬一。

上面所述六點，不過是選擇發電廠所須依據之原則，事實上這六個條件是不能完全具備的，在一個都市發電廠中，第一點與第六點是不易並存，因爲都市發電廠，用戶中心點，大都在市區，而市區的地價是一定相當貴的，雖然我們也可以縮小所佔的面積向天空發展，來建立一個三四層樓的發電廠，但是這究竟是不大適宜，同時因爲機器所發出的聲音，煤屑，廢氣等，妨害市民的衛生，也是不適宜的，所以普通都市的發電廠，大多是在市郊，萬一市區甚大，各用戶間距離發電廠遠近相差太大，有時候用分區發電的方法，較用一個大的發電廠更來得經濟的。在上面所述的六原則中，最重要的是第三第四第五第六四點，但是假使廠址能適合第二原則，那末不適合第四條件亦沒有關係，因燃料既然出產在廠址附近，雖然沒有鐵路水路，我們可用汽車或人工運輸，或者可由廠方自築一條輕便鐵路直通產地，因爲距離近，所費也不會過多的。假使所選擇廠址除了適合三，四，五，六點外，而又能適合第二點，那當然是最好沒有了。總之，在選擇一個發電廠廠址時必需要考慮到二個重要的因素，就是經濟與安全。這兒所指的安全，是萬一有意外事情發生時，仍能使燃料的供給不成問題而不致於被迫停電而言。

介紹一種新的房屋建築法

無模混凝土

王務義譯

概說

在美國支加哥郊外的格羅夫河附近，曾採用過一種完全不同的鋼骨混凝土建築方法，試建了五所房屋並且甚爲成功。此項方法一反普通建築混凝土房屋的觀念，薛貞(R.J. Sipchen)氏名之曰無模混凝土(Formless Concrete)。薛氏即是最先發明這方法的人。我們可從下列的說明和文中獲知其大概。

薛氏對新式房屋的設計和建築，並不是只有研究而無實際經驗的人。他在支加哥曾建有幾幢相當巨大的摩天大樓及數處極著名的展覽會所：例如數年前的支加哥世紀進步博覽會所，以及紐約與達拉斯(Dalla)兩地的世界博覽會會場，均足爲薛氏聲譽的證明。

基本上說來，無模混凝土乃是把以往築造混凝土房屋通用的方法反其道而行之，先築結構牆的表面或粉刷部份，而後再將承受荷重的部份注入，以完成全牆。

施工

牆腳按普通建築法完成。牆內外邊安置鋼筋，埋入長十二吋，外露也十二吋。這種鋼條約相當於美國吉普生七號線(Gibson No.7 Wire)的大小。用一單根的鐵線前後斜紮，形成若干三角形。(圖1)此等三角每一綁紮點相距上下爲八吋。三角本身和綁紮所用鐵絲的大小都應足度，以抵抗以後倒入中間的混凝土的張力。

在混凝土基礎中伸出的十二吋鋼條上，可用同樣鋼條接長，使這鋼條伸達一層樓的高度。(圖2)這種鋼條間的間距外牆可用十二至十四吋，內牆或隔牆可用十四至二十四吋。

然後再用一種金屬細板條紮在各鋼條上。雖則普通用於粉刷底面的任何金屬板條都可適用於

圖 1

圖 2

圖 3

圖 4

這種建築，但如果採用較佳的金屬板條，以抗拒將來注入其中的混凝土所生的張力，而使它不致鼓裂，自然可以獲得最滿意的效果。在這次格羅夫河房屋建築中所用的板條就是普通十號金屬板條(Bar X metal Lath)。這種金屬板條是平紮於鋼條之上的。

無模混凝土建築的基本觀念雖然是將承受荷重部份的內外表牆先行完成，但在格羅夫河房屋建築時，發現金屬板條紮好在鋼條上後，不做面牆而即將混凝土注入，仍屬可行，而且結果很好。原因就是金屬板條已足够抵抗混凝土加於其上的鼓漲力，同時因這種金屬板條已織成一足够細密的網，所以能避免混凝土的漏洩。其實先倒心牆反而可以產生一種玉蜀黍作用(Popcorneffect)即混凝土自網眼中突出，極類玉蜀黍之狀，使得做表層水泥粉刷時，易於充分黏着。這種情形可自附圖中看出。(圖3及4)

當心牆部份混凝土注入並已經初凝後，可塗一層含有防水作用的棕色外殼，外殼之上再加粉刷。前者或名之曰底層。這種底層或僅在先做內外表牆及後注入心牆的情形時用之。

這時內牆也同時完成。為使增加防濕和散熱的價值，這種價值可自留有空隙的雙層牆中獲得，當經決定採用分次混合的混凝土，如此可使內部隔離。同時，為欲確定何種牆身厚度足可相當一空心牆的低傳熱性起見，經過若干試驗，結果知道如用分次混合的混凝土上粉以一吋半至二吋厚的水泥漿，其所得的低導熱係數可與任何砌做與粉刷後的混凝土建築物效果相仿。

在這種建築中，必須將窗的上部和兩側紮緊。窗台可以不用。雖則任何式樣的窗框幾全可用，但這次建築的房屋中則係選用德屈勞脫(Detroit)鋼窗。原因為此種窗框附有鐵錨，而這種鐵錨原來是紮於窗檻上的，我們將其變成與牆身垂直，然後與鋼條紮固，簡捷了事。所以此法很感便利，而且無論牆的外形為彎曲或直線都可不受影響。(圖5及6)

據薛氏的解釋，這次在建築格羅夫河房屋時

圖 5

12388

雖然並未完全依照其最初的理論——即先做好表牆然後再注入心牆；但該項理論仍可應用於各種建築，並無疑義。

整個方法的重要關鍵端在表面的混凝土與心牆的混凝土是否密切黏合一點，因爲先倒入的混凝土必在後倒入的混凝土，前就已凝固了。

圖 6

材　　料

心牆部份的混凝土應拌得較乾，其比例視承受重荷情形而定，約爲一，二，四至一，三，五。如用一吋左右大小的石粒，，其效果很好。砂子則以用尖銳者爲宜。

第二層，棕色灰漿層，應爲一份水泥三分細沙；此外，在每袋水泥中再加百分之十的石灰（須化過者）。這種石灰須含有纖維質。外粉刷應用一份白水泥和三份純白矽砂。此項水泥中，每袋仍應加以百分之十的石灰（須化過者）。薛氏建議內粉刷中最好採用一百磅的水泥（他採用的是美國的 Keene 牌）一百二十磅的陳塊石灰和四百磅的砂相拌和。他說如此可避免再做沙面。倘若我們需要平整而白色的內牆面時，他建議可用一百磅的快凝細水泥（Keene 牌）和八十磅的陳石灰相拌和即成，不再用砂。

薛氏並稱在塗抹水泥漿外殼時應特別注意，這不但因爲我們需要一個完全貼實的表牆，實在也因爲水泥漿不宜乾得過速，所以最好噴以水霧，使其保持四十八小時的潤濕。如果可能，在炎天時更應使它勿受陽光晒射。

其他搭架說明

窗台或壁鏡線或其他裝飾用的突出線條可在粉棕色底層之前用金屬板條做成，或者做成牆的一部份，或者使它繫在直立的金屬牆筋上。在突出部份處，可將牆身部份的金屬板條取去，如此在傾入心牆混凝土時，即可讓混凝土直接注入其中。如在過寬的窗孔和門孔處，必須加固。加固之法，可在這種窗或門的上部增鋼條，待加好後，再倒入混凝土。

至於拱門或拱窗的開孔，可直接用鋼筋與金屬板條做成。每一拱曲的鋼筋都是若干節相拼接的，其分節的多寡視所需拱形的半徑大小而定。板條即可繫於這種鋼筋上。（圖6）

內牆壳與外牆壳間的空隙，很可以利用來置放電線和水管等。用水處所的出水管可在做牆壳前將其連接於金屬板條網外面，以資永久。電線管和其他水管則可埋在心牆內。至至於暖氣和其他衛生設備則可照普通方法處理。我們所應注意的，是如何使這種管子避免因漲縮超過混凝土的漲縮係數而使混凝土發生開裂情事的問題。

優　　點

這種建築方法有幾個顯著的優點：第一，不用模板，因此建築費可以較廉。第二，既無模板，則綁紮模板的鉛絲可以不用，混凝土牆不致染污。第三，所有門窗和其他開孔與水管等都是直接先裝在金屬板條網上的，所以混凝土倒入後，可無須開鑿或砍損。第四，這種建築方式可使牆身防損。

薛氏並指出無模混凝土不但適用於各式房屋建築，並且可做出各種的內外表牆。如鑲砌面磚的牆無論在心牆部份混凝土倒入之前或之後，砌做面磚都無問題。在用這種牆面時，外粉刷可以取消。這種建築方法尤其適合採用面磚牆，因爲利用面磚即可作爲表牆，而牆面因可加堅，同時心牆中的混凝土可藉面磚而容易上下搗動了。

在無模混凝土能因其簡便的價值而得普及之前，首先須將勞工問題獲得解決，因爲在格羅夫河房屋建築時，木工與金屬編網工在用鉛絲紮板條時，因爲無板模的緣故，就已發生工作範圍的爭執。但無模混凝土的造價價可較用普通方法者爲廉一點，則據薛氏所稱：在通常所能達到的工作情況下，必能做到。

薛氏鑒於普通在立鐵架時，往往預先在工廠內或在工場上將其完全拼好而後再行樹立，這方法已日得見推廣，探其理由，即在樹立的時間愈短，則所費總價自可愈廉。因此薛氏也根據其所建格羅夫河房屋的經驗，預測在無模混凝土房屋中，如將整個牆身預先做好，並預留必要的開孔和預將門窗等紮上，其費用必可更省；因爲如此則在倒混凝土前，僅剩基礎與牆角二處的聯接工作，自然是簡便了。(L. Concrete)

譯者按 無模混凝土之發明，誠爲今後房屋建築一大改革，不但在經濟上言，節省人工材料已有其價值；且在平時甚或在戰時，其簡單迅速在時間上之收獲，尤覺重要。此次格羅夫河房屋用無模混凝土建築時，自施工以迄完成，僅費六星期，且頗感綽乎有餘；若將牆身等預先做好，則完工期限更可縮短，蓋無疑義。

吾人在混凝土房屋建築時，就實地經驗所知，每感收購木料困難及模板未拆除前不能工作之不便，若能採無模混凝土法，則此種困難均可迎刃而解。惟目前我國金屬板條甚少出產。如用此法是否經濟頗成問題。不過，吾人不妨試用竹篾或籐或其他物品以代替之，或亦可能；凡此則從事建築事業者大可加以研究及試驗，予以證明焉。

工業用的雷達

·迪·

隱藏在多數金屬品、塑料、固體或液體中間的破碎點都可以用超聲波 (Supersonic Waves) 檢查出來，並且確定它的位置，不必把原物打破。它的主要原理和尋覓敵機的雷達完全一樣。

超聲波的頻率高過普通聲波。在固體中，它的傳播速率大約是每秒鐘四千公尺，因之波長可以是20到8×10^{-4}公分；在液體中波長可以是6到2.4×10^{-4}公分。比較鋼琴中間C音的波長1300公分要短得多。(計算波長的公式是：波長＝頻率/速率)。

超聲波傳播的路線是直線式的。橫在它路線上的密度變化或彈性變化都會把它大量地反射回來。

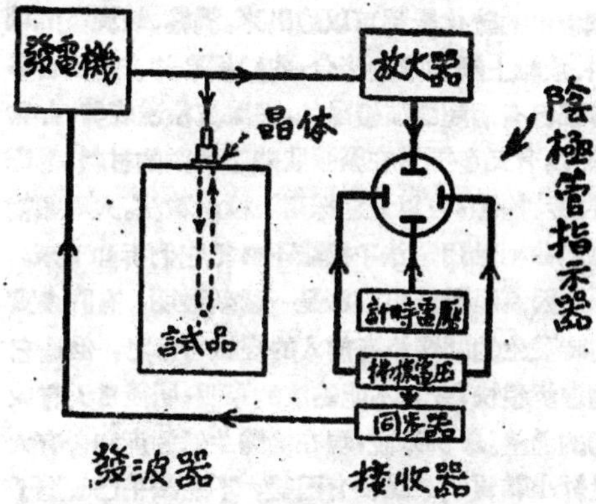

圖1. 超聲波檢驗器的主要部分

圖1批出超聲波檢驗器的主要各部。發波器是一只高頻發電機，電壓約一千伏脫，發電時間兆分之一秒鐘到兆分之十秒鐘。高頻發電機的電力接到一個晶體轉送器接觸着試驗品。由於居利效應 (Curie Effect)，晶體轉送器把電力振盪變化成機械性振動。發電機發出一個短促的高頻電後，即刻停止，晶體也跟着停振。它所造成的超聲波却向前傳去。如果碰到阻礙物，一部份波浪反射回來，振動晶體，晶體受振，發生一些電壓，由放大器放大起來。

這超外差式放大器，放大波段很闊，足可分別相距四分之一微秒鐘的兩波，這就是說，在鋼或鋁中，假使兩個裂紋相距三十二分之一吋，指示器可以顯出兩個影子，在三十二之一吋以內時，兩個影子就混在一起，不能分別。

指示器是一只陰極管 (Cathode Ray Tube)。它的拂掠 (Sweep) 快慢可以調節來配合試驗品的尺寸和超音波在試品中的速度。放大器輸出接到陰極管。同步器使發電機在拂掠開始後適當時間發出一個短促電波。這時指示器顯出這原波的影子，如圖2。假使有裂紋，原波右面顯出從裂紋反射

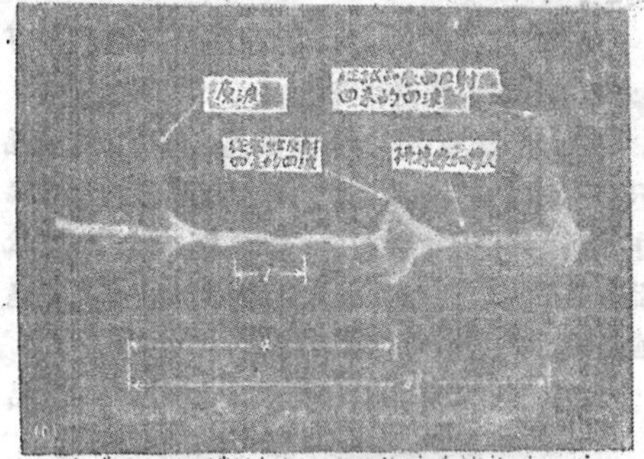

圖2. 指示器所顯出的圖樣

回來的回波。陰極管上指示出兩者時間的差別。大概它可以很容易地量出一微秒 (microsecond) 左右的時間差別，這在距離上差不多等於八分之一吋。

為便利測量起見，拂掠電壓上另加計時電壓。計時電壓在指示器陰極管幕上顯出一條標尺，它可以調節得顯出半吋到二呎的距離。例如：計時電壓調節得一吋時，距離晶體一吋的裂紋的回波就顯影在第一格上。調節計時電壓時，不必知道超聲波的正確速度，只需知道試品的厚度而把適當於這長度的格子調節到和最後回波合在一起同樣，原波可以調節得在標尺上任何一格上顯影，標尺上任何一段都可以調節得擴大起來佔據指示器全幕。

超聲波檢驗器多採用縱波 (longitudinal wave)。它的傳播方向和物體的振動方向平行縱波速度，快慢適中，可以從 x 截晶體 (x-cut crystal) 發出。它便可以用一薄層油質耦合 (Couple)

到試品上，耦合處不致有多少波力反射回來。

晶體轉送器普通用 X 截石英晶體。它的厚度等於波長的一半。頻率可以是0.25到12兆週，普通用½，1，2½和5兆週四種頻率。頻率高過12兆週時，所用晶體太薄不便應用。回波的强弱要看超聲波速度和試品密度之積，再要看裂紋大小和波長長短之比。試品中如含有雜質，大小和波長差不多時，超聲波不易穿過，這時可加長波長來免避這種干擾。轉送器所發生的力量要經過一薄層油質那樣耦合物，來調和接觸面的比聲阻抗(Specific Acoustic Impedance)，才能大量傳入固體減少接觸面的反射。接觸面亦應十分光滑，來保持良好接觸。

除了檢驗回波以外，超聲波另有兩種現象可以利用，那就是諧振和吸收。

諧振的主要用途是測量試品之厚薄，那試品只有一面可以接觸到。測法：變動超聲波的頻率以求試品之厚薄等於波長之正數倍數，因爲這時試品和超聲波諧振，振幅最大，回波强大得多。試品過份生銹時，不能使用這法子。

回波的數目和振幅(看圖3圖4)可以表明試品

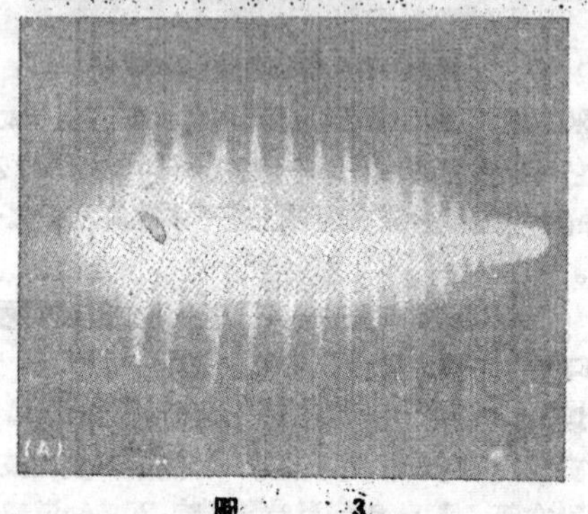

圖 3

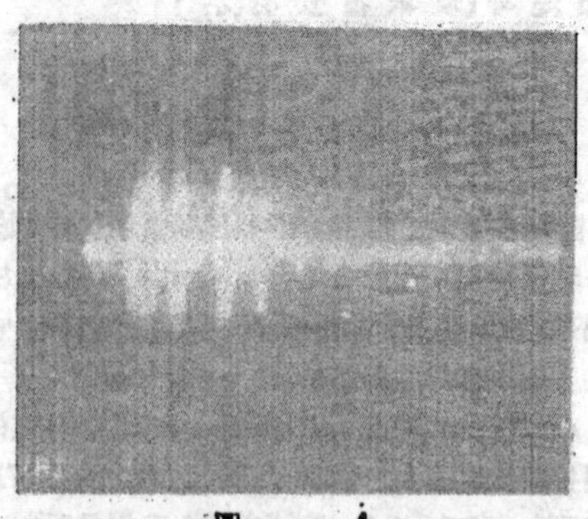

圖 4

吸收力的大小。堅實的試品吸收少，回波數目多，振幅强。試品的吸收力可和標準品比較來決定試品的品質。

超聲波檢驗法除了研究室發明家需用外，工業界可以用來檢驗原料，毛坯和成品中的疲勞紋(fatigue cracks)。鋼鋁鎂和其他金屬中的裂紋，鋼板中的硫化層都可以驗出來。渦輪、螺旋槳的坯料、承軸上鋼和銀的接合，內燃機冷却套的接合等等都已有用超聲波檢驗的。超聲波檢驗疲勞，非常適宜。有民多經常在緊張狀態下活動的材料，都需要定時檢驗，可以大量採用這種檢驗法。火車頭輪軸和曲柄軸用這法子檢驗不必把它們拆卸下來。

因爲超聲波檢驗法是一種新發明，有許多實用時發生的問題沒有前人的經驗可參考，但是它的進步很快，今日不能驗成的東西，明後日大有成功的希望。舉例來說，現在檢驗生銹過度和含有大量紗小雜質的東驗尚有困難，不過法子已改進了很多。當更多工程師們明瞭和使用超聲波檢驗法時，它們的經驗會幫助解决這些困難和擴充超聲波在工業界的用途。

(譯自 Product Engineering, October 1947)

12392

乾洗並不一定是乾的洗，而在洗後乾得快。

談談"乾洗"

高家明

乾洗工業中所用的溶劑

斯篤達石油溶劑，四氯化碳，過氯乙烯，三氯乙烯

乾洗，必需用適當的溶劑。乾洗溶劑應有的條件是(1)溶劑的臭味容易去除，(2)不易著火，(3)去污力强大(即溶解範圍大)，(4)毒性少，(5)穩定性大。

在美國的乾洗工廠中約有三分之二，所採用的溶劑是石油溶劑(Petroleum Solvent)而石油溶劑中最普遍的就是斯篤達 Stoddard 式。如在1942年中，據統計，被乾洗工業所消耗的斯篤達式石油溶劑共58,000,000加侖。這種溶劑是從石油中蒸餾出來，其發光點(Flash Point)約爲 40°C (104°F)。因此它在20年以前就巳經替代汽油及石油醚(Naphtha)而被採用作爲乾洗溶劑。它的沸點範圍爲100°—200°C，介於石油醚和煤油之間。在石油溶劑中，最近又發現一種溶劑，其發光點爲140°F，也可用於乾洗工業，其沸點也比斯篤達式高，而且它本身的臭味也很易被除去。

此外如四氯化碳(Carbon Tetrachloride)，過氯乙烯(Perchlorethylene)，三氯乙烯(Trichlorethylene)。等氯化溶劑，也被普遍採用着。通常將上述任何一種即可應用，或者可以與氯化乙烯(Ethylene Chloride)苯等混和後使用。而這幾種合成的有機溶劑中，以四氯化碳尤爲一般人所歡迎。因爲其溶解範圍很大，不易着火，容易揮發，所以它的臭味除去也易。如在1942年中被用於乾洗者共計42,000,000磅。但是這種揮發性大的溶劑，在應用上又感到許多麻煩，如溶劑的無形損失，其蒸氣含有毒性，且有腐蝕作用等等。因而一般人又將傾向改用過氯乙烯，然而過氯乙烯對於許多醋酸纖維的染色要起作用，所以還須改良，它在1942年中的消耗量爲5,000,000磅。三氯乙烯作爲乾洗溶劑雖也具有優越的條件，如其去污很强，毒性少等特點，但因其與水蒸汽存在時能逐漸分解而成酸性反應，對於織物有害，所以也不能被普遍採。

織物內所含水氣，空氣濕度，光綫等與溶劑之關係：

有許多溶劑因織物中含有水汽，空氣濕度的不調和等而成爲不穩定，或起分解，即對於織物影響很大。所以上述各種因素和溶劑必須保持一定的比例成分，在乾洗工業中這問題也很受重視。

例如四氯化碳當有光綫，水汽存在時，就成爲不穩性，因此由於水汽和濕度之不能控制，都能使織物變質。其最普通的現象就是當濕度過高時織物起皺或縮短，若濕度太低則洗過後的衣服，污點不能全部去除而呈暗灰色。經美國洗染研究所的試驗所得，濕度在50—65%時對於乾洗比較有利。

乾洗所用之肥皂

乾洗工業上也須用肥皂以去污，其所用的量，普通爲每磅織物用肥皂約½兩。

此種肥皂所具的理想條件應爲

(a)能用於各種織物，而對於其纖維及染色須不受損害；

(b)能與各種溶劑混和調勻；

(c)無臭；

(d)經過蒸餾和過濾後能全部從溶劑中除去；

(e)其最重要者能去除各種污點(包括水溶性或不溶性)。

在美國所用的乾洗肥皂爲一種普通肥皂與游離脂酸(如油酸 Oleic Acid)的混合物。普通這類肥皂中的脂酸 (Fatty Acid) 並不完全被鹼起皂化作用，所以祇有一部分溶解於有機溶劑中，但在其中的分散很均勻，所以製皂時祇起部分的皂化作用，而且也不必摻入其他雜質。

乾洗肥皂的製法

據貝力脫 (S.R. Pal t) 氏所述，普通中性肥皂可以使用，加以適當的化學劑，能使其溶解於碳水化合物中。例如將普通肥皂溶解於含有 20% 苯或三氯乙烯的二丁基酒石酸 (Dibutyl Tartrate)中做成 30% 的肥皂溶液，再將其用植物油或礦物油來冲淡至 3—5% 肥皂濃度。這種肥皂可用水冲淡而成一種穩定性的乳狀體其去污力很強。

去除塗點所用的化學劑

在乾洗工業上將織物經過滾動機和浸入溶劑以去污等工作之先，還有一項重要工作，就是各式塗點的除去。這項工作需用很多種類的化學品，今將其分爲四類，詳述如下：

(1)水溶性塗點的去除劑：——水溶性塗點如墨水，單寧(Tannin)有色菓汁，唇脂，及染料等塗點。其所用的去除劑爲：

½份—— 99% 冰醋酸 (Glacial Acetic Acid)

1份——人造甲醇(Methanol, Synthetic)

½份(重量)——草酸結晶(Oxalic acid Crystals)

1份——乳酸(Lactic acid)

1份——醋酸戊烷(Amyl acetate, C.P.)

其製法乃將上述結晶草酸完全溶解於其餘四種化學品後，加四份甘油後再加足量的丙醇(Butyl alcohol)，使其溶液澄清(大約需一份)而成。使用時與水一起使用。又依據上述處方對於醋酸纖維人造絲是有害的，所以須加甘油以補其缺點。

(2)萬用去除劑：——可以去除各種塗點，如除前述各種塗點外，對污泥、油漆、油、脂、等也可除去。其配方爲：

6份——卡斯提爾肥皂(Castile Soap)

1份——水

1份——醋酸乙酯(Ethyl Acetate)

1份——氯仿(Chloroform)

1份——丙酮(Acetone)

1份——人造甲醇

(3)濕塗點(Wet Spotting)的去除劑：——可用吡啶(Pyridine)與肥皂的混合劑，其混合量爲1:9(體積之比)。

(4)乾塗點 (Dry Spotting) 的去除劑：——用吡啶與油酸的混合劑，其混合量也爲1:9。

(3)與(4)二種也可以用作織物中染料小塗點的去除劑，而不會使織物漂白。

乾洗工業的發展

此外對於乾洗工業有關的各項附屬工作，如衣服經乾洗後的防水，防蛀，防火等，最後都因需要而爲一般人所注意，待後再詳談。

(摘譯自Chemical Industries, Dec.1947)

12394

從小河流中得到水力

姚　佐

俗話說：「水力可以予取予用於無盡」。所以世人就這樣賦水以「白煤」的別號。申言之，就是說它的質量及功能，可與煤相比。一般的說，用煤比用油較爲經濟而便利，所以規模大的動力廠，應用煤作燃料，常多於用油來作燃料。現在，可又知道從水所得到的動力，實不輸於用煤或用油所得的動力；因爲煤的取給既不及水之便利，且開採必先付與相當代價，但水力的發展，非但用之不絕，故比較經濟，且又可免洪水泛濫之災患。因此，欲圖國家富彊，水力之利用，實居極主要的地位。而重視水力，更應重視如何利用，蓋水力可以造福亦足成災，對社會的安危禍福實舉足輕重，故應先運籌策謀，以臻有效而安全。否則，不但徒費心機與人力物力，且易毀物喪生，造成絕大的災害。是以開發水力，對各項工程，尤其是土木工程上的築壩與建庫工作，必須愼重將事，絕不能草率也。

中國能够發展水力的地域雖不及瑞士，瑞典，美國，日本等國家來得廣大，可是，只要整治水利的話，多災多難的黃河亦可變成造福人羣的水力源泉，Y.V.A.的計劃如能完成，長江沿岸的工業就可以隨着動力的大量供應而勃興，豈輸於別的國家。不但如此，即如遍處各地間的小河流，我們如能善爲利用，亦可發生動力，以供一鄉一區的應用。本文主旨即在說明如何從此種小河流來取得水力，但在未涉主題前，我們應該對水的來源，和功用等等，作一概略的介紹。

水的來源

水是水分子組成的，在整個地球上，除去沙漠中一部分地區，地面上幾無處不存在着水，數量之鉅，可以想像。水佔有之面積既大，因而易受太陽之蒸發，成水蒸氣上升空中，旋由風力吹散各處，融和空氣之中。而空氣中所含之水蒸氣，則視氣候而異；溫度高，容量較多，反之則少。空氣中多量之水蒸氣，於溫度下降時，凝結成雨，降落地面；河川，海洋，旋而再由太陽蒸發上升，遇冷復降，水就是這樣在地球上循環着。

水的功用

水係有機化合物之重要成分，於動植物之生活上，是片刻不能缺少的東西。其直接以供組織的需要，間接以溶解養分，而滋營養，是以一切生物一經離了水，就難生存。

水應用於農業及工業方面，其功更巨。(1)水壓發力：利用水重量之能，如內燃機之賴於油類燃燒爆發利用熱能然。(2)農田灌溉：種植之必須水利，如吾人之於食，不能或時過充與有斷。(3)能化汽而利用於蒸汽機及蒸汽渦輪等，以化學能變爲機械能之媒介。(4)利用之爲化合分解之居間物，如炊煮洗滌，在皆需水也。

如上所述，水之需要可知，然而氣候又不能賴以終年調順，此有賴於人爲的幫助了。否則，設一旦天旱或水災，工業上既受其影響，而農田則受害更大。舉一個實例，如浙江雲和城郊的水利工程，經興建後，除農田收獲不計外，並可利用水力發電，若與他縣使用最低價之木炭動力相比，後者除設備創辦費外，還須要很多的經常費，而前者除需設備創辦費而外，經常費之支出就很少了，兩方相較，差別懸殊，所以水力的開發，實是國家建設的重點。

我國很多小河流，都可利用來產生水力，以供發電或工業上的原動力，在浙江各地就是一例子。年來農田水利建設廣爲設施的如雲和，龍泉，遂昌，麗水等地巳完成的，或將完成未成的共有六處，在計劃中的還有不少。但是有水源可資利用的地方，往往是鄉間山谷，而不是城市或工業地區，是以水力發動大多用爲發電，由發電所用高壓電輸送至應用地區，經變壓器降低後，供給電動機，電燈，電爐及其他用電設備，既經濟又便當，是皆水力之功也。

水力建設工作，最重要的是築壩與建蓄水庫，始能供應低處水力機之「水頭」。現在把水力發動的要點分述如後。

功率之估計

做事一如吾人「作文」之必先「命題」，而主張利用水力，必須由功率估計着手。假定這發力廠是發電的，那末功率的需要，就可把供應區域內的各項電具耗用的電量瓦特總數估計出後，再估算功率的馬力大小（馬力＝瓦特÷746），如假定最高耗用電量爲三萬瓦特那末就需 30,000÷746＝40 馬力，始能承負最大的載荷。設爲直接帶動機械，那式只要把所有帶動的各項機械每單位應需的馬力相加總值，即爲應需的發動功率。

流速與流量

估計了功率後，就得勘測水流有用的流量，這是隨着功率而來的。要是發現水流（可用的）而先勘測流量後，再行確定其功率亦可，不過這種情形適宜於某有利環境的狀況的。流速與流量的計算或是流速 $V=\sqrt{2gh}$（g 爲水重，h 爲水頭）。流量 $Q=fA\sqrt{2gh}$（f 爲流量係數，A 爲河床之大小），即流量在一定大小河流水深，及一定速率出口之水以每分鐘立方呎爲計算單位（公尺亦可）；同時，並量出水流下降的距離水頭，不過，此時宜注意有用的水流量，必須是正常的，而不是氣候突變，或雨季時的水流。

勘測水量的方法，最好是利用堰測，比較確切，否則，如僅求其近似值呢，可先測量流速，勘測時用一塊木板丟向河中，流過已先假定甲至乙的若干距離的標準，記錄時間，再予以反復的試驗，在各種不同的記錄中以求平均值，例如流過50呎距離的平均時間爲7.8秒，那末每秒鐘爲6.418呎的速度。但河水流速之斷面，中心較快，岸邊河底近處較慢，實際數應該是 80％ 平均值，即每秒爲5.128呎，待求得平均流速後，即求河流平均的深度，其法即將整個河床等分成若干段（橫斷面），測其深度平均之，乘以闊，再乘以流速，即得每分鐘立方呎的流量了。

水頭

在水位高頭至低頭的一段距離，名曰水頭，測量水頭的方法有三：(1)水平測高器，(2)水準測高器，(3)經緯儀，(4)皮捲尺等四種。現在將第一種略述如下：

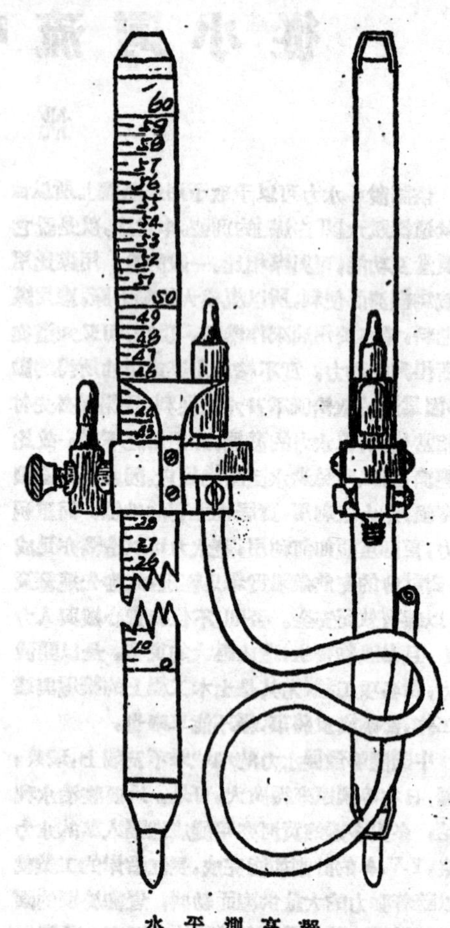

水平測高器

水平測高器，係浙江省鐵工廠機械工程師黃渭川氏，專爲製造水力機測量水頭而設計的。是器係兩個刻度的玻管，設調節活門，中繫橡皮管的一種構造簡單使用便當的工具。應用時，使一端玻管在水位高頭，另一端在低頭，高頭處的玻管內盛水，開啓活門，水下流而達低頭升高，水位差可從低頭玻管的刻度讀出。長距離時，可旋轉方向分段勘測。

理論功率

已測得水頭，及每分鐘若干流量的水流後，計算理論馬力的大小，是以每分鐘的流量（立方呎）乘以水頭（呎），再乘 0.00189（以每立方呎水重

12396

62.5 磅被馬力33000呎磅除之得 0.00189)，以式表之，即理論馬力 $HP.=0.00189\times h\times Q$。

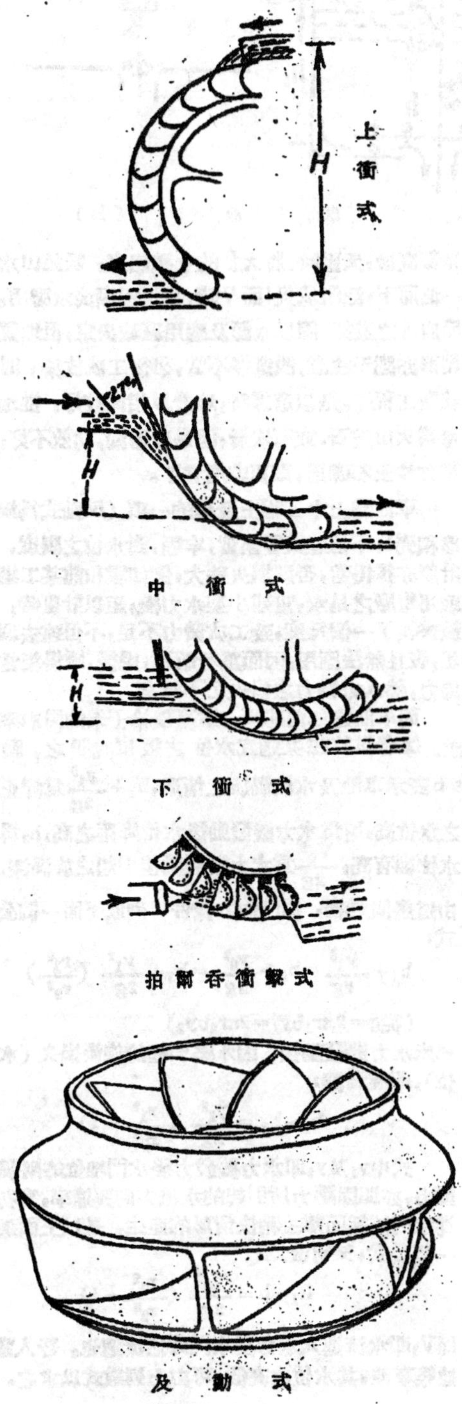

上衝式

中衝式

下衝式

拍爾吞衝擊式

反動式

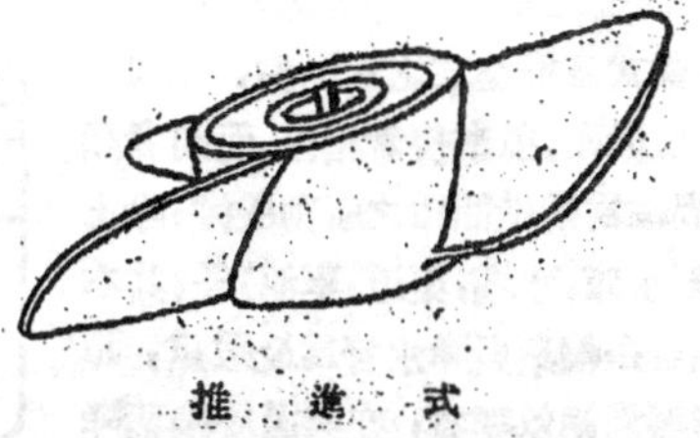

推進式

實際功率與理論功率，尚有出入，蓋水流經渠道，車池之摩擦，渦流等阻力，及水力機本身的效率等關係存在故。

水輪與水渦輪

大凡利用水能發力之機械，名爲水力機。依其形式之不同，可以大別之爲水輪與水渦輪兩類。依其作用分之，則有壓力式，重力式，衝力式等三種。普通的反動式，推進式屬水渦輪，也即是壓力式；而上中下及拍爾吞衝擊式屬水輪，上衝中衝式又爲重力式，下衝，拍爾吞衝擊式爲衝力式。水渦輪倘屬新穎，效率亦高，可用於普通的低水位，而水輪則於大規模爲原動，晚近已少取用了。

水輪既有上中下及拍爾吞式之分，因而有其應用之範疇：(1)上衝式，水衝於輪之頂部，多用於水頭由10呎至70呎之高處；(2)中衝式，水衝在輪之中部，用於中等水頭，自5呎至17呎爲宜；(3)下衝式，水衝於輪之下部，用於不超過6呎之低水頭。而是項水輪，噴射口之下方，須成1比10的斜坡，使水衝入水斗葉板時，不致發生震動或撞擊之情形(4)拍爾吞式，是項水輪效率高，構造亦簡單，全部爲金屬製成，非如上述之爲木製。其旋轉之原理，即賴射水管中多量的水，以高速度衝擊於水輪邊緣上的瓢形受水器之衝能，當衝擊稍久之後，轉速遲快，其全部水流之速率，始能利用無遺。故是項水輪適用於較高之水頭地區，於低水位則非所宜，而所以不甚多見也。

水輪效率的好壞，固視水輪大小及位置之得宜，而水斗及水斗葉板曲面如何，亦有相當的關係，故水斗葉板有其一定的曲線，上衝式近乎拋物線，下衝式呈圓弧形，中衝式爲一部分近乎拋物線，一部分則屬圓弧之擺線，或漸伸線；其徑向闊度，上衝式正比於水頭的立方根，下衝式只少要相當水頭之半，中衝式則與水頭除水輪直徑的商的立方根成正比；至徑向闊度，則均與流量成正

12397

比，惟下衝式又與射流之深成反比。

反動式及推進式之水渦輪，均可使用於水位低頭，效率後者稍差，而前者頗高，水渦輪爲構造簡單之原動機械，除土木工程（水庫，水壩，渠道，車池）外，其本身方面就是輪葉與降水管爲最嚴重，而直接影響渦輪效率者，亦莫過於輪葉降水管及車池三者，三者中尤以輪葉左右最甚。

輪葉直接影響效率之好壞，關係至巨，計劃時須注意者爲輪葉之角度與重量，而輪葉重又隨角度而異。大凡轉速過快者，配重可稍大，反之則小。至於角度，似以數個聯成較佳，設如全採用螺旋形亦可，不過效率稍差，同時設計輪葉，對發動地區之水源如何，應須預爲顧到；設流頭較短，採用角度不妨稍大，反之則應求適宜。蓋角度稍大與稍小，對馬力之影響很小，而水量之差異則巨。至於輪葉之曲線，可自己擬定之輪葉直徑，角度而求出葉片間之節距，然後仿照螺旋及反螺旋以構成，推進式與反動式之葉面。

至於水頭，流量對於馬力之變化，及發動一定功率的流量，則流量 $Q=CA\sqrt{2gh}$ 或 $Q=662\ V\ HP\div h.c=0.5-0.6$（流量係數），流量既知，馬力不得，$HP=\frac{Qweh}{550}$（e=80% 的效率），亦即 $HP=\frac{2A\sqrt{2ghweh}}{550}$。

水壩 水庫與水池

在天然河流中，要轉移水流的方向，或節流（招高水位），必須築壩，阻其去路而得改道他流，同時須建水閘，以節制渠道水量，及洩水道而排過剩之水量與冲刷泥沙。

築壩大者，須請工程師設計監造，小者可用混凝土，磚石，亂石，或塡土造成，唯實際建築壩，首先應築檔水堰，邊溝，使水改道，而後施工築壩，而築壩前應宜注意者有：（1）設築壩在河流平坦的冲積層，壩宜低，爲防止洪水位氾濫，壩身可跨過河岸，與左右高地相接，並使壩頂高出洪水位三呎。如在山谷之間，壩宜高，使水位抬高，渠道之工程省。（2）基址要堅實，使壩成不致坐陷。（3）谷口較狹，蓄水量巨大者。（4）經發覺漏罅而易於補塞者爲宜。至於水庫，即係藏水之池，多建於山谷中

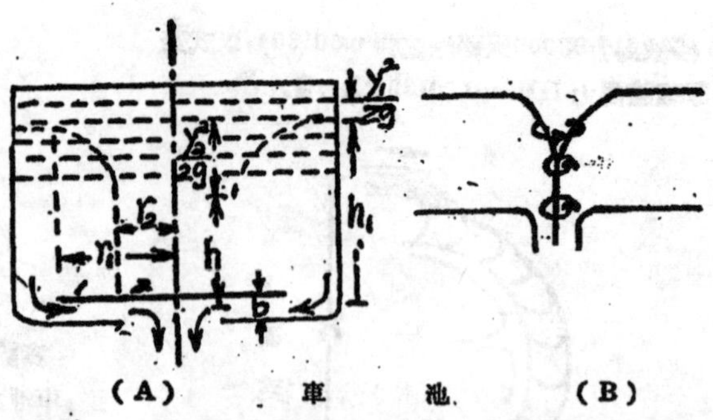

（A） 車 池 （B）

地勢高發，天雨時，將大量的水積起來，既免山水一瀉而下，泛濫成災；而旱時，可以逐漸洩水應用。而庫址之選擇，固以水源及應用區域決定，但地質情形亦應予注意，設選擇不當，準後工成放棄，則徒費工程了。是以選擇時，地層以相向較好，惟地層爲火山熔石，或石炭層，因易致滲漏，功效不好，都如沙土石礫層，則更非所宜了。

車池爲土木工程上最難的一項（反動式爲渦形殼壳），不但建築要堅實，牢固，對水位之限度，計劃亦須得當，否則損失殊大，例如雲和前某工場取用電廠之尾水，重建小型水力機，短以計劃時，被書誤了一個尺度，致工成發力不足，不但違去理想，復且無法應用，因而重行改建，過後，雖得相當馬力，然人力物力之損失巳不貲矣。

而車池之如何建築，這裏讓給土木的同志來說。筆者僅將在某適宜水位之限度說明之，圖 a b 表示車池及水流渦旋之情形，$h_1+\frac{y_1^2}{2g}$ 爲靜止之水位高，h_1 爲水力機發動後水位降落之高，h_2 爲水位應有高，$\frac{V_2^2}{2g}$ 爲水力機發動後引起之旋渦深，由這幾個定義，從巳知的條件，列成下面一個公式：

$$h_1+\frac{y_1^2}{2g}=h_2+\frac{y_2^2}{2g}=h_2+\frac{y_1^2}{2g}\left(\frac{r_1^2}{r_2^2}\right)$$

（從 $g=2\pi r_1 b y_1=2\pi r_2 b y_2$）

那末水力機發動後，因水壓引起的旋渦損失（水位），即旋渦深：

$$h_1-h_2=\frac{y_1^2}{2g}\left(\frac{r_1^2}{r_2^2}-1\right)$$

式中 y_1 及 y_2 即水力機發力後水門地位的兩個壓力，亦即因壓力所引起的水流方向與速率，有初進水門較緩而離去稍快情形的產生，是以上面這一個公式，又可改爲：

$$h_1-h=\frac{V_1^2}{2g}\left(\frac{r_1^2}{r_2^2}-1\right)$$

而 V_1 即水流進入水力機水門時之流速也。吾人當建築車池，其水位之高低，可由上列數式以求之。

農業機械介紹之二

耕種機械

中國農業機械公司
·史　炳·

滾機 (Rollers)

滾機之作用在利用滾轉之圓筒，使泥土堅實及壓碎土塊。泥土新經犁耙翻耕後，耕植作物失之太鬆，故須滾機滾壓之。

滾機所用之圓筒分平面與皺面二種。經平面滾機滾壓之泥土非常平坦，但對於作物頗不相宜，因土面平坦，水份最易蒸發。故平面滾機後常附以淺耙，使土面皺亂，以保存水分。皺面滾機不但使滾壓土面適合要求，且壓碎土塊亦較有效。

中耕器(Cultivators)

中耕器之作用在去除雜草並疏鬆泥土，但不翻耕。由於土性及作物種類有別，故器之構造亦稍異。惟大致爲一機架附以一個或多數鏟刀。架之一端附有活動索環以資架引於不同坡度之土壤。方向輪常附於索環下端，以導引全器。大型者則改爲二輪。如中耕器需用於軟粘土壤，則輪之直徑多大於40吋，寬度亦逾二吋半，免陷入泥土。另一端則有手持柄以控制耕鏟方向。鏟入土深淺，有控制桿可以調節。兩鏟間之距離，亦設有專桿以便調節。

圖　14

圖14示一普通六鏟中耕器。該器爲中國農業機械公司計劃中產品之一。

深耕器之鏟土部份，普通多由若干配件凑合而成。如A爲接頭(Coupling)以連接器之主體。B爲支桿(Beam)，多用鋼管或I-形鋼料製之。C爲直桿(Shank)，須常保持垂直，惟長度可以調節，俾得一定之切土深度。D爲套管(Sleeve)，連鏟

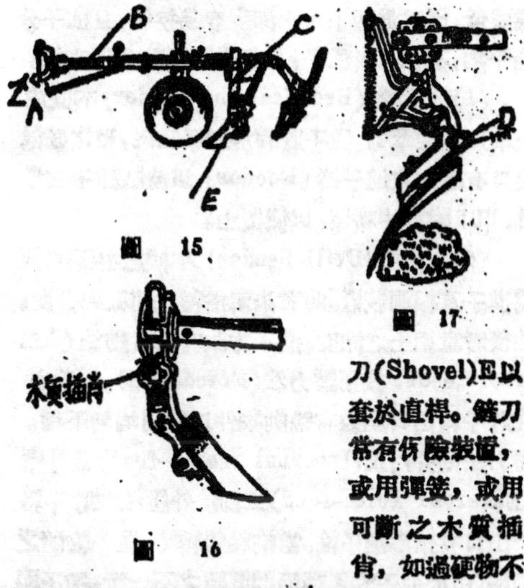

圖　15

圖　16

圖　17

刀(Shovel)E以套於直桿。鏟刀常有保險裝置，或用彈簧，或用可斷之木質插背，如遇硬物不能超越時，賴此裝置可免鏟刀斷折。

鏟刀之形式不一，有：A，直刀；B，斜刀；C，尖刀；D，E，雙頭刀；F，接頭刀等。寬度自8至6吋不

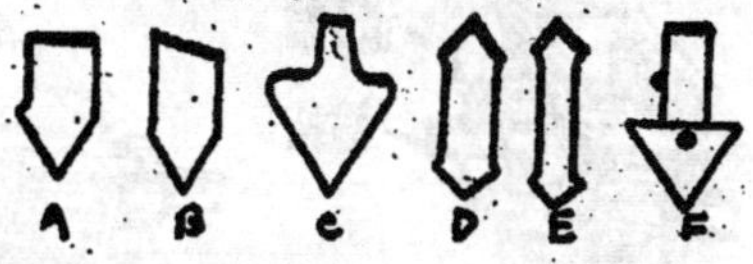

圖　18

等。多以坩鍋鋼及外硬內軟鋼製之。

鏟刀裝於套管上，其斜度須適可。太小則入土深度不够，太大則刀易倒反。

種植器 (Seeders)

機械播種之大量應用雖始於十九世紀末葉，惟利用機械以播種則由來已久。1731年 Jethro Tull著「獸力農業」(Horse-Hoeing Husbandry)一書，建議條播(Drilling)以代散播(Broadcasting)，並設計一簡單播種機。1799年 Eliakin Spooner 開美人設計播種機之先聲，惜未能施之

實用。1840年 J. Gibbons 繼之研究。但近代播種機之雛型爲 M.&S. Pennick 於1841年所計劃。

散播法爲利用人力，機械力或風力散佈種子於耕地，然後用耙或中耕器覆土其上。此法多用於濕粘土壤。散播之優點在工作簡單，費用省廉，工作機亦較輕便簡單。其缺點在種子分佈與覆土厚度無法控制。

鑽播則需較複雜之工作機，且工作速度亦大爲減低。優點爲種子入土深度容易控制，且種子分佈平均，不但節省種子，且日後收割時亦較方便。

(1)散播機 (Broadcas.ing Seeder) 本機成一車形以便牽引。種子貯存於貯子箱內，箱之底部出口有激動之進子器 (Feeder) 以控制種子之散佈。車下附有中耕器，以便覆土。

(2)鑽播機(Drill Seeder) 本機之主要部份爲進子及掘洞裝置。前者決定播種之速度與分配，注後者意掘土之深度。進子方法有用激動法 (Agitator feeds) 或用壓力法(Force-feed)。激動法在貯子箱出口處裝有跳動物件以控制均勻下種。壓力法則分內壓(Internal force-feed)及外壓(External force-feed)二種。外壓法在貯子箱下出口有槽形進子輪。當輪軸迴轉時，進子輪隨之迴轉。由於進子輪與調節門間隙之不一致，種子即被擠出機外。出口處附有調節門以適合各種大小種子。

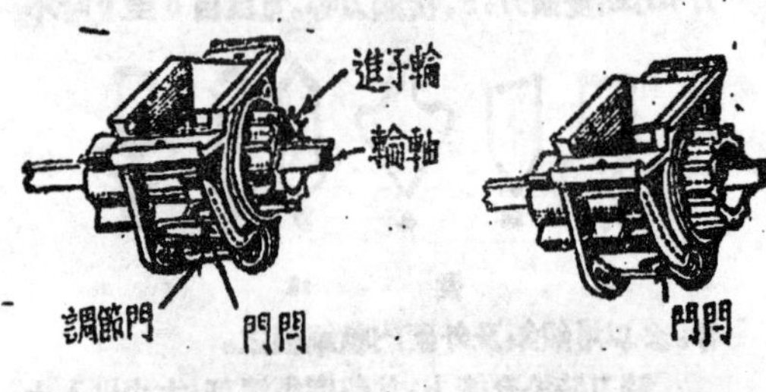

圖 19　　圖 20

圖19爲播種穀物及下小種子時情形。插上調節門，門閂放在左上方槽內。

圖20示播種稍大種子如豆，燕麥等，門閂插在右方。

圖21示播種大型種子如豌豆等，門閂插在左下方槽內。

圖22調節門下放，進子輪左移，以消除槽內種子。

圖23調節門下放，用插骨固定特裝門以播種黃豆。播種之速度視進子輪左移距離與調節門之

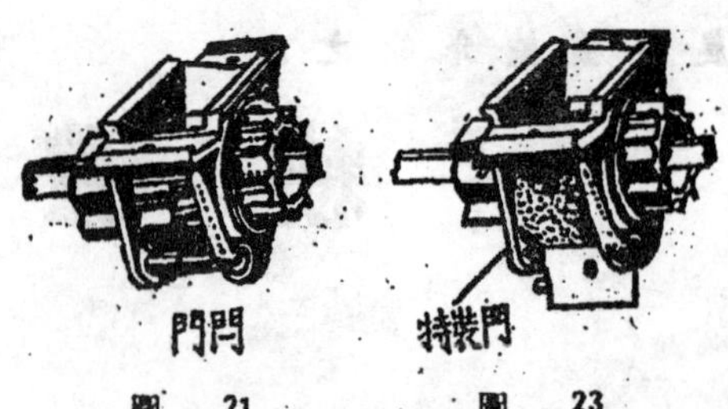

圖 21　　圖 23

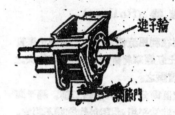

進子輪
調節門

圖 22

位置而定。進子輪左移距離增大則下種較快。

內壓法 (Internal force-feed) 爲兩面刻槽之圓輪在輪槽內旋轉，因以帶動種子

圖 24　　圖 25

進入下子口。故圓輪旋轉之速度可以決定下種之快慢。普通器分二口以活門管制之。當活門掩住左入口時，播種小粒種子如穀類。活門在右入口時，播種大型種子如豆類。

種子離進子器後引導入管子(Seed tubes)然後進入土中。導子管普通多用有伸縮性鋼管(Flexible tube)或橡皮管。

開溝裝置普通有四種，圖26爲空心鋤(Hoe)圖27爲靴形鏟(Shoe)，圖 28 爲單盤 (Single Disk)和圖 29 爲雙盤(Double Disk)。

圖 26

空心鋤之優點爲掘土性能高，種子下種位置合適，構造簡單，劣點爲下子易受濕泥及雜物阻塞。

靴形鏟之優點爲下種位置合適，構造簡單，不受雜物阻塞但掘土性能不高。

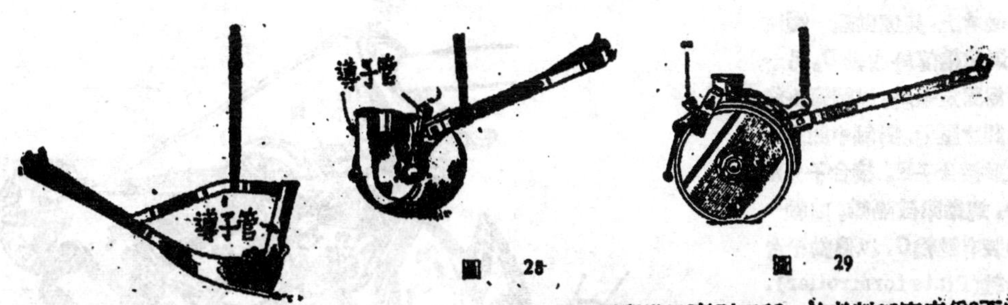

圖 27　　圖 28　　圖 29

單盤之優點爲掘土性能優良，可以在任何土壤工作。劣點爲工作後遺留溝渚，泥土不易平均。

雙盤之優點爲掘土性能良好，工作後之泥土平均且不受土質及工作環境限制。但構造複雜。且軸承容易損壞。

種子播種於經開溝機工作後之溝渚內，倘須覆以泥土。故普通播種機後常附以覆泥鍊(Covering Chains)。爲使泥土緊實以增加水份上升起見，或更附有壓土輪(Press Wheels)。

收割機(Harvesting Machine)

鐮刀(Sickle)之使用由來已久，據可靠記載，公元前1500年(或更早些)人類已開始用燧石或銅製造鐮刀。其後頗加更改，有長柄刀(Scythe)，整草刀(Cradle)等出現。長柄刀刀口較長，以增加收割速度，整草刀因收割時，可將草放定齊整而名。此項收割手工具在美國仍沿用之。壯健農夫，每日約可收割稻作物二英畝半。

機械收割機之發明始於十九世紀。1806年英人Gladstone發明圓刀旋轉收割機。1822年英人Henry Ogle創製先集稻萃之收割機。1826年Patrick Bell則創往復割刀機(Reciprocating Knife)美人對收割機之改良與貢獻，爲功亦不少。1858年Illinois州宣布關於束草機之專利權，以開日後自動束草機之先導。

近代收割機之型式，雖不完全一致，惟大概可分爲獸引與機械牽引二種。前者割稻寬度爲6至8呎，後者可至10呎。本機構造須堅而輕以便牽引。普通全機重量約爲2000磅。全機百分之八十重量由一主輪A負担。故主輪須極堅牢。主輪輪圈由鋼片滾壓焊接而成。圈之邊緣向內彎曲以增加強度。輪軸與輪圈有粗鋼管連接。輪圈外周有焊接突出物極多，以增加牽引效應。

(1)傳動部

主輪之運動經鏈輪B傳於對軸C。對軸裝於滾

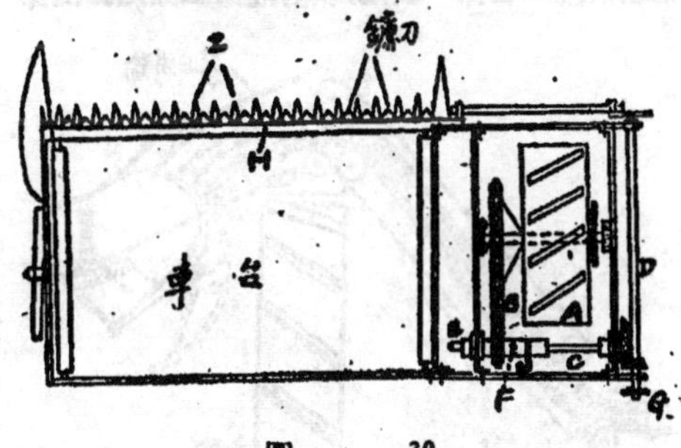

圖 30

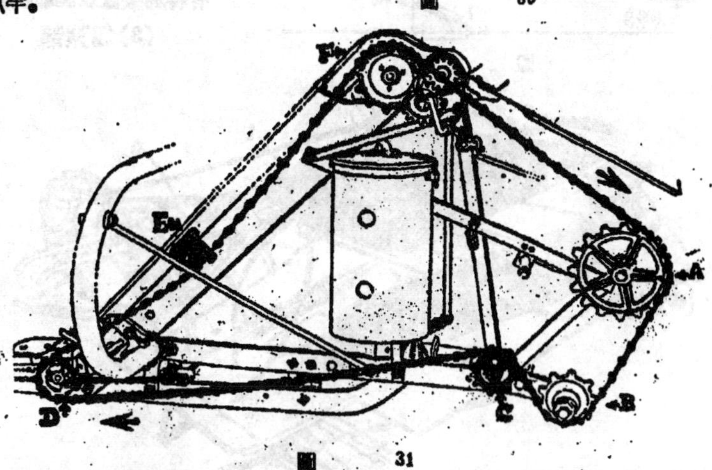

圖 31

A： 包紮器牽動輪　B： 對輪傳動輪　C，E： 鏈輪張力調整器

D： 平台滾軸　F： 帆布梯傳動輪

子軸承上，其運動經一端所附斜齒輪傳於曲軸D。另一端爲固定螺絲，以調節斜齒輪間之壓力。對軸中間爲一齒形接合子F。接合子分離時，運動即被隔離。曲軸一端裝有鏈輪G，以傳動平台對軸(Plate form roller)，帆布升梯(Canvas elevator)及包紮器牽動輪(Binder driving Sprocket)如圖31，另一端則牽動鐮刀，作往後運動。

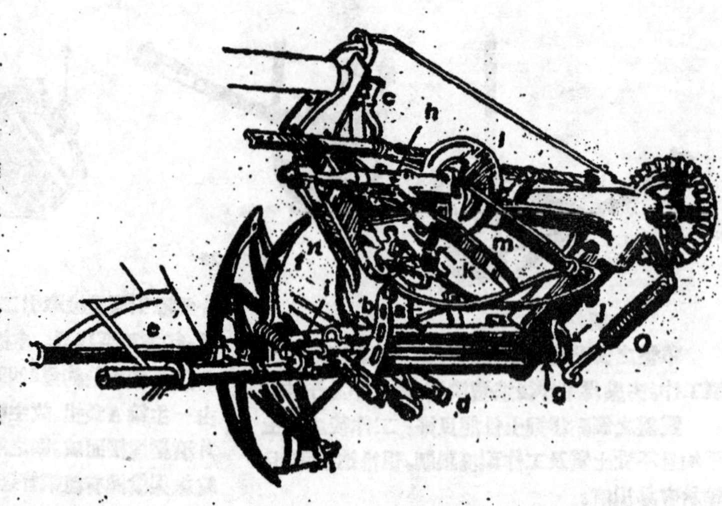

圖 34

(2)割剪部

鐮刀動齒附於割架(Cutter Bar)上，每齒間隔3吋，另有固定齒附於本台(Plateform)上。剪割時，節齒作往復運動，其行距(Stroke)爲二倍固定齒距。即自第一固定齒起，經第二固定齒至第三固定齒時始向反方向運行。當稻桿進入動齒與定齒間時，由於曲柄常動動齒，即將稻桿割斷。齒口常有細鋸口。如割草則用光口齒亦可。

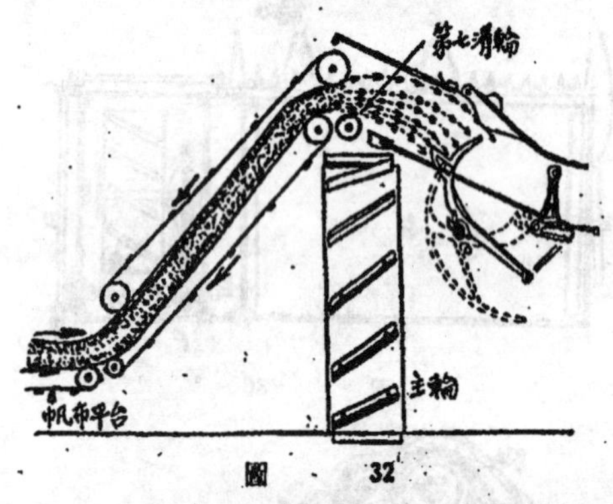

圖 32

在未開始剪割時，滾轉於鐮刀前之壓稻板(reel)先將稻桿壓近鐮刀以利剪割。經剪割後之稻莖，傾置於滾轉之帆布平台上，即被帶入。再經滾動帆布升梯而搬運至包紮甲板。滾動升梯爲上下二組滾轉帆布，輪轉動方向相同，將中間所夾之稻莖搬運而上。如稻莖過多，則上滾動帆布受壓而浮升以增加中間空隙。每組滾轉帆布有二滾軸，在上者爲主動軸，在下者爲從動軸，帆布套置其外，有特別裝置以調節帆布張力。

(3)包紮部

已剪割之稻莖經帆布升滾轉運至斜台(Deck)如圖33，有彈簧及止鈎(Trip Hook)以阻其滑出斜台。並有擋風板G及反射板(Deflector)AB免稻莖之散失。

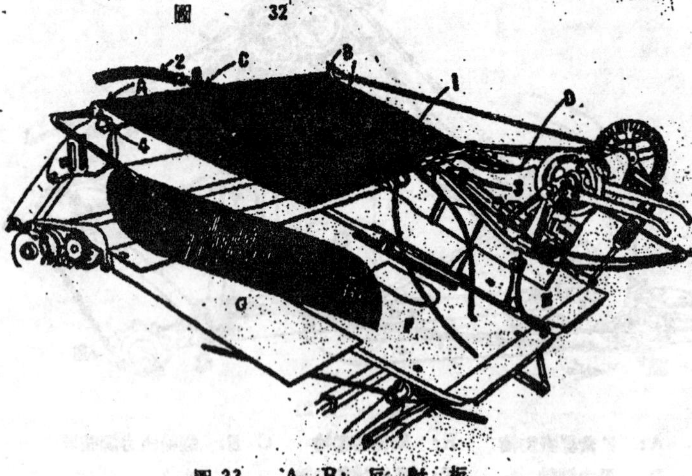

圖 33　A，B：反 射 板

包紮部之動力係由鏈輪A(圖31)經方軸e傳來如圖34，帶動壓草曲柄(Packer crank) f 及壓草桿(Packers)，桿端外露平台上，以壓緊斜台上之稻莖。當稻莖增至一定數量其壓力足够推動止鈎時，止鈎即

圖 35

圖 36

向後擺動以開放止鈎銷。同時打結軸h(knotter shat)與針軸(needle shaft)i亦開始轉動。

繩索係存於儲束罐內，沿罐頂小空(圖35)及支架CD及張力調節器e而達針軸f。經附於軸上之針h因而定於索鈎a，自針口h至索鈎a懸隔數呎。經緊壓之稻莖即堆置其上。當針軸轉動時，針即隨之轉動，適足使繩索纏繞稻索一周。時打結軸亦已轉動帶動小齒輪d(圖36)齒輪d再動打結鈎b(knotter Hook)。另有小齒輪f以轉動緊繩盤c(Twine Holding disk)。當針口h轉動至緊繩盤c時繩即繞於盤上。同時打結鈎開始工作，鈎引繩頭，適成一結。於是另一機械轉動一鋒利小刀將索鈎與結間繩索切斷。包紮工作即告完成。針口h又傳繩索於索鈎，以便第二次工作。

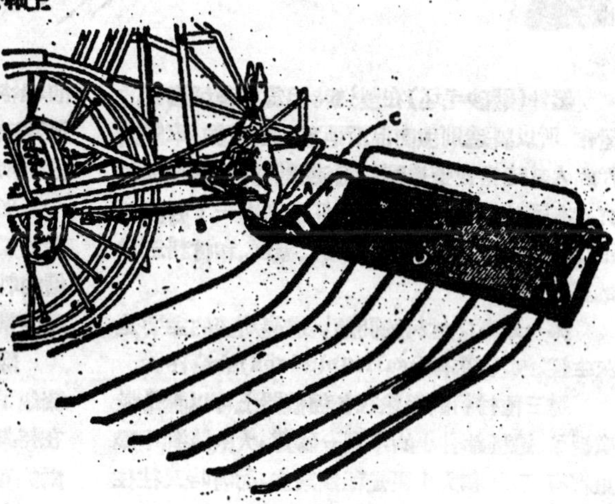

圖 37

包紮後之稻莖，為裝於打結軸之卸貨臂n(圖34)推置於盛束器上(Binder Carrier)(圖37)俟堆積相當數量後，近駕駛座處有一足踏卸乘桿可使盛束器向上反轉，拋擲稻束於地上或運貨車上。鬆控制桿時，利用盛束器所附彈簧彈力又回復原位。(待續)

12403

機械鑄件要

機械工場中的安全
依靠了完善的制度

鑄件(翻砂毛坯)在製造時因爲有種種因素的變化,所以製造別種商品所遇不到的危險,車製鑄件的人却時常會遭遇到。爲使我們能具體地探討究竟有那些特殊的危險,最好是考慮一下各種製造作業都需要的一個組合:人、機器、和材料三者的組合。

第一先考慮材料的問題,這裏所談的主要是灰生鐵、鋼、和馬鐵(malleable iron)的鑄件。

這三種材料的用途在各種機器上可以說是最廣泛了。這種鑄件小的不到一磅重,大的達到半噸重都有,形狀和大小更是種類繁多,而有時又往往是大量生產的。正因爲這些鑄件需要大批處置、車製、和裝配的緣故,穩妥的製造方法更顯得重要了。

不良的鑄件有什麽危險?

大多數鑄件在生產、車磨、和裝配時,品質優良的必然也是穩妥的。在大多數情形之下,品質不良的東西,在以後的工作過程中,常常不免要引起危險。

今日,生產設計的趨勢無疑地是向着強度更大和重量更小的路發展。這意思就是說,鑄件和所有各種商品一樣,都要受到更大的負荷,因此對於材料和尺寸的規定需要更大的注意。

毛坯不良往往就是車磨情況不穩妥的原因,尤其是當車磨表面上有疵點時,如嵌入的砂粒、氣泡、緊縮、和膨脹,都足以造成車磨的不穩妥。因爲這種嵌入的砂粒、緊縮和膨脹在車製作業中常造成切削工具的損傷。

切削工具的損傷,轉而能使工具斷折,也可能造成工作物的斷裂,而有時還會造成機械工具設備的軋傷和損壞。這種種對於機械作業者的危險是非常大的。

翻砂時泥心如果有走動,或者配合不當,或者疏忽了零件尺寸上的依件,那末翻出來的毛坯夾在持具中就不會適當,因此在車製時發生零件偏動的可能。

即使是毛坯經過車磨工作沒有什麽危險,這種不良的鑄件也非常可能就被裝配到完成的機器上去。可是在這架機器運轉的當兒,失效的事情便會發生了,尤其是當這機器的機件受到高度應力的時候。一部完成的機器中隨便那一部分失效的話,不但對實際作業者本人,而對以外的人也會造成危害,尤其是各種流動性的機器設備。

檢驗工作的聯絡員

那末,我們怎樣防止不良的鑄件進入正常的加工作業和最後的裝配工作呢?當然,最先的責任應該由翻砂管理者來負,他必需應用最新的技術,使得所出產的都是最優良的鑄件。不過我們須記得,隨便什麽成品,內部的品質總是很難檢驗的。

好幾年來我們實施過一種制度,即在翻砂間、

怎樣處置才穩妥？

同　高

工場、與檢驗人員之間設立一個聯絡員。這個聯絡員直接報告翻砂間的最高管理者，把每天所發生和翻砂成品性質有關係的事情帶回給翻砂間。

這個聯絡員在翻砂間和機工場都曾學習過各方面的工作，確有能力探究並視察各種各式的車磨問題。他貢獻意見給機工場中的人和翻砂間負責出產鑄件的人。

因爲檢驗人員並不能檢驗出鑄件內部的品質，於是這種聯絡員的正常任務，可以說就是檢驗者在檢驗產品品質時的耳目了。

焊接法要控制得適當

焊接方法要是控制得不當，而如果焊接的地方是在車削過的表面上，或者是須鑽孔或絞螺絲孔的地方，則必然產生困難而且危險的作業。在預熱時，焊接時，和再熱時都必須極端謹慎，以避免砂眼和硬塊，免得車磨困難。

翻砂時泥心如果有走動，或者配合不當，或者疏忽了尺寸上的條件，那末翻出來的毛坯在車製時便有零件偏動的可能。

在一個新的零件上開始工作時，我們發見所夾住的邊緣厚薄大有上下，結果有一種危險便是零件在車磨時被擲出機器外去。

起重機和吊車必須能承當重大的重量，輸送器必須有最大的效率，使各個作業者只消化費最小的力氣。

穩妥的處置方法

因爲鑄件的形狀和大小千變萬化，粗重機件的搬運實在需要特製的鉤子和導具(jigs)。它們須使作業者能隨時取起和運送鑄件，要什麼位置便什麼位置。利用了這些，意外事情便可以大大減少了。

每個人必須受適當的訓練以担任每一種工作，並且須懂得怎樣維持安全的作業情況。我們要明白，人是習慣的動物。我還記得我們廠中雇用的一個材料運送者，他本來是在一個牛奶棚中送牛奶的。當他被雇了幾天以後，有一次他所運送的車子上有一塊大鑄件從頂上跌下來了，他竟不由自主地伸出脚去想擋住那塊鑄件，因爲他一向對牛奶瓶是如此的。

維持安全的主要責任，應該落在工場的最高監督者身上。他可以和廠中的訓練組或者指導的技師們共同担負起責任來，指導技工怎樣運用機械工具設備。不過，技工將機器設備等運用得是否妥當，監督者應該要負完全的責任。

養護問題

監督者一經察覺機器設備有不良的狀態時，如果能立即注意召喚修理或養護人員，則必能維持安全的狀態和優良的品質。維持機器設備等在良好狀態，幫助技工們解決日常的困難問題，是一個監督者要繼續把握住技工們信心的不二法門。

人既然是習慣性的動物，那末如果遇到負荷不穩妥，或者工作地區紊亂，而工具等儲藏的情形不妥當，技工們就往往會把這些情形當作正常情況而接受的，除非監督者立即堅持把這些情形糾正過來。

紊亂滋生故障

紊亂滋生事故和損壞。監督者必須堅決要使材料有條不紊而安全地裝載而帶入工場，並且使他的全體人員一直保持這種情況。他必須堅決要使機器周圍的工作地區清潔，而機器的各個部分都爲作業者所易於達到。

要成爲一個穩妥的作業者，必須要有能力知道，什麼時候那機器是負荷過度了，什麼時候那工具是切削得不適當了。他對他的機器的整個作用必須非常熟清，而當發生故障時尤須反應迅速而有敏捷的措置。

(摘譯自 Safety Engineering, Sept. 1947)

編輯室

這一期介紹了勝利後規模最大，執中國紡織界牛耳的紡建公司。正當美國培植日本復興聲中，國人應該不忘記在過去八年抗戰中，我們全國軍民是化費了多少血肉才換得這樣一個勝利的果實！到如今犧牲在抗戰中的無數同胞屍骨未寒，假使，我們忍令日寇東山再起的話，那末，就是這一點點紡織事業的基礎，恐怕又有淪於敵人手裏的一天！技術界的人士和工業界的人士應該正視此問題。

上期裏本刊，有二篇文章獲得很多讀者的歡迎，那就是發火合金和農業機械介紹，前者是一位讀者王子厚君的來稿，經過本刊編輯室略加改正後發表的，因爲是他個人的研究心得，所以很是實際有用。本期王寶爽君的算尺解多次方程式的研究，雖然對於工程方面尙少實用的例子，但是數學上仍有很大的價値，所以我們也把它發表了。

農業機械的介紹本期又續刊一篇，讀者如有興趣，我們還能經常供應此類材料；同時，住在上海的讀者們，希望不要錯過本月廿四日開始在復興公園舉行的農業展覽會。本刊所介紹的各種機械，正在這個展覽會中公開展覽。

有很多讀者希望本刊能發表些反映技術人員生活的文字，例如電力公司的生活，紡織廠的生活之類。我們想，如果有讀者能經常報告各處公司工廠或工業學校的生活情形的話，先請來函試稿一篇，合則除致奉稿酬外，并每期致送本刊一本，作爲本刊的特約撰稿人，希望讀者能響應。

圖解的文字，一向爲讀者們所歡迎，本期發表的圖解汽車修理學是一種新的嘗試，以後若有新的材料，我們可以經常發表。

下期裏本刊已决定介紹最近開工的天利淡氣廠，天利廠自抗戰時遭敵人損毁，勝利後積極籌備復工，待機件裝配完全，又因電力限制遲遲不能生產，經半年之爭，電源問題，才得解决，中國工業界所受之磨折，於此可見。

近來因紙價工料激漲，每期成本也跟隨上昇，本刊爲一民營雜誌，一向并無配給報紙，所以，定價和廣告費用也不得不正比例調整。但是本刊素不以貿利爲目的，各方面來稿又是十分踴躍，爲了不使讀者和投稿諸君失望起見，本刊的篇幅仍維持原有的份量，這件事在最近階段內的確是一件非常困難的工作，現在只有希望讀者能自動響應，多介紹直接定戶和廣告，以掲開支。

工程界讀者的研究心得：

用普通計算尺來解高次方程式

王　寶　輿

前　言

用計算尺來解三次方程式，在普通計算尺的說明書中，只有限於“$x^3+ax^2+b=\triangle$”形式的解法。四次方程式的解法，也只能用在“$x^4+ax^3+bx+c=0$”的特種形式上，並且還需要兩支計算尺很是不便。本文預備介紹作者設計的一種方法，在計算尺上加些特製附件，利用來解任意三次四次和五次方程式。（嚴格的說起來，其實並不好說是“解”，而是在算尺上讀出三位至五位數字的根的近似值。）這樣在遇到這種問題時，可以節省不少勞力和時間。

在設計的時候，因爲要限於利用普通的計算尺，並且附件能够便於裝拆。拆除以後，並不礙計算尺的其他用途，所以在設計方面就有了許多困難。同時由於計算尺的長度所限制，在許多情況下，使用遂多一週折。在各種特別情況下計算的方法，在附註中當一一另加說明。不過若是對計算尺的運用及原理熟悉以後，也就很容易理解和熟練的。

假定利用最簡單的計算尺，爲說明方便起見，分 A，B 二種計算尺 A 種只有基本的“II_2”“II_1”，和平方的“I_2”和“I_1”四條綫，B 種則多一根立方的“III”綫。A 種只能解任意三次和四次的方程式，五次的則僅 B 種能解。

附件和加工的圖形

(甲)附件

參閱圖 1；“h”尖端，一面塗紅色；一面塗綠色。共四枚。

“m”指標，四枚塗紅色；四枚塗綠色。共八枚。

(圖 1)尖端用鋼鐵片做，裝在滑動尺兩端附中的槽裏面，用小螺絲夾緊固牢。每邊插一個指標則用鐵片做，套在固定尺及滑動尺上面的細鋼絲上。

“n”指標，一枚塗紅色；一枚塗綠色。共二枚。

紅色和綠色是爲了區別計算時加減所用，在下節當詳爲說明

(乙)滑動尺的加工

在滑動尺兩端的中部，都挖去一條槽，預備裝置尖端“h”之用。是很細的小孔，用以固定細鋼絲，以作指標滑動之用。參閱圖 2。

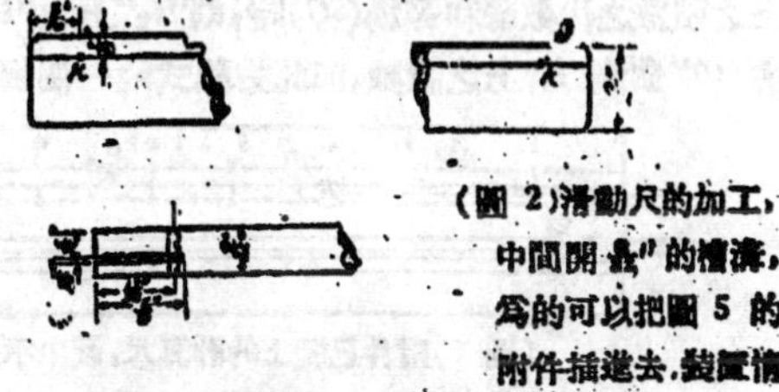

(圖 2)滑動尺的加工，中間開“g”的槽溝，爲的可以把圖 5 的附件插進去，裝置情形看圖 5。另外開兩小孔把細鋼絲裝上。

(丙)固定尺的加工

在固定尺上，也加上兩根極細的鋼絲，使指標可以在上滑動，如圖 3 所示。

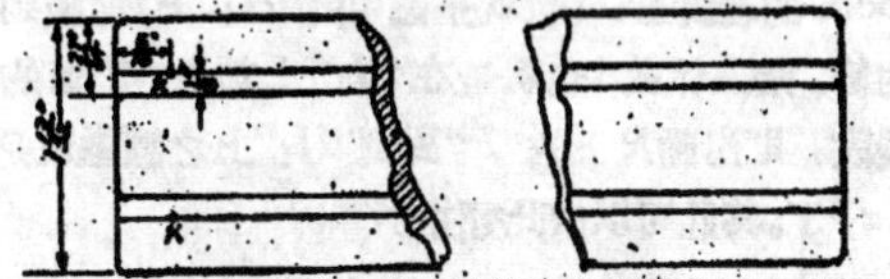

(圖 3)在固定尺上兩邊都裝兩根細鋼絲，指標套在上面，可左右移動。

(丁)滑動尺兩端附件的裝置

另件的圖樣，如圖 4 所示，此另件在滑動尺的兩端各裝一個，而把尖端“h”裝在上面。另件，和滑

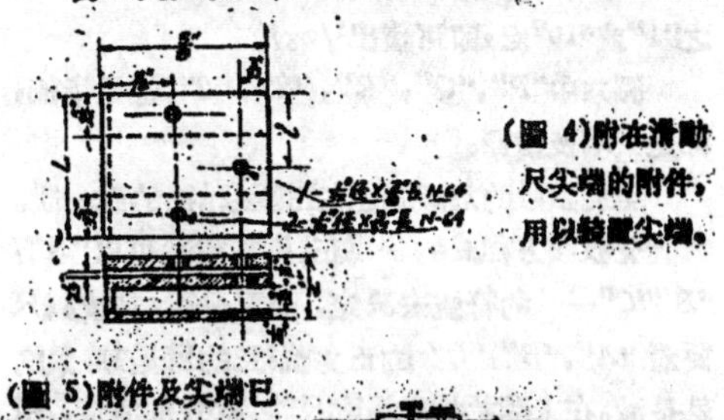

(圖 4)附在滑動尺尖端的附件，用以裝置尖端。

(圖 5)附件及尖端已裝在滑動尺上的情形。

動尺，尖端的裝配，可參閱圖 5。

解法說明

(甲)用A種計算尺解三次及四次方程式

1. 三次方程式：

設方程式爲 $ax^3+bx^2+cx+d=0$

全式用 dx 除之；得 $\frac{ax^2}{d}+\frac{bx}{d}+\frac{c}{d}+\frac{1}{x}=0$ 即：

$Ax^2+Bx+C+\frac{1}{x}=0$ 參看圖6 將"P"對到"II_2"上之A處；"Q"對到"I_2"上之B處；"T"對到"I_1"上之"1"或"10"處；拉動滑動尺，使"P"在"II_1"上之讀數，"Q"在"I_1"上之讀數；"T"在"I_2"上之讀數之代數總和等於$(-C)$時，則"I_2"上之"1"或"10"對到"I_1"上之讀數，即此方程式的一個根。

(圖 6)附件已裝上的計算尺，圖中示指標和尖端的裝配方法和在計算時的地位。

因爲根據計算尺的原理，綫條都是按照對數的數值分劃的；所以兩數相乘，就是該兩數對數的綫段相加。設在I_1上，也就是在基數等於25cm長的綫段上，x等於x_1則x_1^2就是該數對到基數等於½的25cm 的綫段上，(也就是圖中的"II_1"上)所讀到的值。乘上係數A也就是在"II_1"上加上"A"值的綫段，則滑動尺上的"P"對到"II_1"上之讀數就是Ax_1^2了。其餘可以依此類推。

$\frac{1}{x}$呢？在對上說起來，也就是"$\log 1-\log x$"今在"I_1"的"1"或"10"對到"I_2"的讀數就是了。假如另有一個係數的話，那加上此常數在"I_1"上的長度就成。其餘D/x^2依此類推。將"T"對在"I_1"上之"1"或"10"處，即可讀出$1/x$。)

圖六中"P"，"Q"，"R"，"S"，"T"都是指標，都是尖端及指標。

至於讀數的加減問題，在這裏稍微的說一說。我們先設該方程式的根爲正，則加或減可以"A"，"B""C"……的符號去決定，也就是說：加或減只要看"A"，"B"，"C"的正負號；正的就是加，負的就是減。在未開始拉動滑動尺時，就分別清楚，用紅的指標來表示加，綠的指標來表示減，那麼在看的時候，更爲清晰方便。這是所以備紅綠兩色的原因，在計算時，可以先用一張紙，一行寫紅指標的讀數，一行寫綠指標的讀數；再寫上常數項在相當的行裏。先拉一個位置，依上面的法子寫好了各個的讀數；大致的看一看，是不是二行的結果差不多，或是相差很遠。假如相差很遠的話，重新拉一個較大或較小的數目。假如差不多了，只要稍微的向左或向右拉一下，以使二行的結果一樣。

假如x根爲負時，則偶次項的符號不變；奇次項的變了一個符號；拉法同前。

(乙)用B種算尺解三次，四次，及五次方程式

1. 解三次方程式：$Ax^3+Bx^2+Cx+D=0$ 先使滑動尺和固定尺對到原來的位置，也就是滑動尺上的"1"和"10"和固定尺上的"1"和"10"相合，使"R"對到"III"上之A處；"P"對到"II_2"上之B處；"Q"對到"I_2"上之C處；拉動滑動尺；使"R"在"III"上之讀數；"P"在"II_1"上之讀數；"Q"在"I_1"上之讀數之總代數和等於$(-D)$時，則"I_2"上之"1"或"10"對到"I_1"上之讀數，即此方程方之一根。

2. 解四次方程式：$ax^4+bx^3+cx^2+dx+e=0$

全式用ex除之，得 $\frac{ax^3}{e}+\frac{bx^2}{e}+\frac{cx}{e}+\frac{d}{e}+\frac{1}{x}=0$

即 $Ax^3+Bx^2+Cx+D+\frac{1}{x}=0$ 先使滑動尺對到原來的位置；使"R"對到"III"上之A處；"P"對到"II_2"上之B處；"Q"對到"I_2"上之C處；"T"對到"I_1"上之"1"或"10"處。拉動滑動尺。使"R"對到"III"上之讀數；"P"在"II_1"上之讀數；"Q"在"I_1"上之讀數；"T"在"I_2"上之讀數之總代數和等於$(-D)$時；則"I_2"上之"1"或"10"對到"I_1"上之讀數，即此方程式之一根。

3. 解五次方程式：$ax^5+bx^4+cx^3+dx^2+ex+f=0$

全式用ex^2除之，得 $\frac{ax^3}{e}+\frac{bx^2}{e}+\frac{cx}{e}+\frac{d}{e}+\frac{1}{x}+\frac{f}{ex^2}=0$ 即 $Ax^3+Bx^2+Cx+D+\frac{1}{x}+\frac{F}{x^2}=0$ 先將滑動尺和固定尺對到原來的位置；再將"R"對到"III"上之A處；"P"對到"II_2"

12408

上之B處；"Q"對到"I_2"上之C處；"S"對到"II_1"上之F處；"T"對到"I_1"上之"1"或"10"處。拉動滑動尺，使"R"在"III"上之讀數；"P"在"II_1"上之讀數；"Q"在"I_1"上之讀數；"S"在"II_2"上之讀數；"T"在"I_2"上之讀數之總代數和等於($-D$)時，則"I_2"上之"1"或"10"對到"I_1"上之讀數，即此方程式之一根。

補充說明

1. 如遇有"T"對不到"I_2"上之一讀數時，可將滑動尺向相反的方向拉；或將"T"拉到"10"或"1"的另一位置。

2. 如遇有"P"或"Q"在"II_1"或"I_1"上對不到一讀數時，可讀"P"或"Q"之另一端在"II_1"或"I_1"上。上之讀數；有時要把"P"或"Q"裝在另一端的頭上。

3. 如遇有"S"對不到"II_2"上之一讀數時，可將滑動尺向相反的方向拉，或將"S"移至($10F$)或($F/10$)處；有時可取適當之數字倍之或除之後之數字上，對到讀數時，再用原來的倍數除之，或除數乘之。至於所用的數字以簡單方便爲原則，拉者用時酌取決定。

4. 如遇有"R"對不到"III"上之一讀數時，可將A乘或除十倍或百倍，得一讀數後，用原倍數或除或乘，使其還原。

編者註：本篇作者曾來函聲明保留此算尺附件之發明專利權，凡讀者如有興趣討論或仿製者，請逕函天津北洋大學工學院作者接洽。

明日的汽車　·欣·

1947年的汽車，在基本的認計上可以說是沒有什麽根本的變化，這是因爲供求尚未達到一定水準之故，如果供過於求的時候，就會有理想的汽車在明日出現。

明日的汽車將有這許多改良的地方：車子的重量分配在前後軸上更見均勻，車輪外懸(Overhang)亦較少，這樣可以增加車輛的行駛性。車窗變得更大，遮風前窗將擴展至上向和下向地位，左右也有玻窗，使視野更擴大。變速器(牙齒箱)將全部用自動式。車子內部的襯料將都改用玻璃塑料，墊子則用海棉狀橡膠，不用彈簧，這樣可以使車子內部易於清潔。汽油引擎的效能亦將更高，應用高度辛烷值的汽油，故可使汽缸壓縮較高，哩數增高，當然，强有力的液力制動器是必需裝置的，始可符合高速率的要求。每只車輪將是獨立懸持，車胎則較小較胖，內容的空氣亦較少。

關於狄塞爾引擎的前途，多數人認爲在卡車或公共汽車上將大量採用這一種引擎，還有猜測，不久的將來，蒸汽引擎推動的汽車又會回復出現，到那時，眞正是名符其實的『汽車』了。

美國政府的科學研究政策　迪

美國總統科學研究司發表長期科學研究政策，它的要點有：

1. 研究費用應至少爲全國總收入之百分之一；其中四億四千萬用在純科學，三億用在醫學，十億用在應用科學上(軍事科學不在內)。

2. 計劃中所需要的技術人才，現在十分缺乏。所以研究事業只能漸漸擴充，到一九五七年才能實行全部計劃。

3. 設立永久性聯絡機構，制定統盤計劃，使各種研究都能平均發展，不致互相重覆。

4. 修改公司稅法，奬勵各公司撥更多欵項作工業研究。

5. 研究各種阻止研究事業發展的因素。(例如各鐵路所現存的大量老式設備)。

6. 設立國立科學基金，供給各大學作基本性研究。

7. 在各學校設立科學科系學生免費額。

8. 各科研究必須預籌五年研究費，以便安心研究。

9. 政府供給民間團體研究科學欵項，可直接支付補助費，不必訂立契約。

10. 在馬歇爾計劃內訂定：恢復歐洲科學研究之條件爲自由交換各項研究情報。

11. 應改良，翻譯和分配蘇聯所發表的科學研究成績。

(自Product Engineering-October1947)

依靠佩戴者手腕的揮動，錶中的搖擺錘使發條絞緊了。

準確的

自動手錶

·安 弦·

在各種新式手錶中，許多人認爲最希奇的就是不用開發條的自動手錶了。這錶的走動原理並不是一種「永恆運動」(Perpetual Motion)的關係，卻仍需要人力的轉儲，不過變換一種方式罷了。普通手錶都是用旋鈕來絞緊發條的，但是自動手錶卻依靠着佩戴者手腕的揮動，影響錶中的搖擺錘，乃使發條旋緊；所以同樣要有人力原動，如果自動手錶擺置一旁不加揮動，那是仍舊要停走的。

這種手錶現在只有瑞士貨，講到它的製造，卻亦有二百多年的歷史了：遠在公元1700年時，已經有幾種不用旋鈕而用槓桿作用來絞發條的手錶出現，但是那時只作爲一種新奇的玩意兒，人們並不喜愛這種無鈕手錶。直到公元1800年之後，方才有幾種比較成功的無鈕錶發明出來。其中最著名的是法國製錶匠伯來格 (A. Louis Breguet) 所發明的自動掛錶，那時候拿破崙第一就有這樣一只掛錶，這只錶直立在口袋中的時候，會因爲人的行動把裏面的重錘一上一下的擺動而使發條絞緊，這一個機構的略圖，如圖1所示，爲了使讀者清楚了解起見，機件的排列與實在的東西，略有出入，但是原理卻完全相同的。

自動錶的主要機構

請讀者細看這張簡圖：左端是一個重錘，固然在中間的心軸上，重錘的另一端爲螺旋狀的游絲所平衡。雖然，這游絲根據虎克定律，轉距與其角度的變化成正比例，但是槓桿的移動孤度比較起來是非常小的，所以游絲的轉距可以認爲相當穩定，而重錘在任何位置可以平衡不變。此外，如果需要調整轉距大小時，可以絞緊或放寬游絲末端的螺旋軋頭。重錘在二根阻擋彈簧之間可以作合理的來往，不致有過分的撞擊現象發生。重錘上面有掣子一只，以彈簧與撑牙嚙合(彈簧圖中未見)，對面另有一掣子用在防制發條的後退，撑牙是與絞發條的齒輪系中小齒輪互相楔住；但與重錘心子不生聯合關係。所以當這只錶在佩戴者行動的時候，裏面的重錘開始上下擺動，撥動撑牙即使發條絞緊。因爲撑牙與發條之間的有一個傳動輪系，所以，即使並不十分大的力量，仍能絞緊發條的。

上面這種自動錶是比較老式的，現在新式自動手錶，構造上當然還要精密得多。不過，在沒有談到它底構造起見，我們應當先解決一個問題，那就是：如果佩戴的人在作過分劇烈的運動之時，重

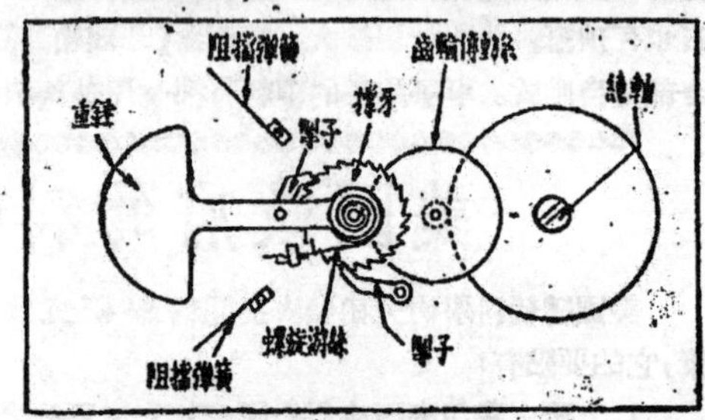

圖 1

錘上下得過分厲害，我們可以用什麼方法來防止發條的斷裂，或過分旋緊的情形呢，這的確是一個必需先行解決的問題，現在我們可以用二個方法來完成防制旋發條過度的弊病，在下面有比較詳細的說明：

防制過度緊旋的機構

圖2是一種比較老式的方法 這個方法不需用特種發條，仍舊是一端鈎在總軸，一端固定在發條

匣蓋的邊緣上；那末裝在重錘上的掣子，可以改用一種形狀像圈環(loop)似的葉片彈簧，一端與重錘固定，另一端則爲重錘的軋片夾住，使不致過分超出範圍；這根葉片彈簧的作用和掣子相同，但其張力適足以使發條絞緊爲度，如果發條已經絞緊，重錘的擺動，只能使彈簧的圈環部分振盪，除非發條逐漸放鬆，決不致把發條更加旋緊以致斷裂的了。

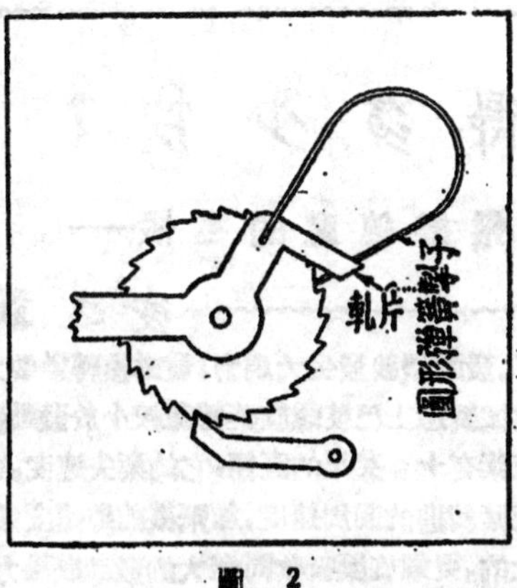

圖 2

另外一種構造是比較普通爲一般所採用的。這種錶除了自動的機構外，仍舊有旋發條的心子和旋鈕等裝置。發條的內部卻有一種叫做滑動彈簧(Slip Spring)的構造，即主發條并不是直接鈎在匣蓋的內部，卻有一端鈎住了若干撐條(Brace)

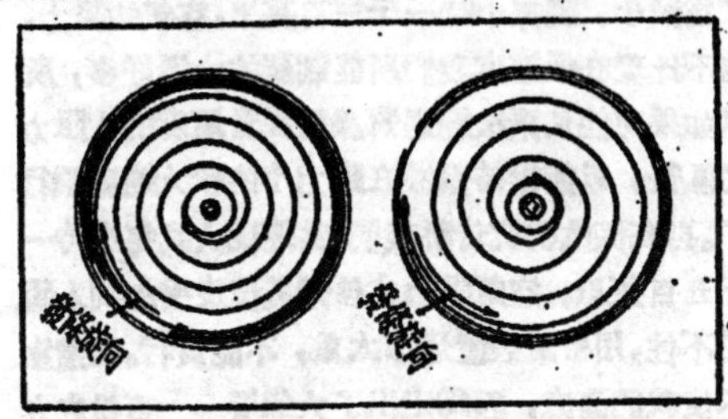

圖 3

如圖3所示，這就是所謂滑動彈簧。式樣亦有二種：圖3(a)所示的是撐條沿着發條外圈，當旋時，發條與匣蓋內部有磨擦發生；圖3(b)所示的則爲撐條的方向恰與(a)相反，但在旋發條時，亦有同樣的磨擦力，使發條旋緊；不過二種式樣，雖然方向相反，在過度緊旋的時候，就有滑動發生（因爲發條外端並不與發條匣鈎住），當然不致使發條斷裂了。發條的潤滑自然應該十分完善，目的在使磨擦正常，撐條的彈力作用於發條匣上的時候，可以有正常的磨擦阻力。

自動手錶

現在自動掛錶是不大製造的了，原因是一則手錶較掛錶來得流行，還有是因爲現在通行的掛錶（薄型的或是運動計時用的）不大可能再加入自動旋發條的機構，因此自動手錶就風行一時了。

自動手錶的構造事實上與掛錶相似，所不同的就是在使重錘作用的方向比較上來得複雜些；手錶在擺動的時候是一種移動作用，并且方向可能不祇一個，有好幾個平面的方向，因此，手錶重錘的中心就要根據它運動中心來決定，同時，它無需平衡用的游絲。結果是在手錶重錘轉動的正方向，使發條絞緊，反方向即滑過了撐牙的一個牙齒，并且手腕在不論那一個方向旋動時，對於重錘都有相同的效果。

大多數近代設計的自動手錶，在佩戴者平均一次運動三至六小時的時間可以使手錶走動三十六小時以上，無需運動。因爲在它正常的情形之下

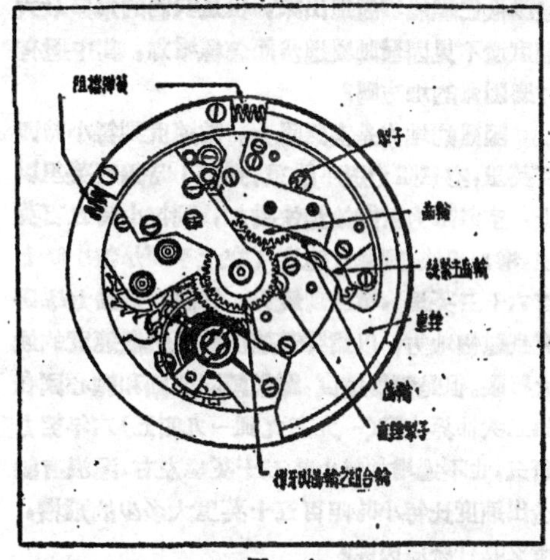

圖 4

是完全把發條絞緊的，如果比較同樣相等條件之下別的手錶，那末自動手錶的準確性要大得多。別種手錶是要每天開一次的，所以發條所受的轉距不容易一定不變，現在自動手錶的發條是永遠有力的，這樣一來，擺盤所走的弧度在擺動的時候，總是相等，因此，錶就不大會走得或快或慢，自動手錶實在要比普通手表時準確些。

圖4是一種MICO廠出品的自動手錶後部表蓋揭開的情形。整個的繞發條機構都裝在游絲擺輪右面的板後，如果把螺絲旋去，便可以全套卸下，剩下來的機構仍能如普通手錶同樣地以旋鈕

（下接38頁）

~航空談座~

飛機可以飛得多少快？

——噴射式發動機打破了飛機速度的極限——

凌之鞏

拉力由螺旋槳發生，已經說過。飛機前進，在空氣中磨擦，發生阻力。當拉力大於阻力的時候，飛機速度增大；當拉力小於阻力的時候，飛機速度減小；當拉力等於阻力的時候，飛機便等速前進；這很容易明白。那麽，飛機究竟飛得多麽快呢？

我們最先可以說的是：因爲拉力是由發動機推動螺旋槳發生，發動機發生的馬力愈大，飛機的速度就可以愈大。現在飛機發動機已進步到不足一磅的重量便發生一匹馬力，三千匹馬力的飛機發動機已經能夠製造出來，但是我們的飛機最大速度還不見因發動機進步而怎樣增加，其中還有什麽困難的地方嗎？

困難的地方是空氣阻力。當速度到每小時四百英里，空氣阻力還不嚴重，到每小時四百英里以上，空氣阻力就開始加快增加，到每小時五百英里，增加更快，到聲音速度（在水平面是每小時七百六十三英里），增加到最大。從前空氣動力學研究到這個地方，以爲聲音速度將是飛機速度的最大極限。但是飛機速度，雖然經同盟國和軸心國在第二次世界大戰（一九三九到一九四五）六年努力研究，也不過增加每小時五十英里左右，還沒有製造出速度比每小時四百五十英里大多少的飛機，這又是什麽原因呢？

雖然飛機速度在每小時四百五十英里，還沒有到聲音速度，但螺旋槳的效率已經大大的降低了。發動機要發生大馬力，發動機轉數要大，雖然機械製造上已使螺旋槳轉數較小於發動機，但螺旋槳有十多英尺的直徑，它的葉尖速度，等於因螺旋槳前進的圓周速度，加飛機前進速度，數值是很大的。要螺旋槳吸收同樣大的發動機馬力，傳達到空氣，我們可以增加螺旋槳的葉數，來減小螺旋槳直徑的距離，但螺旋槳的效率因葉數增加而減小。

自從德國發明火箭武器後，『聲音速度將是飛機速度的最大極限』的說法，已被打破了。德國的火箭是在六十英里以上的高空，用每小時二千五百英里的速度去炸英倫的。德國的火箭用噴射式發動機來推動，它沒有螺旋槳，也沒有螺旋槳轉數大所遇到的困難，但火箭本身何以能夠超過聲音的速度呢？

原來當速度大過聲音速度的時候，空氣阻力反爲減小，到每小時一千三百英里，空氣的阻力，並不比現在低速度我們所能制勝的大過好多，所以如果可能使飛機經過那靠近聲音速度的大阻力範圍後，就能維持飛機在阻力小的較大速度飛行了。再高深的研究告訴我們，當速度大到每小時一千五百英里，空氣阻力會使飛機溫度增加到人體受不住，用冷氣裝置恐怕太重，不能實行。但這並不使我們憂慮，因爲走出了大氣層——百份之九十七重量的空氣都在十八英里以下——來飛行，這問題就解決了。德國的火箭證明這高空飛行已

自動手錶 （上接37頁）

使用。普通手錶如果略加改動，也能改裝成自動手錶，所以對於大量生產而言，實在是個好法子。在這張圖內，重錘繞錶中心地位的心軸擺動，這根心軸是裝在一個架子上的，架子上並裝有一組齒輪和擒縱輪的機件。在心子上有一只棘重作用的齒輪，當重錘循逆時針方向擺動時，就給重錘掣子驅動（如撑牙的作用），同時，也傳動齒輪A，使發條旋緊。如果重錘向順時針方向擺動時，齒輪A的動即爲另一掣子按住，以防放鬆彈簧的作用。在齒輪A的下面有一只小齒輪，去驅動齒輪B，在B下面的一只小齒輪再去轉動發條輪，使發條繞緊。此外，在錶的外圍，另有阻擋彈簧二個裝在固定於錶殼的鋼塊上面，目的在使重錘擺動不至超出範圍，同時又可防止過分的撞擊。

其他牌子的自動手錶，構造都和此相彷，所不同的僅是機件的式樣，和裝置方法而已。

經成功。

噴射式發動機打破了飛機速度的極限，它是怎樣的一個東西呢？它的原理和構造都很簡單：一個圓球汽缸，一邊有一孔，燃料在汽缸裏燃燒後，膨脹的氣體在圓球四周的壓力都互相抵消了，只剩有孔的一邊，不能抵消對面的壓力，這部份的壓力就使飛機前進，燃燒過的氣體由小孔噴射出來。不要以爲汽缸外面的空氣給噴射出來燃燒過的氣體一種反作用力，使飛機前進，這是錯誤的概念。因爲圓球汽缸有孔的地方，氣體的壓力和空氣的壓力是一樣的。汽缸外面沒有空氣作用也一樣。噴射式發動機用什麽燃料都可以，現在用的是酒精或汽油。發動的時候要用火嘴，但發動過後，汽缸裏連續爆發發生，就用不着火嘴來點火了。噴射式發動機不需要液冷或氣冷的設備，只要發動時簡單的點火裝置，也沒有複雜的潤滑問題，於是設計和養護噴射式發動機都極簡單，它的重量也輕。噴射發動機推動的飛機，飛行時不振動，也不嘈雜，駕駛員說只聽到飛機在空氣中滑過哼哼的聲音。在地面看噴射式發動機推動的飛機飛過的時候，由於渦輪的旋轉，和氣體的噴射，倒聽到一種尖叫。噴射式發動機在構造上可以分做下列三種：

第一種，攜帶液體養氣，不需要外間的空氣來使燃料燃燒。德國的火箭便屬於這種。這種噴射式發動機將來會把人類帶到大氣層以外飛行，可能飛到別的星球去。

第二種，要用外間的空氣來使燃料燃燒。裝這種噴射式發動機的飛機不能到大氣層以外飛行，但它一定比普通的飛機飛得高得多。這種噴射式發動機已使飛機的速度增加了每小時一百英里以上，將來進步可能使飛機的速度大過聲音速度。

第三種，除利用噴射的道理，還利用噴射的氣體推動渦輪，然後帶動螺旋槳。這種噴射式發動機可能利用到火車，汽車，和輪船上。裝這種噴射式發動機的飛機，當然仍受螺旋槳效率的限制，飛機速度不易超過每小時五百英里以上。

第一種噴射式發動機推動的飛機，飛機速度將無極限，在大氣層以外，飛機在每小時十萬英里的速度飛行是可能的。或許有人要問，人體在這樣大的速度旅行會受得住嗎？地球上的東西都跟着地球日夜在每小時一千英里的速度旋轉，整個行星系統也常在每小時五十萬英里的速度在空間旋轉，航空醫學上還沒有說在大速度旅行對人體發生問題，我們安心等着噴射式發動機進步，來把我們帶到月球上去玩吧。

12413

焊接術講話之三

怎樣焊接支管？

·梅 志 存·

除了上述各種練習外，美國焊接學會的甄考試驗程序還規定要學習者完成8吋管子的定位焊接。管子接合處相對兩端均須切斜成35°角，使內夾角爲70°，V槽底並有直槽，如圖2中B-2（本刊三卷二期）所示。依照美國焊接學會的規定，這種焊接接合的管壁厚度最薄要$\frac{3}{8}$吋；所以10吋管子或8吋特强管（extra_heavy pipe）都可選用的。燒焊工作仍依照圖23所示的6吋管子定位焊接法一般。

配妥準備焊接的管子

取8吋管子兩段，端緣直切；放置使接合處的兩管端相距1吋左右。然後把鋼帶（steel band）一條塞入管子，使撑在兩管端間隙處，如圖26所

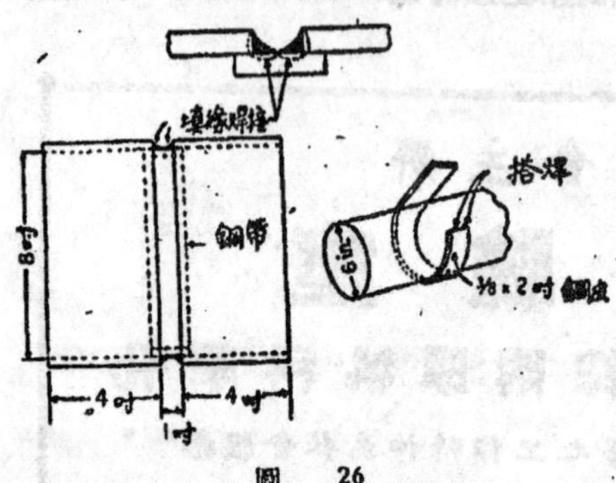

圖 26

示，鋼帶可用下法製成，把$\frac{1}{8}$吋×2吋鋼條的一端搭焊在6吋管子上，用吹管火焰把它燒熱，使之依照管周變曲成形；成形後熔去搭焊即可取用。這樣製成的鋼帶，它的曲度適可配合8吋管子的內徑。兩管端緣均須與鋼帶搭焊三點。因爲是施行定位焊接——管子不轉動——所以要照施行6吋管子定位焊接一般，把搭焊好的管子穩固地夾住，圖25（參閱三卷三期）。施行兩管管端與鋼帶間的填緣焊接，從管子底部開始順着一邊焊到頂部；於是重行從底部開始順着另一邊再焊到頂部。每次把填緣焊接的基部約熔合$\frac{1}{8}$吋時，熔入焊料，使焊接接合的外形成圖25所示的式樣。吹管和焊料絲的握持法，是和施行$\frac{3}{8}$吋鐵鈑的架空焊接和垂直焊接一樣的。

支管焊接法

從較大直徑總管上接焊較小直徑支管的工作，因爲管壁厚度的不同，常使經驗不足的工作者感到困難。下述各種焊接練習，都可增進這種經

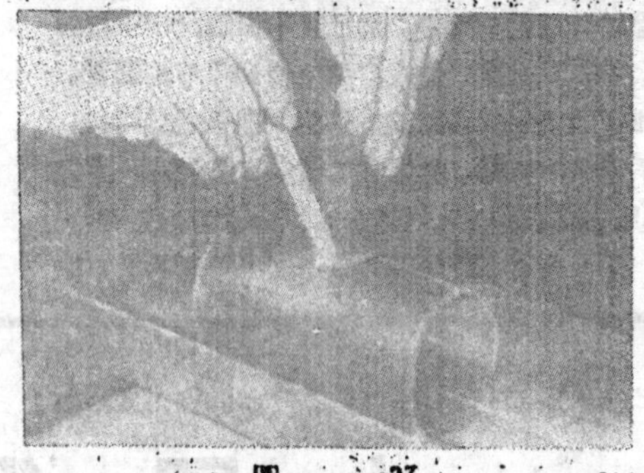

圖 27

驗。現在先把1吋管子接在3吋管子上，焊接成T形管。

依照圖27的位置，把1吋管子安放妥當，用削尖的滑石在3吋管子上劃好標線。再用割切吹管依

圖 28

12414

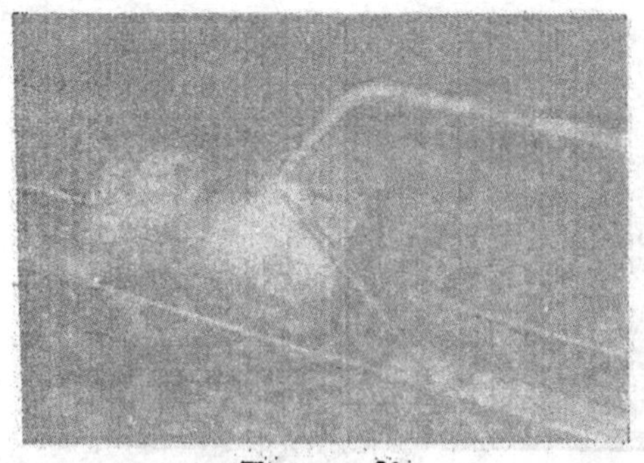

圖　29

線割成圓孔。在割切之前，須先在標線上每隔$\frac{1}{4}$寸用尖沖(center punch)衝好衝標(prick punch mark)，圖28。這種衝標在割切過程中可以始終清晰，不如滑石標線易爲吹管火焰所消除。割切吹管的管頭須始終保持與工作機的檯面垂直。圓孔邊緣不須切斜。學習者須力求得到一個整齊完好的圓孔，把切緣上的氧化物用鏨子鑿去後，它應當剛好有足够的間隙容納1吋管子。

把1吋管子插入圓孔，它的下端須與大管內壁的頂部中心線齊平，並在兩點用搭焊搭住。選用No.5管頭和$\frac{1}{8}$吋焊料絲來施行這個塡緣焊接。吹管和焊料絲的握持法及燒焊技巧都和燒$\frac{1}{8}$吋鐵鈑的塡緣焊接一樣。大部熱力須加在大管上並須距小管稍遠；否則，因爲小管的管壁較薄；易致過度受熱，如圖29所示。太不小心的結果，可能在1吋管子上燒穿成孔！

T形管焊接完成後，在對着支管的3吋管子上，再割切圓孔接口一個，再在其上焊接1吋管子一根，這樣便製成了一個十字管(cross)。這次焊接是要在架空位置做的。

焊接完成後管子內部的檢視

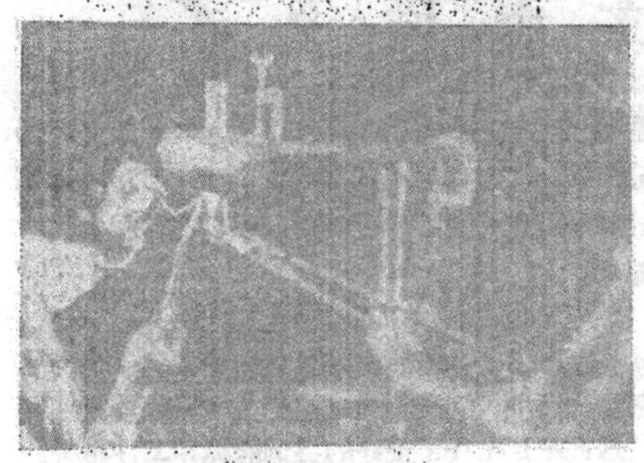

圖　30

圖　31

圖30表示助手用鉗子把小管托往。在接口圓孔的兩對邊燒兩個搭焊。當第一個搭焊燒好，俟其冷却數秒鐘後，須用鐵鎚輕擊小管子管端，把它的位置校正。當小管子的位置已差不多準確時，再燒第二個搭焊；待它冷却收縮，即可把小管子拉到準確的位置。同以前一樣，熱力須大部加在3吋管子上，藉以防止小管子過度受熱。

俟焊接全部完成，把十字管依着3吋管子縱向中心線，用割切吹管切開；以便檢視焊接的內部情狀。割切的管子須努力達到圖31中的整齊外觀。在從事焊接工作過程中，工作者須努力尋求最舒適合宜的位置；切不可就不靈便的位置來施行焊接。

學習者現在應該着手從事大口徑管子的配焊工作了。這次把3吋管子接焊在6吋管子上，焊接手續步驟如同1吋3吋管子一般。把3吋管子照圖放在6吋管子上，用滑石劃好標線，並衝好衝標，依着標綫割成接口。這次握持吹管須使管頭和管面始終保持互相垂直(與在3吋管子上割切1吋接口時不同)。接口圓孔的邊緣須切斜成45°角，如圖32所示；在割斜的底部須留下肩部，約爲管壁厚

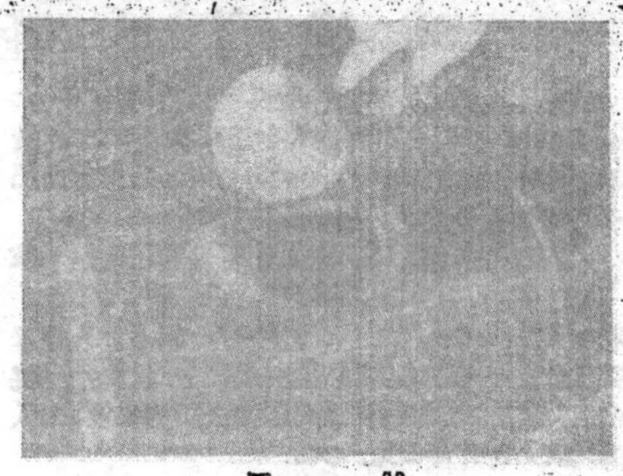

圖　32

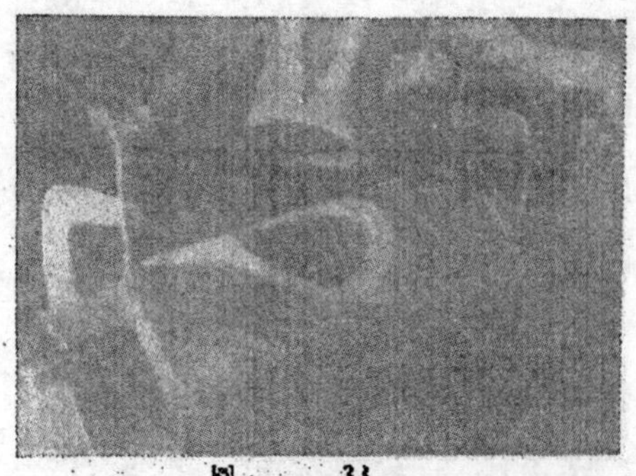

圖 33

圖 34

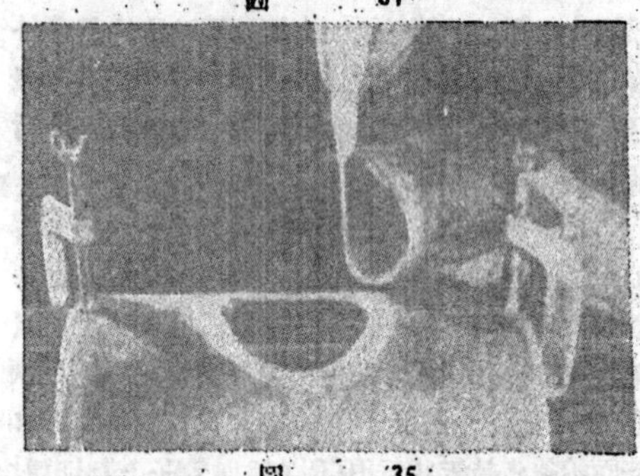

圖 35

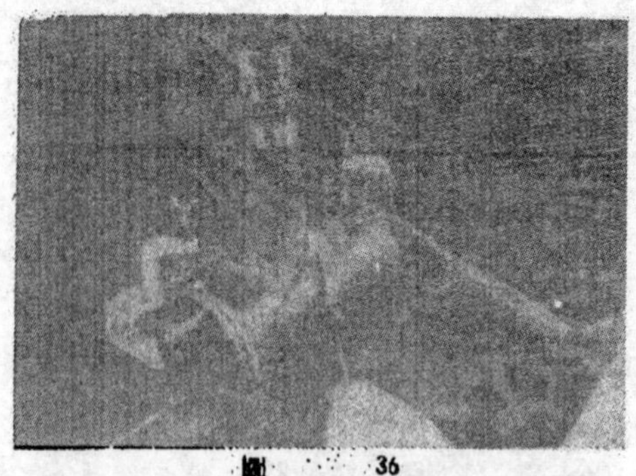

圖 36

面的三分之一。割切完成後，用鋼絲刷，銼刀或鏨子把氧化鐵和熔渣清除乾淨。

焊接這種大小尺寸的支管，它的頭端形狀需要修割得與總管接口外形吻合，否則兩者必不能妥適配合。把3吋管子插在圓孔內，擱置於一塊夾住在管子頂的鐵條上。用C-形夾鉗調整鐵條的高低，使支管的下端緣剛好與接口的兩旁下緣相齊，圖33。依照圖34所示，用滑石在支管上劃出應割成的形狀，注意利用6吋管子的外壁作為導規。然後用尖冲作好徵標，再用割切吹管把它的端部修割成形。它的端緣須直切，無庸斜角，圖35。於是把支管插入接口，調整C形夾鉗使鐵條緊緊抵住大管內壁，圖36。這樣可以把支管妥適安置於焊接的位置。在接合處左右兩點施行搭焊。惟在施行第二搭焊之前，須先把支管用鐵鎚輕擊，使之歸就正位。然後運用以前所述關於對頭焊接接合與填縫焊接接合(butt & fillet weld)的方法和技術，來施行支管的對頭和填縫焊接。(待續)

(譯自 Domestic Engineering, July, 1947)

良好的僱傭關係 增進了生產量兩倍多！

僱主與僱工間的關係改良了以後，美國 Porter-Cable 機器公司的每人生產率從1939年的$4,500增加到了1946年底的$10,500。公司當局把一種增加完全歸功於這個改良計劃。

在這個計劃之下，擔負起管理責任的是一羣『管理團』，由公司中的理事、監事、監工、領班、和生產工人等共同組成。另外有一個『十人管理委員會』——工人方面7個，公司方面3個——每半月開會一次，討論各種問題和公司的政策。工人的代表則每半年改選一次。

在1941年這公司設立了一個僱工的俱樂部。如今它每年可以獲純益$5,000。管理人員和僱工都可以利用這俱樂部的各種便利。1946年的利潤分配制給了每個僱工10%的紅利。除此以外，這個計劃中還包含養老金制度、建議制度、和個人激勵等。

每天早晨和下午在廠中各播送唱片15分鐘，藉以調劑。這件事的成就是難以斷定的。但就整個計劃而言，它已經和高昂的成本及低生產率戰鬥過，並且培養了很好的各個熱誠和工作精神。(Factory, Dec.1947)

鋼板的檢查

·威廉·

汽車鋼板的斷裂並非突然而來。多數因爲逐漸增加之『金屬疲乏』而形成。在這種過程中常有種種現象發生以促起應用者之注意。

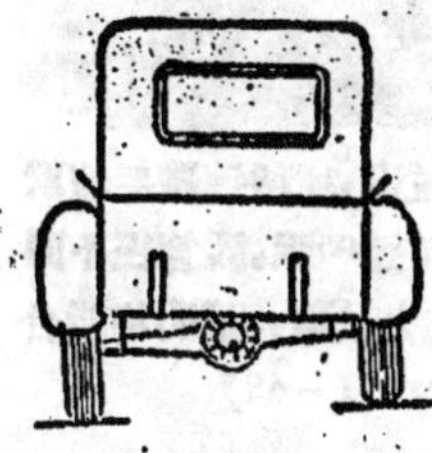

(1)車身一角低斜，常表明鋼板斷裂。

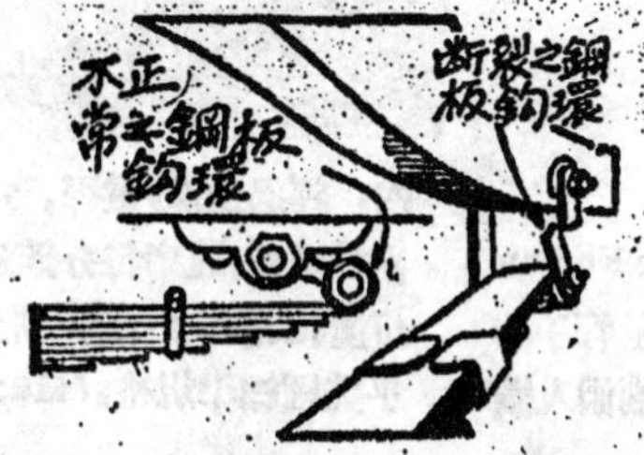

(2)當鋼板軟弱時，有時使鋼板鈎環不能保持正常地位，最後必使此鋼板鈎環斷裂。

(3)車架上之橡皮減震器每因鋼板過軟撞擊過多而損壞，終必全壞。

(4)若輔助鋼板在無載重時仍與鋼板架座接觸，則主鋼板必須立即修理或更換。

(5)若鋼板鈎環不能轉動時，則鋼板眼亦必因之而不能轉動，最後必使主鋼板斷裂，故必須使鋼板鈎環轉動自由或修理主鋼板。

(6)若鋼板中心螺絲斷裂，則鋼板片均可移動，鋼板夾釘亦因而鬆動，最後則全鋼板斷裂。

(7)若襯套損蝕則易生難聽之噪聲，若非熟知者且不易覺得之，非換新襯套以救治之不可。

(8)若回止夾釘斷裂，亦可使鋼板片移動並移動載重點，而使鋼板拳曲或斷裂。

(9)失效之避震器亦能影響鋼板之運用，故對避震器亦應常加檢視整理。

(10)鋼板片每因載重過甚而互相徙陷，因此鋼板片厚度減薄，力量減弱，必須更換以補救之。

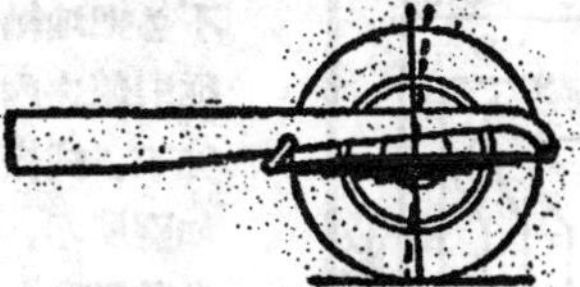

(11)前鋼板斷裂或變軟，均影響車輪之對直，而使車胎之損壞增加。

(12)鋼板常因突動突停而成拳曲狀，結果地軸必因不對直而損壞。

新發明與新出品

製造標準管子的

巨型機械

最近美國支加哥 American Electric Fusion Co. 發明了一種可以把鐵皮製造標準重量管子的巨型機械，管徑自3/8"可至2"。鐵皮從一端假入機內，經過造形，電焊，車光，拉直，種種連續手續就成為鐵管，速率每分鐘最大可達65呎，視管徑不同而變化。製成的鐵管，經過壓力試驗，證明均能合乎美國標準規格。(Machinery 1—48)

★**新式的內燃機點火方法**——汽車上所用的點火系統，現在有一種新式而有效的發明，那是把(電子學上的)高週率振盪與普通的火星塞同時應用。這個方法是 Tuker Corp. 的工程師發明的，他們發現高週率的火星流散現象，會使引擎中正在燃燒着的氣體加强電離化，這樣會增强引擎的動力，汽油和空氣的比例可自 12.6:1增到16:1。其線路如圖所示。產生振盪的是在次級線路內的電容器F和 Tesla 線圈T，火花的連續時期約為彎地軸旋轉的85°。(MGD—1147)

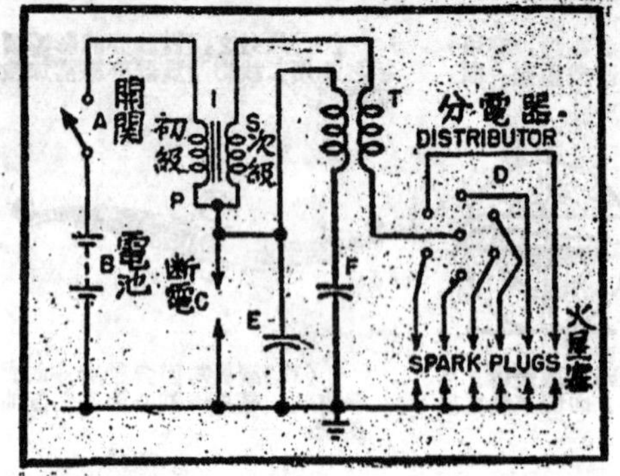

★**彎地軸分厘卡**——要準確測量引擎內彎地軸軸心部分的尺寸，現在有一種分厘卡，可以直接測定，不必把地軸從引擎之內卸下。式樣如圖所示，是美國Tubluar Micrometer Co.

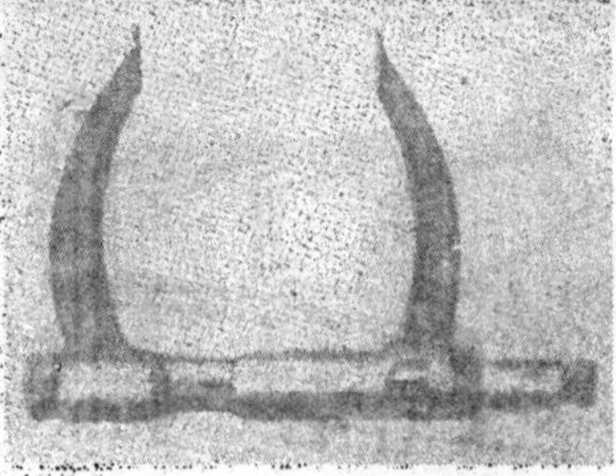

的出品。其準確性可達0.001吋，容量是2吋至3吋(英制)及50至75公厘(公制)。

雖然這一種分厘卡是本來爲內燃引擎而設計的，可是也能用在其他類似的機械，如壓縮機，泵，等等。(Machinery 1-48)。

★**特製的高速度彎地軸鑽床**——鑽製彎地軸上面的油眼和別種眼子在普通鑽床上得不到好的成績，現在提特洛的 Snyder Tool & Engineering Co.發明了一種高速度的鑽床(如下圖所示)，是專爲這個目的，可以便捷不少。這架機器

上有28個夾持工作物的自動機構，以液力驅動，而用撳扭來控制。車油是用中央潤滑系統來輸送，鐵屑的運輸則在旁邊的輸送帶。全部鑽床約18呎寬，39呎長。(Machinery 1-48)

★**可以看得見對方說話的電話機**——最近蘇聯的電視研究院製成了一種叫"Videotelephone"的電視電話機，其實是電視機和電話機

的混製品，在打電話的時候，可以看見對方的人像，這樣一來，遠在千里之外的朋友，眞可以『如晤一室』之內了。(MGD-11,45)

★**我國幽默大師所發明的新式中英日俄打字機**——林語堂氏發明的新式中英日俄四國文字的打字機已在美國製造成功。這架打字機共有72個鍵，上面二排是控制漢字字形的上下二部分，下面的鍵則控制其餘部分，如果把上下二面的鍵同時按動，在鍵板上有八個漢字跳出，打字員另外須按動最下面的數字鍵盤，來選擇他所要打的字，一個字就可以打成。這一個打字機同時又可打日文，英文和俄文。(MGD-11,47)

★**一種較佳的淬火用溶液**——最近福特汽車公司曾試用含有2.5%苛性鈉的溶液作爲淬火冷却劑，結果成績甚佳，因爲這種溶液使鋼鐵的散熱量增加一倍，所以硬度較佳，同時使發生軟點的鱗片以及蒸氣都減少，所以淬火後的材料就比較沒有特別軟的地方。(B.WK,D13,64)

★**液力傳動的電梯**——華沙電梯公司發明的工業用和商用電梯是用交流電單速馬達作爲原動力，開動後須用液力聯動節傳至吊車使電梯上下，這樣裝置的電梯和汽車的傳動相似，但更平穩和安全。(B.WK,N8,76)

12419

機械工場中的

實用小常識

欣

萬用的三脚軋頭

普通車床上都用四脚軋頭來軋住形狀不正的工作物，但是如果只有三脚軋頭的時候怎麽辦呢？

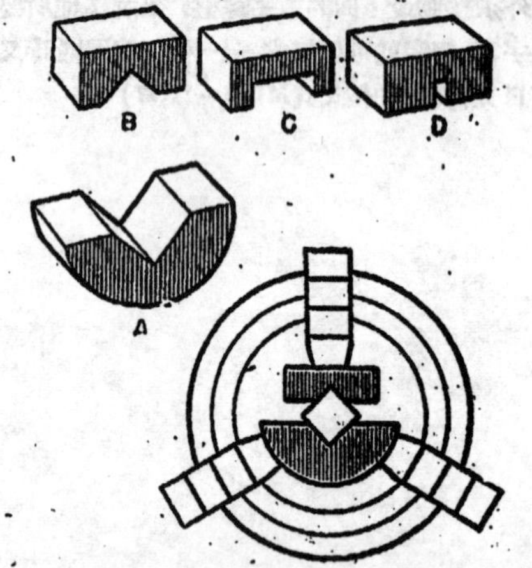

這裏介紹一個好方法，就是先做A，B，C，D四種形狀的墳塊；A是半圓形的一塊，在另一面有V形缺口一個，用來作爲支持的墳塊，B是方形的，也有V形缺口一個，在使用時，就可像圖中所示的方法來軋住方形工作物。如果要軋別種形狀，可用C或D形的墳塊來代替A和B。

膠水紙的另一用途

市上出售的"Scotch"膠水紙，在機械工場中也有它的用途。當你要設法把一個螺絲母旋到一處不露在外面而凹入的地方時，你可以如圖中所示把膠水紙膠住螺母在手指上或一條小木板上，就易於安上適當的地位了。

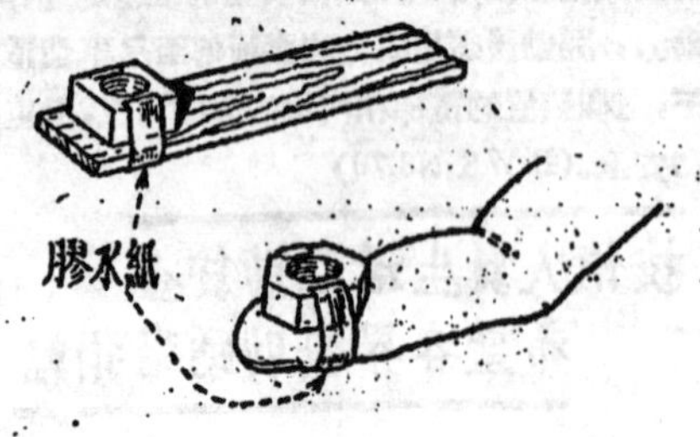

用螺絲批來旋小螺絲

小機器螺絲要用螺絲批旋上去，常常會落下來，這裏有一個好法子，只要用一小段橡皮管套在螺絲批上，要旋的小螺絲就可以牢固地與螺絲批接觸，不致於落下來了。

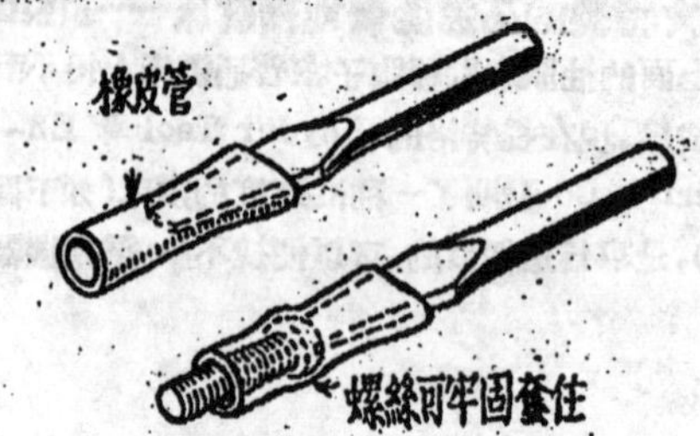

保護水平尺

車床的面子，水平尺的平面都是極需要準確的地方，損壞了平面價格非常昂貴，不易修理。圖中所介紹的保護水平尺方法，只消破開成二半的橡皮管一根就够了。

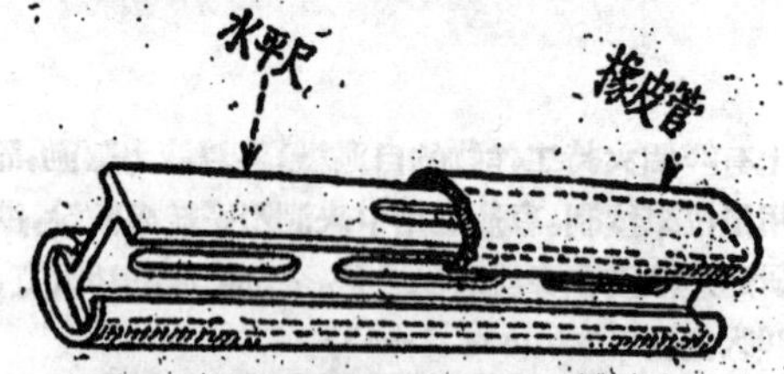

車床上繞製彈簧的法子

要正確的繞製彈簧，這裏有一個簡單的法子。車床上旋轉的心軸恰等於彈簧的內徑，老虎鉗上夾的一塊方鐵，上鑽一個大孔，等於彈簧的外徑，彈簧鋼絲自旁邊一個小眼子中漸漸餵入，這鋼絲必須用手拉緊；至於彈簧每圈的距離大小，則可以用車床上的長螺絲和調換牙齒變化取得，和普通車牙齒差不多。

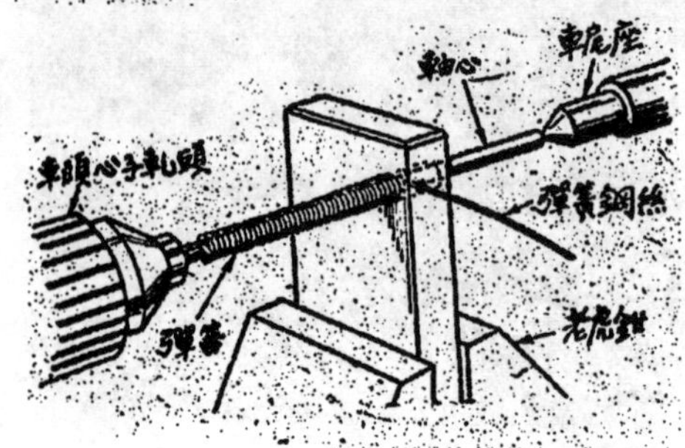

12420

讀者信箱

橡膠設計及製造過程

(40)上海林蔭路林蔭支弄15號周紹原會友台鑒：尊函已悉；所詢關於橡膠設計及製造過程因範圍較廣，未知所詢範圍，一時難獲答覆希於最短期內將所詢作進一步之說明爲要。(編者)

化學戀詩

(41)天津南開大學丁存脩先生：你說的那篇以化學名詞作的戀愛新詩現在抄錄下面：

小姐，我愛你愛得發狂了！
自從我們相識，我就像
　陽離子被陰離子吸引，
　被你攝去我的心了！
記得那年春天
　藍天像硫酸銅的溶液般泛着淡藍，
　白雲像氫氧化鋁絮狀的沉澱。
春天撩動着年青人底心
　像二氧化錳在氯酸鉀裏面起着作用。
我一見你心
　中就深深印下你底倩影
我底心
　像難溶的金塊遇見了王水，
小姐，叫我怎樣來形容妳呢？
　妳底美麗，妳底高貴？

Nomogram！

(42)本埠狄思威路適生先生台鑒：所詢一節經鄒若汀先答覆如后：

弟對於Nomogram 並非專長不敢弄斧，Marks氏所編之-Mechanical Eugineer's Handbook 中略有講述可以一讀，來函若僅個別公式不談可以作圖惟宜以三圖拚成較易閱讀，大約形狀是否如此倘希斧正之，(鄒汀若)

沈澱過濾法

(43)本埠重慶南路李嘉敬先生台鑒：敬覆者該文中所提及啓茲氏沈澱 過濾方法係參攷 美國機械 工程雜誌(1947年10月號)而得，詳細之程序，見該雜誌該文後附註之書中，此雜誌各大圖書館如中國科學社，及市立圖書館均有之，惟文中所註之書未必能在市上覓得，或可委託西書商代購，專此奉覆，即頌　大安　(無名)

汽車與築路

(44)武昌交通部公路總局第四區公路工程管理局張恩恰先生台鑒：滬上有關汽車方面及築路機械之參攷書者有如河南路龍門書局及沿洲路新中書局等，書價在時下每本總在卅萬至五十萬左右，因物價波動不能一定。至於先生擬參加本會無任歡迎，本會會員分初級，基本，贊助，正會員等四種，像先生可參加爲基本會友，會費目前十萬元入會費十萬元，惟須二會友介紹，如先生無適當介紹人可註明。

提煉鎢砂

(45)資委會廣東礦產管理處黃國華先生台鑒：關於選出純鎢砂後如何提煉，用何種煉爐，其工作步序如何，近正在向華鋁探詢。(編者)

趙毅恆君注意

(46)本埠天潼路趙毅恆先生鑒，梅志存先生之通訊處爲蘇州站轉蘇州機車房

關於鋼的熱處理

(47)重慶合谷場郵字969號信箱李先生：

(一)測量高溫度時我們無法使用普通的水銀溫度計，而須用所謂"高溫計"(pyrometer)。這樣所量得的溫度，自不能如水銀溫度計那樣的確定；各家所量得的第一臨界點，發生三十幾度的上下，原是不足爲奇的。但無論如何，鋼的第一臨界點在攝氏700°左右，是無疑問的。(資料室)

(二)共析鋼的含碳量，也因各家測定方法的不同而可能有一些上下。手册上的0.8%也許是因爲他只取一位有效數字。兩中文書上的0.9%也許是因爲他取0.85%，進而爲0.9%。因此，似以0.85%較爲可靠。

(三)理由同(一)。

(四)黃牌紅牌藍牌鋼是製造廠家所標的記號，其成分可詢問製造廠家(如寰球牌)。性質以藍牌鋼最佳。

房屋建築及解幾

(48)吳縣馮平先生台鑒：所詢關於房屋建築及解析幾何之書籍有：

一、關於房屋建築出版者見商務大學叢書及商務職業學校教科書 房屋建築以後者較多 實例可作平時參攷，惟材料方面則不及前一本來得豐富。

二、解析幾何中文本坊間出版者甚多可向商務，正中以及中華等書局選購，惟以資料而言中文本不及英文本者蓋大半皆譯自原版，英文本以Loncy之Coordinate Geometry 爲最豐富，書分二册，普通上册已可，因其大部爲平面解幾其他 Smith-Gale Analytic G:ometry 亦佳，惟較淺，此已有中文本。(L.)

12422

中國科學期刊協會聯合廣告(以筆劃多少爲序)

中國技術協會出版

工程界

通俗實用的工程月刊
·編輯發行·
工程界雜誌社
上海(18)中正中路517弄3號
·總經售·
中國科學圖書儀器公司
上海(18)中正中路537號

國內唯一之水產刊物

水產月刊

介紹水產知識
報導漁業現狀
民國廿三年創刊卅四年復刊
上海魚市場編印
發行處
上海魚市場水產月刊編輯部
上海江浦路十號

通俗性月刊

化學世界

普及化學知識
報導化學新知
介紹化工技術
提倡化工事業
售價低廉 學生另有優待
中華化學工業會主編
上海(18)南昌路203號
中國科學圖書儀器公司
上海(18)中正中路537號

全國工程界唯一的
進修讀物

中華工程週報

工程消息 報導詳實
專家執筆 內容豐富
中國工程事業
出版公司
南京(2)中山東路
四條巷163號

中華醫學雜誌

中華醫學會出版
上海慈谿路41號

世界農村

介紹最新農業科學
設計建設農村切實辦法
全國唯一大型農業月刊
專家執筆 內容豐富
插圖精美 售價低廉
世界出版協社發行
主編人：常宗會
總經售處：世界書局及各分局

世界交通月刊

提倡交通學術
推進交通効率
世界交通月刊編輯部
南京白下路93號
各地世界書局經售

科學

發行最久 內容最新
傳佈學者研究心得
報導世界科學動態
爲科學界
決不可少的刊物
每月一日出版 絕不脫期
中國科學社編輯
中國科學圖書儀器公司
上海(18)中正中路537號

大衆的科學月刊

科學大衆

闡述世界科學進展
介紹國內建設情況
專家執筆 圖文並茂
創刊一年 全國爭購
中國大衆出版公司
出版
上海博物院路131號323室

科學世界

科學專家 大學教授執筆
研討高深科學知識
介紹世界科學動態
出版十五年 銷路遍世界
中華自然科學社出版
總社：南京中央大學
上海分社
上海威海衛路二十號
電話 六〇二〇〇

通俗的科學雜誌

科學時代

內容豐富 題材新穎
科學時代社編輯
發行
上海郵箱4052號
科學書報聯合發行所經售

風行全國十五年

科學畫報

出版以來 從未間斷
讀者衆多 風行全國
專家執筆 內容充實
插圖豐富 印刷精美
楊孝述主編
中國科學圖書儀器公司
上海(18)中正中路537號

國內唯一之纖維工業雜誌

紡織染工程

中國紡織染工程研究所出版
上海江寧路
1243弄91號
中國紡織圖書雜誌社發行
上海大通路164號

現代鐵路

鐵路專家
集體寫作
曾世榮 洪紳主編
現代鐵路雜誌社發行
上海(9)南京西路612/9
上海郵政信箱2453號

婦嬰衛生

月刊
楊元吉醫師主編
以新奇，有趣，生動，通俗，
之筆墨介紹衛生常識，
是婦女的良伴
是嬰兒的保姆
大德出版社發行
上海江寧路二九三號
大德助產學校

電工

中國電機工程師學會會刊
中國工程師學會合作刊物
·登載·
電工專門論文
電工學會消息
發刊十五年
第十六卷本年出版
中國電機工程師學會主編

電世界

介紹電工智識
報導電工設施
信箱——解答疑難問題
資料室——供給參考資料
實驗室——介紹簡明實驗
中國電機工程師學會
上海分會主編
電世界社出版
上海九江路50號106室轉
中國科學圖書儀器公司
上海(18)中正中路537號

民國六年創刊

學藝

中華學藝社編印
上海紹興路七號
上海福州路
中國文化服務社代售

民國八年創刊

醫藥學

黃勝白 黃蘭孫 主編
綜合性醫藥報導月刊
民國三十六年五月復刊
訂閱請函
上海(18)長樂路1236弄4號
醫藥學雜誌社
中國科學圖書儀器公司發行
上海中正中路537號

紡織染界實用新型雜誌

纖維工業

纖維工業出版社出版
上海餘姚路698號
作者書社經售
上海福州路271號

出品神魚牌各種男女線襪及蔴紗襪

電話 二三五一〇 八一八七四

建餘企業股份有限公司

地址上海四川路410號419室 電話一五九九六

▲主要業務

一、進出口貿易

二、投資各種企業

三、買賣及運銷各地土產

四、代理各地水陸運輸

▲分公司所在地

天津 廣州 青島 漢口 蚌埠

同 興 窰 業 廠

◀出 品▶

高溫火磚・耐酸火磚・耐酸陶器・坩堝

鎔銅坩堝・火泥・搪瓷爐灶材料

代打各式爐灶

廠址：閘北中山北路303號

電話：(02)60083

推進有機化學工業　　供應基本化學原料

資源委員會

中央化工廠籌備處

	出品	出品預告
染料部	BX硫化元（青紅光） 還染性草綠 還染性卡其	陰丹士林藍 剛果紅 直接元 T硫化元（200%） BR硫化元（紅光）
膠品部	三角皮帶ABCDE各型 電瓶殼	電木粉 塑料製品 平皮帶 橡膠管
化工原料部	煤膏中油	酚 甲酚 萘

總處	南京	中山路吉兆營34號	電話33114
總廠	南京	燕子磯	
上海工廠	上海	楊樹浦路1504號	電話52538
研究所	上海	楊樹浦路1504號	電話51769
重慶工廠	重慶	小龍坎	電話郊區6216
業務組	上海	黃浦路17號41—42室	電話42255 接41—42分機

12425

上海郵政管理局執照第二四二六號
內政部登記證京警滬字第一七四號

本期定價五萬元

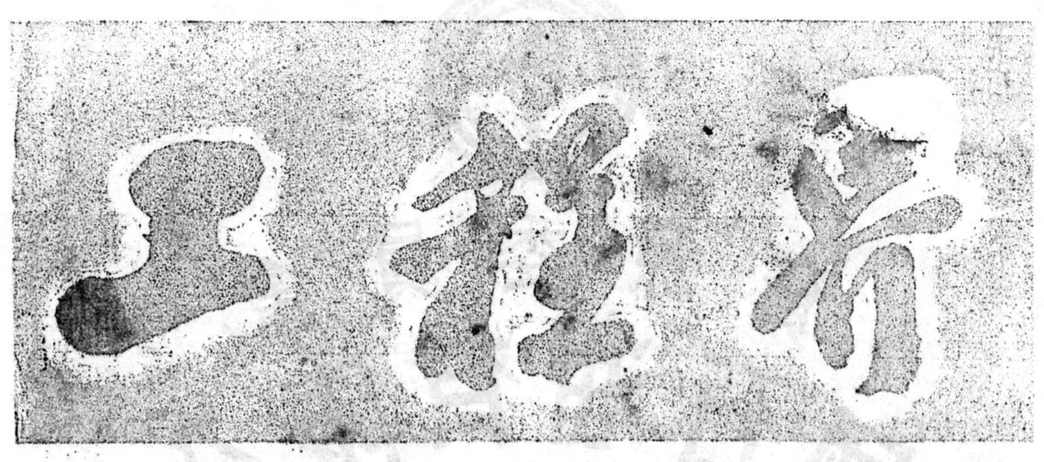

第三卷 第五期　　三十七年五月號

中國技術協會出版

資源委員會
中國石油有限公司

主要產品

潤滑脂　潤滑油　燃料油　柴油　煤油　汽油

〔副產品〕

烟炭　丙酮　丁醇　石蠟　蠟燭

各項產品均符合國際標準
定價低廉服務社會爲宗旨

總公司：上海江西中路一三一號　電話　一八一一〇

〔營業所及分所〕

上海　南京　青島　漢口　天津　廣州　台北　高雄　重慶　蘭州　西安　酒泉

工程界　徵求讀者意見

「工程界」自從出版以來，到現在已經三年了，在困難的物質條件之下，能够繼續出版下去，實在是讀者們愛護與支持的緣故。下面的表格希望讀者抽空填寫，(如果有更好的意見，可用另紙書寫)，儘可能在六月底以前寄至上海(18)中正中路517弄3號工程界雜誌社收。

為了酬答讀者的合作起見，我們對于每一個貢獻意見的讀者，概贈本刊即將出版之技術小叢書一册，以留永久紀念，在此預表衷心的感謝。

工程界讀者意見書

本社即將出版之小叢書：1)熒光燈(2)具電儀器(3)怎樣讀工場藍圖。

徵答諸君可在上列三書中指定贈閱一册，出版後由本社直接函寄。

讀者姓名＿＿＿＿　年齡＿＿＿＿　性別＿＿＿＿(如為訂戶，定單號碼＿＿＿＿)

通訊處＿＿＿＿＿＿＿＿＿＿　(如在上海，電話＿＿＿＿)

服務處所(或肄業學校名稱)＿＿＿＿＿＿＿＿　職務(或科系年級)＿＿＿＿

教育程度：曾在小學初高中大學肄業＿＿＿＿年或畢業于民＿＿＿＿年(請將不需要者劃去)

工程經驗：曾有關于機械，電機，土木，化工，建築，礦冶，紡織，＿＿＿＿(其他)工程經驗＿＿＿＿年。

專長：＿＿＿＿＿＿(自由填寫)。　擅長外國語：英法德日俄(或其他)＿＿＿＿文。

對于工程界的內容和編排方面：

1. 你第一次讀到工程界的時候，覺得怎樣？

太深＿＿＿＿，太淺＿＿＿＿，中庸＿＿＿＿，不佳＿＿＿＿，合乎理想＿＿＿＿，或＿＿＿＿

2. 你對于工程界　卷　期的批評怎樣(請隨便將手頭有的一本為例子。)

封面＿＿＿＿目錄＿＿＿＿，工程另訊＿＿＿＿，論壇＿＿＿＿

各科論著＿＿＿＿，印刷＿＿＿＿，編排＿＿＿＿，篇幅＿＿＿＿

3. 你覺得工程界登載的文章應作如何分配？請表以百分比，如過去覺得太少亦請註明，

電機＿＿＿＿　機械＿＿＿＿　土木＿＿＿＿　紡織＿＿＿＿　化工＿＿＿＿　建築＿＿＿＿　農業＿＿＿＿

最佳文章＿＿＿＿，最劣文章＿＿＿＿，最有用的文章＿＿＿＿，

最看不懂的文章＿＿＿＿，廣告＿＿＿＿，圖照＿＿＿＿，紙張＿＿＿＿。

4. 下面是工程界經常的欄別，如果每期必需要的請標以「＋＋」號如不經常需要請加「＋」號如不需要請加「－」號

工程專論＿＿＿＿，建設計劃＿＿＿＿，建築結構＿＿＿＿，工程材料＿＿＿＿，

化學工程＿＿＿＿，機械工程＿＿＿＿，航空工程＿＿＿＿，機工小常識＿＿＿＿，

電機工程＿＿＿＿，電子工程＿＿＿＿，新發明與新出品＿＿＿＿，工業報導＿＿＿＿，

工程名人傳＿＿＿＿，工程文摘＿＿＿＿，應用資料＿＿＿＿，工程畫刊＿＿＿＿，

座談記錄＿＿＿＿，各種工作法(如焊接術或熱處理)講話＿＿＿＿。

其他應增加的＿＿＿＿＿＿＿＿

其他應減少的＿＿＿＿＿＿＿＿

5. 你覺得本刊的文字是否容易看得懂？請你在手頭有的幾期中任擇幾篇名稱：

容易看得懂的：……

難懂的：……

文字枯澀無味的：……

最有興趣的：……

對於工程界的發行和推廣方面：

6. 你是怎樣讀到工程界的？

訂閱……，報販零售……，書店買來……，親友借閱……，

圖書館中看到……，其他……，

7. 你覺得你底親友同學中間看工程界的多不多？他們看那一種科學期刊較多？

……

8. 你是否每期都能看得到本刊？……

每期收到嗎？……你還有什麼別的困難？……

9. 你覺得工程界最適合那一類讀者？工廠中的或是學校中的，或是其他？請舉例說明：

……

10. 你以為工程界定價太貴太便宜還是正好？直接訂閱的定價太貴太便宜還是正好？

……

通俗實用的工程月刊

工程界

訂閱通知單

玆附奉匯票/支票/法幣　　　　元，即希依下開地址按期寄下為荷此致

上海(18)中正中路517弄3號

工程界雜誌社發行部

……啓　　月　　日

定戶姓名	訂閱期數	開始卷期	詳細地址	寄遞方法
	年　　期	卷　　期		

訂閱本刊半年六期平郵 $300,000 掛號 $350,000 快郵 $370,000 全年十二期價目加倍，優待聯合預定二份以上九折計算，五份以上八折計算，十份以上七折計算。

中國鍋爐工程公司
設計專家
工場自設
中國鍋爐工程公司 上海
CBCE
營業項目
引擎蒸汽及傳動
煙囱及其底脚
設備暖氣及通風
蒸汽及燃燒設備
鍋爐及其零件
清潔　修理　買賣　裝置　製造　設計
價實工精
週到服務
事務所：銅仁路一八三號　電話六〇九九七
工　場：中正西路四六七弄口　電話二二九九七
華生出品
兩用吊扇
本外埠
各電料行均有经售
註冊商標
華生電器廠股份有限公司出品
事務所福建中路四三一至三號　電話：九八四三二至三號

·出版·發行·廣告·
工程界雜誌社
代表人　宋名適　鮑熙年
上海(18)中正中路517弄3號（電話78744）

·印刷·總經售·
中國科學公司
上海(18)中正中路537號（電話74487）

·分經售·
南京　重慶　廣州　北平　漢口
各　地
中國科學公司

本期零售定價六萬元
直接定戶半年六册平寄連郵三十萬元
全年十二册平寄連郵六十萬元

POPULAR ENGINEERING
Vol. III, No. 5, May, 1948
Published monthly by
CHINA TECHNICAL ASSOCIATION
517-3 CHUNG-CHENG ROAD.(C).
SHANGHAI 18, CHINA

·通俗實用的工程月刊·

第三卷　第五期　三十七年五月號

目錄

12435

·灌惠渠放水·

灌惠渠放水典禮，十日下午一時在城固縣城北十五公里之旛仙口舉行，南部城固各界首長及附近居民三千餘人紛往觀禮，下午三時開閘放水，城固洋縣境內十六萬畝農田已得水利實惠。

·工業界要維持下去·

政府公佈進口結匯新辦法，進口商與工業界都一致猛烈反對，以新辦法實施後，工廠感受影響最大，目前一般工業成品銷路呆滯，市價低於成本，如輸入原料再受種種剝削限制，恐怕都沒有辦法維持下去。

·開發華南·

司美大使司徒雷登南來視察後，向美政府提供意見結果，美國擬派一個工業考察團來華南考察工礦建設事業，使美援的一部份能好好的開發華南。

·台灣酒精汽油試驗成功·

台糖公司，中國石油公司和台省公路局合作，研究利用酒精滲入汽油作為汽車燃料，以百分之八十的汽油和百分之廿的酒精；再加百分之一的丁醇（作為溶劑）配合而成的酒精汽油，行駛一百廿公里，消耗酒精汽油祇廿七公斤，故五月一日台灣全省五千五百輛汽車均改採用這種汽油了。

·江南水泥廠恢復·

江南水泥廠自民國廿四年組織成立，原定廿六年開機出貨，因抗戰軍興，該廠機件被日人拆毀，遂告停頓。勝利後着手恢復，在京棲霞山安裝新式機器，本年九、十月間即可開工，日產達四千五百桶。

·東太湖水利整理完成工程計劃書·

東太湖一帶自二十三年夏大旱以來，大舉圍墾，毫無計劃。致妨礙該湖宣洩，政府乃嚴令制止濫墾，長江水利工程總局，頃已訂定東太湖水利整理工程計劃書。規定工程計劃如：一、劃分蓄洪墾殖區，將東太湖蓄洪墾殖面積予以規定，並劃分為二十二分區，四周建築圍堤，由政府經營之，平常年份，照常耕種，洪水之年，則犧牲農作物。二、開挖深泓，三、開挖次要水道，四、開挖湖界，五、創辦灌溉工程。六、提倡灌溉農業實驗。關于計劃工程之主要者有深泓土方，圍堤土方，排水設備，放洪閘，各分區內部灌溉工程設備，及工程管理等。

·開發海南島在粵省府計劃中·

據有關方面消息：關於開發海南島問題，廣東省政府主席宋子文已聘專家多人，正在擬訂計劃中，內容大致分為：（一）建設榆林港與海口港，使其成為現代化之軍港與商港。（二）在榆林或海口設立一漁業統一管理機構，積極發展海南島漁業。（三）積極計劃開採海南島地下礦藏，以便供應國內外工業需要。（四）設立軍墾區，興辦水利，發展農業，大規模種植各種特產。（五）設立海南實業公司，負責推動發展工商業。（六）計劃獎勵南海各地之殷實華僑投資各種實業之建設與開發。（七）大量延聘專家，協助推動各種計劃之實施。（八）增加兵力，切實維持瓊島治安，務期達到完成推行建設計劃。

·倫敦造船展覽會今夏舉行·

今夏為舉行工程與海事展覽會，英國最大展覽場奧林匹亞將被全部佔用。按一九四七年之展覽會成績甚佳，本屆展覽會之籌備人宣稱，訂購門票已於開幕前十六個月開始，購者甚為踴躍。

·英國訂定西印度羣島殖民地發展計劃·

英國將以一百萬磅發展西印度羣島，計劃之側重點在改良該島之農業，擴充港口設備，裝置自動電話，敷設溝渠，改良農村飲水等。

·匈工業國有化·

匈牙利的國有化法案實行以後，將有五百工廠收歸國有，約佔全國各種重要工業的百分之八十至一百，凡雇用工人一百名以上的工廠都包括在內。該法案規定對原來的廠主給予補償。

·日紡織工業生產率提高·

日本紡織公司由於受到美國即將成立六千萬棉花信用貸款，以及美國棉花最後每年可輸入九十萬包之刺激，業已將其工廠生產能力及效率加以提高。日本大部分紡織工廠普遍皆實行兩班交替工作制，就目前言之，全日本至少有二百七十萬紡錠在開工，而戰前則為一千二百萬紡錠。各公司皆積極進行其復興計劃，以便能達到佔領軍當局所暫行允許四百萬紡錠之數量。

·盟總允歸還廣州造紙廠·

盟軍總部正式照會我駐日代表團，同意將廣州造紙廠歸還我國。按此廠為我國戰前規模最大之紙廠，每日產紙達五十噸，該廠時值當在美金四百萬左右。盟總通告我駐日代表團稱，上述工廠之拆卸工作即可開始，預料九月底全部機械（重三千五百餘噸）可運至北海道南部之室蘭，俾再運中國。

工業建設與農業復興是休戚相關的！

看首屆農業展覽會

·本刊記者·

中國農業科學研究社的青年朋友們在最近舉辦農業展覽會，讓千萬關心中國農業的人士，在全國最繁華的都市裏，作一次目前農業、農村、農民三方面的瀏覽是有其特殊的意義的。做住在都市裏的老百姓，生活在高樓裏面，大烟囪的旁邊，對於另外三億五千萬整日整夜在土地上耕作，依仗土地休息的農民的生活，實在是太隔膜了；生活上的不熟悉，以及對於農業智識的貧乏，都市裏的人是應該面向農村，正視目下農業的危機！

中國農業在危機中

正門大幅農忙的圖畫以及「爲誰辛苦爲誰忙」的七個鮮紅大字，使每一個參觀的，不禁會記起「粒粒皆辛苦」的那麼一句。

不錯，柴、米、油、鹽、醬、醋、糖，那一樣不是從田裏浸潤了農民的血汗長成起來的，在展覽的第一部分，就是許許多多有關衣、食、住、行四方面農業品的展覽，有實物，有標本，有解剖模型，有圖表說明，更有極有價值的統計數字。

在食物方面，稻、麥、玉米、雜糧，這些人民主要食糧，都有詳細的紹介，此外，水菓、水產、烟草、茶葉、蔬菜以及家禽、家畜和營養品如乳牛等在整個展覽中也佔有相當份量。

就食糧中，已可看見中國糧食饑荒的情形，拿數字來說，戰前平均每年全國產米約五千一百八十九萬五千公噸，同時期中每年平均洋米輸入約八十萬公噸，勝利後的三十五年，全國產米爲四千八百六十九萬三千公噸，較戰前反而減少了三百二十萬二千公噸，且看戰爭摧毀了多少魚米之鄉。

衣的方面，作爲衣的二個主要原料，同時也是農家主要作物的棉花和蠶絲，它們在中國目前產銷的實況是怎樣呢？以棉花來說，全國每年原棉的需要量是二千五百萬市擔，而實際可能供給的祇有一千一百萬市擔，換句話說，需要量的一半以上，即一千四百萬市擔的棉，不得不仰給於美國。

如果棉田能够擴充，棉種能够改良，原棉的恐慌是可以解決的，第六區棉紡會的統計，便是一個很好的說明，從民國八年至三十五年這十八年中全國棉田在民國八年是三千〇五十萬畝民田，三十五年是二千九百萬畝，其中以民國二十六年的五千九百萬畝棉田爲最高；同時期中棉的產量，民國八年是一千〇五十萬擔，民國二十五年是七百五十萬擔，其中以民國二十六年的一千六百九十萬擔爲最多；

農展正門

從數字的對比中，可以看出日本人的侵略是怎樣深刻地摧殘了中國的棉紡業，即在勝利後的第二年，不論棉田或棉花產量都不能與民國八年相比。

此外，六區棉紡會的統計，三十五年全國棉田中，二千九百二十五萬畝種植國棉，產量是七百三十九萬擔；一千六百四十萬畝種植美棉，產量是四百五十一萬擔；平均棉田每畝種美棉較國棉產量要增加百分之十有奇，而且在品質上美棉又佳。

其次是蠶絲，在二三十年之前，它是中國主要的出口貨，可是自從民國七年起日本人的蠶絲輸出量就開始超過中國，那時中日二國絲的對外輸出量同爲七萬公擔；至民國十八年，日絲的對外輸出量增至三十五萬公擔，而同年華絲的輸出量僅爲十二萬公擔；民國三十五年日絲的對外輸出量是五萬公擔，作爲戰勝國的中國，絲的輸出量，却祇及戰敗日本的五分之一，中國蠶絲公司的中日六十七年來蠶絲輸出量比較表，很明白的指出農民主要副業的蠶繭，是怎樣受到日人的競爭，即使勝利之後亦沒有改善。中蠶公司另一蠶絲輸出統計中，可以看到蠶絲銳減的情形，民國二十年絲的輸出，家蠶是六萬九千五百十五公擔，柞蠶是三萬三千五百公擔，廢絲是五萬六千七百公擔；至三十五年，家蠶是一萬〇三百十四公擔，柞蠶是二百五十公擔，廢絲是七千五百五十六公擔。

農民會展農莽

勝利以來，中國的農業，單以米、棉、絲爲例，不論以種植的面積來說或以出產數量而論，都是激劇減少，請問目前的農業可說不在危機中嗎？

農業機械化要有什麽前提？

第二部分是農業機械，復興公園南邊大草坪上羅列着各式各樣的新式農業機械，有機墾隊供應車、機連播種機、手用播種機、各式曳引機、收割機、打麥機、磨粉機、軋米機、掘井機、幫浦、汽油引擎、柴油引擎等。

這許多新式的農業機械，在中國是不是能够應用？拿收割機（Wheat Combine）來說，這座鋼骨的怪物在一小時之內可以收割十八華畝的麥田，換言之，在六十分鐘裏面，將五噸麥由麥田中割下來，去粒、脫殼、磨粉；再看福特式連中耕器，它能產生十三四馬力，可以作爲犁田，中耕，（即耕地並不大深約十呎左右，）播種或則收割的動力，它在一小時之內可以犁田四畝，中耕十一畝，播種十九畝或收割十六畝。各式曳引機在農耕時可充各種應用，不過這種機器一定要具備大塊面積，方始可以有用武之地。英國大使館新聞處的英國農業照片介紹中，說英國有一個農夫，他有四百五十畝的土地，於是就利用了新式的機械把這塊土地開墾起來，播種着洋芋、燕麥、小麥及金花菜；此外在蘇聯的集體農場與國營農場中，由於機械的運用與產品的改良，農業是大大地發展了。然而在中國又怎樣呢？不要說農民，即是城市裏的人，看見了許多機器都覺的陌生；即使農民有了充份運用機械的智識，要在小塊土地上（中國大多數的農民有極少的土地，往往不出十畝，更多的連土地都沒有，）把機器來運轉，簡直在開玩笑。

掘井機

作爲對照的有許多老式農具，大多數中國農民在今天還是利用最最簡單的工具耕作着，展覽中的二十七種常用的中國老式農具，作爲工具的材料，一般的是木材與竹料，至於鐵器，就很少應用，譬如揚穀的颺掀，打穀的褳枷就是。人家已經跨過電氣與鋼鐵時代而踏入原子時代了，而中國的農業却仍舊停留在原始的以天然材料作工具，憑着自然環境吃飯的年代裏。

要把中國的農業，從一個原始的狀況下推進到利用鋼鐵，利用機械，一種有効率而又科學化的境界，是需要最大的努力；不求中國農業的科學化與合理化，而徒祉會文明與進步，好比是緣木求魚，捨本就末，到頭來不會得到任何的收穫。

工業建設與農業復興是整個的

展覽的第三個部分是農業與科學和農業與工業，新式的農業一定要有科學與農業的幫助，舉一個例來說，病蟲的防除，水土的保持在農業發展史上佔着極顯要的地位，其他藥用植物對於醫學的功獻，一直就引人注意。這次，美國新聞處及農林部中央農業實驗所水土保持系，都有大幅的照片說明水利與土壤如果不加以科學的管理，不多年，一塊肥沃的土地亦會變會貧瘠不毛，過去的黃河流域就因爲不曾在水土保持方面下功夫，以致形

磨 粉 機

成以後的荒蕪。

工業、農業，與科學三者是不可分割的；工業農業是相輔相成的，任何國家決不能農業發達而工業落後，或則工業發達而農業落後，那些高唱「農業中國」的，其居心顯然可見並不在中國真正的強盛與現代化。

復旦土木系的 Y.V.A. 模型，雖然是很粗糙，而且有些地方與原計劃略有不同，不過以發電可供十三省應用，灌溉在一千萬畝以上的揚子江大水閘來象徵中國建設的遠景，使人感覺不僅是一種夢想，相反的叫人猛省，祇要國內安定，這個將要化費十年時間與二十億美元的大水閘是會在中國實現。隨著新中國的到來，再談工業建設與農業的振興，當不會是信口雌黃的了。

農 民 淚

展覽的第四部分是關於農民的生活，中國的農民是怎樣生活的？

先看土地的情形，在中國土地的分配：

	人口	土地
地主	4%	50%
富農	6%	18%
中農	20%	15%
貧農	70%	17%

土地在中國的集中，使得百分之九十的農民生活根本發生了困難，要他們來改進農業簡直是難以想像的了。且以下面的一例來說。民國三十五年是豐收，農民收獲了四十石穀，以及其他食糧作物共計：

稻	40石	值 800,000元
玉米	6石	180,000
胡豆	4石	80,000
麥子	3石	90,000
豌豆	5斗	10,000
油菜子	2斗	10,000
蕎麥	1石2斗	30,000
高粱	5斗	15,000
	共計	1,215,000元

這點點如果自吃自用，也許夠開銷的了，可是

付地租	稻	24石	值 480,000元
	玉米	2石	60,000元
		共計	540,000元
再加上	農忙臨時僱工		60,000元
	肥　料		50,000
	種　籽		30,000
	農具折舊及修理		20,000
	預墊資本利息		96,000
	全年伙食(四人)		288,000
	全年勞動(四人)		不估計
	共計成本		694,000元

總支出地租及成本總計是1,234,000元而可能收入僅 1,215,000 元收支相抵尚須負債 19,000元。

從這些數字，可以想像農民生活的困苦，並且還要不斷與天災搏鬥，在三十六年廣東一省即有八十四縣遭受水災，耕地面積11,532,790畝為水所淹、災民共有5,590,858 人其中死者達二萬二千二百人，受傷失踪有一千八百八十二人。

農民就在貧困裏討活，看北方的民謠，

一年到頭忙，一年到頭忙，
一滴汗澆出一粒糧，
裝滿了財主家的囤和倉，
這怎不叫窮人家餓肚腸！

這樣，你說要不要救救農民！

農 民 淚

船用雷達，國際無線電台，電傳照像機——都斉聚攏來了！

電信展覽會在上海

・本刊記者・

——從五月一日到五月六日，徐家滙交通大學擠滿了參觀的人羣——

如果你這次沒有去參觀電信展覽會，也許你會覺得非常惋惜，因爲你已錯過了一個機會來展視一點新奇的事物。這裏一個短短的介紹，希望能使你得到一個概念。

在交大圖書館樓下，南首第一室，你先看到一條黑色的長桌上面，陳列着各種不同的電子管，從愛迪生的第一盞電燈到雷達用的大型眞空管都有收羅。有的還把它們解剖開來，一個招待站在旁邊解釋。抬頭一看牆上標着電機工程師的搖籃交通大學陳列處幾個大字。旁邊全是一些電學測量儀器，有兩具叫作陰極線示波器在表現各種波形。

回過身來，是國際電台的展覽，兩座眞茹發訊台，和劉行收訊台的全場模型佈滿了天線網，這是遠東最具規模的一個無線電台；一隻外型類似普通打字機的機件，就是電傳打字機，在這邊按下一個鍵，在紙上穿了許多孔就把這紙條放在自動發報機上，一路經過好幾個機座，就變成了電波，再到最左面的收音機，經過幾座機件以後又到了原來打字機旁邊的一架機器上，你剛才在第一架打字機上的字就又打出了，招待員告訴你這是一種五點制的電動打字系統。旁邊一架是電傳照像機，你交給招待員一張照片，他去放在一個圓筒上，只看到它在不停的轉，耳朵在揚聲器中聽到一串雜亂的聲音，這是應用調頻術的系統，收像機在左邊臨時佈置的暗室裏，經九分鐘光景，管理收像機的招待員已經拿了一張濕的照片在手裏，他一面在特製的電爐上烘乾，一面指示你掛在牆上的一張世界大地圖，用紅線指示着與國際電台有連絡的各大都市，英公主婚時的新聞照片，就用這辦法從英國傳到紐約，再到舊金山，再傳到中國的，說着照片已經乾了，同原照一比，除了色澤較差以外，一點不走樣。

第二室聲音更鬧，進門是幾家電話製造廠的陳列所，有中原、中天、中國自動電器等幾家，出品都是共電式，磁石式交換機，電話機和各種零件，還有一架十門的自動式小交換機，試打電話的頗不乏人，這些都是國人自製的出品。轉過去是幾家蓄電池廠的陳列，有各式大小的蓄電池，各種鉛片的樣品和製造的程序。

最吸引人的是上海電話公司的旋轉式自動電話的模型，如果你試撥一個號碼，你就以看到有多少齒輪和機電器在替你工作，工作人員又告訴你全市的機件總數要多幾百倍。電話公司還陳列了他們業務的一種，防盜警鈴和電傳打字，前者是頗引起一般人的興趣的其實這不過是一個簡單的斷路所造成的。

再過去就是交通部上海電信局，在這裏你又看到了電傳打字，不過這是全場最新的一種，它用六點鑿孔制，全部用電路控制，速度達到每分鐘一百四十個字。電信局也有一部電傳照相機（正式的譯名該叫傳眞機），機件比剛才看見的要小而漂亮，但是收像所用的紙是特製的，在棕色的紙上印出藍紋，使用雖較方便，如果傳有Half-tone的照片，成績就差多了。不過，僅有黑白線條的文字或圖形却可以傳得很滿意。這裏你還可以看見調頻超短波替續制的收發機配上了小小的"H"狀定向天線。在這前面還有四路的載波機，可以使這一部調頻替續制的線路中通四對電話。招待員告訴你，從上海到南京的長途電話中，就有四根線路用這一套方法一站站的經過松江無錫號地傳過去的。

旁邊還有一個自動電話的模型也是電信局的，和電話公司的遙遙相對，不過這是步進制，比旋轉式的清楚易懂。你剛才在上海電話公司聽不懂的道理，在這裏一看包管明白。

走出第二室時，要不是先提你一聲，準得嚇一跳，這裏是一架交通大學裝置的光電計數器，雖然是一個老玩意兒，可是還吸引了不少人在這裏研究這個人走過就響鈴的"機關"。因此就阻礙了交通，交大的同學在一張線路圖上解釋這是光電管，那是電流放大管，這兒就是電池，那兒就是計數器當你走過時看了看數目是"5571"，如果已經轉滿三次，那就是說記錄的人數是三萬五千人。

樓上是東亞書店等的聯合陳列所，新到的雜誌書籍列滿了一檯，看的人多，買的絕無僅有，研究雷達的 MIT 叢書到了很多本，其中任何一本得化你一個月的薪津。正在苦笑，書店的職員同情的對你說，"這年頭要看書的人買不起，有錢的人不要看書，我們生意也難做"！

第三陳列室是中國航空公司，吸引人的是自動無線電測向器，無線電測向對你並不新鮮，可是自動測向你就很難得見了，隨便收一個什麼電台，天線總是死死的指着它的方向，旁邊放着一個不引人注目的東西，原來就是鼎鼎大名的 Loran，旁邊掛着一幅 Loran 地圖，可惜沒有文字說明。

國產無線電零件製造廠的出品，看看普通的東西自己都還能做，心裏也覺得舒服一些，萬利的變壓器，信記的容電器，業餘的線圈，亞美的各式零件和示教板都還看得過去。再進去是兩個進口商行，展覽着各種收音機，普通儀器和發電機，其中以一架紙帶磁性錄音機最爲精采。你一定記得陳德良君的鋼絲錄音機，這裏卻換了塗氧化鐵的紙帶。

中央無線電器材公司陳列的，除了精製的收音機外，還有好幾樣顯得很用一番心計設計的調頻機和測量儀器，這裏你可以看到我們自己的技術人員，在出品上怎樣同人家競爭。

中央航空公司，又陳列了一套電傳打字，和一套不完全的雷達，還有一具小小的黑箱子，爲着雷達高度計，其實就是絕對高度計。

第四室是中央廣播器材修造所的陳列品，有放大機、收音機、錄音機，還加一架調頻的廣播節目替續機，正轉播着清楚的七屆全運會情況。

還有一樣吸引觀衆的寶貝，一隻船用雷達佔去了半間房，不停的運轉着。招待員告訴你這是一種 PPI 式的表示，可以看見一幅以天線爲中心半徑四十哩的地圖，但是你除了一條發光線以外只看到一片白的，原來天線太低了，所有十厘米波長的微波都在附近被吸收掉了，沒有回波當然顯不出什麼地圖來，你有點不信自己的耳朵，再向招待員道"你說波長是十厘米"？他答道："是的，現在更短的有三厘米，甚至 1.2 厘米都在用了，因爲波長短，所以才可能用小的天線——"他指着正在轉動的天線，原來是一面鋁製的拋物線反射鏡。

最後是中國業餘無線電協會的資料，和一個小型的電台，許多照片，描繪了業餘家的活動，和國外同道們的友情，合作。

出了會場，你的腦子被剛才塞滿了的新玩意兒弄得有點糊塗，但有一個印象，你看到的東西，大部分都不是國貨，也許當出口處招待員，請你留幾個字，你會思索的的寫上了"下次再開展覽會希望有更多的國產品出現"！

是的，這短短的幾個字道出了你的反應，也是來到這次展覽會三萬餘觀衆共同的感覺。

（上接第24頁）

物，這液氨的純度合格。如殘留物過多，純度即有問題。做這試驗時須在空曠地方，以免氨氣傷人，同時須注意勿令液氨觸及皮膚。

（三）可能和氨接觸的管子牙齒，旋緊時須用一種甘油和黃丹粉 (litharge) 調成的水泥。牠與氨無作用，凝結後很堅硬。

這種水泥的正確成份應爲1份甘油（兩份無水甘油加一份水），2.2份黃丹粉。黃丹粉爲 PbO，色黃是由鉛製紅丹粉 (red lead) 的中間物。但不知爲什麼原因，有時價格比紅丹粉高，因而常有人用紅丹粉或攙有紅丹粉的黃丹粉來代替牠，結果水泥不易凝固，即使凝固但甚疏鬆。這裏所用的甘油應約含66%水，用普通甘油加水即可，含水很少的濃甘油反不能和黃丹粉凝結。有人用比純淨甘油還高的代價向藥房買這種用水配好的甘油，想來實在吃虧太大！

佔地極小，完全不用機械運轉設備的

淨水用新式斗形沉澱池

·逸·

引言

最近看到了一篇關於一種新式沉澱池的文字，這種沉澱池不像目下通用的沉澱池那樣水流在池中緩緩地水平流過，而是用管子通到池底，由垂直方向向上流出。構造和運用，似頗緊湊和合於經濟原則，所根據的原理也甚新穎。這種沉澱池，是由英國的『康定』濾池公司（Candy Filter Company）設計製造，將來可能有很大的發展，所以雖然看到的材料不多，先作一初步介紹。

沉澱池的作用

在給水工程中，用河水或是蓄積水作爲水源的，因爲混濁度較高，生水的淨化，大都需要經過加化學藥劑、沉澱、過濾，和消毒幾個步驟。混濁度高的生水，若是直接通入濾池，對於濾池的負荷太重，因而不能達到充分淨化的目的。所以在過濾以前，加化學藥劑及沉澱往往是不可少的步驟。

化學藥劑，普通所用的都是明礬，它的作用主要是二點：

一：明礬與水作用，產生多量的陽離子，和水中帶有陰電荷的浮游微粒中和。這種微粒因爲帶有陰電荷，互相排斥，浮游水中而不能沉澱。

二：明礬和水中存在的，或是另外加入的二氧化碳作用，生成一種似膠質的氫氧化鋁沉澱物，普通稱爲絨粒（Floc）這種膠質沉澱包在浮游粒子的外面，促進他們凝聚成大的粒子，因重量而沉下。

在淨水工程的運用上，一部分的絨粒被帶進濾池。這些絨粒舖在沙層上面，阻住並且吸收水中的雜質。就理論上言，砂層表面由膠質以及細菌，藻類等有機物所形的黏層，是濾池運用成功所倚。過濾所以能去除水中大部細菌，也是由於黏層的作用。

當沙層上的絨粒及雜質越積越多，對於水流的阻力太大，也就是水流經過濾池的水頭損失增大，到某一程度，濾池就必須沖洗了。普通的沖洗時間，大約是每二十四小時沖洗一次。

經過沉澱的水源，只有一部分的絨粒帶到濾池中，若是不經過沉澱，那麼全部的絨粒都將停留在沙層上面。過多的絨粒將使濾池「塞住」太快，而必須時時沖洗，因此也增加了所需濾池的面積和運用的費用。

沉澱池的運用

在淨水步驟中，生水（Raw Water）是先加入明礬，然後經過有阻隔的凝聚槽，使水在槽中以較快的流速流過。凝聚槽的目的，是要使明礬和水充分調合，而生成絨粒。阻隔的作用，就是使水左右曲折地流動，或是上下翻滾，促進明礬和水混和。經過凝聚以後，水流通入沉澱槽，流速減低，緩緩地流過較長的距離，絨粒和雜質即行下沉。水流在沉澱槽中停留的時間（Detention Period），並無一定的規定，須由設計者衡量情形而定，普通所用的大約是自四小時到二十四小時。

這種淨化方法的運用，是根據近年來許多研究的結果。要使加礬和沉澱有效率地運用，以得到很好的淨化效果，必須注意下面幾點：

1. 明礬必須和水密切調和。

2. 一定要使凝聚粒子能生成一種重而快的沉澱。基於這個要求，產生了所謂「凝聚」或是「絨化」

圖1. 在西非洲所造的垂直流向沉澱池，用以處理蓄積水容量是每天2,000,000介侖。

12442

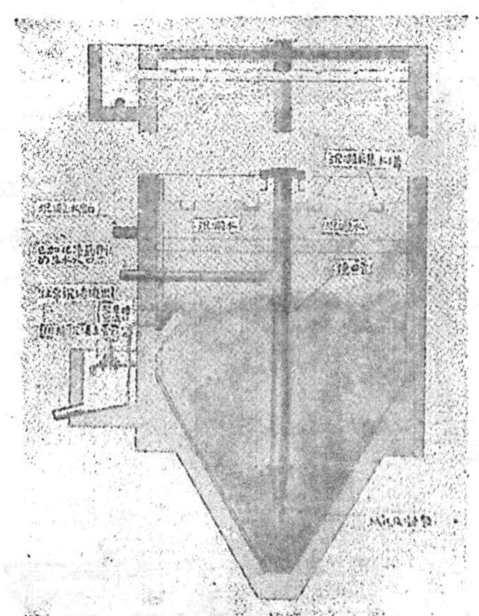

圖2. 這一張圖表明絨層覆蓋方法的運用，比較強烈的騷動保持在斗形的底部圖中用圖解的方法顯示了管子和槽溝的佈置。

的方法，就是使初生成的細小絨粒，各個互相接觸，或是和已長成的大絨粒接觸，以助其生長。

3. 在形成絨粒的過程中，必須避免干擾，因為這樣要打破重大絨粒的生成。在平流的沉澱池中，使水流轉灣的阻隔板，常易發生這種影響。

4. 在絨粒生成以後，一定要有一個寧靜的時期，使沉澱充分完成。必須避免不易控制的流速的變動而產生的擾亂。

5. 在絨粒形成和沉澱的時候，水流必須均勻地分佈。

6. 沉渣的消除方法，要耗費少量的水，同時不致使沉澱池的運用中斷。

「康定」式斗形沉澱池

根據最近研究的結果，知道假使將水流和一層已生成的沉渣接觸，使初生成的細小絨粒，與之混和，那末絨化效率將大為促進。因為這層沉渣，作為絨粒的核心，使絨化很快地生成大而重的粒子，於是明礬也可以充分地作用了。這種方法，有人稱之為「沉渣覆蓋法」(Sludge Blanket Process)。

根據上述種種關於決定沉澱池運用效率的因素，尤其是採用了沉渣覆蓋法的原理，康定濾池公司設計了斗形的沉澱池，而用上昇的水流來代替普通所用的水平流向。這種設計的試驗工作，幾年前已經着手進行，到最近才迅速的發展。今日已有不少這種新式的沉澱池在運用之中，它的容量普通是每天200,000介侖到6,500,000介侖。

設計之初，二種不同的斗形池曾被同時致慮，一種是在池的上面邊緣上裝堰口，以收集出流水，一種則是用均勻分佈全面積上的集水溝以收集水流。後者的優點很快地就顯示出來，以後的試驗就集中於此種形式。

康定式斗形沉澱池的各主要部分和其運用，大要分述於下面：

1. 形式——這種沉澱池的平剖面往往是方形的，牆的上部垂直向下，下部則成為倒置的金字塔形。在垂直牆壁一部分的水層深淺，視沉澱池運用的條件而定。池的上部為水流上昇的速度所決定，而這個速度則決定於水的性質如何。和普通平流的沉澱池的設計不同，停留時間在此無關重要。

2. 絨化——入流水在近斗形底部的垂直撓曲管所放出。入流水的流速和水流在池底改變方向，產生並且保持着一種騷動，這種騷動是混和水與明礬及生成絨粒的理想條件。

3. 沉渣的覆蓋——水流逐漸上昇，速度也逐漸減小，於是使絨粒和沉渣浮遊在水中，形成一層相當厚的沉渣『絨毯』覆蓋在斗形的上部。全部水流都要穿過這一層絨毯，絨化或凝聚於是可以達到最大的程度。而逐步減少的上昇流速，可以防免任何使絨粒破碎的結果。在實際運用的時候，從上面下望池水，可以很清晰地看到沉渣『絨毯』的層面。雖然沉渣的平面是自動地保持着，但是沉渣積得多了，平面也要逐步上昇，在沉渣表面上昇到離水面三呎，對於完善地運用，尚無危險。

4. 水流的控制——在水質變化很大，或是水量上下很多的情形下，在撓曲管的出口裝有康定濾地公司專利的可變速凡而，用來改變流量。這凡而在池頂上調節，不然，撓曲管只有一個一定尺寸的開口，保持一個平均適當的流速。

生水中較重的粒子，也可以自由地落在池底，和絨粒一起堆聚。

5. 沉澱水的收集——從沉渣絨層中出來的水，逐漸上昇到池的上部，由一組平均分佈於池面的集水溝所收集，收集溝的兩側，配有可以調節的板，板上開有缺口，使能很精確地保持均勻的流

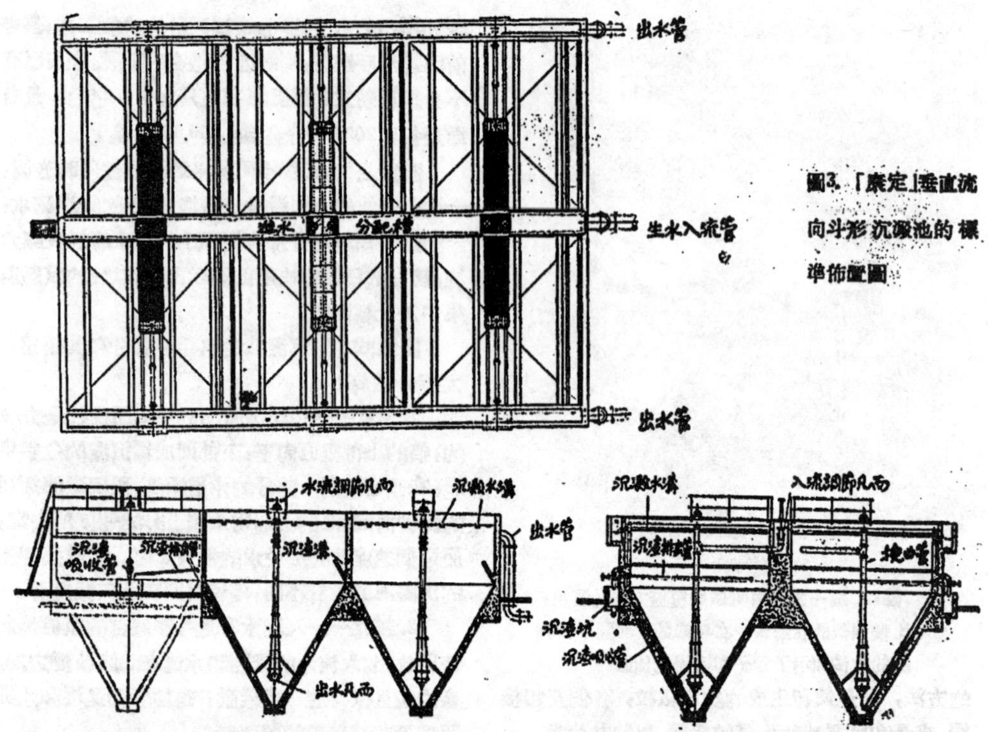

圖3.「康定」垂直流向斗形沉澱池的標準佈置圖

量。此種裝置，可以消除任何水流的短路。

6. 排除沉渣——底部斗形的斜壁，和水平成60°角，這是沉渣能滑下而不凝住的最小斜度。沉澱於是都沉到池底，必要時，利用水頭壓力，由沉渣排除管中放出。

沉渣的積聚，改變了對於從撓曲管中出來水流的抵抗力。沉渣增多，撓曲管中的水面也升高，這點可以利用來決定何時需放出沉渣。

普通排除沉渣的凡而，開放時間不必超過一分鐘。放清沉渣的間隔，要根據所處理的水的性質而定，沉渣積聚得快就要多放幾次，普通大約從24小時一次到數天一次。

7. 經常的沉渣排除——除了在池底定期地放清沉渣以外，一小部的沉渣，更可繼續不斷地，或是間歇地從池壁上面的聚集槽中流出。一根小的出流管位在槽的底部，把沉渣通到便利的出口所在。

沉渣的「絨毯」可以逐漸上升，直到上面和槽口相平，過此沉渣流入槽中。槽中的靜止狀態，促使沉渣濃集槽底，使排出時可以消耗較少的水量。有了這種裝置，沉渣絨層的表面可以很便當地穩定在某一高度。

雖然有了自動排除沉渣設備，主要消除沉渣的管子還是必須裝置的，以免過多的渣粒，堆在池底。

8. 建造——這種沉澱池都用鋼筋混凝土製造，關於基礎的排列，池身的高度等等，都要看當地的情形。在多風的地區，還需有遮蓋的設備，以避免過强的風力，擾亂水流而影響到沉渣「絨毯」。

康定式斗形沉澱池的優點

1. 爲促進絨化所需的水流的激動，能適當地保持着。這種激動完全依賴水力，而水頭損失甚小。

2. 凝聚和絨化達到最高度。

3. 能使含有甚多膠質懸物的水絨化及聚凝，這種雜質在其他情形下往往不易滿意地處理。

4. 完全不用任何機械運轉的設備。

5. 最後沉澱水流速十分小，較普通平流的沉澱池所能達到最小的限度還要小許多。

6. 沉澱水十分均勻地流出，完全消除水流的短流和死水地點。

圖4. 英國國內，每天容量 1,500,000 介侖的垂直流向沉澱池。

7. 利用水頭壓力，排除沉渣，易於控制而不用機械的吸收器。沉渣的排出，可以用管子通到任何便利的地點，所用的水量甚爲經濟。

8. 由於充分而且反覆地利用凝聚的化學藥劑，因此在淨化費用上，可以大爲減低，因而也沒有未作用的藥劑被浪費掉。

9. 所佔地位大大地縮小。

自從「康定」式的沉澱池出現以後，在英國以及海外各地對於沉澱池的設計，和應用沉渣覆蓋的理論，引起了很大的注意。不過大部的設計，都要用到複雜的構造和機械的設備和動力來運用。

「康定」式垂直流速沉澱池據說在英國及海外都得到很好的效果，可以處理各種不同的水源，在混濁度很高和變化很大的情形下，可以有同樣的效率。

結語

「康定」式的垂直流向沉澱池，以及文中所提到的沉渣覆蓋理論，都頗饒興趣。可惜筆者所得到的材料，只是上面的一些，關於理論的詳細討論，以及這種沉澱池的運用數據，如水流的速度、池身的高度、每單位面積所能處理的水量、以及如何可以得到最高的淨化效率和明礬的加入數量等等。都未說明，也許這是公司中的秘密，是不肯公開出來的。就上文的一些敍述看來，這種沉澱池比了今日所通用的平流法無論在效率的控制上，運用的實用上，所佔的地位上，都優勝多多，將來的發展，也許正如今日快性濾池之於慢性濾池。筆者很希望從事給水工程的人士，能更多介紹一些關於這方面的資料，或是實地從事試驗研究，俾能改進推廣，而在給水工程上展開新的一頁。

12445

從空氣中取氮，從水中取氫。

天利淡氣廠

高家明·沈天益

天利淡氣廠的創立，還是民國二十一年的事。當時剛好在美國西雅圖有一個屬於杜邦公司的合成氨廠有意出售，天利廠的創辦人吳蘊初氏就啓程赴美，視察機械，民國二十二年十二月議成，同時公司組織也告成立。二十三年七月，吳氏又渡歐向法國購置日產十二噸之硝酸機械全組。至年底，氨廠及硝酸廠的機械先後運滬，經八個月的努力裝置，至二十四年八月液體氨出品，九月淡硝酸出品，十月濃硝酸出品，十一月又完成硫酸濃縮的裝置。

硝酸工業在國防上的用途非常顯著，主要的是用作與硫酸配合為混合酸，而製造各種火藥原料，如硝酸纖維，硝代甘油，苦味酸，T.N.T. 等。這樣一個工廠，在二十七年日寇侵佔上海時，自然完全給强佔去了。勝利以後，從日寇手裏接收過來，積極整頓，在配置適於高壓(4500磅/方吋)用材料一點上，最費心機。三十六年十一月，在全廠技術幹部努力之下，已完全修復，可惜閘北電廠方面無法供電，遲至今年四月方始開工，但至今仍有週期停止用電的限制，這在電化工業實是一個大患，經濟上的損失頗大。

一、氨的製造

該廠用改良哈勃法(Modified Haber's Process)，或稱美國法 (American Process)製氨。

圖1.——2500 HP. 的電動機轉動 1800 KW. 的直流發電機。

原理與哈勃法無異，即利用氫與空氣中之氮在高壓下接觸合成。

$$N_2+3H_2 \rightleftharpoons 2NH_3$$

改良哈勃法的優點在用二個化合器(Converter)，除主要化合器外另有一初步化合器，或稱提淨化合器 (Purifying Converter)。使產品品質提高，所用的氫得自水之電解，電極放出的氫在空氣中燃燒，與空氣中的氧化合而成水，剩餘的即為氮，此與永利化學工業公司南京硫酸錏廠由水煤氣中取氫氮者不同。(參攷工程界第二卷第四期第三十四頁技協工業參觀團南京硫酸錏廠參觀記)。

水之電解槽共有三百隻，分二組，每組一百五十只串聯、電壓三百伏、電源為二千五百匹馬力的電動機一座，運轉直流發電機，可發六千安培之直流電，現因電力不够，故祇開一百五十只電槽、電槽為隔膜式，居中的陰極是穿孔鐵板，陽極在兩旁，係鍍鎳的鐵板。隔膜用石棉布、電解液用純淨氫氧化鉀，濃度約為28%、電解時氫氧化鉀並不損失，僅須加水、水用自製經過化驗的蒸溜水，以防免電極為水中之氯及其他離子所侵蝕。電解所得之氫匯於總管，經冷却器及量表而入氫儲藏櫃，以備合成之用、氧亦匯於總管入儲氧櫃、用每方吋

圖2.——水的電解放出氫和氧。

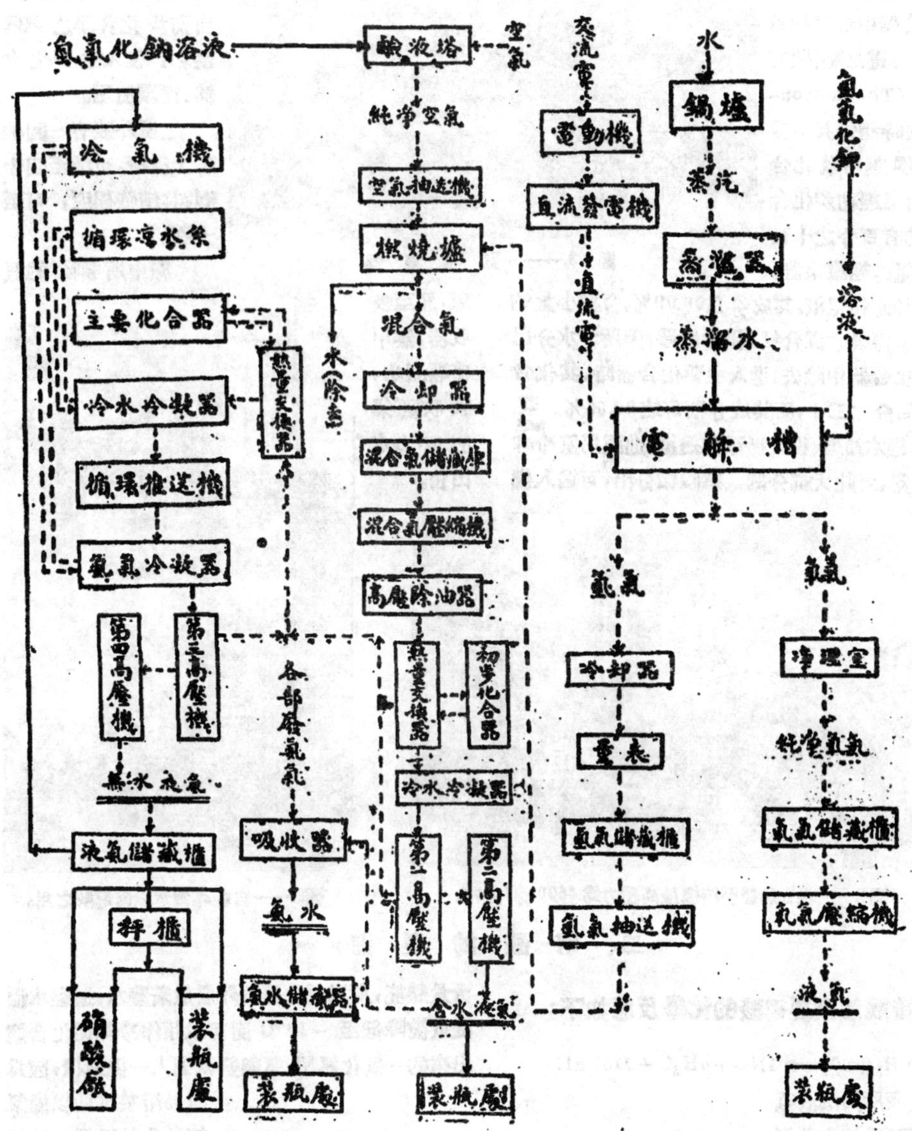

二千餘磅之壓力壓入氧氣筒出售。

氫由儲藏櫃用喞筒打至燃燒爐、同時空氣亦經鹼液塔除去二氧化炭後打入、燃燒爐高約二十呎,直徑約二呎,中有二吋徑的。噴射管、氫自管中噴出,空氣在管外,用電火花塞(Spark plug)點火空氣中的氧與一部分氫就在此時燃燒,溫度約在1000°C 左右、又恐其作用不完全,使燃燒後之混合氣體通過爐內一銅接觸網,溫度約在 300°C 左右,使殘餘之氧,再與氫化合,此時混合氣的比例約爲三分氫與一分氮,殘留之氧約含 0.1%,經冷却器而入儲氣櫃。

混合氣由二百四馬力的壓縮機壓至每方吋四千六百磅之高壓。壓縮分四段進行,第一段六十磅/方吋,第二段二百八十磅/方吋,第三段一千五百磅,至第四段達四千六百磅之高壓、壓縮氣體,經冷却後入除油器以除去從壓縮器中帶下的油

12447

粒、乃入初步化合器中。化合器中溫度約爲600°C，用電加熱，裝有熱電偶(Thermocouple)隨時測知其中溫度、接觸劑用鐵化合物、混合氣經初步化合器後，約有百分之十五化合成氨，經凝集器，用水冷却而得氨液。其成分爲99.99%，含極小量的水分。未轉換之混合氣，更爲純淨，因所含水分已在初步化合器中除去。進入主要化合器時，其化合率約爲百分之二十，而其成分則可達99.99%。至凝集器，經水冷却，復入循環推送機，進至用氨冷却之凝集器、至此大部分的氨氣凝結分出，可送入儲氨器中、其餘氣體與來自初步化合器之氣體混和，復入主要化合器，循環使用。

圖 3.——氨凝集器

室外裝有一圓桶形大秤櫃，可稱至四十噸，其精確程度，可至十磅。

廠中所排除的氨氣，通至吸收器，器中盛蒸溜水，吸收(氨氣)製成氨水出售。

圖4.——混合氣體壓縮機最高壓力爲4600磅/方吋。

圖5.——自製蒸餾水以備電解之用。

二、硝酸的製造

用接觸法來製硝酸的化學反應如下：

$$4NH_3+5O_2 \rightarrow 4NO+6H_2O+215Cal.$$

氨廠所出的液氨就是製硝酸的主要原料。用外層包有二吋厚軟木絕熱的鐵管引導入硝酸廠 經過一只壓力減低活門(Reducing Valve)入氣化器，減低壓力後之液氨，即呈氣態，當液氨變成氣態時要吸收大量熱能，所以氣化器的外層放着鹽水，這鹽水溫度就被降至 −10°C 而可以用作冷却從化合爐出來的一氧化氮用。氣態氨就引入一儲氣櫃，因爲氨易溶於水所以儲氣櫃的內外層都以油代水。工作時氨由另一導管從儲氣櫃中引出經過送氣風箱和適量的空氣混和後入接觸化合爐，空氣是從室外經毛巾布過濾除去灰塵再經熱量交換器。使其溫度增高後

圖 6.——硝酸廠全景。

進入接觸化合爐，混合氣由下而上，先經鋁網使其混合均勻再經點火，使溫度增高至 700°C 左右後和上層接觸劑相遇，接觸劑共分三層，下面二層是鉑銠 (Platinum-Rhodium).合金，上層是鉑銥 (Platinum-Iridium)合金做成，所謂點火就是用一條鐵管，一端連接在氫氣瓶上，一端點着火從化合爐的旁邊小孔放入，在內部移動，使混合氣體全部燒着溫度上昇至上層白金網呈暗紅狀態而止，那時氨在高溫和接觸劑之作用就被氧化成一氧化氮和水。作用後的氣體經過熱量交換器而入一冷卻器，這冷卻器也可以說是一座鍋爐因為利用反應所生之高熱，可以把水變成蒸汽，這蒸汽通至硝酸提濃部用，冷卻後的一氧化氮就引入氧化部。

氧化和吸收部

在氧化和吸收部中，化學反應如下：

$2NO + O_2 \rightarrow 2NO_2$； $3NO_2 + H_2O \rightarrow 2HNO_3 + NO$

自接觸部送來的一氧化氮還須經過串聯的冷卻器。冷卻器外層用自氣化器中出來的低溫鹽水冷卻。後經送風箱入氧化器中，一氧化氮和空氣中的氧化合成二氧化氮，氧化時需要相當的時間和寬大的空間。生成後之二氧化氮就引入多個串聯的吸收塔內，塔的內部裝置方法和普通應用的吸收裝置相同，即前部一塔酸度最濃，愈後愈淡，蒸餾

(二) 硝酸廠製造程序簡圖

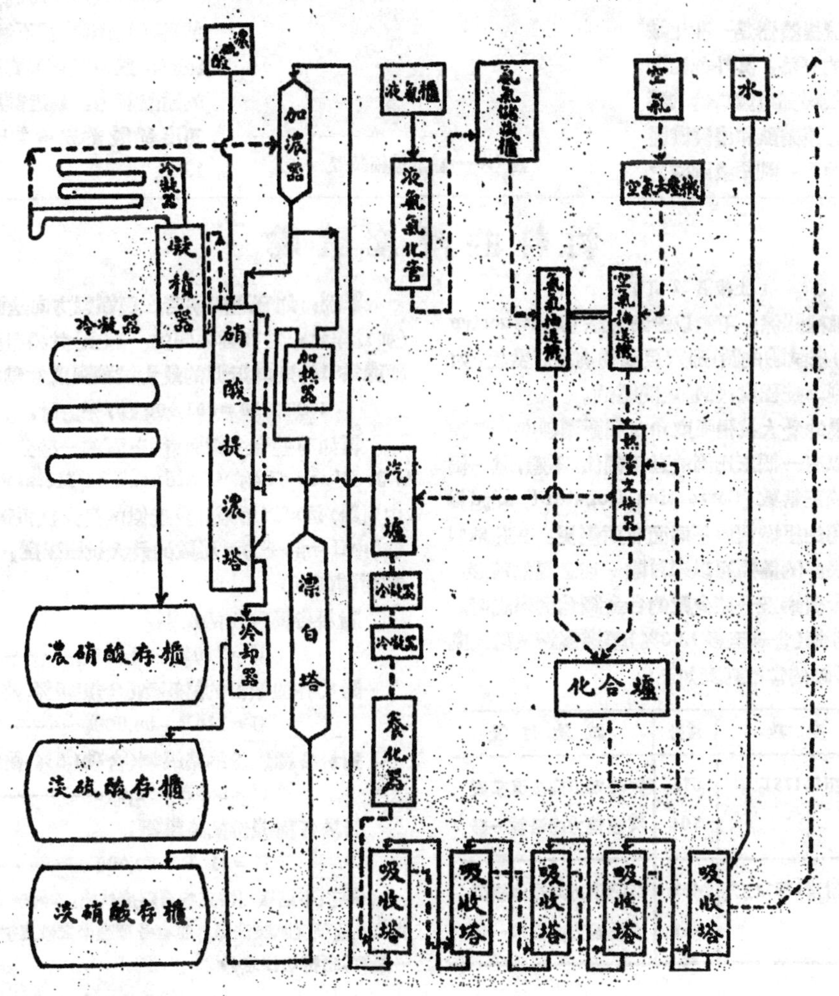

水由最後一塔的頂部加入漸次輸入最前一塔，而二氧化氮氣體則由第一塔通入依次入末尾一塔，最後放入空中，因此淡硝酸在各塔內和二氧化氮的運行方向齊巧相反。在吸收塔內二氧化氮和水生成硝酸，製成的淡硝酸，由最前一塔放出，再經漂白器除去其黃色雜質而成無色透明的淡硝酸，其濃度約為40°Be。

硝酸提濃部

硝酸提濃器為一矽化鐵所製成的高塔，其外部四週應用由接觸部鍋爐供給的蒸汽加熱，淡硝酸和濃硫酸同由塔頂加入，利用濃硫酸之吸水能力將淡硝酸中水份悉數去除而成為無水的純硝酸。然而逐漸遇熱化汽由塔頂總管輸出，導入凝聚器凝集之再經冷却器冷却之而成極濃的濃硝，酸濃硫酸自塔頂至底部成為淡硫酸。由底部放出送入硫酸提濃部提濃，然後再來重覆使用，濃硝酸約為49°Bé入儲存器中。所謂硫酸提濃是將淡硫酸入蒸發爐用火直接加熱，水汽則由一風箱送入烟道。

硝酸廠內所用的機件全部為特種鋼（或稱不銹鋼），係矽化鐵及鋁質製成有極強的耐酸能力。最近該廠每天可出硝酸約五噸其比重為1.42。

圖7.——硝酸濃縮裝置

材料的硬度試驗

（上接第32頁）

性質等種種關係，不能以毀壞方法（Destructive Method）來試驗的話，那末更顯得有用。當然，如果攷慮到準確程度，那是成問題的。

金屬的最大抗張强度和布利耐爾硬度，根據試驗可以有一個正比例的直接關係。不過，這一個關係的校正常數（Correction Constant）却因為各種金屬的組織情形不同而有所變更。在此地似乎沒有很多的篇幅可以來討論一切金屬的情形，但可以舉碳鋼及一些少數的合金鋼為例來說明。如普通碳鋼（含碳至多1.00%）經過輾鋼及退火處理的，準確的常數列表如下：

硬度數	常數	試驗位置
在布利耐爾175以下	515	與輾輥方向垂直橫置
	504	與輾輥方向沿樣一致
在布利耐爾175以上	489	與輾輥方向垂直橫置
	461	與輾輥方向沿樣一致

舉例，如普通碳鋼若在與輾輥方向垂直位置（如為洋元，當在圓柱面的一點上）試得布利耐爾硬度為310，則其近似的最大抗張强度當為：

$$489 \times 310 = 151{,}900 \text{ 磅/平方吋。}$$

再如有些合金鋼而言，下面的一些公式（根據J.J. Clark 氏的 "Hardness of Metals" 一文中所舉）是可以用來計算近似的最大抗張强度的：（式中U＝每平方吋磅數的最大抗張强度，B＝布利耐爾硬度）

對於各種碳份的鎳鋼，

$$U = 710B - 32{,}000 \quad\cdots\cdots(6)$$

對於各種碳份的鉻鎳鋼（含鎳3.5%，鉻1.0%）

$$U = 710B - 33{,}000 \quad\cdots\cdots(7)$$

對於各種鎳份的鉻鎳鋼（含鎳1.5%，鉻0.5%）

$$U = 680B - 22{,}000 \quad\cdots\cdots(8)$$

對於各種碳份的鉻釩鋼，

$$U = 710B - 29{,}000 \quad\cdots\cdots(9)$$

（未完，下期續刊洛克威爾硬度試驗，沙阿硬度計，及其他各種硬度試驗法等，並有各種標準之硬度換算圖表一全頁，請密切注意。）

世界最大灌溉計劃之一

美國可樂利陶穿山引水工程

彭禹謨

概說 美國的洛磯山脈(Rocky Mountains)是大陸的分界，可樂利陶河(Colorado River)發源在山的西麓，太平洋一面，第二次大戰前，開墾局採用湯姆遜氏計劃(The Colorado-Big Thompson Project)開始穿過洛磯山，鑿通隧道，把可河多餘的水量停儲起來，再用隧道把水引到山的東麓，大西洋一面，去灌溉可樂利陶東北部一大塊年年遭旱荒的土地。

計劃 (1)可河溢水和牠的支流溢水，統統儲留在格蘭比(Granby)水庫裏面。

(2)填土主壩的高度是295英尺，壩頂長度是885英尺。

(3)四座小土壩把周圍的山凹閉塞起來。

(4)附近的河流分別建壩，把水流集合起來。

(5)由一抽水廠把水庫的水打升到186英尺高處的謝陶山(Shadow Mountain)水庫裏面去，這座水庫是靠謝陶山土壩的建造變成格蘭德(Grand)湖的擴充部份。

(6)把格蘭德湖裏面的水輸送到亞當斯(Alva B. Adams)隧洞中去，這隧洞的襯裏是用混凝土，牠的內徑是九·七五英尺，流量是五五〇立呎秒，牠的長度是一三·〇七英里，像這樣一共祇有兩個進出口的輸水隧洞，可以算是最長的一條輸水隧洞了。

(7)從可河的北叉口(North Fork)地方，把水截留，加到格蘭德湖裏去，調節隧洞輸水，使得格蘭德湖裏的水位經常保持不變。

(8)從綠山(Green Mountain)壩產生綠山

圖 1

水庫，這是一座青河（Blue River）的儲洪水庫。牠的容量是155,000畝呎(Acre-ft.)，擔任了調節可河引水的工作，這裏有一座21,600 Kw的動力廠在工作着。

(9)把隧洞裏引水，繼續經過六座動力廠，可以達到每年有七億五千萬Kwh的動力。

(10)引水工程可以平均每年有310,000畝呎的補助水量，用到615,000英畝已經受灌溉的土地。

(11)山的東麓方面有三座儲水庫即馬齒（Horsetooth,）卡德湖（Carter Lake,）及平鐵(Flatiron)，牠們的儲水量：各爲146,000,110,000及28,000畝呎。

(12)分水系統，包括下面幾處給水渠即：卡德湖，馬齒，聖佛蘭（St. Vrain），大湯姆生，普渡(Poudre)，普渡谷及北普渡。

(13)設置唧水站，必要時把這個水庫的水打到那個水庫裏去，或者打到供應水渠裏去。

施工 本工程的開始，早在一九三八年十二月，其間因大戰發生，並受工資材料增加之影響，(起初預算四千四百萬美元，戰後增加三倍，約一萬二千八百萬美元。）已延達十年之久，預計全部工程完成之期，當在一九五二年。現在工作情形如下：

(1)馬齒水庫在建築中。

(2)亞當斯大隧洞通水典禮，已於一九四七年六月二十三日舉行，先在出口的地方設置臨時管線，把水引到大湯姆生河中去。

(3)永久引水工程，是把大隧洞裏的水，從東口引到七百英尺地方一座東口水庫(East Portal Reservoir）裏去，這裏另有一座防洪溢道（Spillway)，預備溢水流到瑛德(Wind）河中去。

(4)把東口水庫的水，引到亞斯本灣(Aspen Creek）虹吸管裏去，工程已大致完成，是用露天挖溝法建造，上面蓋土厚度五英尺。管長1.32英里，管是鋼筋混凝土的，內徑10.75英尺，平均厚度13英寸，流量550立呎秒。

(5)由虹吸管通達賴姆罕（Ram Horn）的隧洞，已經完成。這隧洞的截面，像馬蹄形，直徑十英尺，混凝土襯裏，長不過1.31英里，進出口的高度差不過七英尺半。

(6)離開隧洞，進到一處九十六英寸徑，521英尺長，8到7/16英寸厚的鋼板造成的瑪來湖(Marys Lake)壓力水管(Penstock)。降落212英尺。

(7)一座62×68英尺的鋼筋混凝土廠房，正在建築中，預備裝設9,000 Kva的直軸發電機，壓力水管的水，降落到這座動力廠，發電機是靠一座11,300匹馬力的渦輪(Turbine)來發動的。

(8)渦輪裏流出來的水，就流到瑪來湖水庫當中去。這座水庫是靠兩條人工壩牠一處天然湖的容量增加起來的，壩的高度，大約高出天然湖水位二十五英尺。

(9)從上面水庫的水流到一條直徑十二尺半，長達十分之六英里的鋼筋混凝土管中，這條引水管是叫潑洛斯山管（Prospect Mountain Conduit)，經過露天挖溝的方法造成的，最淺的蓋土是五英尺。管中流量是一三〇〇立呎秒。

(10)靠壓力把引水管的水流到潑洛斯山隧洞當中去，這條隧洞的直徑一樣是十二英尺半，長度是1.07英里。現正從事襯裏工程，就要全部完成。這隧洞的出口相近地方，特別建造了一座垂直攪水閘（Surge Chamber)，從山側的表面挖掘把隧洞的本身擴大的，攪水閘的直徑是五十英尺，高度大約有一百英尺，鋼筋混凝土的襯裏工程，現在正在進行中。

(11)把隧洞裏的水流到三條依斯特(Estes)壓力水管裏去，管是鋼板造成的，每個管徑七八英寸，每個長度是四分之三英里，每條管子大部份長度是建造在地面上，祇有穿過依斯德公園(Estes Park)角隅的一部份是在地面下的。

(12)三條壓力水管裏的水引到依斯德動力廠，這裏是東麓的一處主要動力單位，裝置了三座直型667Kva的發電機，是用21,000匹馬力的渦輪來發動的。平均發動水頭是534英尺，98×145英尺的廠房是用鋼筋混凝土建造，基礎開挖已經完工。

(13)動力廠流出的水，是流到一座水庫裏去，這座水庫的造成是在依斯德公園下面一英里半地點，建造了一條奧林波斯(Olympus)壩來圍堵起來的。這座壩正在建築當中，講到牠的功用，可以把水流調節，使得將來下面幾處動力廠發生勻致的動力。這座土築的壩是56英尺高，1,800英尺長，有一處混凝土溢水道。

12452

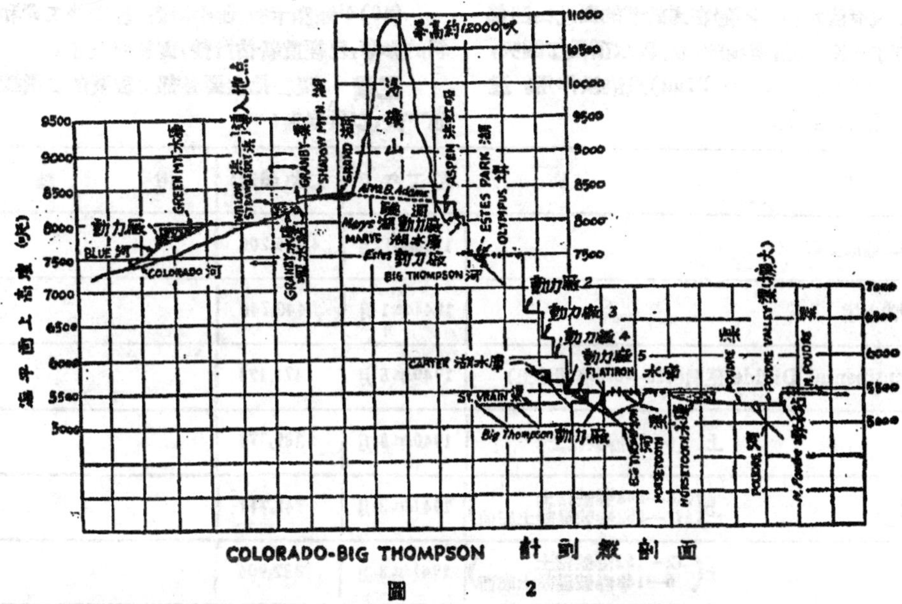

COLORADO-BIG THOMPSON 計劃縱剖面圖 2

(14)西麓的格蘭比水庫的容量是 469,000畝呎，牠是可樂利陶方面第二最大的水庫，（John Marlin 水庫的容量是 555,000畝呎），當初規定從一九四一年開始建築，但是受了戰事的限制，祇完成了引水隧洞。主者和第三號支壩是在一九四六年八月開工，預計完成時期在一九五〇年二月。第一、第二、第四號支壩是在一九四六年十二月開工，預計完成時期在一九四九年一月。

(15)在格蘭比水庫的北岸，設置一處唧水廠，共有三座抽水機，在一八六英尺最大水頭的時候，每座機的出水量是二〇〇立呎秒。這裏是用三部六千匹馬力的機器發動的。廠屋和進出口設備是從一九四七年四月開工，預定完成日期是在一九四七年十一月。

(16)在格蘭比唧水廠和謝陶山湖的中間，是一條格蘭比唧水渠，長度是二·一英里，計劃流量是一一〇〇立呎秒。這條渠道工程是在一九四七年五月開工，預定在一九四九年六月完工。

(17)謝陶山湖各項調節格蘭得湖水位工程業已完成。

(18)馬齒水庫的工程，現在積極進行中，牠是靠四座土壩來圍築成功的。這四座壩的名稱叫：(一)馬齒壩，(二)兵峽 (Soldier Canyon) 壩，(三)迪克生峽(Dixon Canyon)壩，(四)泉峽壩(Spring Canyon)壩。

現在都在建築中預定一九四九年完成。這四

工程界
投稿簡約

(一)本刊各欄園地，絕對公開，凡適合下列各欄之稿件，一律歡迎投寄：

1. 工程零訊(須注明時期及出處)；
2. 工程專論(以三千字爲度)；
3. 各項工程技術之研究或介紹（包括機電土化礦冶紡織水利等)；
4. 新發明與新出品（須註明發明者或出品者及出處)；
5. 工程文摘（剪報或雜誌摘錄，每篇以一千字爲度)；
6. 工程界名人傳(能附照片最佳，以三千字爲度)；
7. 各項工程小常識(歡迎實用新穎之材料，稿酬特豐)；
8. 工程界應用資料(以實用參攷圖表爲主，圖照必須清晰)。

(二)文字以淺顯之文體爲主，必須橫寫，行內標點，西文專門名詞 除譯名外，務必另附原文。本刊備有特種稿箋，如投稿需用 請來函登記俾酌量贈送。

(三)如文中附有圖照，請儘量採用白底黑字者，圖中英文，請以軟鉛筆書譯名於適當之地位；過於複雜之圖版，請事先與編輯部接洽。凡有原書之圖版，請附寄原書，以便翻製。

(四)來稿無論登載與否，概不退還，本刊并對於來稿有删改取捨之權；但事先申明需退還或不願删改者例外，來稿之署名聽便，惟稿末需附眞實姓名及通訊處與印鑑，以便通訊及核發稿費等用。

(五)來稿一經刊登，其版權即歸本刊所有(事先聲明保留者例外)，除寄贈登載該稿之本刊一册外，并致奉稿酬。

(六)稿件或其他有關編輯事務之通訊，請逕函：上海(18)中正中路517弄3號本社。

座壩都沒有溢水道，不過在馬齒壩的西北山凹部份另加了一座小堤，這堤的頂比較水頂低了四呎，供給了「導火栓」(Fuse Plug)或溢汛作用。這處的工程已經動工。

(10)平鐵和卡德湖兩水庫，因戰後工資和材料的影響，已經重新估計後，實施建築了。

工價 現在把主要各部工程費的包價摘錄如下表，以供參考：

工別	開工年月	工款(美元)	附註
綠山壩動力廠	1938年12月	4,226,206	
謝陶山壩	1944年1月	440,740	
Continental Divide 隧洞(618—698樁號挖土)	1940年5月	471,123	
同上(6—72樁號挖土)	1940年8月	389,370	
同上(618—548樁號挖土 698—552樁號混凝土底面)	1941年3月	748,711	
同上(72—152樁號挖土 6—148樁號混凝土底面)	1941年8月	832,906	
同上(350—284樁號挖土)	1943年9月	771,145	
賴姆孚和澂洛斯山隧洞工程動力渠道第一號挖土和混凝土襯裏工	1946年3月	1,864,822	
格蘭比堤引水出口隧洞挖土和混凝土襯裏工	1941年12月	283,180	
格蘭比一二四號堤	1942年10月	418,080	1947年12月重行開工
格蘭比壩及三號堤	1646年8月	5,988,969	
格蘭比唧水廠	1947年3月	4,139,998	
格蘭比唧水渠	1647年5月	591,358	
散坦克(Satank)堤 馬齒壩 兵峽壩	1946年8月	5,111,877	
迪克生壩 泉峽壩	1946年9月	4,319,427	
第二三四五號隧洞挖工和混凝土襯裏工 馬齒供應渠工程	1947年8月	1,838,352	
依斯德湖動力廠 瑪來湖動力廠 壓力管和溢水道	1947年5月	216,708	
亞斯本溝虹吸管 澂洛斯山渡水槽 瑪來湖水庫堤路工	1947年8月	1,611,953	
奧林波斯壩 大十七號公路 魚灣路(Fish Creek)	1947年8月	1,375,479	

12454

液體阿摩尼亞的安全處理

胡光世

大約在兩年前，上海某染織廠，因爲把盛有液體阿摩尼亞的鋼筒放在鍋爐間裏，結果發生爆炸，除物質損失外，還犧牲掉一條人命。

有人用手不小心碰到液體阿摩尼亞，結果這手指永遠僵硬，終身殘廢。

還有許多冷氣工廠，因爲不能確定筒內究竟有無阿摩尼亞，往往將滿裝的當作空筒退出去，筒裏的阿摩尼亞便白白送人。

這些不過是許多慘劇和錯誤中的一部份，我們不知道的一定很多。同時這些是比較突出的例子，種種小錯誤，還多得很。

阿摩尼亞是冷氣工程上很重要的冷卻劑（refrigerant），一般工廠用牠的也很多。所以此地將有關液體阿摩尼亞和裝阿摩尼亞用的鋼筒應該如何處理，方才安全，以供工廠人員遇到這個問題時的參考。

阿摩尼亞的特性

阿摩尼亞的學名叫氨，液體阿摩尼亞常指無水氨（通稱液氨），並不是家用的阿摩尼亞水溶液（即氨水），這是要讀者仔細區別的。

氨的製法很多，在工業發達的國家，差不多都用合成法，所謂合成法，就是利用觸媒，將三份氫和一份氮，在高溫高壓下直接化合成氨（NH_3）。中國現在有兩個廠製合成氨，一是江蘇六合縣的永利酸錏廠，一是上海天利氮氣廠；（本期有詳細介紹，請參看12頁。）永利的氨主要用來做肥料，天利則做硝酸，同時賣出一部份供製冷氣之用。

氨在常溫常壓下，是無色氣體，必須加壓力纔能變成液體。液氨在鋼瓶裏所生的壓力，只要有液體存在，就祇和溫度有關係。溫度高則壓力高，溫度低壓力亦低。到零下28°F，液氨的絕對壓力等於一個大氣壓，換句話說，氣體氨到這溫度，即使不加壓力，牠也能變成液體。液氨的蒸氣壓力和溫度的關係見表一。

有一點必須注意：普通風焊所用的氧氣瓶裏的氧是一種壓縮氣體，在容積一定的瓶裏，氧氣的多少和壓力有關，氧氣多則壓力高，氧氣少則壓力低。但是盛在阿摩尼亞筒裏的液氨則不然，液氨的量和壓力無關，祇要有液體存在，不管多少，牠所生的壓力總是一定，除非溫度變牠才變。因此，要知道一隻鋼筒裏究竟有多少液氨，必須稱量，用壓力表是不會明白指出的。

表一　液氨所生壓力與溫度之關係

溫度，華氏	表壓力，磅/平方吋
-28	0
32	48
70	114
80	140
95	180
120	270
140	365
150	419
200	780
220	975
250	1332
270	1620

液氨蒸發時，要吸收大量的熱。普通冷氣機的原理，便是利用液氨蒸發吸熱而產生冷度，用時將氨壓縮，經水冷卻後，凝結成液氨，循環使用。

在冷氣廠工作過的人，都知道在液氨蒸發的容器外面，往往附着有霜或冰，這是因爲容器溫度過低，以致空氣中的水氣在上面凝結。利用這現象我們可以推測容器內液氨蒸發的情形。

就因爲液氨有吸熱致冷的能力，我們對牠必須十分當心。液氨碰着皮膚會將細胞凍壞，同時搶去細胞內所含的水份，嚴重時能產生一種灼傷，和火燙的一樣。皮膚沾到液氨便像火燒，如不迅速弄掉，便很危險。曾經有人將一條活蛇用氨去冲，蛇很快便僵硬得像一根樹梗。

液氨對許多金屬，如銅，鋅，鉛，鋁，黃銅，白鐵等都有腐蝕性。因此我們不能讓白鐵管，有銅的活門 (valve) 和液氨接觸。有人用氧氣瓶裝液氨，氧氣瓶的常用壓力 (working pressure) 是每平方吋 2,200 磅，雖然不致於破裂，不過氧氣瓶上的銅頭和凡耳很容易腐蝕。如不留心，會招致損失或災禍。液氨對鋼鐵無影響，因此，和液氨接觸的容器，管子，活門等，不是鋼的，便須是鐵的。

在氨的特性中有一點也許出乎我們的意料之外：氨也能造成火災甚至爆炸。空氣中含有 16—27% 的氨時，就能燃燒，雖然很難。如溫度過高，也能爆炸。爆炸限度 (explosion limit) 為 13—27% 的氨，在普通情況下，要氨達到這樣高的濃度當然不容易，但也不是不可能。在氨氣易漏出的地方，通風應該良好，以便氨氣能上浮而逸出。更須特別當心，不要讓漏出的氨氣和火焰或燒紅的金屬接觸，以免發生爆炸。

當心中毒！

液氨對皮膚的作用，前面已經講過，這裏還要說一說對於人體生理上的一般影響：

氨氣吸入鼻孔後，可使黏膜乾燥，以致呼吸困難，激烈咳嗽；同時刺激心臟，吸入過多，則能致命。幸而牠的臭味特殊而且强烈，遠在危險的濃度到達以前，我們已經可以發現牠。空氣中氨濃度到人所產生的生理作用見表二。

表二　空氣含氨濃度對於人體的影響

對於人體的影響	百萬份空氣中氨之份數
使人能辨出臭味的最低濃度	53
刺激眼睛的最低濃度	698
刺激喉腔的最低濃度	408
使人咳嗽的最低濃度	1,720
可以在裏面長久逗留的最高濃度	100
可以逗留短時間($\frac{1}{2}$—1小時)的最高濃度	300-500
逗留短時間(半小時)也很危險的濃度	2,500-4,500
接觸短時間也能致命的濃度	5,000-10,000

從表二可以看出，氨雖不很毒，但我們如不小心，也會有中毒的危險。因此有氨氣漏泄的地方，工作人員應該離開遠一點。如果因為工作上非接近不可，最好戴面具；沒有面具，用濕毛巾圍住口鼻也不應急，時間則愈短愈好。

欲免中毒，自以事前預防為上策。萬一不幸碰到，下述幾條急救的方法可供參考：

(一)將中毒者迅速搬到空曠地方，立即請醫生。讓病人靜臥，並保持溫暖，强迫他喝大量的水。

(二)如病人失去知覺可施行人工呼吸法。

(三)先用水洗喉及鼻腔，然後再用稀醋酸或硼酸水洗。

(四)掰開眼皮，先用水，後用 2% 硼酸水洗眼球。

(五)如衣服沾液氨，應立即脫去。皮膚用水洗後，再塗苦味酸或丹寧酸。

裝液氨用的鋼筒

裝液氨的容器有兩種。一是筒車 (tankcar)，容量 10,000 加侖，因過分笨重，普通不大使用。一是鋼筒 (steel cylinder)，分 10 磅，100 磅及 150 磅三種，小量液氨像冷藏用的，都用鋼筒裝。

鋼筒又分兩種。第一種為管式 (tube-type) 係一長筒，兩頭各有向內凹入的底，一底上裝凡耳，鋼筒不用時，用蓋蓋好以保護活門。第二種為瓶式 (bottle-type)，很像氧氣瓶，短而粗，凡耳裝在突出的頂部，有帽保護。這兩種分別很少，瓶式的較不常見。現在我們來將管式的仔細研究一下。管式鋼筒的構造見圖 1。

圖 1 — 管式液氨筒

液氨容器的常用壓力是每平方吋 300 磅，試驗壓力達 700 磅，所以可用無縫厚鋼管製成，(一百磅鋼筒的壁厚約 3/16")。兩頭的底向內凹，鐵蓋用螺栓固定在有活門的一頭，目的在使後者免受撞擊。凡耳內有彎管 (dipper pipe)，作用在使瓶內少量殘餘液體亦可放出。活門頭係針形，其襯片 (packing) 以硬鉛製。開關須使用一套筒扳頭，活門外部有一個出口，可與放出口連接，不用時有一個栓塞塞好。筒壁的頂部有四字，表明廠名及筒的

12456

號數。有時還有銅牌，表明所有者，號數，皮重試驗日期等。各廠出的鋼筒，大小重量，形式當然各不相同，但也相差不遠，常見的如表三所列：

表三　常用液氨鋼筒尺寸重量表

種　　類	長約	外徑約	重量約
50 磅鋼筒	4 呎	10吋	110–120磅
100 磅鋼筒	7 呎	10吋	160–180磅
150 磅鋼筒	7 呎	12吋	230–250磅

普通盛液體的玻璃瓶都不裝滿，爲了要避免瓶中液體因熱膨脹時所生的龐大壓力而將瓶子脹破。液氨筒的情形也一樣，不過性質更嚴重些，因爲第一：液氨的膨脹係數特別大；溫度由 70° F 昇至155° F時，體積增加15%；第二：鋼筒不比玻璃瓶，內容看不見，如不注意重量，易於使過分裝載；第三：液氨壓力大而有毒，破裂後能傷人。

一隻鋼筒究竟可以裝多少呢？

現在我們拿100磅的做例子。所謂標準的 100 磅鋼筒，內部體積約爲 3.23立方呎。如裝足水，可裝200磅，這叫做液氨鋼筒的水容量 (water capacity) 美國規定液氨筒不能裝過水容量的 54%. 200磅的54%等於108磅，這就是說，100 磅鋼筒裏的液氨，最多不能超過108磅，實際不裝過 106 磅，通常最多祇裝 104 磅。拿體積講，一隻鋼筒在70° F，時裝104磅，所佔體積祇達全部的85%。

前面講過，液氨溫度由 70° F 升高到 155° F，體積約增15%。這就是說，裝 104 磅的 100 磅筒子到155° F時會爆炸。如裝量超過 104 磅，則厲害的太陽曬晒，便能產生慘劇。

檢查盛裝液氨的鋼筒

鋼筒亦不是馬馬虎虎隨便拿來就可以用。由於相當腐蝕或被撞擊等種種原因，牠會變得很脆弱到危險的程度。嚴格地講，每隔一定時間，或當出廠回來之後，每隻筒子都該經過檢查和試驗，纔能再裝液氨。如不合格，立即剔出。試驗日期則用鋼字敲在鋼牌上，以便查攷。

檢驗最重要的目的，在測知筒子的强度是否能安全地長期担負每平方吋300磅的壓力。試驗的原理是用水泵打水入筒，逐漸增加壓力到每平方吋 700磅，量出筒子因受高壓而增加的體積，然後將水放出，以去掉壓力，再量出筒子永久增加的體積，若後者超過前者達一定程度（普通爲10%），這筒子就不能再用。

普通用戶，當然不會有這種複雜設備，但我們可以用下述簡單方法來檢驗：

（一）筒子清理後，稱牠的重量，如這重量與銅牌上標明的原有皮重相符，這筒子可以再用。

（二）如這量小於原有皮重的 90%，筒子不能再用。

（三）如這重量介乎原有皮重的 90—95% 之間，最好經過壓力試驗再用。

（四）經過火燒或表面爛成麻點的筒子，必須扔掉，以免危險。

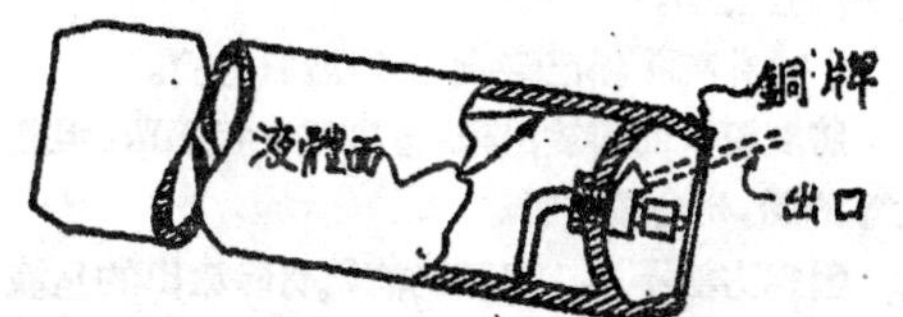

圖 2 — 放出液氨法

灌裝和放出液氨的方法

在裝液氨前，筒內空氣必須用抽空泵 (Suction pump) 抽空到 28 吋水銀柱高左右，因爲一則空氣對冷氣機效率有不利影響，再則筒內若有空氣，灌裝不容易。

在製造液氨的廠裏，壓力可以控制，灌裝比較簡單。普通用戶若要將液氨從一個鋼筒過入另一個筒，則相當麻煩。原因在溫度一樣，兩筒的壓力也一樣。稍放一點後，壓力一平衡，液氨再也不能轉移。有人用火烤熱已裝的鋼筒，使壓力超過另一裝液氨的鋼筒，液氨自然可以過來，不過極爲危險！萬一溫度超過一定限度，鋼筒就會爆炸，但工作者遭受死傷，並且說不定還會釀成火災！

筆者以爲過筒的最安全的辦法是利用冷氣機。不過要費勁力，也相當麻煩。不得已時加熱也可以，但須注意下列幾點：

（一）鋼筒溫度絕對不能過高；最大限度爲 110° F。

（二）熱源最好的用電爐，其次是炭爐，因距筒的遠近可以調節，不會有很大變動。如果火焰跳動，就不易控制。

（三）受熱的筒子最好用壓力表指示壓力，用溫度計指示溫度。

（四）兩筒完全接好後纔能加熱。

（五）熱源距筒由遠而近，祇要液氨能流出愈遠愈好。

（六）手摸受熱筒時，要感到陰涼；如有微熱感覺，則須密切注意。實際上，裝液氨的筒子如無空氣，當液氨流入時，受熱筒子的表面全部陰涼。

（七）液氨流動時，用耳貼鋼筒，可以聽出潮水似的響聲。同時將灌氨的筒子放在磅秤上，由重量的變化，也可知道液氨的的流動情形。

（八）液氨將放完時，即不能再加熱，以免溫度過高。

（九）時刻密切注意筒子的壓力，溫度，重量和液氨流動情形。

（十）非萬不得已時，不要將液氨過筒。

將液氨從筒裏放出來，這事似乎很簡單，但若大意的話，也會鬧笑話。

因爲方法不同，筒裏的液氨有時放出的是液體，有時是氣體。如要放出液體，筒應採取如圖2所示的位置。灣管向下指，侵入液氨內，從外面看，則出口在上，凡耳在下。同時無凡耳的一頭微微墊高，以便最後剩下的液體也能放出（以液體的狀態放出。如要放氣體，宜採取如圖1的位置。灣管向上指，露出液氨面。從外面看，是出口在下，活門在上，有活門的一頭微微墊高，以免灌裝時，液體流出。

放出液體很快；放出氣體則很慢，因爲液氨須在筒外慢慢吸熱。

有人不知道液氨的放法，放錯灣管的位置，同時又不注意重量，放了很久祇有少量氨氣出來，於是以爲筒裏已經沒有液氨，等到筒子送到別人手裏，筒裏液氨的所有權就有了問題，筆者聽到這樣的笑話已不止一次。

怎樣處理液氨筒？

對液氨和鋼筒有了基本了解以後，現在可以談如何保護和使用鋼筒的要點：我們現在可以綜合成下面幾條：

（一）鋼筒必須有足够的厚度，才能安全地負担液氨所生的高壓。若因腐蝕而致筒壁變薄，筒的壽命就減少；倘一不慎，就會發生危險。因此鋼筒應該油漆防銹。據筆者經驗，油漆中以鐵漆（Iron lacquer）爲最好，牠不但價較廉，且對氨有抵抗力。如無鐵漆，可用松香柏油（Hard pitch）與汽油調成稀薄的溶液代替。

（二）鋼筒的零件如銘牌，蓋子及螺絲，出口用的塞頭等不應遺失。活門必須完好，才能裝液氨；如活門不好，裝液氨後漏起來，不獨損失甚大，而且麻煩也不少。

（三）每隻筒的皮重除載明在銘牌上外，還須記錄下來。知道皮重，就可知道筒內液氨的多少和筒子的損壞程度。

（四）一切雜質或污物，都不能弄到筒裏去。

（五）每次裝液氨前，筒子都須檢驗，如發現重量與原有皮重相差過多，或筒面銹蝕過甚，就該毫不遲疑地扔掉。火燒過的也一樣不能用。

（六）100磅的筒子最多裝104磅，150磅的155。最好當然就裝100磅或150磅，以策安全。

（七）筒裏液氨的多少，祇有看重量，看壓力是算不出的。

（八）筒子的溫度絕不能超過110° F。因此液氨筒必須放在陰涼地方，不能讓太陽晒，不能靠近火，不能受高溫物體的輻射，總之，不能讓溫度超過110° F！某染織廠所以造成慘劇的成因，現在我們也可以瞭解了。

（九）任令液氨漏掉，以致使漏出的氨傷人，或侵蝕東西，那是一種愚蠢。漏的原因必須立刻找出來去彌補，萬一自已弄不好，趕快去請教製氨的工廠。

（十）液氨放完後，當灣管下面的筒壁忽然冰冷或起霜，即表示筒已放空），凡耳即須關好，以免空氣跑到筒裏去。

（十一）不要讓筒子受激烈震動或撞擊。

其他零碎的常識

末了，我們再談一些關於液氨的零碎常識：

（一）檢查少量漏出氨氣，有三個常用的方法：第一，鹽酸碰到氨氣會發白烟；第二，燃燒的硫黃棒能和氨氣產生濃厚的白烟；第三，潮濕的酚酞紙（phenolphthalein paper）遇氨即會由白變紅。

（二）冷氣機用的液氨純度應達99.95％，檢驗這種液氨有個簡便方法：

將盛有200cc. 左右液氨的玻璃杯，放在水裏，讓液氨蒸發完畢，若杯內僅剩些微水或其他雜

（下接第7頁）

12458

在物質缺乏的我國，它是唯一的助航器。

無線電羅盤針

迪

無線電羅盤針(Radio Compass)是現代航空器上標準的而且主要的助航儀器。雖然現在已有很多更新的助航器發明，但是至今最可靠的仍是無線電羅盤針。據國際民航會美代表建議，在二百哩內航行用的各助航器中，Range, Marker 等等在1950年可被淘汰；Omnirange, DME 等等在1955年前可以試用；而無線電羅盤針至少可以在此時期通行無阻，在物質缺乏的我國，它更是唯一的助航器。

普通無線電羅盤針是一只八燈超外差式接收機，接上尋求方向的特殊設備；主要的是一個環形天線(Loop Antenna)，是一個巨大的線圈。

低頻(30—300千週)或中頻(300—3000千週)電波大部份沿地面發射，電場垂直。當這種電波來向和環形天線的平面成直角時(見圖1的CG)，電波所誘導在線圈兩垂直部份的電力(圖上 E_1 和 E_2)剛巧互相抵消，以致收到的電力最弱，在理論上且等於零。當電波自左(圖1B和H)或自右(圖1D和F)來時，收到的電力較強。電波來向和天線平面相同時(圖1A和E)，收到的電力最強。右來波的相位都和左來波的相位相差180度。兩者都和垂直天線所收到的電波相位相差90度。

一般無線電羅盤針都依據收電最弱時環形天線平面的角度來決定方位，因那時電力的變化最多，最易辨明。收電最弱的位置，稱為零位(Null Position)。

環形天線收受從某方向來的電波和收受從相反方向來的電波，收到的強度是相同的而相位相差180°。因此單憑電力強弱來測定方向，可能有180度之錯誤。這180度的不定性，可以利用相位的差別來掃除。法子是加一個垂直天線作為辨相天線(Phasing Antenna)。辨相天線所收到的電波相位比環形天線上左來的早90度，比右來的遲90度。假使把環形天線收來的電波相位移遲90度，再和調相天線所收來的合併，相位的差別就化成強度的差別而180度不定性就消除了。

現代無線電羅盤針多用週率48的低頻振盪器來管理移相後的環形天線收入。(圖2和3)。低頻振盪推挽地加在雙型三極調幅管的兩個柵極上，後者的兩個屏極也接成推挽式。低頻振盪在兩柵之一上加截止偏壓時，其他一柵的偏壓卻可讓電波通過。通過後的電波和辨相天線的輸入合併而成一種調幅波。右來波所產生的調幅波的包絡和低頻振盪相位相同，左來波所產生的則相反。調幅波經高放和檢波後，成低頻電流，接到左右指示表上。左右指示表是一只電動機式電表。它的固定線圈接低頻振盪器，活動線圈就接上上述檢波後電流。兩種低頻磁場相位相同時，指針向右指；相位相反時，指針向左指。搖轉環形天線以維持這指針不偏左右，這時接在環形天線上的方向刻度表就可以指出，電波發射機的方向。把方向指針撥在零

圖1——環形天線自 A,B,C,D,E,F,G,H 圍各方向收到之電力的強度與相位(E_2—E_1)。V 為垂直天線所收到者。

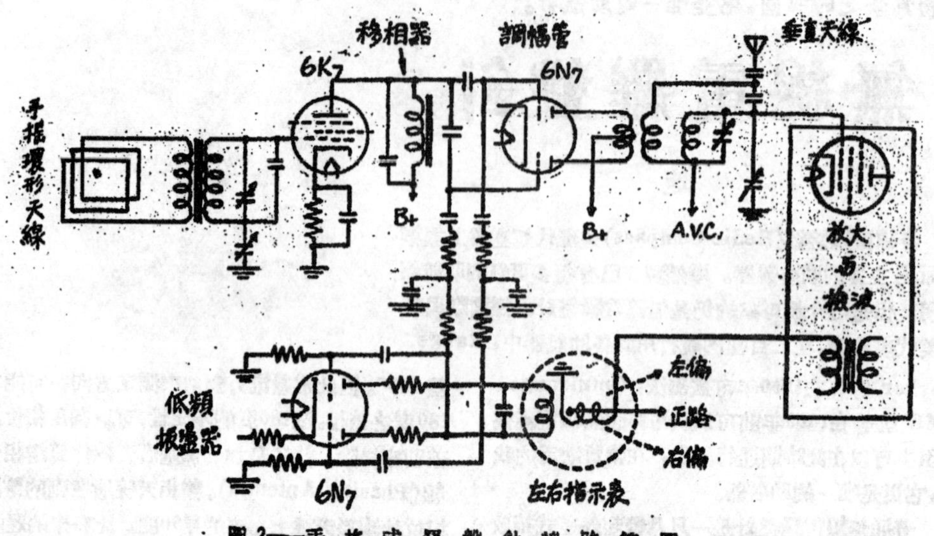

圖 2——手搖式羅盤針線路簡圖

度，而轉動飛機，保持左右指示表指針指在正中；這樣叫做歸航 (Homing)，飛機最後會達到發射機上空。

自動羅盤針(圖4)用上述檢波後的電流接在一對閘流管(Thyratron)的柵極上來管理搖轉環形天線的電動機。低頻振盪經過陰極追隨式放大級(Cathode Follower)，接到閘流管屏極。這兩個屏極又接着兩個特種變壓器。每個變壓器的次級線圈包含兩個並聯而相反的部份。相反的部份使得400週電流相消而不致於感應初級線路。轉動環形天線的馬達就用這400週電流。這馬達有兩個固定線圈(HIZ和LOZ)，兩者電流的相位相差90度時，發生旋轉磁場而馬達轉動。旋轉的方向，要看那一個電流的相位在前(Lead or Lag)。兩只容電器(C_1, C_2)使相位相差 90 度。閘流管柵極沒有電壓時，屏極沒有電流，兩特種變壓器次級的阻抗相同而400週電流不流到馬達HIZ線圈中去，馬達因此不轉。(這時為避免馬達轉子自由擺動，HIZ線圈接着適宜的直流電壓)。當電波自環形天線左方前來時，兩個閘流管中有一個的柵極和它的屏極電壓相位相同，這時屏極通過強大電流，飽和了接在這只閘流管上的特種變壓器的鐵心磁場，以致這變壓器的次級阻抗大減，400週電流可以通過它而轉動馬達。電波自右方來時，另一閘流管和它的特種變壓器發生同樣作用，而且相反方向轉動馬達。

圖 3——電壓之演進

拿電阻和開關代替特種變壓器，就可以用人工方法控制馬達。(圖 4 右部)。

環形天線的方向由自動同步器 (Auto-syn) 或者柔性傳動金屬線傳到方向指針而由方向指針指出來波的方向。方向刻度盤上劃成360度方向。裝置正確的無線電羅盤針普通可能有一度左右的差誤，差誤最多不會超過三度。

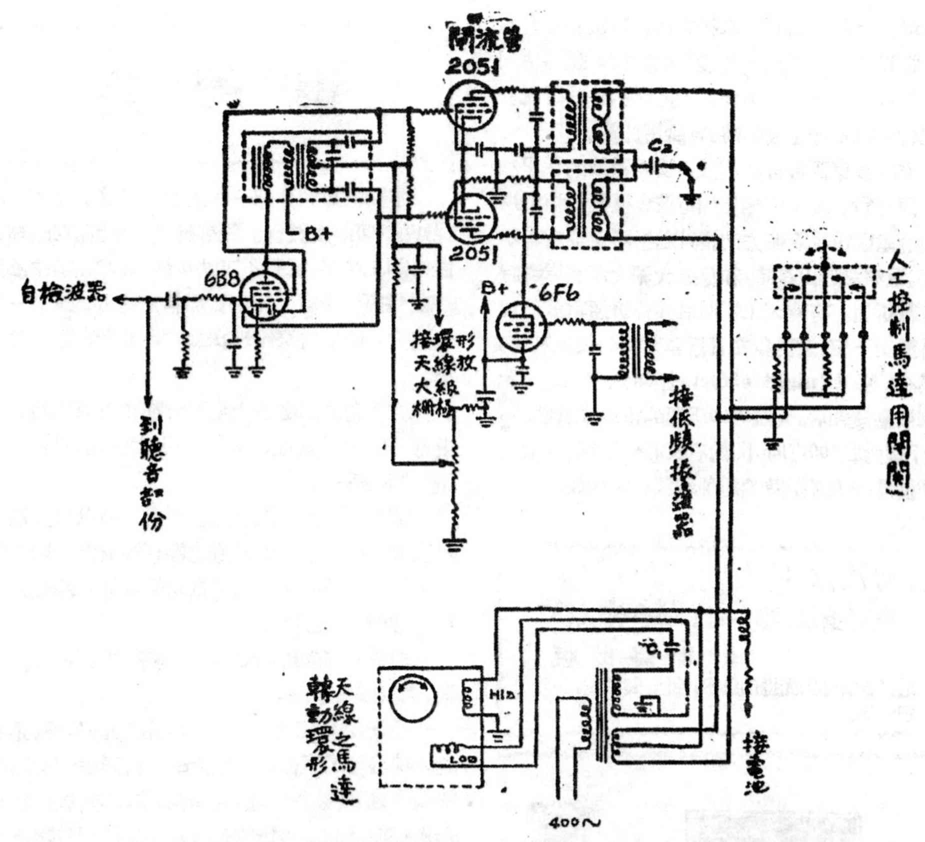

圖 4——自動羅盤針線路簡圖

環形天線的裝置和構造影響到羅盤針的正確性。它裝在一只流線形的靜電屏罩子裏，罩子內的空氣都經矽石膠(Silica Gel)消除濕氣。它要正確在飛機機身中心線上，不可稍偏，要遠離阻礙電波的金屬品和干擾發源點，而且不可妨礙飛行。至於辨相天線構造簡單，只要垂直部份比水平部份長，引入線電容量小(15mmf 以下)，而裝在環形天線三呎以外即可。

雖然如此，飛機表面各金屬品仍能使電場畸變，電波週率愈高，畸變愈大。固定的金屬品形成固定的畸變和偏誤。無線電羅盤針裝好後，在地面和空中實地試用，測定這種偏誤。把這偏誤的度數標刻方向刻度盤後或者環形天線座子下的偏凸輪。方向指針受了偏凸輪的影響，直接指出校正後的度數，不需計算。

為增加無線羅盤針機件功用起見，每架機器有兩個方向盤和兩只控制匣，以便在兩處遙控使用。控制匣上的旋鈕，可以把接頭變換成三種接法。(1)COMP無線電羅盤針。(2) ANT 利用垂直天線的普通收訊機。(3)LOOP利用環形天線的普通收訊機。

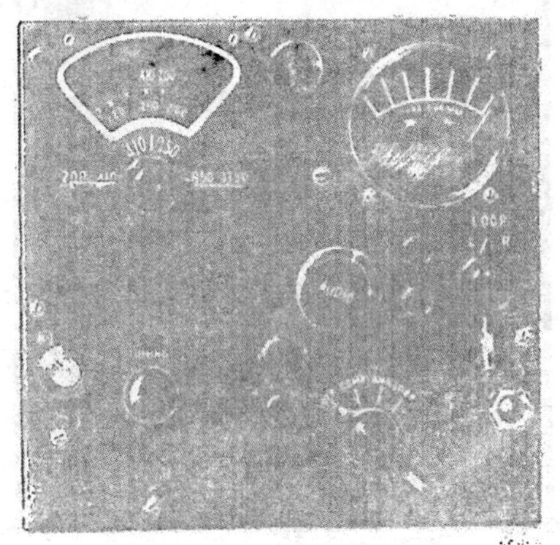

最後一種接法亦可求得方向，這就是聽音法就是把環形天綫搖到收音最弱的方向，這時方向指針就會指着來波的方向。干擾惡劣時或者羅盤針機件一部份發生故障時，可試用此法。

有許多東西會折屈電波，使得電波的電場和地平面平行。地平偏極化的電波會擾亂羅盤針所收用的垂直電場而使方向指針動搖不定或者指示錯誤。電波靠近山嶺時，和靠近大湖大海的岸邊時都會被折屈。有時天上電離層亦會折屈電波而使指針動搖不定，這現象在日落和天明前後頂利害，稱為夜間效應(night effect)距離愈遠和週率愈高則效應愈顯著。大概1750千週的電波在廿哩時，200千週的在200哩時，開始有夜間效應徵象。使用這種機器的人必須熟悉這種現象，才能得到正確的結果。

編輯室

本期的事業介紹——天利淡氣廠，已在上期提起過，可無庸贅言。隨着炎熱的季節到來，製冷機械加工生產，氨是不可缺少的工作原料，這裏除了提供讀者製氨工廠的實際情形的外，又有一篇很通俗的液氨安全處理法文章，可供實用上的參攷。

五月初的二處盛大展覽會都在上海舉行，每處都有它的特點，這裏有二篇專文敘述，可供外埠讀者們的臥遊。

關于材料的破壞，現在國內工廠已日見注重材料的選擇和成品的檢查之際，我們相信，對于讀者不僅是必要的而且也是實用的常識，本期刊上篇，下期可將全文刊完。

農業機械和焊接管子二文續稿未到，暫停一期，希望讀者原諒。

最近，本刊收到不少讀者們投寄的稿件，尤其是外埠各地工廠從業員或大學工科師生們所寫作的稿件；這當然是一種可喜的現象，本刊以後當可擇優按期發表。可惜的是有好多稿件因為體例不合，只得割愛而退稿，這是編輯室同人們所認為遺憾的事！

關於本刊的體例，除了請參攷本刊投稿簡約(載本期19頁)外，我們相信凡是愛讀本刊的讀者們都能熟知。本刊需要的是：通俗而新穎，文筆清新而不太冗長，切實而有用的文稿。到現在為止，我們承認，合乎標準的稿件並不多，但是我們可以特別提出的就是本刊胡光世君撰作的液體阿摩尼亞的安全處理也許它是比較適合我們讀者水準和需要的，不過，是否一定如此，我們還不敢說，所以為了使本刊精益求精起見，本期附印的讀者意見書，希望讀者能抽空填寄給我們，截止期是六月底，各位寶貴的意見統計好了以後，將是本刊以後改進的一種依據。

可以預告的：下期將在工程師節出版，除了有紀念專文以外，尚有上海鋼鐵公司特寫，漢鎮既濟水電廠發電設備概述，及混凝碳化體刀具等專文多篇，篇幅較本期增加，深望讀者密切注意！

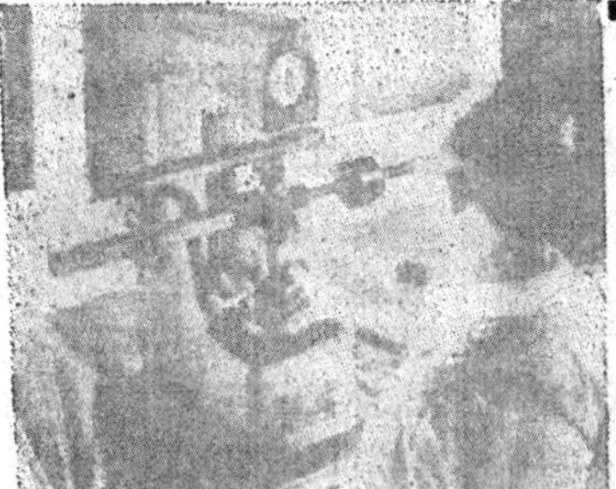

材料的硬度和強度有什麽不同？我們用什麽方法來知道它的硬度呢？

材料的硬度試驗(上)

——馬氏硬度，銼刀硬度和布利耐爾硬度等——

欣 之

材料的硬度，是不能作爲它一種基本性質來看，但對於冶金學方面看來，金屬材料的"比較硬度"，却是非常重要的一個性質。最普通的硬度表示方法是所謂透入硬度(Penetration Hardness)，這種硬度的意義其實就是材料的潛在性質，表示對於另一種較硬材料，它可以有多少的變形抗力(Deformation Resistan:e)；因此，在製造機件的時候 也需要知道這種硬度。如果，材料的强度是够了，但對於抵抗變形的硬度還不足的話，那末，可以利用種種方法，如熱處理等，來獲得適當的硬度，使一定的機件作用可以完美地達到其目的。

硬度與强度或別種應力是不能互成一定比例的二種性質。例如：玻璃的硬度是不小的，它有時可以在淬火過的硬鋼上劃出刻痕，可是 如果把玻璃也當作工具一樣去切削別的金屬，就要完全失敗。有許多比較柔軟的東西，在抵抗磨擦 (Abrasion)的時候，却顯得很硬；可是有許多硬的東西，如果要試驗它底刻痕硬度 (Indentation Hardness)，却覺得並不硬。再如，硬橡皮的彈跳硬度(Rebound Hardness) 在硬度計 (Scleroscope)上試出來會和軟鋼的硬度差不多，不過，如用切刻法，像布利耐爾試驗(Brinell Test)的話，那末，硬橡皮就成了柔軟的東西，簡直無法讀出一個硬度的數字了。因此，從上面所舉的各種例子看來，硬度這個名詞的意義，非常含混；一種材料的硬度，如果，不附帶地指明試驗的方法，那是完全沒有價值的。

硬度有幾種？

金屬或合金的硬度，可以用下列各法之一表出：

1. 切削硬度(Cutting Hardness)——指金屬對於各種切削工作的抗力。

2. 摩擦硬度 (Abrasive Hardness)——以金屬在旋轉或滑動的時候所產生的磨損抗力，來表示的硬度。

3. 抗率硬度(Tensile Hardness)——指金屬以彈性極限及最大抗率强度來表示的抵抗硬度。

4. 彈跳硬度 (Rebound Hardness)——指金屬於敲擊及彈跳時之抗力，這是對於它彈性的一種度量。

5. 刻痕硬度(Indentation Hardness)——指金屬對於刻痕之抗力，這是對於它底可塑性和密度的一種度量。

6. 變形硬度(Deformation Hardness)——是金屬的扭曲或變形性質的一種度量，對於片金屬(Sheet Metals)有重要的意義。

硬度試驗的意義

在決定金屬或合金的性質時，硬度試驗是很重要的 很多已製成的機件或刀具，因爲通不過硬度試驗，就完全拋棄了；尤其在熱處理使金屬硬化的時候，這項試驗可以決定淬火的成績優劣。所以，我們此地介紹一些通常用於研究或生產序列中的試驗方法和試驗儀器，俾便明白地解說各種硬度所表示的意義是什麽。

馬氏硬度表

系統性的硬度表，最早的是弗德立區·馬氏(Friedr ch Mohs) 所倡立。根據這一個表，物質可以用搔括的方法很迅速地決定硬度高下。雖然，這表對於金屬及合金應用絕少，可是在礦物學方面却有極大的用途。這一張表列有十種標準礦物，其次序按硬度的增加來排先後，每一種礦物即按其次序排有一個號碼，標準的馬氏硬度表是這樣的：

1. 滑石(Talc)　6.正長石(Orthoclase)
2. 石膏(Gypsum)　7. 石英(Quartz)
3. 方解石(Calcite)　8. 黃玉(Topaz)
4. 螢石(Fluorite)　9. 鋼玉(Corundum)
5. 燐灰石(Apatite)　10. 金剛石(Diamond)

按照上面的硬度表，如果有一樣材料，它能給9號的鋼玉所刻劃，但不能給8號的黃玉刻劃，很明顯地這樣材料的硬度是介乎8號與9號之間的了。

銼刀硬度試驗法

在決定一項金屬的摩擦硬度時，最簡單的方法之一是用銼刀來試驗這金屬是否有明顯的銼痕。雖然，在用這個方法試驗時，需要有熟練的技工，可是，試驗的技術却很容易學習，影響試驗準確性的種種因素也很容易探求得出。只是每次試驗的結果並不一致，而且不可能重新獲得，因此不容易得到一定的標準，這樣也就限制了試驗的廣泛應用。這可以說是由於說明試驗結果的字句和名詞沒有確切的規定，和普通應用的銼刀變化太多的關係。這種試驗，完全是和標準材料比較而得，標準材料的硬度則按較爲科學的方法另行測定。銼刀試驗所費時間不多，在生產過程中，不失爲一種簡單的好方法。例如：齒輪的每一個牙齒，如用銼刀試驗，不消幾秒鐘就够了，可是用其他方法，時間就要費不少。還有好多試驗機所不能跳達到的機件部分，只有用銼刀才可以達到目的。

試驗時，材料可以用手握或用老虎鉗來夾持；再拿一把標準銼慢慢地在表面上銼過去，如果發現銼刀能或不能銼動這個表面時，即可停止銼的工作。被試的材料不需要如何的準備，因爲銼刀有足够的力量可以除去黏附在上面的鱗片或雜物。這種比較的試驗，依靠了三個因素，即(1)銼刀的形狀，大小和硬度；(2)在試驗時的工作速率，壓力和角度；(3)被試金屬的成份和熱處理方法；任何一個因素有變化，就會影響到硬的比較，現在詳細一點說明如下：

(1)銼刀的式樣——試驗硬度用的銼刀，最好備一套標準銼刀。試驗鋼鐵硬度用的銼刀是下面三種：

(一) 6吋杜頭牌試驗銼0號及1號。(應用在平形長方形或方形的試件上，0號銼適合於硬鋼，1號銼則適合於韌煉後的軟鋼。)

(二) 8吋杜頭牌狹試銼。(應用在如上述各種形狀的硬化機件上。)

(三) 6吋三方牌1號試驗銼。(應用在有槽縫或空隙的不規則形機件上。)

新的試驗銼，先要在已知標準硬度的機件上試一下，看它是否產生銼痕，以後也可有一個根據。如果，銼刀在標準試件上不能銼動或是有其他起毛的現象，那末這把銼刀就不要作爲試驗的用途。

(2)銼刀的工作法——在銼刀試驗時，要注意的是動作要慢，不要太快，那末可以有較準確的結果；因爲，快速的銼動作用，不但使試件的金屬銼落下來，同時還使銼刀本身也要落下來，這樣也許要表示出硬度不够的。在銼刀工作時的壓力沒有一定的規矩，但是在試驗同樣的好幾件東西，最好儘量地使壓力一致起來。銼刀和試件的角度也是如此，不要在試同樣一批東西的時候，有着不同的角度，這樣可以比較出正確的硬度。

(3)試件的成份和熱處理的影响——銼刀試驗一部分爲試件的成份和熱處理方法所控制。試驗非常硬的材料，如在洛克威爾C60度以上的硬度，就不容易銼得動；可是，經過了韌煉(回火)的手續後，却又能銼動了，雖然它底洛克威爾硬度仍舊沒有什麼變化。

布利耐爾硬度試驗

在公元1900年，瑞典的布利耐爾博士(Dr. J. A. Brinell)發表了他底關於材料硬度試驗的研究論文，他的方法是用一個鋼球在一定的重量之下加壓力於試件上面，測量被壓下去凹形的大小，即可決定其硬度高低。這一個方法有幾種優點，不管試件的比較硬度如何，硬度的比例是直線形的，同時，這樣表示出來的硬度和材料的最大抗牽強度也有密切的關係。因此，布利耐爾硬度在材料試驗上有很重要的地位。

圖1所示爲標準的布利耐爾硬度試驗機。這試驗機是用油泵壓力來作用，使一個標準鋼球，在已知靜壓力之下，壓到試件上去。工作壓力的大小，係按鋼球的大小和試件的硬度來決定的。爲了保證可以對抗較超出限度之外的壓力起見，這試

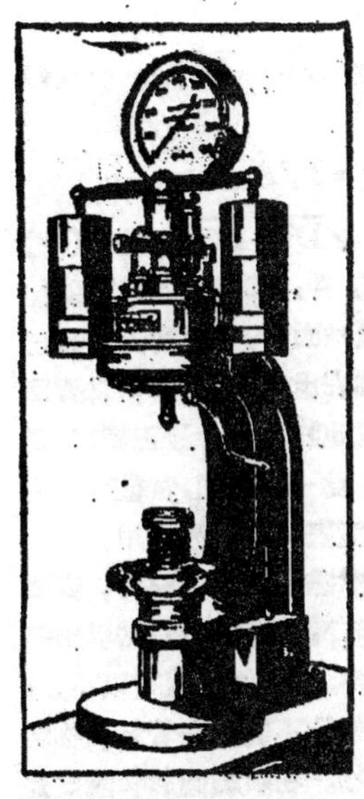

圖 1

驗機是利用一個叉架來支持加上去的重量，例如：若應用3000公斤的試驗壓力時，加上去的重錘是分配在叉架的二面盤中，當最大油泵壓力3000公斤達到的時候，油泵中的活塞就使叉架和重錘浮了起來，以後只要活塞保持在浮起的地位，壓力終是保持不變的。在這架試驗機的構造中，包括着一只小型蓄油池，只要盤上的重錘有適當的調節，就可以獲得各種需要的壓力。試驗機頂上有一只博登式彈簧壓力表，用以指示壓力的大小。

刻痕器(Penetrators)與重錘重量——用在標準的布利耐爾試驗上的刻痕器是一種鋼球，其直徑為5公厘至10公厘。有時，1,25，2.5及7公厘直徑的鋼球也常常使用，但要看試件的大小和厚度來決定用那種大小鋼球。不過，如果不用5公厘或10公厘直徑的鋼球，那不算是標準的布利耐爾試驗。

在試驗硬的材料時，如在布利耐爾硬度500度至600度之間的硬鋼之類，要應用到10公厘直徑的碳化鎢球。不過，這種碳化鎢球雖然是非常硬的，遇到眞正硬的材料仍舊要有變形現象，所以在布利耐爾硬度600度以上的材料，還是不正確的。惟在較硬材料上所試驗得的硬度往往和刻痕器本身的硬度有一定的比例；如用金剛石刻痕器試得硬度為布利耐爾1000，可是用了硬鋼的刻痕器試驗，就不會超過布利耐爾750。然而，在標準條件之下(球徑和重錘)，鋼球是作為標準刻痕器的。

在試驗時，不管何種大小的球，最好要使刻出的圓痕在試件上面是0.25至0.50的球徑範圍以內。這一個條件，在標準的試驗條件之下是可以符合的。

根據英國的標準，鋼和類似鋼硬度的材料是用3000公斤重錘，10公厘直徑的球試驗；或以750公斤重錘，5公厘直徑的球亦可。至於銅、銅合金以及和銅的硬度類似的材料則總是用10公厘球試驗的，重錘則為1000公斤或500公斤。

在美國，標準的試驗條件是A.S.T.M.(美國材料試驗學會)所規定的。如試驗鐵和鋼，是用3000公斤重錘，10公厘直徑球，經過時間至少為10秒；如試驗非鐵金屬及合金，則用500公斤重錘，10公厘球，經過時間至少為30秒。有時，因為試件的厚度和條件的關係，通常的試驗標準有時不能完全依樣。所以，在實際的試驗方法中，同樣的布利耐爾硬度可以由不同的球徑和重錘重量得到，只要所用重量和球徑的平方成正比例即可。

球痕的測量方法——在試驗後，如果要計算材料的布利耐爾硬度，首先就要設法測量刻痕器在試件上的刻痕直徑或深度。

刻痕直徑的測定，是常以一種特殊測量用的顯微鏡(如圖2)，它底接目鏡上裝有玻璃的分厘卡刻度，自0至7公厘，每1/10公厘一格，如靠目力觀察，可讀至1/20公厘的準確性。如果需要更準確的測量，如在研究工作中或是要用到很小的刻痕球時，那末可以用一種特殊的高度精密顯微鏡，能讀至1/1000公厘的程度。不論那種顯微鏡，都需要在試件上各不同地位測量其所作的刻痕，然後得到一個平均數，此數即表示刻痕的直徑。

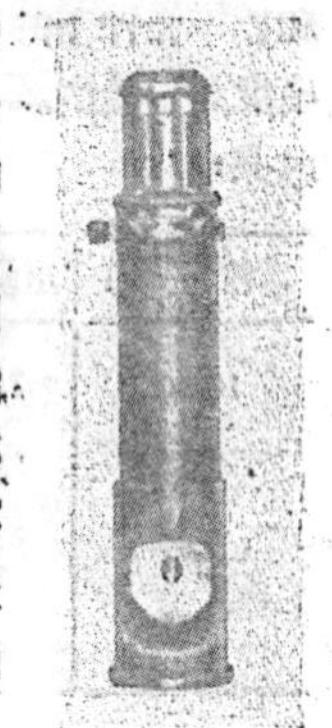

圖 2

刻痕深度的測定，是用一附裝在硬度試驗計上的特殊儀器(常是校度之類)，它有一種長處，就是不消中斷試驗的裝置，重錘重量和刻痕的深度可以同時測得。

即使是同樣硬度的同一件的材料，用上面二種不同的方法測量刻痕，可能得到不同的硬度數，這也許是由於刻痕周圍所起的毛邊影響，尤其在軟性方法硬性的材料上很易發生；或是由於在刻痕附近會有陷凹下去的現象，此一現象很易在黃銅生鐵等金屬上發生的。這二種現象可以影響二種不同的刻痕測定法，即測量直徑時常嫌得過大；而測量深度時，又嫌得太小。

一般說來，自刻痕直徑求得的刻痕面積較之自深度求得者為準確，所以布利耐爾硬度的推算

12465

也常用直徑來決定。同時，在測定直徑的時候，比較求測定深度所用的尺寸來得大一些，所以準確性也可以好一點。

試驗的原理——布利耐爾試驗機的原理是根據這個簡單的事實，即如使用各種不同尺寸的刻痕球，可以產生直徑互成比例的相似刻痕，若所加重量與球徑平方成正比例的話，所得的布利耐爾硬度數在同一材料上是相同的。

如果有不同於標準試驗條件的情形（即球徑的大小和所加載荷的輕重），那末重量和球徑的比可以按照下列公式修正：

$P=30D^2$（適用於鐵和鋼）…………………………（1）

$P=50D^2$（適用於黃銅，青銅及其他非鐵金屬）…………………………（2）

上式之P表示重量公斤數，D爲球徑公厘數。這意思是：如用公式(1)，則7公厘徑的球，加1470公斤的重量；或5公厘的球，加750公斤重量，其結果是和標準條件下的10公厘球加3000公斤重量的結果硬度是一樣的。舉例以證，下表是一個試驗所獲的結果：

球徑(公厘)	重量(公斤)	刻痕直徑（公厘）	布利耐爾硬度數
10.00	3,000.0	6.300	85
7.00	1,470.0	4.400	85
5.00	750.0	3.130	87
1.19	42.5	0.748	86

如上表所示，布利耐爾硬度數是和所用球徑及重量沒有聯繫的，只要二者成正確的比例，其硬度數還是相同的。

布利耐爾硬度數，單位是以每平方公厘的公斤數來表示，等於刻痕球之所刻球面積大小（A，平方公厘數）除以所用載荷（P，公斤數，）即

布利耐爾硬度 $=P/A$…………………………（3）

刻痕球所造成的球面積，可以根據球徑D，和刻痕徑D_1求得，刻痕徑則自顯微鏡中觀得：參看圖3，因球體大圓（直徑爲D）和小圓（直徑爲D_1）之間的球帶面積爲$\frac{1}{2}\pi D\sqrt{D^2-D_1^2}$球體面積的一半爲$\frac{1}{2}\pi D^2$，所

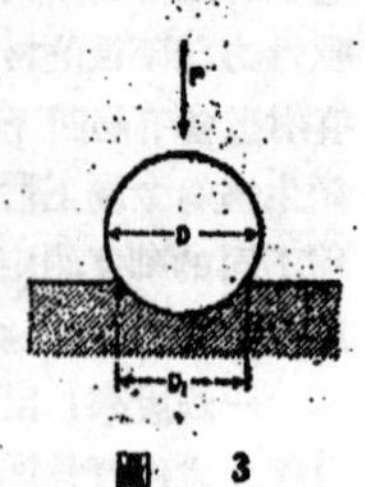

圖 3

以刻痕的球面積爲：

$$A=\frac{1}{2}(\pi D^2-\pi D\sqrt{D^2-D_1^2})\quad\cdots\cdots(4)$$

如代入(3)式，即得：

$$\text{布利耐爾硬度數}=P/A$$
$$=2P/\pi D(D-\sqrt{D^2-D_1^2})\quad\cdots\cdots(5)$$

上式的應用有二個條件，即鋼球本身不能變形，同時刻出的痕跡是眞球面形，但事實上因鋼球多少有些變形，而且金屬在重量去除後，常常要回復原狀，所以這一個公式也許不十分最正確，只是在標準條件之下，可能作爲一個準則。試驗時常備有計算好的布利耐爾硬度表可作參考之用。

試件的表面——試驗硬度用的試件，表面須光滑而無斑點。一般而言，良好的表面需以細銼刀或砂輪打磨後始可獲得。拋光的手續可以不必，但應注意在鋼球刻痕的地位不要存在着氧化物的硬皮或別種顆粒狀附着物。在試驗圓形物體或是有曲線表面的物件時，除非是只爲了比較，必需在試件上設法磨去少許，使得到一塊斑點狀的平面。

試件斷面的最小厚度——因爲在試驗時，常用到3000公斤的最大載荷，所以試件應有相當厚度，務使下面的砧狀支架不會影響到鋼球的刻痕，否則，一定得不到正確的結果。大概的試件厚度須七倍於刻痕的深度，從試件邊緣至刻痕中心也不可少於刻痕直徑的2.5倍。表一所示爲在布利耐爾硬度試驗時所需的最小試件斷面厚度。

表一（自 H.A.Holz）

最小試件斷面厚度		鋼球直徑D	試驗可用載荷，公斤	
公厘	吋	公厘	$P=30^2D$公斤 未經硬化之鋼	$P=5D^2$公斤（非鐵金屬）
6	$\frac{1}{4}$	10	3000	500
3	$\frac{1}{8}$	5	750	125
1.2	0,05	2.5	187.5	31.25
0.6	0.024	1.25	46.875	7.812
0.4	0.016	0.625	11.72	1.953

布利耐爾硬度與抗牽強度——用布利耐爾試驗方法得到的硬度數字有一個特點，就是可以大致決定材料的最大抗牽強度(Ultimate Tensile Strength)，如果這件材料因爲尺寸大小和

（下接第16頁）

12466

· 通俗汽車講話之一 ·

汽車引擎的原理

沈惠麟

讓我們先來假定讀者對於汽車引擎是一個門外漢。你不知道牠是怎樣動作的，亦不知道什麼東西使牠轉動，亦不知道牠裏面有些什麼東西。你所知道的就只有要引擎動一定要用汽油。亦知道假使能將牠"校準"得適當的話，那麼汽車引擎就是世界上所有的最優良最精確的機器的一種。

汽車是怎樣動作的：——我們知道汽油是一種同炸藥一樣有爆炸能力的東西。倘若倒一些汽油在地上。再用一根火柴去點着牠，那麼就有幾秒鐘時間的燃燒，然後再熄滅。當火焰熄滅前，這幾秒鐘的燃燒當中，有很强的熱發生。不過，這種熱並不是動力。這一點可以用圖1來說明。

在汽油當中，我們所要取得加到汽車引擎中去的東西，是動力，不是熱能。

圖 1

我們能不能從燃點着倒在地上的汽油中，取得動力呢？不能。那麼我們要用什麼方法，才能從汽油中取得動力呢？那只有同對付炸藥一樣辦法，將汽油關起來。當汽油在一個很小的地方點着後亦同炸藥一樣，要發生膨脹，由於這種膨脹作用，就可以求到需要的動力。

倘若我們眞正要明白引擎是怎樣造成的，那麼唯一的方法，只有讓我們慢慢地一步一步的把另件湊起來。所以在我們第二個實驗中，先要找一個洋鐵罐，再倒幾滴汽油在裏面，然後將罐頭蓋子蓋緊，再在罐頭的旁邊的一個小孔中，伸一根劃着的火柴進去，點着裏面的汽油。這時候裏面就有火焰及熱能發生，同點着倒在地上的汽油情形一樣。只有一點不同的地方，就是因爲這汽油是先關在罐頭當中的緣故，所以點着後有動力發生。這種動力雖不大，但是已很足够將本來蓋緊的蓋子衝掉，像圖2中一樣。

圖 2

因爲我們將這罐頭蓋子蓋得很緊，（但並不是將罐頭封起來的意思。）所以在這裏面因燃燒汽油而生的氣體，就在裏面膨脹，很快地充滿了所有的地方，而沒有空隙剩留，在這時候，膨脹的氣體，用盡了方法想逃出去，最後牠終於找到了最弱的一點，就是衝掉這緊蓋而未密封的蓋子逃出這罐的範圍。

在這實驗中，動力的衝動是向上的動力。但在汽車引擎中，所需要的動力衝動是向下的動力。爲什麼緣故要這樣呢？以後慢慢會講到的。

因爲要得到汽車上用的向下動力，所以我們要做第三個試驗。先將罐頭蓋子銲住，再將罐子底割去，另外拿一個罐頭塞到原先那一個罐頭裏面去。第二個罐頭一定要能够在第一個罐頭裏面滑動，但是兩個罐頭要越密合越接近越好。因爲只有這樣才能減少向下動力推動時因漏氣而生的損失。在這實驗中，我們所用的材料，絕對不能够達到完美的地步，我們亦只希望能够在汽油點着後能有足够的向下動力，將第二只罐頭向下推動，而造成這一個最初步最簡單的動力行程。見圖3說明。

圖 3

12467

圖 4

我們得到了這個向下動力行程以後，一定要加以配合應用。所以在第二罐上，裝一根桿子，叫做連桿。連桿的另一頭，接在一個輪子上，這個輪子就叫飛輪。

現在，若將第一罐中的汽油點着，就使第二罐在動力衝程中向下推動，飛輪同時亦旋轉半圈，這樣的飛輪轉半圈名爲一個循環，圖4。

所有美國式汽車引擎，幾全是"四循環式"的。四循環的意思就是說活塞（俗稱配司登）有四個不同的衝程。活塞在我們現在這個實驗中，就是第二個洋鐵罐。

在這個實驗中，我們所得到的，只是一個向下的動力衝程。不够汽車引擎上實際用的。所以現在要解釋明白這四個衝程，我們一定先要換一些更實在一點的東西，來代替我們在實驗中用的簡單器材。

現在我們用一個金屬汽缸來代替實驗中所用

圖 5

的第一個洋鐵罐。用一個鋁質的活塞來代替第二個洋鐵罐。使牠們配合在一起，並且要配合的很密接，這樣可以減少因爲氣體迭掉而有的動力損失。因爲要達到這種目的，我們又在牠們兩者之間，放了一個封閉物——叫活塞環。俗稱（配司登令）

再有在每一個動力衝程前，要點火的時候，每次都用一根火柴伸進去點着汽油，這在實際上亦是行不通的。所以在這裏我們用一個火花塞（俗稱撲落）來代替火柴。見圖五。

同時我們亦不能將汽油一滴一滴的加到汽缸中去，所以我們又用一個有一定開放時間的汽門或閥（俗稱凡爾），來讓這必要的已經氣化了的汽

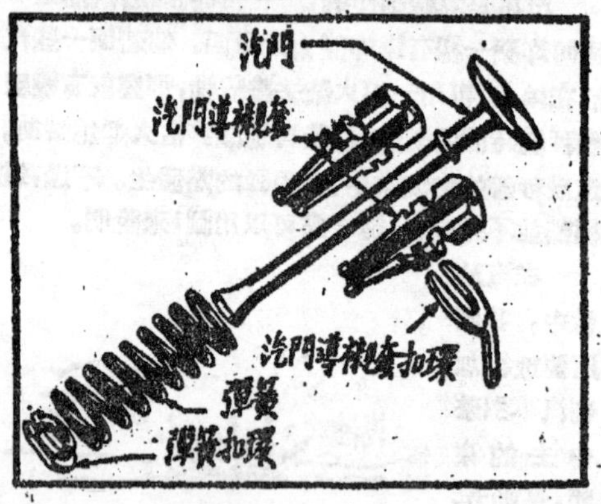

圖 6

油，（牠已經在化汽器（俗稱卡白來脫）中汽化了的，並且已經同空氣混合過了。化汽器是汽車引擎中，很重要的一部份。後面要詳細地講到。）進入汽缸，等待被壓縮和用火花塞點火。這種汽門叫進汽門。見圖6。

現在我們又要想法子，將這動力衝程完畢後，所生成的燃燒過的各種氣體，排泄出去。所以我們又要用另一個有一定開放時間的汽門，來作爲這種廢氣的逃洩通路。這種汽門叫排汽門。以上所講到的兩種汽門，外形差不多。到現在我們這一個四周或四衝程引擎已經預備好，可以開動了。

現在請看圖7中的說明。第一個衝程（A）或進汽衝程。是一個向下衝程。在這個時候，進汽門開放，將汽化了的汽油，吸入汽缸中。在第二個衝程（B），這是一個向上衝程。在這個衝程中，進汽門同排汽門，都緊緊關着，使汽缸不漏氣，同時將汽化了的汽油，壓至原來體積的幾分之一。所以這一衝

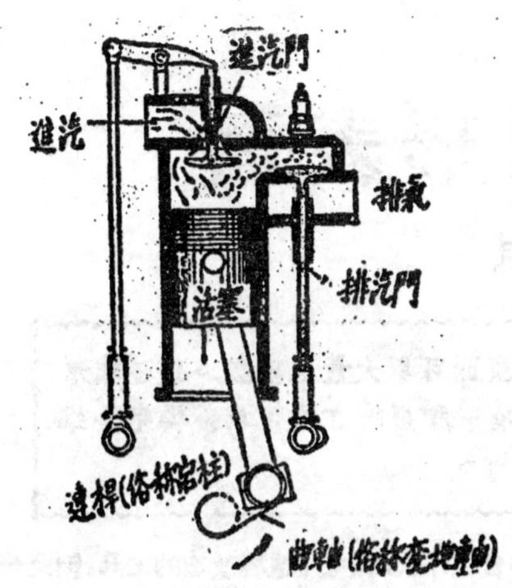

圖 7 A

程，就叫做壓縮衝程。現在接着就是將壓縮了的汽化汽油，用電火花點着。發生很大的力量，將活塞向下推動，造成了動力衝程（C）。當這些動力用完了，而只剩些廢汽的時候，我們又要想法子排去。

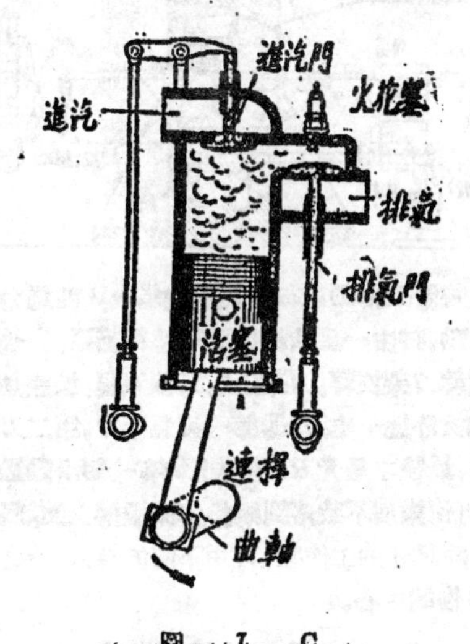

圖 7 C

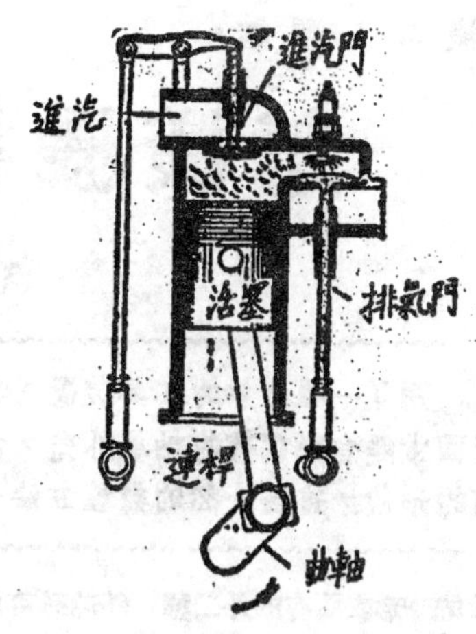

圖 7 B

所以當活塞再向上推動時，將排汽門開放，使廢汽逃到排氣通路，經過排氣管及減聲器，而放到車子背後的空氣中去。這個上行衝程就叫做排氣衝程。這樣完成了現代的四循環汽車引擎的四個衝程。

圖 7 D

·機工小常識·

怎樣機製球形表面

沈　思

用了一種巧妙的工具裝置，精密的球形表面可以大量地車製。這種球形表面常是自動調整的軸承外殼，但是平常沒有一種好的方法可以獲得完全準確的形狀，這裏介紹的幾種方法都是很實用的。

一般的球形表面有內外二種，外球形可用圓頭車刀車製，內球形則應用搪刀。普通尺寸的球形軸承殼及其配合部分的球徑約自3"至30"爲度，配合公差約自0.002"～0.003"(適合於較小球徑)，或自0.003"～0.005"(適合於較大的球徑)。在過去，這種精密球面往往用磨床加工完成，但是產品的速率不高，我們如能使用滲碳鋼刀頭的車刀來車製當可格外迅速，適合大量生產的條件了。

下面所舉的幾種工具裝置方法就是爲車製各種大小不同的球形表面而設計的，大部分的裝置都是適合於最後的精製加工，走刀在第一次毛刀時，約每轉0.010吋，第二次光刀的走刀方向恰相反，每轉約0.004吋；較小的球形表面不必換刀，但較大的球面必需換刀。

舊車床改製的搪製內球面裝置

這裏是一架舊的24吋皮帶盤傳動的車床，來改製成搪製球形內表面(如引擎機軸的軸承殼等)的工具配置圖。工作物放在持具上面，迴轉刀架座通過5"搪桿中央的槽子而與走刀螺絲聯結，走

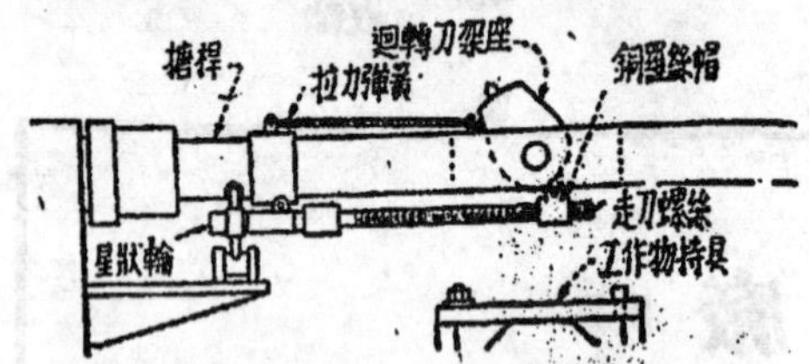

刀螺絲爲一星形輪所傳動，星形輪則爲搪桿上面的一只梢釘驅動，因此每當搪桿走一轉，星形輪便越過一格，影響到刀架的移動；羅絲與帽之間的餘隙是給一拉力彈簧所抵銷。搪桿本身略可移動以便湊合工作物的中心。這種改造的工具，因爲銅羅絲帽常易損壞，所以不十分滿意。

特殊的蝸桿蝸輪裝置用來搪較大的球面

較大直徑(自28"至30")的球面可用這一個裝置：刀架是在一個8"徑的搪桿中央，搪桿用一對蝸

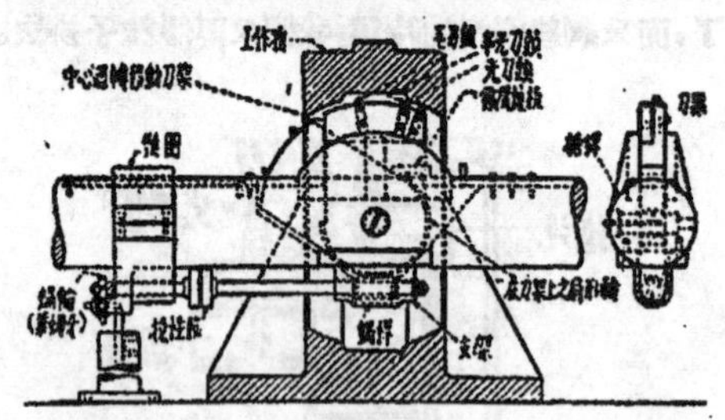

桿輪裝置來傳動，右端的蝸輪爲一10匹馬力的馬達拖動，幷由一星狀輪傳動一撓性節至另一蝸桿，使迴轉刀架旋轉。刀架上有三個刀頭，按照加工完美的次序逐一吃刀，即第一刀爲毛刀，第二刀爲半光刀，最後才是光刀。搪桿上尙有一個滑動鐵屑護板，可使鐵屑不致落到蝸輪傳動機構上面。限度以內不同尺寸的工作物，可用不同的持具，使之對準工作物的中心。

自動搪床的搪製裝置

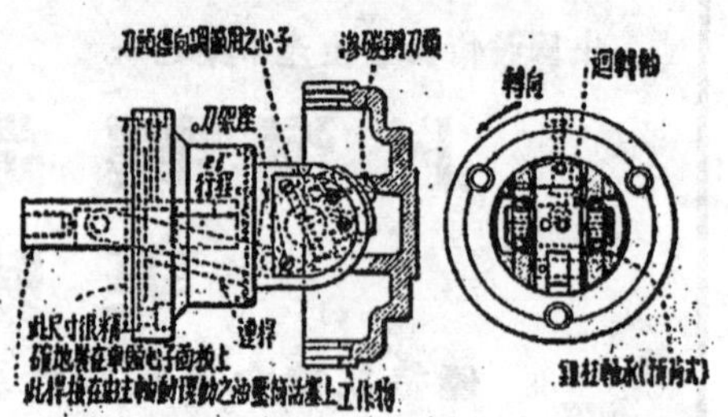

這裏的工作物是軸承外殼底座的內部球面，是用一種特殊的刀具裝在自動搪床（No. 46-B Heald Bore-Matic）的車頭上。這架機器有二種速率，低速每分45轉，適用於較大的鑄件，高速每分70轉，適用於較小的鑄件。刀架後面的旋轉式油壓筒的行程是$2\frac{3}{8}$"，可使刀架轉動。二個旋轉運動就產生了球面。如果需要切削各種不同尺寸，刀架部分是可以調換的。

可作精密圓筒形及球面形表面的搪桿架

最適合大量生產軸承外殼的球面形搪製裝

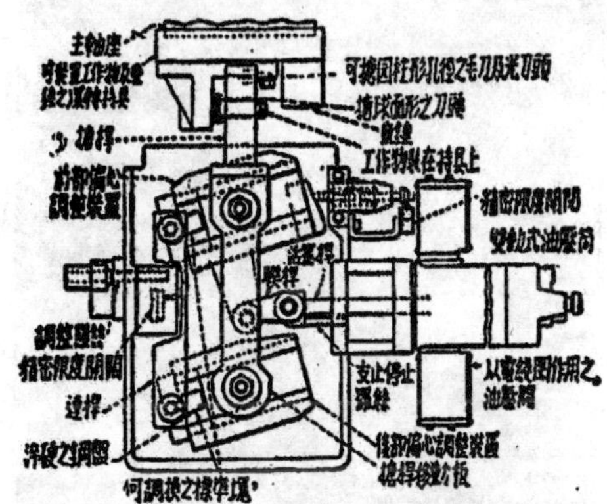

置，可裝在一種47-A Heald Bore-Matic自動搪床上工作。工作物的持具本身可作每分鐘370,450,520,及760轉旋動。搪桿上有三個刀頭，搪圓柱形孔徑的有毛刀及光刀二個刀頭，最後一個刀頭是合用於搪球面形，但需要走二次刀，第一次毛刀，每轉走刀0.10吋；第二次每轉光刀，走刀每轉0.0004吋。工作的時候，起先是搪桿固定，搪成圓筒。然後機器就自動推開油壓筒，使搪桿移動，循精確之行程搪成球面，待第一次完工後，搪桿又自動後退，但速率較慢，完成第二次之光刀搪製。這裏所表示的僅為大概的圖形，欲裝置此種工具，必需有特製之自動搪床。

外球面的車製方法

普通3"到8"直徑的外球面（例如的軸承殼內襯套）可以在特製的車床上車製。這種車床與普通車床相似，工作物也軋住在車頭上，但是刀架部分則略有改動，即前拖板除了可以前後左右移動外，刀架部分可以在刀板一個固定中心旋轉，只要正確地固定在適當的位置，就能够車出正確的球面。但是如果尺寸更大，如12"～30"直徑的球面，那末除了車床要更大以外，旋轉刀架部分另需用傳動機構拖動，原理上是一樣的。

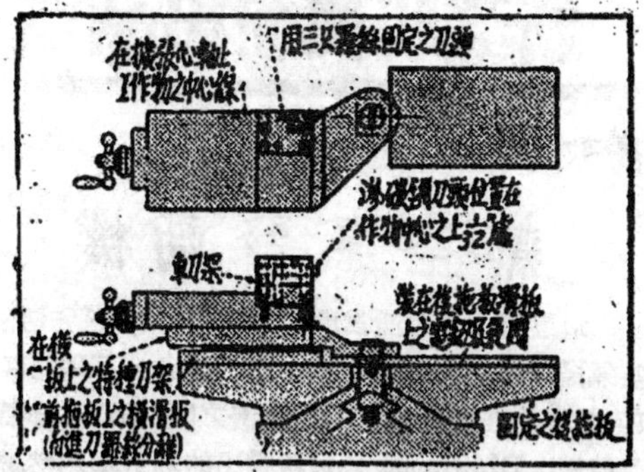

圖示為一種典型的工具裝置：這裏的後拖板固定不動，上面是一塊鐵板，鐵板上可裝電鈕及氣閥以便控制軋住工作物的擴張心軸，Expanding Mandrel，如無，可以不裝）。前拖板上的車刀架，即可繞中心軸旋轉。

在六角車床上車搪球面

外部有球面要車光，內部有圓筒面要搪製而球徑自8"～15 的工作物可以在一種 Warner &

Swasey No. 4-A 的六角車床上製造。六角車床的刀座有五個位置要裝車刀，其順序應為：(1)第一端的毛刀車搪，(2)軸承座部分的光搪，并斜角部分的光車，(3)空位置，(4)半光搪內部，及光車外面的球形，(5)光搪，及(6)將工作物卸下的裝置。如欲車搪另一部分，則可將工作物反轉，按原程序工作。

圖示為這種六角車床球面車刀滑板裝置；當搪刀A伸入工作物時，右端的刀座向前推進，使B桿（有彈簧抵住）裝在車頭上的調整式支桿接觸，因果B桿再繼續推進，B桿上的聯桿D就使滑板E上升，滑板E有一個正確的軌道，影響刀頭T的車削作用，這樣一來，上面所說的(2)和(3)二種車和搪的工作可以同時完成。

12471

新發明與新出品

高效率的

熱空氣發動機

最近荷蘭菲力浦物理試驗所製成多架新式熱空氣發動機，用來發電，馬力十分之一匹到幾百匹，效率約在柴油和汽油發動機之間。每單位排氣量(Unit Displacement)所發出的動力比內燃機強得多，很值得注意。

菲力浦機的工作循環可以從圖1看明。在熱缸內的壓縮空氣，壓力高到五十大氣壓，被加熱器

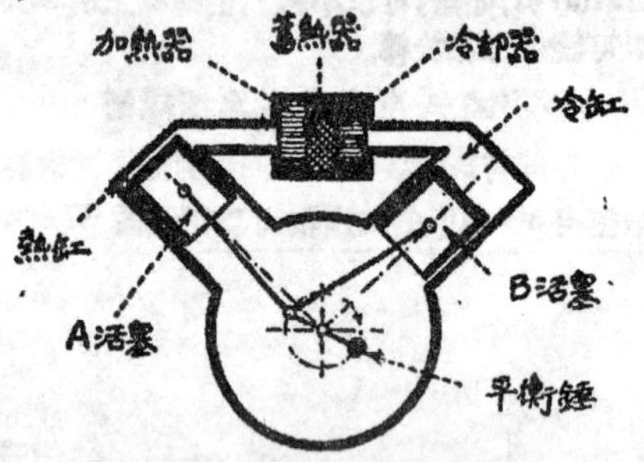

圖1　工作循環

加熱。熱空氣膨脹，推動A活塞，轉動飛輪。飛輪轉回過來，把膨脹後的熱空氣趕回，經過蓄熱器和冷卻器趕到冷缸內。這時熱量都給它們吸收去，熱空氣已成冷空氣。隨後B活塞把冷空氣壓縮，經過蓄熱器和加熱器趕回熱缸，再吸收熱力推動A活塞。

每一循環，不消一秒鐘，空氣從100°C加熱到650°C。其中四分之三的熱量是從細金屬絲做的海綿那樣的蓄熱器(Regenerator)裏退回來的。冷卻器用空氣或水來保持冷熱兩缸之間所必需的溫度差別。因爲燃燒在汽缸外面舉行，燃料可用全部燃盡而機件溫度却可較低。缸內空氣不必與外界相通，可不受外界氣壓的影響，並且汽缸可以較爲清潔，不易生銹。汽缸內汽體並不爆炸，所以機器轉動時沒有噪聲。

圖2是四循環式熱空氣引擎的外貌。它是四個單循環式機器串聯起來的，串聯法參看圖3。

熱空氣機的原理由Stirling氏在1816年發現。1850年Ericson氏曾造過一只三百匹馬力的熱空氣機。初期的熱空氣機，壓力較低，速度遲慢，機件非常笨大，傳熱問題不能解決，所以沒人採用，現在新式的發動機當然完全改觀了。(迪)

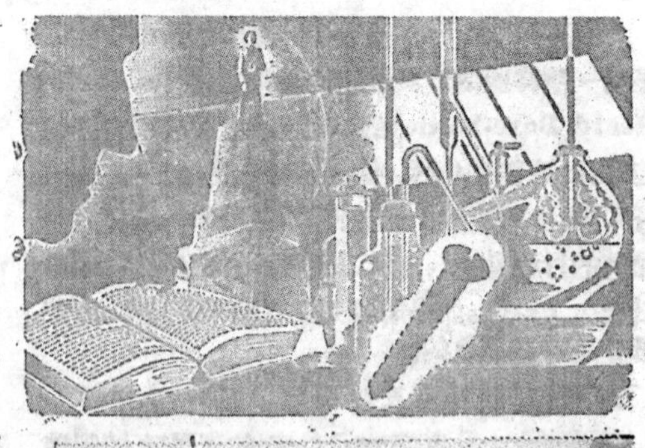

圖2　引擎外貌

熱缸
活塞
加熱器
冷卻器
冷缸
蓄熱器

圖3　串聯方式

材料疲乏試驗機

12472

★材料疲乏試驗機★

美國費城巴德溫機車製造廠(The Baldwin Locomotive Works)發明了一種SF-4型Sonntag疲乏試驗機，其中包含一組可在較高溫度及附近溫度之下做牽力與壓縮力的試驗機，在整個試驗中的載荷不變，可以無需時加校正。疲乏試驗量把材料一會見加張力，一會見加壓力，其最大力量可達 10,000 磅。張力或壓縮力的載荷是用一個旋轉的偏心輪的重量來增加，偏心度可以手調節並自刻度得知，張力彈簧可以吸收 99% 的振動力。預加載荷可以自 0 至 5,000 磅，載荷的周率每分鐘達 3,600 轉，全機重達 3,000磅，尺寸是 43″×43″，75″高。(C.G.)

★司蒂倍克廠的液力鉗★

普通鉗床上應用的萬力鉗都是利用螺旋原理來把工作物夾持的。現在美國依利諾斯州曼伍德

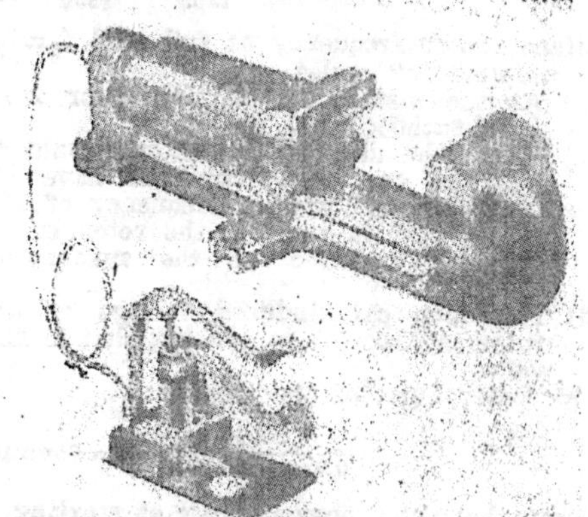

的司蒂倍克機器廠(Studebaker Machine Co., Maywood, Ill.) 所出品的快速萬力鉗却利用二個踏板所控制的液力來作用，又為了免得滑道磨損，鉗上還有像車床面子的 45° V 形走道，這是一個特點。鉗口運動速度可以自由調節，油泵力量亦頗強大，只消踏板踏下，就可以產生 7.5 噸的總壓力。(M.)

★爾徐柏式等速萬向節★

普通萬向節的傳動軸和被動軸，並不永遠等

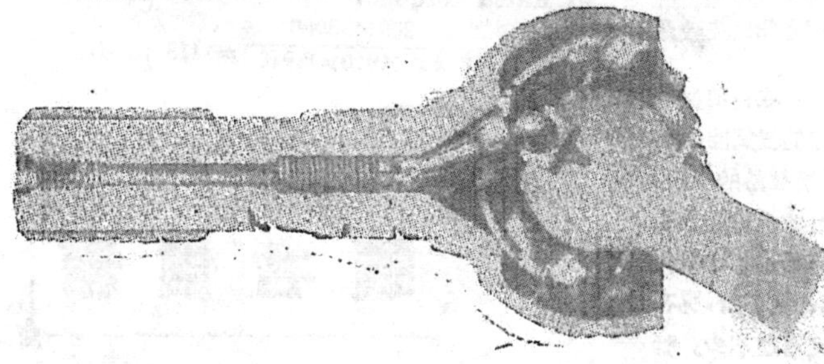

速，這是機構學上可以證明的，現在地特洛齒輪磨機公司(Gear Grinding Machine Co., Detroit)所出品的爾徐柏 (Rzeppa) 式萬向節却是可以有相等的速率，這種萬向節現已廣被應用在美國各式前軸傳動的軍用車(如吉普車等)上。

構造的剖面如圖所示。外面是球形傳動部，內部是星形的被動部，中央六個球為隔球的夾子所分開，軸的沿徑及沿軸方向的載荷全部為球形外罩表面所承担，六個球的主要功用則在傳遞轉矩，在每一個方向轉動的轉矩都能傳遞而且相等，因此在相當的資用角度(Working Angle,自 35°至 18°)內，二者速率可以不變。因為是精密的合金鋼製成品，接觸面都經磨製，所以裝配很是便捷，也無需特殊的工具。(M.)

★新型傳動皮帶盤★

變節式皮帶盤 (Variable Pitch Pulley)是支加哥蓋平公司 (Gerbing Mfg. Co.)的新發明，其構造如圖所示：基本上是二個傾斜圓片所組成

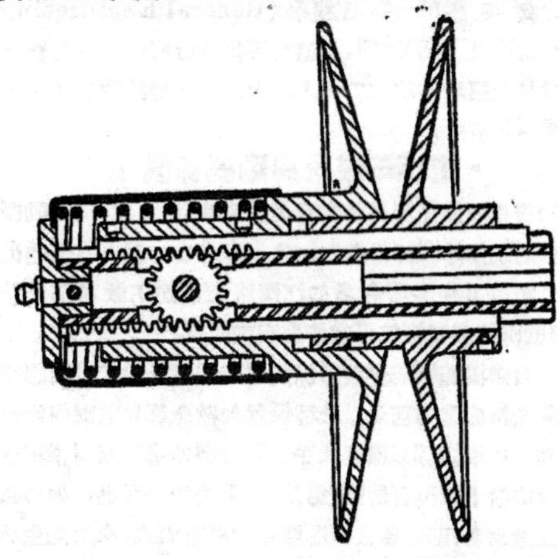

的V形皮帶盤，相互套合在一根空心軸上，軸中有齒輪，旋轉時可將這二片併合或放寬，因此在相當範圍以內，可以變換皮帶盤的節 (Pitch)，速率比也可以相當地變換。使用這種皮帶盤須用特種的皮帶，普通三角皮帶不能應用，但是有一個好處就是速率比的變化很是圓滑，在一定變速比範圍之內的皮帶調整也很標準。不致有過度受力的地方，因此皮帶壽命當可延長不少。(M.)

12473

讀者信箱

·怎樣進中國農業機械公司·

(49)江西南昌磨子巷華洋店陳卞敬先生台鑒：

中國農業機械公司的組織原來是爲着農業機械化而設的，目前正從事準備工作，裏面的人事比較健全，他們有一定的規則是這樣的：

剛大學畢業的他們有一個練習工程師的制度，是要考進去，最近的一次考試剛在四月初舉行大概電機，機械兩方面需要的較多。

平時他們亦常常添人，那是在他們的公告處公佈，表示需要那項人才，大多是機電方面而具經驗，二三年以上者之後就可應徵主要是口試方面，英文如流利，經驗若豐富，比較有希望，如果在裏面沒有熟人，寫自荐信也是可以的。

新進技術人員之選擇主要是採用考試制公司感到需要時臨時招考，並無定期，Student Engineer之考核較嚴有筆試，口試，體檢查等報考者祇限於大學畢業者筆試計分國，英，應用力學，工程學（General Engineering包括ME 及 EE)四門。選送者可得省政府保送不必經過考試每次招考時約取二十人，十人在上海錄取其他十人由各省保送。

·工作母機及自動繞線機·

(50)廣東順德桂洲外村渡巷胡俊先生台鑒：所詢自動製螺絲之工作母機即俗名之六角車床是也，滬上有是種出品者頗多 其中較著名 者如江西路 恆新鐵工廠 及海防路528號明精機器廠等可直接去函詢問也。

自動繞線機繞變壓器線圈同時兼繞蜂房式線圈想來指關於無線電方面者，此種機器如欲全部自動國內尙無製作，如單繞線以機器代手工則與普通車床相同惟車速較低約數十轉至百餘轉(每分)及馬力較小而已，如仍須手工敷助者，則普通之機器廠中均可定製也，未知先生所指爲前者抑後者，請示知。(L.)

·同情的援助·

(51)本埠虹口林賢文先生：

我們眞是說不出的感動，先生這樣熱烈的捐輸一月所得，在道義上給予我們不少的鼓勵，我們在此地先致最大的敬意。

苦學能夠像先生這樣，眞是值得佩服，在目前眞是「技術改善了生活，生活却苦難着技術」你的叔父能夠處處幫助你，希望你能夠繼續努力下去，不要輕易的自殺。的確，人世上是太殘酷了，不過我們相信社會慢慢的會改善的，祇要我們技術人員眞能好好的團結，再也不會挨什麼閒氣，你說你不打算進大學，那一沒有什麼不好，現在沒大概對於化學工程方面的實際知識一定增進不少，祇是有關工程的基本知識還應該充實一下，希望你勇敢的活下去祝你前途燦爛！

·陶瓷的朋友們·

(52)吳淞黃肯平君，來信已悉，我們很是高興你與姚先生得能謀面，並且對於陶瓷業方面能談得這樣投契，我們很希望致力陶瓷研究的能夠有更多的機會暢談，我們在可能的地方總加以助力。

·二個算題·

(53)上海北四川路1914號曾兆鈺先生所詢算題二則簡答如下：

1. a) Syn. speed of machine=

$$\frac{120f}{P}=\frac{120\times50}{4}=1500$$

Full load slip $=\frac{1500-1440}{1500}=\frac{60}{1500}=4\%$

Hence rotor frequency at full load $f_2=f_1s$ $=50\times0.04=2$ cycles

b) At the instant of starting rotor freq. $f_2=f_1s=50\times1=50$ cycles

c) When the slip of the rotor equals to negative one, the rotor will have induced voltage with a frequency of 100 cycles, that is to turn the rotor in an opposite direction at the synchrnous speed.

d) The open ckt. induced voltage of the rotor in case (c) is doubled, that is 220 volts.

2. a) Rated curr. of the motor=

$$\frac{200\times746}{0.92\times0.94\times3\times600}=96\text{amp}$$

Then the motor power factor at starting

$$=\frac{500\times1000}{3\times600\times0.40\times8.24\times96}=0.875$$

b) The motor current =

$$96\times8.24\times\frac{0.4^2}{1}=126\text{amp.}$$

c) The line current = 126 amp.

d) Power required $=\frac{500\text{amp.}}{0.92}=544$Kw

e) Rated torque=

$$\frac{200\times33000}{2\pi\times960\times0.978}=1115\text{ lb.-ft.}$$

Starting torque=

$$\frac{1.5\times1115}{8.24\times96}\times96\times8.24\times0.4^2=268\text{ lb.-ft.}$$

太平洋交通企業股份有限公司

全新客車團體接送

寬大卡車承運客貨

總公司：中正中路四〇八號　電話　三一九五九

修造廠：高恩路廣平路口　電話　七五六六三

資源委員會

中央電工器材廠

•供應全國電工需要•

出品內容

電線　電纜　電燈泡
電話機　電話交換機
開關設備　電動機　發電機
變壓器　電表

營業處

南京	中山東路東海路8
上海	廣東路137號3樓
漢口	北京街業銀行2樓
天津	羅斯福路298號
北平	崇文門大街48號
重慶	中一路四條里一號
昆明	環城東路46號

•製造一切電工器材•

浙江興業銀行

上海總行及本埠各支行

旅行支票

•春遊•行旅•人人必需•

•便利•安全•處處適用•

此項支票，攜帶便利，除由本行簽證外，並預留出票人印鑑，可隨時核對，無退票之慮。

杭州•蘇州•北平•天津•無錫•南京•各地分支行均可支取

本刊係科學期刊協會會員刊物
上海郵政管理局執照第二四二六號
內政部登記證京警滬字第一七四號

本期定價每册六萬元

工程界

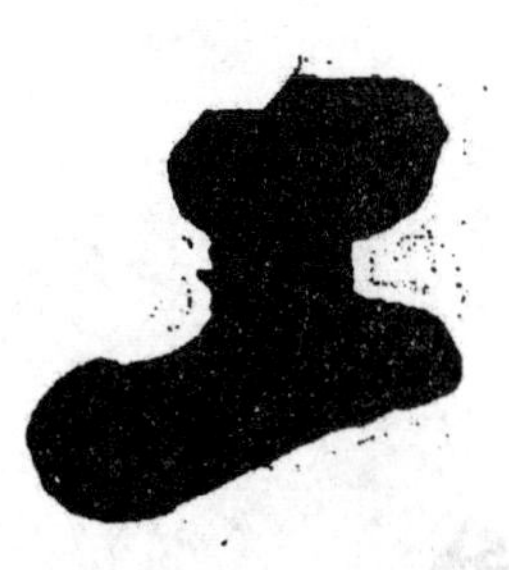

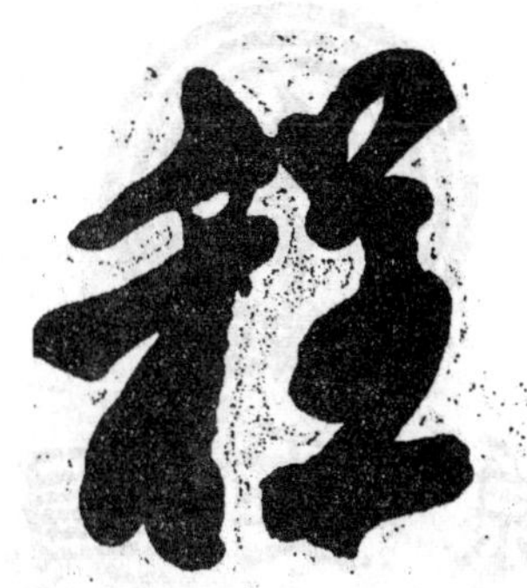

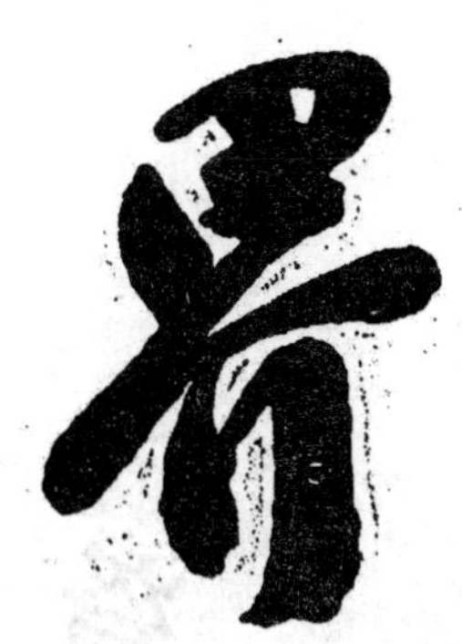

第三卷 第六期　　三十七年六月號

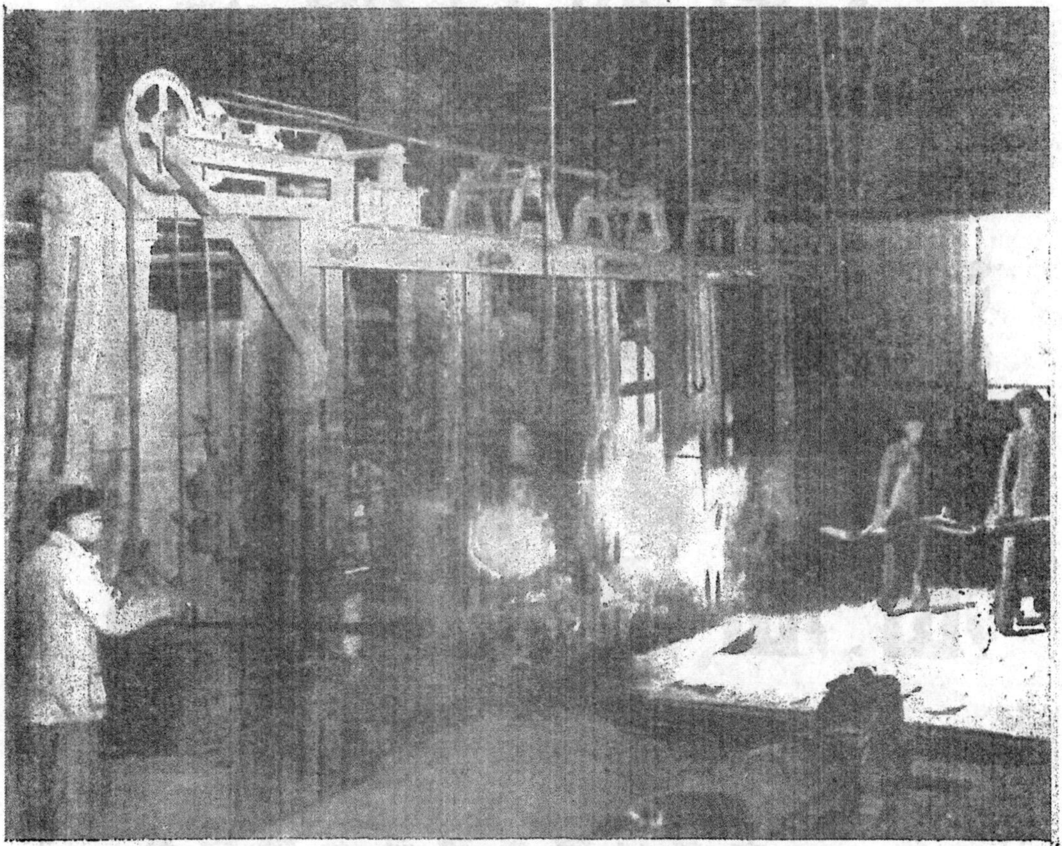

上海鋼鐵公司的平爐煉鋼廠(參閱本期第9頁)

中國技術協會出版

本期要目：

資源委員會

中國石油有限公司

主要產品

潤滑脂　潤滑油　燃料油　柴油　煤油　汽油

副產品

烟炭　丙酮　丁醇　石蠟　蠟燭

各項產品均符合國際標準

定價低廉服務社會爲宗旨

總公司：上海江西中路一三一號　電話　一八一一〇

上海營業所：上海黃浦路十七號禮查大樓二樓　電話　四二二五五

營業所及分所

上海　南京　青島　漢口　天津　廣州　台北　高雄　重慶　蘭州　西安　酒泉

工程界　徵求讀者意見

「工程界」自從出版以來，到現在已經三年了，在困難的物質條件之下，能夠繼續出版下去，實在是讀者們愛護與支持的緣故。下面的表格希望讀者抽空填寫，(如果有更好的意見，可用另紙書寫)，儘可能在六月底以前寄至上海(18)中正中路517弄3號工程界雜誌社收。

為了酬答讀者的合作起見，我們對于每一個貢獻意見的讀者，概贈本刊即將出版之技術小叢書一冊，以留永久紀念，在此預表衷心的感謝。

工程界讀者意見書

本社即將出版之小叢書(1)熒光燈(2)整電倍器(3)怎樣讀工程藍圖.
徵答諸君可在上列三書中指定贈閱一冊，出版後由本社直接函寄.

讀者姓名…………　年齡…………　性別……(如為訂戶，定單號碼…………)

通訊處……………………(如在上海，電話…………)

服務處所(或肄業學校名稱)…………　職務(或科系年級)…………

教育程度：曾在小學初高中大學肄業…………年或畢業于民…………年(請將不需要者劃去)

工程經驗：曾有關于機械，電機，土木，化工，建築，礦冶，紡織，…………(其他)工程經驗…………年。

專長：…………(自由填寫)。　擅長外國語：英法德日俄(或其他)…………文。

對于工程界的內容和編排方面：

1. 你第一次讀到工程界的時候，覺得怎樣？

太深…………，太淺…………，中庸…………，不佳…………，合乎理想…………，或…………

2. 你對于工程界　卷　期的批評怎樣(請隨便將手頭有的一本為例子。)

封面…………　目錄…………，工程另訊…………，論壇…………

各科論著…………，印刷…………，編排…………，篇幅…………

3. 你覺得工程界登載的文章應作如何分配？請表以百分比，如過去覺得太少亦請註明，

電機…………　機械…………　土木…………　紡織…………　化工…………　建築…………　農業…………

最佳文章…………，最劣文章…………，最有用的文章…………，

最看不懂的文章…………，廣告…………　圖照…………，紙張…………。

4. 下面是工程界經常的欄別，如果每期必需要的請標以「＋＋」號如不經常需要請加「＋」號如不需要請加「－」號

工程理論…………，建設計劃…………，建築結構…………，工程材料…………，

化學工程…………，機械工程…………，航空工程…………，機工小常識…………，

電機工程…………　電子工程…………，新發明與新出品…………，工業報導…………，

工程名人傳…………，工程文摘…………，應用資料…………，工程畫刊…………，

座談記錄…………　各種工作法(如焊接術或熱處理)講話…………。

其他應增加的…………

其他應減少的…………

5. 你覺得本刊的文字是否容易看得懂？請你在手頭有的幾期中任擇幾篇名稱：

容易看得懂的：

難懂的：

文字枯澀無味的：

最有興趣的：

對於工程界的發行和推廣方面：

6. 你是怎樣讀到工程界的？

訂閱＿＿，報販零購＿＿，書店買來＿＿，親友借閱＿＿，

圖書館中看到＿＿，其他＿＿

7. 你覺得你底親友同學中間看工程界的多不多？他們看那一種科學期刊較多？

8. 你是否每期都能看得到本刊？

每期收到嗎？＿＿你還有什麼別的困難？

9. 你覺得工程界最適合那一類讀者？工廠中的或是學校中的，或是其他？請舉例說明：

10. 你以為工程界定價太貴太便宜還是正好？直接訂閱的定價太貴太便宜還是正好？

註册商標
TRADE MARK
雙馬
"DOUBLE HORSE"
富貴
"FUKWEI"
國內規模最大設備最全
申新紡織第九廠
Largest Establishment with best Equipment in the Country
SUNG SING COTTON MILL NO.9
140 MACAO RD. TEL.39890
SHANGHAI · CHINA
上海澳門路一四〇號 電話：三九八九〇

12485

育發化學公司

教育界的空前巨獻

育發高中化學示教實驗器材

內有

基本實驗儀器170件　$ 1750萬

基本實驗材料140種　$ 1250萬

可做實驗132次全套共計$ 3000萬

育發初中化學實驗示教器材

內有

基本實驗儀器153件　$ 1250萬

基本實驗材料103種　$ 750萬

可做實驗91次全套共計$ 2000萬

節約購置節約消費—使學校輕於負担

預先配置省事省時—使教師便於講授

內容充實明晰生動—使學生易於進步

特殊設計的書本（育發出版）

配　合

非常節約的器材（育發供應）

貴校的化學實驗室

準備好了嗎？

沒有的—快來設備

已有的—再去充實

化學界的最新創製

特請化學家教育家十數人共同編製

育發中學化學實驗叢書

第一部育發高中化學示教實驗每部十萬元

第二部育發初中化學示教實驗每部八萬元

第三部育發高中化學實驗……排　印　中

第四部育發初中化學實驗……排　印　中

優待辦法

1. **書本**　一凡購器材一套者贈書一册學校來函請賜告化學教師姓名履歷備函附郵五萬元即寄

2. **器材**　一凡學校直接訂購可享八折優待購滿五套以上另有優待辦法

上海(5)吳淞路345號　電話 43983　電報掛號 8121

CHINESE AUTOMATIC ELECTRIC CORP. LTD.

本廠出品：

五百門電話配線架

連保安設備

中國自動電器股份有限公司

設計製造修理經銷各種電信器材

上海(五)四川北路一三五六號

電話（○二）六○七○二

（○二）六二二七一

專訂英美書籍雜誌

東亞書社

總管理處　上海四川路中央大廈一〇四號
　　　　　電話一七六一五號

門市部　上海四川路三二一號
　　　　電話一九一三六號

分社

南京太平路二六五號

白貓花布

上海南京東路一五三號

電話

一六一六八

一六一三一

新豐紡織印染廠出品

科學與技術

趙曾玨先生近著

科學、技術、經濟建設論文集

本書爲趙先生繼工程與工程師後之又一著作，討論科學，技術及經濟建設諸問題。全書分四編，多三十萬言，著者認爲吾國欲競存於現代國際，舍工業化外，其道末由，而工業化之基礎，則爲技術，技術之基礎又爲科學，三者相輔相成未可或缺。著者爲實踐的技術家，所論皆根據經驗。故此書在學術界固爲優良之參考書，而對於一般讀者亦爲趣味豐富之讀物。

三十七年六六工程師節出版

中華書局刊行

·出版·發行·廣告·

工程界雜誌社

代表人 宋名適 鮑熙年

上海(18)中正中路517弄3號 (電話78744)

·印刷·總經售·

中國科學公司

上海(18)中正中路537號(電話74487)

·分經售·

南京 重慶 廣州 北平 漢口

各地

中國科學公司

本期零售定價七萬元

直接定戶半年六冊平寄連郵三十五萬元

全年十二冊平寄連郵七十萬元

POPULAR ENGINEERING

Vol. III, No. 6, Jun, 1948

Published monthly by

CHINA TECHNICAL ASSOCIATION

517-3 CHUNG-CHENG ROAD, (C).

SHANGHAI 18, CHINA

·通俗實用的工程月刊·

第三卷 第六期 三十七年六月號

目錄

日本復興聲中電鐵產量均增

日本鋼鐵公司因外國訂貨日增，現擬恢復八幡壓軋工廠。該廠戰時生產製造戰艦用之鋼鐵，專門製造船隻之鋼製材料及設備，每月可軋鋼卅萬噸。戰後即行停工。又日本鋼鐵公司現接受定單，製造鍋爐一千五百噸，用於日本代挪威製造之捕鯨輪上。

日本獨佔公司整理委員會頃指令安田伲組等公司改組。該會通知改組之公司，合計達三十六家。

故都建設計劃 一萬二千億何處籌？

平市府請由美援物資項下，撥法幣八千億，完成故都建設計劃，市工務局草擬之計劃要點，包括(一.整理全市河道溝渠，(二)修整三海覽區，(三)修建天橋平民市場及貧民住宅區，(四)修建城郊馬路，關內外城幹線五十條，(五)修建門頭溝至北平馬路，全部預算一萬二千億，不足之四千億，當地自籌。

通山發現煤礦 可供武漢十年

資委會近在鄂省通山縣發現一大煤礦，其煤質較大冶陽新尤佳據資委會調查通山煤藏共有四大巨脈：(一)南林橋區(二)新橋，(三)沉水山區，(四)晉家源區。四區開採後，其首次煤產最少可達三千九百四十萬噸，足供武漢三鎮民用煤八至十年之用，該會正與鄂建廳計劃開採中。

開灤煤恢復產量

開灤煤南運速度激增，五月份秦皇島出口逾十萬噸，該礦存煤僅餘三十萬噸，當局為充足供應東北華北華中各地需要，六一起恢復正常生產，取消每週二五停工減產之規定，該礦接濟東北煤斤，首批二十萬噸已運出五萬四千噸。

川陜大巴山公路限三月完工

貫通川陝大巴山之公路，頃已斟定由川之萬源起至陝之石爾止，政院決先撥款一千億，令川陝兩省府會同辦理，限期三月完工，川境內各支線，現將次第動工，電訊設備亦開始架設，沿線十餘縣代表頃來蓉請願，定日內晉謁王陵基主席，請速完成防務部署，清剿境內土匪。

英國化學公司發現新纖維

倫敦政府已批准英國化學工業公司所擬利用花生製布計劃。此種新纖維名為「亞狄爾」(Ardil)原料將由東非目前設立的花生工廠供給。

立法院熱烈討論 防止美國扶植日本

立委李雲良一日下午在立法院會中提出臨時緊急動議，要求政府防止美國扶植日本，請政府迅速採取緊急措施，防止一切助長日本軍事及經濟力量之行動，討論至為熱烈。按美國陸軍部次長德萊勃調查團所擬扶植日本削減賠償之計劃，於本年五月十九日發表，竟較本年三月一日發表之斯揣克計劃，更進一步的建議提高日本工業水準，准許日本擁有商船四百萬噸之戰前數字，(鮑萊計劃為一百五十萬噸)，大規模經濟援助日本，而將賠償數字削減至一億六千五百萬美元，(根據雅爾達協定及布魯塞爾德國賠償委員會決定，德國賠償不得少於二百億美元，日本應不少於此數)，不啻全部取消。且主張恢復中日貿易。此種意見既與一九四五年七月促使日本無條件投降之波茨坦宣言背道而馳，並將同年五月遠東委員會通過之鮑萊計劃一筆抹煞。且我國在對日八年之艱苦的抗戰中人的傷亡，估計軍人約三百廿萬人，民衆約一千二百五十萬人。物的損失，估計人民方面約三百億美元，政府方面約二百億美元。此種難以補償之慘重犧牲，實為獲得勝利之龐大代價，必須爭取日本賠償，防止日本再起。

盟總批准四國協定 荷讓我輾鐵廠二座

盟總今批准四國協定，(中荷英菲准允荷蘭以價值約四十萬美元之輾鐵廠，根據『物物交換原則』轉交予中國，是以中國可獲得提前賠償百分之三十中之僅有輾鐵廠二座，我國賠償代表稱：目前中國尚未有此種輾鐵廠，此項協定係經菲律賓之相當激烈反對後，方始獲致者。

歐洲工業未來市場堪慮

從塔州鹽湖城訊，美國第三黨副總統候選人泰勒廿九日晚指責美國大企業家，利用馬歇爾計劃「侵奪」歐洲企業的未來市場。他說，能從現在的援歐計劃受惠者只有「投資的」商業利益。現在歐洲工業與農業的某些部門已有「生產過剩」的問題。馬歇爾計劃所用的錢就是要買美國貨白送給歐洲人。這樣，歐洲的工業就不能起而與現在不要錢的美國貨競爭了。

美西北部水災 水力發電工作停頓

美國西北部太平洋沿岸與加拿大今夜正在竭力抗拒哥倫比亞河之水勢，上游各地已遭破壞，但供水續向下游人烟稠密區洶湧流去，交通斷絕，水力發電工作亦漸陷於停頓，全部損失無法估計。據紅十字會宣稱：災民已達四萬五千人，被毀家庭約一萬戶。

工程師們的話

前　言

爲了紀念工程師節，本社同人函請在工程界服務有年的前輩，在這個有意義的節日上給年青的一代説幾句話，我們發出了許多徵求撰文的信，提出了如下的四個問題徵答，結果并沒有使我們失望，到了預定的日子，絡續來了許多回音，有逐條回覆的，也有寫了整篇文章的。前輩的熱誠，給了我們無限的鼓勵，然而在「上海紙貴」的今天，編輯部同人考慮再三，總是無法使所有的賜答全部刊登出來，因此在萬不得已之中，我們嘗試了摘錄的工作，可是對於賜答的各位前輩先生卻要致十二萬分的歉意，前輩們對於年青的工程界雜誌深切關懷，正象徵着我們前一代與後一代的工程師及技術人員，在將來國家建設的時期，將更會親密的合作。雖然有幾位先生來不及將回答寄給我們，但是相信在今後我們還是可以聽到他們的教誨的，這次祇是一個開始，以後希望工程界永遠地成爲前一代和後一代間的橋樑，讓我們在此地預先來慶賀吧！

四個問題

一、對於先生的過去學習工程學識和積聚工程經驗的情形是否可以簡單地寫些下來？對於目前中國工程教育方面，先生可以提供一些意見嗎？

二、先生在以往曾參加或主持的各項工程事務方面，感到那一件事最有意義？那一件事最有興趣？先生對目前所做的工作是否滿意？待遇如何？

三、對於剛從大學或專科畢業的工程技術人員在服務精神和學習的態度方面，先生有甚麼感想？是否有比過去落後或進步的現象？對於他們先生希望怎樣充實才能成爲一個眞正的工程師？

四、目前時局動盪，各業都受其影響，先生以爲中國工業的最大障礙何在？時局安定後，請問先生有什麼計劃？對於國家的建設工作，先生以爲應該從何處着手？

——以收到先後爲序——

加緊研究工作

交通大學航空系主任　曹鶴蓀

第二次世界大戰的結果，告訴我們決定這次大戰的勝負，不在沙場之上，而在實驗室內。在戰場上，不過是把在實驗室內，研究所得的種種法寶，譬如火箭，雷達，原子彈等，一樣一樣搬出來，比較誰的法寶利害，誰的法寶多，誰就操勝券。

談起研究的機構可以分爲探測研究（exploratory research）發展研究（development research）和生產研究（production research）三種。這三種的研究，各有各的重要性，探測研究，是要在科學上發現一條新的路徑發展研究，是要產生一種最理想的設計。生產研究是研究如何纔能增加生產的速率和產量。這三種的研究，可以說是一貫的，一種都不能缺少。

目前的時局動盪不定，各種事業都在停頓狀態，無法推動。但是研究工作還是要加緊，研究機構還是應該創設。因爲研究的工作，不是在短時期內所能見效的，將來的結果，現在就得種下因去。

推動研究工作的條件有四：人材，設備，經費，和組織。羅致研究人材，在目前並不十分困難，在中國「好讀書，不慕榮利」的人還是很多，但是要給他們一個機會，發展他們的所長，設備和經費，直接有關。有了經費，添置設備就容易，所以最困難的兩點是經費和組織，組織的健全不健全，對於研究工作的進展，很有影響，主持一個研究機構的人，應該是一位富有行政經驗的科學家或工程師。

第三次的世界大戰，也許爲期不遠，那時候新武器和新法寶，一定更多，要應付這個局面，決非赤手空拳所能辦到，我們應該要有準備，尤其是研究方面。這個責任我國的科學家和工程師，是義不容辭的。

貪污和戰爭阻礙了工業化

同濟大學教授 張象賢

(一)對於工程經驗的積聚，可分爲兩方面談：一爲得自書本上的，一爲自實際工作中得來的。書本上的工程經驗，便是前人經驗的記錄，但是因爲和學校裏的考試不發生直接關係，作學生的時候，多不大注意。幸而需用的時候，還可以很快的查到。我曾把這類的經驗，記錄在一專冊中，爲日既久，也有不少的條數，空閒時翻閱一遍，倒也津津有味。

再次則是從實際工作或見習時獲來的經驗，在沿要實際工作之經驗，我也曾採用同一辦法，將其記入一專冊中，以備閒暇時之翻閱，而對於問題之解決，乃倍有助益。

關於工程教育方面，我要提出下列兩點，略供參考：(1)在大專工程教育方面，我認爲應當針對我國的環境，理論與實際並重，不宜專在理論的基礎課程方面着眼，歐美爲工業國家，學生實際工作機會至多，故學校儘可偏於學理，我國則諸不若人，完全向理論基礎方面着眼，與環境自必脫節。(2)各大專工科因人才設備之不同，各校宜任其自由發展，不必强使標準化如同出一型者。

(二)我對於過去曾經參加和主持的各項工作，都感有興趣，因爲我是隨時隨地抱着學習的心情去工作的。惟是我國的人事問題特別複雜，往往有意想不到之事件發生，減弱一部工作的興趣。

我對於目前的教授職務，因爲對象是活潑有活力的青年學生，所以精神上甚感愉快，至於待遇，在四月份的收入約相當戰前的一位起碼的小學教員。

(三)新入社會的大專畢業生，他們服務的態度，自然因人而異，大部份尚知自己還需要想學習，因而虛心接受他人的意見。但也有一部自命不凡者，高視闊步，氣盛凌人，也未免太欠缺了修養。其實大學畢業，才只取得了開門的一束鑰匙，要找到自己所需要的東西，還須下功夫去搜尋；他人的意見是寶貴的，值得去虛心領受，即便是工人們的經驗話，也宜儘量接受，因此我希望初入社會的工程技術人員，不恥下問；最好預備一本小冊子，將每日在工程方面新聽到和新看到的以及親身體會到的，記了下來，日復一日，年復一年，積聚起來，便成了自己的經驗，這樣很快的便成了一位真正的工程師了。

(四)中國工業發展的最大障礙，我覺到有兩點，一爲貪污，二爲戰爭。貪污之害，可以斷絕工業生機，陷國家於萬劫不復之地位，至於戰爭之破壞性，則爲盡人皆知之事。戰爭不止，破壞無已，工業發展更何從談起?!所以要我國工業發達，第一必須肅淸貪污，第二須急速謀求和平。如時局安定，個人願以一得之愚從事工業建設，而我國之建設，必須立即開始，且應痛懲前失，釐訂步驟，效蘇聯歷次五年計劃苦幹之精神，採取重點主義，集中資金，如此十年之後，尚可稍有成就。不然，那一國的工業，會停滯下等待中國？尤其是日本的輕重工業，根基未壞，再加上美國的扶持協助，以復活其高度技術及低價人工之工業產品。我國即爲其傾銷之對象，中國工業怎能再有抬頭之日！言念及此不勝禱祝：在不久將來我國能肅淸貪污及實施和平，俾全國之人力物力，得此集中共向工業建設之途邁進！

卅七年五月十五日於國立同濟大學

有心有志就會發生力量

經濟部工業司司長 吳承洛

我答中國技術協會的第四個問題，是進步與建設，應先從內心做起。有此心，有此志，就會發生力量，就可以剋復環境。青年工程師，勇猛精進，自能隨時隨地打破障礙。所謂時局安定這句話，總是比較的說法。青年工程師，勇猛精進，切勿等待。

現在青年學子，於學業以外，不免遭受環境的轉移，有時外務太多，或者干涉行政。凡年長些的人，都有不以爲然的樣子。但依承洛的看法，這是不能避免的。我們年長的工程師，在二十年前，在三十年前，即在四十年前，也是這樣的。如果細心靜氣的回想一下，當年做學生的時代，做實習生的時代，也是不滿意現狀，也是在外表上似乎是學習的精神，與服務的態度，不免受社會上批評的地方不少。現在的青年工程師，我沒有看見有什麽落後的地方，只要無時無刻是在求進步，就能成爲一個真正的工程師。這是我對第三個問題的答案。

個人對於倡導工程事業，主張多下種子，多下良好的種子。所以常常說「明其道不計其功」，如果這樣的態度，就一面可以安心工作，不計待遇，又一面可以爭取進步，企圖更有作爲的事業。天下沒有無興趣的事業，也無無興趣的職務，可以自己去做成功，也可種下種子，去任他人去成功，必如此而後天下事無不可爲，天下事均可成功。這是承洛對第二個問題的答案。

至於如何答覆第一個問題，我有一句格言，就是「人生工作無盡，正如生命長存。」人生是在接力賽跑過程。工程學識的學習，和工程經驗的積聚，都要本這樣看法，多多培植自己，多多培植青年，工程教育，要互相教育，青出於藍而勝於老。年青工程師與年長工程師，正有相互教育的必要。要有這些精神去辦工程教育才行。

貧、愚、弱

交通大學工業管理系主任 莊智煥

中國當前的危機是由「貧」「愚」「弱」三個原因造成的；所以要救中國，亦要從補救糾正這三個缺點着手。針對「貧」「愚」「弱」三種混合病的藥是工業化，工業化的範疇寬廣，工業化的步驟緊湊，政府的決策定謀固然重要；而在進行期內的職責，却非工程師來担負不可。

我國現在各項人才缺乏，工程師尤其太少；以少數的人員來担負百廢待舉的中國工業化的艱鉅工作，當然困難萬分。加之過去內戰頻仍，復有八年的抗戰，從業於我國工業界的工程師們，在此惡劣的環境下自然影響其在工作方面不能有良好的表現。

我國工業化的前途自正待打破難關爭取光明；當前補救之道，可分別幾方面來講：第一，教育方面應創造環境使學生重視其志趣再習專科，在課程上除各種工程理論外，又應着重實習，養成可以手腦並用的優良工程師；第二，有志於工程工作之青年，應知工程師的定義爲「對某事無所不知，同時對凡事均有所知。」所以在其本份專科以外。並應多所學習，充實常識；這在現階段的中國尤其重要。第三，政府及社會方面，對於工程師必須使其能在安定中進行工作。至於現在經濟動盪局面下，工程師的報酬，務使其不以生活的困苦而擾亂其工作情緒，這亦是重要的。

總之，欲挽救我國當前的困危狀況，必須使國家澈底的工業化，全國的工程師們無疑的是工業化的主要幹部。幹部的能力關係工業化的前途至大至鉅；希望我們服務於技術工作的工程師們，瞭解本身的責任，努力充實自身，並推動社會與政治，使國家向富強康樂之途前進。

我　對　於…………

經濟部工商輔導處 陳陶孳

我對於學習工程的人，認爲應該專攻一門，始終不懈，縱使環境不佳，亦須設法克服，倘能堅守本位二三十年，定有驚人之成就。

我對於現時工程教育，認爲應當多設專科學校，且須與工廠取得密切連繫，使學生可於短期間內，得到實際學識，否則紙上談兵，有何益處！

我對於國家經濟政策認爲應當以增加生產及

減少輸入爲急務，過去經濟政策多半閉門造車，不合國內實情，政令朝發暮更，騰笑中外。此後應當加强調查及統計機構，延聘各科專家，依據實際調查及統計之結果，釐定各種建設方案，一經決議，即付實施，倘大家都能沒有私意，眞正爲國家建設着想，不出三年，國內經濟必有復興之望。

不要走向退化沒落的路

錢塘江海塘工程局副局長 汪胡楨

親愛的青年工程師們：你們每年一批一批的從大學畢業出來，到工程界裏做一枝生力軍，是一椿可喜的事，但是你們須得守住崗位，認清目標，永遠做一個眞正的工程師，千萬不要向退化沒落的路上去。

從前有不少工程師，當開始踏上社會的時候，沒有一個不抱着宏大的志願。但是因爲沒有找到適當的機會，以發展他們的才具，增加他們的經驗，他們就開始『混』到社會的各方面去。有的看見社會上許多人們，祇要跑跑衙門，開開會，說些不着邊際的話，生活，便那麽輕鬆愉快，首長，委員，代表許多榮譽的頭銜，會輕輕的落到他們頭上去，於是他們中一批聰明分子就離開了崗位，跟着後面跑。不久他們也學會了那套技能，他們同化了，他們同化了，他們滿足了，但是他們不再是工程師了。

青年的工程師們！須得時時詢問自己，所做的事是不是工程師名分裏的事，所處的地方，是不是在工程師的崗位上，要隨時隨地用腦，動手，不能離開繪圖板，不能離開計算尺，不能離開工程界的現實。國家經濟建設的大事業上期待着眞正工程師去做，千萬不要走向退化和沒落這條路上去。

三十七年五月四日杭州

技術人員的時代責任

上海市公用局局長 趙曾珏

六月六日工程師節本是夏禹的誕辰。夏禹是犧牲小己，服務大衆的模範工程師，我們以其誕辰作爲工程師節，實有豐富而重大的意義。但此處要指出一點，夏禹以治水工程師，最後受舜禪而爲天子，在他以前的，尙有有巢氏，燧人氏，神農氏，他們也都是以技術家而做君長，何以同樣是技術家，那時可以君臨天下，而後世以至現在則不受社會重視？二十年前，美國胡佛以工程師當選總統，在國際工程界曾震動一時，又何以我們中國在三千年前早有技術家做君長之事，而後世竟成絕響？這是值得研究的問題。

技術家的責任是「利用厚生」，其中「利用」是方法，「厚生」是目的。在初民時代，民智幼稚，他們唯一的要求是生活慾望的滿足，於是具有技術知能者，只要對於他們的生活解決了某種困難，極易獲得廣大的信仰與崇拜，而自立爲君長。

但是中國民族因爲地理關係，一開始就依靠農業爲生，自商周以後，中國的經濟生活就定型在自給自足的小農制度，迄今二三千年一直停滯着，沒有根本改革過。農業所需要的技術，比較工業所需要的，其範圍爲小，其程度爲低，而且中國的農業又是小農制的農業，其所需要的技術一經發展到某種階段後，就不再需要更高度的發展，也沒有力量可以利用更高度的技術。

因此，中國的經濟生活既然定型在自給自足的小農制度上，中國的文化也就在自給自足的小農制度上定型着。它的特徵是保守，退讓，樂天，知足，倘以不好的字眼表示之，就是苟安，落後，卑怯，懶惰。這些都不是產生及發展技術的精神條件。

但在距今一百年時代，我們遭遇了空前强大的敵人，他們是工業文明的國家，非但奴役我們的人民，非但侵略我們的土地和資源 而且我們的土布土紗被洋布洋紗打倒了，植物油燈被煤油燈打倒了，土麵粉被洋麵粉打倒了。數千年來我們用以克服與同化四鄰游牧民族的農業文明於是根本動搖了，以至完全失敗了。自此以後，我們的先知先覺有認爲救亡圖存，必須接受工業文明，其主張可分

12494

爲先後兩期：在先的主張部分接受，如「中學爲體，西學爲用」論，在後的主張全盤接受，如「全盤西化」論，蓋前者僅主張接受其形式，而後者則主張接受其精神。但是實行的結果都不能如所預期，而我們的國運亦一日比一日衰落，最後就發生了八年抗戰，民族的生命財產和文物損失不可以數計。

但是，我們沒有辜負痛苦的教訓，我們在抗戰中已認識了和確定了工業化的國策。谷春帆先生說得對，我們中國近百年來起初是工業而化，後來是化而工業。現在的工業化國策之決定，纔抓住了問題的核心，工業化是一切以工業建設爲中心，就是工，商，農 礦，以至交通，軍事，教育，政治無不以工業建設爲中心，也就是只要工業建設完成了，我們的文化就與工業同化了。

工業化的意義已如上述，但是很明顯的，工業化的實行，其唯一負責者便是我們技術人員。沒有技術，便沒有工業，而沒有工業，便沒有民族與國家。我們更要認識的，技術人員非但是工業的工程師，而且也是文化的工程師，因爲技術人員建設了工業，也就等於建設了文化。此處所謂文化，是包括政治，經濟，軍事，教育等等一切在內的。蘇聯在積極推行五年計劃時，曾提出一個口號，就是「技術決定一切」（Techn que decid(s everything）。此處所謂「一切」，也是指文化的內容。所以這個口號實在就是工業化的解釋。由此，我們知道，技術既可決定一切，那末技術人員雖不居君長或總統之名位，但其威權不是就等於君長或總統麼？

現在我們國家要開始工業化了。我們技術人員要認識時代，要認識責任，要人人以夏禹自許，這纔是我們今天紀念工程師節的意義。

洛陽行都電信最有意義

上海電信局局長兼
電信人員上海訓練所所長　郁秉堅

一，根據以往心得，覺吾國工程教育方面嗣後應取技術與管理並重爲原則並（一）應廣設公立職業專科學校及夜校，以減輕學生負担而便造就多量之人才。（二）闡揚工程教育在建設上之重要性（三）提高工程人員之待遇以攬優秀人才（四）在學期間，應注重實習與參觀。

二、回憶本人以往工作經歷之中，覺籌備洛陽行都電信，以及勝利後接收敵僞電信事業等，較最有意義，而以教授學子，作育人才覺最有興趣。至目前承乏上海電信局，因社會動盪電信器材缺乏電信經濟支絀，致使維持改進，頗感困難，故兢兢業業，淵冰自戒，猶有不汲之虞，至待遇之不足維持生計，則又爲目前公務人員之一般現象，蓋不僅電信人員已也。

三、新出學府步入社會之電信技術人員，出型新刃優秀者固多，但每因經驗缺乏，往往未臻熟練，或因管理能力不足，治事欠當，此蓋普遍現象，抑亦理有必然，惟服務精神學習態度，則良好者居多，此與個人之品性志趣有關，但學校訓導之是否得當，實佔重要，故以管見所及，求學時期，體德智三育均宜注重，而在服務社會以後，更當覃思精研，以求進步，庶幾修養既深，則造詣亦邃。

四、我國經八年抗戰以後，瘡痍未復，而國內軍事仍在進行，因致國家既無生聚之機，而民生亦呈岌岌堪危之象，工商各業，均受莫大影響，吾國工業當前之最大障礙，即爲金融未獲穩定，以致成本增重，而產銷呆滯，寖使工廠不易支撑，漸形衰落，又若缺乏優秀工業技術與管理之人才，以謀出品之精良，管理之完善，原料與應用器材之能否自給，皆爲吾國工業之重大問題，亦即時局安定以後所宜當務之急圖。

至冒國內安定以後，發軔建設工作，管見以爲應先從培植技術與管理人才與開發資源着手，庶於建設國防振興實業，各方面均可取用不竭。

擁起產業革命的大旗

上海市工務局局長　趙祖康

科學，技術，（最主要的包括工程，農業的技術，與醫藥衛生）交通與動力，農工業，經濟建設，這一連串是目前中國最重要的國家大事，而應當密切聯繫起來。我於抗戰勝利後到上海，兩三年來向中國技術協會同仁，中國工程師學會去年在京舉行本會中同人，暨京滬一帶實業界人士所常常呼籲的。這呼聲喊出後，不論比我先提倡的，與我同時感覺到的，或在我之後，認以爲然的，都有很有力的響應。最顯著的便是中國技術協會所舉辦幾次展覽會——上海工業品覽會，中國出口貨展覽會，工業模型展覽會，及農業科學研究社最近在上海復興公園舉行的農業展覽會，它們都得到觀衆的讚許，收獲了莫大的成果，使一般人認識了技術工程等在生產建設過程中的重要，以及生產建設在建國設施裏所處數一數二的地位。

今年三月技術協會舉行年會我曾在演說詞中提出了「新五四運動」的口號，演詞中有這樣幾句話：

> 我們看西洋的歷史，文藝復興之後，接連着宗教改革，科學興起，商業革命，資本主義啓蒙時代，機械革命，農業革命，社會主義等等覺得我們中國的現時代在民八五四運動喚起了文學革命，社會革命，新思潮，新文化，提出了德先生與賽先生之口號，繼以民十六國民革命初步成功，政治上亦遭遇了大改革以及新式的商業金融與若干工業漸漸的建立起來之後，應當隨即切切實實的推進科學的研究，技術的運用，與大規模的工業及農業的生產建設，（包括交通與動力的建設爲同時配合進行的先決條件）一言以蔽之，我們可稱它爲中國的產業革命，而這個時代，應當就在眼前實現。

我們技術界的青年，便應當共同掮起這產業革命的大旗，在這旗幟下努力工作而前進，這便是新五四運動——一個普遍的深入民間深入農村的產業革命運動。

在此三十七年的六六節，政府已任命工程界與科學界的老前輩翁文灝先生爲行政院院長的時期，我敢保證我們科學界，技術界，實業界的同人，一定十二分的興奮，願意遵照翁先生在五月廿五日向新聞記者發表施政重點所說的：（一）着重生產，（二）充分利用美援從事復興工作兩點和政府通力合作，向着這目標奮鬥前進，爲最大多數的民衆謀最大的福利。

這似乎是今年六六節我們科學界，實業界暨技術界同人——不僅僅是工程師——所應共同警覺負起的使命。

三七，五，廿六。

最後幾句話

感謝八位前輩工程師們，直接間接的回答了我們所提的四個問題。由於他們的啓示，本刊仝人綜合各位的意見在此作一個結束。

我們與許多長者並沒有兩樣，覺得在目前的環境裏，一個工程技術人員第一要堅守自我的崗位，同時，我們也親切地了解到保障工程技術人員的生活和提高工程技術人員的待遇，對於一個不論在工程界，技術界服務經年或則不久的從業員，都是件刻不容緩的事，然而，生活的苦難決不會削弱我們生存的勇氣，我們和前輩知道得一樣清楚，在中國，貪污和戰爭阻礙了中國的工業化，貪污的風氣，沮喪了技術人員技術修養的志趣，一切爲了軍事的戰爭環境，磨難了技術人員的生活。沒有合理的環境，就沒有中國工業。

正像趙先生，郁先生，張先生他們所指出工業化是建設新中國的康莊大道，這是一條既定不變的大道，我們工程技術人員就應該負起開闢和清除的責任，面對着將來的建設，我們不能忽視今天的責任，除了要切實的充實自己以外，我們更應該認識時代。吳承洛先生說得好，環境的安定是相對的，是要靠人力爭取的，趙曾玨先生更强調的說，中國社會如果不從小農經濟中解脫出來，技術的進步與工業的完成便變爲不可能，工業化是全面的，要滲透到整個社會國家的各方面去的。回顧今後，我們正不勝慚惶，不勝警惕。

但是我們決不甘願走向退化沒落的路，大多數的技術人員，曾在日冦侵略時代的魔掌下熬瘐過來，今天我們應當有一個新的信心，我們一定能戰勝貪污和戰爭這個新的敵人，重獲光明，只有這樣才能獲得永久的生活保障，才能不負前輩工程師的期望，肩負起技術人員的時代責任。

等新中國全面建設開始的時候，讓我們貢獻出我們的一切！

12496

介紹上海鋼鐵公司

橡·桂

假使說交通是一國的血脈，動力是一國的氣力，那麼鋼鐵工業可算是一國的骨架，只要看它的健壯與否，便可知道一國的國力雄厚與否。

可惜就我們祖國說起來，鋼鐵工業實在太貧弱了，最大的鋼城鞍山現在業已殘缺不堪，以致東南各省極工業區所需鋼鐵幾無從依賴。近一年來，幸虧上海鋼鐵公司在不合宜的地理環境下艱苦地支撑起來，才多少解决了鋼材的供應問題。現在我們就想把這海港上唯一有力的鋼鐵堡壘介紹給讀者諸君。

概　　況

該公司在35年12月16日由前中央信託局局長劉攻芸及金融工業鉅子沈熙瑞、張茲闓、王爾綸，陳受昌、余名鈺等籌組成立，承購敵產中華製鐵株式會社所屬吳淞、黃興路及浦東各工廠暨蘭州路德島組製作所一打包工場。當時額定資本國幣25億元，由中信局出資½，並邀請一般鋼鐵業投資½，結果加入者鋼鐵煉製工廠多家，鐵業公會鋼條鐵業公會之會員一百八十餘家，製釘業公會之會員十七家，所以該公司實在一部份是由消費者所投資，為其所需要而生產。資本後來在36年11月增至50億，今春復增至150億。

該公司之組織：行政方面，分總務財務業務三部，部設主任，分負其責。生產方面，以吳淞張華浜廠為第一廠，專司冶煉工作；滬東黃興路廠為第二廠，專司軋鋼工作；至浦東西渡廠因密邇亞細亞油棧，不能開工，該址所有之煉鐵爐一只，業經遷移改裝歸併入第一廠。一二廠各設廠長，下分工務事務兩課。廠以外，另有工程師室，專司工程上之設計及技術上之改進。由於修葺一二兩廠被嚴重破壞之房屋機件及拆裝浦東廠之煉鐵爐，該公司至36年6月7月一二兩廠始能相繼出貨。由於一廠所出鋼錠未能充分供給二廠之需要，該公司除在一廠添築平爐外，並於36年8月間租賃浦東和興廠為第三廠，期限十年，該廠設廠經理，業於36年12月開爐。至蘭州路德島製作所，敵僞時專營收集廢鐵打包業務，該處水陸交通，兩皆便利，故於36年4月間與地主洽妥續租手續，設接運站，將收購之廢鋼鐵料整理打包，然後分送各廠。

該公司36年下半年所生產之盤元及竹節鋼計2650公噸，內盤元及竹節鋼約各佔半數，製造此等盤元竹節鋼所需之鋼胚鋼錠，在36年下半年因一三廠未能充份供給二廠，約有46%係向外購入。

該公司辦事處現有職員三十餘人，一廠職員三十餘人，工人三百餘人（分三班日夜接續工作），二廠職員十餘人，工人一百五十餘人，三廠職員四十餘人，工人二百餘人。總經理余名鈺、總工程師唐之肅、一廠廠長唐漢宗、二廠廠長俞恩增皆技術界知名之士。

製 造 程 序

煉鋼　煉鋼是一種堅苦繁重的工作，技術員工終年揮汗如雨的在苦幹。鋼爐內部的溫度要高到華氏3,200度，在近爐邊5呎的距離，已可熱得逼人後退，强烈的光芒刺得使人睜不開眼，這時必須帶上深藍的眼鏡，才能看見鋼液沸滾時的真面目。為了加料，爐前的幾只上料門，須輪流的開啓，工人便趁着這一剎那的功夫用鐵鍬將原料投進去。但沒有比放鋼再精彩的了，十餘噸光芒刺目的鋼液由爐嘴倒瀉入吊車吊着的鋼桶，頓時一股濃烈的烟火直升，跟着萬點火花齊

12497

飛，加着鋼液爆烈聲，機器轉動聲，工人叫喊聲，交織成一幅熱烈偉大的場面，緊接着是將鎔滓倒地，這宛如銀河倒瀉般的鋼鐵瀑布着地時發出巨大的吼聲，點綴着滿廠飛舞的火星，眞如千兵萬馬，蔚爲奇觀。

物料　製鋼用的主要物料可以歸納成下列幾種：

A. 原料——1. 生鐵，2. 廢鋼 這是鋼錠的主體，佔全部成份98%以上，通常生鐵和廢鋼的配合比例大致是1:2。

B. 加料——1. 錳鐵，2. 矽鐵，3. 純鋁，4. 木炭5. 鋁合金。這裏面以錳鐵用量最多。加料的目的最主要的是進行「加炭作用」和「去氧作用」。

C. 鎔劑——1. 錳礦，2. 鐵礦，3. 石灰石，4. 螢石，5. 石灰。鎔劑的用途是造成熔滓（Slag），造滓是煉鋼最主要的工作。因爲煉製工作中一切化學變化的促成均有賴於鎔滓作爲媒介物。

D. 燃料——現在用的是燃料油和烟煤兩種。

E. 耐火燃料——熟鎂石，白雲石，鎂磚，矽磚，鉻磚，坩磚和各種耐火泥。這些是煉鋼爐本身砌築和塡舖所需的材料。

冶煉準備　馬丁爐開爐前先以松柴堆在爐內烘燒一二日，待爐內溫度逐漸提高到華氏一二千度時便繼續通入煤氣烘燒或開動柴油燃燒器以柴油烘燒數十小時之後，方才進料。

這一步手續爲的是使新砌爐身的溫度逐漸的提高到熔鋼的溫度，而不致使爐身發生裂隙，或是劇烈的漲縮。爲了這一緣故，馬丁爐一旦開爐便不停止，一直到需要修理的時候，即使不煉鋼，也要照常的用燃料繼續燃燒保持經常的高溫。每次冶煉，都要用熟鎂石（Magnesite）和白雲石（Dolomite）來塡舖爐底和凹洞，以免冶煉時有漏鋼的危險。鎂石和白雲石使用前必需先行烘焙，烘焙以後的產物稱爲熟鎂石和熟雲石，通常焙燒是在焙燒爐（Kiln）內進行，大概焙燒（1）10噸白雲石需要3噸焦炭，在良好狀況中可以產生4噸熟白雲石。（2）10噸鎂石需要5噸焦炭而成8噸熟鎂石；所以這方面燃料的消耗很大。

進料與冶煉　進料的過程大致如下：先在爐底舖一層鋼，數量大約一成。在這層廢鋼上面投進石灰石，石灰，錳礦，鐵礦，木炭等以便造滓，隨後再將全部廢鋼加進，這一連串的進料普通需時二三小時。等到廢鋼開始軟化至半鎔解狀態時便開始添加生鐵，繼續鎔煉。從進料開始直到全部鎔解成鋼水共約需五小時。這時爐底的石灰石等業已沸騰，發生大量的氣泡，化學反應在鎔液中不斷的進行，含在原料中的雜質，硫，磷，錳，矽，

（1）上海鋼鐵公司一廠景色，面前白色者爲白雲石。

（2）一廠之15噸固定式煉鋼平爐

（3）放鋼工場在常靜狀態，左可見放鋼孔道，中有吊車，下爲鋼錠模子。

（4）鋼液注入鋼錠模子時之情景。

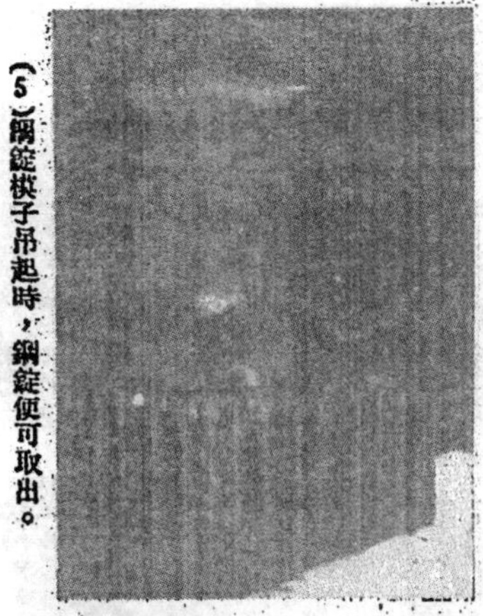

(5)鋼錠模子吊起時，鋼錠便可取出。

(6)由油東遙至一廠之煉鐵爐。

(7)一廠之石灰石，白雲石爐窰

(8)本社同人參觀後在一廠留影

碳等大部氧化而進入鎔滓之內，視情形之需要陸續加添螢石，鐵礦，石灰，生鐵等進爐以配合爐內的化學反應，而幫助鹼性鎔滓的造成。

自原料全部鎔解起，每隔相當時候便自爐內取一勺鋼液去化驗其中的化學成份。從每次化驗的結果上，知道各種雜質含量的多寡，以決定冶煉的步驟和加料的分量。每煉一次，大概需要化驗8次左右。

澆鋼 照現在的記錄馬丁爐每爐平均的冶煉時間是8小時。每日可以煉三爐，到放鋼的時候，廠內鳴警鐘警告工人，以免危險，巨大的吊車便將預先烘到高熱的空鋼汁桶，吊在爐子的放鋼孔道前面，待孔道上的火泥消除以後，便用一根長大的鐵桿將放鋼擄開，鋼汁便同時冲出倒在桶內，放完之後，吊車帶着鋼桶移動到澆鋼場上一排排整齊排列的鋼模上面將鋼水敏捷的澆進去。鋼模共有三排，每排32只模子，可澆64條鋼錠。鋼錠是4吋方，60吋長的鋼條，約重96Kg.待鋼水凝結後，再用吊車將鋼模退出，這時只見一條條鮮紅明亮的鋼錠，像樹林一樣，整齊地排列着。

烘燒 鋼錠煉成後，便陸續運到軋鋼廠去軋製，軋製的第一步手續便是烘燒，鋼錠排成長列平臥在烘鋼爐的裏面，猛烈的火焰從二個噴油嘴裏面不停地發射到每條鋼錠的四周，大概在1800° F的溫度中烘燒兩小時，然後拿出來軋製。

軋鋼 一根燒紅的鋼錠軋成一條盤元，要開動兩千匹馬力的馬達在軋輥裏反覆經過25次的滾輾，才能完成。

軋鋼共分二個階段，第一是開胚，就是把4"方的鋼錠軋成2½"方的鋼胚，第二是軋製，是把2½"方的鋼胚重行加熱，再軋成¼"粗的盤元，或是其他尺寸的方元，鋼條，竹節鋼等。

紅熱的鋼錠從爐內出來，便由運送滾拉送到開胚機上，由工人用長鈎子反覆送入軋輥內軋製6次以後成爲圓胚，凡是不整齊的胚端都在剪刀機上切掉，一批鋼錠開胚完畢後便送進小軋道的輥子內繼續將鋼胚軋製成1"的方胚，然後送進二三道車，即中軋機和盤元機裏，這二部機械完全自動，方胚進去後，經過19道軋道之後，便成了盤元，在盤絲機上自動盤成圈狀，由電動循環帶運到廠門口，由工人拖出倉庫。一條盤元有長達1000呎的。

困難之處 以上是該公司從煉鋼到軋製鋼材的一般情形。事實上在上海煉鋼，困難之處甚多。一是燃料問題，該公司一廠月需淮南塊煤約900噸，二廠烘鋼月需約200噸，但因煤斤購貯比較困難且不經濟，該公司一二兩廠旋即全部改裝燃燒重質柴油設備(利用水蒸汽)。

二是原料問題，當地所收購的舊鐵廢料所含硫質竟高至0.4%，現祇能將成本較高、含硫較少(0.05%)的本溪湖及台灣生鐵摻入使用，同時中國油輪公司從伊朗所載來的燃料油含硫亦高(23%)，所以該公司一廠的15噸固定式平爐除提煉磷、矽兩項雜質外，大部份的任務是提硫，但是提硫必須在高溫度時方能實行，硫份多意思就是必須長時間在高溫度，這樣隨便你一等一的耐火矽磚，都沒有辦法經久，唯一的辦法是時常修補，這上面損失的時間很多，現進行另裝一平爐，俾兩爐可以交替開工。一廠現有的一只平爐，本來每天可出三爐，現祇出二爐，最佳成績是出71爐後方始修補。

設備情形

該公司所屬三個廠總共包括了六個煉製單位。第一廠煉鐵，煉鋼，第二廠軋製。第三廠煉鐵，煉鋼和軋製。

第一廠

(1)煉鋼爐　在第一廠使用的一座馬丁式平爐有十五噸的鋼量，是敵日的建築，構造方面經該廠工程師數度的改良，已較原來進步得多，另一座尚在建築中，有五座500立方呎容量的煤氣發生爐供應煤氣，作為平爐的燃料，但是現在為了燃煤供應不够已改用柴油為燃料 去年年底新造了一座300噸容量的油池來裝盛約供一月耗費的燃料油。澆鋼工場裏有一架橫跨48呎的30噸巨型懸樑吊車運輸着一切笨重的物件並負担着出鋼的任務。馬丁爐爐身面積雖只300平方呎，但牠的附屬機器設備、烟道、蓄熱室、鎂石窰、鎔爐間、煤氣廠等，放鋼場所佔的面積竟達30,000平方呎。煉鋼要靠化驗來確定成份和加料的數量。這裏有一座設備完全的化驗室由好幾位化驗員不分日夜的輪班化驗，大約一爐鋼需要化驗8次或以上。

(2)煉鐵爐　一廠的鼓風式煉鐵爐也是日人所建造，但是為了不合理，所以趁着把它從浦東拆移到吳淞的機會大大的改造了一番，這次拆遷的工程相當巨大，超出預計的時間和經費幾倍以上，到現在除了冷却設備以外全部都已完工，化鐵爐每日出鐵量是20噸，如果用廢鐵作原料可達25噸的產量。它擁有四座熱面積達9000平方呎的熱風爐，利用兩座150匹馬力每分鐘可打風4200立方呎的電動鼓風機來打風；一座40匹馬力60呎高的捲揚機來上料，至於冷却用水，大概每天24小時的需用量二千四百噸，這巨大的數量無法直接從當地的河浜和自流井中取得，所以現在正建造一座水閘和一個3000噸容量的蓄水池來解決這個問題。

第二廠

二廠有一套最新式的軋鋼設備，當中除一小部份需要人力以外全都是自動式的機

(9)二廠之烘鋼爐，前方所突出者為將鋼錠自側面推送入爐之設備。

(10)二廠之開胚機，鋼錠在中，下兩輥之孔道內軋過，再從上中兩輥之孔道內回去；是爲三輥式輾軋機。

(11)二廠之盤元機，鋼條從右方後面經軋機出來，經過人像前之半圓形導路，回入軋機，再從左方後面之半圓形導路回出軋機，由左前之管子導路內出去。

(12)二廠所製造之盤元，爲製造洋釘、鐵絲、普通所常用之鋼料。

械，廠房的一端進鋼，另一端出的便是盤元，除了東北，國內可算獨步。廠內共有三組軋鋼機，可以將4″的鋼錠軋成$\frac{1}{4}$″的盤元。

軋鋼機是 Sueco 廠的出品。

(1)開坯及粗軋機 3 輥 2 座　300匹馬力

(2)中軋機　2 輥12座　600匹馬力

(3)粗軋機　2 輥18座　800匹馬力

三組機械之間都有自動的運送裝置，非常迅速，現在每日的盤元生產量已經超過敵日時的標準而達每日40噸之多。

(2)烘鋼爐——大型連續式烘鋼爐面積 14′×32′有10 噸的烘鋼量，鋼錠的推進和推出都有自動的機械來處理。

第三廠

這廠的規模最大，假使全部設備完全加以應用的話，可以從鐵礦造成鋼材，自造機件配件，它擁有煉鐵，煉鋼，軋鋼，翻砂，洗煤，煉焦，機器七個單位，機件設備等大部份是德國的出品，雖然式樣比較陳舊一點，但是爲了先天性的優良還是大有可爲之處。

煉鋼爐——有兩座，是民國八年德人設計建造，出鋼量每座是10噸，兩座爐子是輪流使用的，現在因爲鐵礦進口困難所以只應用一只，開工時爐身雖然完好，但是日人投降時，有意的將銹鋼不放，凝結在爐內，使廠裏費了二個月的時間鑿去凍鋼重修後才能煉製，四座德式煤氣爐燃着熊熊的火，來供給煤氣，每天要耗用20噸的大同烟煤，現在爲了使燃料的供給不致中斷起見，正在趕裝一套燃油設備，以備必要時以油代煤，澆鋼場備有跨徑68呎20噸載重的懸樑吊車。

這裏同樣有着完整的化驗室，除了化驗以外，他們還秉承着總工程師的意旨，作着研究的工作。

煉鐵爐——三廠有15 噸和 10 噸的煉鐵爐兩座，15噸一座相當好，有四個熱風爐和一廠的差不多。它的鼓風設備不用電動而用德國製的汽機來轉動，這種式樣比較老式，但是由於機械方面的優良，工作的成績還是十分滿意。

開爐時大約每日出鐵6次到8次，非常迅速。這裏靠着浦江邊，用水十分的便利，條件比第一廠好得多。

軋鋼機——第三廠原是和興鋼鐵廠。戰前竹節鋼的出名，聞名於世，第一次世界大戰時，美國等曾來大批定購。由此可見軋鋼和煉鋼方面設備的優良，雖然現在因爲電源問題尚未解决不能開始軋製，但是設備方面已完全整理就緒。

(A)(1)開坯機——20″對徑3輥—2座　德國製

(2)中軋及完成機——15″對徑3輥—8座德國製。

(3)盤元機——11″對徑2輥—12座日本製。

每日的生產量是60噸。馬力總共有2600匹。

(B)烘鋼爐——連續式的烘鋼爐，面積6′×30′，鋼錠的進出有十五匹馬力的推鋼機處理。

洗煤機—— 三廠裏有一套完整的洗煤設備，是配合化鐵爐所需焦炭而建立的，它附有自動的循環帶式的升煤機和運煤高架鐵道車直送到煉焦爐，煉焦爐是日人建立的，設計不佳，煉製不十分成功，所以一直沒有使用，現在已經拆除了。

洗煤機是Plunger Jig type 每日洗煤量約20噸。

12501

美麗的夢想！現實？

從泥土中提鍊鋁

·霄　雲·

↑　右面的小砧是用泥土中提鍊出來的純鋁製成的，砧後瓶內貯藏的氧化鋁 Al_2O_3 是用本文所介紹的霍夫門方法最後階段的熔爐內取得的。右面燒杯內是濃鹽酸，中間的一塊泥土是從泥土中分析出來的二氧化矽。

許多人都認爲從普通的泥土中取鋁僅是一個美麗的夢幻，因爲這是需要極大的力量才能使鋁提鍊而出，且德國化學家從前也苦幹了多年結果歸於失敗。因此有些人便作了這樣的一個結論：沒有一個人能從黏土中提取鋁！

只要稍具常識的人便曉得，在我們足下正蘊藏着不可勝數的又堅韌又美麗的輕金屬——鋁。不過牠的表面呈着一種又黑又髒的形狀——黏土，大多數的化學家都認爲這種未開墾的寶藏只能永遠地永遠地逗留在地下。

但天下的事决不會這般簡單，一位頑固而卓越的化學家霍夫門博士（Dr. James I. Hoffman）却不願屈服在這一種結論下。當他見到在戰爭正激烈的日子中，不少從海外運來的鐵礬土（唯一實用的鋁鑛）老是葬身海底，他便奮身想解决這一個困難。

他是一個分析化學家，對於處理金屬的溶解，沉澱和分離等過程總是最熟悉的。他知道鋁在試

↑　這種給陶瓷工人剔除下來黃白色的泥土，就是煉鋁的原料。

管中是很容易處理，所以他便對自己說：『我們爲何不把實驗室中的方法搬到工廠中去作一種大規模的生產？』所以他便開始了自己的工作。

不少追隨霍夫門博士的化學家都抱怨這種徒勞無功的工作，但依從了幾位志同道合者合作的結果，一個嘗試性的小工廠便在匆忙中誕生了——一間蒸汽車間是他們的廠房，而這汽車間一度也曾做過馬廄！沉澱下來的氫化物經燃燒而成的氧化鋁，還得從這個不三不四的馬廄中直升到乾草棚的尖頂上！

與其說這些化學家建立了這些設備，倒不如說他們堆積了這種舊東西更爲適當，很幸運的，他們不知在什麼地方覓到了一只被人遺棄了的汽鍋，慢慢地在他們的神工鬼斧下妙手回了春，其他東西當然也一樣……這個工廠漸漸地像了樣！

這些奇特的化學家幾乎可用每一種黏土作他們的原料，這也許是飢不擇食吧，不過，在現在他們已經拒絕收容那種還不足以製瓷磚的粗黏土了。牠的顏色從白到淡黃都有，至於有黃色斑點的黏土，那其中一定有鐵質。

鐵質對這個製鋁的程序可說是最可惱的絆脚石，在這一個步驟中，每一種雜質都必須仔細地除去。而要除去紅黏土中的鐵質實在是一樁使化學家深覺頭痛的事！

霍夫門博士因自己的設備還太簡陋，所以不大高興採用紅黏土，所以他倒並不曾受到鐵質太大的威脅。他所需要的鋁化合物可從溶液中取出，而其他的雜質則可從濾汁器中壓出。

從前的化學家們都爲了鋁與氧的結合力極大，極難使牠們分離，所以他們都以爲沒有人能達到這個目的，即使能够，那種設備費一定也會大得駭人，至少也一定會得不償失——出售的鋁價還不足以補償成本！

霍夫門博士採用鹽酸提鍊鋁，而也有其他的

初步的加熱可使泥土中的礬土和二氧化矽鬆開，而造成氯化鋁。圖示這種加熱的工作。

化學家用不同的方法從鐵礬土中鍊鋁。如有人用硫酸或硫酸鹽處理，也有人用鹼性來處理的，這便是拜爾法(Bayer Process)。

拜爾法用的鹼是石灰或苛性鹼，先把黏土與這種鹼共熱，一直熱到發紅爲止。使可溶性的鋁化物首先洗滤而出，這方法現在已由礦務部的康諾萊博士 (Dr. Connolly) 及威爾斯博士 (Dr. Wells)等加以完成了。

在地理上鄰近如有大量的黏土和石灰成適當的比率產出的話，那眞是一件最值得高興的事，因爲這樣可省下一宗很大的運輸費。所以阿納康達銅公司(Anaconda Copper Co.)在開始時採用鹽酸法，却以拜耳法告終。

把烘過的泥土溶在濃鹽酸中後二氧化矽可用過濾器和氯化鋁分離。如用鹼化法，矽質往往不能完全分離。圖中所示的雷夫門酸性過濾法，就沒有這種弊病。

在硫酸法中，有一個是在 TVA 的威爾遜閘(Wilson Dam)進行工作；另有一種新式的卡路那脫法(Kalinite Process)是從明礬石製鋁，又有一種更以硫酸銨鍊鋁的。

當然，這些化學家對自己的成功都感到無上的欣慰和驕傲，他們已完成了人家所認爲不可能的事情，不過這些方法在商業上還沒有多大效用，雷夫門博士這樣說：『這些提鋁的方法在將來大量生產的鋁工業上是一個最鞏固的保險！』

雷夫門鹽酸法的優點是在牠能產生出純粹的礬土，這種礬土直接便可採用電解法還原的，牠可擺脫泥土中一半的矽質，這個方法以前在理論上大家都以爲是不可能的，許多冶金家都因而放棄了從黏土製純鋁的夢幻！

但雷夫門博士的助手們却很懷疑這種結論，他們先把黏土加熱到華氏一千三百度，這在工業上是一種很緩和的溫度，這些熱量雖不足以使黏土烘成磚瓦，但已足够打破鋁和矽的結合，這樣矽便從黏土中成了白砂(二氧化矽)脫離母體而出。

經過了初次的烘燒，土黏便用鹽酸溶解，並用眞濾法除去矽質，經過這一步處理，每一種雜質都可被分離而遺留在溶液中。

雷夫門博士最大的成功是在他知道採用氯化氫通入那種過濾過的溶液中，那麼只有鋁才會成

鹽酸溶液從壓力濾器中打上水箱，從那裏有很多的氯化氫泡泡升上來，使純粹的氯化鋁沉澱出來。這裏有一位專家在測定因這種反應而增加的溫度。

霍夫門博士在實驗室中研究煉鋁的方法，他正在用儀器表示氣體氟化氫可使氟化鋁沉澱出來。

在最後把氟化鋁燃燒覺的氧化鋁細末，這種細末用電解法來製鋁，結果非常圓滿。

功又白又細的沉澱而出。而且還有意外的收穫，當這種化學反應完成時，牠會放出大量的熱能，便也可省下一筆燃料的支出。

這時，那些自作聰明的蠢貨又大放厥詞：『這那有成功的希望？這些結晶要從沉澱器中濾出，而那時强酸氣又須從溶液中噴出，要不把噴筒侵蝕成碎片那才是怪事！』

霍夫門博士知道自己要面臨一個又怪誕又頑固的防腐問題須待自己去解決，他明瞭德國人所以失敗完全是因爲採用了金屬缸的緣故，所以他便使用了可塑體及玻璃作器械向那激烈的氟化氫挑戰，同時他也可從玻璃器械外觀察一切步驟是否順利地進行。

這些猛烈的氟化氫雖受了玻璃器械的阻撓，但轉向化學家的衣服作爲報仇的目標，任何用棉布製成的東西都變成了襤褸的破布條，甚至於連門窗的布索也必須用綜合而成的化合物去粉刷。

在實驗室中化學家們穿上了很燦爛但又怪誕的塑料衣服，他們得將自己的衣服深藏在厚櫃中，而換上這種不倫不類的東西。他們雖然穿得像乞丐，但尖銳的目光總深刻地注意到每一步驟上。

在化學步驟中最重要的往往是怎樣可節省電力和廢物利用以減輕成本，在最近霍夫門法製鋁的價格普通約爲市價的二倍，他們都在設法將逸出的氟化氫重複使用，並收回溶液中其他的金屬，像鉀，鐵等，這也可減少一些成本。

由於這種提鋁方法的成功，我們可預料在不久的將來價廉物美的鋁一定可大量地供應人類的使用。(根據 H.M. Davis 所作)

12504

保險粉之製造

吳興生

保險粉一物，對一般讀者，其印像恐較生疏，但對工業原料商及染印精家，則必甚感興趣。保險粉之化學名詞爲低亞硫酸鈉Sodium Hydrosulfite，方程式爲$Na_2S_2O_4(H_2O)$，商品上則僅稱Hydrosulfite或Blankit。又有命名曰Dekrolin及Rongalit者，其性質及用處與保險粉同，可謂自保險粉之衍生品。此種物品，在印染藥品中，爲極重要之還元助劑。陰丹士林印染術中用之，靛青之還元亦須用之。在今日言，上海之一般工商學者，鑑于硫化元染料工業之發達，于是推及我國最廣用之靛青染料，將如何製造，又念及陰丹士林藍爲最美麗最堅牢之染料，又將如何製造之。但助者均以其原料得之非易，製造技術又非硫化元之簡易，事難着手。友人間遂有詢及此兩藍色染料之不可或缺之還元助劑保險粉。一則其來源日枯，價格飛漲，有利可圖；一則國貨尙無製造，競爭者少，而原料尙非絕無辦法，因將德國Ludwigshafen (I.G.)製造大概介紹如後：

低亞硫酸鋅之製造

在製造保險粉之前，需準備低亞硫酸鋅(Zinc Hydrosulphite)此物係由鋅粉與SO_2製造之。將其溶液濾清，加酒精使沉澱，而續行鹽析以出。以此混合物靜置逾時，將水與酒精溶液抽出後即成。

先以鋅粉(因須粒子甚小，故用Blue Powder爲之)用風打入存鋅箱K上裝去塵器，下通螺旋轉運管H，運送至作用槽L中。螺旋轉運管備有馬達一具J，其速度可以隨時更變。水之注入自E，SO_2自M。混和物須經過管狀冷却器A，其迴轉藉幫浦I以流動之。此三者之加入而作用，須使鋅粉稍有過剩。溫度在35—40°C以下。樣品在G處取出檢驗，以定SO_2與鋅粉之流動比律而節制之。

機具用鎳鉻鋼製成，以Buna橡皮襯墊。在二十四小時內可出十噸。

低亞硫酸鈉之製造(圖二)

低亞硫酸鋅溶液集於1000介侖容器內(襯有Buna)，旁置一槽，內放適量之苛性鈉溶液。兩液同時注入另一較大之沉澱槽中，同時攪拌，惟鹼液須稍多用，(以Brom thymol爲指示劑)溫度在35°C以下，冷却可用冷却槽。

懸濁之氫氧化鋅在低亞硫酸鈉溶液中，打入可以洗滌之過濾器內，其濾滓用冷水洗之，但濾液濃度不可小於18—20° Be'。微量之鐵與鋅用Na_2S溶液沉澱，經Scheibler濾機過濾。

此時之溶液，約有5000介侖，放入另一較大之不銹鋼器中，攪拌之，先加半量(2500介侖)之酒精，再加適量之精鹽，逾時，沉澱完全，結晶之低

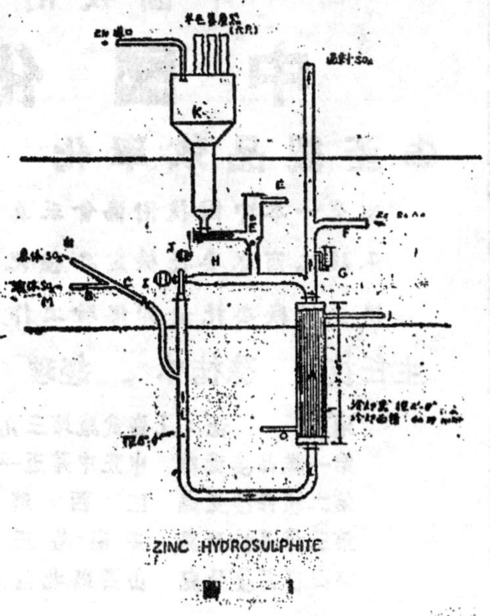

圖 1

12505

亞硫酸鈉下沉。食鹽與酒精液用虹吸法注入酒精回復器中。

結晶物，入 Nutsch 濾器中，冲以蒸汽，溫度升高至 60°C，結晶水乃除去之。再用酒精洗滌一次，翻入眞空乾燥器中，內有攪拌機，外有夾層加熱，在100°C 烘乾之。此器之大小，約爲十呎直徑，亦用不銹鋼製造之。

乾燥後，集幾次之產物入旋轉式混和機打和裝箱。產量約爲 70—75%

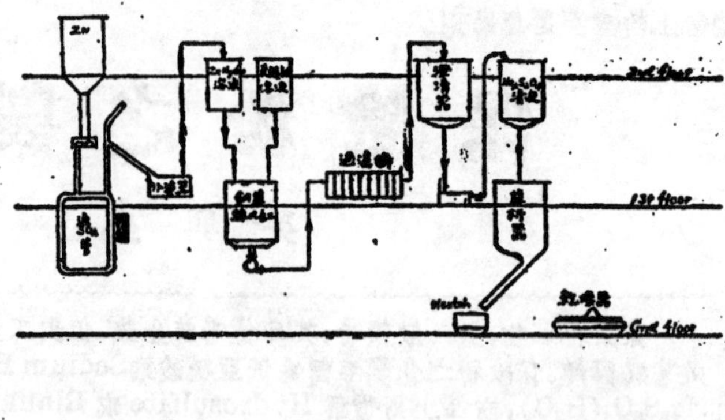

圖 2

次硫酸物之製造化學作用如下：

(1) $ZnS_2O_4+2HCHO \rightarrow CH_2OHSO_3\frac{Zn}{2}+\ CH_2OHSO_2\frac{Zn}{2}$

(2) $CH_2OH\cdot SO_3\frac{Zn}{2}+\frac{Zn}{2} \rightarrow CH_2OHSO_2Zn$ (Dekrolin)

(3) $CH_2OHSO_2Zn+NaOH \rightarrow NaHSO_2CHO$ (Rongalit) $+Zn(OH)_2$

在一夾層釜中，入 700 Kg Formalin (8%) 攪拌之，注入低亞硫酸鋅 1300 磅，溫度升至 50—60°C時，300Kg 之鋅粉加入之。用蒸汽使內溶物煮沸之。

如欲製造 Dekrolin 時，則過濾之，以不溶解之 Dekrolin在眞空中烘乾。如欲製造 Rongalit 則迺加苛性鈉，使鋅成氫氧化物，而用旋轉式眞空濾器 (Groeppal) 過濾。濾液澄清，用不銹鋼在眞空中濃縮成漿狀，再注入淺邊鋁盤冷却之。粉碎裝筒即成商品。

農業機械介紹之三

打　穀　機

·史　炳·

原始打穀用具爲皮帶聯接一短棍於長桿之連枷(Flail)(圖38)。工作者手持連枷，揮動之即可重擊稻桿，使穀粒脫萃。穀粒之清理多賴風力。美人Thomas曾估計壯男用此連枷每日可打小麥(wheat)7斗，燕麥(Oats)18斗大麥(Barley)15斗黑麥(rye)8斗或蕎麥(Buck wheat)20斗。

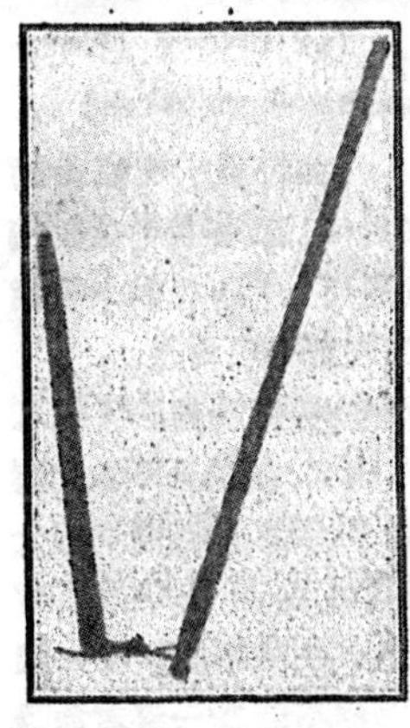

圖　38

用獸力踐踏或牽引滾壓重物仍沿用於落後之鄉村社會中。我國雲貴二省農民即習用此法。

蘇格蘭人Michael Menzies於1750年創利用水力以轉動裝多件連枷之打穀機，其後英人Atkinson則設計附有小齒之轉動圓筒打穀機，實爲近代打穀機之孵體。

美國近代所用之打穀機則係脫胎於1837 Pitts兄弟。

新式打穀機其所負使命爲(1)適宜供應稻萃(2)完成打落穀粒(3)分離稻草與穀粒(4)收集穀粒清除草屑(5)衡量收成品及(6)拋擲稻草。欲達成此等任務，俱設有專責機構。是以本機內部構造相當巧妙繁複，用特分別介紹如后：

(1)供稻部(Feeding mechanism)

本機右端有一可反摺之梯形載稻床，(圖39)。全機搬運時此部可反摺以利牽引。使用時，則向前拉直作一定斜度，並以細鐵條插入接上，防其轉動。另有轉鏈環繞床之兩面。經收割打紮後之稻束堆置其上，即被徐徐帶入機體。

梯頂上方有刀數列(圖40B)，或作前後往複運動，或作圓轉運動。其目的在割斷捆紮稻萃之繩索。然後經上下進稻桿(C)而至脫拉器。上下進稻桿俱作往復運動，以便稻萃均勻分佈於脫粒圓筒(D)入口處。下進稻桿之位置須調節適度，約與水平面成45度角，則稻萃能均勻進入脫粒圓筒。如桿

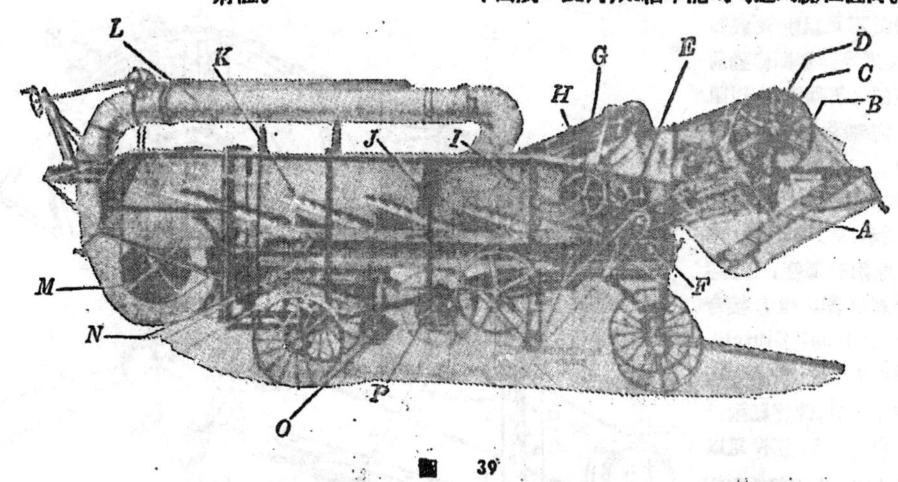

圖　39

A.載稻梯　B.割束刀　C.容量調節器　D.速度調節器
E.脫拉圓筒　F.半圓槽　G.打壓器　H.回稻升梯
I.欄板　J.遮幕　K.運稻桿　L.出草管
M.吹草風扇　N.回稻鑽梯　O.出稻口　P.清稻風扇

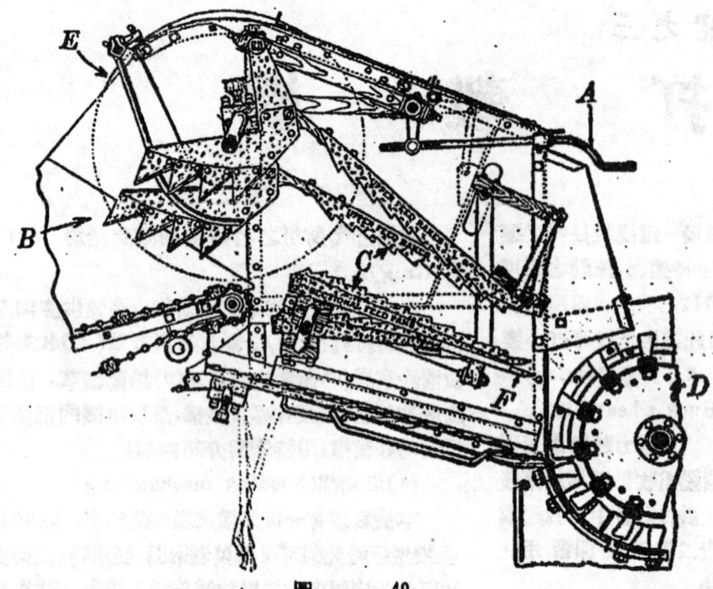

圖 40

太底，則進稻太多，反之則稻桿越圓筒頂面而滑走矣。另有進稻後阻器(F)置於下進稻桿前端。稻萃經此處時無形多一阻障，以減低進稻速度。

脫粒圓筒藉圓筒之快速轉動將稻粒拉下。如速度不够，則打稻效應大減。故普通大型打穀機其供稻部常有速度及稻萃容量調節器 (Speed governor, and straw-volume governor)。圓筒轉速常因供稻太多而減慢。如慢至不足以脫落穀粒時，速度調節器即自動將供應部之運動停止，以阻止任何稻萃再進入脫粒圓筒。

速度調節器如（圖41A）所示，有二球狀物。球形曲柄附有彈簧，一端連接於調節器之阻力接合器(Frictional Clutch)。當速度太低時，離心力不够使球分離，彈簧鬆弛。使接合器之阻力不足以轉動中軸，僅滑輪A空轉而已。中軸一端附有鏈輪，有鏈以傳動供稻部各機構。如中軸不隨滑輪旋轉，則各供稻部之運動皆告停止。故可自動調節供應速度。

數量調節器之作用與速度調節器稍不同。前者係控制供稻梯之運動。當稻萃過多時，挺起搖桿E（見圖3）再經阻力制動器以停止供應梯之運動。但上下進稻桿仍繼續工作，將已運入之稻萃分配於脫粒圓筒入口處。

(2)打稻部 (Threshing Apparatus)

主件爲一有齒圓筒(圖42)，滾轉於半圓槽內(圖43)。半圓槽前端置齒數排，其位置以不障礙圓筒短齒運行爲度。

工作時，供稻部輸入稻萃，圓筒短齒將其拉入半圓槽(圖44)，經齒隙時(圖45)由於上下齒之壓榨與向前運動，可將稻粒脫下。脫粒效應隨齒隙大小而定。間隙過大，脫粒效應減低(圖46A)太小或偏一邊(圖46C)則稻粒易被碎裂或不能通過。適度間隙爲稻粒可自由通過而齒不偏於一邊者如圖

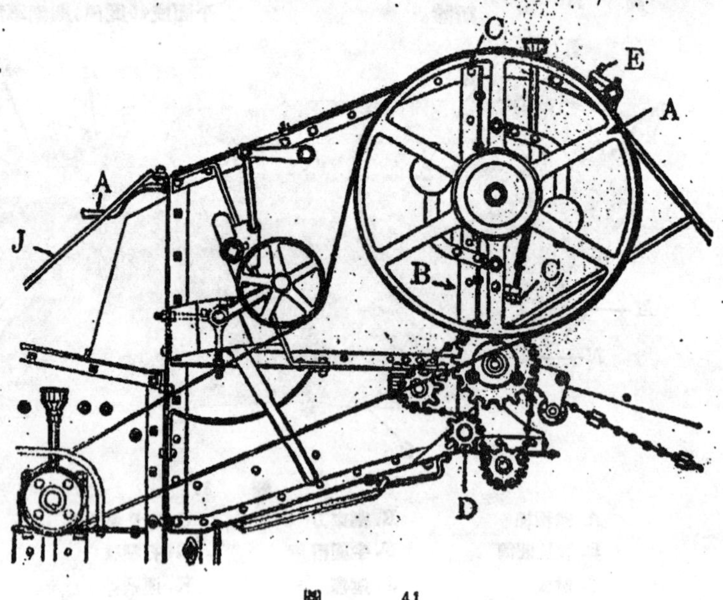

圖 41

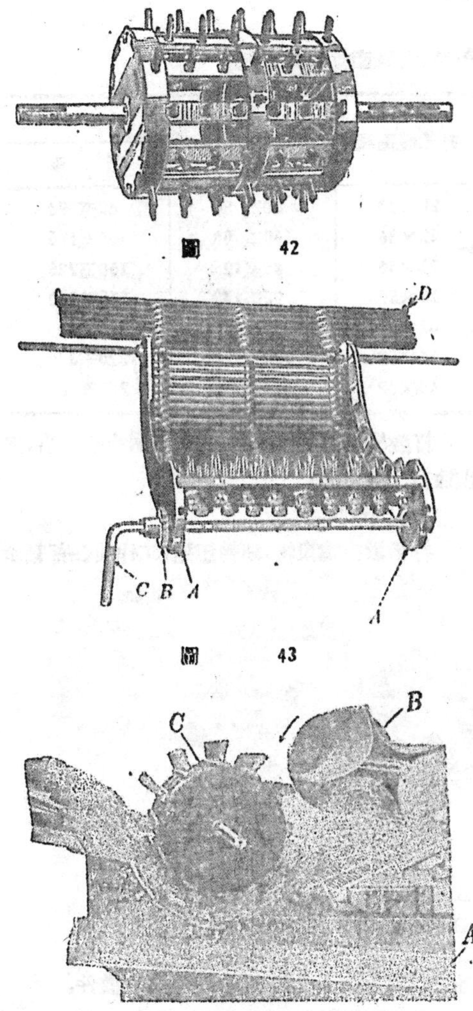

圖 42

圖 43

圖 44

8B。打穀機齒隙約爲5/32英寸。

脫粒作用端賴短齒在齒隙間之衝擊作用。故欲得良好衝擊效應，齒端須達一定速度。凡顆粒愈小，需速愈高。如麥稻等小種子，齒速須達每分鐘6000英尺。如已知圓筒大小，即可求得所需圓筒轉速。普通打稻圓筒多由9至20板條所組成，其轉速約爲每分鐘750轉至1400轉。

圓筒運轉頗快速，所受衝擊力量亦不少。故圓筒軸承需堅牢或用平軸承，或用球軸承，或用滾動軸承俱可。軸承二端不准有左右位移，以免齒隙之偏斜，甚至發生運動障礙。

(3)分離部(Separating Apparatus)

本部之作用在分離稻粒與稻桿，其主要部份爲鐵條格(Grate)打壓器(Beater)運草桿(Straw Racks)檔板(Check Board)遮幕(Curtain)及儲穀器(Grain Pan)等。茲分述如下。

(a)鐵條格：——當稻莖受短齒衝擊離圓筒後，部份穀粒即積儲於圓筒下之儲穀盆內。但仍有大部份穀粒夾雜稻草內，經鐵條格後即可使部份穀粒與草分離。鐵條格常爲間距半英寸之鐵柵（圖44A），或爲長條鐵格（圖43D），裝置於軸槽一端。突升愈高，分離效應愈大。

圖 45

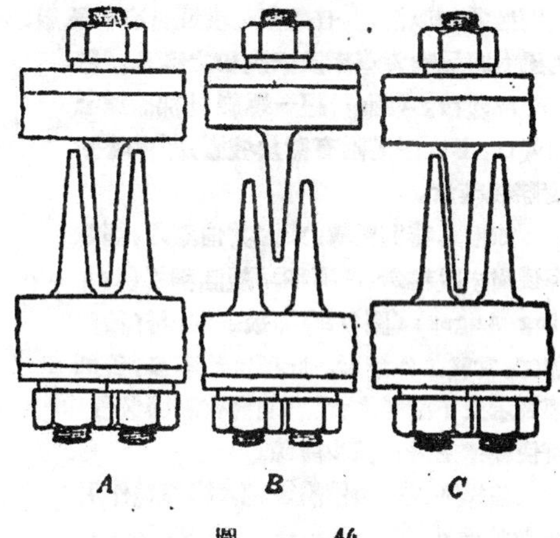

圖 46

(b)打壓器（圖44B）：——本器之作用在打壓稻草，給予一定振動，促使混於草內穀粒分離。減低稻草進行速度及導引稻草至運草桿免再上反，回至圓筒爲其另一作用。

(c)檔板(圖39)：——在打壓器後上方常附有檔板，以阻止穀粒之散逸。

(d)遮幕：——作用爲緩慢稻草進入運草桿之速度。

(e)運草桿：——在鐵條格後有多排運草桿俱向一定方向傾斜。每組桿上有齒口多條，開口方向適與稻草進行方向相反，故可阻止稻草後退。運草桿沿桿傾斜方向作每分鐘200至300次之往復運動。其速度之大小隨穀粒大小及齒桿之傾斜度而定。當稻隨草粒向上擺動時，即發生一定加速度如當穀粒所生之加速度a與重力加速度g相等時，運草桿即向後擺動。在此瞬間，此等穀粒將不隨運草桿向反方向運動，仍懸浮於原來空間。瞬間一過，此等平衡常態即告打破，穀粒即開始下墜而至儲穀器內。故普通設計時使此瞬時加速度Δa儲等或略少於重力加速度g。加速度太大，則穀粒將繼續向上運動，雖運草器已開始向下擺動。結果使穀粒容易散失，或竟跳回草堆中，失却分離意義。

(f)儲穀器：——經打稻器及分離器所得之穀粒俱儲藏於傾斜之儲穀。有道通清潔部以便清理。

(4)清潔部(Cleaning Apparatus)

經分離部傳來之穀粒，多附有草末雜物，故須特別裝置加以清理。普通在全機底部有一風扇，所生風力適足吹走草末及未脫粒之稻草。留下純粹穀粒。(圖47)經一螺旋升梯而運至出穀口。出口處若附有衡量裝置，即可藉知實際收穫量。

如稻莘特別堅韌，或因其他原因，經齒隙後尚未脫粒者，此項稻莘經回稻梯(Tailing Auger)(圖47A)仍被運回至打稻部加工。常態工作情形，此項回流不多，否則即表示上下齒隙太大。普通備有調節裝置，可使輪槽上升以減少齒隙。

稻桿則被運至機體後部，經風扇作用吹散於機外。

打穀機常用打穀圓筒之長度及機體後部分離器之闊度表示大小。如20×36即表示圓筒爲20吋長，分離器爲36吋闊20×36爲小型打穀機重約5000磅需馬力18匹，大型者可至40×62重約10,000磅需馬力60匹。

打穀機之工作效率隨農作物種子大小種類性質，工作機馬力，供應速度，機件設計等條件而有差異。大致產量約如下表。

打穀機種類	每小時產量(斗)	
	小麥	燕麥
20×18	30至50	60至90
22×36	60至90	100至175
28×46	80至125	150至225
28×50	90至140	175至260
32×54	100至150	190至300
36×58	120至175	220至340
40×62	155至210	250至400

打穀機機件既極複雜，使用時需小心從事，尤須注意下列各點：

(a)機件潤滑

打穀機構造複雜，運轉迅速，工作前各部軸承

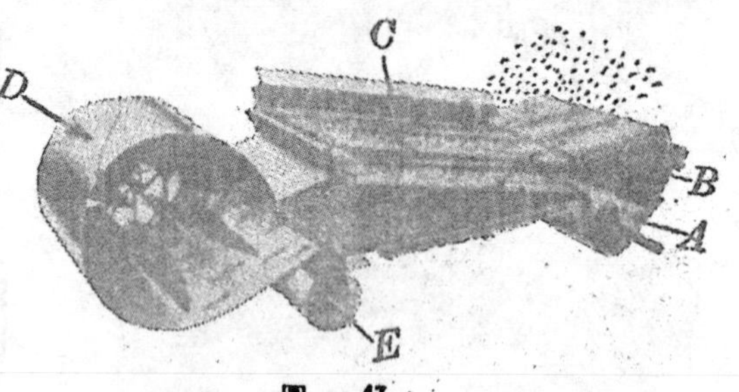

圖 47

A.回稻鑽梯　B.回稻檔板　C.運輸篩
D.清稻風扇　E.運稻鑽梯

油孔俱需加滿適當潤滑油料，以保護機件。

(b)安置機器

工作前需注意機件放置是否水平。橫方向不水平，則穀粒稻桿易堆積篩之一邊，頗難得理想清潔工作。如從方向不水平；如前高後底，倘可工作，前底後高，則稻草運行速度減慢，可能使機內各部機件窒塞。儲穀器之穀粒亦不能向後集中矣。

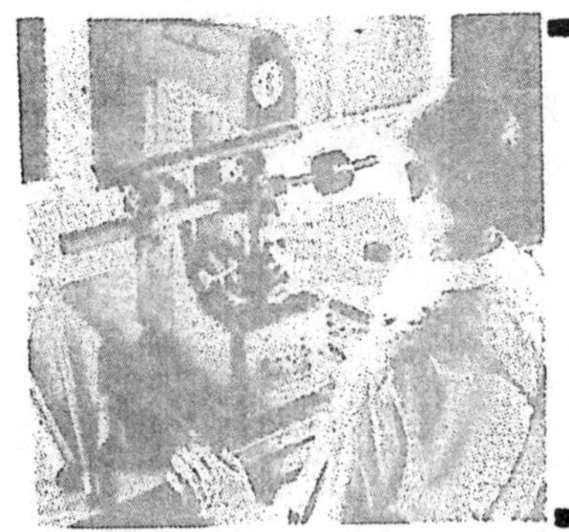

材料的硬度和強度有什麼不同？我們用什麼方法來知道它的硬度呢？

材料的硬度試驗(下)

洛克威爾硬度，沙阿硬度和維克斯硬度等

欣之

在上一期，我們已把材料硬度的意義講得很詳細，同時又介紹了馬氏硬度，銼刀硬度和布利耐爾硬度的試驗方法。以下所介紹的幾種却是在工業上應用得較廣的硬度試驗方法：

洛克威爾硬度試驗

在1908年時，維也納的路得維希教授(Prof. Ludwig)在他所著的一本書『角錐試驗法』(Die Kegelprobe)中曾提出一個所謂差級深淺測定(Differential Depth Measurement)的方法來試驗金屬硬度，這方法是以一個金剛石角錐形的刻痕器，經過二次加重載荷，然後測定其刻痕深淺的增加程度(Increment)即得所求之硬度。差級深淺的測定可以免除種種機械上的誤差，如動隙(Backlash)，接觸表面的不良情況，以及刻痕器及試件表面上各接觸點所引起的種種誤差等，所以這一個方法就比較進步了。

現在可以直接讀出硬度的，洛克威爾硬度計，(圖5)就是根據這一個原理。這一種硬度計是用很

圖 4

圖 5

精密的槓桿和重量所構造成的，它能自動測出一標準刻痕器於一定載荷（最小10公斤，最大可至60,100或150公斤）之下在金屬上所刻的直線深淺距離，如圖4所示。

刻痕器——洛克威爾硬度計所用的標準刻痕器通常有二種，因此，在表示硬度時，亦要用二種標準尺度，一種是1/16吋直徑的硬鋼球，名爲B表尺刻痕器，所表示的就是洛克威爾B（簡寫作R_B）；還有一種是球錐形的金剛石刻痕器，商標是"Brale"，名爲C表尺刻痕器，其所表示的就是洛克威爾C（簡書作R_C）。

洛克威爾B所用的刻痕球是裝在一個特別的軋頭中的，如果需更換，可以在幾秒鐘之內完成。它底工作範圍可以表示自R_B100至R_B0的硬度。

12511

如果有比R_B100還要硬的材料，在試驗時，可能使鋼球壓平，因此不容易得到正確的讀數。同時，因為是球形的關係，就不可能如 Brale 式刻痕器的靈敏，硬度稍為相差一點，就不能表出。因為靈敏性的缺乏，在R_B100以上的硬度，我們還是不要試的好，如果單因為恐怕1/16吋徑球在試驗R_B100以上的材料時要壓平，我們可用較大的鋼球，如$\frac{1}{8}$"或$\frac{1}{4}$"球徑，但是，壓平的影響固然是沒有了，然而由於承受面的增加，靈敏性却格外的減低了。因此R_B只到 100 為止，比R_B100還硬的東西，就要用 Brale 式的金剛石頭子了，應用這種頭子的硬度，就是R_C表尺。再有，如硬度較R_B0軟的，如再用1/16吋徑球，就有將球陷入，試件可能和軋頭相觸的危險，而這樣得到的硬度也是不會正確的。故在試驗較R_B0更軟的東西，如用1/16吋徑球反而因為過度靈敏的關係而得到不正確的度數了。

所謂勒萊爾式的刻痕器是一只球角錐形的金剛石頭子，琢磨極為準確。角錐的度數是120°，有一個球形的端點，精磨至與角錐體相切的程度，相切處的半徑是0.200公厘。這一只頭子很易脆碎，因為其內部應變不可能以普通韌煉方法來減除。所以，我們在取用的時候，需要非常小心。如果頭子上有一塊剝落或割裂的話，那末一定會發生錯誤，需要調換新的頭子才可應用。

勒萊爾刻痕器的有用範圍開始自C20，（相當於B97），至最硬的材料硬度為止。如用勒萊爾刻痕器去試驗較軟C20的材料，那末得不到滿意的數字；這是因為在輕量加上時，小小的球形尖端已透入被試材料內一個相當大的程度，因此刻痕器與試件的

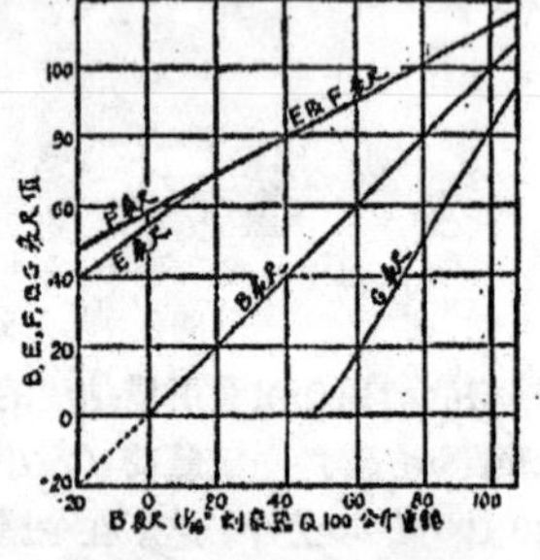

圖6　B表尺的相當硬度

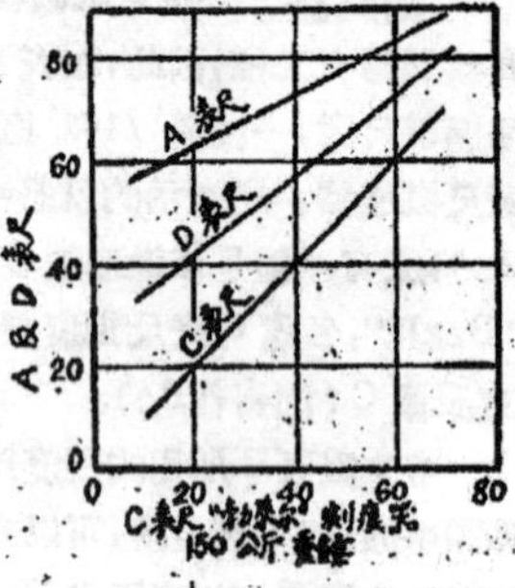

圖7　C表尺相當的硬度

圖8　洛克威爾硬度表尺

接觸速率就不免要定出一種標準了。可是對於硬的材料則無所謂。而較C20軟的材料，則必需要用1/16"吋徑的球才可以不起什麼影響。

除了這二種標準的刻痕器之外，還有較大尺寸的鋼球，可用在更軟的材料上，尤其是試驗有較大石墨顆粒的生鐵，或各種非鐵金屬，只要其金屬的結晶集體比較，標準的刻痕器尖端大的話，勢必要用較大的刻痕器，方可有正確的成績。

洛克威爾硬度表尺——為了使各種不同金屬比較起來有一個正確的硬度標準起見，各種洛克威爾硬度之前一定有一個前置字母，如ABCD等，藉以表示在何種情形之下試驗的。所謂試驗的情形，主要是刻痕器的種類和大重錘的重量。如果沒有前置字母的洛克威爾硬度是沒有意義的，因為同一個數字，由於試驗情形不同，其硬度也是截然不同的。附圖6及7表示各種洛克威爾表尺的相當硬度的比較。

在實際的試驗器上面裝的是一只可以直接讀出度數的硬度表（圖8），在這表上一個圓周分成100個等格，每一格代表洛克威爾度數的一度，也相當於刻痕器垂直移動0.002公厘（mm.）。同時，所標出的數字有B和C二種，二者相差30格，這樣的標度方法是可以避免在較軟的材料上面得到負數的表度，同時在使用1/16吋徑鋼球100公斤大重錘載荷時，如果材料不變形，硬度在此表上恰可得到B100的最高限度。因為B和C這二種表尺顏色不同，B是紅色的，C是黑色的，同時只要注意凡是

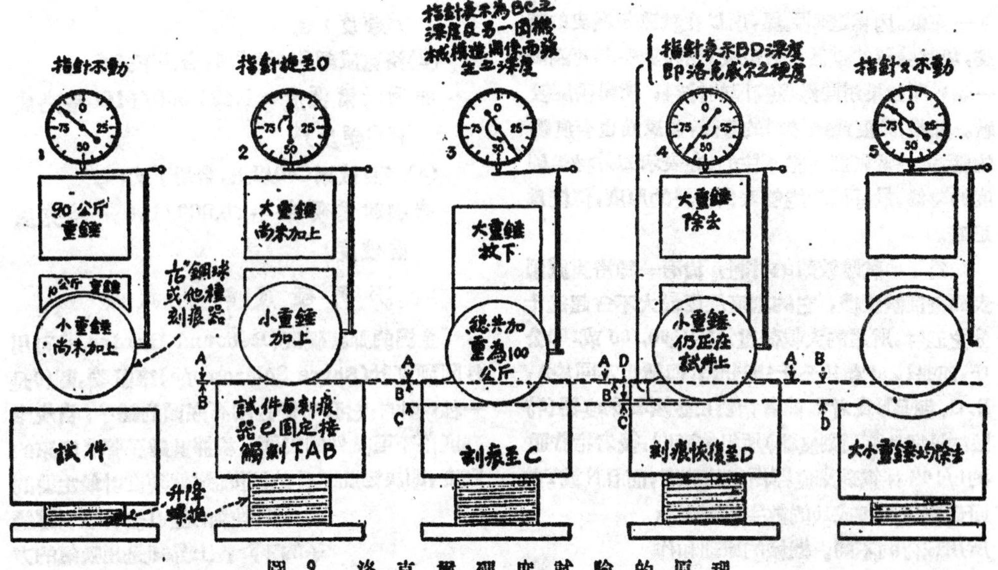

圖 9 洛克爾硬度試驗的原理

用到鋼球總是看B表尺，用到金剛石頭子總是看C表尺，所以，在使用時，絕不會淆混。

這表尺部分是可以校準至0度(或B30)的，指針轉動方向相反，即刻痕愈淺，材料越是硬，而刻痕愈深，材料就愈軟。表尺上面還有一個小指針，是用來指示小重錘載荷是否已適當地加上，如此指針與表面上的一個小點重合，即表示小載荷已恰當加上。

試驗的原理——洛克威爾硬度試驗的基本原理，可自圖9所示看出：圖上所示的鋼球刻痕器已放大了好幾倍，這是為了明顯起見，這裏所要安放上的大重量是100公斤，小重量是10公斤，對於此種刻痕器是規定的標準。

在圖9(1)，工作物恰平整地放在試驗起的砧板上，指針不動，大小重量均未放上。到了(2)，砧板的升降螺旋升起，工作物遂與鋼球接觸，再升起螺旋，待小指針(圖中未示)與圓點重合，此時，小重量就安放在工作物上面。小重量刻入工作物表面的深度是A-B。於是就轉動表尺，使大指針恰與B表尺上的SET處或C表尺上的0度處重合。這時就準備好了(3)的大重量加上去的條件。加上大重量，只要將機紐一按，槓桿作用使大重量(90公斤外加上原來的10公斤)緩緩地放下，這樣一來，壓入工作物表面的深度加上了B－C。在加大重錘的時候，指針向反時針方向轉動，如果是從0(＝100)到40的，表示加上去的深度應該是(100－40)×0.002＝0.120公厘。等到大指針停止，於是即將大重錘除去，仍留下10公斤重量，這時候指針就按正時針方向旋轉，如果停在60上面，這裏面相差的20度是由於材料彈性的復原關係(即D－C)，硬度即可讀作B60，實在就表示刻痕的相反差度B－D；或60×0.002＝0.08公厘的深淺，這不是刻痕的總深度。

在試驗的過程中，第一次的小重錘穩定點(Set Point)和最末次的硬度都是在試驗機相同的應力條件下得到的，即都是10公斤小重錘影響的關係。因此，量出的深淺可以免去因在不同載荷之下而發生的影響，硬度的數字，也就較為正確。

試件表面情形——試件表面須光滑無疵，小的突起點或鱗片等，均須完全清除。一般車製後的表面已合乎試驗的條件，但如需準確，表面應再拋光。如果表面不平，那末，刻痕器的力量和支持情形就有變化，結果的硬度，當然不易準確的。

試件斷面的厚度——硬度計所讀得的數字，不單是在刻痕器一點硬度的關係，就是試件整個的硬度都有影響。如在試驗硬鋼的時候，刻痕器的實在刻入深度大約是0.0027吋，然而，這一個刻痕處以下約十倍深度地方的硬度，對於硬度計的數字，都有影響。所以，如果在這一點之下的材料比較來得柔軟，刻痕一定比較深入，結果得到的數字一定低。因爲這個關係，所以在試驗薄鐵皮的時候，於試驗器的鐵砧比較的硬，所得數字却可能高一點；即如果用同樣但較厚的材料，所得硬度較軟。如果，刻痕透過材料的背後，使反面也有痕跡的話，這一個硬度是靠不住的。在表示薄片材料硬度的時候，最好同時能够表出材料的厚度，似較爲正確。

爲了要試驗較薄的材料，尙有一種洛克威爾表面硬度試驗機，它的刻痕深度最大不會超過千分之五吋，所用的大載荷重量不是60,100或150公斤，而是15,30和45公斤；因此，其標稱也不同於A，B，C，倒是N或者T，前者指使用金剛石刻痕器（特製的N型勃萊爾刻痕器）所得的硬度，後者指普通的1/16″徑鋼珠刻痕器所得的硬度，而且N或T前面尙有15或30或45的數字，來表示所用載荷的不同。機械的原理和作用很和普通機械相似，可是，對於薄片材料或是硬度表面的材料，就非常的適合了。

對於圓柱形的材料還有需要校正的地方，如普通的洋元直徑在⅛″以上可以不必表出校準因數，但是在⅛″以下，就需要用校正因數來獲得正確的洛克威爾硬度了。最好的辦法是將所試驗洋元的直徑一併表出。如果在圓柱的曲面上銼平一小塊作爲試驗刻痕的應用，那末，可以無需校準因數。

試驗機的標準測定—— 洛克威爾試驗機爲了要避免可能發生的誤差起見，必須用標準硬度塊來測定。這種硬度塊是鋼或銅製成的方塊，先經母機測定，以後各架試驗機經常就由這種硬度塊來校正其是否準確。普通的硬度塊有四個，硬度不一，大約是C57～58，C30～31，B84～83及B35～34四種。

布利耐爾硬度和洛克威爾硬度的關係——這二種硬度彼此之間可以換算，其公式係美國標準局的彼得朗哥（Petranko）研究出來的，誤差在±10%之內：

(1)洛克威爾B35至B100，合用下式：

布利耐爾硬度＝7300/(130－洛克威爾B硬度)

(2)洛克威爾C20至C40，合用下式：

布利耐爾硬度＝1,420,000/(100洛克威爾C硬度)²

(3)洛克威爾C40以上，合用下式：

布利耐爾硬度＝25,000/100－洛克威爾硬度)

沙阿硬度計的試驗

金屬的彈跳硬度(Rebound Hardness)可用沙阿硬度計(Shore Scleroscope)來試驗。圖10是一種C型的，它有一個金剛石嵌頭的錘子，自規定高度落下至試件的表面，根據此錘子彈跳回來的高度，即決定此試件的硬度。這個硬度計最主要的是一根準確的垂直玻管以引導錘子的下降，上昇却是用吸氣的方法來完成的，等到吸至一定位置，就有一只掣桿勾住，若要放下錘子，只消把附屬的橡皮球一捏，就可使掣桿放鬆，錘子下墜。玻管中刻的是硬度，錘子的上部是指標。儀器的照明設備，可使指標的數字明顯地讀出來，又爲了幫助觀察起見，玻管之前尙有移動式放大鏡，可獲得準確的硬度數字。

圖 10

硬度計的錘子，是一端略成錐形的圓柱金屬塞子，重約40克。尖端嵌有精確磨琢過的金剛石，可免去在打擊試件時候的變形。錘子的種類有好幾種，不同錘子對於同樣材料的跳躍程度并不一致，看材料軟硬不同，可採用適當的錘子。標準的錘子對於軟的材料，跳起的高度甚低，可使用較大尖端面積的錘子。

玻璃管和罩子可以同時上下移動，這樣使試件可以適當地夾持在玻管末端和砧子之間。同時，玻管旁邊還有垂直重錘，藉以校正玻管的正直與否。務使錘子在玻管中可以自由落下，不與管子表面接觸爲度。

在試驗的時候，也許有一個困難，就是不知道錘子可能彈跳回來的高度大約在什麼地方，所以，在沒有做正式試驗之前，在試件上可以先作一二次的試驗以確定其大概高度，然後，把放大鏡和指針夾持在相當地位，以觀察較正確的硬度。不過，要注意的是金剛石頭子切勿在同一個刻痕點撞擊，否則，硬度可能不準，同時，頭子也有損壞的可能。

新式的D型硬度計，因爲有自動指標的緣故，就比較C型爲優。C型和D型的原理相同，但構造方面略有分別，如D型所用錘子較重，下墜高度也較低，而自動指標可以直接記錄材料的跳彈硬度。同時，這二種硬度計都可以從座子上拆除下來作爲輕便的儀器，只要在使用時注意儀器本身與試件的水平面垂直即可。

試驗的原理——沙阿硬度計的表尺是根據實際試驗一標準硬鋼後所得的最高高度并把此高度分成一百等分而製成的。在100度以上的度數仍按照同樣的分格距離加上去，以便試驗更硬的鋼，或別種硬而脆的材料，如水晶玻璃等，這種材料，布利耐爾硬度計是無法試驗的。

當沙阿硬度計的錘子擊一硬鋼試件的時候，發生一種約超過每平方吋470噸的瞬刻壓力，結果材料的表面發生了一個永久的刻痕，相當於材料的永久變形(Permanent Set)，其深度與大小與金剛石尖頭的形狀相似，不過，因爲形狀極小的關係，對於材料的光滑表面不致有所損傷。硬度計所讀得的度數，實際上是錘子的敲擊能(Striking Energy)與刻痕深度之比。惟在絕對硬的材料上，即毫無刻痕的情形時，所得的硬度只是一個近似值。在大多數的情形之下，錘子下墜時一部分的動能是消耗在刻痕的造成；材料愈軟，能力消耗愈大，因此，剩餘下來能力也愈少，跳回的高度自然較低了。例如，在試驗硬鋼的時候，錘子的能力約有20%是消耗在產生刻痕上，可有80%的能力作爲彈跳，所以跳回來的高度較高。然而，對於較軟的鉛，却有98%的能力消耗在刻痕的產生，跳回來的能力只有2%，所以高度較低了。此外，試件的質量對於錘的彈跳也有影響，可是，只要用適當的夾持方法，即使是輕的試件(即較薄的材料)，也可以抵償因質量而引起的誤差。材料夾持得適合與否，只要聽錘子落下時的聲音，就可以辨別，如果夾持得好，聲音恰像錘子直接落在鉆子上一樣；然而如果夾持得不平的話，聲音就比較尖銳，結果彈跳回來的高度就要減少，因爲一部分的能力已經給有彈性的試件吸收了去；所以，我們如果要獲得正確的硬度，遇到這種情形時，應該重新夾持後再做幾次試驗。

試件的表面情形——一般說來，在沙阿硬度計上試驗硬度的試件表面，應比較布利耐爾或洛克威爾試驗的試件還要來得光滑無疵。粗糙的表面，得不到一致的硬度，有時所得的數字，可能比實在硬度小。

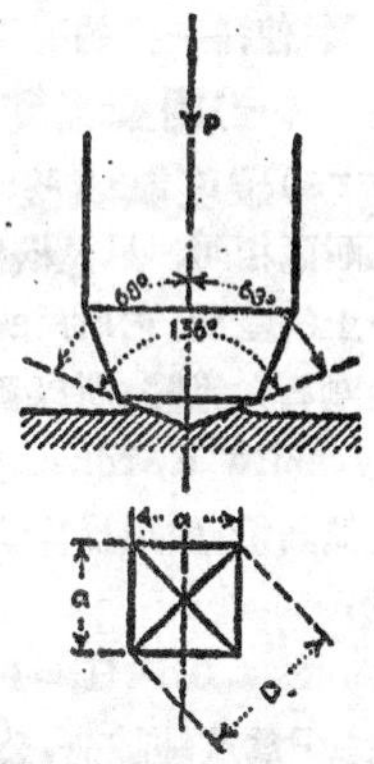

較軟的金屬，可用二號或三號銼刀銼成適當的試件表面。如果已經淬硬的金屬，那末最好用中號粗細的砂布拋磨試驗的平面，不過要注意溫度拋磨時不可以過高，以免表面退火。

圖 11

金屬的減碳表面(Decarburized Surface)應當用琢磨的方法除去這一層表面，那末可以獲得金屬的正確硬度，除非要試驗的就是減碳表面這一層的硬度。還有，如果要試驗含有巨大的結晶體，如生鐵或別種非鐵合金的硬度時，應該在表面的不同地方各各做幾次試驗，俾便取得平均數字，作爲該金屬的正確硬度。

試件的最小厚度——試驗薄片金屬的時候，必須要將試件夾持得完全貼合在砧面上，并且使試件與砧面之間并無污物或碎屑。經過淬硬的鋼片，例如保安刀片，最低限度的試件厚度應在0.005″～0.006″之間，而經過回火的鋼片，則需在0.01″厚度以上方可試驗，冷輾而并未回火的黃銅及鋼的試件最低厚度是0.016″。過薄的試件，可以把它們堆積成較厚的東西後，再來試驗。不過最要緊的是試件必需平直并且夾緊在一起。圓形的試件，只要曲面并不太小，試得硬度不致有什麼錯誤，可是凹形的凹面，由於不適當的支架或不足够的質量，可能造成較低的數字，這是要留意的，如果能用適當的夾持工具，這種誤差就可減除。

試驗機的標準檢定——如果金剛石頭子落下時，不慎落在同一個已試過的凹痕上，可能造成破裂頭子的現象，硬度當然要不準確。所以沙阿硬度計也需要時時檢定。檢定方法可用足够量的標準硬度塊，其硬度爲100的最好，如果發現試驗機在試驗這一個標準塊的硬度時，並不恰等於100，這架機的硬度就並不準確，當需要重新校準了。

其他各種硬度試驗法

以上所敍述的硬度試驗法，是足以代表各種不同性質的硬度檢驗。其他各種方法，當與此大同小異，值得一提的有下面幾種：

(一)阿姆斯勒維克斯 (Amsler-Vickers)硬度試驗法——這方法，原則上完全與布利耐爾相同，只是機械構造上和刻痕器及重量大小上的區別。它所用的刻痕器是只頂角作136°的金剛石角錐體，所以硬度簡稱爲DPH (Diamond Pyramid Hardness)，刻痕所成的面積是角錐體的側面積，如果換算成刻痕方形對角線長度 D 的話，

$$D.P.H. = P/A = 1.854P/D^2,$$

上式P爲重錘載荷，公斤；D爲方形對角線長度，公厘。(參看圖11)。

(二)摩諾得隆(Monotron)硬度試驗法——這是所有硬度計中讀度最直接的一種，原理也很簡單：即將試件放在砧板上，用標準刻痕器(普通爲0.75公厘的半圓形金剛石)刻入試件至一定深度(普通爲9/5000公厘)，表上所記錄的實爲刻入此深度所需之力量，硬度數的單位則爲在加力時每單位面積的公斤數，因爲只有在這一種條件之下，方可避免因材料本身彈力所引起的誤差。但硬度數因刻痕器的尺寸不同也有幾個號碼，如M-1，M-2，M-3，M-4等，(所用的刻痕器尺寸各爲0.75，1.00，1.53，2.5公厘不等，但後者較大的刻痕器係用碳化鎢合金製成。)

此外尚有黑勃脫擺動硬度試驗法(Herbert Pendulum Hardness Test)，微面硬度計(Microhardness Tester)等種種硬度檢定的方法，因爲這些還只是實驗室中的儀器，工業上尚未有普遍的應用，此地就不再贅述了。

末了，值得提供給讀者的是本期所附的各種硬度的換算圖表，不過這張表祇適用於普通鋼鐵或彈性係數相近每平方吋30,000,000磅的材料，對於表面硬化的淺皮硬度或減碳化的鋼鐵材料却並不適用，這是要請特別注意的！

·一種簡單新穎適應戰時需要的發電機·

漢鎮旣濟電廠二千瓩發電設備概述

·謝 世 弘·

漢口旣濟水電公司水廠新裝之2000KW發電設備，係由善後救濟署配售而得；計包括鍋爐二具，運煤設備一套，潔水設備一套，透平發電機一組，凝汽器一具，冷水塔一座，及配電板全套。全部機器，原係美國為適應戰時需要而設計者，故其構造簡單而新穎，裝置方便而迅速。

本廠職司製水，冷水充足，凝汽器循環水即取自河邊濾水泵，故冷水塔得免裝設，其他機器，均經裝置完竣，使用發電將屆一年；一切情況，尚稱良好，謹述其概略，以供參攷。

鍋爐概述

鍋爐共二具，均為平臥水管式，上下各有汽包(drum)一個，連以彎形水管850根；每具額力1000 KW. 最高蒸汽蒸發量為1600磅/時，正常載水量8500磅，爐內容積580立方呎，受熱面積1729方呎；爐內左後二方各以水管78根裝成水牆(water wall)，吸收爐內輻射熱力，其受熱面積為363方呎；故全爐受熱總面積為2093方呎；乾汽溫度750°F，設計汽壓450磅/方吋，使用汽壓410磅/方吋，目前國內所用鍋爐，殊難至此。

煤經篩過打碎後，由運煤機送上煤台，注入煤斗，再落至進煤機(Stoker)此機為1馬力之馬達帶動，(圖1)上有經偏心輪及推爪傳動之轉子(Rotor)，下有齒輪傳動之佈煤器(Distributor)；轉子將來自煤斗之煤括下，落入佈煤器，賴其快速轉動葉片(blade)之離心力，將煤打入爐內；轉子每次轉動角度之大小，即決定下煤之多少；而此角度又受負荷情況之自動調節，煤入爐後，其粗粒落於爐排上燃燒，其粉末則於半空中着火；故爐內火焰甚高，且分佈均勻。煤粒射程之遠近，又可移動包括佈煤器之半圓鐵筒(Circulartray)以調整之。

爐排(圖2)係將長約一呎，寬約一吋之爐片，排列於平行之支架上而成；此類支架，可藉槓杆使之轉動，即爐片可隨支架作九十度之位移；鍋爐燃燒時，全部爐排成水平；倒灰時，則拉動槓桿，使其分排直立，將灰倒入爐下灰坑內；且全部爐排分為四個象限，以便分區倒灰，而不使蒸汽壓力跌落。

每爐備有自動控制之吹風機(Forced draft fan)，引風機(Induce draft fan)各一具；前者空氣容量為9950立方呎/分，原動馬達為$7\frac{1}{2}$馬力；後者空氣容量為19600立方呎/分，原動馬達為25馬力。另備復煤機，其空氣容量為700立方呎/分，原動馬達3馬力，凡被爐烟帶出落於烟道中，未被燃燒之煤屑，均為此機之風管吹至爐內再燒。此機另

圖1.——進煤機簡圖 A馬達 B皮帶輪 C齒輪 D轉子 E佈煤器 F偏心輪 G煤斗

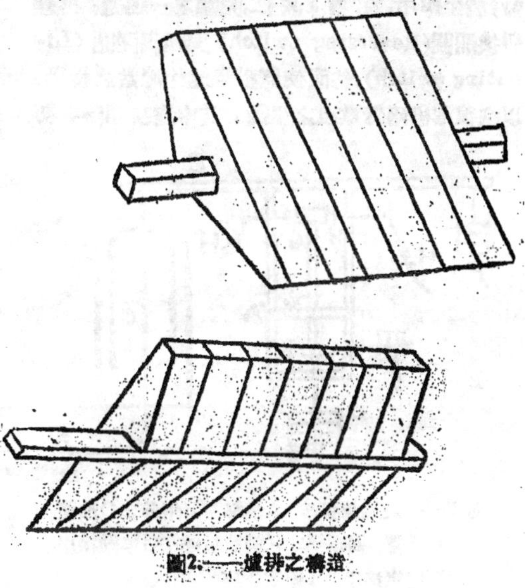

圖2.——爐排之構造

有風管一枝，横貫爐前，補充爐內空氣之不足。烟筒內則備蒸汽吹管，以使開始燃爐時增加自然通風之用，蓋此時引風機無電可資使用也。

爐水自加水泵(Feed pump)經省煤器進水鍋爐上汽包(Upper drum)，進水管上有自動汽門，以調節水量之大小；汽包旁水柱(Water column)上端備有汽笛，水面太高或太低，均能鳴笛示警。

爐內水管間，則備有縱貫全爐之蒸汽吹灰管五根，管上有小孔，管後端伸出爐外，上有凡爾，各以支管與進汽總管相通，汽門開啓後，通至管內之高壓蒸汽，自孔內射出，吹去爐內水管上灰垢，以增其導熱作用。

鍋爐自動控制

1. 燃燒控制——其作用在隨負荷之變更，自動增減吹風進煤之多少，以期保持汽壓於一定。此項控制設備，包括主控制器(兩爐共用者)，初級控制器，原動馬達，及傳動槓桿等件；主控制器與原動馬達之軸上，各設可變電阻，以爲構成一威氏通電橋之兩臂；主控制器與鍋爐出汽總管間以小管相連通；汽壓變動時，主控制器之電阻亦隨之變動，由是打破電橋兩臂間電阻之平衡；此使初級控制器內變壓器之一次線圈發生電流，亦即於其二次線圈造成感應電壓；此作用經過眞空管之放大，再使並立於其下之差微替續器(Differential Relay)發生作用，將「增」「減」二開關之一連通，再經變換開關(Reversing switch)與極限開關(Limiting switch)，終而使原動馬達作適當之轉動，以恢復電橋兩臂電阻之平衡。其中變換開關與初級控制器內之「增」「減」開關相適應，用以決定原動馬達之旋轉方向；極限開關則予原動馬達之運轉以限制；即馬達向一方旋轉相當角度，至電橋兩臂電阻恢復平衡時，此開關藉偏心輪之作用，將電路切斷，停止馬達之運轉。

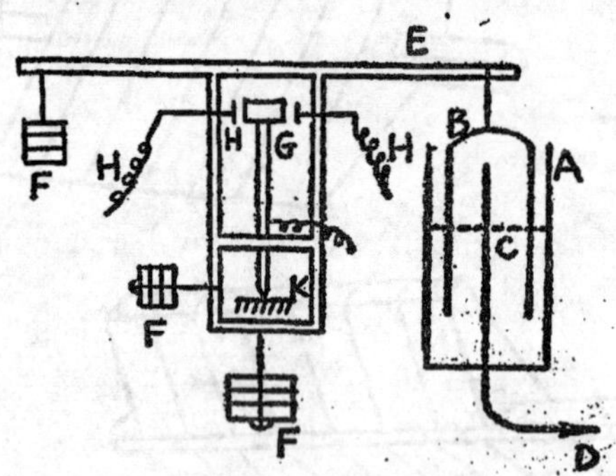

圖3.——爐風控制器 A油杯 B鋼鈴 C油面 D小管 E槓桿 F調節重錘 G移動接片 H固定接片 K固定支座

原動馬達運轉時，利用槓桿帶動吹風機之空氣入門，與進煤機轉子之控制桿，使發生相應之作用，若上述電阻之不平衡由於汽壓太高，則原動馬達將吹風機空氣入門關小，並使進煤機轉子運轉角度減小；空氣與進煤之量既少，汽壓自然降低。反之，若電橋之不平衡由於汽壓太低，則原動馬達向另一方向旋轉，將吹風機空氣入門開大，並將運煤機轉子運轉角度增大，空氣進煤既多，汽壓賴以昇高。

2. 爐風控制(Furnace Draft Control)——其作用在調節烟道風門之大小，不使爐壓太高，以致爐火外噴；亦不使爐壓太低，虛耗燃料。此項控制設備包括控制器，原動馬達，及傳動連桿等件。控制器內包括滿灌油液之小杯一個(圖3)，並有支柱上附有移動接片(Moving contact)之槓桿。此桿橫左端置有可以調節之重錘，右端懸一鋼鈴，鈴之下段浸於小杯之油液內，其上部空隙，則以小管通至爐內，由於爐風之吸引作用(Suction)使此鈴受一向下之力，使與槓桿他端之重錘平衡。

爐壓正常時，槓桿成水平；爐壓太低，槓桿向右端傾斜，其支柱上之接片觸及左旁之固定接頭，接通電路，啓動原動馬達，使向一方旋轉，藉槓桿作用，將烟道風門關小，亦即使引風減小，爐壓由是大增。反之，若爐壓太高，槓桿向左方傾斜，其支柱上之接觸及右旁之接頭，使原動馬達向另一方向旋轉藉連桿之傳動，將烟道風門開大，即使引風增加，爐壓自減。所欲保持爐壓之大小，及控制器之靈敏度，均可隨意調整之。

3. 鍋爐進水控制——其作用在隨負荷之大小，自動調節鍋爐進水之多小，(圖4)此器有膨脹管一根，置於鍋爐上之汽泡之側；其一端與汽泡內之蒸汽相通，他端則與泡內爐水相通；其位置與水平線成適當之角度，使泡內水面正常時，管內恰藏水汽各半。膨脹管之一端，有調節螺絲，用以調節該管之前後位置(傾角不變)，間接即調整所欲保持之爐水水面，他端則頓槓桿作用，又與鍋爐進水管上之一閥相連。汽包內水少，則膨脹管伸長，利

12518

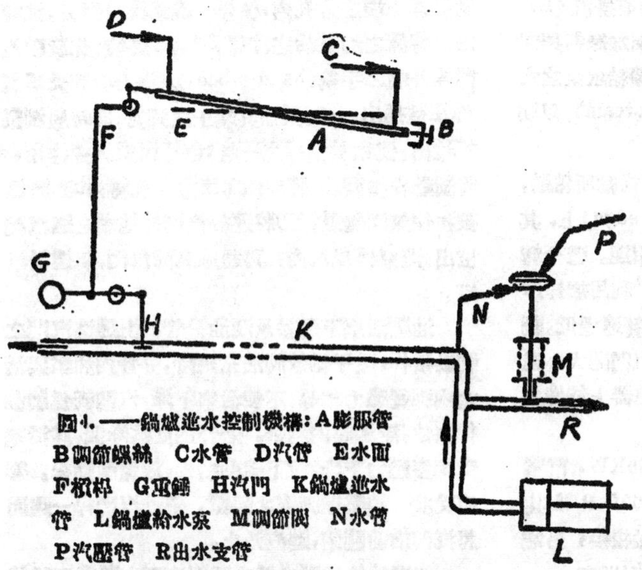

圖4.——鍋爐進水控制機構：A膨脹管 B調節螺絲 C水管 D汽管 E水面 F槓桿 G重錘 H汽門 K鍋爐進水管 L鍋爐給水泵 M調節閥 N水管 P汽壓管 R出水支管

用槓桿，將進水閥開大，增多水量；泡內水多，則膨脹管收縮，利用槓桿，關小進水閥，減少水量。

鍋爐進水泵，各附調節閥一具，以與上述進水閥相適應；電動進水泵之調節凡爾裝於其出水管之另一支管上；此閥上端有二小管分別與水泵出水管及鍋爐出汽管相通；二小管接頭處，又以皮膜隔成二室，使汽水分開，各居上下，閥桿即連於皮膜之中心。

若鍋爐因水多而將進水閥關小，則水泵出水不暢，出水管內壓力增加，即通於其調節閥上之水壓大於汽壓；由此壓力差，將皮膜推上，開上閥；使一部分水量，通過支管，流入除氣加熱器儲水池。

若鍋爐因水少而將進水閥開大，則水泵出水管內壓力降低，即通於調節閥上之汽壓大於水壓，閥瓣此壓力差關小，阻止自支管流出，汽泡內水量自增。

汽動進水泵上之調節閥置於其進汽管上；其構造與作用均與上述者同，惟其所控制者爲進入汽泵之蒸汽量。即水壓高於汽壓時，調節閥關小，減少水泵進汽，以降低其速度，總而減少其出水之量；若水壓低於汽壓，調節閥開大，汽泵進汽增多，速度增大，出水量自亦隨之增多。

潔水設備

潔水設備包括沙濾器，除氣加熱器（Deareating heater）儲水缸，封閉加熱器（Closed heater）各一；軟水器（Softener）吸水泵，加壓泵（Boost pump）進爐水泵（Feed pump）各二。

軟水器，沙濾器最高壓力均爲100磅/方吋，容量140加侖/分；除氣加熱器每時熱水32000磅，溫度達222°F，封閉加熱器每時熱水24000磅，水溫度280°F加壓泵容量96加侖/分，原動馬達2馬力；汲水泵容量70加侖/分，原動馬達3馬力。

汲水泵自潔水設備下之生水井內將水吸上，經沙濾，軟化及除氣加熱後，即流入儲水缸，此時水之硬度爲零，溫度達222°F，並無空氣或其他不凝汽體。儲水缸內水面太低，則有電鈴示警，水面太高，則由自動凡爾流出，回至水池。水自儲水缸下流，經加壓泵送至進爐水泵；再經封閉加熱器，溫度昇高至280°F即被送經省煤器，以達於鍋爐上汽泡。

除氣加熱器與封閉加熱器均取用透平之排汽（Bleeding Steam）以加熱，前者所用蒸汽於冷凝後即流入其下之儲水缸；其進汽之多少之受該器內部壓力之自動調節。後者所用蒸汽被冷凝後，經其下之熱水井再流入儲水缸內；該熱水井內水面太高，亦有鈴示警。

鍋爐進水泵有二；一爲汽動，一爲電動，可交換使用；其出水壓力均爲460磅/方吋，容量96加侖/分，電動水泵之原動馬達爲40馬力者；二泵出水量可自動調節如上述。

透平發電機

此設備包括多級透平，減速齒輪，交流發電機及直流勵磁機各一具。

透平爲衝擊式（Impulse）者，前部一級爲寇迪斯（Curtis）式，其中有速度級（Velocity Stage）二，其隨後之八級均爲雷脫（Rateau）式，蒸汽經與自動關閉器相連之汽門 即入於透平之調節汽門，終達於汽缸內部。

透平轉速爲4000 R.P.M. 回汽眞空27吋 Hg.

使用汽壓400磅/方吋，汽缸之高壓端有排汽(Bleeding Steam)通至潔水設備之除氣加熱器與封閉加熱器，此可於負荷甚高時，減少凝結水泵之負荷。其兩端軸承，又有封汽(Sealing steam)，以助其襯料(Packing)防止漏汽。

透平調速器(Governor)爲減速齒輪所轉動，其下端支於兩離心片之刀尖(Knife edge)上，其上端又以槓桿與透平調節凡爾推桿相連。透平轉速過高，則離心片將調速器桿推上，利用槓桿作用，將透平調節汽門關小。反之，透平轉速過低，調速器桿下落，利用槓桿，將透平調節汽門開大。透平所欲維持速度之大小，均可賴調速器上特備之螺絲調整之。

發電機係交流三相，額定爲 2000KW，電壓6600V，週率50，電力因數0.8，轉速1000R.P.M.其軸之一端，通過減速齒輪，與透平主軸相接；另端裝直流勵磁器，該機電壓 125 伏，電流132安。

透平之進汽門

爲使透平能於若干意外情況之下自動停車，以保其安全計，其進汽門(Throttle valve)構造特殊，能於意外情況發生時，自動跳關。(圖5)

該汽門桿上有螺絲，其外套以螺絲套筒；套筒一端有壓縮彈簧，他端連有制動桿；另有槓桿插入制動桿上端之方孔內，槓桿一端受壓於彈簧，他端連於特備之油壓活塞。汽門準備開啓時，先旋動汽門桿外端之手輪(hand wheel)，桿上套筒受螺絲作用被推出，一面壓縮其端上之彈簧 同時將制動桿拉出，使扣於槓桿之一端；槓桿因受彈簧作用，將制動桿扣緊。再將手輪向反方向旋轉，其套筒已被扣住無回無退，乃將連於汽門桿他端之進汽門拉出，蒸氣得以入內；再通過調節汽門，以達於汽缸。

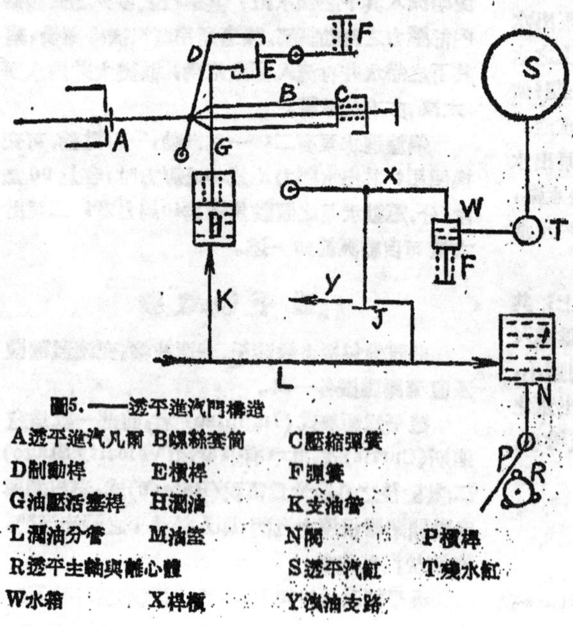

圖5.——透平進汽門構造

A透平進汽凡爾　B螺絲套筒　C壓縮彈簧
D制動桿　E槓桿　F彈簧
G油壓活塞桿　H潤油　K支油管
L潤油分管　M油室　N閥　P槓桿
R透平主軸與離心體　S透平汽缸　T殘水缸
W水箱　X桿槓　Y洩油支路

油壓活塞下通軸承潤油分管，上連進汽門之制動槓桿，透平軸承潤油充足時，分管內油壓與活塞內彈簧壓力相等，不使活塞下降，汽門既爲制動桿扣住，無法向內關緊。若管內油壓降低，該活塞受彈簧壓力下降，拉下制動槓桿，放鬆制動桿，套筒受其一端壓縮彈簧之強壓，帶動汽門桿一躍而將汽門推前關閉，進汽乃止。

使潤油管油壓降低之原因有三，即在三種情形之下，可使透平自動停車。其一爲潤油缺乏，其二爲透平轉速過高，其三爲透平下殘水罐(drain tank)內水滿，釋之如下：

透平主軸低壓端有特爲跳車(Trip)而設立油室，內儲來自潤油分管之潤油，下有洩油活門；該活門受支於一槓桿之一端，不使下墜，室內潤油得免洩出，油管壓力乃得保持；槓桿另端之旁，有裝於透平軸上之離心體。透平轉速正常時，槓桿與離心體保持相端距離；若透平以負荷只減或調速器失靈而增速，離心體上之彈子向外擠出，推動槓桿，放鬆油門，油室潤油洩出，油管內壓力乃降，經過油壓活塞之作用，乃使進汽凡爾跳關。

凝汽器與透平分立，且透平回汽係向上排出而達於凝汽器，故透平啓動或負荷較輕時，常有凝結水積於汽缸之內，爲免積水過多，損及透平葉子起見，乃於汽缸下設殘水罐一個，以承受來自透平汽缸之凝結水，殘水罐與另一水箱以軟管(Flexible pipe)相通，該水箱又懸於一槓桿之一端，其下支以彈簧。槓桿他端爲支點，中部連一活門桿，桿端裝有用以開關油管支路之活門，殘水不多時，水箱受彈簧之力支起，活門將支路關緊，潤油不得通過；殘水太多，則水箱因過重而下降，活門隨之開放，一部潤油自支路洩出，回至油池，油管壓力自降，透平進汽凡而乃閉。故殘水罐內積水至相當之量時。即須自其放水活門排出之。

透平附件

1. 潤油泵——透平附設主要潤油泵浦與輔助潤油泵浦各一個，前者爲減速齒輪所轉動，後者則被一特備之小汽輪所轉動；二者之出油管相通（圖6），自此出油管又有小管通至輔助油泵進汽

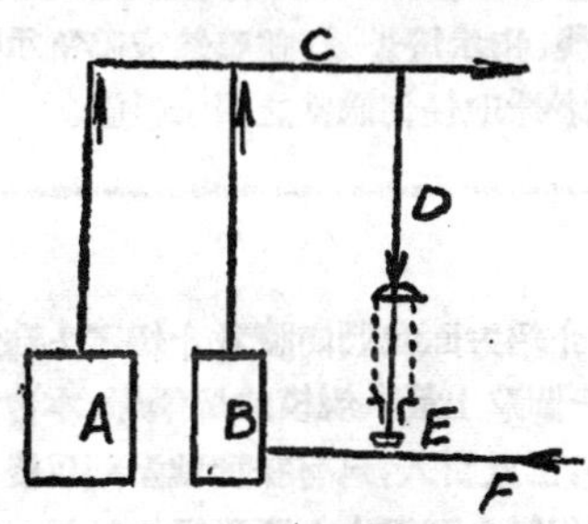

圖6.——油泵裝置

A主潤油泵　B輔潤油泵　C潤油管
D油壓支管　E控制活門　F進汽管

管上之控制活門，以司此活門之啓閉。

透平開始運轉時，賴輔助油泵供給各處潤油；待透平速度增加，主要油泵轉速加大，其出油壓力較輔助油泵者爲高，使輔助油泵出油受阻；此壓力又由小管通至輔助油泵進汽管上控制活門之上端，壓縮其彈簧，關閉活門，停止輔助油泵。斯時各處潤油，均改由主要油泵供給。

若透平因故停止或減速，主要油泵出油壓力降低，輔助油泵之控制活門因彈簧之力而自開，蒸汽進入，啓動輔助油泵，供給潤油。故二油泵交相爲用，啓閉自如，以維持潤油於不缺。

2. 油控器(Oil Strainer)與冷油器——潤油自油泵打出，一路通至調退器，一路通往油控器，經壓力調整（調速器油壓60磅/方吋，軸承油壓10磅/方吋）及濾清後，即進於冷油器；再分而至於各處軸承，終而回至與二油泵進油管相通之油池，此油池即位於透平之下。

油控器兼司油壓之調整與油質之濾清；有金屬圓筒，內置鐵網及磁鐵，以除去潤油中之污垢及金屬砂粒；有活門以調整油壓，有轉向活門以調整入於冷油器之油量。冷油器外殼爲長圓形，內有小水管，油在管外經過，冷水則在管內循環。冷却面積爲120方呎，冷水取自透平凝汽器之循環水管，每分鐘流量60加侖，進出口油溫差30°F，每分鐘冷油量30加侖。

凝汽器

透平附有表面凝汽器(Surface Condenser)一具，與透平分立，獨成一體。每小時冷凝蒸汽21000磅，每分鐘需用循環水2960加侖，此項循環水由本廠河邊渾水泵(Raw Water Pump)供給，另以一40馬力之循環水泵加壓，送入凝汽器。凝汽器壓力爲27吋Hg.眞空實際使用時達29吋。

透平回汽經30吋之回汽管達於凝汽器，即被冷凝而入於其下之熱井(Hot well)，轉而被3馬力之冷凝水泵打出，通過二級蒸汽除氣器(Two-Stage Steam Air Ejector)，再達於潔水設備中之除氣加熱器，供鍋爐給水之用。

二級蒸汽除氣器，利用取自透平進汽管之高壓蒸汽，以快速將凝汽器內之空氣帶出，造成高度眞空；此項蒸汽於使用後，即入於該除氣器之小冷凝器，受來自透平凝汽器之冷凝水之冷却；最後又經與透平凝汽器相通之殘水管被吸入凝汽器內，與冷凝水混合。

以支管連於冷凝水泵出水管與凝汽器之間，即可造成冷凝水之復循環作用(Re-circulating)作用(圖7)，該支管上有自動調節活門，以調節復循環水量之多少。活門上方以小軟管分別與經過

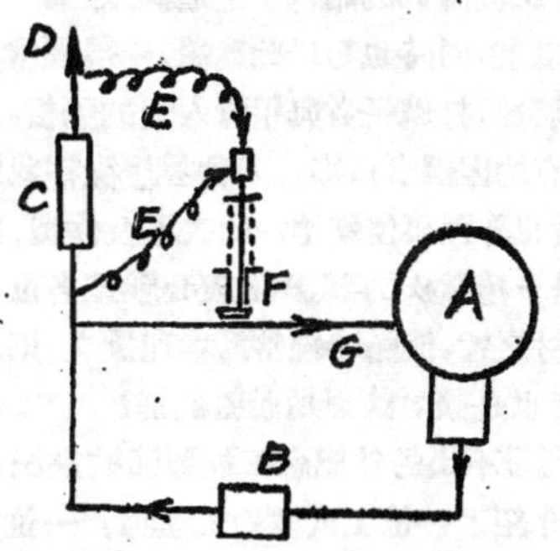

圖7.——冷凝水之循環

A凝汽器　B凝結水泵　C二級蒸汽除氣器
D出水管E軟管　F自動調節活門
G回水支管

12521

二級除氣器前後之冷凝水相通；若冷凝水太少，則於通過除氣器受熱後，其溫度較入於該器前大增，利用此溫度差，經小管傳至調節凡爾之上方，使其開啓，則一部冷凝水又自支管流入凝汽器，亦即使通過二級除汽器之冷凝水流量增加，因而減少溫度之增高。反之，若經蒸汽除氣器而出之冷凝水溫度不高，則調節活門因彈簧之力而關緊，隔斷支管，全部冷凝水逕被送至潔水設備之加熱器，而無復循環作用。

配電板

發電機中線接地，其餘三線經總油開關（Oil circuit breaker）接至配電板後之銅排（busbar）再經分油開關自若干分路送出。配電板發電機線路內，裝有磁場變阻器，電壓自控器，逾流替續器，高壓替續器。低壓替續器差微電壓替續器等安全設備，如因負荷太高；或電線發生短路，以致電流太增；或以透平運轉過速或過緩，以致電壓太高或太低，或以發電機內部觸地等，皆足使發電機總油開關自動跳開，停止供電。更有勵磁機變阻箱，控制該機電流，間接即控制發電機電壓。其他分路各裝有逾流替續器，每路替續器作用之時間與電流，均可隨其特殊之情況以調整。

油開關備用指示燈，以示其是否正在作用，自動跳開以後，指示燈熄滅，並鳴鈴或鳴笛示警，以通知監護者採取任何適當之緊急措置。

編輯室

本刊六月號出版，適逢三十七年度六六工程師節。上海慶祝工程師節，還是與去年一樣，聯絡十二個學術團體共同舉行紀念盛會。在這十二個團體的紀念盛會裏，年老的，年青的，有經驗豐富的，有才離開學校的，會聚在一起，眞是一個難得的機會。本刊是一個年青的刊物，一向與年長的一輩較少接觸，由於這個盛會，啓示給我們這個年青的刊物也應當與年長的一輩聚聚首。這次我們所收集的『工程師們的話』，就是這個意思。一方面可聽到些教益，同時也可以此爲端，今後經常與前輩工程師聯絡，打破長者與年青人間的隔核。許多長者中，有的因編者孤寡，未曾函請徵答我們的問題，有的也許因事務繁忙，此次不及作覆，對於讀者，這是一樁歉疚的事。編者衷心願望各位長者本卓育人材之旨，能隨時經常爲本刊撰文，則本刊幸甚，同時也是讀者諸君所盼望的罷！

本刊想不出另外紀念工程師節的辦法，只在本期裏介紹了一位工人型的工程師，一位重視民衆的工程師，一位完成了奇蹟的工程師——龍繼成先生，提供給讀者，做個有力的借鏡，如果這一篇介紹文字，對於讀者能够有一些些啓示的話，那麽我們認爲今年的工程師節已經不是白白渡過了！

事業介紹方面我們向讀者介紹了上海鋼鐵公司，這是一個滬上最具規模的煉鋼廠，本會會員曾經參觀的，已近百人，只有在實地參觀以後，才能使我們深深體會了書本上所學得的材料，寫到這裏編者愈感覺得本刊今後刊載的文字，還得多多下功夫，才能眞正幫助未曾親歷其境的讀者呢！

本期內仍附有讀者意見書一頁，希望讀者給我們協助，儘可能於六月底以前寄下。投寄諸君，只要是眞正愛讀本刊，爲了使本刊改進，不要怕提反面的意見，但也希望不要太空洞的浸閥，希望愈切實愈詳細愈好。只有這樣，才能眞正有益於本刊的改進。

技術小叢書第一種『熒光燈』現已付排，六月底就可以付印，其餘二種也均可於七月底前後絡續印出，希望讀者注意。本社出版小叢書，還是本通俗實用的宗旨，（也許在通俗與實用兩方面略有一些偏重，那是免不了的。）爲酬答讀者爲愛護本刊，塡寄意見書諸君，均贈小叢書一册，請在本期首頁意見書上圈定一册，俾便遞寄。

自本刊發售第二卷合訂本以來，來購的讀者很是踴躍，存書又已售完，如果要再裝訂，又因缺書未能訂成。本刊現向讀者公開徵求第二卷第一期（三十五年十月號），凡持有二卷一期諸君，請將該期郵寄上海（18）中正中路517弄3號本社收，本社當即贈送最新出版之工程界兩册，如來函指定期數，亦可照辦，希望讀者協助。

•工程界人物誌•

龔繼成

——為紀念六六工程師節而釋——

1. 一個工人型的工程師

龔繼成在多少的人是一個頗為陌生的名字，可是提起了抗戰時期的中印公路，那末對於這條後來改名史迪威公路的，曾經給戰時的中國帶來無算的外援物資的命脈，沒有一個人不是熟悉而親切的。

龔繼成就是主持建築中印公路的工程師。

四方的臉結實的身體配合着一副堅韌剛毅的性格，在中國的邊疆帶領着一隊隊的工程部隊一次再次為祖國完成了建設的使命。

民國十二年在唐山交大畢業之後，就分發到津浦鐵路去實習，之後一直在滬海鐵路，杭江鐵路服務，二十二年斯文海定到中國來考察，就跟了到甘肅蒙古和新疆，因此在隴海路上，寶成路上一直到了抗戰爆發，那時他担任軍委會鐵路運輸司令部工務處副處長，隨着戰時的進行，在雲南呈貢和廣西的丹竹的飛機場進行興建，和搶修的工作，民國卅三年中印公路建築起來了，以後更舖設了中印油管。

可是廿三年來的辛勞，在潮濕的叢林，乾燥的沙漠，不斷操作的結果，即使先天的堅實，亦抵不住後天的浸蝕，終於在勝利後的三十五年，離開了千百個伙伴，留下了那綿綫曲折，而可以成為世界奇蹟的中印公路和中印油管。二百度的高血壓最後與取了他的生命，一個曾經無聲無息幹了廿多年的工人型的工程師就此無聲無息的與世長逝了！

2. 技術人員不能忽視民衆

建築中印公路的時候，龔繼成，祗有四十七歲，比起

圖2. 挖起10,300,000立方碼的泥土

圖1. 動員了三萬五千民工

雷多公路的皮克少將，比起中印公路中國段督工薛德洛克上校來，他是最年輕的了。

中印公路的建築是分兩段進行，一段由西向東，即是有名的雷多公路（自雷多至密支那），一段由東向西，即是保密公路（自保山至密支那）。五十四歲的皮克少將所負責的是四百多公哩長的雷多公路，而在中國境內其餘的三百多公哩就是由龔繼成負責的。連綿七百多公哩長的公路，到處是森林，山嶺，洪水，和疾病。

「沒有美國軍事工程人員和器材」龔氏堅定地說，尤其是沒有我們人民成千成萬的流血犧牲，我們是不能有這麼偉大的成就的。

瘧疾的流行，森林的障礙，洪水的泛濫，要在荒無人跡的地方，開築一條平坦的大道，簡直是一樁難以想像的工作。

保密段的督工薛德洛克上校曾經這樣說過：「從密支那到騰衝的公路崎嶇曲折，有些山峯更高達8500呎，二萬多個有經驗的農夫，進行了五十天的挖土工作，完成了大部分人認為不可能的工程，華工的建築保密公路實在是一個奇蹟！」

「技術人員不能脫離政治，不能忘記了時代，不能忽視了民衆」龔氏常常這樣說。

「老百姓實在太辛苦了」他說，本來他們已是營養不足，在邊境，那營養更不足了。有米的時候可以照領一公升米和四錢鹽，沒有的時候，還不是吃芭蕉根和猴子肉。有一天晚上下雨，我的破帳蓬周圍就死掉了二十多人，他們眞是最可憐的人，飯都吃不飽，失掉了抵抗環境的力量。」

12523

3. 四十四天完成了奇蹟！

中印公路保山到密支那的計劃，原在三十三年七月間開始的，到那片荒山叢林沒有人烟的地方工作，不能不事先好好設計，計劃好了，造路經費領到已是十二月六日了，在四十四天之後，一月十九日就打通到了密支那。

「三百多公里在四十四天中打通了」龔繼成無限辛酸的說，「可是我在重慶等候經費，衝出五十多個圖章的封鎖線却花了四十七天！」

皮克少將督修國境之外的那段公路用五千輛機器，在二十四個月內打通了四百多公里，在中國國境內。全暈人力，三百公里却只有四十四天。這不是工程師的誇張，而是人民的力量。

「我感激騰衝的梁正中梁志師，」他說，「沒有他的協助，我們的工程人員那能從從容容的到敵後去。這位民四

圖4. 通車後的中印公路

北大畢業的老者，一直在滇西幹着教育工作，不僅漢人對之奴感，就是邊民也異口同聲尊他為梁志師。是他帶着我們的特工人員到敵後去一圈又一圈的說服，使得工作能夠很順利的分段興建，最後，在很短的時間內，把零星的點連繫成了綫？」

到了最後關頭，人困馬乏，已經再不能支持下去了，美國的薛德洛克上校帶來了五百輛開山機（一輛等於二百人），使極度疲倦的三萬五千多員喘了最後的一口氣。

三十四年一月十九日公路打通，當天試車，龔繼成却已經五天五夜沒有睡覺，車過龍陵，他放心了，不意車在轉灣的地方，把他抛出在田畦上，幸而沒有摔死，第二次爬上車子的時候，他說了「我太疲倦了之後」又睡着了。

中印油管第一號在四月二十日通到昆明，龔繼成在中印公路之後的任務就是把三根四吋的油管舖設起來。

現代的戰爭簡直是石油的戰爭，沒有石油，那末，七十噸航空堡壘，十七噸的虎型坦克，以及十噸的大砲車，怎樣能發揮它們的威力。油，油，油，四吋的小管子好比二千輛卡車在奔馳，如果二號三號都舖設的話，那末，輸油管就抵得上十萬輛卡車的運載重。

圖3. 填土舖路

4. 一個美麗的夫人？

這個壯漢二十三年來跑遍了中國，從東北到華中，從西北到西南，從十四年浙海修築到油管工程的完成，他對於自己的工作的興趣逐漸在提高。「對於要人，我可以不伺候；對於工作，我決不敷衍，」他自比自己兩條腿，賤得跟「狗腿」一樣，所以東奔西走，認識了多少實況。

一個測量工程幹了二十三年的人，最痛心的是沒有自製的測量儀。三十四年四月，第一架經緯儀在他自己設的工廠內完成了。

「有三點是可以注意的」和他一起工作的陳工程師說，「第一、一架經緯儀內要有五片玻璃，應當磨得一樣，不許有一點折光。第二、刻度不能差到十分之一。第三、金屬是自己試鍊的銀銅合金，因為是第一次，沒有經驗可以交換和比較。」

直到他因為血壓過高而病到在醫院裏的時候，第一架的經緯儀就像美麗的夫人似的始終倍伴在他的身邊。

長期的辛勞使這位工程師病倒了，同樣地，在這大時代千千萬萬的士兵倒下了，千千萬萬的民工倒下了，像螞蟻一般的被踏在脚下，一點也沒有聲息。難道就此沉默，永遠被人們遺忘了嗎？(F)

圖5. 通車紀念牌

——輯自當代實業人物誌，及武漢版工程——

新時代的新工具

混凝碳化體刀具

·陳迺隆·

混凝碳化體(Cemented Carbide)刀具，在歐美各工廠中近已普遍使用，此種材料適用於多量生產，蓋因硬高而效率大，單位時間內之成品產量也較多。惟在落後之中國，尚未見普遍使用，作者願不揣譾陋對此種刀具，略加介紹；亦所以希望引起國人注意也。

混凝碳化體之歷史

混凝碳化體，在十九世紀中即有Henri Moisson 氏以純鎢經過碳化而成碳化鎢 (Tungstun Carbide)，此為最初發現之硬性碳化體。硬度甚大，但頗鬆脆，韌性極劣，不合用於機製工作。至1927年，左右始有人利用凝合方法以一種結合劑(Binder) 將極細之上項化合物粉末，凝聚起來使其緊結。於是碳化鎢之硬度旣可被利用；復因有結合劑在亦不致鬆散易落。乃可用於金工場中切割工作及一般抗磨配件。按此種方法並不新奇，土木工程師早根據此理製成三合土及水門汀而用作建築材料；機械工場中常用之磨輪亦是利用此理，以膠體橡皮或塑料來混合硬度甚大之磨料(Abrasive) 使磨輪可緊結成形，韌性加大。全世界最先宣告混凝碳化體為其商業上製造專利者，當屬德國Krupp 工廠所出品之 Widia 金屬，嗣後歐美各國競相研究各用專法製造。僅以美國而言，出產混凝碳化體為業之公司，現已有二十餘大家(小廠未計)大戰期間，更因此種材料適用於多量生產，故混凝化體在今日之工業圈中，已有極重要之地位矣。

製造方法

碳化體之合成，為一冶鍊上的專門技術，此處不作詳細討論，但其步驟及成分可略述於中：

先將純鎢細末與純碳末混置於石墨容器中，在充滿氫氣或沼氣或碳氫化合物之水汽之高溫爐中烘焙，於高溫過程中碳與鎢之化合物先為碳化鎢 (WC)，溫度再高後可能部分分化為碳化二鎢(W_2C)甚至更高價之化合物如 W_3C_3，WC_4 等。爐中產品即為此等化合物之混合晶體。硬度約當於金剛鑽百分九九，至九八左右，熔點約為5400°F以此種極微細的晶體與鈷粉混合，經過球磨機(Ball Mill) 之磨碎，令其更為碎細後，方置於模中加高壓，出模後即成一整塊。然後置於低溫爐中預燒 (Pre-Sintering)，出爐後，其性質與粉筆極相似，如需特殊形狀，即於此時以磨輪等切削，過此則置於 2650° 上下之高溫爐中作最後一次之燒結(Sintering)而成最後成品；在此燒結過程中碳化體縮緊40%左右，故更為堅實。

有時為加强韌性可摻入些許鈦 (Titanium)，其法為先製成鎳與碳、鎢、鈦之合金，再用化學方法抽出鎳。產品即為碳化鈦鎢或可逕稱碳化鈦(Titanium Carbibe)有時亦摻入鉭(Tantalum)，目的與上相同。

混凝化體碳之特性

硬度——製出之碳化體成品，硬度約在洛克威爾A 89 至 93 之間，故其抗磨性特佳。惟因其略脆，故亦不能耐受過大之震動 (Shock)，雖有結合劑在，總不若純粹之他種材料為佳。目前各廠研究之目標，即是如何克服此種弱點，因此在實際應用時，咸將其刃片狀之小塊，焊接或用螺釘栓住於普

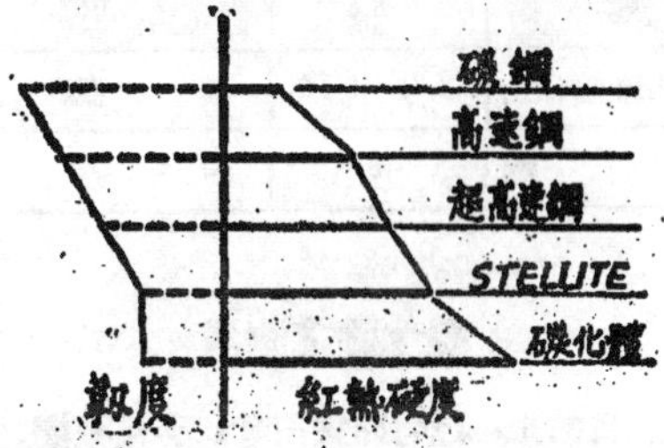

圖1 幾種工具材料之硬度與韌度

12525

通工具鋼之工具本體上，使整個工具，仍可耐受震動及撓曲。(參看圖2及圖4)。同時在刃片磨鈍或毀壞後，亦可燒熔焊劑取下舊塊焊上新塊，用螺釘栓住者，則祇須鬆下刃片換取新片或修磨後裝上，而刀之本體仍可使用。

特別提出的是此種材料之紅熱硬度(Red Hardness)按高速鋼之所以得名，係因在頗高之切割速度下，受工作物摩擦生熱後仍能不失其硬度(或可謂硬度失去較少)，然如與碳化體相比，則不免如小巫見大巫。故用碳化體(此後碳化體即代表混凝碳化體)來切割材料，其切割速度可七八倍於高速鋼所用者，此爲其重要原因(請參看圖1)。

普通材料之刀具在高熱(因高速所致)下，割刃邊(Cutting Edge)，易被燒灼捲邊，如用以切割硬度較大之材料則又甚易被磨鈍或斷折，是以須時常取下重新修磨，再行裝上，在工場此種重整(Reconditioning)及裝工(Set up)所需時間均須計入成本內。如用碳化體刀具則壽命較長不易燒損或磨折。故在一數目之同一工作上，重整及裝工之次數少，所費成本自亦較低。

彈性係數——若彈性係數大，則使其生一定變形所需之應力須較大，因此，當切割同一工作物時，工具本身因受工作物反作用而生之變形當較小，如此則製出作件之準確度亦較大，而在擴製圓孔時，直徑與長度之比可至10:1，並不致有值得計較之漸斜(Taper)現象。

傳熱率及熱膨脹係數——碳化體之刃片係用銀或銅焊接於工具本體上，此二種金屬熔點頗低。而切割時在割刃上所生溫度甚高，幸而碳化體傳熱率低不致使焊劑熔化，以致碳化體與本體脫離。此爲湊巧之收穫，可使碳化體刀具之製造成本降低。不過在太吃重之工作時，生熱過多，此時因碳化體熱膨脹係數，僅及工具鋼之半，在焊接處不免發生溫度應力(Temperature Stress)亦可能互離。爲補救此弊起見在估計生熱可能較多時，刃片多以螺釘等法緊之，惟此法較不經濟。

綜上所述之特性，其優點可敘列如下：

1. 可切割較硬之金屬，勝任較重之切割。

2. 耗損少，壽命長。

3. 切割速度可以大大增加，所得工作物之表面光滑度亦大大改進。

4. 多數工作可不必顧及工具受熱退火之問題，故可不必用冷卻劑(Coolant)，生產成本又少一筆，工廠亦可保持潔淨。

5. 動力消耗少，根據Kennametal公司(按該公司專製碳化體刀具，品名即爲Kennemetal，首創人爲McKenna氏)研究總指導弗洛曼博士(H.A. Frommelt)宣稱：同一工作量，用碳化體之動力消耗僅及用高速鋼之半。

6. 可以局部更換，不必更換刀具本體，修磨後尺寸仍可調整如初，不致礙及準確度。

7. 彈性係數大，則勝任更小之公差

8. 設置費雖較昂，但在全盤成本看來，仍爲合算。

表一　混凝碳化體與別種金屬材料物理性質之比較

材料	比重(克/cc)	熱導率(卡/秒/°C/cc)	電導率(與銅之百分比)	熱膨脹係數($\times10^{-6}$/°F至1200°F)
混凝碳化體	11.1—15.1	.068—.150	3.3—8.9	2.5—4.0
高速鋼	8.6	.061	3.0	7.0
鈷，鉻，鎳，鎢合金	8.38—8.76	低	1.8	8.0—9.4
黃銅	8.4	.20	高	11.6

碳化體之應用

迄目前止，已付諸實用者，有電報機之接觸點；各種機器如鑽孔導具(Drill Jig)等之襯套(Bushing)，因其不但磨損率減小，且因彈性係數與準確度亦大；此外尚有車床、磨床等之中心尖端(Center)，各種檢驗規之規面；各種切割刀具，如車刀、銑刀、鑽孔刀等之刃片以及鑽頭之頂端割

12526

表二 混凝碳化體與別種金屬材料機械性質之比較

材料	硬度(Rockwell)	撓性強度 磅/方吋$\times10^5$	彈性係數 磅/方吋$\times10^6$	壓縮強度 磅/方吋$\times10^5$	扭力強度 磅/方吋$\times10^5$
混凝碳化體	R_A 89—93	2.25—3.50	72.1—94.3	6—9	1.20—1.80
高速鋼	最高R_A 85	—	32.5	6	—
鈷·鉻,鎳,鎢合金	R_A83.5—85.5	1.6	—	—	—
黃銅	R_B 86.7	—	15	0.204	—

刃；輾壓之滾筒·對於硬度大而脆之材料如花崗石等，尤為有效而經濟之刀具。如若抗震性改良後，則刀具全部改用碳化體之期亦將不遠也。

碳化體刀具之切割作用與設計

碳化體刀具之設計；基本上須能發揮其特性，所配合之機器務必堅固沉重，俾不致有太大之旋動，而損及易碎之碳化體。涉及問題頗多，當然不能詳述，下面所提出的問題是比較主要的：

負斜度切割作用 (Negative Rake Cutting)——凡從事金工場工作者，對於斜度(Rake)一字，當不感陌生.茲以單尖刀具 (Single Point Cutting Tool) 為例，(參看圖3)，當切割進行時，工作物受鋒利之割刃剪切而剝落其槳屑 (Chip)，此時刀具之端尖上亦受工作物之反作用壓力。壓力之方向因斜度角之大小及方向而異。以往用普通刀具，斜度角最低限度只能至0°，韌性材料有須多至+15°者，其原因一方面為使槳屑易沿此等角度所形成之斜坡面溜下，不兒易生停留於刀尖為摩擦熱所熔成之堆積邊緣 (Built-up Edge)；一方面則使刀尖有楔形 (Wedge)之剷刨作用，以輔助刀尖材料硬度之不及，使工作物易被割下。但在應用碳化體作刀具時，則碳化體既屬甚硬之材料(上述剷刨作用之有無，就作件之被切割動作上言，關係實較小，僅憑刀尖直接擠剪已足應付，且利用碳化體時，須以高速及厚重之切割，方足發揮其特殊優點，但切割厚重，則作件之總抗力必大，刀具固可切下工作物，然其本身如不加强，亦有折斷及震動發生。折斷固所不願，震動亦足以破損刀尖，或使表面生跳痕(Chattor Mark 之暫譯)。加强刀具之唯一辦法只可使作件之總抗力方向通過較大之斷面，故須將斜度角掉轉如圖3虛線所示，(實線表示尋常工具所用斜度及其應力方向，)此即負斜度之根據。

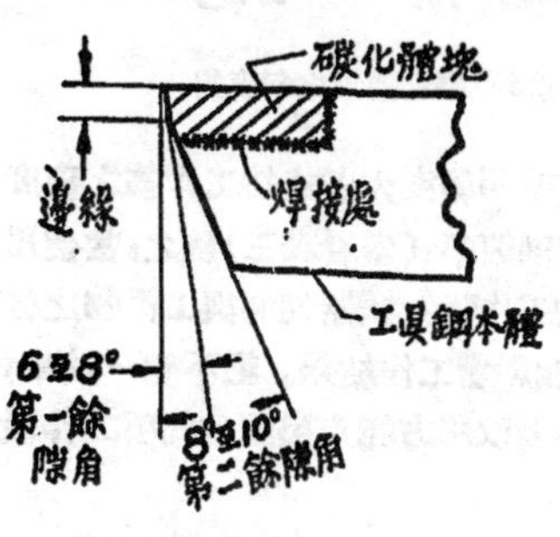

圖2 碳化體刀具

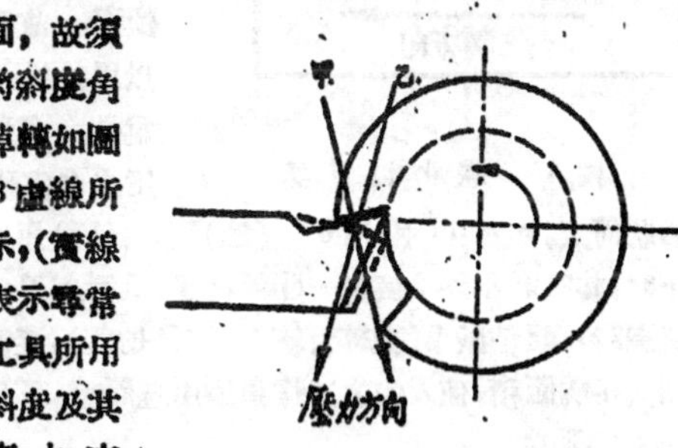

圖3 單尖刀具之切割

目下負斜度之應用已逐漸普遍，最成功者為推銑刀及車刀，對於有間斷性 (Interrupt) 之切割，在韌性過大之材料，有時負斜並不適用(因須有剷刨作用)，.但對硬度大而較脆之作件，則甚合宜。普通在布利耐爾(Brinell)硬度150以上者，均可應用。以銑刀言，斜度角當為70左右因根據經驗，故此角度非但可以產生滿意之切削成績，且有楔形作用，可以使刀片夾緊。同時在沿徑方向上有+15°之斜度，可使切削作用快捷，馬力消耗亦大大減少。至於刀片之軸線斜度 −15°，目的在產生光滑之表面。(參看圖4)。作者曾親用上式銑刀來銑航空發動機聯桿，機器用立式 Milwaukee 銑床，切割速度約在405呎/每分鐘左右(用高速鋼當在150左右) 不用冷却劑，雖火花四濺(材料在被割下時之碎屑)，但停動後觀察，不但銑刀安然無恙，即作件表面光滑度亦甚佳。

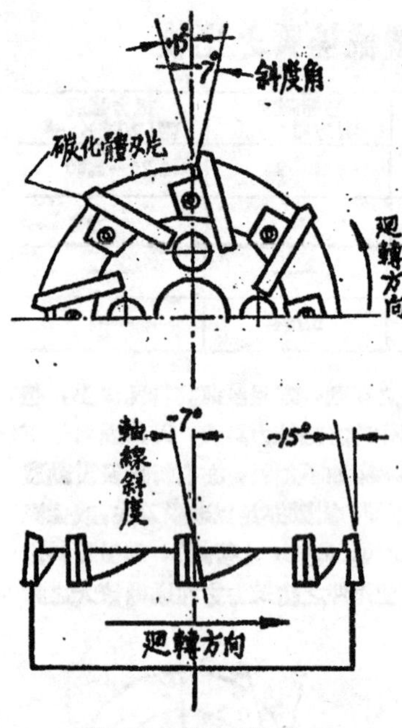

圖 4　碳化體刀具

至於間斷性之切割，除先須用較固較重之機器外，工作物每次迴轉至其一間斷而復始時，必有一較大之衝量（Impact）觸向刀尖，此種衝量仍須如以前使通過較强之斷面，故又以用負斜度爲是。負斜度之多寡視形狀而定。如圖5（甲）用0°，（乙）用3°，（丙）用X+3°，其原則不外乎使每一間斷終了，重行與刀尖接觸時，面積減小（總抗力較小，較易切割），逐漸增大接觸面積，使刀尖之工作負擔由輕而重，不致有驟力發生。

碳化體之選擇——以上所述雖將碳化體籠統討論，實際上猶依其硬度而分不同之等級，在大量生產中，工具之設計與準備不可不特別攷慮其性能，加以選擇後，註明於準備單上。在原則上碳化體損壞之種類可分爲兩大類。第一類碳化體之邊緣磨損，（圖6a）主要爲刃邊折損或變粗糙。第二類爲刃尖略後之處發生凹坑（圖6b）。前者由於刀具之硬度不够，後者則爲韌度欠足。補救辦法即爲改用硬度大或改用韌度大者或按工作物之硬度，適用適當之切削速率。（參看表三）總之，當使用刀具於一種新的工作時，機器性能與工作物之材料及形狀等，均能影響工作結果。絕不能一試即合，總須歷經試驗及改用方能定出配合此項工作最佳之碳化體。

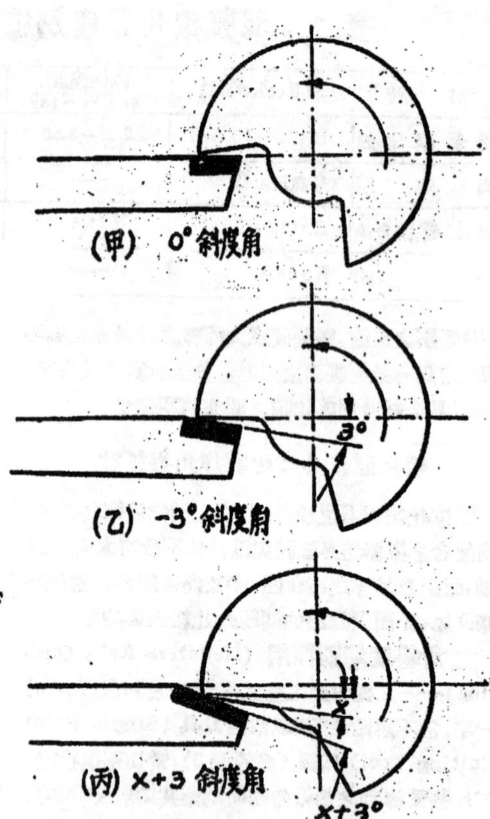

圖5　碳化體刀之斜度角

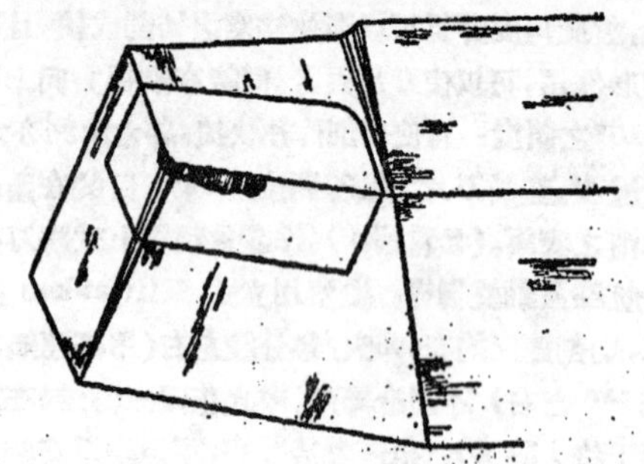

圖6(a)　刃邊磨損

圖6(b)　刃尖面上凹痕

12528

表三　各種工作物之適當切割速度（用於單尖刀具 單位每分鐘呎數）

工作物材料	刀具材料		
	碳鋼	高速鋼	碳化體
鋼(Brinell 硬度250至300)	30—40	60—80	150—220
鋼(Brinell 硬度200至250)	40—50	80—100	200—400
鋼(Brinell 硬度 200 以下)	50以上	100以上	370以上
黃銅	125	250	2700
鋁	250	500	3000
鎂	500	1000	6000—10000

棄屑之斷裂問題——碳化體刀具之運用，既係在速度高，而切割厚重之時。則其棄屑溫度必甚高。如仍令其無限延長成一綫蜷絲，不但排除工作甚爲繁難且因方向不定甚易灼傷工作者，因此在碳化體刀具（尤其是車刀）多在刃上磨出一種棄屑斷裂槽(Chip Breaker)使其蜷曲度加大而自動折裂或直接折斷在設計時不可不顧及。參看圖7(a),(b),(c)。

碳化體刀具之研磨——研磨碳化體刀具，最宜注意者爲刃面之光滑度，故研磨工作極爲重要，其步驟分粗磨及細磨兩步，在研磨時，必須注意使用適當之砂輪（參看表四）不能乾磨，同時要避免過熱。粗磨可在碳化矽(Silicon Carbide)之輪上進行。速度在5,000呎/每分鐘左右，不用冷卻劑晶粒尺寸(Grit Size)在80上下，先磨出第二餘

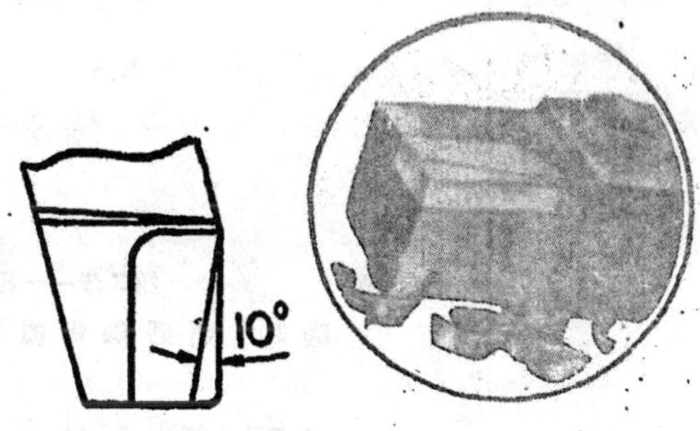

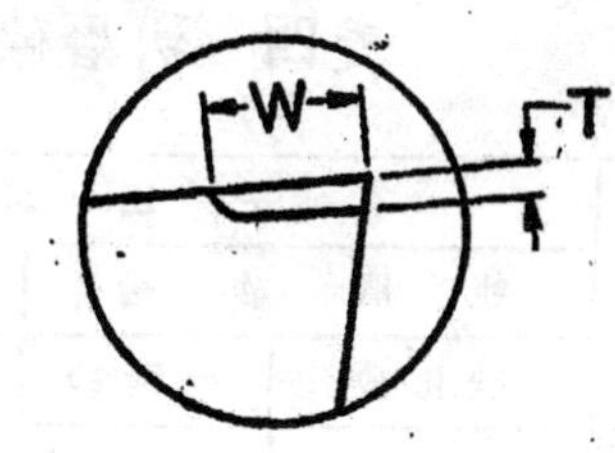

圖 7(b) 斜角式斷裂槽，與平行槽相似，惟不合等深切割之應用。

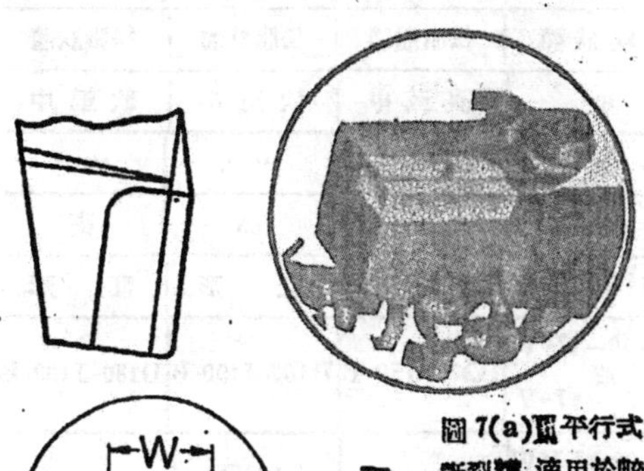

圖 7(a) 平行式斷裂槽，適用於較淺之吃刀，0.005′至 0.018″，厚度T等於吃刀深淺，W隨吃刀速率而變，自1/16″—3/16″

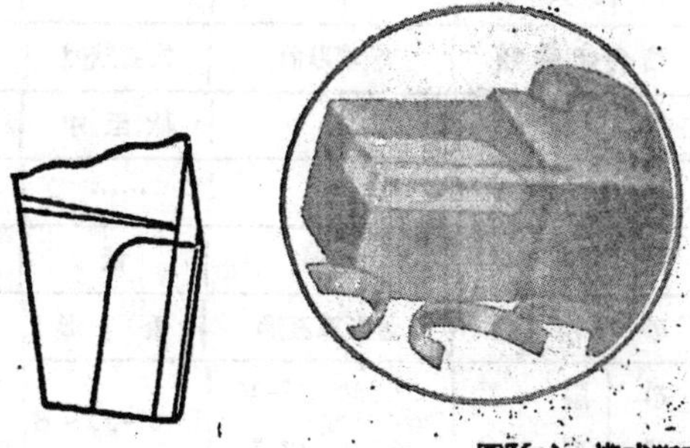

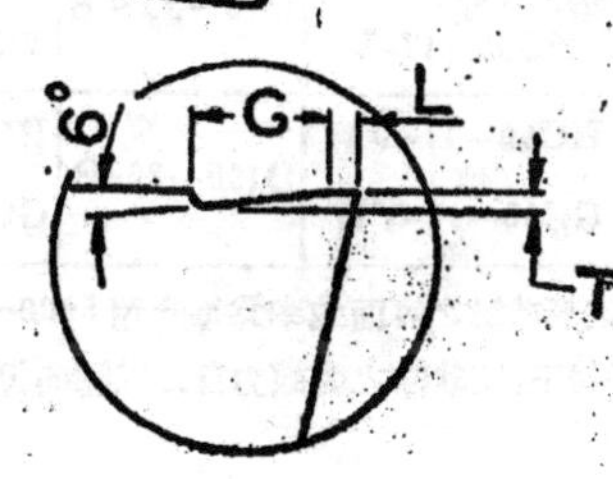

圖7(c) 槽式斷裂槽，可應用於各種深淺之吃刀，吃刀自 .012″—.065″，G爲吃刀之3倍或4倍，L爲吃刀之1倍至1.5倍，T爲槽深，不可超過 0.010″。

12529

隙角（參看圖2），此時刀具本體與碳化體係同時被磨。

粗磨後即改用混有鑽石砂之磨輪來研磨，此時只磨碳化體形成之第一餘隙角（在粗磨時之所以磨出第二餘隙角，亦無非避免在細磨時韌性之刀具本體被磨及而使棄屑粘在鑽石輪上損及磨輪性能）晶粒用180號，冷却劑可用油類。磨熱時可暫時取下。令其自動冷却，萬勿擲入水或油中。若如此即驟然受冷可使熱膨脹係數不同之碳化體與刀具本體脫離關係。

磨竣後可用膠蠟塗於刃面四週，乾後即成硬性之護殼，以防意外撞損。

綜之，碳化體對金屬製造工業上有莫大之貢獻。我國以產鎢稱於世。一旦時局安定，如能建立製鎢工業，成立碳化體工廠，製成碳化體輸出，於國計民生當也不無小補。

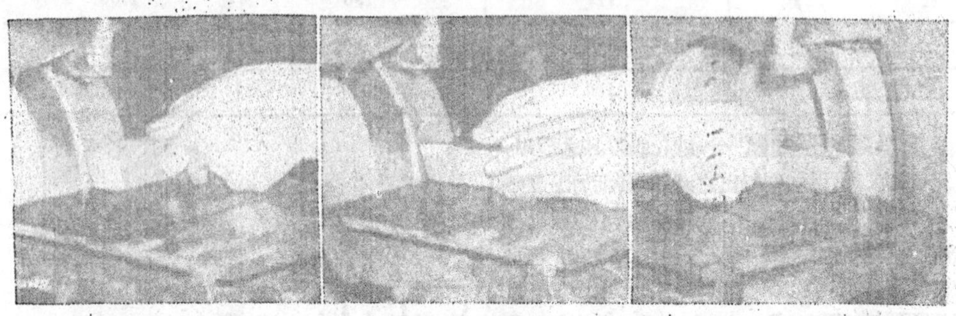

第一步——先磨刀頂　　第二步——再磨刀端　　第三步——然後磨刀側

圖8　研磨碳化體刀具的基本步驟

表四　研磨碳化體之適當砂輪

		手工研磨				機械研磨	
		粗磨砂輪		細磨砂輪		粗磨砂輪	細磨砂輪
磨料種類		碳化砂	金剛砂	碳化砂	金剛砂	金剛砂	金剛砂
晶粒尺寸		60	100	100	220	100	180
結合體種類		玻璃狀體	松脂狀體	玻璃狀體	松脂狀體	松脂狀體	松脂狀體
等級		中	軟至中	中	軟至中	軟至中	軟至中
黏構		中	……	中	……	……	……
濃度		……	低	……	中	高	高
砂輪形狀		盃形或直形	盃形	盃形	盃形	直形	直形
砂輪牌子	腦登 Norton	37C60-17-V 或 39C60-17-V	D100-J25-B	37C100-17-V 或 39C100-17-V	D220-J50-B	D100-J100-B	D180-J100-B
	卡鮑侖登 Carborun-dun	HC60-17-VW 或 GC60-17-VW	D100-125-B	HC100-17-VW 或 GC100-17-VW	D220-L50-B	D100-L100-B	D180-L100-B

砂輪速率：最好直形砂輪之表面速率為每分鐘 5000～5500 呎，盃形砂輪為每分 4300～4700 呎

砂輪轉向：最好朝下，使砂輪之磨擦力自刀尖壓向刀柄。

機工小常識

分厘卡的讀法

蔣邦宏

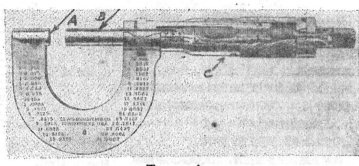

圖 1.

> 材料，機件或工具需要較精密的測量時，使用分厘卡(micrometers)原是準確而便利的事。但是多數工場工作者往往企圖避免使用這類儀器，他們唯一的理由，是認為這類儀器「難讀」。那末，究竟是不是「難讀」呢？其實，那應當說是「不肯讀」，而絕非「難讀」。倘是因為不肯讀，就放棄這類有用儀器的使用，未免太可惜了。

原始的分厘卡是1848年時法國巴摩氏(Palmer)首先設計製成的到1867年，美國 B&S 公司(Browne and Sharpe Mfg. Co.)採用類似巴摩氏分厘卡的刻度方法，並加以補償磨損的設計，方才將分厘卡付諸實用，此後逐有改良，至今已有四百餘種的設計，以應工場中各種的需要。

分厘卡的原理

圖1是分厘卡標準形式的剖面圖，由此圖可知分厘卡的原理很是簡單。要測量的物件放在固定尾面A與移柄B末端之間，移柄的另一段有窄螺紋，所以如果使移柄旋動前進，就能將被測物件夾住。套管C直接連裝在移柄之上，露出在外部，其表面刻有節紋，所以旋動套管時，移柄就跟隨進退。多數分厘卡並裝有棘輪扣，限制移柄與被測物件間的壓力，以免分厘卡的架框受扭變形。鎖緊螺帽也常有裝用，在分厘卡上的，以便於轉移量度時，將移柄鎖牢，使不能移動。

為補償儀器各部的磨損，分厘卡有各種調整的方法。關於移柄螺旋鬆緊的調整，通常在移柄螺帽上加裝一只調整螺帽，需要調整時就旋動這螺帽以鬆緊之。至於零點不符合而需要重新調整時，則方法不一。通常用一特製的螺旋板，將刻度的套筒旋動，使與套管上的零線重新符合。又有用一小螺旋板先將連緊套管與移柄的連結頭旋鬆，使套管能自由轉動，將套管的零線旋至與套筒縱線相重合，然後再旋緊連結頭，使套管重新與移柄相連緊，此法也很普遍。

英制分厘卡的讀法

分厘卡的讀數為英制者，其移柄螺旋的螺距為1/40吋，即一吋內40牙。所以移柄螺旋被轉動一整匝時，移柄的末端即前進或後退 1/40吋，亦即25/1000(0.025)吋。

分厘卡套筒上的刻度，即根據此項螺距刻成，故每一刻度代表0.025吋為便於讀數起見，每隔四線加刻1,2,3,等數字，分別表示100/1000(0.100)，200/1000(0.200)，300/1000(0.300)等吋。至於套管邊緣斜面上，則分為25個刻度，每隔5個刻度加刻數字以便讀數。套管轉動一整圈既使移柄移動0.025吋，故套管上的每一刻度相當於0.001吋。

現在要測一物件至一吋之千分數，舉例如圖

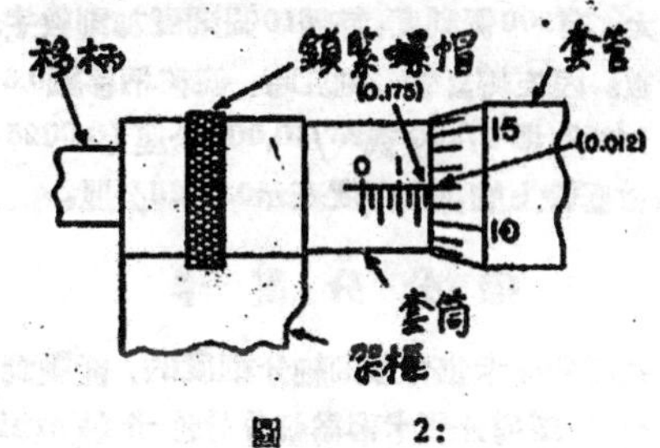

圖 2:

2。先讀出套筒上可見的最高數字爲1，表示0.100吋，將此數記在紙上。再看最高數字與套管邊緣間可見的刻度有幾，乘以0.025，得3×0.025＝0.075，將此數加記在紙上。最後再看套管上的刻度，其與套筒上的長線重合或已旋過長線的刻度爲第幾線，例如圖中爲12，表示0.012吋，將此數再加記在紙上。上三數的總和爲0.100＋0.075＋0.012＝0.187，此即表示要測的結果爲0.187吋。

依照上述方法多加練習，對於讀數的原則即能明瞭，此後即不必在紙上相加而練習心算，練習心算得到結果後，可以再用筆算校對有無錯誤。這樣練習數天以後，即能完全純熟，可以迅速準確地讀出數目，絕不會再有「難讀」之感了。

此外有若干分厘卡將套管上的25個刻度間再各加刻半度，換言之，即將套管上的刻度增爲50個，故測量的精密程度也因此而增加。

米制分厘卡的讀法

米制分厘卡測量的方法，在原則上與英制分厘卡並無分別，不過刻度不同罷了。在米制分厘卡中，移柄螺旋的螺距是0.5公厘(mm.)，故將移柄旋轉一整圈時，即將被測距離進或退0.5公厘。通常在套筒上刻成公厘數，自0以至25，共分50個刻度，每一刻度表示0.5公厘。套管上則分爲50個刻度，每隔5度加刻數字以便讀數，每一刻度表示0.5公厘的1/50，即0.01公厘。

此種分厘卡讀法很容易，即讀出套管邊緣內在套筒上可見的公厘數加以套管上讀出的公厘百分數便得。例如在套筒上讀出的爲7公厘，而套管上與套筒長線相重合的刻度爲第15刻度，則所得的結果應爲 $7+\frac{15}{100}=7.15$ 公厘。

另外有一種米制分厘卡可以讀到一公厘的25/10,000。其移柄螺旋的螺距仍爲0.5公厘，惟套管加大，有200個刻度，每隔10個刻度加刻數字以便讀數。因旋轉套管一刻度時，使移柄移動0.5公厘的1/200，即1/400或25/10,000公厘(0.0025公厘)，故套管上的每一刻度表示0.0025公厘。

細分分厘卡

英制分厘卡也有加刻細分刻度的，能讀到萬分之一吋，這種分厘卡稱爲細分分厘卡(Vernier

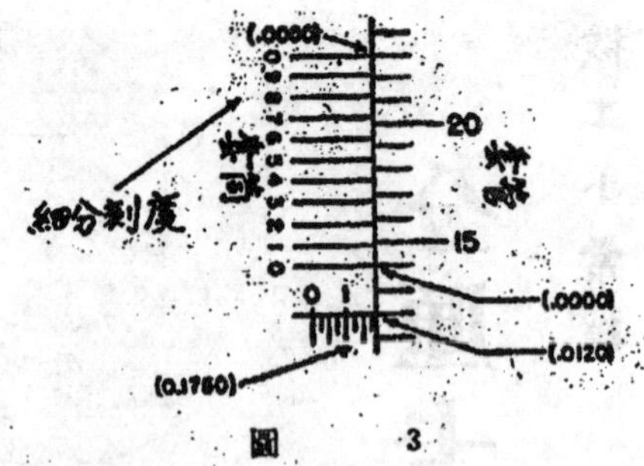

圖 3

Micrometers)。

細分刻度是1631年溫尼爾氏(Pierre Vernier)所發明，其原理可以圖3說明之。圖3表示一細分分厘卡的刻度，其中細分刻度和套筒長線相平行，共有10格，並以數字註明，自0，1，2……以至0。這10格的長度和套管上9格的長度相等，故細分刻度的每一格等於9/1000吋的十分之一，即9/10,000吋。套管上的刻度既然每格等於1/1000吋即10/10,000吋，故細分刻度的一格與套管上刻度的一格相差10/10,000－9/10,000＝1/10,000吋。

如圖3所示，細分刻度的二零線與套管上的兩個刻線相重合，此時即表示分厘卡的讀數爲準確的千分數(圖中爲12/1000吋)。同時並可由此圖中看出套管上的刻線順次與細分刻度的刻線1，2，3等間之差等於1/10,000，2/10,000，3/10,000，……吋。所以如果細分刻度的1線與套管上的某一刻線相重合，即表示套管已較準確的千分數前進1/10,000吋；如果2線與套管上的某一刻線相重合，即表示套管已較準確的千分數前進2/10,000吋；依此類推，故看細分刻度的第幾線與套管上的刻線相重合，即可讀出一吋的萬分數。

茲再以圖3爲例，凡細分刻度的二零線與套管上任何兩刻線相重合時，則分厘卡讀數萬分位上爲0，例如圖3所示，其讀數應爲0.1870吋。

在圖4中，細分刻度的7線與套管上的一刻線

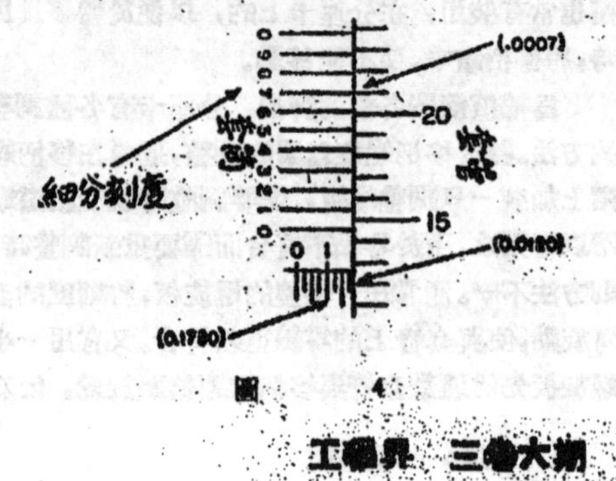

圖 4

12532

相重合，此即表示應於讀得的千分數後加7/10,000吋，故結果應爲0.1870＋0.0007＝0.1877吋。

此外還有別種分厘卡利用其他方法讀出萬分之一吋的。例如有一種分厘卡，其移柄螺旋是每吋50牙，並將套管加大刻成200度，每10度加刻數字以便讀數；這種分厘卡可直接讀出一吋的萬分之一，因爲套管上每一刻度等於1/50吋的1/200，也就是1/10,000吋。

另有一種分厘卡，在儀器上另加一小型輔助套管，在此管上刻一吋的萬分數。測量時，先旋動大套管，讀到一吋的千分數，其讀法與普通分厘卡相同；然後再旋動輔助套管，使大套管與套筒上兩相鄰刻度重新重合爲止；由輔助套管旋動的多少，即可看其上面的刻數，讀出一吋的萬分數，將此萬分數加到上述的千分讀數，就得到總結果了。

細 分 卡 鉗

細分卡鉗發明在1851年，卡鉗的一足連於一固定標尺上，另外一足則連於滑臂，能在固定標尺上左右移動，量出被測物件的長短，並在滑臂上附載細分刻度以便讀出更精細的分數。

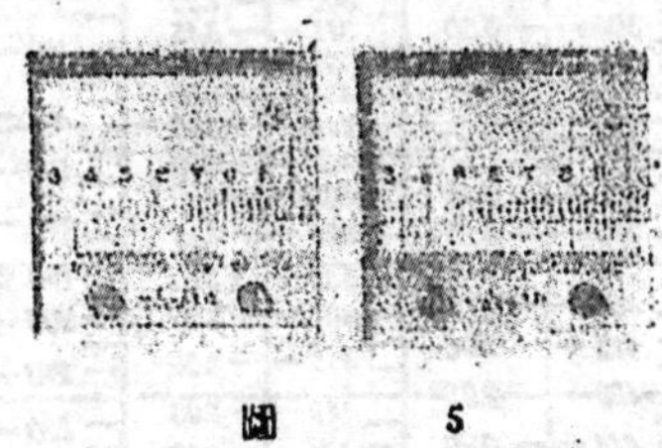

圖 5

如圖5所示，細分刻度分爲25格，每5格註以數字。卡鉗標尺上則以吋記數，每吋內又分爲40小格，每小格等於0.025吋，又每4小格等於0.100吋，分別註以1，2，3，……等數字以便讀數。

細分刻度的25格和標尺上24小格的長度相等，標尺上每一小格等於0.025吋，24格等於0.600吋，故細分刻度的每一格等於0.600吋之1/25，即0.024吋；因此可知標尺上一格與細分刻度的一格相差爲0.025－0.024＝0.001吋。故圖5所示的讀數爲2吋＋3×0.100(即0.300)＋2×0.025(即0.050)吋＋細分刻度所示的第18/1000線(即0.018吋)＝2.368吋。

現在再把上述讀法詳述一下；標尺上的讀數應讀至細分刻度零線爲止，再由細分刻度讀出千分數。故在細分刻度零線之左，讀數爲2吋(圖中未示出)；小數字爲3，等於0.300吋；在小數字3與零線之間有兩刻線，每一線等於0.025吋，故兩線等於0.050吋；以上三數相加爲2.350吋，此爲標尺上可讀出的讀數。至於千分數則由細分刻度上讀出，因細分刻度的第18線與標尺上的一刻線相重合，故讀數爲18/1000，即0.018吋，將此數加於標尺讀數上得2.368吋，這就是應得的結果。

萬 用 角 度 規

萬用角度規(Universal bevel protractors)也附有細分刻度，不過其刻度方法和上述稍有不同而已。此式角度規是在圓盤上，自零線向左右兩方各刻到90度，也有繞環全盤各刻到180度的。至

圖6：萬用角度規。圖示讀數爲12度50分。

於細分刻度則刻成如圖6所示的形式，自0至60分間分成12格；這12格的長度使與圓盤上23度的長度相等，每格等於23/12度。故圓盤上兩格與細分刻度一格的差爲2－23/12＝1/12度，即5分。

以圖6爲例，即可明瞭此式角度規的讀法。首先須看細分刻度的零線已自圓盤上零線起移動多少度數，例如圖中所示爲12度。然後再看細分刻度的那一條刻線與圓盤上的刻線相重合，例如圖中爲第10線重合，代表10×5即50分。將兩數相加，即12度加50分，即得總數爲12度50分。

角度規圓盤刻數及細分刻度的數字，都是自零起向左右兩方刻去，所以不論向左或向右都可讀出一角度，不過應注意讀的方向要看細分刻度零線是向圓盤零線左方還是右方移動而定。

關於分厘卡等的使用，還有幾個應注意之點，茲書以爲結。(一)測量時切忌使用猛力，只要緩加輕壓。(二)勿將移柄旋至極端，擠壓尾面。以上兩點，如使用不當，能使分厘卡架框受彈力撐開以致影響儀器的準確度。此外，(三)勿將分厘卡用作夾子或鎚子。(四)凡不需要精密測量的，不必去使用分厘卡，以保儀器的壽命。

工程界應用資料

材料的硬度換算

參看上期和本期的工程界，可以知道材料的硬度標準很多，每一種標準都有其特殊的意義，爲了便於換算起見，這裏的一張圖表可供讀者隨時應用和參攷。

要注意的是：這張換算表並不適合一切材料，僅合用於鋼鐵或他種彈性係數亦爲每平方吋三千萬磅之材料，同時，在試驗時的刻驗時的刻痕深度須相等，那末，可以應用這一張表。（惟洛克威爾試驗淺表皮硬鋼時所得的數值是例外，常較自DPH換算得者高一二度。）如果試驗混凝碳化體及類似之硬鋼（硬度自DPH900至1700者）時，其DPH數値與R_C數值二者間之關係可根據下列公式求得：

$$DPH = 2.445\times10^6/(B-R_C)^2$$，上式的常數B爲118（對於碳化體）或120（對於鋼）。

各種標準之硬度換算表

（適合于鋼鐵或彈性係數爲每平方吋三千萬磅之他種材料）

硬度標準	符號	刻度值（由上至下）
金剛石方角錐硬度 50公斤重錘	DPH	250, 300, 350, 400, 450, 500, 550, 600, 650, 700, 750, 800, 850, 900, 950, 1000
洛克威爾硬度 C標尺 150公斤荷重	R_C	20, 25, 30, 32, 34, 36, 38, 40, 42, 44, 46, 48, 50, 52, 54, 56, 58, 60, 61, 62, 63, 64, 65, 66, 67, 68, 69, 70, 70.5
洛克威爾硬度 A標尺 60公斤荷重	R_A	58, 60, 62, 64, 66, 67, 68, 69, 70, 71, 72, 73, 74, 75, 76, 77, 78, 79, 80, 81, 82, 83, 83.5, 84, 84.5, 85, 85.5, 86, 86.5
洛克威爾硬度 表皮硬度 15-N標尺	15-N	68, 70, 72, 74, 76, 77, 78, 79, 80, 81, 82, 83, 84, 85, 86, 87, 88, 89, 90, 90.5, 91, 91.5, 92, 92.5, 93, 93.5, 94
洛克威爾硬度 表皮硬度 30-N標尺	30-N	42, 44, 46, 48, 50, 52, 54, 56, 58, 60, 62, 64, 65, 66, 67, 68, 69, 70, 71, 72, 73, 74, 75, 76, 77, 78, 79, 80, 81, 82, 83, 84, 84.5, 85, 85.5, 86
洛克威爾硬度 表皮硬度 45-N標尺	45-N	20, 24, 26, 28, 30, 32, 34, 36, 38, 40, 42, 44, 46, 48, 50, 51, 52, 53, 54, 55, 56, 57, 58, 59, 60, 61, 62, 63, 64, 65, 66, 67, 68, 69, 70, 71, 72, 73, 74, 75, 76, 76.5, 77, 77.5
沙阿硬度	Scl.	32, 34, 36, 38, 40, 42, 44, 46, 48, 50, 52, 54, 56, 58, 60, 62, 64, 66, 68, 70, 72, 74, 76, 78, 80, 82, 84, 86, 88, 90, 92, 94, 96, 98, 100, 102, 103
摩那佛硬度	Mon.	26, 28, 30, 32, 34, 36, 38, 40, 42, 44, 46, 48, 50, 52, 54, 56, 58, 60, 62, 64, 66, 68, 70, 72, 74, 76, 78, 80, 82, 84, 86, 88, 90, 92, 94, 96, 98, 100, 102, 104, 106, 108, 110, 112, 114, 116
布利耐爾硬度（10公厘鋼珠，3000公斤重錘） 鋼珠硬度爲DPH940 硬度	BHN	207, 217, 229, 241, 255, 269, 285, 302, 321, 341, 363, 375, 388, 401, 415, 429, 444, 461, 477, 495, 514, 534, 555, 578, 603
布利耐爾硬度 鋼珠硬度爲DPH940 直徑	mm.	4.20, 4.10, 4.00, 3.90, 3.80, 3.70, 3.60, 3.50, 3.40, 3.30, 3.20, 3.15, 3.10, 3.05, 3.00, 2.95, 2.90, 2.85, 2.80, 2.75, 2.70, 2.65, 2.60, 2.55, 2.50
布利耐爾硬度 鋼珠硬度爲DPH1000 硬度	BHN	201, 207, 212, 217, 223, 229, 235, 241, 248, 255, 262, 269, 277, 285, 293, 302, 311, 321, 331, 341, 352, 363, 375, 388, 401, 415, 429, 444, 461, 477, 495, 514, 534, 555, 578
布利耐爾硬度 鋼珠硬度爲DPH1000 直徑	mm.	4.25, 4.20, 4.15, 4.10, 4.05, 4.00, 3.95, 3.90, 3.85, 3.80, 3.75, 3.70, 3.65, 3.60, 3.55, 3.50, 3.45, 3.40, 3.35, 3.30, 3.25, 3.20, 3.15, 3.10, 3.05, 3.00, 2.95, 2.90, 2.85, 2.80, 2.75, 2.70, 2.65, 2.60, 2.55
鋼之近似抗張強度	T.S.x10^3	100, 110, 120, 130, 140, 150, 160, 170, 180, 190, 200, 210, 220, 230, 240, 250, 260, 270, 280, 290, 300, 310, 320

12534

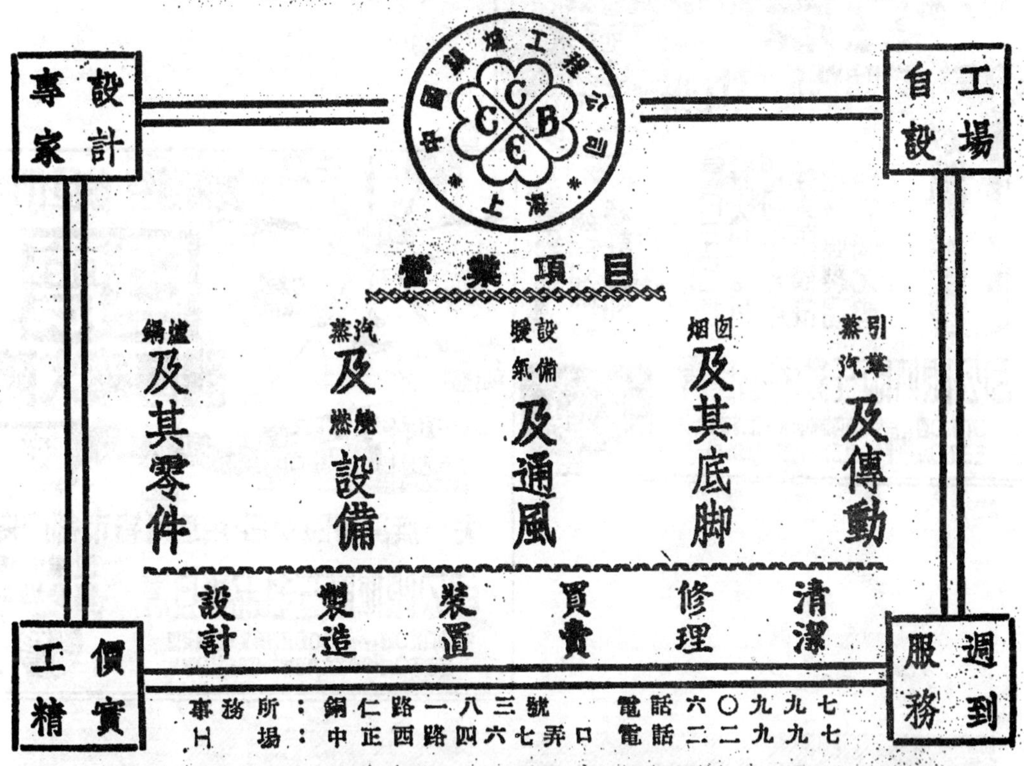

中國鍋爐工程公司
設計專家
工場自設
價實工精
週到服務
中國鍋爐工程公司 上海
CBE
營業項目
鍋爐及其零件
蒸汽及燃燒設備
暖氣設備及通風
烟囱及其底脚
蒸汽引擎及傳動
設計 製造 裝置 買賣 修理 清潔
事務所：銅仁路一八三號 電話六〇九九七
工 場：中正西路四六七弄口 電話二二九九七

資源委員會 中央電工器材廠
日月牌電池
甲電 單電
乙電 蓄電池
電量充足 壽命長久
上海區營業處··上海廣東路一三七号

備有震旦滅火機

好比常駐消防員

業經呈請經濟部特許專利

震旦三七型滅火機係以塑料(*Plastics*)經高压製成絶無爆裂遇酸銹爛之弊

震旦機器鐵工廠無限公司

總管理處・北蘇州路四〇〇号 電話四〇九八〇
上海分銷・浙江中路五九六号 電話九〇五三三

時代巨獻 空前創製

震旦

防火感應器

鄉間都市皆可適用・日夜服務萬無一失

歡迎參觀 備有模型

震旦機器鐵工廠無限公司

總管理處・北蘇州路四〇〇号 電話四〇九八〇
上海分銷・浙江中路五九六号 電話九〇五三三

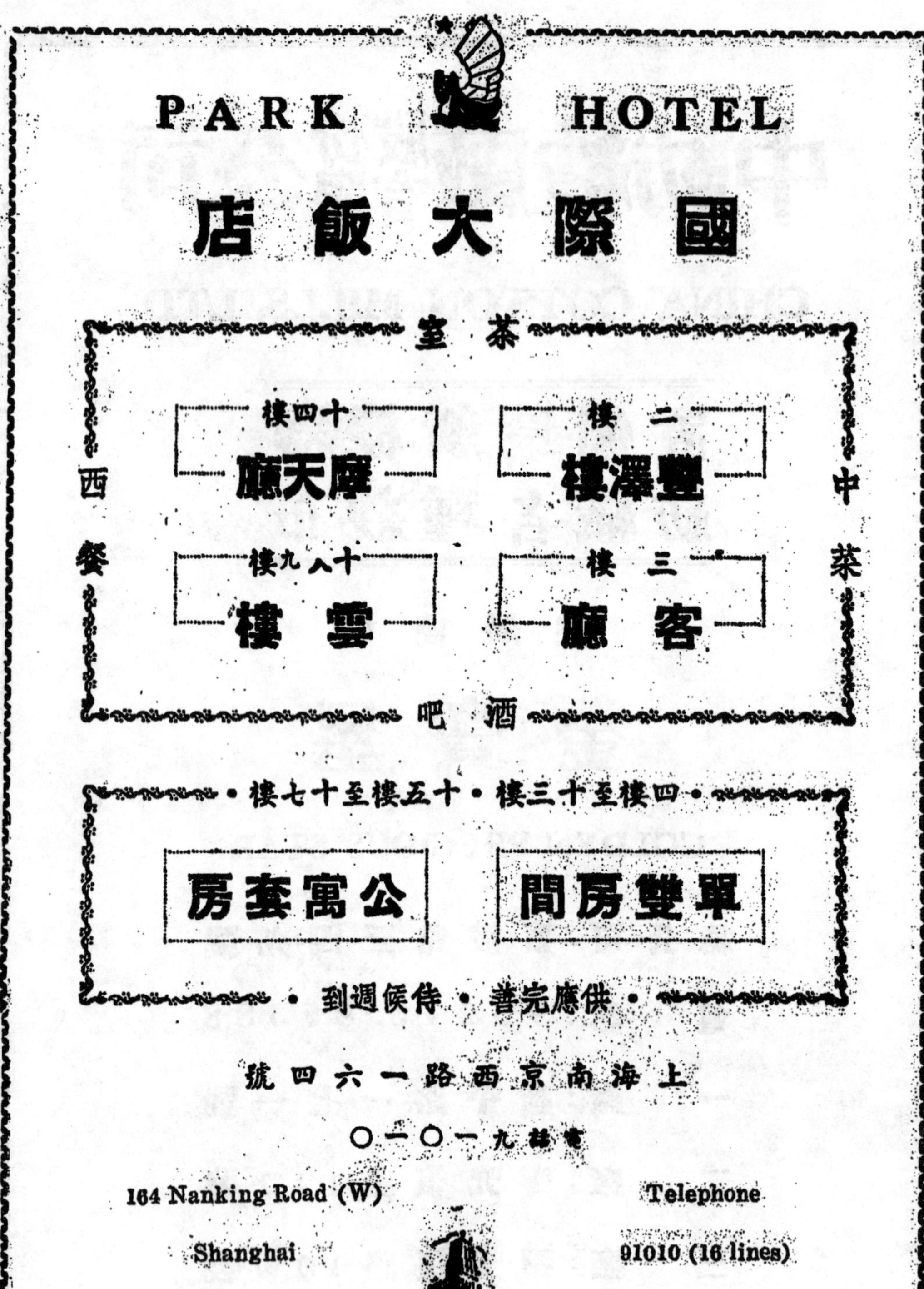
PARK HOTEL
國際大飯店
茶室
十四樓
摩天廳
二樓
豐澤樓
西餐
中菜
十八九樓
雲樓
三樓
客廳
酒吧
四樓至十三樓・十五樓至十七樓
單雙房間
公寓套房
供應完善・侍候週到
上海南京西路一六四號
電話九一〇一〇
164 Nanking Road (W)
Shanghai
Telephone
91010 (16 lines)

Chemical
化學玻璃儀器
Glassware Apparatus
HARD GLASS C.S.C.
請注意商標

推進有機化學工業

供應基本化學原料

資源委員會

中央化工廠籌備處

	出品	出品預告
染料部	BX硫化元（青紅光） 還染性草綠 還染性卡其	陰丹士林藍 剛果紅 直接元 T硫化元（200%） BR硫化元（紅光）
膠品部	三角皮帶ABCDE各型 電瓶殼	電木粉 塑料製品 平皮帶 橡膠管
化工原料部	煤膏中油	酚 甲酚 萘

總處	南京	中山路吉兆營34號	電話33114
總廠	南京	燕子磯	
上海工廠	上海	楊樹浦路1504號	電話52538
研究所	上海	楊樹浦路1504號	電話51769
重慶工廠	重慶	小龍坎	電話郊區6216
業務組	上海	黃浦路17號41—42室	電話42255 接41—42分機

本刊係科學期刊協會會員刊物
上海郵政管理局執照第二四二六號
內政部登記證京警滬字第一七四四號

本期定價每冊七萬元

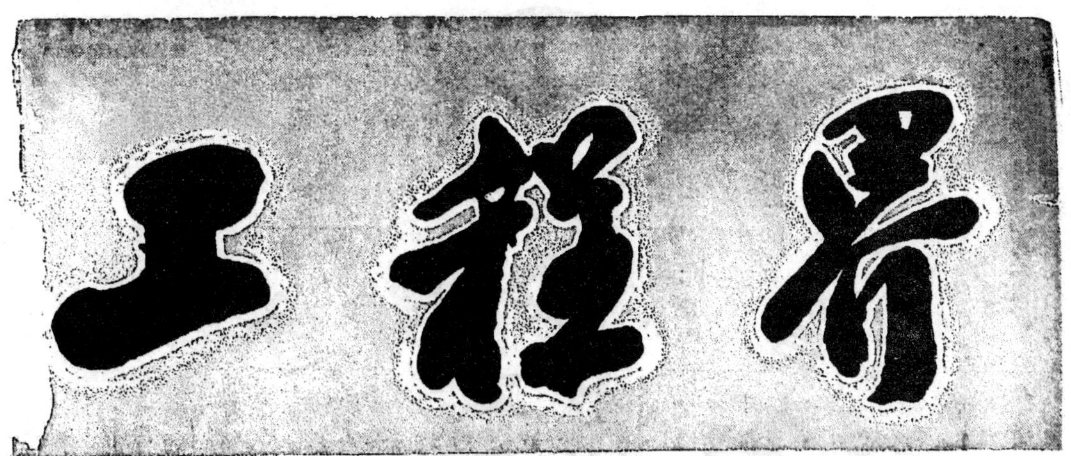

第三卷 第七期　　三十七年七月號

中國標準式自動織機在裝配中(參閱本期第4頁)

中國技術協会出版

12543

12544

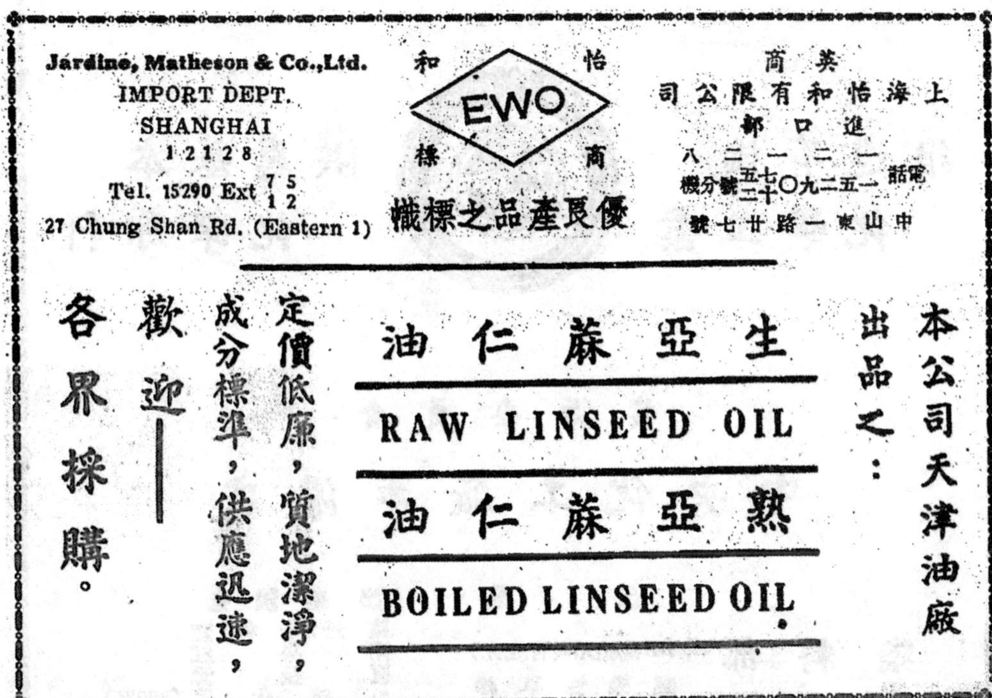
Jardine, Matheson & Co., Ltd.
IMPORT DEPT.
SHANGHAI
12128
Tel. 15290 Ext 75 12
27 Chung Shan Rd. (Eastern 1)
怡和
EWO
商標
優良產品之標幟
英商
上海怡和有限公司
進口部
電話 一二一二八 一五二九〇 分機
中山東一路廿七號
本公司天津油廠出品之：
生亞蔴仁油
RAW LINSEED OIL
熟亞蔴仁油
BOILED LINSEED OIL
定價低廉，質地潔淨，
成分標準，供應迅速，
歡迎——
各界採購。

華生出品
兩用吊扇
本外埠
各電料行均有經售
商標
註冊
華生電器廠股份有限公司出品

推進有機化學工業

供應基本化學原料

資源委員會

中央化工廠籌備處

	出品	出品預告
染料部	BX硫化元（青紅光） 還染性草綠 還染性卡其	陰丹士林藍 剛果紅 直接元 T硫化元（200%） BR硫化元（紅光）
膠品部	三角皮帶ABCDE各型 電瓶殼	電木粉 塑料製品 平皮帶 橡皮膠管
化工原料部	煤青中油	酚 甲苯 酚

總處 南京 中山路吉兆營34號 電話33114

總廠 南京 燕子磯

上海工廠 上海 楊樹浦路1504號 電話52538

研究所 上海 楊樹浦路1504號 電話51769

重慶工廠 重慶 小龍坎 電話郊區6216

業務組 上海 黃浦路17號41—42室 電話42255 接41—42分機

以服務為目的
以經濟為原則
資源委員會
材料供應事務所
供應工礦電化器材 ★ 辦理採儲運銷業務
代銷資源委員會各廠產品
水泥 硫化鹼 硫化元 硫酸 電石 銻白 矽鐵 酒精
★ 歡迎採購 ★
地址 上海黃浦路十七號二樓 電話 四二二五五
分所
華北分所：天津羅斯福路二三八號
漢口辦事處：漢口勝利街二五七號

·出版·發行·廣告·

工程界雜誌社

代表人　宋名適　鮑熙年

上海(18)中正中路517弄3號（電話78744）

·印刷·總經售·

中國科學公司

上海(18)中正中路537號（電話74487）

·分經售·

南京　重慶　廣州　北平　漢口

各地

中國科學公司

本期零售定價五十萬元

直接定戶半年六册平寄連郵二百五十萬元

全年十二册平寄連郵五百萬元

POPULAR ENGINEERING

Vol. III, No. 7, July, 1948

Published monthly by

CHINA TECHNICAL ASSOCIATION
517-3 CHUNG-CHENG ROAD.(C).
SHANGHAI 18. CHINA

·通俗實用的工程月刊·

第三卷　第七期　　三十七年七月號

目　錄

12549

今年公路建設重心在華南

下半年全國公路建設，將以華南為重心。總預算十二萬餘億元，已獲立院順利通過，預算中之半數，將撥作華南建設，廣東方面修復及改善廣小、廣九、廣增、韶庾、增岩、廣坳、石堪等七路，預算七八五六億元已通過，又全國公路連臺灣共十九萬餘里，現能通車者國道約五萬公里，連縣道共十三萬公里，其中以第一區江浙兩省情形最好，西北新疆川滇湘贛等路皆屬良好，廣東因治安關係，情形最壞，幾無一路可暢通。

三峽水庫工程即將繼續施工

長江三峽水庫工程，因外匯屢經提高，需費過鉅，曾經停頓。現以美援中列有此項工程費用，故已有繼續施工計劃，測量工程已由航空測量隊完成大半，一俟所聘請之美國水利專家顧問來華後，即可決定施工日期。

閩贛鐵路秋間可動工

閩贛鐵路一俟測量完竣，即可興工。據交通部表示，最遲十日可動工。浙贛路侯局長家源將負督工之責。經費則已定為六千億。

粵漢路橋鋼樑墮落河中

粵漢路蒲圻大橋刻正進行改架鋼樑工程，七月十三日下午一時許因鋼樑過重，置放不慎，墮落河中，死傷員工十餘人，路局已派員趕往調查眞象，並辦理善後。

川康兩省開礦淘金

資源委員會近與川康兩省府合作開發兩省金礦，全部計劃現已擬就，劃定西康寧屬康屬及四川松潘為川康三大金礦區，由資委會撥款辦理，該礦計分山金與沙金，松潘區多為沙金。

黃埔闢港第一期工程完工

陶述曾主持的黃埔港工程局成立，及今忽忽八閱月，最近該局宣佈第一期工程已告完成，日本人遺下的港底障礙物，皆已打撈完畢，現在四百公尺碼頭前，低水位時水深二十四英尺至二十六英尺，五千噸以下輪船靠岸，已無問題。

下半年該局計劃展修四百公尺碼頭，使五千噸海輪六艘，可同時停靠，並舖修黃埔碼頭附近公路五公里半，建築機器廠、發電廠、架設交通部撥發之三噸至二十八噸起重機七架，浙贛路局及交部材料儲運處所撥三噸至三十噸起重機六架，建築內港碼頭兩座共一百五十公尺等預算共需款四萬三千億元。

第二批日賠償物資指定軍需工廠設備

第一批日本賠償物資，本月初即可全部運完，茲據賠償委員會息，第二批賠償物資除十七兵工廠剩餘設備（如發電設備）外，業經指定為飛機工廠及民間軍需工廠之設備，盟總原定六月初公布名單，但迄今尚未公布，現正由我國代表聯合其他盟國催促提早拆遷中。

束雲章談紗價不敷生產成本盼速抑低花價動用美援棉花

紡建公司總經理束雲章談及中央銀行及紗管會會同本公司大量拋售紗布後，市價已趨下落。惟目前棉紗市價，已在實際生產成本以內，如不將棉花市價抑低，則生產廠商勢必無法生存。目前美援棉花已到埠者達十六萬餘包，業經美方批准之緊急貸款項下美棉部份第一批一千三百萬美元，棉花額為七萬餘包，已可開始動用，盼即迅予分配供應，同時希望配售棉花價格，亦予減低，使與棉紗市價之比率相等，俾廠商不致虧蝕，而花價亦不抑而自平。

菲禁止鐵礦苗輸日

菲律賓政府宣佈，在該國對恢復菲日間貿易問題採取確定的政策之前，將禁止以鐵礦苗輸往日本。菲參議員桑尼遠德頓告合衆社記，對日恢復通商，將阻礙菲律賓工業復興，渠並主張立即派特使駐日盟軍總部，以保障菲律賓利益。

日本紡織界遭受地震大損失

日本五百卅五家紡織工廠，於最近福井縣之地震中全部損毀。按福井為日本之紡織業中心，佔全國紡織品出產百分之六十。關於福井紡織工業遭受地震損失之數字據福井紡織工業合作協會之正式公布，有一萬三千三百七十架織機已全部損毀，另九千架織機，部份損壞，均須修理。

史蒂爾曼赴唐山調查煤礦

史蒂爾曼等昨偕赴唐山，調查目前產量佔我全國百分之七十之開灤煤礦，團員派克及鮑林克將飛太原瀋陽調查。

美原子能委會探尋鈾礦封鎖柯州西南地區

原子能委員會將於今年夏季在柯羅拉多州西南和烏達州東南的一百十五方哩地區探覓鈾礦，內政部業已將該地區封鎖。

告本屆工科畢業同學，

認識當前的職業環境

陳銶麟

本刊讀者有不少今年畢業的工學院同學，正在忙於尋尋找職業。爲國家建設的前途計，爲同學個人的出路計，本刊曾不止一次提出了要珍惜技術人員，使他們能學以致用，能得到生活保障的要求，其實今天我們惟其空口呼籲，毋寧來探討今天技術人員所以不被珍惜，生活得不到保障的原因。陳先生把職業圈裏觀察所得的經驗提供出來，雖未見詳盡，也許可供作參攷，讓諸同學自己來找尋出奮鬥的道路。——編者

學習工程的大學畢業生，讀的是美國教科書，而中國社會的工業水準却完全不能與美國的等量齊觀。中國的工業，除了極少數有規模的眞正民族工業外，大都是買辦及官僚投資或從工頭發展經營的工廠，前者勾結了帝國主義及傳統勢力，享受一切有利條件，後者藉廠主本人的工作經驗，憑高度勞力剝削立足。抗戰以後從接收了敵僞產業轉變的國營機關，實際上還是一批官僚及買辦的勢力。今天我們如要創辦一個比較着重技術上的研究和改進的工廠，也許不等到研究成就，已經因爲業務手段上競爭不過買辦資本，生產管理上不及工頭制度的剝削而垮台了。在如此的環境下，許多不是買辦或工頭辦的工廠，也不得不或不自覺的充滿着買辦及工頭意識，來適應這個工業環境。

我們即將步入社會，必需要認清楚我們所處的這個環境。

公家工程機關的技術人員，拿的是最可憐的公教人員待遇，工程的進行，往往因經費絀支而進行遲緩，主管人員一因上級的阻力太多，二因主管工作，與個人利益不相共，不是敷衍塞責，儘打官話，便是狠心貪污；冗員之多，出於意想之外，上海一個交通事業機關，安插了一百多個大學教授，有經驗的工程師和工科大學畢業生，分任處部科組等一大套「長」，結果派系鬥爭鬧得很兇，而同一性質的洋商機構，所用技術人員僅及其十分之一。

同一機關的工作，忙的一天忙到晚，閒的每天簽個到。所做工作，大都是職業學校畢業生或高中畢業略加訓練即能勝任的事務工作。創造性的或改變舊例的工作，是不會被重視和採納的。自命爲老公事者，是最有辦法推諉工作的人，認眞做事，出了亂子要受申斥，開開玩笑，吊兒郎當反不會敲破飯碗。生活既然氣悶，好得黃色小報每天有十餘張之多，暫時找些刺激，挨過今天再說。

大多數的民營生產機構，對中國工業所處的逆境，不從正面去研究其原因，而爲適應這一通貨膨漲，物價高漲的環境，把精神集中在屯積和金鈔買賣上。

在今天特殊環境下，業務上的處理，誠然是獲利的主要關鍵，技術上的改進，對於整個生產事業的影響較小，造成了主持者個人赤手創天下的局面，如果經營得法，都是一個英雄所爲，自以爲個人的披荊斬棘，是爲養活全廠的員工而辛苦，完全忽視了工業生產部門全體工作人員通力合作的勞動貢獻，認爲沒有「功績」的同人，只有無聲無嗅吃一口苦飯的份兒。其實，今天的所謂經營得法，只是鑽天打地，奔走於豪門之門，托庇餘蔭，分得一杯羹罷了！

至於一些洋商機構，因爲充分利用了中國政治上的弱點，沾盡便宜，營業利潤特別高，對中國技術人員的待遇，一般的比較要好；可絕對不能與拿美金薪水的洋大人比。但是那些洋大人對於中國政府官僚都可以隨時要挾，何況是手底下的伙計，自然更不在他們眼裏。因此在洋商機關裏，除非你準備着受洋氣，去舐洋人刮下來的中國人的血，（自然也有甘爲洋奴的）否則縱然進去了，也是很不舒服的。

我們是學有專門技術的知識份子，在這二十世紀科學發展的工業社會裏，主宰這個社會的人們，原來還到我們重視的，但是時至今日，由於太多的變動，大家把功利觀念看得很近，許多在才勝利時抱着要做一番事業的人，經不起惡劣環境的誘惑，到現在不是心灰意懶，便是同流合污。

剛離開學校的同學，雄糾糾氣昂昂的踏進社會，即將經過社會的考驗，一個長期性的，誘惑性的試煉，面對現實，我們只有眞正掌握了正確的途徑，記取少年時代的志向和理想，做到威武不能屈，富貴不能淫，貧賤不能移的地步，我們所學的技術才能眞正有用，才能成爲一個有助於社會的人！

利用日本的技術來製造中國的紡織機器？

中國紡織機器製造公司一瞥

欣之

「中國自造紡織機」的呼聲，在抗戰勝利以後越喊越高了，尤其是因爲紡織事業在中國總算是比較「賺錢」的，所以工業界對此興趣也特別濃厚；很多人並且以爲中國的工業化可以從紡織工業做起。在這樣情形之下，推求紡機製造和經營方面的各種技術問題是很值得工程界技術人員們注意的。中國技術協會參觀團於本年六月十九日，藥上海最大的紡機製造廠，——中國紡織機器製造公司之邀，到該公司所屬各廠作了一次巡禮，所得觀感甚多，玆綜合各參觀者的意見，和該公司的資料，報導一些該公司的實況，以供讀者們的參攷：

紡機公司創立的故事

說起中國紡織機器製造公司的創立，却是日本的留遞技術人員所促成的。這樣有一段小小的軼事，在三十四年十一月廿八日，日本政府的駐華代表，堀內干城帶了豐田產業株式會社的西川秋次來到行政院院長駐滬辦事處主任彭學沛氏那裏來獻策，希望能利用上海豐田機械廠和自動車廠的設備，留用日籍技術人員並使用豐田式紡織機的專利權來建立一個紡織機器的製造廠。這一個建議，固無論它是否有無用意，但在中國政府的立場，只要日本的技術人員眞能爲中國效勞，而中國的管理人員能善用他們的技術，藉此建立了國家自造紡織機器的基礎，這本來是一件非常有利的事，所以這一個建議經彭學沛氏報告當時的院長宋子文氏以後，宋氏立予採納，到三十五年一月三十一日，宋氏又召見西川秋次等，希望眞能協助中國自製紡織機，西川氏表示這項工作非常艱鉅，不能在短期內有成功獲利的希望；宋氏就應允這事作爲國家事業經營，決不惜任何困難與賠累，務必促成。

也許就是宋院長在創立之前已抱了這一個初衷吧？所以紡機公司的經營方針就確立了不以謀利爲目的，從三十五年六月正式開工到現在已有兩年，做做的是些重工業必要的準備工作，和修配工作，而眞正的大規模生產還沒有開始、如果政府當初也用經營紡建公司的方針來經營紡機公司，當然一定是搞不好的！在這裏我們可以看出：重工業的創立和建設過程是多少困難！

中國自製紡織機器的原則已經確立了之後，就由彭學沛氏擬訂辦法，決定由官商合資，組成一股份有限公司，專製紡織染整機器與配件，以月產紡織機二萬錠及自動織機五百台爲目標；邀請紡建、申新、永安、中紡、慶豐、大生、豫豐、恒源等紡織公司及紗廠負責人三十六人爲發起人，經召開三次會議後，方才決定：(一)公司的章程草案，(二)推定擬訂製造計劃負責人，(三)組織籌備委員會，(四)決定官股占40%，商股占60%，官股以政府接收之敵僞紡織機器廠作價，商股由民營紗廠分認，如再不足，再由政府撥款加入官股 這許多決定，後來宋子文氏在二月十九日的行政院七三四次會議中提出，「擬由政府協助設置紡織機器製造公司案」，當經決議通過；後來再開過二次籌備會，擬定繳股辦法，遂在三十五年二月二十五日正式召開公司的創立會，中國紡織機器製造事業的萌芽——紡機公司就正式呱呱墜地了。

敵僞工廠的接收與復工

敵人在中國境內的最大輕工業——紡織工廠，原來有八大集團，(即內外棉、同興、大康、日華、豐田、公大、上海、裕豐)，其中能自製紡織機器的僅有豐田一家。豐田系的事業範圍廣大，主要是自動車製造和紡織機械製造，除在日本名古屋有總廠外，在中國的上海和青島兩地均設有分廠，這次中國紡機公司的主要接收對象，就是這一個廠。不過爲了要成立一個全國性規模的公司，籌備委員會曾擬了一張名單，準備接收上海的日本機械製作所五廠，華中豐田自動車廠、有新、振華、東亞三鐵廠、內外棉八廠，遠東鋼絲布廠七家，青島的

12552

豐田式鐵廠二家，以及天津、濟南、保定三地的華北自動車工業株式會社製造部，計共十一單位；後來奉行政院指撥上海十個鐵工廠可予接收，包括上列各廠再加了日本機械製作所的二、三、四諸廠的廠內機器部分；可是到最後因種種關係，只接收了三個廠，即遠東鋼絲布廠（六月十日接收），豐田自動車廠、和日本機械製作所第五廠，（均於十月一日接收）。

從接收到再接收再到復工，這裏面雖然經過的時期不過一年左右，可是各種糾紛情形仍層出不窮。起先紡機公司堅持只接收機器廠房，不接收復工工人，可是到了實在無法解決的時候，也不得不修改原議，重訂接收原則。待到接收的時候，紡機公司方面的接收人員發現豐田廠的許多器材和家具均已爲紡建公司方面的接收人員搬出，嗣後又經屢次交涉，方才答允回復原狀，遲延一月後再行接收並復工。遠東鋼絲布廠因工人較少，早已在六月十日接收，惟因該廠原有機器物料存放各地者甚多，經取回並裝置後，至九月十八日方才開始製造的。

紡機公司接收工作雖然已告一段落，可是在產權和移交清冊方面尙有問題成爲懸案，迄今還未解決。

公司的組織與人事制度

紡機公司的組織機構本來是相當宏大的，於總副經理之下，計分六部四處，即業務部、技術部、廠務部、人事部、財務部、物料部，及總務秘書稽核研究四處。但後來因爲事實上的緩急需要，接收各廠又不多，因此略加變通，六部改成了四部（廠務部併入技術部，物料部取消，但後來添設物料採購委員會，辦理物料事宜），四處只存了秘書處一處，稽核處改成了總稽核。

附屬工廠的組織，完全視實際情形，由廠長指定各部門的職務，並沒有規定的編制。如第一製造廠設事務（下分醫務，總務、人事三股），製造（下有機鍛、鑄型、淬火三工場，作業，檢驗、估工三股并物料、成品、水電間），及設計（下分紡織機及特種工具設計二部）三組，每組人員視實際需要分配，如事務組僅6人，但製造組有32人，設計組有27人之多。分廠的組織更爲簡單，只有製造，事務二組，製造組分檢驗科、材料庫及機鍛工場三部分計共職員19人，事務組只有3人，人事配置更爲精簡。遠東鋼絲布廠因爲管理較簡單，職員連廠長在內只有6人，並不設組。

現在紡機公司的職員人數，截止到本年四月底爲止，共其158人，內39人是專任的設計人員，計總公司63人；遠東廠6人，第一廠66人，一分廠23人。職員的待遇，係按上海市政府公佈的職員生活指數計薪，但超過某一級者，按等遞減10% 在某一級以下者，亦逐級增加5%，並有基本津貼，故各級職員的收入總數不致懸殊過甚。

關於工人方面，紡機公司現有工人計1120名，內計總公司10名，遠東廠42名，一廠531名，一分廠537名；又各部門警役等64名。工資係按照工人生活指數，每月分二次發給。並爲鼓勵生產起見，該廠參照羅文氏制度，並酌量本國情形，訂有獎工制度，自三十六年七月起，一廠及一分廠已全部實施，推行結果，比較開始時期，產量方面平均增加55%，成本方面平均減少25%。這一種制度的基本原則，是在使工人生產超過規定標準時，可在原來工資外，更能獲得規定之獎工率。其獎工方法，又按實際情形分個別獎工、團體獎工及平均獎工三種。在目前工廠科學管理尙未見普遍推行之際，該廠有這樣的成績，的確值得我們來效法的！

員工福利設施，該公司設想亦頗周密：計有醫療設備、傷病津貼、團體壽險、膳食輔導、康樂設備、物品配售，消費合作社等等。職員服務滿一年，可有公假三十天，工人工作滿一年給公假七天，並每月可升一天，計共十九天，每年於四十兩月彙總辦理。這許多設置都是該公司人事制度上的特點。

製造方針和生產實況

紡機公司成立之初，目標即在製造新式紡織染整機器配件，以應中國紡織工業的需要。他們在開始籌備製造的時候，是很鄭重的，一廠未接收之前，每週要舉行技術會議三次，就工廠組織制度，生產工具的設置和製造計劃等都有周密的商討，於先後舉行過六十三次的技術會議中，日籍紡織技術人員的意見，無疑佔着一個很重要的地位。

在紡機公司的生產計劃中，原定以每月造成紡機二萬錠，自動織布機五百台爲目標，可是這一個目標決不是一個毫無現成紡織機製造設備的工廠，在極短的時期內可以完成的。他們需要準備，他們第一步得把生產工具調整和補充，還得要設計製圖，更要製造大批的樣板、工具軋頭和模型等，這些都是大量生產中必要的設備，所以，從三十五年十月開工到今年五月爲止，他們還沒有出品一台布機，可是經過了設計人員的努力工作，各種工作機用的夾具完了成3757件，樣板也完成了4,084種，還有刀具1,918件，金屬模型551付及其他備模等334件；如果沒有這許許多多的設備，也許我們今天就看不到一台一台製造精美，另件準確的「中國標準式」自動布機不斷地製造出來吧？

在準備大量生產的過程中，他們除了主要的工作放在設計和完成各種樣板和夾具外，業務是靠了改造大牽伸（這是細紗機上的一個另件，可使棉紗纖維梳順拉長。）來維持的。即使是製造大牽伸吧；他們的原則是主要的機件自已做，其他另件則交別家機器廠分配承造，這種分工合作的辦法對於擴展與改進國內的機械工業實在是一個很好的辦法。自開廠到目前，代各紗廠改造的「中國標準式大牽伸」約有二十萬錠。不過最近；聽說因爲布機加緊生產，所以這部分工作已暫時停頓。

至於遠東鋼絲布廠方面的生產，原來的設備本來有二，一部分可製鋼絲布，一部分可製鋼絲圈，完全是德國的自動機器，只是配置方面還欠適當，而且原料（底布和鋼絲）完全須向國外定購，生產只能視存料多寡而定。現在他們主要在造棉紡用的鋼絲布，兼及其他毛紡和拉絨用的鋼絲布。如果原料能源源供應，每月可生產棉紡用鋼絲布五十套（每套包括梳棉機上錫林、道夫和蓋板三部分用的鋼絲布全量），可是實際上三十六年全年祇生產了二百套多一點，平均每月不到十七套，據說完全是外匯和運輸二方面的關係。

圖 1. 設計室

圖 2. 熔鐵爐

圖 3. 電弧煉鋼爐

圖 4. 冷拉洋元

看製造中國標準式自動織機

這次「技協」去參觀的時候是先到一分廠（長陽路）然後再到一廠和鋼絲布廠，可是爲了使讀者有一個明確的觀念起見，這裏是按照了生產程序先後來敘述的：

鑄造 織布機的機件百分之八十都是先做了砂泥的模型，再用熔融的生鐵鑄造成的，所以在整個生產過程中，鑄造工作實在佔了一個很重要的地位。紡機公司的鑄工場在河間路的一廠，主要設備有熔鐵爐二座，烘乾爐二座，三噸電熔爐一座，及其他軋砂機、滾磨機、翻砂機、砂輪機、吊車等。因爲目前鋁質模型都已完全造好，所以鑄造是繼續不斷地工作。大的鑄件，如布機牆板等，都需用吊車來移轉砂箱，小的鑄件，可以在翻砂機上一次翻出多件，因爲工作準備，如鋁模、砂泥、夾具都很考究，所以翻出的鑄件相當光潔，牆板也非常準確，很少需要再加工的地方。據說，在日本豐田廠，布機的製造就是這樣的，而中國紡機公司則因爲日籍技術人員的關係，接受了他們的傳統。

布機鑄件鑄造完成後，大部分均需送至清理間清理，將砂泥或毛頭去除，然後再送至機工場或其他必要工場加工。

鍛造 布機上的鍛造工作比較不多，主要是彎軸等部分，該廠鍛工場規模不大，一廠有鍛鐵爐八座，彈簧鎚一

圖 5. 自動車床

圖 6. 整理工場

圖 7. 點焊機

架，分廠亦有鍛工場，其冷拉設備，較為特色。

冷拉 冷拉工作主要是將一定尺寸的鋼鐵材料，用一個軋頭軋住，用動力強迫拉通過一較小的模子，使材料變成所需的尺寸，但又併不損傷材料原來質量的一種工作。在沒有冷拉之前，材料必需經過酸洗池，去除汚物，然後一端給軋頭機軋扁，俾便給冷拉機的夾子夾住。冷拉機的速率很慢，馬力較大，中央是一個特種鋼製的模子，通過一次，可較原來直徑小1/32″，夾子為鍊條傳動，需要冷拉的材料便由此通過。但經過冷拉之後，材料的表皮一定會發熱而硬脆，所以還要經過回火爐，使其表面組織較韌，合乎使用。他們用了這種設備之後，便可由毛洋元拉成必要尺寸的光洋元，十分經濟而有效。

機製 機械工場共分二處，一廠工作機有166部一分廠則有209部。包括車、刨、銑、揩、磨等機械，但也不乏特種機械，如六角車床，羅拉刨床及各種自動車床等。利用磁力軋頭的機械也有好幾架，最主要的一點，是多用銑床來代替刨床製平面，所以小刨床不多，而各式銑床却很多，這一個進步，在國內機械工廠尚不多覯。

新式的機器並不多，但看到不少是改造德國或日本製的工作機，一方面固然因為是接收日本工廠的關係，但同時也看得出他們對於改進工作法的苦心。

圖 8. 機製工場

一分廠的機械工場極大，原來是紗廠的房屋，中央部分的採光顯得有點黑暗，但不知他們有沒有改進的措置。

淬火 布機上的彈簧，紡機上的羅拉等零件，都要經過淬火，方才能合用。淬火工場在一分廠，設備雖似簡陋，却很完備，淬火爐有四只，還有回火爐，洛克威爾硬度計等試驗。對於鋼鐵材料的各種處理方法，也許他們的原料比較有標準，所以成績頗佳。

檢驗 紡機公司的檢驗間很大，有二十多名工人在埋首工作，每人負責檢驗一樣另件，都有標準的樣板和規格，因此效率很高。由於精密的檢驗關係，裝配出來的自動織機，當然效能也不會低劣的了。

油漆 每個另件檢驗完竣後，加以髹漆，容易銹蝕的動運部分，還要鍍鉻，所以到裝配間的完成了的布機，黑白分明十分漂亮。

裝配 最後的工作，才是裝配。別看布機簡單，另件也有三四百件之多，而且換梭部分特別難裝，校準要十分留心，否則就有不能運轉或梭子飛出的危險。等到完全裝好，還要試車，看各部分機件是否靈活後，才能包裝，送入倉庫。在現在的一分廠裝配間中，存放着的布機約有一二百台了，大概不久的將來，當可絡續交貨，以應社會需要的吧？

向故總經理黃伯樵氏致敬

黃先生是提倡科學管理的先驅者，過去在京滬滬杭甬鐵路局建立了有口皆碑的路政管理制度；目前，排除萬難，毅然就任了紡機公司總經理之職後，又創立了紡織機械製造的工業生產制度，手訂「一舉三利」主義作為公司經營的準則。

現在黃先生雖已逝去，他的希望，他的事業仍永久在人的心間！

疏導上海的交通，繁榮閘北的廢墟，
恒豐橋的建設意義是相當重大的！

恒豐橋的建設

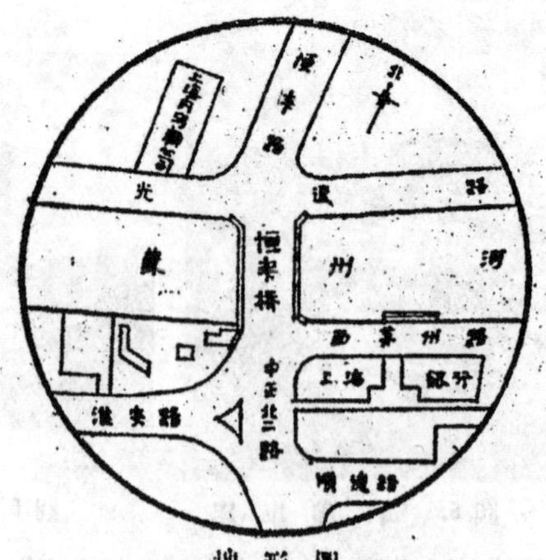

地形圖

楊謀輯

恒豐橋俗稱舢板廠新橋，南接中正北二路，北通恒豐路，係京滬鐵路北站及閘北與滬西一帶交通要津。原爲木橋，但於抗戰期間被敵僞拆除，因此車旅均須繞道蘇州河下流諸橋，使中區交通，益形擁擠，而蘇州河南北兩岸，以一水之隔，市廛之衰盛逈異，上海市工務局鑒於環境的需要并配合都市計劃的發展因計劃重建一永久式鋼筋混凝土橋，并委託中國橋樑公司施工，於去年二月二十日開工，至本年三月二十五日工竣，其後兩岸道路修築完成，乃於六月十五日正式通車，値玆市庫支絀物質匱乏之際，市當局的排除萬難，卒使此工程毅然完成，不能不說是非常難能可貴。本文因就恒豐橋工程大概情形，作一簡單介紹，以饗讀者。

重建恒豐橋的意義

恒豐橋是勝利後滬市較大工程之一，修橋築路，在中國原本是一種慈善事業，近代思潮的灌入，大家才知道這是一項重要的公共工程，必需群策羣力去努力建設，橋樑的發達才是都市繁榮的表徵。但是，重建恒豐橋的意義，更不止是普通一座橋樑的完成而已。

上海市的橋樑，卅英尺以上的有二百三十五座，卅英尺以下的有二百三十八座，人行橋有六千四百座，其中橫跨蘇州河的，也有十七座。恒豐橋工程，在所有橋樑中，當然未必能首屈一指，但是它却有幾重獨特的意義。

第一、戰後的工程，以應急性的居多，而純粹建設性的爲少。這當然是受客觀環境的限制，是無可非議的。像滬市海塘工程，其中應急性實勝於建設性。恒豐橋工程，却完全是建設性的。

第二、蘇州河兩岸，北岸是閘北，南岸是舊公共租界，兩岸的繁華程度，原有天壤之別，戰後租界的畛域雖然已經廢除，但是這天然的鴻溝却依然存在。恒豐橋的重建展開了建設閘北的初步，表示了當局對閘北的重視。

第三、滬市中區交通的擠塞，大概每個人都見之頭痛。儘管研究改善，功効終鮮。釜底抽薪，其實還在交通的疏導。恒豐橋的重建，可使一部份借道蘇州河下流橋樑的車輛免於跋涉，也已爲疏導交通闢一新徑。

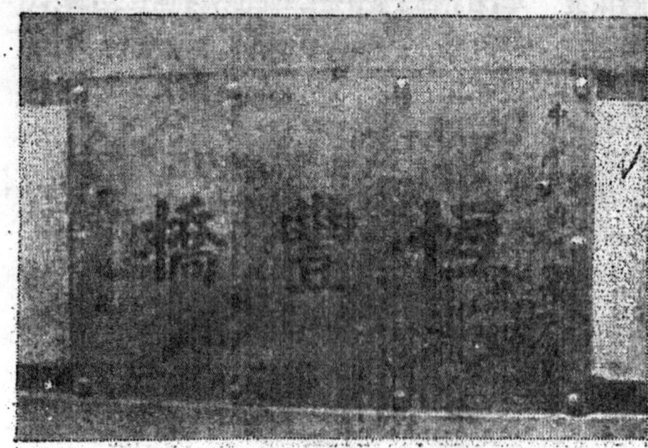

設計概要

蘇州河上橋樑從美術觀點及便利航道立場，應以用三孔拱式懸臂梁最爲適宜，如乍浦路橋四川路橋河南路橋及西藏路橋均採用此式形勢雄壯，與兩岸建築甚爲相稱。但因滬市地質係泥砂冲積層，蘇州河上橋樑，多因附近高大建築而每年繼續下沉。如外白渡橋南北橋堍沉陷程度旣有不同河心橋墩且有向上趨勢。爲免除因基礎下沉而引起的危險計，恒豐橋的設計，因此採用五孔單梁式橋樑，橋墩用七十五英尺之排樁，使排水工程費減至最低限度。橋樑下部用鋼墊板承墊橋墩，使橋面不致因溫度變化而增加內部應力，倘排架或橋座發生不平衡下沉現象時，即可用千斤頂舉起修理填高或移動地位使整個橋樑不受任何影響。

恒豐橋全橋總長五二、七三公尺(一百七十三英尺)，邊孔跨度爲一〇·三六公尺(三十四英尺)中間三孔均爲一〇、六七公尺(三十五英尺)，橋寬共一七、四七公尺(五十七英尺四英寸)，其間車行道爲一一·八九公尺(三十九英尺)，可容四車並行。兩邊人行道各寬二·七九公尺(九英尺二英寸)橋樑淨高距最高水位三·六六公尺(十二英尺)與下游各橋淨高約略相等，較戰前舊木橋淨高八英尺提高百分之五十。活載重提高至公路標準二十噸級，披度減至3%

恒豐橋全部係鋼筋混凝土建築，體積爲一三三〇公方。所用主要材料，計鋼筋一六〇公噸，鋼墊板三〇·五公噸，水泥二五〇〇桶，石子一二〇〇公方，黃沙七五〇公方，木料一五〇·〇〇〇板尺。橋面係用1:1:2混凝土，其他部份用1:2:4混凝土。設計標準三和土壓力用700磅/平方英寸，鋼筋引力用18000磅/平方英寸，泥土壓力用1600磅/平方英尺，樁頭阻力用200磅/平方英尺。

施工情形

恒豐橋施工程序，大概分爲：(一)澆製水泥樁，(二)打樁，(三)建造橋座橋台，及(四)舖設橋面。

(一)澆製水泥樁　恒豐橋所用鋼筋混凝土樁，分八角及四方形兩種，前者長七十五英尺，樁頂直徑十八英寸，樁尖直徑十四英寸，共四十八根用作橋墩排墩。後者長五十五英尺，爲十四英寸方之方樁，共七十根，用作兩面橋座基樁。所有水泥樁均在南北兩堍就地澆製，至少歷廿八天方予應用。

(二)打樁　該橋打樁工程，在施工中最爲艱難，因橋樁本身長達七十五英尺，每根重約十噸，吊起豎立錘擊等工作，皆需極度審愼。所用打樁機爲蒸汽錘之單動式，樁錘重三噸半，打樁速度較高而震動力較小，於水泥樁甚爲相宜，樁頂均置有墊木，樁之下端置有鑄鐵樁尖，以爲保護，南橋座各樁及河中排樁初擊時降落甚緩，迨樁身入土丈餘之後，忽然自行沉落，毫無阻力，竄下達二丈餘，其後則又恢復正常狀態，此因地層未經鑽探，無法加以判明。第二排樁自西向東第四根樁打樁時被一駁運船撞斷，當時拔去旣不可能，爰用杉木製成無底圓桶對徑六呎高十餘呎之開口沉箱，套在斷樁

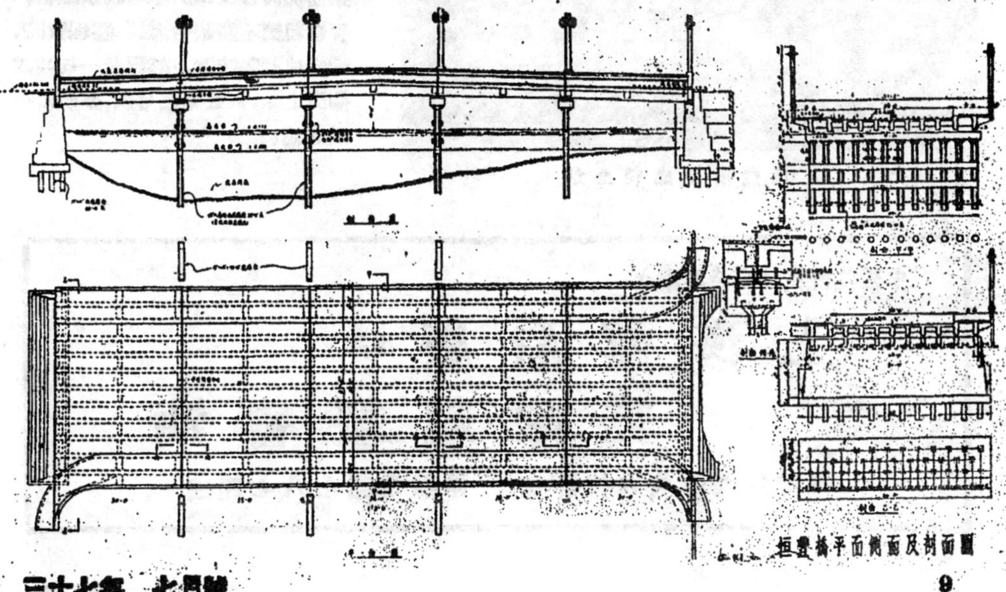

恒豐橋平面側面及剖面圖

12557

之外，深入河底，將箱內水抽乾，挖深約三呎，同時將乾水泥倒入箱底，厚約一呎，使河底水不能從箱底透入，然後將壞樁身之水泥鑿去，理直鋼筋，外做樁身殼子板 重澆水泥，俟硬結後始移去開口沉箱，修理還過尚見良好。

(三)建造橋座橋墩　橋座工作除南橋座須拆除舊有橋座外，南北兩橋座皆須先行打鋼板圍堰，再行抽水挖泥，待挖至需要深度後即將五十五尺長之方樁用打樁機打下，並於樁頭上部鑿去一部份水泥，使鋼筋露出，再舖六吋碎磚三和土一層，使底盤平坦，舖設鋼筋較易。四面設置殼子板澆搗水泥，做高至鋼墊板底爲止。橋墩係用十二根七十五英尺長排樁做成，排樁打妥後將樁頂鋼筋理直，繼續接長并澆搗水泥。低水位與高水位處舖設連繫橫梁二道，頂部再舖設承重橫梁。

(四)舖設橋面板　橋座與橋墩混凝土澆至鋼墊板爲止，即將鋼墊板安置妥貼，然後紮設橋面大梁及橋面板鋼筋，即開始澆搗橋面板及大梁水泥

樁頭用蒸汽錘打下情形

工作，惟橋面板混凝土數量每孔有二十餘英立方，均須連續澆成，不得間斷，故使用電力水泥拌和機，以增效率。

恒豐橋工程，原定一百八十晴天完工，惟因鋼墊板由唐山製鋼廠承製，運滬困難，延誤四個月到達，鋼筋係向善後救濟總署請求配售，長短粗細不盡適合需要，整理費時，致完成期限較遲，然際此一切建設擱淺之際，恒豐橋之落成，亦頗值得欣慰焉。

恒豐橋落成後全景

12558

隨了工業的發達，就有許多因工業環境而發生的疾病！

工廠從業員的職業病

王世椿

凡從事於某種職業，尤其是工業的從業員，往往會容易感染某種疾病。我們即把這種疾病稱之職業病。職業病的源來雖則與人類初步的工業幾乎同時開始存在。但是它的發現，却還是紀元前370年的事。當時獨有海普格拉氏（Hippocrates）注意到鉛的毒性，與鉛礦工人與疝痛的關係。但是當時對於各種疾病的症狀及其與職業的關係並無詳細記載，即在醫學界，職業病亦被認爲無足輕重者。

直至1780年，才開始有了第一本述及職業病的專事。著者爲拉馬齊尼氏（Bernardino Ramazzini），他是絕對同情於工人的。如金匠以水銀腐蝕金銀以作金飾者，易罹汞中毒；從事陶土工業者的肺病，都是最顯著的職業病。同時他大聲疾呼，僱主須嚴密注意工場環境的是否合於衛生。

至十八九世紀，隨着各國工業的發達，對於職業病的認識才更爲明晰，但是這種認識，並非是沒有代價的，要是沒有1761年英國對於工人死亡率的調查，發現百分之五十的工人，壽命均低於二十歲這件事實，恐怕後世對於工人健康及衛生等問題的研究，沒有今日那麼着重了。

職業病可分爲十四種，雖則也有人認爲不止十四種，甚至多至四十五種，但是在四十五種中間，往往有名稱不一，而所指相同者，所以普通均認爲可能有十四種職業病，這十四種職業是：鉛中毒，磷中毒，砒中毒，汞中毒，脾脫疽（Anthrax），黃疸病（jaundice）上皮細胞潰瘍（epitheliomatous ulceration），鉻潰瘍（Chrome ulceration），二硫化碳中毒，苯胺（aniline）中毒，慢性苯（benzene）中毒，錳中毒，壓縮空氣所引起之疾患，及惡性貧血等。

當然這些職業病僅是在現階段工業狀態中所已發現的。隨着人類文化的進展，工業的發達，也許將來還可能發現新的職業病。所以這一門學問的研究，我們只能說方才開始之時，以後的進展，端賴我們的努力了。

現在將這幾種職業病中最重要的以及須注意的事項摘述如下：

鉛中毒

關於鉛中毒，我們須注意的事項是：(1)單獨鉛是無毒的，如果沒有塵埃的話，搬運鉛及其合金，不會引起中毒現象；(2)吸入之鉛有蓄積作用，每日吸入僅二毫克（2 milligrams）之鉛，可能引起慢性腎臟及血管之變化而縮短壽命；(3)吸入鉛塵埃及其蒸氣是有毒的；(4)肺中吸收鉛能力較之消化器管爲强。

容易引起鉛中毒的工業有：製造白鉛，搪瓷工業（vitreous enamaling）房屋油漆，汽車噴漆（house & coach painting），製鍊金屬等。鉛中毒病例現在雖則顯著的減少，但是我們却不能說絕對沒有，所以從事於這類工作者，務須時時注意其健康，更須在可疑情形時，檢查血液及排出與吸入鉛量，以防不測。

四乙基鉛

數年前通用的紅色葛浦油（Red petrol），是以一種有機金屬化合物，四乙基鉛（Tetra-ethyl lead），加入汽油，以彌補劣等汽油缺點的商業品。該種化合物毒性甚强。因製造及混合而中毒者，美國有149個病例，其中死亡者有十一人。英國在戰時因航空方面需用該項汽油而中毒者亦有多人，所幸其中並無極端危險病狀者。四乙基鉛所引起之症狀爲神經方面之影響，恢復極爲緩慢，有時亦會仍有痙攣現像留。只要不與皮膚接觸或不吸入其蒸氣即以含四乙基鉛汽油作爲汽油用，亦無大礙。所以我們不必因噎廢食。

磷中毒

在1891年，爲我們所注意到的磷中毒病例有

12559

二十一人。但是在1945年，却並無這種病例發現現在僅可作爲一種歷史上的職業病看。原因大概是爲了以前所盛行一時的紅頭火柴被公認爲有毒性的至1906年被禁止製造的緣故吧。這是根絕職業病最好的方法，即以一種無毒的原料代替有毒的。

汞中毒

自1899年發現以來，至1931年這廿五年中，英國發現該項汞中毒病例有259起。其中五例是致命的，這種不幸事項，在製造溫度計及其他用汞科學儀器，軍事工業中最爲普遍。中毒原因大都均爲吸入汞蒸氣所致。還有在製帽工業中，往往以見皮製成氈帽之前，必處以硝酸汞 (Mercuric nitrate) 溶液，工人常常因爲吸入附有該種化學品細毛而引起中毒現象。近年來因爲僱主對於工場環境，空氣，塵埃等的留意而大大的減少。

其他的幾種職業病，因爲篇幅的關係，所以不擬在此處詳述了。下面是幾種有關印染工程上的職病，對於從事於紡織染的讀者，一定深感興趣。

鉻及鉻化合物

克羅咪(Chromium)是我們所熟悉的一個名字吧。在鍍克羅咪(即鉻)工場中，常引起潰瘍等症狀。潰瘍部分在鼻膜，在嚴重的情形中，甚至潰瘍到穿孔。吸入鉻鹽溶液的細霧或與之接觸均能引起潰瘍。我們常常看到印染工人手指有潰瘍症狀，就是這原因。鉻潰瘍雖無十分危險，但是我們仍舊需要以各種方法來保護從事該項工業的工人們。

苯中毒

工業中以苯作溶媒之機會極多。但是苯是各種溶媒中最危險者。慢性苯中毒乃使身體內造血機構受損，引起貧血症，這是極爲危險的一種職業病。但是常常爲人所忽略，因爲其影響並非短時間內所能見到。象之其初步症狀，像頭痛，易疲勞，食慾減退等，往往被認爲由其他原因所引起，決不會想到是慢性苯中毒。空氣中苯濃度究竟至如何程度方爲有害，目前尚無規定，但是在預防此種不幸之發生，對於空氣之流通，工人健康之檢查，須時時嚴格執行。

苯胺中毒

苯胺(Aniline)之對位 (p-compounds) 化合物，較之其鄰位或間位化合物 (o- or m-Compounds) 之毒性爲大。不論由於皮膚直接接觸，所着衣服爲該類化合物所飽和，或者由呼吸器管中吸入，均能引起中毒。急性中毒病爲：(1)輕症：膚色蒼白，疲乏，衰弱，頭痛，反顫動等現象；(2)重症：發生膚色深藍，呼吸急促，血球變質和嘔吐等的症象。(3)最嚴重症象，突然虛脫，膚色蒼白，嘴唇發藍，脈搏短促，昏迷以至死亡。慢性苯胺中毒症狀爲貧血，消化不良，食慾不振，嘔吐，皮膚發炎，頭痛及全身衰弱等。

胺工人之膀胱癌

1894年德國首次發現印染工人易患膀胱腫瘤疾。其中以聯苯胺(benzidine)，苯胺及萘胺(nasthylamine) 三種化學品有引起這種病患的可能。但是其致發疾病之原因，至今尚未明瞭。最有趣的解釋是漢彌登女士(Hamilton)。她認爲膀癌之生成，大都有二種中毒因素所促成。像在化學廠中因苯胺所引起的癌症的工人，大都已先受慢性砒中毒，吸入砷化氫(hydrogen rsenide所致。)所以這些患膀癌的工人，大部均患有因砒中毒而發生的皮膚癌，或者鈷礦工人(Cobalt miners)所發生的肺癌等。其誘發因素即爲砒。同時由檢定化學工廠工人尿中的砒量及砒的發癌性 (Corcinogenic quality)，均足以證明此說。至於美國化學廠工人何以沒有這類膀癌的發生呢，原因是在於美國染料廠製造聯苯胺的方法與英德二國迥然不同。但是這種說法尚未獲得其他人士贊同。因爲砒中毒僅能引起皮膚癌，不能引起膀癌。爲何砒能使煙囪工人發生皮膚癌，而使苯胺工人發生膀癌呢？這一點就是整個問題的癥結所在。

荷勃氏等(Hueper & his Colleagues) 曾以動物試驗證明膀癌確由苯胺等化學品中毒所致。他們以 β-萘胺 (β-naphthylamine) 投與或注入雌狗體內，經二年之久，即有膀癌生成，二年約爲狗壽命六份之一，與人類壽命之六份之一，即七至十年適相符合。因爲普通患膀癌工人，往往已從事於該項工作達四年之久者。當然例外的亦有，有時也有僅工作了三年已患了膀癌。但是這種試驗究屬可靠否，尚爲疑問，倒底還是β-萘胺或其中所含不純物爲誘發膀癌之主因，尚待以後實驗的證明。

(下接第 17 頁)

12560

京滬路的動力心臟

戚墅堰電廠

萃　華

沿　革

無錫武進兩縣界乎京滬路之中心，襟江帶湖，水陸交通異常便利，土地肥沃，農業興盛，爲產米良區。各項工業，如紡織，繅絲，麵粉，碾米，榨油之類莫不極盛。電力之需要量除滬漢一二商埠外，國內罕有其匹。民國十年中德商人合資創辦震華萬物製造廠於武進縣之戚墅堰鎮。原擬經營電機，機械製造事業，嗣乃改營電氣事業。於民國十二年開始供電於常錫兩邑。該廠雖爲中德合辦，而全廠事權悉握於德商之手，故對地方情况輒多隔閡，始而與武進電氣公司因營業區域問題發生糾紛，繼而與無錫耀明公司以售電契約及營業範圍連年涉訟。終致營業失利，虧折不堪。至民國十七年震華耀明雙方合併之議決裂，發生停電風潮，一時農田斷水，工廠停機。農工商民惶駭萬狀。武錫兩區人民及各團體僉以電氣爲公用事業，長此糾紛影響地方治安。妨礙工業發展。於是函電交陳，並推舉代表請求建設委員會收歸國營，同時震華股東江上達，滬錫票等，亦呈請予以救濟。政府徇民衆請求，派遣專員，維持發電。並加整頓，依照行政院議決收管商辦公用事業法案。於同年一日收歸國營，所有該廠中外債股，以及使用耀明一部分桿線，均經規定辦法估實價格，次第清償。自後業務日增，設備添加，組織嚴密。至民國二十六年抗戰軍興，國庫支出浩繁，復將此國營事業售與民營揚子電氣公司，從此即入官僚資本之手。未幾國軍後撤，地方淪陷，廠址爲敵所據，後稍平靜，由敵僞所組之華中水電股份有限公司經營。直至民國三十四年，抗戰勝利，戚墅堰電廠由經濟部接管，未及一年即仍移交揚子電氣公司。戚墅堰電廠雖屬官僚資本，但因待遇良好，組織嚴密，其工作效率遠勝於現日由資源委員會管理之國營電廠也。

設　備

1. 鍋爐　戚廠創辦之初，有B&W水管式鍋爐四座，每座受熱面積419平方公尺，爐床面積13平方公尺，汽壓每方公分14公斤，溫度350度攝氏，蒸發量每小時最高一萬公斤。自民國十七年建設委員會接辦以後，武錫二邑需電續有增加，原有鍋爐頗嫌陳舊，容量亦漸感不敷。於民國二十一年借用中英庚款，添置B&W每小時能蒸發二萬公斤至三萬公斤之鍋爐一座。計有受熱面積555平方公尺，過熱器受熱面積165方公尺，爐床面積29方公尺，儉煤器受熱面積300方公尺，空氣預熱器受熱面積730方公尺，助燃設備則有每分鐘900立方公尺之送風機一具，及每分鐘1500立方公尺之吸風機一具，出灰則有水冷式旋轉傾灰器，其他如各種表尺儀器等均合置於一壁上，以便管理。至民國二十四年鍋爐容量又感不足，再添置六號鍋爐，每小時能蒸發四十噸至五十噸。其他一切設備亦更較五號鍋爐完美。至於燃煤方面因對於全廠發電

戚墅堰電廠正門

高壓之輸電線

成本關係甚大，廠中有化驗設備，從事各種煤質成分之化驗。研究鍋爐對於各種煤之燃用情形，試驗各種排法，隨負荷之多寡而加以變更，以獲得最適用與最經濟之結果。在抗戰時期敵僞華中水電佔用該廠，因煤之來源不暢，濫用各種劣質之煤，致將鍋爐各部分損壞甚多。自勝利後逐漸修復，但對於用煤一事，仍不能加以合乎理想之選擇，因煤之來源均仰給於燃料管理委員會之配給也。現今電力之需要增大，鍋爐之容量又感不足，爲應急起見購有軍用火車發電機全套 2500 千瓦，亦具有鍋爐但此鍋爐單獨應用，不與其他鍋爐併用耳。

2. 運煤　煤斤從水路可由運河船運至廠門，陸路可由鐵路之支路由列車直達煤場再由煤車運至運煤器所在地下卸。由人工將煤注入運煤器前之篩格，剔除太大煤塊，然後由運煤器運至高15公尺之處，再達容量 250 噸之煤倉。經能移動之磅煤機，稱過再傾入於鍋爐之煤斗中，由鏈爐排餵入鍋爐，漸漸燃燒。新裝之火車發電機其運煤設備爲皮帶式搬運器。

3. 鍋爐給水及蒸發器　鍋爐用水大部分係經汽輪機後之凝結水。共有進水泵四部，其中二部係由 150 馬力之電動機拖帶，水壓 150 公尺，給水量每小時 50 立方公尺。另一部爲 150 馬力之小型汽輪機拖動，給水量每小時 100 立方公尺，第四部進水泵係電動機驅動，容量爲 80 立方公尺，壓力180公尺。鍋爐之補充水係取自運河，置有蒸汽機拖引及電動機拖引之水泵各一具。自進水溝中汲取冷水，以至生水箱，再由此以至蒸發器。器凡三具，總蒸發量爲 2000 公斤。此項設備嫌其陳舊而不合經濟，現已不用，現使用者爲每小時能蒸發 3 噸冷水之新式蒸發器二具。利用汽輪機之迴汽蒸發生水，附設溫水器一具及洩氣器等件。鍋爐進水溫度常保持在 80 度攝氏至 90 度攝氏之間。

4. 汽輪發電機　戚墅堰電廠自南通天生港電廠轉購得汽輪發電器兩座，係西門子及克虜伯二廠合製。每座容量 3200 千瓦，三相，周率 50，電壓 6600伏特。惟因裝置年歲已久，效率太低，現已擱置不用。自建設委員會接辦後，營業進展突增，民國十七年最高負荷 2960 千瓦。民國十八年增至 3520 千瓦，及至民國十九年已增至 5100 千瓦，添購新機已刻不容緩。於是向 AEG 廠訂購 3200 千瓦之汽輪發電機一座。民國二十年春裝竣總發電量自 6400 千瓦增至 9600 千瓦，惟以需要之繼續增加，於民國二十二年最高負荷已至 6600 千瓦再裝7500千瓦之 AEG新機一座，民國二十四年三月間畢工，廠中有較爲新式及高效率之發電量11000千瓦，未幾負荷又告滿載，而廠中已無地位再置新機。正擬於望亭購地添設二廠，而抗戰軍興遂告中止。於敵僞華中水電佔據時期，由運轉不當，而將7500千瓦之四號發電機燒損，當時由日人經營之東光電氣公司修理，而因技術拙劣，雖修竣而未能應用，後再聘請上海電力公司至廠修理，雖然能應用，但容量與效率已銳減矣。勝利以來百廢俱興，電力之需要出於意外，遠非現有之容量所能負擔，爲應急起見適有蘇聯向英國偉茂（ Metroplitan Vickers Co.）電機廠所訂購之火車發電機 2500 千瓦，因已值勝利，蘇聯不需該項機器。戚廠購來另搭廠屋而運轉發電，故現有之發電量 13200 千瓦。雖尚有向國外訂購之新機，但繳貨期尚遠，無法以應燃眉之急，故又向聯總購入 2500 千瓦之汽輪發電機全套，於去年十二月底已到，約今年（三十七年）即可裝竣。惟戚墅堰廠址內已無地位。

12562

此機裝置於無錫而作爲副廠矣。

5.凝汽器　舊汽輪機二部，各裝有260平方公尺冷凝面積之凝汽器一具，其附屬設備亦相同，各有85馬力小型汽輪機拖引之冷水泵，凝結泵水泵，抽空氣機各一。AEG三號汽輪機則裝有560平方公尺冷凝面積之凝汽器一具，其附屬設備略與舊機不同，計有電動機拖引之冷水泵兩部，以備調換之用，水泵之位置較舊冷水泵之位置低1.8公尺，因舊冷水泵之位置離進水溝水面太高，間有斷水之虞也。四號之凝汽機其附屬設備又略有不同，進水泵亦有二具，其中一具爲電動機所拖引，另一具除用電動機拖引外，再裝有小汽輪機一部，如電流斷絕時，小汽輪機立即可以自動開出，進水泵不致停止免有不測。

6.控制室　控制室在發電室之旁，裝有控制台五座每機一座。另一座則爲二機併走之用。電壓之高低負荷之支配及機速之快慢均可由台上控制之。電壁計有十五扇其中五扇爲自一，二，三，四，五號變壓器升高至33000伏至滙流條自滙流條出則復有五扇：一扇爲輸電至常州一號線饋電板；一扇爲輸電至常州二號線之饋電板；一扇爲輸電至無錫一號線之饋電板；一扇爲輸電至無錫二號線之饋電板，另一扇則連接兩付33000伏之滙流棒用。其他有6.6千伏往戚墅堰機廠者一扇，往丁堰者一扇，往戚墅堰機廠之電氣爐者一扇，本廠用電者兩扇。凡發電所輸電線及配電線線路之各種指示表，記錄器，指示燈，電壓調整器，及廠內自用電路之各手開關，均依次裝置其上，另有電壁一扇，裝置戚錫高壓輸電線路之保護繼電器及採地燈等。

7.滙流條及開關室　滙流條及開關室，佈置極爲整齊，滙流條計有6600伏者二付，33000伏者兩付，油開關在6600伏者計裝有十五具，33000伏者五具，分行排列，層次井然，其中除二具爲英國電氣公司出品外，其餘全屬西門子貨。

8.變壓間　自6600伏升至33000伏之升壓器計有五具。一號變壓器爲，2000 KVA，二號變壓器爲4000KVA，三號變壓2000KVA，四號及五號變壓器均爲4000KVA，廠內自內之變壓器二具每具300KVA，此外尚有採地燈用變壓器一具。

9.輸電及配電——輸電所用電壓爲33000伏，初級配電電壓有兩種一爲66000伏，一爲2300伏，均爲三相三線制。低壓配電則爲380伏及220伏，三相四線制。輸電線33000伏往常州者有二：架設於民國十一年；一號線由發電所西行沿京滬線至常州東門變壓所止。計長8.4029公里，爲22平方毫米之鋼心鋁線；二號線爲自戚墅堰電廠至常州小南門變壓所，計長10.594公里，亦爲22平方毫米之鋼心鋁線，常州東門變壓所與南門變壓所之間復有33000伏之連絡線，計長4.7公里，亦爲22平方毫米之鋼心鋁線。自東門變壓所又有輸電線沿京滬線經新閘，奔牛，呂城，陵口而至丹陽，計長43公里爲38平方毫米之鋼心鋁線。

往無錫方面者亦有二路33000伏之輸電線：二號線爲架設於民國十二年由發電所沿運河南岸東行至無錫西門外吊橋變壓所止，計長2.6公里爲60平方毫米之鋼心鋁線；一號線敷設於民國十九

透　平　間

年由發電所依鐵路北面東行至無錫惠工橋變壓所止，計長30.3公里，爲380平方毫米之鋼心鋁線。自惠工橋變壓所又有33000伏之輸電線直達慶豐紗廠變壓所，計長3.41公里，爲22平方毫米之鋼心鋁線。自惠工橋變壓所至外吊橋變壓所復有33000伏之連絡線，計長3.9公里，亦爲22平方毫米之鋼心鋁線。民國二十六自常州南門往宜興之輸電線鐵塔業已建立就緒惜於抗戰期間遭敵人破壞無餘，良可惋惜。

12563

變壓所計有：向常州方面而達丹陽者六所：常州有南門變壓所及東門變壓所。南門變壓所內有33000伏之滙流條一付，66000伏之滙電條一付，2300伏之滙電條一付，1500KVA 33000伏至6600伏之降壓器一具，1000 KVA 33000伏至2300伏之降壓器一具，500 KVA 33000伏至2300伏之降壓器一具。東門變壓所內有1000 KVA及1500KVA之降壓器一具，均爲33000伏至2300伏，故東門變壓所內祇有33000伏及2300伏之滙流條各一付。往丹陽之輸電線33000伏之總油開關裝於東門變壓所內，往丹陽之輸電線經過奔牛時，有一變壓所在焉。爲屋外裝置，有500KVA33000伏至6600伏之變壓器一具。經過陵口時又有一變壓在焉，亦爲屋外裝置，爲勝利後所建立者。輸電線至丹陽終點則有一變壓所有500KVA33000伏至2300伏之變壓器一具。除此以外更有一丹陽紗廠變壓所一所爲300 KVA專供丹陽紗廠之用亦爲新建立者。

向無錫方面之變壓所：計有惠工橋變壓所：內有33000伏之滙流條一付，2300伏之滙流條一付，1500KVA及2000KVA之降壓器各一具。輸電線從惠工橋變壓所有二路出，一至慶豐變壓所，內有33000伏至2300伏1500KVA之降壓器一具。爲慶豐紗廠專用，另一具至麗新變壓所，內有2000KVA 33000伏至2300伏之變壓器一具，專供麗新布廠之用。無錫二號輸電線道經洛社有一變壓所在焉。內有33000伏至2300伏500KVA之降壓器一具及至無錫之外吊橋變壓所則內有33000伏至2300伏2000KVA之降壓器二具，此變壓所內之2300伏饋電線，除西路北路二路之外，尚有三饋電線與申新紗廠發電所連絡焉。無錫方面除此三變壓所之外尚有新建立之一變壓所。

10. 安全設備　避雷方面有西門子電阻式避雷器，佛南地廠之吸雷器及西屋電氣公司之避雷器多種。油開關除直接式定時繼電器外，復有感應式過載及倒流繼電器，發電所裝有二套，無錫惠工橋變壓所及外吊橋變壓所各裝有一套。

11. 同步機　自工業用電日增發電之電力因數趨於過低，每有不勝負載之處，於民國二十三年借用中英庚欵，在惠工橋變壓所內，裝有2300伏520安50周波2000 XVA之同步電動機一具，並附有60伏275安1000 r.p.m. 16.5千瓦之激磁機一具，以及2300伏14安50周波500 r.p.m. 50馬力之開動用電動機一具。使無錫方面之電力因數自60%至70%。

12. 鐵路　戚墅堰電廠發電所與戚墅堰車站相距3里，昔日所有煤斤由京滬鐵路運至戚墅堰車站後，須改用船運，殊不經濟，於民國十九年十二月開始自戚墅堰車站築單軌岔道直達發電所至民國二十一年七月竣工。

13. 電話　於民國十八年設常戚錫等處對講電話，凡發電所，變壓所辦事處，營業所，以及工房，均裝話機互通消息。

14. 循環水溝及自流井　戚墅堰電廠用水向係取諸運河，惟運河缺於疏浚，年有淤塞，水流不暢，水位減低以冬季尤甚，爲預防運河水位降落過多，影響凝氣器之給水起見，利用發電所周圍池沼，築成循環水溝一道，計長一里餘，於民國二十三年夏竣工，如遇運河水低淺引維艱時，可將凝汽器所需冷水循環冷却其間，往復運用。以外爲防範運河萬一乾涸計，開鑿每分鐘能出水三百加侖之自流井二口。

業　務

一。營業發展　戚墅堰電廠之營業進展歷史，迄今可分四個時期：一爲震華電廠時期，當時受及無錫耀明公司販售電流暫名代理處之掣肘，營業方面極爲失利；第二時期爲建設委員會接收後，取消代理合同，燈戶及電力用戶均加激增；第三時期爲淪陷時期，在敵僞華中水電經營之下燈戶因時代之進展亦有增加，電力用戶則因煤之供應困難悉遭封閉，第四時期爲勝利後現日揚子電氣公司經營，燈戶激增，電力用戶亦逐部開放，惟因煤斤供給仍屬困難，電力用戶除老用戶用量加以限制外，拒絕申請新電力用戶，最近無錫副廠2500Kw之新機裝竣後，老電力用戶之限額當可稍加寬放耳。

二，電燈營業　戚墅堰電廠之電燈供給範圍除無錫全部外，常州城郊一部分亦屬戚墅堰電廠經營。奔牛鎮所用燈電亦爲滙明電燈公司轉售戚墅堰電廠經營之。丹陽城內城外全屬戚墅堰電廠經營。

三，裝燈電料店之登記　電氣設備裝置之良窳關於用電之安危者至大。戚墅堰電廠爲注意用戶電器裝置之安全，於民國十八年四月一日，施行裝燈商店註冊條例，舉辦裝燈商店註冊登記，凡該廠營業區域內執行裝燈業務者，均須依照條例申請註冊。如此可免投機商人及閒雜工匠代用裝戶工作簡率危險之弊矣。

四，電力營業　大電力用戶有十餘家，直接與戚墅堰電廠直接訂定契約，如無錫方面有慶豐紗廠，麗新布廠，及其他麵粉廠米廠等。常州方面有大成紗廠，民豐紗廠，成餘麵粉廠等，丹陽有丹陽紗廠，小工業用電如鐵廠礱米廠油廠等等甚多。

五，戽水營業　常錫爲產米區，電力灌溉需要孔亟。電力灌溉事業，肇興於民國十三年六月，當時主其事者爲震華製電機廠。戚墅堰電廠自建設委員會接辦後，更事擴充，所有常錫兩邑電力灌溉事宜統由戚墅堰電廠負責。民國十八年組有第一區灌溉委員會。民國二十三年四月復正式成立模範灌溉管理局，並爲減低農民負担起見，有馬達及抽水機出租。自抗戰軍興所有馬達及抽水機損失殆盡，故自勝利後，此項事業亦在積極整頓及發展中，諒不久即可恢復舊觀矣。此項農業電氣化爲我國首創第一，而最有成就者。

六，轉售電流及互助供電　戚墅堰電廠桿線未及之區域或營業區域以外，自行集資植桿販售戚墅堰電廠電流轉供用用戶使用。昔日戰前有五家在錫境者有開原電氣公司，競明電氣公司，常境者鳴凰電氣公司，萬塔電氣公司，通觀巷電氣公司。然此項轉售電流營業者，逐經廠方一一收回。淪陷時期奔牛又有滙明電燈公司之組織至今尚在收回中。

戚墅堰電廠與武進電廠同在常州供電，可稱姊妹電廠，供電營業爲雙方便利安全計曾經訂定供助用電辦法，民國二十二年六月，原訂協期滿後，即經雙方商妥續訂協定。自抗戰勝利後此項協定再行更改續訂。現武進電廠使用戚墅堰電廠電流每月規定十二萬千瓦小時。

職工待遇及福利

工廠之工作效率全恃於職工之努力與否，職工之努力情形一方面固然要管理嚴密，一方面還須視待遇之優良與否。單係管理嚴密，而待遇甚苛，則完全屬強迫性質，雖陽奉而陰違，難免有貪污舞弊等行爲矣。諺云：「金錢放在袋裏，力氣藏在肚裏」良有意也。廠方固然要顧到成本，但亦要兼顧職工生活才可。戚墅堰電廠廠方主事者洞悉斯旨。故職工待遇合乎水準，薪金之計算方法甚煩，而均有科學根據。除薪金之外復有白米一石及煤球兩担半，廠中同仁用電概照半價優待。爲提倡教育計復有子女教育金，且每人供給制服二套。工人每日工作八小時，每超過一小時雙倍供給。種種方面均能爲職工着想，所以工作效率高超也。

工廠從業員的職業病

（上接第12頁）

皮膚炎

皮膚炎（Dermatitis）爲職業病中知道得最不詳細的一項。大都化學工業，如油脂，酸，鹼，糖，尤其是新工人，種之外，差不多均能引起皮膚炎。木屑等已知數往往對於化學品有特殊敏感性。因此工廠當局必須選擇適當工人作工。其他如工作衣服之設置，保護油脂的塗抹，及手臂及其他曝露部份的時時檢查，都是極重要的。尤其是大量熱水與乾淨毛巾的供應，讓他們可以時時保持手部的清潔，以免皮膚炎的發生。

肺疾

矽點症（Silicosis）與石棉症（asbestosis）是引起肺疾最重要二主因。陶土工業，金屬之研磨，矽土之飛揚，礦工業等都是引起矽點症的原因。矽點症有時亦與肺病併發。預防方法只有儘量避免塵埃的飛揚，及醫藥設備的力求完善。

在各方面共同努力之下，職業病在目前已在漸漸的減少了。如果我們再加以努力的話，說不定現在知道的職業病，都成爲歷史上的名稱吧了，到那時，工廠從業員的生活一定更爲健康與美滿了。

你害過傷風頭痛嗎？你服了阿司匹靈嗎？是不是拜耳藥廠(Bayer)的出品呢？你想知道阿司匹靈是怎樣在拜耳藥廠中製造的嗎？

阿司匹靈是怎樣製造的？

·同　高·

多少年來一直是一種暢銷品，阿司匹靈仍然是所有的藥品中產量最大的。發軔於約50年前，拜耳最近在美國紐傑西州(New Jersey)的屈倫頓(Trenton)地方開設了一所新的製造廠。這所新廠具有着各種特點以確保純淨、均勻、和效能。

這所新廠不但經營阿司匹靈(醋柳酸acetyl-salicylic acid)的全部製造過程，并且也包括整理和包裝的手續。它的全鋼構架和磚石建築各方面都很新式。它不用窗而用連續長條的玻璃磚，裏面裝着不怕水汽的螢光燈。每一幢房屋都各有它自己的空氣調節系統，而進入房屋的空氣也都是經過了洗滌和濾清的。

全廠各部的構造材料主要是不銹鋼。那就是說，每一種機器設備和阿司匹靈產品相接觸的，包括反應器、濾器、管子、甚至軋粒設備，都是用不銹鋼製造的，這樣使沾污的可能性減到了最小。

品質的控制極受到重視。從原料開始，以至中間產物，和最後成品為止，一共要經過70種控制的試驗，以確保純淨、效能、和均勻。

所用的原料

只有品質最優良的原料才被採用。在未收受以前，每一批裝來的原料都經過採樣而受過嚴格的試驗，以確保拜耳的嚴格標準。那兩樣原料起反應而成為阿司匹靈呢？就是柳酸（即水楊酸Salicylic acid)和醋酐(即無水醋酸，98%)。製造過程中還用到石腦油(Naphtha)(特殊蒸餾的)，苯醇(Benzol)(硝化純粹的)，苛性鹼，和純淨的食用澱粉。柳酸是一種固體，裝在木製或纖維質的桶內，用動力升降機卸下來，安善地貯藏在倉庫裏，跟一袋袋的澱粉和其他的輔助物料一樣。這裏也藏着全部的包裝材料，像罐頭、瓶子、各種紙盒和包裝的箱子等等，阿司匹靈便裝在這些東西裏面運出去。

圖 1

附圖說明

（文中銅圖即程序圖解中按序所標明之各項設備）

圖 1. 液體的原料從匣車中由鷺浦打到貯藏匣中，然後再進入製造程序；從鷺浦間或者從製造所都可以控制鷺浦。

圖 2. 柳酸在不銹鋼的反應器內起醋化作用，反應漿於是被沖到一只吸濾器中。

圖 2A. 醋化後所遺下的母液在這桶中分離出來，石腦油便可以收回了。

圖 2B. 石腦油層從分離桶中出來後，經過中和，過濾和蒸餾，然後貯藏起來預備第二次應用。

圖 3. 氣體的轉移方法利用的是惰性氣體；煤氣燃燒後，生成物經過冷却，壓縮而貯藏起來。

圖 4. 阿司匹靈晶體在吸濾器中和母液分開。

圖 5. 一對真空鷺浦供給必要的吸力，以使八只濾器起作用。

圖 6. 經過苯醇冲洗後，純粹的阿司匹靈晶體在淺盤乾燥器中乾燥。

圖 7. 依着重量的比例，結晶的阿司匹靈和純淨的食用澱粉就在帶形混和機中澈底混和。

圖 8. 混和以後的混合物在研磨機中研成極細的粉末。

圖 9. 粉狀物因重力落入篩車，然後壓成塊團；粗粒結晶則再經過研磨。

圖10. 90grain塊在運輸帶中運到振盪研磨機。

圖11. 粒狀阿司匹靈從研磨機中出來後重又壓成5 grain的藥片。

圖 2

圖 2A

圖 2B

從匱車上裝來的液體化學品都藏在地下的貯蓄匱中，離開製造所的屋子有相當距離。貯蓄匱共有八隻，其中三隻是不銹鋼所造，用來貯存醋酐。另外五隻是普通鋼所造，二隻裝石腦油，三隻裝苯醇。每隻都裝着液面計，它的指針盤則裝在幫浦間的牆壁上。

因爲苯醇在華氏42°左右就要凝固，冬季時匱車不得不加熱，并且使貯存着的物料也不致凝固。熱水經過着匱內的蛇形管，也沿着戶外的苯醇管子而循環。這一保暖作用是自動控制的，對整個製造程序的不致間斷大有幫助。幫浦匱的所在鄰近着貯蓄匱。在這裏裝置着不銹鋼的幫浦，用來卸空那些運來的匱車，也用來把液體從貯蓄匱裏打到製造廠中去。要控制這些幫浦，或者從幫浦間，或者從製造所都可以。醋酐直接被打到每一所製造房屋的加料桶中，而石腦油和苯醇則打到製造房屋鄰近的地下加料桶中。

爲什麼要用地下貯蓄匱呢？目的是減少提存時的危險，因爲石腦油和苯醇都是非常易燃的，幫浦匱還有一個防火機構，那是一個檢驗裝置，控制着一桶受壓縮的惰性氣體。如果發生了一星火花，那惰性氣體立即便會放出到大氣中來，把火撲滅。

製造的程序

製造阿司匹靈的化學反應可以用下列的方程式來表示：

$$\begin{matrix} CH_3CO \\ CH_3CO \end{matrix}\Big\rangle O + 2C_6H_4\Big\langle\begin{matrix} OH \\ COOH \end{matrix} \rightarrow 2C_6H_4\Big\langle\begin{matrix} OCOCH_3 \\ COOH \end{matrix} + H_2O$$

醋酐　　　柳酸　　　醋柳酸（阿司匹靈）

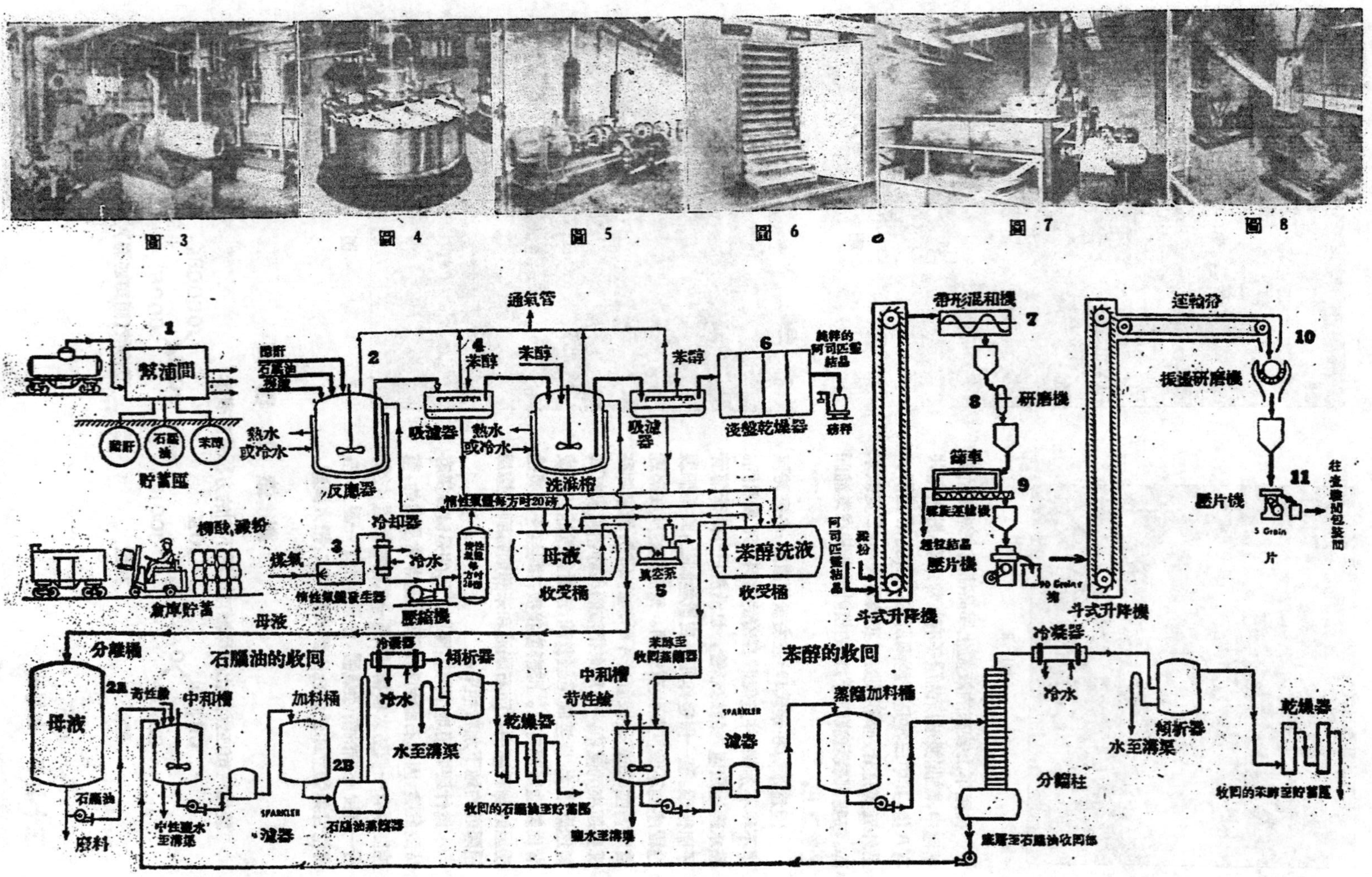

圖 3
圖 4
圖 5
圖 6
圖 7
圖 8
通氣管
1
製油間
貯蓄區
苯醇
2
4
苯醇
苯醇
6
純粹的
阿司匹靈
結晶
熱水
或冷水
熱水
或冷水
反應器
吸濾器
洗滌槽
吸濾器
淺盤乾燥器
磅秤
冷卻器
3
冷水
壓縮機
惰性氣體發生器
母液
收受桶
真空泵
5
苯醇洗液
收受桶
倉庫貯蓄
母液
斗式升降機
帶形混和機
7
8
研磨機
篩車
9
壓片機
斗式升降機
運輸帶
10
振盪研磨機
11
壓片機
5 Grain
片
往
包
裝
間
分離桶
2A
石腦油的收回
中和槽
加料桶
冷凝器
傾析器
冷水
水至溝渠
乾燥器
母液
石腦油
廢料
中性鹽水
至溝渠
SPARKLER
濾器
2B
石腦油蒸餾器
收回的石腦油至貯蓄區
苯醇至
收回蒸餾器
中和槽
苛性鹼
SPARKLER
濾器
鹽水至溝渠
苯醇的收回
蒸餾加料桶
冷凝器
冷水
分餾柱
傾析器
水至溝渠
乾燥器
收回的苯醇至貯蓄區

拜耳阿司匹靈的製造方法是一種分批法(batch process)。製造單位共有八個。每一個單位含有一只反應罐、初級吸濾器、洗漿桶、次級吸濾器、和淺盤乾燥器。兩座一模一樣的建築物各容納四個完全的單位。製造程序需要四天才告完成,而每一製造單位每天需要一個技師加以八小時的注意。一方面這製造廠只在白天八小時中是有全部工作人員出勤的,另一方面製造過程在夜間則是比較不嚴重的階段,只要有一個監督者注意注意抽氣機、蒸汽鍋爐、和空氣調節設備的作用就行了。

每一只反應器都附有攪拌器。柳酸經過了秤量後用手加入,而醋酐則是藉重力而自行落入的石腦油(用作稀釋劑)從量桶內計量而入。然後關上進料口,於是反應漿就由水套內循環着的熱水而達到醋化溫度(acetylation temperature)。約六小時醋化作用便完成了。這時熱水的循環停止,讓它自己冷却約三小時。然後再用冰過的冷水循環於水套內,使它更加冷却。這樣繼續了一夜。溫度是由氣動控制器來調節的。

第二天起阿司匹靈晶體的漿和母液便由受壓縮惰性氣體吹到初級吸濾器中去。母液在這裏被眞空濾去,過了幾小時後,那結晶體便用一陣苯醇噴霧來洗滌過。母液被收集在一只收受桶內,位於建築物的最下層。苯醇洗液則收集在另外一只桶內。經過了洗滌的結晶體就遺留在吸濾器中過夜。

惰性氣體由燃燒平常的煤氣而製得。所得的產物經過了冷却,然後壓縮到每方吋 90 磅壓力而儲藏起來。當使用時壓力減到每方吋20磅。

和其他全部的製造設備一樣,濾器也是用不銹鋼所造的。每一隻濾器直徑約 8 呎,底上穿有許多洞孔,上面蓋着一片不銹鋼絲篩,麻袋布和過濾布。吸濾器所用的低壓眞空是由一對旋轉式眞空幫浦所供給的。幾隻濾器各自裝有通風設備,當濾器蓋打開時就自動開動起來。這樣使有毒的烟氣不致於逸出到大氣中來。濾器還裝着自動的碳酸氣滅火機。萬一發生了一星之火,碳酸氣就立刻噴射出來滅掉火燄。

結晶的阿司匹靈於是從初級濾器轉移到洗滌槽內,用苯醇冲和。經過了幾小時的攪拌,那混和漿便被冲到次級濾器中,提去洗液,又用新鮮苯醇再冲洗一下。濾器中維持一夜眞空後,在第二天早晨那純粹的洗過的結晶體便散布在淺盤上面,放在一隻鋁質的乾燥櫥內。經過了24小時的乾燥後,淺盤上的結晶體就傾入另外的桶中,可以等待製成阿司匹靈片了。

圖 9.

溶劑的收回

要工作的效率高,便須收回溶劑,那就是:石腦油和苯醇。母液從收受桶中吹到一只豎立的分離桶中後,用水稀釋,石腦油就析出來了。和水的石腦油精層於是被打到一隻中和槽中,用苛性鹼來中和酸性。然後任其沉澱澄清,含中性鹽的水層便提去棄掉,石腦油的一層則先經過一隻Sparkler濾器,再送入收回蒸餾器(recovery still)。蒸氣產物凝結後送到一隻傾析器(decantor)中,於是水和石腦油便分離了開來。水被送入溝渠而石腦油則經過乾燥器以除去殘存的水汽。然後石腦油就回到貯藏匭中以備重用。

苯醇洗液從收受桶中直接吹到一隻中和槽內,和石腦油一樣地用苛性鹼溶液把酸中和掉。中性鹽水析出而棄去後,苯醇層便經過一隻 Sparkler濾器而在分餾器內(fractionator)蒸餾過。苯醇水上升而凝結,再經過傾析器,苯醇中餘存的水汽在乾燥器中除去,於是純粹的產物便回到了貯藏匭中。

整理的手續

乾燥過的結晶阿司匹靈,經過採樣和試驗以後,就和純粹的食用澱粉混和,以備壓成藥片。這兩種成分先經過謹愼的稱量,然後傾入一只斗式升降機的給料斗內,送到地面上的一只帶形混和器(ribbon mixer)內。混和以後,那混合物便落到另一只給料斗內,送入一只研磨機。

磨到極細極細的粉末於是藉重力而落到一只篩車(bolting reel中)。不能通過篩車的物料便

圖 10

圖 11

得重新送回去研磨。磨過了的粉末即由螺旋運輸機(screw conveyor)送到一只給料斗中，由此送入壓機，被壓成90 grain的塊團。這些塊團再被裝到桶中，經過了斗式升降機運輸，送到隔壁的屋內，預備作最後的整理。它們又經過一只振盪研磨機(oscillating grinder)而被磨成粉粒狀。這些粉粒於是便在一排機器中被壓成最後的 5 grain 藥片。為什麼要壓過兩次呢?爲的是要達到最均勻的程度。

這些藥片分批裝在5加侖的容器中，送入倉庫使它陳化 aging)，然後經過查驗。不完整的薄片從查驗帶上刷出後，完整的藥片便進入機器內自動裝入各種大小的罐頭和瓶子。瓶子都是自動裝滿，自動貼標簽，自動加瓶蓋，自動包裝起來的，每分鐘要完成幾百只之多，完全不需要經過人手。

(摘譯自Chemical Engineering, Mar.1948)

啓事

(1) 函購合訂本讀者請注意，本刊冲皮面精裝第二卷合訂本，來購者頗多，唯因存書不多，暫不出售，但讀者中如持有第二卷第一期來換者，仍可來購，每册暫定三百萬元。同時持有第二卷其他各期者，亦可按每册二十五萬元之定價扣除。

(2) 本刊五六兩期內附讀者意見書，現正在整理中，愛護本刊的讀者，如未讀到五六兩期者，可來函索取單張，於八月二十日以前寄下，仔細填寫之讀者，仍可獲得本刊出版之小叢書一册。

(3) 本刊對填寫不全的意見書，將用郵寄回，請填齊後再寄來，望讀者合作。

(4) 前爲本刊寫稿的作者，多有未來領取稿費者，有的因爲地址不詳無法通知，茲經決定凡未領稿費之作者，概贈本刊半年或壹年，受贈作者請來函指定贈寄本刊起迄卷期，已定閱本刊者可來函指定寄贈友人。

(5) 最近華北及中原一帶，因戰區不斷漫延，郵政不通，致多數定戶，均遭郵局退回，無法投遞，希華北一帶定戶，卽日來函通知改寄本刊地址，俾便繼續寄發，以清手續。

乾性油是油漆，油墨，假漆，油布等重要工業的柱石

乾性油

高家明

油是人們所最熟悉的東西，然而要你說出它的確切定義來，倒並不很容易。譬如依舊式說法："凡是任何東西其外形爲油狀(Oily)者都可稱爲油"。因此硫酸也被稱爲礬油(Oil of Vitriol)這實在太不合理。如果依據一般的說法："油是一種從無色到深褐色的液體，其在常溫時成半膠狀，同水不能混和且比水輕，用手接觸後有一種油膩膩感覺而勿呈黏膠狀者"，然又有許多油類並不適合，例如磺酸化蓖麻油(Sulfonated Castor Oil)可以同水混和，還有許多種重型假漆中所用的油比水還重。所以油，因爲所包含的範圍太廣，我們實在沒法來把它下一個正確定義。

油的分類

爲了研究方便起見我們暫把它分成二大類：

(甲)香精油(Essential Oils)——香精油是一種帶有揮發性的油類，含有一種强烈芳香氣味，專門當作香料用。

(乙)不揮發性油(Non-Volatile Oils)——除上述揮發性香精油外，餘都屬於不揮發性類，若依其來源的不同又可分爲下列三種：

1. 礦油(Mineral Oils)——礦油是從礦石中提取出來的，其成份是由幾種脂肪族碳氫化合物與不同量的芳香族和異素環狀族碳氫化合物或酸類，酯類酮類等等混合而成。

2. 脂油(Fatty Oils)——這類油是一種高級脂酸和甘油所成的酯類，其來源多取於動植物中。

3. 人造油類(Syntheti Oils)——這類油是用聚合法(Polymerization)或縮合法(Condensation)製造而成。

上述的第二種脂油類因其組成脂酸的飽和程度不同，也就是其從空氣中吸收氧氣變成固體程度的不同又可分爲：乾性油，半乾性油，和不乾性油三組，可用碘值(Iodine Value)之大小來表示，一般的乾性油中脂酸的不飽和程度較高因此碘值也大。(見表一)

表一　脂油的分類：

類別	碘值	所屬脂油
不乾性油	100 以下	乳脂，豬油，橄欖油，椰子油等
半乾性油	100—135	棉子油，豆油，向日葵油。
乾性油	135 以上	桐油，胡麻油，魚油，阿息卡油(Oiticica Oil)

什麼叫乾性油

一般的所謂乾，是指物體經過蒸發失去水份。然而乾性油的乾燥意義完全不同。乾性油的乾燥是一種化學作用，因爲乾性油在空氣中逐漸變成固態的變化過程中，其重量非但不減輕反而還要增加，這種現象是由於其能從空氣中吸取氧氣而起聚合作用，或者分子堆積作用所致。乾性油既具有上述特性所以在製造油漆，假漆，油墨，油布等重要工業中用途甚大。理想的乾性油應具下列諸理想條件：即：

(1) 當其液態狀時可不加任何易燃性溶劑而能直接應用。

(2) 不必經過摻雜，加熱等手續而能應用。

(3) 無色，雖經長期儲藏也不變色。

(4) 無臭，最多祇能略帶有溫和氣味。

(5) 對於普通顏料之潤溼力(Wetting Power)甚强。

(6) 不易着火，或者其發光點較高。

(7) 乾燥甚快，乾後所成之膜，應爲一較硬且堅而帶有光彩者，且對於氣候，摩擦，普通化學品如汽油等之抵抗力甚强。

(8) 儲藏時很穩定。

乾性油可分爲天然、改良、人造三種，下面分別再加說明：

（一）天然乾性油（Natural Drying Oil）——其成份是由幾種不飽和高級脂酸。與三價醇類所成的酯，其乾燥的特性是由於不飽和脂酸中二重鏈（Double Bond）關係，這種二重鏈在分子內必須排成隣輭位（Conjugated Position）如：$-C=C-C=C-$；$-C=C-C=C-C=C-$分子中所含隣輭位二重鏈組數愈多，則其乾性價值也愈大，反之若分子中所含二重鏈較少，或者所含二重鏈不呈隣輭位者則其乾燥價值也低，最普通的天然乾性油爲桐油，胡麻油，蘇子油（Perilla Oil；阿息卡油（Oiticica Oil）等等，其中以我國出產的桐油爲最佳。天然乾性油內部分子構造都不能完全適合上述理想，其中除含有少量隣輭位二重鏈外大部分是飽和脂酸或者是無乾性價值的不飽和脂酸等，所以這種油如要其乾燥必須經過好幾天甚至於好幾星期，而且乾燥後其表面仍很軟且黏，顏色變深，若浸入水中還會膨大，所以缺點很多，故當使用時必須加工處理以補其缺點。

天然乾性油之製法 天然乾性油大都是從植物種子中提取。所以種子先經過挑選，洗淨至磨研機中將其軋碎成細粒狀，後放入壓力機中逐漸加壓，所得的油，色淺品質最佳。又可以將其加熱再加高壓，所得的油色深質較差，前者叫做冷壓法；後者叫做熱壓法。熱壓法所得的油質雖較差，然量較前者爲多。或者還可以用溶劑浸取法將細粒經加熱後，加入溶劑浸取，後與殘渣分離，將溶劑蒸去即得所須的油。經壓榨法所得的油尚須儲存六個月後，再經過濾才能應用。剩餘之渣可用作肥料或畜牧飼料。

天然乾性油之加工處理 天然乾性油既如上述缺點甚多所以必須經加工處理後才能應用於油漆和其他工業。其加工方法約可分下列三類：—

1. 分子堆積法（Oil Bodying）——分子堆積法處理又可分加熱法和空氣吹入法二種：—

（i）加熱法（Heat Bodied Oil）或稱鍋熱法（Kettle Bodied Oil）——將天然乾性油放入鍋中加熱使其內部分子起堆積現象，或者在鈍性氣體如 N_2，CO_2 中加熱，或在眞空中加熱則所得的結果更佳，經加熱法處理後乾性油的優點爲：

（a）經過加熱法處理後的乾性油製成油漆其流動度大。

（b）其乾燥較速，且乾後結成的膜也硬。

（c）其所成之膜較光亮而且對於氣候，摩擦等抵抗力也大。

（d）若用低級揮發性溶劑和加熱法處理後的乾性油調製成的油漆，其黏度不會太低。

加熱法處理時的時間，對於乾性油的價值影響甚大，各種天然乾性油的加熱時間相差甚大，其中以桐油所須時間最短，當其加熱至500°F 時祇須幾分鐘就可以得到最好的結果，其黏性約爲 0—60帕司（Poises）最適用於製造假漆。其次爲阿息卡油（Oiticica Oil），再次是胡麻油其分子堆積加熱處理須在600°F 時須 8—12 小時才可以得到和桐油一樣結果。

（ii）空氣吹入法——其法是把油加熱至 200°—400°F 時，將空氣通入約幾小時後，就有大量氧氣（約20%）被油吸收，這種氧就被連接在二重鏈上，而能改變油的性質，如黏度增大，油色變深，對於不極化（Non-polar）溶劑的溶解度減低等。就一般而言，空氣吹入法所得的乾性油較加熱法所得者略差，但是前者對於顏料具有特別潤濕力。

2. 加入催乾劑（Drier）——有許多金屬的油溶性有機鹽和天然乾性油混合後可使油類乾燥速度增快，這種金屬鹽就被稱作催乾劑，這種催乾劑是任何油漆工業所不能缺少者。

被用作催乾劑的金屬種類很多如：鈷、錳、鉛、鈀、鉻、鐵、鎳、釩、鈣、鋅、汞、鋁、錫、鋇、銅、鈰等其中以釩，鈀爲最佳，但是因其價値太昂不能被實際採用。最普通且效力也大者則屬鈷、錳，鉛三種金屬鹽類。組成催乾劑所用的有機酸，在幾十年以前多爲樹脂酸和亞麻油酸，而今日則多採用從石油中提煉出來的納夫散酸（Naphthenic Acid）和乙基正巳酸（2-Ethylhexanoic Acid）因爲這二種有機酸和金屬所成的催乾劑是無臭味的。用於催乾劑中金屬所加份量和油類乾燥速度關係很大今據實例說明如下：下列表中說明胡麻油在常溫時加入催乾劑的份量和其乾燥（所謂乾燥程度以可用手接觸）後所須時間的關係：

金屬之百分數	鈷	錳	鉛
0.00	100小時以上	100小時以上	100小時以上
0.01	80小時	85小時	100小時以上
0.05	8小時	14小時	80小時
0.10	4小時	8小時	74小時
0.50	4小時	7小時	36小時
1.00	4小時	7小時	20小時

12572

從上表可以看出若用單獨一種金屬時那末其最佳的份量應該是：鈷0.05—0.1%；錳0.1—0.3%；鉛0.4—1%。但是實際上很少單獨使用，因爲從經驗告訴我們若用二種或二種以上金屬混合一起使用時，其效力更好，而且我們知道鈷對於油類的表面乾燥力甚强而錳和鉛則可以改良油類的內層乾性，因此我們更須要把它們混合使用。

催乾劑在油中所起的作用至今還不能詳細確定，只能說它是一種接觸劑或者說它可能也參加起變化例如它可以吸收空中氧，增加它原子價後再放出氧給油吸收也。

3. 加入樹脂(Resin)法 ——天然乾性油的乾燥速度較慢，然乾後所成的膠甚軟而富有彈性。而樹脂的乾燥(將溶劑蒸發後即乾)較快，其結成的膠較硬然而脆，所以若將樹脂，(溶劑)加入天然乾性油中後，那定可補正二者的缺點而兼有二者的優點。也是天然乾性油的加工處理法之一。

(二)改良天然乾性油 ——所謂改良天然乾性油是利用化學方法將天然乾性油改良使增高其乾性價值。其改良方法約可分述如下：

1. 分離法 ——我們已經知道天然乾性油中除含有乾性價值的隣軛位不飽和脂酸外還含有飽和及低級不飽和脂酸，這種脂酸毫無乾性價值，若它在油中含量較低如桐油和蘇子油中，那末它影響還小，但是若它含量較多如在荳油，棉子油中因而變成半乾性油時它既不能用作乾性油也不能當作不乾性油脂因此我們必須使其中有乾性價值和無價值者分離。分離方法通常有二種：

(i)蒸餾分離法 ——利用各種脂酸的不同沸點我們可以用蒸餾法來使它分離，但是蒸餾時須在高度眞空下進行以免油類起裂化作用。

(ii)溶劑分離法 ——利用各種脂酸對於溶劑溶解度的不同，或者某種溶劑對於某種脂酸的特別作用而使其分離。所用的溶劑普通是石油醚，甲醇，丙烷，呋喃甲醛(Furfural)等。溶劑分離法對於分子堆積(Bodied)後的油類功效更大因爲半乾性油經過加熱分子堆積處理後其中高級不飽和酯類起分子堆積現象，比重增大，不易被溶劑溶解而其餘飽和脂酸等不起分子堆積，則易被溶劑溶解因此很易分離。

2. 內部分子排列法 ——此法是利用化學方法將其分子內部的二重鍵排成具有乾性價值的隣軛位(Conjugated position)這種方法或稱爲異性化作用(Isomerization)如9,12-亞麻油酸(9,12-Linolei Acid)是一種乾性價值很低的油，經過異性化作用後可成爲10,12-亞麻油酸是一種很佳的乾性油。最初所用的方法是將含有不呈鄰軛位二重鍵的油類和含有鹼的醇溶液迴流(Reflux)加熱數小時，將生成的肥皂除去，再加甘油使其和脂酸起酯化作用，那末生成的油其乾性甚佳。今將實驗結果，原油和作用後油中所含相連狀二重鍵的百分數比較如下：

油　別	所含相連狀二重鍵之百分數	
生胡麻油	0.69	0.12
作用後胡麻油	35.2	9.7
生荳油	0.79	0.12
作用後荳油	43.8	2.2

上述方法因其太複雜且化費又大所以不能應用於工業上大量生產。最近發現將油類加入接觸劑如金屬氧化物，活性鎳粉，或二氧化硫氣等，經加熱處理後也可以使其內部分子重行排列的，今後若能作進一步研究當可有很大的發展。

3. 脫水作用(Dehydration) ——這種改良方法只限用於一種在碳氫鏈上含有氫氧(OH⁻)根的不飽和油脂，所以所有天然油類中祇有蓖麻油(Castor Oil)才能適用，因爲其中含有蓖麻油酸(Ricinoleic Acid)是最理想適合於脫水作用，假使有一分子水被去除後蓖麻油酸(Ricinoleic Acid)中9,11位置(鄰軛位)上產生二重鍵但是有時也可能產生在9,12位置上。因爲經脫水作用後的蓖麻油就含有17—26%二重鍵；59—64%不鄰軛二重鍵。脫水作用的實際工作方法是將蓖麻油和接觸劑一同加熱這種接觸劑，也可以說是脫水劑，是硫酸，磷酸，酸性硫酸鈉，和其他活性土等脫水後的蓖麻油，其乾性介於桐油和胡麻油之間，然其對於顏色的保持力較前二者更强，所以在今日油漆工業中亦爲重要乾性油之一。

其他的改良方法如：丁烯二酐作用(Maleation)，雜聚合作用(Copolymerized Oil)多醇油類(Poly-alcohol Oil)，(Oil Modified Alkyl Resins)等等還都不能實際應用故不詳述。

(三)乾性油之合成法或人造乾性油(Synthetic Drying Oils) ——所謂合成法

12573

是模仿天然乾性油的成份先合成各式具有乾性價值二重鍵排列狀的脂酸和一種用合成法製成的高級醇起酯化作用，生成一種完全人造的酯油。但是這種方法太複雜而且太不經濟。在第二次世界大戰中，德國因爲極端的缺乏油脂而曾採用此法，其在1944年中總共出產人造油脂 100,000噸。

另外有一種成本比較低廉的合成法是用石油做原料，因爲石油中含有各種不同的烯類碳氫化合物(Olefinic Hydrocarbon) 而且當這種礦油經過裂化 (Cracking) 後就能生成許多種高級不飽和碳氫化合物，再經過各種方法如氧化 (Oxidation)，氯化 (Chlorination)，接觸聚合作用(Catalytic Polymerization) 等等可使這種高級不飽和碳化合物變成一種在空氣中很易乾燥的油狀物質。一般而論從石油中製成的乾性油成本雖爲低廉可是其質較天然者略差。

還有一種正在研究中利用聚合法來製成較佳的人造乾性油。因爲在第二次大戰期間，大量的利用聚合法以製成人造橡皮其質甚佳，價亦廉，所以我們希望在最近幾年以內利用同樣的原理也可以同樣的獲得大量且廉價的人造乾性油。

結論

綜上所述，雖然天然乾性油缺點甚多，但是因其價較廉，至今仍爲一般油漆工業所採用，如我國出產之桐油可說是天然乾性油之王，在國際市場上頗有地位 若能對品質予以改良，改進榨取方法，從事大量生產而可成爲世界乾性油權威。

至於改良天然油中各種方法現在所能被實際採用者祇有脫水蓖麻油，其他不乾性油變成乾性者則仍只能說是實驗室中成功還不能應用於工業上，而且還有許多非技術上的重要因素所限如(一)價格 (Price) 問題——因爲乾性油和不乾性油的市價相差不多，所以若把不乾性油經過改製須加上高昂的工作費用後就沒法出售；(二)供應量問題 (Supply) ——雖然據最統計全世界不乾性油之出產量十倍於乾性油但是不乾性油之消耗甚大如用於食用，製皂等仍感不敷，所以現時沒法再大量供給作爲製造乾性油的原料。

天然和改良乾性油所用原料都是農業產品，可以供給不盡是其最大優點，然而人造乾性油所用原料多從石油和煤中獲得其儲藏量有限，且於其他工業上消耗量更大，所以今後恐需從另一途徑從事研究才有發展。

工程師節在青島

王綱毅

今年的六月六日，青島兩大交通機關把他們平日辛苦工作的成績展露出來，邀請全市工程師們集體參觀：陸路方面的是四方機廠完全自製的 2-8-2 式火車頭和精美的臥車餐車，水路方面的是港務工程局的五號碼頭修築工程。

這天全體工程師在市內開紀念會和聚餐後，就一齊到大港火車站，那裏停着一列簇新的專車，頭前交叉着國旗，兩旁掛着「歡迎工程師」「慶祝工程師節」等標語。當大家踏上那光漆耀目寬暢舒適的各節列車時，無不愉快歡呼同聲讚美，誰說中國工程師不及外國強，這不是最新式的裝備麼，轉椅，三角檯，空氣調節器，衛生設備，那般不精？那樣不美？可是，再低頭一想，這樣好的車子現在能大量製造，通過膠濟路，開到津浦，隴海，平漢，粵漢等路去供給全國的需要麼？不能，祇有用船運用京滬路上供給大人先生們享受享受，這恐怕要與埋頭設計的工程師們的初志相違了。車子開行很穩，沿着大港港灣，漸漸走上那彎曲的防波堤，窗外碧海連天，有似泛舟而無波動，確是別有滋味。抵達五號碼頭，大家下車在火車頭前攝影留念。

這時那高聳入雲的起重機和打樁壁集中了大家的注意力。原來這伸出港口的五號碼頭是德人時代人工築成專門運煤的，日人年久不修，現在地下的木樁已被海蟲腐蝕十分危險，港務工程局的修築方法是沿着碼頭外圍打下緊排着的 24 公尺槽形鋼板樁三萬餘噸，然後再灌厚混凝土。這一件工程將用工人兩千需時約一年。工程師們都仰頭注視起重機將將一根根的鋼板樁吊上去，然後再由壓縮空氣錘一下緊一下的打下海底。他們默默無言。當從新踏上火車回到市區時大家心裏在想這本該是全國一致工程建國的時候，可是現在這些工程，祇有我們自己有興趣來看一看了。

鋼鐵品質的低下，含硫是主要的原因——

蘇打灰去除鋼鐵的硫質問題

——除硫的方法和應用蘇打灰後的實際影響——

陳光斗

硫對於生鐵及鋼的影響

生鐵品質低下的原因，雖然不一定完全是由於硫之存在，惟一般情形，硫却是生鐵中的主要有害元素。生鐵中含硫，係因煉鐵原料中如鐵礦及焦炭常含有多量之硫質，在冶煉生鐵時，還原後，因硫磺與鐵與錳之親和力大，於赤熱鐵內，即化合成硫化鐵。特別在翻沙廠利用冲天爐(Cupola)熔化生鐵時，焦炭中之硫質，最易進入鑄鐵，熔化後之生鐵，其含硫量較未熔化前有多至一倍者。此項硫化鐵之熔點較生鐵中之其他元素皆低，其對於生鐵最顯著之影響有下列數種：

1. 硫化鐵使炭成化合狀態(Combined Condition)，雖然此項作用，可利用其鑄造冷鑄品(Chilled-Castings)，使增加表面硬化之深度，惟在展性鑄品或其他鑄品須經熱處理時，硫化鐵有阻止石墨化(graphitization)之作用，倘不以錳使其完全中和，常使鑄品不適合需要。其性甚脆，例如低矽鐵含0.2—0.4% S時，若令其急速冷却，則將裂成碎片。當然此項影響，一部份係因缺少矽之故，因矽有令炭成石墨化之功用，惟10份矽之作用方與一份硫等，縱然硫令生鐵於急速冷却時變脆，其影響較之缺少矽時爲大。

2. 因硫化鐵之熔點低，當生鐵固結時，即乘機析出(Segregation)，集結於冷却較遲之中心部及上部，形成偏析之現像，於加工時，常有裂紋或斑痕發生。

3. 使鑄件發生收縮現像，且使鑄件欲得準確之形狀頗爲困難，有時因爲高度收縮(Shrinkage)之結果，使成品有裂開之趨勢。

至於鋼中含硫，有妨害其焊接性，且熱間加工時，有熱脆(Hot Short)現像發生，使成品生裂隙及挫折等弊病。

鑒於以上所述，生鐵或鋼中之硫質，不能不有所限制。如翻砂用之生鐵，其硫量約在0.04—0.2%但普[illegible]超過0.1%者。鋼中欲不含多量之硫，除在熔煉鋼時，可設法去除一部份外，對於熔鋼常用之原料——生鐵，其中含量以小於0.05%硫者爲最佳。玆將生鐵在作各種用途時，其最大含量列表如下，以供參考：

	矽 Si	硫 S	磷 P	錳 Mn	碳 C
普通翻砂用	1.00—4.00%	0.04—0.10%	0.10—2.00%	0.20—1.50%	3.00—4.50%
韌性鑄鐵用	1.25—2.25	<0.05	0.1—0.19	0.40—1.00	3.75—4.30
鍛煉熟鐵時	0.75—2.50	<0.05	0.1—0.5	0.50—1.00	4.10—4.40
煉酸性柏塞麥鋼時所用生鐵	1.00—2.25%	<0.045	<0.04—0.1	0.5—1.0	4.15—4.40
煉酸性平爐鋼時所用生鐵	1.00—1.50	<0.045	<0.05	0.5—1.5	4.15—4.40
煉碱性平爐鋼時所用生鐵	<1.50	<0.05	0.11—0.90	0.4—2.0	4.10—4.40
煉碱性柏塞麥鋼時所用生鐵	0.5—1.00	<0.20	1.9—2.5	1.5—2.5	3.5—4.00

如何除去生鐵中的硫質？

欲使生鐵含硫較少，第一於鼓風爐(Blast Furnace)冶煉生鐵前，必須慎爲選擇低硫之原料，如含高硫之鐵礦石及高硫之焦炭可棄去不用，但在某種特殊情形或因交通不便，或因成本太貴，有時頗爲困難，第二法於煉鐵爐內冶煉生鐵時，使原料中之硫份氧化或成化合物入爐渣中，所用之辦法不外下列所述：

1. 增加熔渣之體積——因體積增多後，間接冲稀其中硫量之濃度。

2. 增加熔渣之石灰成份——硫與鈣化合進入爐渣中。

3 提高熔渣之溫度——加入生石灰（CaO），即可達到目的。

4. 增加熔渣之流動性——加入錳，氟石及氧化鎂(MgO)。

5. 加入過量之錳，使硫與錳化合成MnS，或入渣中或入生鐵中，其入生鐵者不若 FeS 爲害之顯著。

6. 生鐵中含高矽時，其硫量可自然減少。

7. 改良熔渣之成份——據 Halbrook 及 Joseph 二氏謂熔渣內不含 MgO 者，其去硫效力最大，是時渣之成爲：25—65%CaO，30—60%SiO_2 及 5—35% Al_2O_3；如以 $(CaO+MgO)/(SiO_2+Al_2O_3)$ 之渣比(Slag ratio)計算其鹽基度，凡合乎下列情形者，均具有極高之去硫能力：

a. 熔渣含 7%Al_2O_3及5—10%MgO，
鹽基度在1.2—1.4之間。

b. 熔渣含11%Al_2O_3及1—5%MgO，
鹽基度在1.0—1.3之間。

c. 熔渣含15%Al_2O_3及1—5%MgO，
鹽基度在1.0—1.2之間。

上列各條件，如工作適當，無疑可減少生鐵之含硫量，但有時因其他因素之影響，生鐵中仍含有相當之硫。第三法爲用適當之化學藥品——特別如蘇打灰（Soda ash)，加在從鼓風爐出來之熔融鐵中，此項方法，經多人試驗皆認爲成績滿意。玆將用化學藥品加入熔融生鐵內除去其中之硫質之各種方法述如后：

1. 蘇打灰處理法——加入蘇打灰於熔鐵中。

2. Ball & Wingham氏法——於熔鐵中加入氰化鉀，碳酸鉀及碳酸鈉之混合物。

3. De Vatharie 氏法——於熔鐵中加入氰化鋇，石灰及炭之混合物。

4. Massenez, Hoerde, Hilgenstock法——加錳於熔鐵中，並使其停留一短時間，因硫與錳生成 M_nS 浮於鐵液之表面，效率不大。

5. Saniter 氏法——用石灰及氯化鈣或氟化鈣之混合物加於熔鐵中，其影響甚微，效率不大。

6. 用碳化鈣(Calcium Carbide)加入熔鐵法——惟因藥品與生鐵不易作用，效率甚微。

以上所述之六種方法，用化學藥品處理含硫熔鐵，試驗皆有成效，惟後五種所述之方法，或因藥品太貴，或因效果不大，實際上採用者甚少，其用蘇打灰處理之方法，效率大，且切實用，故特將此法詳加敘述，以供實用者之參考，至於鎢砂廠用冲天爐熔化高硫生鐵作爲煉鋼時熱裝之原料，或以之鑄成鑄件者，如欲減少其中硫質，亦可適用此法。

據 G.S. Evans 意見，蘇打灰對於熔鐵去硫之效力，不及苛性鈉（Caustic Soda)。前者提硫之效力爲 70%，如含 0.07% S 之生鐵，經處理後，可低至 0.02% S，後者提硫之效力可至85%，如含0.07%之生鐵，用苛性鈉處理後，硫量可低至0.011%，惟用苛性鈉處理時，生成之烟塵 (fumes)，對於工人傷害之能力較蘇打灰所成者爲大。故必須設有除烟塵之裝置方可應用。

本文以後所述者，皆爲用蘇打灰處理由煉鐵爐所產之熔鐵之方法及資料，特編譯於此，以供實際工作者之參考。

加蘇打灰於熔鐵中除硫之方法

蘇打灰加入熔鐵內之方法有三：

1. 有規則的加入鼓風爐前之流鐵槽內。

先將欲加入之蘇打灰，儲於流鐵槽上面之鐵製儲灰斗內，儲灰斗前很有一小洞，蘇打灰即由此洞流至下面之流鐵槽內。爲控制加入蘇打灰之數量，斗上設有Syntron震動器。若變更震動器之度數，即可達到調整蘇打灰加入量之目的。通常鐵水流動時，其水頭有大有小，蘇打灰之加入量亦須隨之變更。斗內並須有度數，如此於一定時間內，可察知蘇打灰已加入之數量。

爲使蘇打灰加入於鐵水均勻起見，於流鐵槽內豎有火磚數塊，當熔鐵在槽內流動時，因火磚之作用使鐵液發生渦流，令蘇打灰可密切混合。

2. 熔鐵直接流於放蘇打灰之盛鐵桶(Ladle)內，將蘇打灰包於定量之紙袋內放於桶底，然後令鐵水注於蘇打灰之上。

3. 先將鐵液儲於一桶中或混鐵爐（Mixer）內，然後在適當之高度迅速傾注於桶底置有蘇打灰之另一桶內。

生鐵中原含硫量對於去硫效果之影響

Labeka及Walker兩氏用上列三種方法，將蘇打灰加入熔融之生鐵中其去硫之效果如第一表所示：

第一表——蘇打灰加入含0.20—0.07％S熔鐵之各種方法結果比較表

試驗之方法	試驗之次數	每噸生鐵平均所用蘇打灰量(磅)	原含硫量％	處理後之含硫量％	去硫效率之百分數	平均化學效率
A	282	8.2	0.0452	0.0279	38.1	13.93
B	85	7.3	0.0389	0.0272	30.0	10.56
C	36	8.6	0.0487	0.0330	32.4	12.12
D	403	8.1	0.0440	0.0290	35.8	13.05

說明： A代表前節所述之第一法， B代表第二法， C代表第三法，傾注時之高度25呎， D代表三法之平均數。

根據上列試驗，將前節中所述之第一法所得之結果，繪成圖1上曲線，用以表示各種生鐵原含硫量對於去硫量之百分數及化學效率之關係，此項關係即作為吾人討論之根據。至於何以僅將第一法所得結果繪成圖形而不用其他二法者，以後當可再述。由圖1中，可知生鐵原來含硫量愈高者，經蘇打灰處理後，其硫量之減少率亦可能愈大。每噸生鐵所用之蘇打量最低為7.8磅(含0.02—0.04％S之生鐵)，最高為11.9磅(含0.040—0.12％S之生鐵)，且經多次之試驗，圖一所示曲線皆甚適合，吾人由上列蘇打灰之用量，可計算其化學效率(Chemical Efficiency)如下：

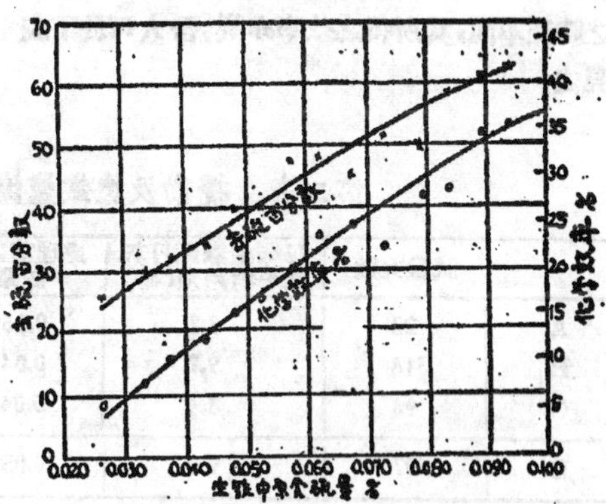

圖1 生鐵中原含硫量對於去硫百分數及化學效率之關係

$$\%\text{化學效率} = \frac{\text{除去之硫量(磅)}}{\text{可能除去之硫量(磅)}} \times 100$$

或

$$\%\text{化學效率} = \frac{\text{所處理之生鐵量(磅)} \times (\%\text{原含硫量} - \%\text{最後之生鐵含硫量})}{\text{所用之蘇打灰量(磅)} \times 0.302}$$

上列方程式中之常數0.302係表示硫與蘇打灰之比例。係由下列方程式算出：

$$Na_2CO_3 + S = Na_2S + CO_2$$

為使讀者明白上列之計算方法，茲舉例如下：35噸含0.07％S之生鐵，以400磅蘇打灰處理後，最後生鐵含硫0.035％。則其化學效率計算如下：

$$\frac{35 \times 2000 \times (0.070 - 0.035)}{400 \times 0.302} = 20.3\%$$

化學效率計算出來後，亦繪於圖1上，用以表示其與原含硫量之關係。但必須聲明者，此項化學效率數字係根據Na_2S作用而得之理論關係。

由圖1可見當生鐵原含硫在0.020—0.07％間時，其原含硫量與去硫量之關係，係成一直線。如硫量增高，則該曲線有向下，平坦之趨勢，前面所述之含硫量愈高者，其去硫效率亦愈大之推論，僅係適合於某種含硫之範圍內。因原含硫量高至某一點時，其去硫效率受到限制或不變之故，惟據Lefebvre之經驗：硫在0.100—0.60％時，上列之曲線可能繼續升起成為一直線，又Theisen發現當硫在0.043—0.335％範圍內，其硫量愈增者，其硫之去除率反形減低。此項減低現像可由曲線之變平見之，須注意者，上列試驗在圖一中所示之曲

12577

線，如作爲實際應用之參考，係指生鐵含硫在0.02—0.1%範圍內，所用之蘇打灰量每一噸生鐵約需8至12磅，致於含0.2%以上之高硫生鐵，因實驗未及此，故不詳，猜想或不致出上列所論之範圍內。

蘇打灰各種加入方法之比較

由第一表Lebeka及Walker 所作之試驗，吾人得知在流鐵槽內加入蘇打灰之方法（亦即第一法）其所得之結果最佳，第三法以鐵水在25呎高度由混鐵爐傾注於另一桶底置有蘇打灰空桶內之方法，其結果與第一法所得者頗爲近似，致於第二法在鑄造前放蘇打灰於桶內之方法，則結果最壞。其原因可能係鐵液流動時，水頭之大小有相當之影響所致。

爲研究第二法得最壞結果之原因，Walker氏曾作一試驗將鐵液直接流入盛鐵桶內，因注滿鐵桶之時間不同，其所得之效率亦異，吾人可於下表中見之：

試驗方法	試驗之次數	去硫效率%	化學效率%
注滿40噸容量盛鐵桶之時間爲五分鐘或少於五分鐘時	29	34.3	12.50
注滿40噸容量盛鐵桶之時間爲六分鐘或多於六分鐘時	56	27.5	9.53

上列不同之結果，係由於在各種不同之情形下，其蘇打灰與生鐵混合之程度完全與不完全而致。

第一表所做之試驗，係熔鐵流於流鐵槽內而在不施攪動之狀況下完成之，通常攪動可使鐵水與蘇打灰密切混合，其影響於去硫效果極大，第二表係表示攪動及煉鐵爐爐渣對於處理時之影響，所用之攪動器係將火磚懸於流鐵槽內，當鐵液流動時，發生渦流作用，因之有更大之密切混合作用。

第二表 攪動及煉鐵爐爐渣對於處理之影響比較表

	試驗次數	每噸生鐵蘇打灰之平均用量（磅）	處理前之原含硫量%	處理後之含硫量%	去硫之效率%	平均化學效率
A	22	8.1	0.0598	0.0342	34.2	20.90
B	318	9.7	0.0496	0.0288	41.9	16.21
C	98	8.4	0.0480	0.0284	40.8	15.55
D	497	9.0	0.0501	0.0287	42.7	15.69

說明：A係表示在攪動狀態中加入蘇打灰。B僅加入蘇打灰但未攪動。C鐵桶內有污染之爐渣。D試驗之平均數。

從上列比較表中，吾人得知攪動確可增高去硫之效率，在第二表A項，雖經處理，仍含有較高之硫量，但須注意者，該例中生鐵原含硫量亦較其他二例爲高，處理時，如有煉鐵爐爐渣與蘇打灰渣混合時，其去硫效率適與之相反。

如假設欲處理之生鐵，不含煉鐵爐渣或盛鐵桶上污染之爐渣甚微時，欲獲得最高去硫效率之最佳方法可由兩種因數決定之，一爲澈底使生鐵與蘇打灰混合，一爲盡量利用所有之有效蘇打灰(available soda ash)。任何方法或混合使用之方法若能達到上列因素之最大程度，當是最優良之方法，經 Chales 氏 Walker 二氏試驗之結果，加蘇打灰於流鐵槽內，並施以攪動，甚爲接近上項之條件。可於第一表及第二表中之結果以證明之，圖1之曲線所以根據蘇打灰加於流鐵槽內之結果，其原因者亦即在此。

在大規模應用時，必須設計一能使生鐵與蘇打灰密切混合，並使蘇打灰與生鐵有充分接觸之時間以担保能完全利用所有之有效蘇打灰方可。

蘇打灰用量之影響

Walker 氏試驗時所用之蘇打灰量係根據生鐵原含硫量之多寡而定，於圖1中，可見不同量之蘇打灰處理時之影響。在該圖中表示化學效率之曲線上有三點須注意：即在0.0725，0.0833及0.0988%S處係在曲線之下。當時所用之蘇打灰量分別各爲11.5，11.5及12.0磅。惟其他試驗蘇打灰平均使用量（指恰在曲線上各點）爲每噸生鐵需9磅。此即表示若用太過量之蘇打灰處理時，其去硫效率並未隨之增加，圖1所示之曲線，頗爲有用，吾人在該圖代表化學效率之曲線上，可決定某種含硫量需用蘇打灰若干磅之依據，例如：已知生鐵中之原含硫量及處理後所需生鐵之含硫量，可於圖1上找出與該生鐵原含硫量相當之化學效率，設欲處理之生鐵量爲已知，則：

$$所需之蘇打灰量(磅)=\frac{欲處理之生鐵重量(磅)\times(原含硫量\%-生鐵之最後含硫量\%)}{\%化學效率(由圖上查出)\times 0.302}$$

在實際應用時爲免除臨時計算之麻煩，可在事前以各種不同之含硫量用上列計算方法算出後，列成一表即可達到省時迅速之目的。

上列計算蘇打灰用量之正式，顯然，生鐵中原含硫量多者，其所需之蘇打灰量亦多，惟據J. H. Slater氏經多次之試驗，所用蘇打灰量與生鐵中原含硫量並無顯著之關係，亦即謂無論生鐵含硫多寡，所用蘇打灰量則爲一常數。Slater試驗時，一部份蘇打灰加入於桶底，另一部份則係當生鐵裝滿半桶時，再行加入桶內，他用不同數量之蘇打灰試驗數十次，其去硫之效率平均如下表所示：

第三表　用不同數量蘇打灰之去硫效率

原含硫量%	每噸生鐵所用之蘇打灰量(磅)					
	5.4	7.2	9.0	10.8	12.6	14.4
0.030	13.6	18.25	23.60	22.75	23.75	18.25
0.040	16.0	22.0	28.25	28.50	27.0	22.0
0.050	18.25	25.25	33.0	33.50	31.5	25.25
0.060	19.70	29.25	37.75	38.50	35.5	29.25
0.070	20.00	30.5	41.75	42.50	37.5	30.5
0.080		32.0	46.00	44.4	38.0	32.0
0.090		32.0	50.0			32.0
0.100			51.75			
0.110			52 0			

從上列表中得知，其最高之去硫效率，無論爲何種含硫生鐵，所用之蘇打灰皆以每噸生鐵爲9磅者成績最佳。若蘇打灰量超過9磅或不足9磅者，其去硫效率皆形減低，其理由何在，吾人尚難解釋，唯用9磅蘇打灰成績最佳，此乃經多次試驗而不疑者。Slater試驗之用量與Walker試驗結果之平均用量相同。此點足堪吾人注意，雖然Slater之試驗，其去硫效率不及Labeka及Walker兩氏之結果，但此係因後者加蘇打灰於流鐵槽內而前者加入鐵桶內所致，故Slater氏曾建議蘇打灰量可不必麻煩計算，每噸生鐵用9磅蘇打灰量足矣！

用蘇打灰處理後對於生鐵中其他元素之影響

生鐵中除硫外，當以矽，錳，炭爲重要，矽與錳試驗之結果如圖2所示。從該圖中，可見矽之減少量，視生鐵中原含矽量而異，若原含矽量愈多，則矽之減少量亦較大，錳則與矽相反，低錳時，其減少量反大。惟當原含錳量增加時，其減少量並無多大變更（第四表係表示用蘇打灰處理熔鐵後對於其他元素之影響。）

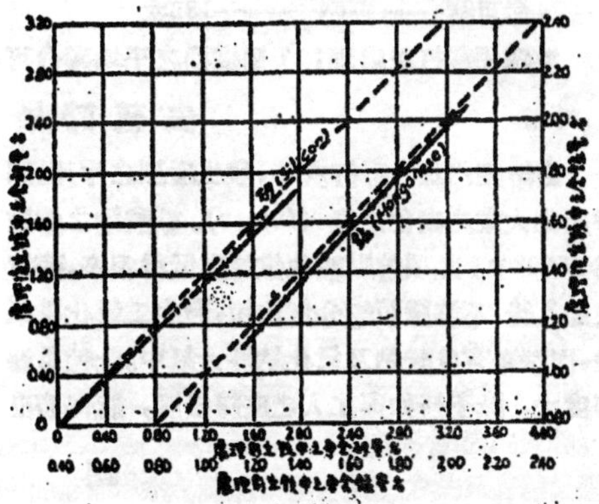

圖2　其他元素在蘇打灰處理前後之關係

在該表中，除硫外對各元素之影響甚微，於實際操作可略而不計，致於石墨炭及化合炭之變更，其因素頗多，如生鐵之溫度，冷却之速率，皆能影

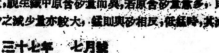

第四表 蘇打灰處理後對於其他元素之影響

其他元素	百分數		試驗次數
	處理前	處理後	
硫	0.0501	0.0287	497
錳	1.667	1.641	597
矽	0.873	0.816	587
總共之碳	4.600	4.600	25
石墨碳	3.610	3.560	25
化合碳	0.980	1.040	25

關於石墨化作用,故對於上表所列碳量之變化極不可靠。

鐵液在盛鐵桶內保持時間久暫之影響

含硫熔鐵經蘇打灰處理後,在鑄成鑄件或入煉鋼爐作為熔煉鋼之熱裝原料前,因運輸或其他原因,熔鐵在桶內常保持相當之時間,在此時間內,因蘇打渣與生鐵接觸之故,可能使硫又反回鐵中,為研究此項影響,Labeka 及 Walker 曾作兩種試驗如下:

	原硫量含%	處理後含硫量%	平均去硫效果%	每噸生鐵所用蘇打灰量(磅)	盛鐵桶內平均保持之時間(分)	平均化學效率	試驗次數
熔鐵在盛鐵桶內保持六十分鐘以下	0.0478	0.0290	38.3	7.9	74	15.94	39
熔鐵在盛鐵桶內保持六十分鐘以下	0.0477	0.0279	40.4	8.3	46	15.92	39

由上列比較表中,熔鐵在盛鐵桶內保持之時間,雖然可能在一定時間內,硫有返回生鐵之可能,但試驗之結果,對於去硫並無相反之影響,

蘇打灰渣對於盛鐵桶內火磚之影響

處理後之蘇打灰渣,含有多量之硫及鹹可資利用,惟因其收回之費用大故不經濟,通常將其收集,作為處理其他酸性之殘渣等物質。且蘇打灰甚易侵蝕各種火磚,盛鐵桶內襯之火磚當亦與之作用。Walker 對此曾加以試驗,結果如下:

熔鐵未經蘇打灰處理,37 個盛鐵桶之平均壽命可鑄……133次

熔鐵用蘇打灰處理,17 個鐵桶之平均壽命可鑄……135次

從上列試驗中,得知蘇打灰對於灰磚之影響甚微,就桶內外表觀察,僅火磚接縫間略有侵蝕,其餘如火磚表面,有一層玻璃光澤狀之物質附於其上,且甚清潔。雖然蘇打灰對於桶內火磚有些微影響,惟其實際損壞能力則甚低,且可用水泥黏於接縫間使其空隙緊密而減少之。因蘇打灰對於水泥之侵蝕更微之故也。

去硫時所發生之煙塵

當熔鐵內加入蘇打灰時,發生猛烈之作用,同時產生大量之白色煙塵 (fumes)。碳酸鈉之熔點為 1560° F,此項熔點較生鐵熔點低得很多。蘇打灰加入後,不沸騰而起分解作用,發生二氧化碳氣體,同時帶有硫酸鈉及氧化鈉於大氣中。此種煙塵密度大,降下後如與工人之皮膚接觸,能傷害皮膚,特別當空氣中有水份存在時為最。故在去硫時,必須設法除去此項有害之煙塵方可。通常於露天中行去硫工作,使發生之煙塵為大氣所沖淡,若在室內舉行,須在盛鐵桶上放一鐵罩而用風扇將其吸去。

結論

由上列之各項試驗,我們可以得到下列幾點結論:

1. 最影響於去硫效率者為生鐵中之原含硫量,原含硫量愈多者,其去硫效率亦愈大。

2. 加入之蘇打灰必須能與生鐵密切混合,使其有充足之時間發生作用,所用蘇打灰量可用本文圖 1 上之曲線計算之。

3. 處理時對於生鐵中其他元素之影響甚微,可忽略而不計。

4. 因處理時所發生之灰塵能傷害工人之皮膚,必須切實注意。

5. 處理後之生鐵作為鹹性平爐煉鋼之原料與普通低硫生鐵而不需蘇打灰處理為原料時,其冶煉之操作及完成之產品性質等皆無特殊之處。

弧光電爐鋼之去氧問題

張經閣

習慣上所謂氧(O_2)在鋼鐵中之溶解度係指氧化鐵之溶解度而言，Tritton與Hanson氏測得當鐵達到溶化點(1535°C)時，則有0.21％之氧進入鐵中，即相當於0.94％氧化鐵量，Herty與Gaines二氏亦有陳明，當爐中溫度達至1700°C爲止，鋼水中氧之溶解度係與温度之增高成正比；達1700°C時，能有2％氧化鐵存在鋼中。

在鋼之冶煉過程中，氧化鐵溶解於鋼中者對於冶煉方法有關；如在鹼性電爐中，則最後精煉階段中之鋼液含氧化鐵爲數甚微，馬丁爐及柏塞麥爐，其熔融鋼中所溶解之氧化鐵高至0.5—0.6％之多，以去氧劑可使氧化鐵減低然減低程度之多寡，則得依何種氧化劑之利用耳，如果氧與其他金屬成爲氧化物如MnO, Al_2O_3, SiO_2等，則此等氧化物不得算爲鐵合金之成分，而謂之非金屬夾雜物(Non-metalic inclusions)矣，氧在低氧鋼(Low-oxygen Steel)中約有0.007％，高氧鋼(High-oxygen Steel)中，則有0.04—0.06％之多，普通平均值約爲0.01—0.03％之氧。

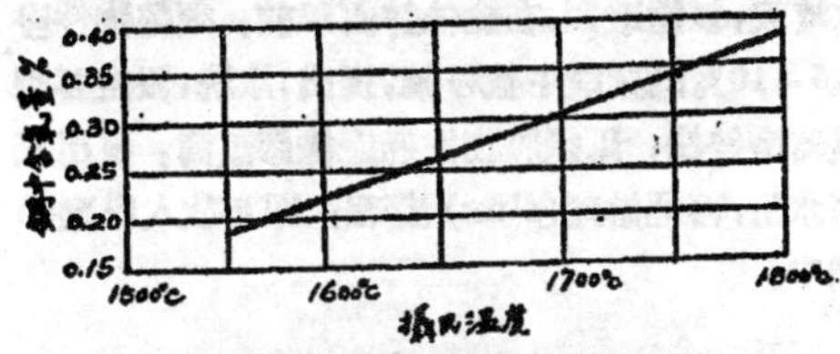

熔融鋼中含氧量對於溫度之影響圖

去氧工作——弧光電爐之去氧，其進行時期是在還原時期開始（去渣後加錳，矽，鋁及炭直至出鋼時爲止）在許多應用方面，初次去氧完，是藉炭極之浸入低炭鋼中，或在出渣前加入錳鐵而去氧，還原時期之目的爲何？(1)首爲由鋼液中去氧(2)去除熔融鋼中之夾雜物(3)自鋼液中提硫(4)爲增加或除去鋼內之合金成份(5)爲調整爐中溫度。

氧自鋼中完全去除爲不可能，但是祇能使之變爲不甚活動情狀爲已。去氧名詞其意義甚廣包括各種現象，在鋼之製造凝固過程中，必使氧體能由隙縫處自由放出及其他含氧物逸去。

弧光電爐所出之各種鋼中含氧量之比較表

鋼料類別	含氧量(%)	備註
S.A.E. 1035	0.0108—0.0140	
Amola	0.0044—0.0066	
S.A.E. 4615	0.0033—0.0305	
3115	0.0008—0.0181	
4320	0.0020—0.0077	
6130	0.0056—0.0152	
5210	0.0112—0.0181	
Cr—Mn	0.0123—0.0230	
C—105	0.0030—0.0133	
S.A.E. 9260	0.0042 0.0063	
S.A.E. 9600+Mo	0.0050—0.0070	
18——8	0.0175—0.0322	
18——8cb	0.0164—0.6235	
Hc Stainless	0.0077—0.0610	
Mn-Cr stainless	0.0018—0.0023	

鋼須爲澆鑄成件者名爲靜止鋼(Dead-Killed Steel)意思是由精煉去氧所得之純鋼；去氧之化學反應式如下所列：

$$FeO + C \rightarrow Fe + CO \quad (1)$$

$$FeO + Mn \rightarrow Fe + MnO \quad (2)$$

$$2FeO + Si \rightarrow 2Fe + SiO_2 \quad (3)$$

$$3FeO + 2Al \rightarrow 3Fe + Al_2O_3 \quad (4)$$

由於渣內存留氧化鐵太高之故，完全從氧化渣去除鋼中之氧爲不可能，因此氧化渣中之氧必須以碎炭，矽鐵，矽沙，矽酸鈣等元素與氧化渣作用後去除之。

繼去渣工作後需加入適當量之增炭劑於鋼液中，增炭劑可用炭極棒碎塊或粉狀洗焦等，如上增炭劑之加入，亦可去除鋼中若干之氧。如果繼此增炭劑之後不需再增炭時，即可做去渣工作，4至5方英吋之錳鐵加入鋼中而爲去氧性能，錳入鋼中即成爲矽酸錳，此化合物流動性甚强，並且浮於鋼液表面，大部藉去氧作用所得之錳(下接第36頁)

防鐵生銹的方法之一，現在常用的馬口鐵就是它的應用：

用熱蘸鋅法製造馬口鐵

李增賁　王　璉

在金屬中，鐵或鋼是很容易生銹的，即使於普通溫度之下，只要與空氣接觸，表面上就會產生一種黃赭色的銹斑，主要的成份是氧化物，但也有碳酸鹽等在內。防銹的方法很多，歸納起來，共有三種：(1) 金屬本身加入別種元素，使成爲抗銹的合金，如加鉻入鋼，成爲不銹鋼，(2)使表面產生一層保護塗料，例如電鍍各種不易生銹的金屬等，(3)使環境不易生銹，這一種方法較爲困難，實行起來，並不容易。現在要介紹的，却是日常常見的一種塗鋅鐵（馬口鐵）的製造法，這一個方法其實就是第二種防銹法，不過手續簡單，功效也很廣大，鐵經過塗鋅處理後，可以在很多環境中，如潮濕的空氣，海水，硬水等接觸或暴露，不致生銹。這是因爲鋅在大氣中可能形成一種硬化的保護面，可能是鋅的氫氧化合物與碳酸鹽的混合物。同時鋅對於鐵，是陽極化的，所以即使鋅有時溶解，仍能爲附近的鋅河保護不致生銹。不過如果和十分酸性或十分鹼性的物質接觸，却並不合宜，非常熱的軟水，也會使塗鋅鐵生銹，這是要注意的。

工業上塗鋅的方法：1. 把物件放入熔解鋅內熱蘸(Hot dipping)，2.電鍍鋅(Electroplating)，3. 加熱物件並與鋅塗粉接觸，就是所謂粉塗鋅法(Sherardizing)，我們這裏僅介紹第一種熱蘸法；它的原理比較簡單，即將融點較低之金屬如鋅錫鋁等，附着於其他金屬的表面。除了鋅以外，別種金屬，如鎘(融點320.9°C) 曾有人試驗，但仍未見成功，至於其他融點較高的如銅、鈷、鎳、等金屬則很少人試驗。下面所講的是鋅的熱蘸方法：

金屬表面的清理

第一步先將金屬物件脫脂(degreasing)，然後浸酸(pickling)，以除去表面之氧化物及污垢。通常鋼鐵表面之污垢可用硫酸冲洗，惟用鹽酸或磷酸亦可，所用的浸酸池，約含7%的硫酸，在60－95°C 時操作，約需時15－20鐘，若用鹽酸爲浸酸液，則除去污垢的能力，因酸之濃度而定，其操作時之溫度均在40°C 以下，以20－30°C 爲適宜，清理新的鑄件時，須先用5% 的氫氟酸處理，並洗去物件表面之砂粒。

當清理鋼鐵物件時，爲了防止酸腐蝕金屬表面，須在酸中加入抑止劑(inhibitor)，常用的有粗膠，白明膠，喹啉(Quinoline)，吡啶(Pyridine)，二乙胺(diethylamine)，硫脲(thiourea)，硫酸化油(Sulfonated oil)等，有機抑止劑多爲帶陽電性之膠體，在鐵之陰極處集聚，以防止發生氫氣，其能力因陽離子的構造及排列不同而各異。目前應用熱鹼性溶液通電，清理鋼鐵物件一法已廣泛用於工廠，如以硫酸鹽中加少量的硫酸亞錫(Stannous Sulfate)亦可。1939 年 Muller 及 Harant研究陽極浸酸法，即用稀硫酸或已加酸之硫酸亞鐵爲電溶解，亦很成功。

浸酸後以清水洗滌，有時可存儲於水池中，用水流浸，以備取用，在塗佈鋅面以前，須將物件浸入5－10%的鹽酸中數秒鐘，提出，水洗，假使要用機器塗鋅法，則須將物件通過橡膠滾筒，擠出表面水份，再經熔劑(flux)處理，即可放入已融鋅槽中。

熔劑的處理

物件在未放入熔融鋅槽以前，須先放置於氯化銨，氯化鋅或其混合物的溶液中處理，普通混合比例爲一分子氯化鋅和三分子氯化銨，經此處理後則表面附着一層氯化銨，當放入熔融鋅槽中則發生鹽酸，而將金屬表面之氧化物溶解，使鋅與鐵得以密切接觸，如有時鐵面上發見未曾附着鋅，則大多由於氧化物的薄膜所致。

其他清理表面的方法

鐵面上的氧化物薄膜，可浸於融化鹽中除去，普通均用各種鈉鹽的混合物，有時亦加入氫氧化鈉。特別是關於電話線的處理，均採用氫氧化鈉及碳酸鈉爲電解質，當清理鋼絲時必須先蘸入熔融鉛槽後，再入蘸鋅槽。

有人建議，將物件於 170－500°C 時，以氧化狀態處理，使表面形成一層黃色至灰色的氧化物薄膜，再經過還元，冷至 150°C，然後蘸入鋅槽中，依此法所得的薄膜，可以幫助塗鋅之操作。且可減少因物件變形而使鋅面脫落之缺點。

熔鋅槽

普通工廠所用的熔鋅槽，其容量爲 30－70 公噸，視工廠產量的大小而定，均以平爐鋼板或低碳鋼板，經鉚釘或燒銲而成。所用燃料亦因當地情況來決定，如汽油、煤、天然氣或電爐等均可使用。

鋅中如加入鉛，那末在融化之後可以減少鋅鐵合金的形成，並可使器壁對鋅的損害減小。在 450°C 時，鐵在鋅中恰達飽和點，所成合金的成分含鐵 0.1%；如溫度再升高，就會生成 $FeZn_7$ 的合金，其中含鐵 10.9%，比重較鋅爲大，沈於槽底，稱之沈滓(dross)，此物能防礙塗鋅故必須除去，一般工廠沈滓分析的結果，約含鐵2－3%。

工作時的溫度，普通均在450°C 左右，如塗線時用 445－465°C；塗體積較小的重件時則用425°C。

熔鋅槽中加入其他金屬的效用

鋅中加入其他金屬，可以增進鐵與鋅形成合金的速度，今將常用金屬分別敘述於下：

鋁——加入0.05－0.25%的鋁，則形成鋅鋁合金，普通應用於手工法，此處鋁之效用爲熔藥，適用於不規則形狀之表面，很少使用於鐵板上，因其表面形成渾暗之汚點，但鋁能使鋅鐵合金之厚度減低，並呈藍白色的光澤。

錫——加錫於鋅中，可以增加塗鋅面之均勻性及光滑性，普通加入量1－3%。

銻 —— 加銻於鋅中，則能減少金屬閃鑠片(Spangle)的面積，而得藍色光澤雪片狀的花紋，但如用得過多則能使鋅面呈黃色的汚點。

影響鋅面性的因素

一、底板金屬表面的影響。——底板金屬表面之情形，對塗鋅面成品之優劣影響很大，若表面均勻光滑，則結果圓滿，而呈美麗的羊齒花紋(fern-like Pattern)，稱爲上等出品。故通常在鋼面塗鋅較在熟鐵面塗鋅所得之雪片狀花紋爲優美。

若底板金屬表面，經浸酸後所附着的氫氣泡未完全除淨，則成品不佳。如氧化物薄膜未完全除掉，則成品表面當生黑點。實際操作時如遇此種情形，可用酸重行清理，再行塗鋅。

二、溫度的影響——溫度對於塗鋅面的形成速度有很顯著的影響，由下圖可以看出鐵鎳及鋼塗佈鋅時的變化。

在鋅的熔點(419°C)以下，若有氧化物及塵埃存在，不容易形成表面，故塗佈作用最好是在419°C 以上。但實際工廠操作多採用 350－375°C 的溫度。如在375°C 時工作，則其塗佈速度在2－3小時內當每平方公分15 公絲(15mg./cm²)。厚度爲0.025公厘(mm.)。

塗鋅面的構造

經顯微鏡研究的結果，知道塗鋅面中有下列幾種合金，一爲 $FeZn_7$ 其中含鐵10.9%，一爲 $FeZn_3$ 其中含鐵22.16%，在1916年的時候，Storey 曾作過塗鋅面的研究，認爲塗面中除去上面合金之外，尚可能有 $FeZn_{10}$ 的構造。關於以上合金成分的測定，普通均採用 3.2% 的硫酸，其溶解之速度是以單位時間內所溶解的重量來表示。

塗鋅物件經儲存後表面之變化

一、塗鋅面在潮濕地方之變化。——塗鋅物件如放置於近海洋等潮濕的地方，則表面發生白色粉末，關於白色粉末的成分，說法很多，直到現在爲止其化學成分仍未能確定，鋅中如有鉛存在則此種現象更易形成，因當鋅在空氣中被腐蝕時形成氫化物。

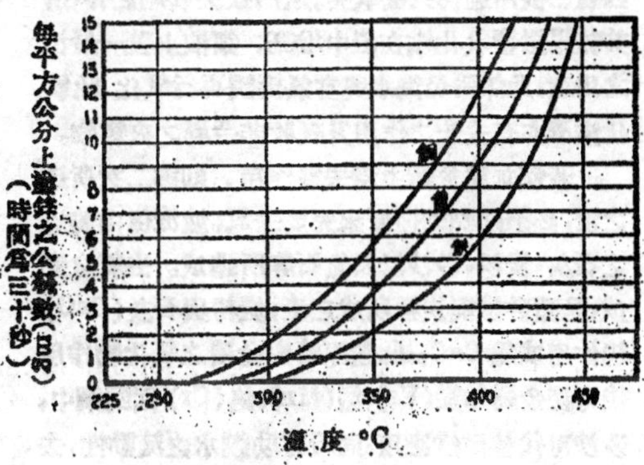

二、塗鋅面在普通水中之變化——鋅在不含氧或二氧化碳的水中，並不呈顯著的腐蝕性，普通水的pH值爲5.8－8.5，若不含二氧化碳，在普通溫度下很少能被腐蝕，但如pH值在6.5以下，則比較起來腐蝕速度要快得很多。

三、塗鋅面在室內之變化——塗鋅面在室內放置日久，即生灰色，若室內溫度較高，日久則重量增加，但由真空蒸餾法所製成的純鋅，含雜質在1/10,000以下，用它製成的容器，在實驗室中應用並不腐蝕，普通塗鋅器具，放置日久則表面發黑，爲了補救以上之缺點，可於表面塗佈一層假漆，以行保護。

四、塗鋅面在室外之變化——氯化物對鋅面的腐蝕性很大，塗鋅的金屬片用作屋頂時，其使用壽命完全要因所用原來金屬的性質而決定。

用電熱法塗鋅

將金屬表面清理後，放入金屬鼓(drum)中，金屬鼓內放鋅粉，由電熱器加熱，所用鋅粉必須先經過200號篩孔，有時並可加入一部分混合物，此種混合物，商場上叫它『藍粉』(blue dust)，含85－90%鋅及5－8%氧化鋅，同時爲了防止鋅粉因受熱而結成硬塊，可加入適量的細砂，通常含80%砂及20%鋅粉即能得到很圓滿的結果。

塗鋅工的保護價值

一、應用上的注意——普通飲料水的含鋅量每公升不能超過五公絲，在澳洲用塗鋅器爲水缸，其含鋅量爲17.1P.P.M.(即每百萬份水中含17.1份的鋅)，但對人的健康並無影響，普通用塗鋅管輸送用水，常常含有5－15 P.P.M.的鋅，但經過氯處理的水，則因其對鋅的腐蝕性太大，而含鋅較多，故家庭用具最好不用塗鋅器。

二、在稀酸溶液中不純物對侵蝕性之影響——若鋅中含有較鋅更易發生氫的金屬，則其腐蝕性增加；鉍、鎳、鐵、鉛及鎘雖然不屬此類，但在稀酸溶液中亦能增其腐蝕性，其中鉛及鎘之作用較小。

三、海水對塗鋅面侵蝕性之試驗——海底電線可以用塗鋅面來保護，試驗室試驗時爲將樣品分別放入食鹽溶液，氯化鈣溶液及蒸餾水中，由其所生氫氣的體積而推得其腐蝕性之大小，如溶液濃度在1/10N.以上，則因氧在濃溶液中的溶解度較小，故其腐蝕性隨之下降，試驗結果證明了鹽的濃度越大，腐蝕性越小。

(上接33頁)

弧光電爐鋼之去氧

又將被二次渣還原而回入鋼中。

最後之去氧作用——在應用方面最强之還原劑，如鋁以及其他去氧劑，設若此去氧劑被應用，而合金之加入則需在此强去氧劑起了效果之後許久爲宜，並不需要完全去除還原渣中之氧，蓋因錳已被用過初次去氧矣。爐內强去氧劑之存在，其結果影響氧化鐵在渣中增高，鋼液上蓋一層渣之用意，乃保護免鋼水與空氣接觸再行氧化，此氧化鐵渣亦有去硫之作用及吸收非金屬之夾雜物。

若僅加錳於鋼中爲去氧作用，則第二次所造之渣，必須强烈的還原來完成去氧。爐渣係由燒過之石灰，炭粉，矽沙以及氟石等所造成。去氧之完成，是藉矽鐵與炭粉所成之渣，炭粉與石灰(CaO)起作用成爲CaC_2，此還原渣與金屬之氧化物作用後可使金屬如鐵(Fe)，錳(Mn)，鉻(Cr)回到鋼中，矽沙可代替矽鐵應用，同時有助鋼水之流動性，去氧則多半靠炭粉所成之CaC_2之作用。

還原渣含極高之石灰，其特性爲極强之去硫劑，鐵合金應於二次渣取出後加入鋼液中，加入後亦應較長時間使其充分熔解鋼內，並攪拌之，使其均勻熔解鋼液中，同時必需取樣試之是否合乎所作之最後要求成份，更應注意者，鋼液在還原情形下，不能保持長久，此乃比完全去氧時候而言，當得知最後分析報告，調整炭與合金之最後工作，鋼水溫度應高。

迨鐵合金完全被熔化，則宜試探爐中溫度，如溫度適當，則可加入50%之矽鐵(2－5方吋大小)，此時矽鐵之加入，並非爲去氧劑，矽加入之目的，僅爲滿足化學成格而已。矽鐵加入後，鋁即可加入爐中或盛鋼桶中，以控制鋼之結晶顆粒，此時鋁之加入亦非爲去氧作用，矽，鋁二元素加入十分鐘後，鋼水即可出爐。

12584

石油瀝青

趙鍾美

許多人都以爲石油的產物就是汽油和車油，很少想到他們住的和行的也是石油的另一產物——瀝青。大家一定喜歡多知道些關於瀝青的故事，本文就對於牠的起源，牠在石油中的地位，古代人民如何利用，和現代的各種用處作一介紹。

瀝青的起源

石油是古代的生物埋在地下，由於泥沙石塊的壓力漸漸分解而成，是一個碳氫化合物的混合物，瀝青是石油中的一部份，色黑，質重而有黏性，遠在公元三千二百年前人民已經知道用瀝青來鋪路，作灌溉系統、和封墳，發掘的結果顯示出那時用瀝青做黏合劑的建築物，至今還能抵禦時間的侵襲而存在，所以瀝青實在是人類最合用的防水劑和黏合物。古代所用的瀝青是從石油中自已分離出來的，稱作『天然瀝青』

石油瀝青的來源

精鍊的石油瀝青是從選擇過的石油中用適宜的方法製成的。在製造時礦物質和水先沉澱去，然後蒸出較輕的碳氫化合物成爲汽油，火油，和潤滑油，留下的瀝青是純粹的碳氫化合物，適合於各種用途。

原油不是都適合於提製瀝青的，油中碳氫化合物的碳原子如是連結成直鍊狀的，就只能作爲製潤滑油，石臘和重車油的原料而不能製瀝青。如油中碳氫的分子成環狀排列(萘油)就適合於提瀝青、所以精鍊石油的人對原油都要選擇過。

石油瀝青的精鍊

原油經選擇後即行蒸餾。先用熱蒸去輕油和中油(如汽油和火油)；再用蒸氣和熱用真空蒸餾蒸去重油。普通分批或連續的平行式蒸餾器都可使用，現在有一種較新的設備，所謂管形蒸餾器，原油連續的壓進一串管中，管外直接用火加熱，使油在離管時立即全部蒸發，各種成份由一串冷凝器來分離，沸點高的先凝，最低的最後凝。在蒸餾器中所剩留的即爲瀝青，有時即可使用，有時須經加工後方可使用。

直接從蒸餾而來的瀝青稱爲『蒸氣化』(Steam Reduced)瀝青，但許多原油經蒸餾後所產生的瀝青不能合用，必須經氧化後才合用，氧化即在蒸餾器或蒸換器中噴入空氣同時加熱，其產物稱作『空氣化』(Air Blown)瀝青。

還有二種方法也可產生石油瀝青

a. 用氣化油類加熱分解以製汽油時可產生一種如煤膠的瀝青。

b. 在用溶劑精鍊潤滑油時，潤滑油中所含萘系碳氫化合物可用溶劑分離出來成一種很有柔韌性的瀝青。

除了固體或半固體的瀝青，還可製各種的液體瀝青，只要加入溶劑或使之成乳膠狀。使用戶不必加熱即可應用。

瀝青的用途

瀝青是石油產物中最多提的一種，在日常生活中處處可以見到。在美國有一半的瀝青是用來鋪築道路的，25－30％用作蓋屋面，其他如油漆，煤磚，防水電線，鐵道等不勝枚舉。

一、鋪路

通常鋪瀝青道路的方法有二種：

a. 先在工廠內把瀝青和石子等調合，乘熱用手鏟或機器分散在路面上，再碾平之。此法用於城市中負荷較重的道路。普通築路用調合物的成份如下表：

	底層	瀝青混凝土	瀝青面
2"石子—%	45	—	—
1"石子—%	20	20	—
½"—¾"石子—%	10	30	—
細沙—%	20	38	75
塵土—%	無	5	15
瀝青—%	5	7	10

b. 用分佈機直接鋪一層瀝青在路面上。此法可有三種不同的手續。

用築路機拌和水柏油與礫料

甲、表面處理(Surface Treatment)——在已鋪好的老路面上再鋪一層液體瀝青，使路面少灰塵，少裂痕，不滲水，大多移用於次要而載重不大的路面。

乙、滲入結構 (Penetration construction)——路上先均匀鋪一層碎石，洩上瀝青使滲入空隙間，再鋪一層較細碎石，然後再澆一層瀝青。這種結構有時上面再加一層表面處理。

丙、路上混合 Road Mixing)——在築路時，瀝青和砂石混和再用人工機器分散在路面上，此法較簡便，但成份不易正確。

二、屋面製造——普通有三種：

a. 瓦片(Shingles)——住屋用，比較美觀堅固，有各種形狀和顏色。

b. 屋面片(Roll roofing)——用於臨時建築，棚，穀倉，貨棧等處價格較廉。

c. 現成屋面(Built-up roofing)——用在較平的商業建築的屋面上，是幾層屋頂片用熱瀝青黏在屋面上，上部再加一層細石和瀝青而成。

以上三種屋面的製造，根本上都是相同的。先用碎紙破布和木屑軋成氈後，浸入熱瀝青成油毛氈，油毛氈上加一層瀝青和滑石粉或雲母粉即成屋面片。如用較硬性的瀝青製屋面片再切成各種形狀大小即成瓦片。

三、瀝青的另外用途——

用柏油處理的屋面

瀝青大量使用於縫合水泥道路的接合處和裂縫。地板也可用瀝青來鋪。瀝青是最常用的防水劑，建築物的基礎上常塗一層浸瀝青的布以防水。游泳池也可用牠來嵌縫。球場，網球場和私人道路鋪了瀝青既美觀耐用又少塵埃。許多橡皮製品亦常含有瀝青以改變性質。廉價的小子煤可用牠來膠合成清潔而合用的煤磚。鐵道底部的泥土如用水泥，沙水和瀝青的混和物固定後可使鐵道穩固，這還是一個最新的發展。

編輯室

本刊從六月六日出版的六月號至今，相隔已經兩個月，到八月十日，才出版了七月號。遲延的原因，還是由於六月漲風，影響了本刊的經濟情況。本刊每期出版的紙張都是臨時從黑市買進的。六月號的紙張，每令七百萬元，而今白報紙價竟爲每令四千萬元，單是報紙一項的支出就得八億元，在一個沒有經濟支持的民間刊物是很難應付這樣一個局面的。後經向技術協會求援，才借得了白報紙付印。嗣後藉此流轉，當不致脫期，我們決自八月號起每期提早出版十日，至十月十日出版十月號。售價方面不得不也予提高，藉維成本。

由於紙張的飛漲，本刊全頁廣告按七月份的成本，(包括紙張及排印工)需實耗約四千萬元，刊登廣告的目的，一方面果然是爲了輔助本刊的收入，另一方面，還有便於讀者採購及廠商推廣業務的積極意義。現在對輔助本刊經費已很微少，而對廠商方面言，也覺不勝担負，廣告既少，對讀者服務的意義也減少了。本刊爲使三方面都能照顧起見，擬自下期起試行刊登分類廣告，希望垂愛及信任本刊的讀者和廠商予以合作，介紹及賜刊，詳細辦法請徑函上海(18)中正中路517弄3號本刊接洽，簡章函索即寄。

本期介紹的中紡機器公司，是一個依據理想創辦的機器廠，當我們去參觀時，除了知道該廠還重用日籍技師一點微嫌不悅外，一切設施，我們都覺值得學習；但最近風聞該廠營業不佳，影響了整個廠的經濟情形，主持人頗難應付的消息，愈使我們想起陳敏鋒先生在認識我們當前的職業環境一文的現實性，爲讀者所熟識的，曾予本刊很多幫助的顏耀秋先生主持的上海機器廠，最近也已停工了，最近階段中國機械工業前途的艱要，愈難明顯，可自該二大機械廠窺見一斑。

下期起本刊將陸續介紹青島齊魯企業公司轄下的橡膠廠和上海電力公司，都是國內最大規模的機構，希讀者注意。

12586

"機械生產的路是可以走得通的，
工業建設的過程是必須經過的………"

中國重化學工業之父
范旭東
·民族工業的戰士·

沒有范旭東，就沒有永利；沒有永利，中國就沒有重化學工業。

范旭東這三個字在今天已經成爲「成功」的代名詞 在這三個字的背後，人們可以看到一幅燦爛輝煌的圖畫——在中國的廢墟上，一個重化學工業的代表者永利硫酸錏廠怎樣建設和成長。這一個光輝的事實告訴全世界的人，落後國家亦能建立自己的工業，祇要有健全的環境。

卅年來范旭東先生所走過的道路正代表着中國千百個民族工業家的道路，從先生畢身的奮鬥中可以很清楚的看到儘管中國的工業是落後，儘管工業建設要遭受到怎樣多的困難，可是在中國辦工業還是可能的，而且是有前途的。

范旭東先生曾經這樣說過：

「同我們創業時候的環境比較，現在的社會是進步得多了，二十五年前的孤獨掙扎，工業的伴侶可說是絕無僅有。機械生產的路是走得通的，工業建設的過程是必須經過的。這兩點，經我們長期的試驗得到了證明。」

范先生自始至終就抱着這樣的信心，和毅力爲中國民族工業奠定了千古的基石。祇有他看清了中國的環境才能數十年如一日地献身於工業建設，從最初向財部爭取原鹽免稅，而克服蘇爾維法製碱的技術的困難，由精鹽的煉製而硫酸錏而製純碱，中間要衝破洋商重重的圍剿以及八年抗戰的浩刼，創造和完成這種偉大的事業，祇有堅韌不拔的戰斗方始能夠勝任。

當永利勝利復員，而再擴大生產的時候，我們以范先生爲模範的例子，以爲民族工業家的借鏡，在這個戰火遍地的中國，工業紛紛南遷的今天，能夠繼續自已崗位的奮鬥下去，民族工業家要有范旭東先生的精神，同時更要具備范旭東先生那樣的信心——機械生產的路是可以走得通的，工業建設的過程是必須經過的。

·閒話滄桑·

以私人爲國奠定化學工業的基礎，范旭東先生是第一人。早在民國紀元的開始，國內已經有許多人注意到食鹽的精製，等到第一次歐洲爆發，兩洋的交通阻隔之後，舶來品在落後的中國便變爲奇貨可居，一時顏料，純碱等化工原料成爲無償至寶，從事工業製造的人，亦就日漸的增多起來。

民國三年，久大精鹽廠在范旭東先生的主持下，在淒涼的塘沽海濱建立起來。

「當時注意久大事業的還有遵義的蹇先榘，以及數理學家王小徐，化學家徐調甫和工業家吳次伯諸先生，他們都一心一意想利用食鹽來製造純碱。民國五年先後來到了天津，經過幾次的討論訂下了創辦的章程。永利，這個中國第一個重化學工業的嬰兒，就在那個時候決定的。

「要從事工業的生產，在那時有三重的困難：第一要避免外商的競爭，第二要有關稅的保護，第三要有純熟的技術。

「當時原鹽是要完稅的，製碱要鹽作原料，如果原鹽不能免稅，那就無從下手，經過多次的疏通總算批准了原鹽免稅，可是一年多努力的結果，在事業上毫無進展，多少發起的人因之消沉下去，加之，歐戰結束，碱價大降，純鹼的製造最後就有極少數的人沒有灰心，那就是當初留在天津的一部份發起人。

「民國八年由於華錩貿易公司李國欽先生（見二卷一期事業介紹華錩銻鑛廠）的幫助，同時陳調甫亦在這個時候到了美國，於是在紐約聘定專家，設計繪圖，永利在這個時候方始有了眉目。

·一個有力的助手·

「民國十一年侯德榜先生由美回國那時作爲以後研究中心的黃海化學工業研究社亦在同時成立。

「侯先生到了塘沽就着手碱廠的建設，原來蘇爾維法製碱，在原理上十分簡單明瞭，可是在實際安置生產的時候沒有不感覺困難萬分，那時侯先生奮不顧身，先後死拚」有四五年，從掉換炭酸化塔的水管，另行設計新分解爐，歷次加強冷却設備，改造碳機和石灰窰以至補救種種臨時故障，煞費苦心。這工作比新發明有任何不同。

「侯先生的第二期的成就，當然要算硫酸錏廠的建立，錏廠不幸開工不到半年，三次遭敵機轟炸，隨着國軍西撤，侯先生是最後離廠的一個。

「奠定華西化學工業的基礎，侯先生開始第三期的工作，為了要適合華西的新環境，設計一個新鹹廠，侯先生在德國週旋多時，因為憤慨廠家的無理要求，而赴美自行設計，一面領導國內的研究工作，不久．有名的『侯氏碱法』，使世界製碱工業，從此又開闢了新途徑……」

上面雖然是范旭東先生在三十二年因為侯德榜總工程師獲得英國化工學會名譽人會榮銜慶祝會上的一席話，可是就在這平舖的敍述裏已經可以尋出范先生一身的事蹟。他讚美的雖是與他二十年共事的朋友，可是，誰都不會忽視這個大企業建造的定向人，正就是他自已。

一樁事業的成功，是建築在相互的諒解與共同的合作上．沒有侯德榜，沒有范旭東，沒有千百個肯為永利的事業而犧牲的工友和同事，永利決不會有今天的局面。在永利的服務的信條底下，就可以看出多少的人把事業作為自已的信仰一樣願意為之終身而奮鬥。

・中國的生命線在海洋・

范先生就是信仰始終不變的一個。民國二年當他從日本西京帝大回來經過不毛的塘沽立志從事鹽鹹工業以來，卅餘年就一直努力的幹着，種種的威脅種種的利誘，都不能動搖他的信念。他精力總是這樣的充沛東西地為着事業奔波，雖然已經是六十歲的高齡却依舊是漆黑的頭髮，紅潤的臉，在印度在巴西來去，直到勝利的卅四年十月二日才以黄胆病長眠重慶。

卅年來他除了主持工業之外，一直以最大的注意關心着科學研究的發展，可以提出來的是民國十七年成立的黄海化學工業研究社，這個以着久大與永利董監事每年的酬勞金作為經費的化學研究社，對於久大，對於永利事業的發展是有着它的貢獻 范先生，侯先生從最初一直加以幫助 卽使以後遷川之後，研究工作反而不因為環境的惡化而停頓 相反，為了在大後方建設新塘沽，當時全部職工撤至內地，范先生非但沒有把技術人員解僱一人，並且以種種的方法在沒有生產的情形盡力維持，同時更展開研究和探測，那時全體分做兩組，一組到湘南調查煤，石灰石，石膏，硫化鐵等原料，一組入四川，往五通橋調查煤焦，石鹽等等，於是永利川廠在五通橋成立，同時自流井的久大分廠亦正式開工，而那深達三千七百尺的鹽井在中國却還是創舉。民國廿九年先生在四川，更為久大公司專門成立海洋化工研究社從事海洋植物的研究。

先生就是這樣的重視研究，他曾經每每對人家說：「中國今日若不知注重科學，中國工業有何希望」並且他也常常說「中國的生命線在海洋，海水中有無限寶藏，不僅可以得到鹽並且可以取到鎂，碘，溴等各種副產品，眞是取之不盡，用之不竭」。

他那無火氣的聲音，却像火一樣燃燒着每個人的心。

・記取范先生的教訓・

一個辦工業的能夠這樣的重視科學和研究對於每一個有志民族工業的是一個極好的榜樣。

最後我們以范先生臨死前半月在大公報發表的『管制日本工業之我見』以為本文的結尾，從一個為工業奮鬥已經卅年，而且自身經歷着洋商的威脅利誘而為民族工業求活路像范先生在三年前所提示的意見，在今天紛紛注意日本問題的時候是有其價值的。

「日本侵略中國，實有五十餘年之歷史，而最使悍然不顧廣大民衆，不宣而戰，簡言之，卽覬中國無工業……日本惟恐中國有工業，因卽先發制人，以彼之處心積慮滅亡中國，……

「論日本之實力，與美國較，眞是小巫見大巫，質言之，卽美國工業可以澈底征服日本；不過日本雖被征服，日本工業並未全部摧毀，且日本自中美英三國開始招降，卽極力造成局勢，延緩時日，同時卽於此期間，隱藏並分散其重要工業設備，以圖他日之再起……

「不過中國人受日本之侵略，為期已五十餘年，痛苦之情，言之已不寒而慄，加以八年抗戰，財產之損失無算，人命之死亡數逾千萬，而流離失所不計也。受如此之重大犧牲，中國人應有資格與權利要求同盟國處置日本不應過於寬大，尤其管制日本工業，更應絕對澈底，同盟之間，步調尤應一致 且在英美工業高度發達，蘇聯亦具有特長之處，勢與中國不同，放鬆日本，或不是為害；惟中國工業尚在萌芽，萬不能與日本比肩並進，不早事防止，實定影響中國之生存……」

當日本鋼鐵產量增至八一五萬噸，保留商船四百萬噸，造船四十萬噸，紡錠一千萬枚，一切工業水準皆保留在一九三五年水準以上的時候，在地下的范先生不知是怎樣了。（本刊資料室）

汽車的正時(Timing)

沈惠麟

關於四衝程引擎轉動的基本原理，我們已經研究過，但是要求牠轉動圓活平穩，那麼第一先要注意『正時』。『正時』的意思就是說機器的每一部份必定要照規定的時間動作：像活塞上下升降的時間；進汽門同排汽門開合的時間；火花塞點火的時候等等。這種種規定的時間都是一點亦差錯不得的。

現在我們假定倘若活塞正在動力衝程向下急降的時候，半途中排汽門忽突然開放。那麼結果將怎樣呢？這當然可以想像得出的，正同在一個打足汽的汽球的邊上開一個洞一樣的道理，當然逃掉了。所以同理汽缸中所產生的能力，亦必定依阻力最小的路徑走，就是從排汽口中逃出，經過排汽管，進入消聲器，在這裏爆炸，發出很大的聲音。這種現象通稱『回火』(Back Fire)。

或者在壓縮衝程當中，活塞上升的時候，火花塞在一個不適當的時候就發生點火火花，那麼又將有怎樣的結果呢？我們在圖7(見三卷六期)中可以看出，在壓縮衝程時，燃燒室中充滿了經過壓縮的汽化了的汽油。倘若火花塞在壓縮衝程一半的時候發生火花，那麼因為汽化了的汽油的爆炸，將活塞向下面猛推。而生成『回蹶』(KickBack)的現象。舊式福特常有這種現象發生，有的時候甚至於將搖動引擎的人的手腕都打斷。

現在新式汽車在起動的時候，已經不需要駕駛人去改進點火的時候了。

因為火花同汽油的『正時』多數已經自動調正。因為要得到準確的正時，那麼引擎中除了已經講到的另件像汽缸，活塞，連桿，飛輪外；我們還要加上使進汽門同排汽門準時開合的機件，使火花塞在真正需要的時候發生火花的機件。這種種機件都是基本需要的，因為我們倘若要得到一個有平穩動力的引擎，我們決不能用手去應付這種快速的正時動作，所以必須設法使引擎自動的管理好。我們就用『正時齒輪』來達到這種目的。

當引擎轉動的時候，第一樣要自動管理的是進汽門，這個汽門必定要使牠在進汽衝程活塞向下行動的時候開放，吸入汽化了的汽油到燃燒室中。進汽門同排汽門都靠了凸輪(俗稱桃子)的推動而開，靠了一個叫汽門彈簧(俗稱凡爾彈簧)的推力而關。(見圖8中的凸輪，汽門及推桿)。我們必須對於這些機件加以密切注意，因為這些都是汽車引擎中的主要零件。

圖9中為一輛特八汽缸引擎的各部份：每一只汽缸有二只汽門，進汽門同排汽門各一；飛輪；彎地軸；凸輪軸，正時齒輪等等。事實上這種八汽缸引擎，就是二只四汽缸引擎合而為一。所以將一個18汽缸或者V12汽缸正時的時候，只要想到二個四汽缸引擎或二個六汽缸引擎就可以了。

我們倘若要明瞭引擎的四個衝程的作用和動作，只有將地軸轉動二圈就行。在第一圈時，我們得到下行的進汽衝程同上行的壓縮衝程。

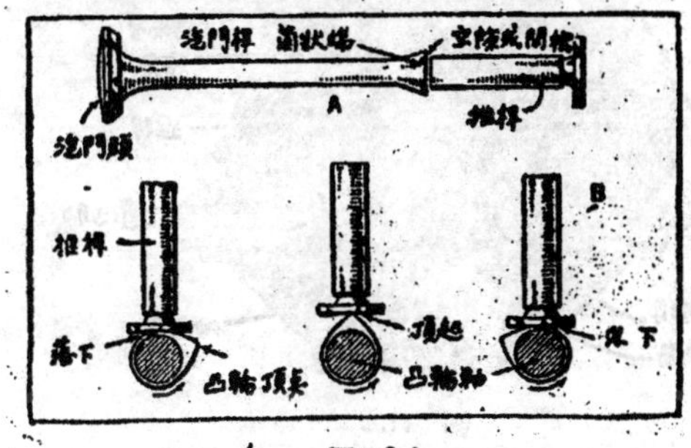

圖8.

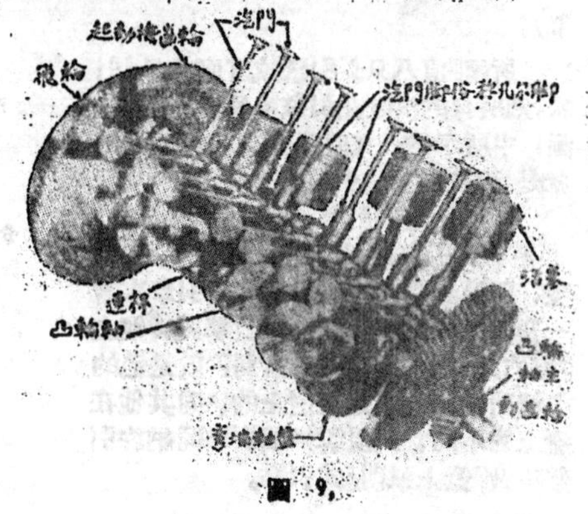

圖9.

見圖7的說明。在進汽衝程中，活塞下行，進汽門開放；在壓縮衝程中，活塞上行，進汽門就關閉。當活塞下行，進汽門開放的時候，汽化了的汽油就被吸入燃燒室中。過此到後半圈，兩個汽門都關閉，活塞向上行，將汽油汽壓縮在燃燒室中，等待引火點發。

再下半圈，就是動力衝程。混合氣經過電火花的點燃，而生爆炸，將活塞向下推動。在動力衝程中，進汽門同排汽門都關閉。再下半圈，就是最後一個或者第四個衝程，叫做排汽衝程。在這個衝程中，排汽門開放，當活塞向上時，廢氣就被推出引擎汽缸之燃燒室。預備地方可以再從化汽器中吸入新鮮混合汽。這樣完成了汽車引擎的四個衝程。

以上所講到的種種情形，初看似乎很是繁複，但實在並不如此。倘若我們仔細閱讀，同時同圖7說明詳切對照，就很容易明瞭。

上面所講到的只不過一只汽缸。倘若我們要得到一個動力較大轉動較穩的引擎，那麼就可以用幾個汽缸。老式的車子像福特等，多數是四汽缸引擎。但是以後逐漸改進，四汽缸引擎慢慢被淘汰，由六汽缸引擎同八汽缸引擎所代替。現在通行的像開第勒克車的十二汽缸及十六汽缸引擎，事實上亦不過是兩組六汽缸引擎或兩組八汽缸引擎合而為一，成"V"式引擎而已。（例如圖10中所示之福特V8引擎即為由兩組四汽缸引擎合成的引擎）。

所謂『直八只』引擎或『直六只』引擎，則所有的汽缸在引擎中排成一線，像圖11中所示的一九四〇式之雪佛蘭引擎就是。現在所用的引擎就是。

現在所用的引擎，都是這兩種設計。但直線式引擎較V式引擎比較容易明瞭，所以我們就將這個雪佛蘭引擎來當一個研究的實例。雪佛蘭引擎與其他之『直六只』引擎所僅有的區別，就是他的進汽門同出汽門是在頂上的，同其他在邊上的不同。所以雪佛蘭引擎同納許引擎叫做『蓋上氣門』式引擎。

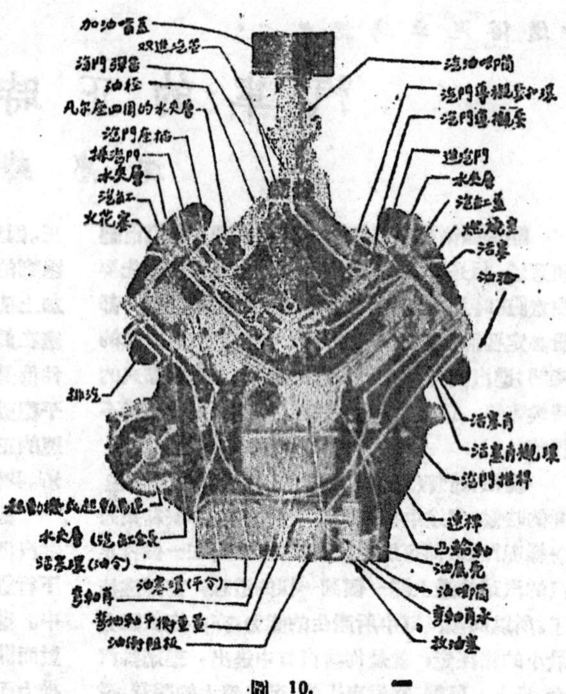

圖 10.

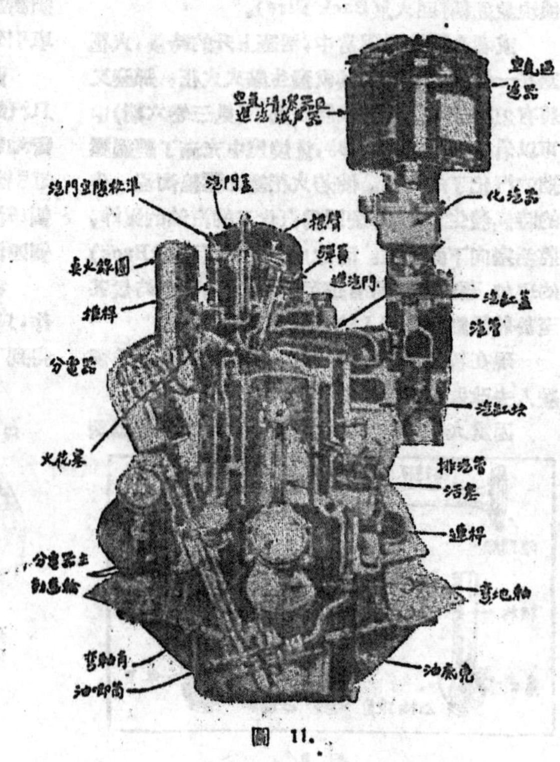

圖 11.

新發明與新出品

用飛輪積聚動能來行駛的

迴轉飛輪電動車

讀過物理學的人一定知道迴轉器（Gyroscope）這件東西。現在瑞士沮立區（Zurich）的Ateliers de Construction Oerlikon 廠所製成的一架迴轉輪電動車（圖1）就是利用這一個原理：在車子的上面，有一只一噸重的鉻鎳鋼製飛輪（圖2），裝在一副以充氫罩子罩沒的球軸承上面，（充氫的目的在減少阻力），這只飛輪需用普通的低壓直流起動馬達驅動到每分鐘3000轉。飛輪上面是直接

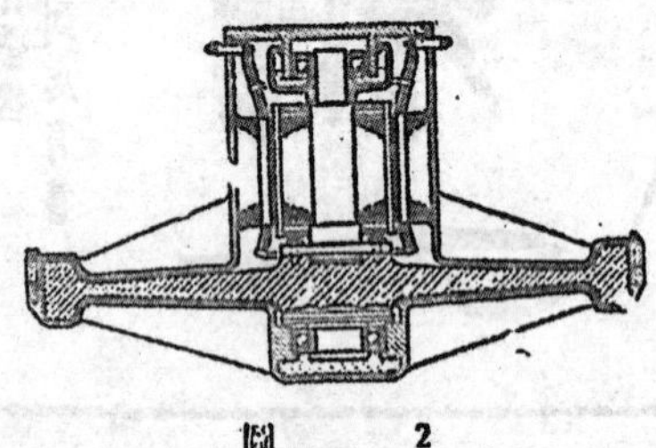

圖 2

傳動一只發電機，以供給行駛電車馬達的電能。根據試驗的結果，每轉動飛輪一次（約需一分鐘），可使一十噸的電車行駛6至10哩的路。這種電動車對於礦山的運輸工作，甚爲適用，因爲不易架電線來行駛他種電車的緣故。如果用來行駛街車，却並不十分便利，除非有很多的站頭，專供停住了重新發動飛輪之用。

★**超高速感應電動機問世**——爲了精磨1/16吋以內孔徑而設計的超高速三相感應電動機，已由美國 Bryant Chucking Grinder Co., Springfield 試製成功。它底轉速可達每分鐘204,000轉，但需用3,400週率的交流電源。轉子的表面速率達每小時600哩，向外的離心力有好幾噸。所用的精密球軸承是用油霧來潤滑的，外面還有水套，使軸承可以冷却。（P.E.）

★**自動鋸片磨銳機**——英國 Paisley 的

圖 1

Thomas White & Sons, Ltd 最近製成了一種自動鋸片磨銳機，可以磨銳各種圓鋸片或鋸帶，十分便利。

工作原理很簡單：鋸片或鋸帶放在砂磨輪下面的心子或滑板（見圖3）上，心子的高低可以自動調整，使鋸片的齒和磨輪得以密切接觸。砂輪也可用槓桿及精密螺旋調整。每一齒的間距，則以指示附件調整。最大的圓鋸片可以磨到60吋，最大的鋸帶則可以磨到8吋寬，地面的尺寸只佔4'×10'-6"。（B.E.）

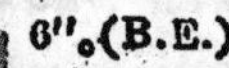

★**圓筒運輸車**——普通的柴油筒之類的圓筒，在近距離間可以用斜面（卡車上搭跳板）的方法來滾動運輸，但這不是一個好方法。最近英國伯明罕的A.P. Mfg. Co. Ltd

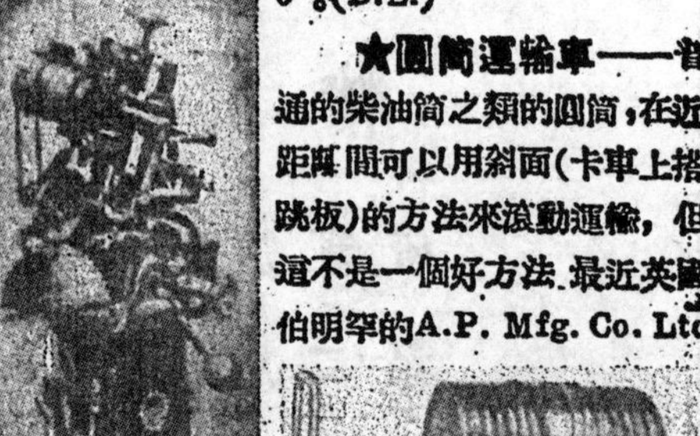

圖 3

圖 4

所製的 Donald ET4 型圓筒運輸車(如圖4)當是一個很好的工具。這架運輸車是舉重器和放置器的併合物，二只大車輪(軸心用滾柱軸承)是主要的承載重量部份，要有二只小車輪則有糾正轉向的 Castor 作用。在作舉重器的時候，一個人很容易把圓筒舉起放在車上；在作為放置器的時候，這架車可載重到356公斤。推柄很是結實，如果不需要的時候，還可把車子直立起來。

★高週率電熱器——用高周率電波來使金屬物品(或其他導體)加熱是這次大戰間的新發明，目的在省時間和省人工，對於工業上的應用也很廣泛，目前對於非導電體，主要是食物或塑料之類的高周率電熱器也製成功了。英國的塑料工廠多用一種叫 Radyne (見圖5)式的高周率電熱器，其周率高達每秒二千二百萬次，每分鐘的熱能可以發出45英熱單位(B.T.U.)，不過工作的原理不是普通誘導電熱，卻利用一種介質電熱 (Dielectric Heating)，即將工作物放在一個強有力的高周率電場，(大多是在鍍鉻的平台上)，工作物即可吸收熱能而發熱，熱量均勻發散，沒有中間較冷外面較熱的弊病。用這種電熱器原理製成的爐灶也很便利，廚房中可以應用這種爐灶，在極短的時間(大概只要幾秒鐘功夫)烹飪出熱烘烘的食物出來。只是因為價格昂貴，當然不能到家用的地步。

這種 Radyne 電熱器是英國 Berks 的 Radio Heaters of Workingham 廠製造的。(B.E.7,47)

圖 5

★一種新型的表面氮化淬火法——要使低碳鋼的表面硬化，普通都用氰化鈉鹽浴使鋼鐵表面滲入一定程度的碳層之後，再行淬火，可獲得相當滿意的成績，但在最近，美國麻省卻潑門汽門公司 (Chapman Valve Mfg. Co.) 所發明的一種表面硬化方法卻是用加氮入鹽浴中的，成績據稱十分圓滿，在一至四小時中可獲得深度自.002"至.055"的硬韌表皮，硬度可至洛克威爾C56至64，變形極小，同時還有抗腐蝕，抗磨損等性質；經過處理後的表面可用氧化法或電鍍法來獲得美觀的表面；這種方法業經該公司專利，定名為卻潑門化淬火法(Chapmanizing)。

"卻潑門化"大概的作用是以金屬在活潑的氮中加熱，使氮適量地與鐵化合而成氮化鐵的硬表皮。鋼鐵是放在一種高溫度的液鹽浴內，目的在使溫度的傳遞得以均勻。活潑的氮由無水氨通過一個作用器(專利名稱為Chapmanizer)，在裏面經過電荷作用，產生適量的活潑氮，通入液體鹽浴中，俟相當時間後，即將鋼件放入油或水中淬火，這樣淬出來的東西，表面上沒有污物，只是一層銀色發亮的表皮。一切機械工具另件、紡織機件、螺栓、梢子、汽車另件、家用物件等均可用這一個方法來獲得理想的硬化表皮。(欣)

★新型的抗熱漆——最近對於矽 (Silicone)的衍生物，如矽松香和矽脂等化合物研究甚精，結果發現了好幾種優良的抗熱漆，矽製成的漆，顏色甚多，同時可用各種現成的方法來油漆，有一種加入鋁顏料的油漆，可以忍受500F° 以上的溫度不會起變化。

還有一種矽松香，如加入玻璃纖維或石棉雲母等絕緣體，可作電動機用的絕緣漆，在溫度390~590°F之下，有幾千小時的工作壽命。只是這種抗熱漆的價格頗為昂貴，應用尚未見普遍。

(MGD)

★因溫度升降而將發條旋緊的自動鐘——瑞士有名的鐘錶廠，Jaeger-Le Coultre, Geneva 最近製成了一種"Atmos"自動鐘，完全不需人力去旋發條，卻是利用大氣中溫度升降變化而引起的一種能力來旋緊發條的。旋發條的機構是一個用彈簧抵緊的金屬蛇腹箱 (Bellow)，裏面盛放氯乙烷(Ethyl Chloride)，如果溫度降低，則蒸氣壓力亦減低，使彈簧伸張，由是拉動機件，旋緊了發條。(MGD)

讀者信箱

科藝公司在那裏

(54)廣東省立興寧工業學校曾道元先生：

關於鐘錶的參攷書可以向上海南京東路190號科藝公司購買，至於該書售價，因爲近來物價暴漲，一時很難估計，最好去函一詢爲是。

管子機

(55)河南海天四望街張東乾先生：

關於製管子機的過程和工具我們正在設法請原作者能作進一步的介紹，不久當可在本刊另有專文發表，如果先生有更實際問題當可代爲詢問。

設立技術夜校

(56)本市迪化中路華映秋先生：

很感謝你寄下意見書，同時你還希望我們能設立夜校使一般無資格進大學而對於機械極有興趣的同學得到補習的機會，這樣寶貴的意見眞是我們所積極準備的事，祇是在目前決不是件很容易的事，本來，那在卅五年中國技術職業夜校，曾在中法藥專開課，後來校舍發生了問題，之後一直祇是局促在膠州路民衆夜校辦理技術班，這是我們可以奉告的。

最近聽說在進行籌備成立學校不知前途，如有進展當再奉告，你大概不是技術會員，否則可以注意技協通訊。

金屬『焊錫』法

(57)本埠中國航空建設協會一先生：

關於「焊」，本來是一個專門的問題，在本刊未曾刊登專門的焊錫問題之前，謹簡單地回答如下：

普通的金屬焊錫，第一要把所焊的金屬表面處理清潔然後再搪焊錫(Solder)和加焊劑(Flux)，有的金屬像鋅和鉛焊時不用焊劑的，至於焊錫Solder有用本來的金屬(Self-Solder)如錫，鐵，銅等是，也有用焊錫比如鋁不過焊鋁却需要一種特殊的焊錫，普通的焊劑有液體，漿狀兩種，液體焊錫成份大凡是氯化鋅，鹽酸，氨水，酒精等等，漿狀焊錫的成份大凡是橄欖油，松香，牛油；至於搪焊硬質金屬如銀，金，鋼等焊劑常用硼砂或則是硼砂的水溶液。

焊錫通常有硬與軟二種，軟焊錫的成份是鉍五份(重量)錫三份，鉛二份。硬焊錫中含黃銅百分之七十，鋅百分之二十二，錫百分之八，至於焊鐵，鋼，銅的焊錫常有的成份少有不同是黃銅百分之五十三，鋅百分之四十三，錫百分之一，鉛量極微。

焊鋁的焊錫包括各種比例的鋅，錫及鋁，所有這種用在鋁焊中的金屬必須對鋁起正電的作用，即它們作用的時候是放出電子而不是吸收電子，鋁焊不用焊劑，最多表面加石臘少許。

林賢文君注意

(58)本市亞美實業公司林賢文先生：

你說你很想參加技術協會可惜沒有適當的介紹人，那倒不是件重要的事，你儘管將你的申請書寄下來，並且將你的情形說明白，必要的時候工程界可以代爲介紹。

向經濟部申請專利

(59)湖北利華煤礦程天柱先生：

關於申請專利一事，可向經濟部技術獎勵審查委員會函請其一應手續當即通知，故請直接去函可也。

輕便抽水機

(60)浦東裘力強先生：

你說有八畝田有一條牛希望買一部輕便的抽水機。在上海可以向陸家浜中華鐵工廠詢問，祇是抽水機連引擎在目前價格當在數十億左右，而且廠家在現在是沒有分期付款的辦法，如果購買舊的那末北京路一帶也有，這種引擎有用柴油發火，有用汽油，也有用火油，不曉得你要那一種，不過，我們以爲拿抽水機來打八畝田恐怕是不很合算的。

關於柴油機的書

(61)徐州江蘇學院吳漢銘先生：

中文方面關於Diesel Engine的書坊間不多，其中以商務版大學叢書劉仙洲所著的內燃機比較有詳情的說明。

鐘錶的同伴

(62)武昌華中大學粟子安先生：

我們常常接到讀者來信說對於鐘錶方面有興趣可是中國的鐘錶界簡直可憐，要想找幾本關於鐘錶的參考書決不是件容易的事比較有系統的有上海南京東路一九〇號科藝公司出版的鐘錶修理二厚冊可函購，其他中國鐘錶工業概況那恐怕很少有介紹的吧。我們希望對鐘錶有興趣的同伴能利用工程界作爲相互溝通的橋樑。

黃式松先生注意

(63)請賜通訊地址，以便回覆所詢之問題，並請惠寄單據若干。

讀者信箱

新安電機廠股份有限公司

SING AN ELECTRIC & MFG. CO., LTD.

對於紡織界之新供獻

封閉式紗機馬達

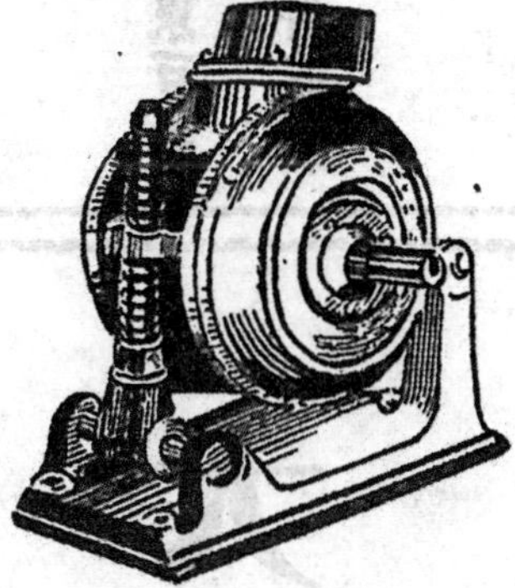

封閉式布機馬達

交流快慢馬達

事務所：南京西路八九三號大滬大樓五樓

電話：六〇〇九〇　電報掛號　〇七八九

廠　址　常德路八〇〇號　電話三五七五三

中國科學公司 **藥品製造廠**

總公司：上海(18)中正中路537號
(麗煦路慕爾鳴路西) 電話74487

請採用……

"中科"出品

純粹藥品

Actual Data on the Label

並供應……

各國名廠出品

原裝C. P.藥品

·備貨充足·
·定價低廉·
·代裝代運·
·迅速可靠·
·目錄備索·

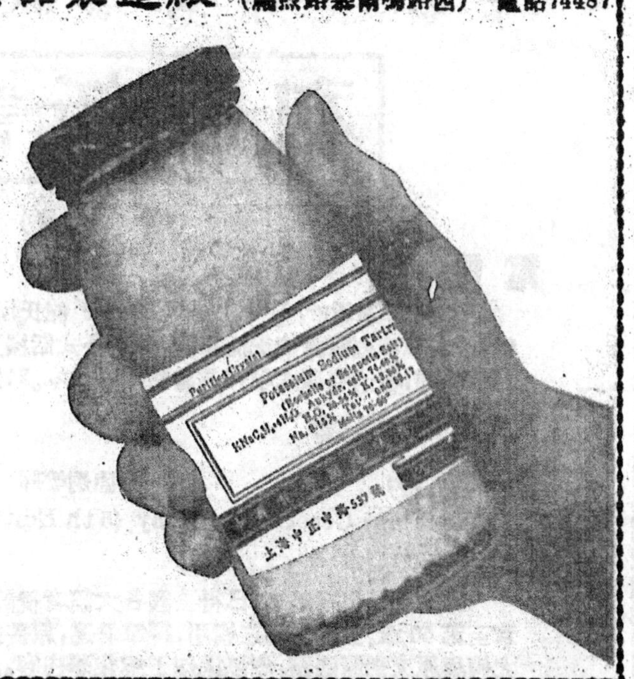

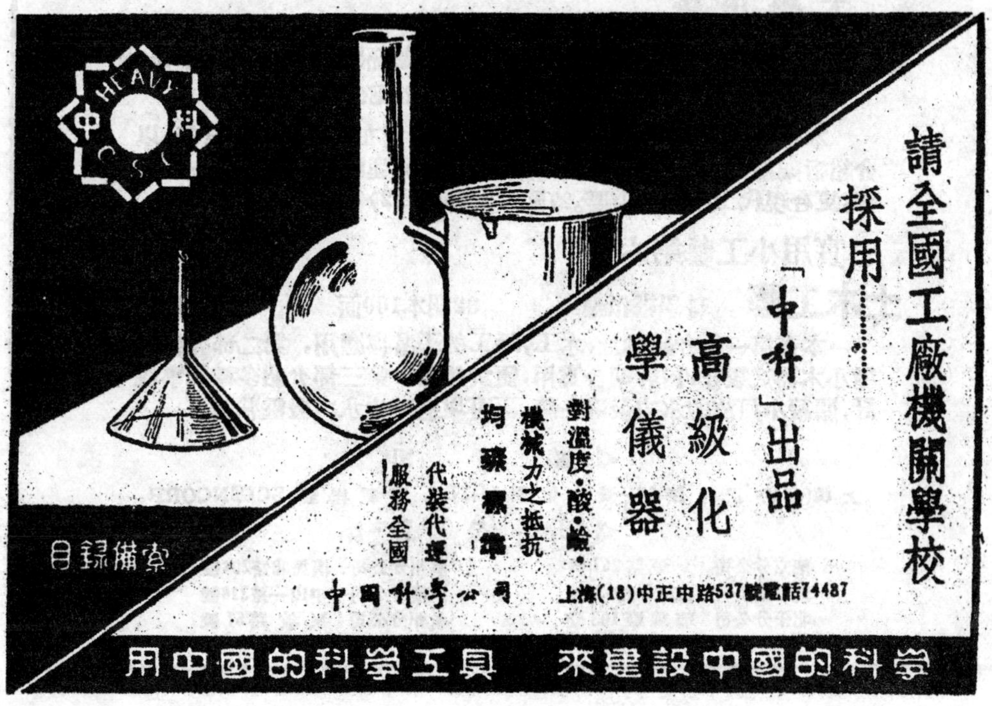

金錢牌
面盆
益豐
益豐搪瓷公司出品
搪瓷器皿
火磚·坩堝
鉻銅罐
貼瓷花紙
熱水瓶
外面漂亮
裏面熱
金錢
金錢牌熱水瓶公司出品
總公司
上海中正東路二二四号 電話一五八九六 電報掛号七五九七
分支：香港·廣州·天津·漢口

本刊係科學期刊協會會員刊物
上海郵政管理局執照第二四二六號
內政部登記證京警滬字第一七四四號

CHINESE AUTOMATIC ELECTRIC CORP. LTD.

中國自動電器股份有限公司

設計製造修理經銷各種電信器材

上海(五)四川北路一三五六號
電話(〇二)六一一二三六

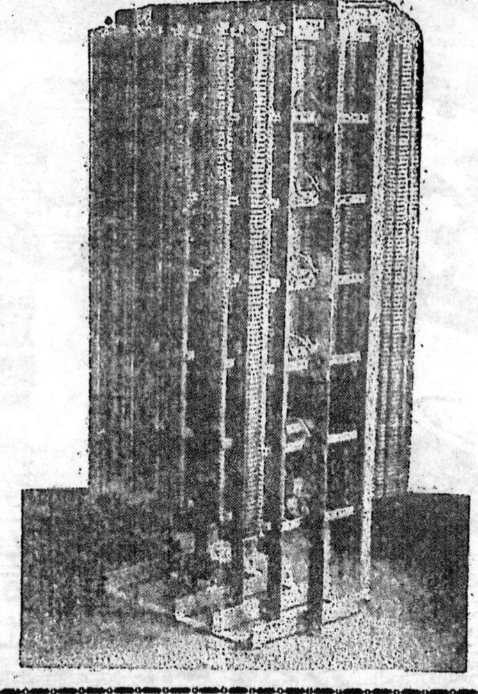

本廠出品：
五百門電話配線架
迅保安設備

育發化學公司

教育界的空前巨獻

育發高中化學示教實驗器材

內有
基本實驗儀器170件　$12000萬
基本實驗材料140種　$ 8000萬
可做實驗132次全套共計$20000萬

育發初中化學實驗示教器材

內有
基本實驗儀器153件　$ 9000萬
基本實驗材料103種　$ 6000萬
可做實驗91次全套共計$15000萬

節約購置節約消費—使學校輕於負担
預先配置省事省時—使教師便於講授
內容充實明晰生動—使學生易於進步

特殊設計的書本(育發出版)
配　合
非常節約的器材(育發供應)

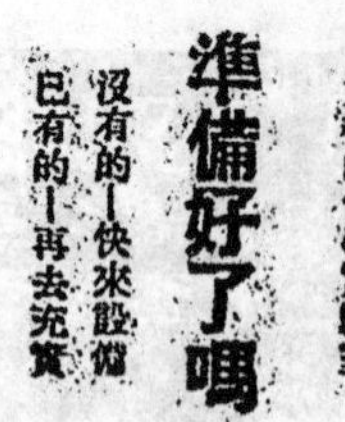

貴校的化學實驗室
準備好了嗎？
沒有的—快來設備
已有的—再去充實

化學界的最新創製

特請化學家教育家
十數人共同編製

育發中學化學實驗叢書

第一部育發高中化學示教實驗每部50萬元
第二部育發初中化學示教實驗每部40萬元
第三部育發高中化學實驗……排印中
第四部育發初中化學實驗……排印中

優待辦法

1. 書本 ——凡購器材一套者贈書一册
學校索閱請將告化學教師姓名履歷簡函附郵25萬元卽寄
2. 器材 ——凡學校直接訂購滿兩套者可享九折優待
市價上下本廣告定價不憑

上海(5)吳淞路345號　電話 43983　電報掛號 5981 2LTV.

本期定價每册五十萬元

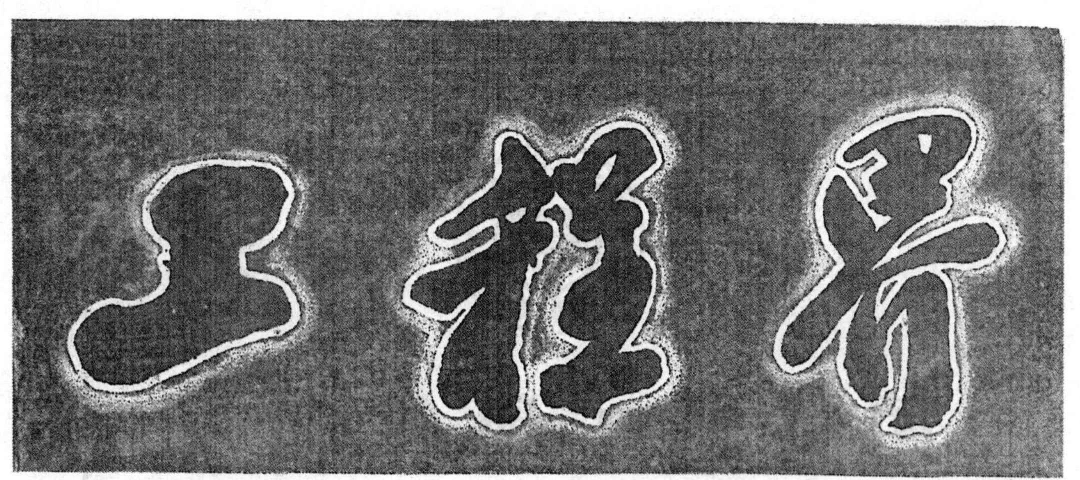

第三卷 第八期　　三十七年十月號

中國技術協會出版

中國技術協會第七屆年會暨工業技術展覽會特刊

本期要目　博覽台灣　熱偶金屬　滾動軸承發展史　織布機大革新

永利化學工業公司

硫酸錏廠

江蘇省六合縣卸甲甸

主要出品

純碱

肥田粉

燒碱

阿母尼亞

硫酸

鹼廠

河北省塘沽

總管理處

上海四川中路二一九號二樓

華東區總經理處

電話 二五六一六 一五六二七

其他各經理處

天津 重慶 廣州 汕頭 漢口 長沙等地

美成電業廠股份有限公司

MEI CHEN ELECTRIC & MANUFACTURING CO. LTD.

立鶴牌

大小電纜
雙紗包線
雙絲包線
大小馬達
打氣風扇

各種開關
令克閘刀
青鉛管子
鉛絲鉛帶
鉛包電線

出品繁多・不及細載・如蒙賜顧・竭誠歡迎

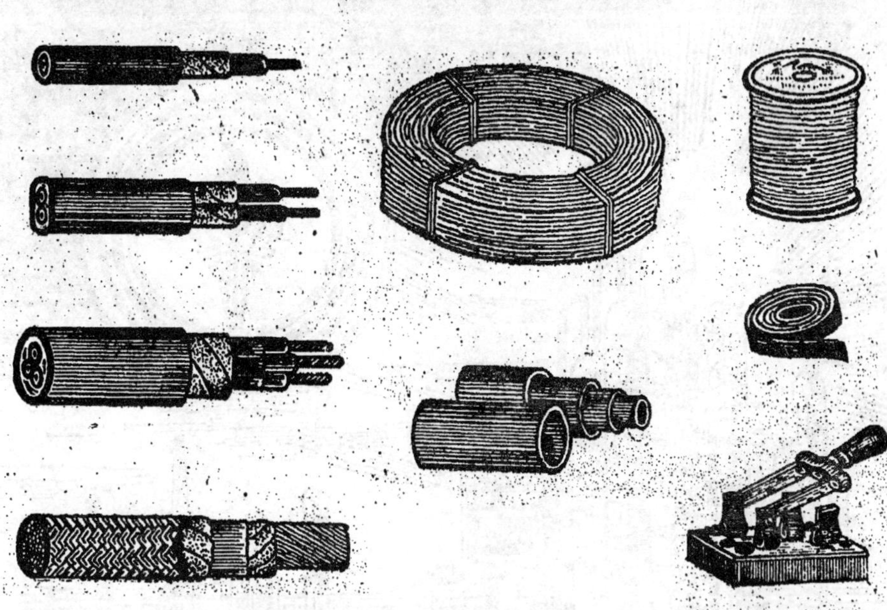

管理處：上海南京西路五八七號　電話・六二五二四

製造廠：上海物華路一七八號　電話(2)六一九九七

國光牌
汽油 煤油 柴油
潤滑油 潤滑脂 燃料油
品質符合國際標準 定價低廉服務社會
中國石油有限公司
地址：上海江西中路一三一號 電話：一八一一〇（轉接各線）

·通俗實用的工程月刊·

第三卷　第八期　三十七年十月號

目　錄

——中國各專門工程學會第十五屆聯合年會特輯——

——中國技術協會主編——

·編輯委員會·

仇欣之　王樹良　王　燮　沈天益
沈惠龍　許　鐸　高家明　戚國彬
楊　謀　蔣大宗　蔣宏成　黃永華
錢　儉　顧同高　顧澤南　戴令奐

特約編輯

林　俊　吳克敏　吳作泉　何廣乾
宗少彧　周增業　周炯槃　范寧壽
施九菱　徐穀良　趙鍾美　欽湘舟
楊臣勳　趙國衡　顧季和　薛鴻達

·出版·發行·廣告·

工程界雜誌社

代表人　宋名適　鮑熙年

上海(18)中正中路517弄3號（電話78744）

·印　刷　·　總經售·

中　國　科　學　公　司

上海(18)中正中路537號（電話74487）

·分經售·

南京　重慶　貴州　北平　漢口

各　地

中　國　科　學　公　司

本期特大號定價每册金圓五角

直接定戶國內平寄連郵全年金圓$3.50，
半年金圓$1·75　國外全年美金2.00

POPULAR ENGINEERING
Vol. III, No. 8 Oct., 1948
Published monthly by
CHINA TECHNICAL ASSOCIATION
517-3 CHUNG-CHENG ROAD.(C).
SHANGHAI 18, CHINA

SING AN ELECTRIC & MFG CO.LTD.

新安馬達 品質第一

各式馬達 應有盡有

新安

國內獨家製造

SA

交流快慢馬達

新安電機廠股份有限公司

事務所・上海南京西路八九三號大滬大樓五樓 電話・・六〇〇九〇

廠　址・上海常德路八〇〇號 電話・三五七五三(電報掛號・〇七八九)

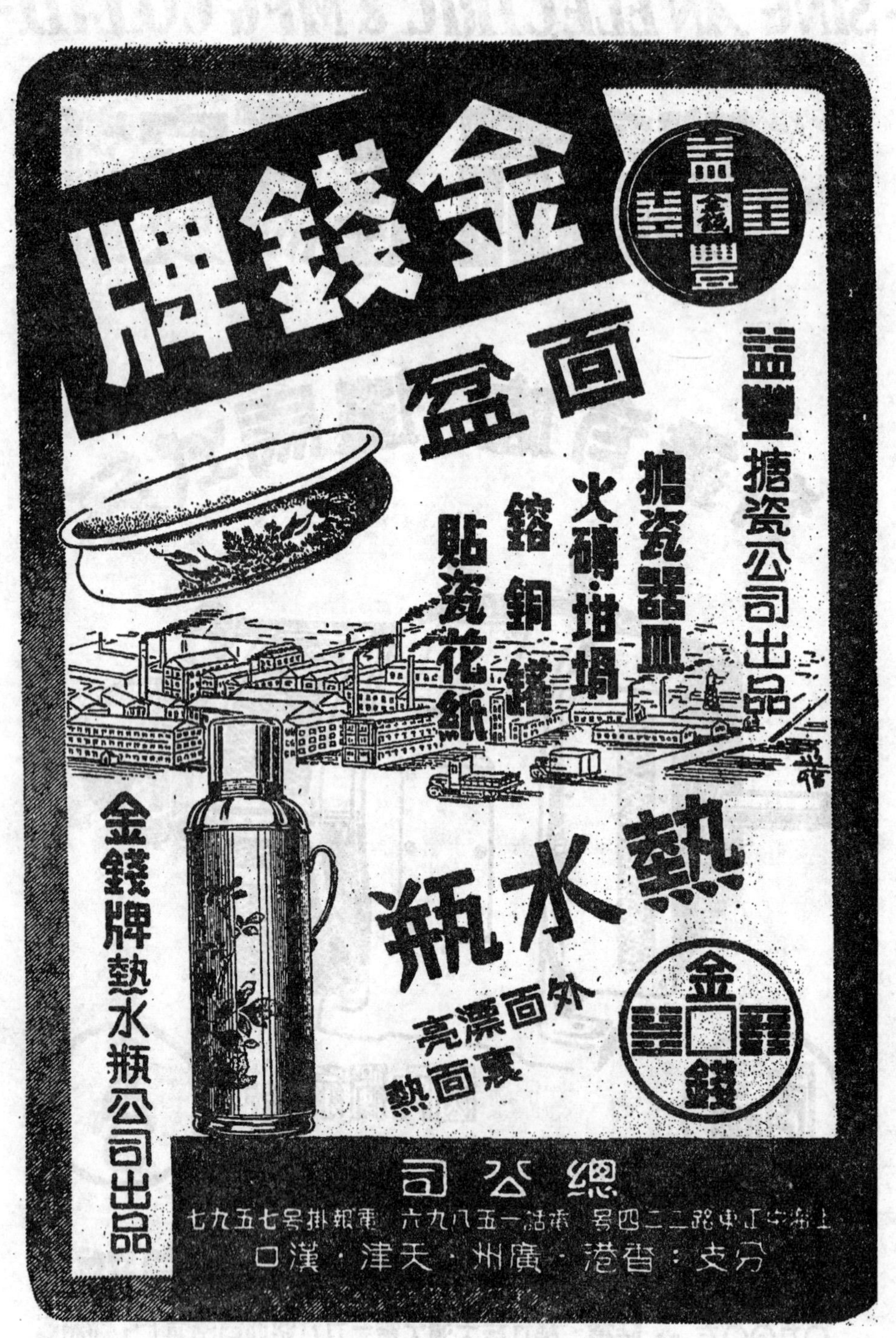
金錢牌
面盆
益豐搪瓷公司出品
搪瓷器皿
火磚·坩堝
鎔銅罐
貼瓷花紙
熱水瓶
外面漂亮
裏面熱
金錢牌熱水瓶公司出品
總公司
上海中正東路二二四號 電話一五八九六 電報掛號七五九七
分支：香港·廣州·天津·漢口

大威電機廠

大威馬達

普通式感應馬達

馬達權威

全封閉式感應馬達

大威電機廠

DELTA YEI ELECTRIC WORKS

事務所：上海北京東路一五六號一〇一室

電話一六〇一五　電報掛號五一〇一一七

12610

中國工程師學會暨各專門工程學會
第十五屆聯合年會紀念特輯

——本屆年會會程——

（九月九日各委員會正副主任委員會議修正通過）

地　點：台　灣　省　台　北　市

時　期：三十七年十月廿五日至廿九日

十月廿三、廿四、廿五日	註冊	
十月廿五日	參加慶祝台灣省光復節	
十月廿六日上午九時至十二時	開幕典禮	中山堂大禮堂
中午十二時	午餐（各機關團體聯合招待）	地點請柬中敍明
下午二時至五時	中國工程師學會會務報告及討論	中山堂大禮堂
六時	省府公宴	中山堂光復廳
八時	自由參加各種演講或博覽會各種晚會	地點臨時公佈
十月廿七日上午九時至十二時	台灣建設之介紹　演講人楊家瑜	
	專題討論——台灣工業發展之可能性	主持人嚴演存
中午十二時	午餐（各機關團體聯合招待）	地點請柬中敍明
下午二時至五時	各專門學會會務討論	中山堂各廳室及其他地點
六時	晚餐（各機關團體聯合招待）	地點請柬中敍明
八時	自由參加各種演講或博覽會各種晚會	地點臨時公佈
十月廿八日上午九時至十二時	專題討論甲、中國建設投資問題	主持人程孝剛　中山堂大禮堂
	乙、台灣建設與大陸配合問題	主持人楊　清　中山堂光復廳
中午十二時	午餐（各機關團體聯合招待）	地點請柬中敍明
下午二時至五時	宣讀論文（分組）	中山堂各廳室及其他地點
六時	各專門學會聚餐及會務討論	地點另定
八時	自由參加各種演講會或博覽會各種晚會	地點臨時公佈
十月廿九日上午九時至十二時	宣讀論文（分組）	中山堂各廳室及其他地點
十二時	午餐（各機關團體聯合招待）	地點請柬中敍明
下午二時至五時	中國工程師學會會務討論	中山堂大禮堂
六時	年會宴（給獎）	地點請柬中敍明
八時至十二時	年會遊藝會	中山堂大禮堂
十月卅日起至十一月三日	分組參觀本省各地工廠	

祝中國工程師學會暨各專門工程學會在台灣省舉行第十五屆聯合年會

本刊同人

中國工程師學會成立於民國初年，迄今已歷三十七載，舉行年會凡十餘次。各專門工程學會，包括土木，電機，機械，礦冶等，也各有其悠久的歷史和工作的表現。平日素少聯絡切磋的機會，而這次年會，能在今年台灣省光復節——十月廿五日起到台灣來聯合舉行，無疑地將是近年各學術團體最有意義的一次集會。

我們還清楚地記得三十六年度在南京舉行的全國性的大規模年會，在會程中，很多專家提供了他們的工作經驗，給會員們揣磨切磋，而凌鴻勛先生的專題討論"現行制度對於建設事業的障礙"一文，顯然是最切中時弊，惹人注目的文章；如果我們眞能切實參照凌先生的意見，加以討論，並付諸實施的話，一定大有俾益於我國的工業建設的。惜乎問題是提出了，會員們又各自回到本位上工作去了，這個團體的力量，也隨着年會的結束而暫告停頓了。

我們所以在此提出這一個去年的例子，只是要說明：任何一個學術團體一年一度的轟轟烈烈的年會，不應當着眼在有多少達官顯宦出席了這個會，甚之不必過份着重在誰當選了下屆會長這一類問題。我們希望在我國如此物力艱辛的條件下，充分利用全國各地工程師難得會聚的機會，有計劃地交換過去一年建設工作的經驗，不論是成功的或是失敗的，要找尋出中國建設工作成敗的關鍵和癥結，指示出今後工程師應當努力的方向，來迎接第二年建設事業的開展。這是我們對於本屆聯合年會的第一個期望。

台灣原來是一風暴區域，每年必受到颱風的襲擊，而山洪爆發，爲禍尤烈，台中山地，至今還有瘴氣。在勝利光復之前，台省同胞，除了受日寇奴役外，還要與天災鬥爭，所以台胞的刻苦耐勞，世無其例。但是今日經過人工利用的山洪風暴，竟非但免除了災害，甚且成爲供應廉價動力的源泉。

台灣省的工業機構，在國人心目中，顯然是很眩耀的。糖，鹹，紙，鋁以及鋼鐵，動力等廠，都是頗具規模的基本工業，而其公路交通建設，尤足爲人稱羨。此次年會，上海會員報名赴台參加的，未到期限，卽已額滿，可見大家對台省的嚮往心理，但當我們在參觀過台省的諸重要產業以後，不要停留在讚歎對於日本經營台地的成功，而應當進一步認識日本統治台灣貪得無厭的侵略野心，追溯造成台省工業達到今日水準的發展史，去闡揚發展過程中工程技術人員與大自然搏鬥的大無畏精神；尤其不容忽視的，是台灣經受百年來日本的蹂躪，在他們侵略的野心下，榨取台胞的勞力和台灣的天然資源，今天一旦易手，我們首先應當淸除過去日本宗主國對待殖民地的態度，不是奴役，而是要獲得台胞的眞誠合作。要在改善民生，促進生產的前提下發掘大自然的寶藏。台灣過去的成就，主要是歷年來台胞的汗血的結晶，如果忽視了最基層的原動力，忽視了台胞過去的功蹟，得不到他們的合作，台灣的工業就沒法做進一步發展的準備，全國的建設事業，也就無法與台省工業邁步前進。這是我們對於本屆聯合年會的第二個期望。

中國工程師學會與各專門工程學會集全國工程人才之精髓，對於全國工業建設事業素來關注，今天集全國各地代表於一堂，展視今後一年中的建設事業，從對於台地工業的攷察和研討，推論到全國工業建設工作的步驟。本刊是年青的中國技術協會的刊物，本會的會務，一向偏重在普及技術教育與陶冶技術人員身心方面，我們深望中國工程師學會在諸德高望重，經驗豐富的前輩工程師領導之下，集思廣益，發揮團體的力量，使青年工程師們有所依遵。讓三十七年度的會，成爲中國工業建設道路中的里程碑，永遠銘記在每一個工程師的心坎裏！

這是一個年青的技術人員團體，它以聯合全國技術人員，致力國家建設，普及技術教育，促進學術研究，謀求共同福利爲宗旨。

介紹中國技術協會

中國技術協會理事長
·宋名適·

每一個工程界的讀者，都知道工程界雜誌是中國技術協會的一個出版事業。工程界之能夠生存，除了讀者的支持外，正就是由於技協全體會員的力量。同時，中國技術協會，也正通過了工程界雜誌，得到了廣大的工程技術界從業員的贊助與支持而獲得了擴大與進步。中國技術協會和本刊讀者一直是有着這樣密切關係的。由於最近大批本刊讀者紛紛來函要求介紹或參加技協，同時又爲了祝賀各工程團體十五屆聯合年會起見，願將這中國唯一的青年技術人員的團體——中國技術協會，作一簡單的全面介紹於我們的讀者之前。

中國技術協會的誕生

中國技術協會是個年青的團體。它在民國三十五年三月十七日正式成立於上海。但本刊最老的讀者，可以知道他們讀到第一本工程界創刊號還是在三十四年七月。原來那時還是技協的前身，"工餘聯誼社"所出版的。"工餘"的成立則在民國三十二年十月三日，最初社友不過四十幾人。當時在勝利之前的上海，"工餘"處於最艱苦的條件下，本着普及技術教育與促進學術研究的宗旨，不斷進行着研究，參觀，聯誼，出版等工作。三十四年初，社員已有二百多人。七月一日，在上海不斷遭受轟炸的環境下，創辦了第一次公開的工業講座。七月廿五日本刊創刊號問世。當時上海情勢一天惡劣一天，而"工餘"的全體社友，看到了光明的希望，建設就在眼前，而加倍努力。果然，不久勝利就來到了。八月廿六日第十四次社員大會上，通過熱烈的討論決定了擴大組織，改名爲中國技術協會。爲了充實技術智識，集合更多技術同志迎接勝利後的建設，那時還是"工餘"的技協，接着舉辦了第二屆工業講座，技術專科夜校也在十一月間開學，并議定了舉辦一大規模的展覽會。

在三十五年三月十七日，已擁有四百會友的中國技術協會和轟動滬濱勝利後首次的上海工業品展覽會，先後成立和舉行了。

中國技術協會的成長

上海工業品展覽會是在技協誕生後隔一個星期就假寧波同鄉會舉行的。會期從三月廿四日起，一再展延到卅一日，參加展覽廠商一百餘單位，觀衆十萬人。當時這種盛況在勝利後的上海工商界實在是空前的。技協的發育成長，實在以"工展"始。

技協是以白手成家的。所可憑藉的就是全體會友的忘我的工作態度和埋頭苦幹的精神。二年半來，在她的各種工作中，有着不可否認的成就，並得到了各界的贊助和支援。在這個時期裏，社會人士愈對她的認識多，對她的贊助也愈顯著。

三十五年十月，正會員趙祖康，趙曾珏，張孝閣三氏，爲技協募集基金，工商各界的響應，使得這件工作在短時期內完成了四千五百萬的數目，以這項基金，十二月間成立了會所，使會務可能有進一步展開。

二年半以來，技協的各項事工多有蓬勃的展開。經常的工作，是注重在普及技術教育出版和會友福利及交誼方面。

技術教育工作

技協的普及技教工作，始終是最重要的一個項目：先後舉辦的四次分組定期工業講座，和一次中國工業化問題專題講座，聽講者累計共四千餘人，始終爲熟悉技協的各界人士所重視。另外一項工作就是中國技術職業學校。由開始的中國技術專科夜校起，先後開課三學期。從一年半的經驗中，隨時在學制及課程方面，研究改進。因爲夜校的學生大部份是職業青年及工廠技工，學年制對他們並不適合，乃改爲選課制，設立實用選課如電工原理，無綫電原理，無綫電裝置，機械畫等。學生最多時達一百四十餘人。在教課方面，如機械畫，因爲一般學生對基本幾何作圖缺乏訓練，所以積累幾學期的經驗上，授課教員都得自己編訂出教材來，以適合需要。

職校的困難始終是在校舍。第一學期結束後曾因校舍無着停課四個月之久。三十六年八月第三學期結束，原借中法藥專校舍又發生問題，職校的正式班級只得暫告停頓。最近一年來，職校同仁是在協助上海市實驗民校開設技術班。

對於普及技術教育起了相當大的作用的，則不能不說是技協所舉辦及參加的歷次展覽會。上海工業品展覽會和三十五年十月的中國出口貨展覽會啓發了大家對中國工業生產和技術的注意；三十六年雙十節的工業模型展覽會又在建設遲滯的時期指出了中國工業光明的遠景。這幾個展覽會在技協發展歷史上都有着劃時代的意義。

出版事業

技協的又一經常工作，就是工程界的出版工作了。技協是一個學術團體，而且是一個綜合各方面技術的學術團體。由於目前技術會友以從事各種工程方面的較多，所以工程界是她出版計劃中的第一部份。以後相信如農業，醫藥各方面的技術性刊物，也可以陸續出版。

工程界這樣性質的一本雜誌，在現在中國學術界出版界尚屬初創。因爲它是一本綜合性通俗而實用的工程雜誌，它的取材範圍也比普通一般專門性雜誌大得多。工程界不是特地爲什麼人出版，也不是爲了技協要有一本出版物而出版，工程界是爲它的讀者們而出版的。工程界的性質，是介乎太專門與太通俗之間，也許它不能適合於某一特定的一類讀者，但在普及技術教育的意義上，工程界是有它的價值，有它廣大讀者的。

當然，在促進學術研究上着眼，工程界是不够的。技術的出版和學術工作上也顧到這一點。專門性的技術小叢書在計劃出版（第一種熒光燈已經出版），這仍是本着通俗風格而以深入淺出的方法來編寫的。

社會服務工作

技協是年青的團體，技協的會員都懷有無限的熱誠，願爲社會做一點服務工作。因此，技協的事工，還有直接爲社會服務的，其中最明顯的，就是技術人員生活互助運動，中國化驗室和上面說過的幾次展覽會。

三十七年初，技協進行了一次發展事業擴大會所的籌募運動。其中除了擴大原有事業，創設新的事業如舉辦函授學校，設置技術研究輔助金等外，特把舉辦技術人員各項福利事業的計劃特別提出，擴大技術人員生活互助運動，設置技術人員生活互助金，接受各項申請。雖然數目非常有限，但這一次是使技協的工作眞正接觸了許許多多的從事艱苦工作的技術人員，多多少少地盡了一些幫助他們渡過一個難關的力量。半年來，互助金貸出了九億，而最近，有許多受貸者特地來加了幾倍（雖然已不及當時價值遠甚）來歸還時，從事這項工作的會友們，都更相信了他這些服務工作並不是沒有收穫的。

至於中國化驗室，它成立於三十六年九月。是準備爲工業界作更進一步的實際服務。化驗室的成立，對於新生的技協，帶來了研究的風氣。

另一件工作，即本年暑期舉行的技術人員擇業講座，對於一大批大學理工科的畢業生的就業問題，盡了一點力量。

技協和技協會友

一個團體如果沒有了她的會員，團體本身就毫沒有什麼東西了。在技協，從任何一件事工來看，都是會友們的勞績。技協的會友是技協惟一的憑藉。

技協會友從那裏來的？

到撰稿時爲止，技協的會員人數是2727人。技協成立的時候，會友人數約四百人，工業品展覽會之後，技協的會友就趨向擴大之勢。三十六年於舉行成立一週紀念會時，會員已增加了一倍。六月六日工程師節開始擴大徵求會員，目標是百分之一百。終究是超過了目標，到去年年會時，人數是1803人。從去年年會後到現在，一年來技協並未正式舉行徵求會，但通過每一件社會工作，如本年度的生活互助運動和擇業講座等，大量的技術人員參加了技協，這一年來會員增加的情形是可觀的。

技協會友分佈在那些地方？

技協是全國性的學術團體，她目前的會務雖然局限在上海，然而她的影響却是遍及全國。外埠的技術人員，通過工程界，或別的關係，申請加入的很多，技協現在雖還沒有設立分會，然而會友的足跡是廣遠的．外埠如京滬滬杭沿綫各地，散佈得很多。台灣、青島也有很多會友。其他如西安、錦州、廣州、南等地都有。香港和，新加坡也有不少會友。此外在美國的有四十幾人，英國、荷蘭、瑞士、法國也有技協會員的足跡。

技協會友是來自各地的，但主要的仍在上海（佔87％以上）。外埠現暫尚無設立分支會的可能，僅能憑藉"技協通訊"和工程界作爲聯系。

在上海的會友，則大部份是從事各種工程工作的基本會員，也有少數在校的或是工廠技工的初級會員。在各大機關中的分佈以工務局，路局，紡建各廠以及公用事業等爲最多。

技協會友專長的科目

從上面的分佈情形來看，可以知道技協會友是包括着從事各種技術科目的。目前的情形，最大多數的是電機，化工、機械、土木四項，此外也有不少人數的是紡織和管理。其它如農業，醫科和數理，商業會計等的會友也有。

如以畢業學校來看，那末上海二只理工大學交大和大同的畢業生在會員裏佔了最大的數目，此外如南通、之江、滬江、復旦、聖約翰、中央、雷士德、同濟、浙大和清華等校的校友都有。初級會友中除在校肄業者外，多有職業學校出身的。畢業年份以1935年以後者爲多，因此，可以知道，技協會員大部份是年青的。

技協會友的交誼工作

在這樣一個龐大的數目的會友中間，展開聯絡的交誼工作，誠不是一件易事。尤其是在技協這樣一個包括年長年青，來是南方北方，從事各科技術，包羅萬象的會友之間。

目前會所地點是狹窄的，絕不能容納全體會友。因此技協的交誼工作是多樣性的。在會所裏，各組的會友，或各機關的會友，依據他們各自的條件，展開自已的交誼活動。負責交誼工作的幹事們，更想盡心計，創出各種機會，讓會友利用，如定期在會所裏的歌詠、舞蹈、乒乓、唱片等，定期舉行的有球類運動、參觀、旅行、集體觀劇……等等。

最好的交誼工作，莫過於爲了技協有重要工作展開時，如展覽會的前夕，同學會的籌備，在那種緊張的工作裏，做事的完全是會友，大家的友誼進一步增長了。譬如像每二週一次技協通訊的發行，爲了要求迅速把消息傳佈給每一個會友，始終是由會友們自已來做這件最艱苦而繁重的工作。

會友們的福利工作

技協之所以不同於其他學術團體，由於她還是一個福利機構，對於會友們的福利，非常重視。合作社是一件值得一提的工作，因爲技協會友服務於各生產組織，因此合作社的進貨是比別的地方便宜得多，服務科又設立各種服務，如技術上的交換幫助，各機關徵求人才介紹，鐘錶無綫電修理等，近更成立了診療所，由醫科會友義務担任診療。目前還是限於經費，福利部和其他各部一樣，正有着許許多多的計劃預備展開着。

技協的組織概況

新的人才在她技協的組織裏很快就能被發現和推重。技協的理事會，每年嚴格執行三分之一改選的辦法，每年有新人被選爲理事。理事會之外，有監事會，是由全體會員於正會員中選出的，以便隨時匡導整個會的進展，而免隕越。理事會設常務三位，（本屆爲宋名適、閔淑芬、鮑熙年）。監事會亦有常監三位，本屆爲趙祖康、茅以昇、趙曾玨三氏。理事會下設學術、交誼、福利、總務四部，分掌每種事工，經常的事工學術方面有出版、教育、講演、圖書，研究；交誼方面有聯絡，康樂及通訊；福利方面有合作社。服務，諮詢、參觀等。對外的事業則辦有上海釀造廠和中國化驗室以及工程界雜誌社等。

從成立到現在，二年半來，技協的事工只有增加沒有減少。其所以能如此，完全是在全體會友的支持和各界的協助。技協是技術人員的團體，二千七百多會員對於全國技術人員的總數對比起來實在還小得很；技協衷心地希望更多的技術同志一同來使她更發揚廣大！

即將舉辦的技協第三屆展覽會

定　成

過去二年來，『技協』所舉辦過的許許多多工作中，對於社會最有直接貢獻的，大概要算『展覽會』了。從三十五年三月的上海工業品展覽會起，到三十六年十月的工業模型展覽，已開始顯示出技協所主辦的展覽會，其著眼點已從單純的工業成品陳列轉變到國民技術教育的普及方面來了。這一次，技協已決定在本年十一月下旬舉行第三屆展覽會，主旨更在系統地介紹國人最新技術知識，俾對國家工業化方面有所啓發。從籌備到現在，亦已有二個月光景，在籌備期間，獲得各方面的助力甚多，凡是有技協會友的各大工廠和企業都有熱烈的贊助。展覽會的名稱，可能在『新技術展覽會』和「工業技術展覽會」中決定一個，大概的內容，如下表所列。我們籌備展覽會的技協會友們，熱誠地期待着各方面的幫助和指正，尤其希望台灣、粵港、平津以及邊遠各省工業界同志們有具體的意見提出。如果能按照這裏展覽內容來自動參加，更所歡迎。因爲時間的迫切，一切意見的提出，務請於十一月十日以前寄交上海(18)中正中路517弄3號中國技術協會展覽會籌備委員會爲感。

第三屆展覽會內容大綱

主題——從機械、電力、化工的發展，指示出整個工業技術的進步；儘量使國民瞭解新工業技術的根源和實況。

第一部——機械技術

(甲)機械的進展——指出原始各式機械與現代機械的對比，用圖照和模型來表示其特點。

(乙)機械的製造——用實物和圖表來指出機械的原料，工作程序，各式工作母機和製成品的實況等。

(丙)國內有關機械技術方面的統計數字。

第二部——電力事業

(甲)電的觀念和常識——以漫畫、圖表、模型、實物等介紹電的原理和各種應用，家用電器的原理亦在這裏加以闡明。

(乙)電力事業各項統計——包括各國電廠比較，中國電廠分佈，上海電力事業概況等等。

(丙)電訊和雷達——包括發展史和各項電訊實際的工作情形，雷達的原理和應用等。

(丁)水力發電——包括水利概況和水力發電模型，指出YVA建設的必要等。

第三部——化學工業

主要內容是塑料(Plastic)和石油事業兩項，其他的化學工業，如有相當材料也準備補充進去。

第四部——紡織事業

(甲)紡織技術的進展——用實物表現紡織技術的進展，原始手工紡績和近代機器紡績的比較等。

(乙)紡織印染的過程——以照片配合實物來說明從原棉到印花布的過程。

(丙)各種國產紡織製成品的陳列。

(丁)有關紡績事業之圖表和統計資料。

第五部——能和原子能

(甲)人類如何利用各種能——從原始時代的人力和獸力到近代的電能、化學能等作實物和圖照的說明。

(乙)原子能——包括其學說的闡明，原子彈的介紹以及原子能在工業上應用等圖照。

12617

從國際科學工作者的集體研究精神

看中國的科學家和工程師

——錢三强博士在滬二次座談的輯錄——

我國著名的原子能物理學家錢三强博士，離國十一年之後，在本年七月間自法返來。上海各科學團體，紛紛邀請錢博士講演。在七月廿五日及廿八日先後應中國科學社和中國技術協會之邀，主持座談會兩次，主題目前國際科學研究之新動向及其組織和從事科學工作者的各種情形。按錢博士及夫人何澤慧女士，爲法國裘里奧居禮夫婦之高足，曾以發現原子核第三及第四次分裂現象而在國際間享有盛名。錢博士並是世界科學工作者協會的理事，兼致力於國際科學研究集體合作的工作。（左首照片即錢博士近影）

——本刊記者——

從法國的例子談起

目前的科學工作，已經不再是從前的舊觀念，譬如有少量金錢的，就從事製造一些新發明來，賺更多錢的想法了。目前國際科學工作，已走上了集體合作之路。正如一個政治家的名言：『在未來的世界中，那一個國家把科學研究和應用弄得最好，就是世界的老大哥』。所以，現在國際科學研究的趨向，已走上了有計劃，有組織的道路了。

談起歐洲的科學工作，先說法國。法國在戰前可稱得上是一個小康的國家，地理環境和我國江浙等省相似。就歷史上說，科學界確曾出過不少人物。可是在這次大戰前，法國的科學研究工作却是漫無系統。一向法國的科學研究系統是拿大學做中心的，然而各大學各是爲政，研究工作也僅僅好像是教授們一種課餘的消遣。主要的研究工作，僅及數學和物理；因爲這一方面的研究工作，無需大規模的設備。但是這樣的研究工作，一旦面臨了重大的工作，如二次大戰時，原子核能等研究工作，必須和工業研究打成一片，就不是各個教授們散漫的研究所能勝任的了。

當時有一位貝萊（Perrin）教授，他已深深看到這一點，在別的國家，新的科學家人才輩出，而法國則相形見絀，原因就在這個研究組織上。法國的研究組織旣在大學裏，人員有定額，老人員又不易出缺，雖有新人才，也無從提升。貝氏早就有一個聯合青年科學工作者設置另外的研究組織，從事研究的計劃。

成立了科學研究中心

直到1936年，法國政潮發生，人民陣線上台，成立了人民聯合內閣；年青的科學工作者就成立了一個『國家科學基金』的組織，向議會請准確撥基金，以貝萊教授爲主任，培養大批有研究精神的副教授，助教，並做到津貼能造就而無機會研究的大學畢業生，使他們繼續研究；期限爲二年，如有成績，再許繼續。研究組織之系統分研究生，實際研究員，研究員，導師及主任等。當時因爲基金有限，只設數、理、化三科。

後來居禮夫婿（居禮夫人之女及婿）研究人工放射現象，得到很好的結果；貝萊高興極了，認爲如經費能再增加，研究工作前途未可限量。他就向政府提出。至1938年，規模已超過了大學，科目也擴充了，同時還出版刊物，派遣留學生等。

等到法國淪陷，維希政府曾認他們爲反動組織，後來幸得保存，由一羣科學工作者苦苦撐持而維持着。1944年法國光復，那時貝萊教授已去世，臨時政府授命居禮夫婿主持，成立『法蘭西科學研究中心』。工作人員國籍不限，集爲一體。主要工作方式有五，（一）增加研究人員，（二）創設新的研究室，如巨分子化合物；創設相互輔助的研究室，及別國注意尙少的，如磁室等。（三）與實用科學取得密切聯系。如國防科學，醫藥科學。（四）派遣留學生，交換教授；普及科學工作，利用基本隊伍作適俗科學的工作。(五)出版有系統之著述。用『全國研究中心』的姿態來從事全國復興工作。現在，這中心組織的負責人選，已做到由全體研究員投票產生的地步了。

在其他的歐洲國家

除法國而外，其他歐洲國家在科學研究方面已相當成熟的，要算英國。英國是個有理性的國家，他們曾在戰時有不少成就，如雷達，對於英國空防上有莫大的供獻。戰時的行動單位(Operation Units)就是由科學人員組成而派往前線後方各地輔助軍事進行的。而在戰後英國政府也不曾對戰時有功的科學工作者忘恩負義，仍重視着科學工作人員。

不過，英國的科學工作者們還沒有能如法國建立起一個『科學研究中心』那樣的一個合理的研究組織。這樣的組織在英國也許要等到政治組織改良以後，才能達到。現在的『科學工作者協會』，就在爭取這樣一種合理組織的權利。

其它如北歐諸國，科學研究相當前進，但還不是全國性的集體研究。東歐諸國雖然在科學研究上還不如英法已至成熟階段，但却都有一全國性的研究機構。

今天我們不談美蘇這兩大極端的國家。一般地說，歐洲各國的科學研究組織，都已有這種新的趨向，覺得科學不再是個人的光榮，而是集體的合作了。

中國還是面向着功利主義

可是，在目前中國的科學教育和流俗思想結合之下，科學在我們的出路是功利主義。

中國到目前爲止，還沒有全國性的研究組織。如中央研究院還只能代表一部份中央的或是南方的人士。而且即使在中國最好的大學裏，工科教育也成了僅僅的職業教育。

工科教育實在不僅是職業教育，單就現成的東西拿來會用就算，像一部機器一樣。真正的工程師，要能創造，還會應用，要應用由自己腦子綜合出來的東西。

現在中國科學教育和社會所給予科學工作者的機會，僅僅能使人做到抄襲與模倣，沒有創造的條件。所謂創造性的東西，是要從沒有整理好的東西中『歸納』出來的。我們做慣學生的人，理解東西總是『演繹』的。實在好的工程師，就和好的政治家，或者有創造性的文學家完全一樣。

工科學生的基本態度

所以，補救之道，或者只是治標之法，應該在校時多注意課本之外的功課，離校後，趁腦還未硬化時，多吸收點新的東西。第一要多看清楚，不要爲初生的花微小而失望。

做得到這一點，我們就會知道所做到的一點結果，決不是他一個人的東西，而是從許許多多人那裏來的。如果他在孤島上，他就決不會成功。

這樣，就不會看不起人家，也不會盲目地崇拜人家。做到這樣，就做到一個『獨立的人』。

科學工作始終是社會的一環

也許有人說科學研究仍帶有功利性。譬如說研究原子彈，儘管科學家所抱了研究精神來從事，而他們的結果仍未能公開發表。

這也許要這樣來看，科學研究分爲基本科學和應用科學兩種。儘管原子彈還是一個秘密，而原子核分裂的理論是公開的。現在科學工作人員正要爭取這種基本科學研究的自由。

本來做科學工作，仍是社會的一環。而社會又不能單獨讓科學家可以改變，因此有種種矛盾。這種矛盾，現在大家看得很清楚。科學工作者除了本身的工作外，必須注意他所從事的工作對整個人類社會文明的影響如何。這無疑正是世界科學工作者努力目標之一。

中國應該怎樣走？

才入國門不久，不能就拿外國東西搬到中國來，說中國應該怎樣走。各種改革是不容易的，要像小孩子長牙一樣，發了半天燒才長出一點來。

事實上大戰期內，世界整個科學研究都停頓了，戰後大家都在趕上。中國並不落後得太遠。即使說原子核能，研究設備亦不需千萬美金，雖然多少錢不能說，但決不是我們國家担負不起這筆經費的。

現在國內年青人已比我這一代更走上了一步，只要向目標走去，中國的科學工作會走出一條具體的路來的。

毋忘九一八以後血的史實！

警惕日本侵略性工業復活！

曾慶和

據七月十七日中央社的雪梨專電稱，澳洲外長伊瓦特在下院發表談話，指出美國扶助日本工業化的政策，對太平洋國家是極大的危險。更指出今天的美國對日政策，很像上次大戰後的對德政策。作者覺得伊瓦特的這種看法是非常正確的，尤其是作爲一個中國人，更應該注意這一問題。

在談到這問題以前，作者想先和大家温習一下歷史，看看德國在二次大戰前，工業上進攻的情形，作爲一個顯明的對照。

納粹怎樣復活？

第一次世界大戰德國失敗後，它所受到各方的壓榨是極重的。但是聰明而狡猾的沙赫特博士首先以有計劃的通貨膨脹來消償賠款，接着就以穩定馬克的方法招誘外資，把德國復興的負担放在協約國的身上。在這兒，作者想把德國在工業技術上及工業政策上的做法，作一簡單的敍述。

談到工業技術，只要提出一家公司，從它的活動上就可以看出德國工業再起的情形。它的名字叫德孚公司，是一個壟斷性的工業組合，著名的拜耳藥廠也包括在這組織之內。它的總公司分公司的人員，估計在三十萬以上，而它的指導人員差不多全領有化學物理機械經濟等博士的學位。他們在一九二六年完成了從煤煉人造汽油，一九三九年開戰的前夜，人造橡皮工業已達到自給的程度。在醫藥上，完成了人造維他命，血清，磺醯銨類的藥品，以及比天然奎寧還好的阿塔勃林。在肥料上，完成了鉀鹽工業。從木材製造了木糖，人造纖維，木醇等，發展了一項嶄新的木材化學工業。除此以外，他們更注意到無綫電器械以及引擎等等的專門技術，尤其注意金屬冶煉這一方面。同時他們因爲感到金屬的缺乏，於是作爲代用品的各種塑料發明出來了，以上所說是工業技術方面積極準備的情形。

至於他們的工業政策，那可就更利害了。德孚組合和法西斯的高級指揮部勾結起來，運用了一種新的卡迪爾(Kartell)戰略。大家知道在資本主義的國家，資本家是處處以獲取最大利潤爲目的的，所以生產擴充到一個相當時期，就必然會用人工的方法加以限制，不使生產過剩，慣用的策略就是組織卡迪爾，各人劃分一定的區域和一定的產品，以免競爭而好建立獨佔的範圍。德國就利用這一點和美國的大企業訂立種種合約，例如美孚和德孚的油約上規定：「德國不得預問油類事業，而美孚不得預問有關油類事業的化學工業」，其實德國在事實上是沒有能力轉油礦的念頭，所以落得訂這合約，而便宜了自己在人造汽油方面的努力。又例如美國和克虜伯訂立合約，承認克虜伯對鎢碳化合物的專利權，而拿德國不參加其他方面的競爭作爲條件。結果其他各國倒是被限制了，而却讓德國暗中努力，直到開戰前夜，這種卡迪爾戰略的陰謀，才被完全暴露出來。

戰後的日本

但是，如果回頭來看一看日本呢，那就更可怕了。日本工業今天所處的情形比德國一九一八年戰敗的時候有利得多，他們的技術團體沒有損失，許多像德孚同類的組合，如同三井，三菱，八幡，住友等等都還是好好的，用不着秘密的研究，可以公開工作。同時，從華爾街那兒得到公開而巨量的支援，這樣下去，正是伊瓦特所說，太平洋國家將遭受嚴重的危險，而這些國家裏面，最危險的當然無疑問的是咱們中國。

日本的財閥們明白，只有在美國資本的羽翼下才能繼續生存，所以他們拼命的宣傳說，沒有外國的投資，日本便不能復興，如果日本不能復興，勢必引起對日本和美國都是不利的革命，而復興後的日本，必然是美國過剩商品及資本很好的市場。這些甜言蜜語，在華爾街的老闆們聽起來，是够動心的。於是日本的工業便在日美財閥的勾結下，一天一天强大起來。而工業復興的計劃，也已由鮑萊計劃進到斯揣克計劃，更進到德雷柏計劃。我們只要看一看德雷柏調查團名單，就可以看出扶助日本的是美國的財閥。這調查團裏有紐約化學公司及信託公司董事長約翰斯教，司蒂蓓克汽車公司董事長霍夫曼，紐約銀行家羅利，紐約紡織家斯哥治，這一批就是推動扶日政策的主使人。

規模宏大的日本工業在復興中

作者想在這兒提供給大家一些統計的數目字，讓我們對於日本目前工業的情形有一個概念。作為製造軍器最主要的原料鋼鐵，每年產量一再的提高，由鮑萊計劃的二一〇萬噸，提高到斯揣克計劃的八一五萬噸，內中包括生鐵二一五噸，鋼塊三五〇萬噸，鋼板二五〇萬噸。製造飛機的鋁，原來打算於煉鋁廠拆除，但斯揣克竟給它保留了年產量二五〇〇〇噸，並且麥克阿瑟最近從臨時賠償拆遷方案中剔除了一二五個廠，其中有好幾十家是飛機製造廠。戰時被破壞的釜石製鐵所已於去年修成一部份，恢復工作，現在各種準備差不多全好了，熔鐵爐已定於本月十五日舉行昇火典禮。紡織業方面，打算恢復戰前的水準一千萬枚紡錠。商船方面保留的，由鮑萊的一五〇萬噸，改為斯揣克的二〇〇萬噸，又改為德雷柏的四〇〇萬噸，而每年的造船能力維持四〇萬噸。動力方面，水電全部保存，火電可免拆遷，水火電力共達八〇〇萬瓩以上。化學方面。硫酸年產五一〇萬噸，硝酸年產十三萬七千噸，燒碱年產十二萬九千噸，灰碱年產四十九萬三千噸。上面所說的這一些數字都超過了一九三五年的工業水準，如果拿中國現有的工業來比較，那就相差很大了。我們也曾有過五年鋼鐵計劃，但僅僅是二十萬噸，比起日本的八一五萬噸，只是四十分之一，紡織的錠子不過是四百七十萬左右。比起日本才一半，而五年的電氣計劃也僅僅是希望有九十萬瓩而已，比起日本人的八〇〇萬瓩，只是十分之一。日本擁有這樣規模宏大的工業，在平時就可以把中國這樣脆弱的工業完全打倒，一到戰時，這些工業都會變成軍需工業；對於全世界愛好和平的國家，尤其是我們中國當然是一個首當其衝的威脅。

根據法國新聞社東京三十六年十二月一日電，日本有地位人士對鮑萊的賠償計劃就老老實實的批評過，說：「計劃書中雖然使日本喪失其鋼鐵及機械工具四分之三，而且削減其商船的數量，但日本對遠東貿易的潛伏力幾乎保持不動，日本的剩餘工業不僅保證了日本人民適當的生活水準，而且可以製造品供給亞洲各國」。但是目前日本被准許保留的工業機器比鮑萊建議的已經多了百分之二十五，再下去，這百分數可能還有增加。拿商船來說吧，日本運輸上的需要只不過五十萬噸，從寬加倍計算也不過是一百萬噸，鮑萊計劃竟列了一百五十萬噸，斯揣克又主張加到二百萬噸，德雷柏更進一步建議恢復戰前的四百萬噸，這樣可怕的遞增傾向是值得我們注意的。說到這兒，想起國內有些有地位的人士曾發表談話說，美國的扶日政策是在維持日本人民的基本生活，作為一個愛國的同胞是不能同意這種說法的。

"農業中國，工業日本"？

日本工業的侵略勢力是不是就因為賠償計劃的寬大而滿意了呢？不，他們決不會知足的，他們很狡猾的迎合美國遠東政策向盟總提出了日本經濟復興的五年計劃。這計劃包含了生產量進出口的增加，食糧供應的增加，煤鐵產量的增加，購買原料及輸出資本的貸款，全部共需美國投資二十億美元，這一個計劃已在積極進行了。根據大公報本年一月三日的統計。從三十六年六月到十二月間中日貿易的情形，就可以看出中國是面對著了一個怎樣嚴重的危機。其中中國出口的有鹽四八、一六六・五噸，生鐵一、九五〇噸，蠶絲二、四〇八、〇五七公斤，麥麩一六、六四〇、五四〇噸，礬砂二〇、〇〇〇噸，桐油八〇〇噸，豆餅七一二、五一九噸，大豆四、八三七、六二九噸，這些都是原料。而進口方面却是些電器材料，枕木，鐵道機車，機器及人造絲，這些都是工業製品。對日貿易的輸入上，我國是僅次於美國而佔第二位的，這樣不就是說農業中國，工業日本又還魂了嗎？

美資的支持

至於外資投入日本工業的情形，我們可以分官商兩種來說。先說官股，自從去年六月九日美國政府正式申明開放對日貿易，美國復興銀公司就首先在六月二十日宣佈貸款一億三千七百萬美元給日本，並且預計今後五年至七年間將貸款二十億美元給日本，大家都知道這決不是一個小數目至於商股，美國的獨佔資本與日本的獨佔資本是有締血緣的關係，例如美國製鋁公司控制了日本住友製鋁廠百分之三十的股票，住友五金工業會社有大量股票握在美國國際電業公司之手，三菱石油會社有二百萬美元的股票，是美國泰德華特石油公司所有。美國通用電氣公司與日本三井洋行，西方電器公司及美國電話電報公司與日本的三菱及住友，美國化學公司與日本的住友，美國製鋁公司與日本的三井，這些都是有很密切的關係，所以美國獨佔資本對於日本工業的復興，是盡量支援的，它的目的是要造成一個金元美國，工廠日本，原料與市場中國，這樣的一個三角形經濟關係。

毋忘慘痛的歷史教訓

鮑來計劃是打算把日本工業的水準恢復到一九三〇到一九三四年的水準，而最近德雷柏的計劃更指明的說，不應該使日本工業水準凍結在一九三四年，那就是說還得高。但是就拿一九三〇到一九三四的工業水準來說吧，中國人民只要不健忘，都會憶起那是一個甚麼樣的年頭兒，就在那幾年裏，日本由侵佔東三省，攻打上海，侵入華北內蒙，最後造成一九三七年的蘆溝橋事件，掀起了我們的八年抗戰和第二次世界大戰，而一九三〇到一九三四這四年中，也正是日本武力進攻中國的準備時期。歷史慘痛的教訓還明明白白的放在眼前，我們又怎麼能夠讓日本的工業恢復到一九三〇到一九三四的水準，甚至還要高一些呢？

從上面這些敘述裏，我們可以斷言日本的工業在美國的扶植下是決不會只停留在為了維持日本人民最低生活的水準上，而是最充分地暴露了它的侵略性，這種侵略性工業的再起是我們中國和平生存最大的敵人。但是，我們現在的工業原料還是源源不斷的輸往日本，例如本月十九日天津的民國日報上登了一個消息，新亞社十八日東京訊，八幡煉鋼廠負責人宣稱，本月內海南島的鐵砂共計三萬噸將運抵日本，以後還將繼續運去。要知道今天我們運去的鐵砂也就是將來日本侵略我們的武器，所以我們不但要使得美國放棄它扶助日本侵略性工業的政策，同時我們自己更該警惕起來，千萬不能一誤再誤，以致於讓一個嚴重的後果，把我們這一個民族的前途給毀了。看看德國復興的先例，再仔細看看日本工業的情形，我們應該在工業上急起直追，一天也不能馬虎，這樣，我們中國才能夠在這一個世界上爭取到自由生存的權利。

中國建築的特徵

丁伯誠

我國的建築，是一個獨特的結構系統，數千年來，雖政治軍事曾受外族的薰染與融和，但在基本結構與佈局的法則上，變遷並不太大。我國的建築，均能十足表現我國民族性格，且不受限於結構材料與建築方法的懸殊。

攷以建築特徵的形成，不外兩種因素，(一)結構技術上的問題，(二)建築的環境思想的趨向：故此二種因素，均須理解貫通，始不致淆亂某一系統建築自身優劣的準則，不要因西歐諸國建築與我國不同，而觀點錯誤，輕下斷語，如英人法古遜(James Fergusson)著印度及東方建築史，謂中國建築類似兒戲，既低級又不切合原理；德人明斯特爾堡(Mustorberg)著中國藝術史，謂中國建築程度甚低，太古以來千篇一律，民家，宮殿，寺院，皆陷同型，無大變化；他們既對我國建築的淵源，瞭解不深，批評起來，難免過於偏激。

至若我國建築的主要特徵，可以歸納的敘述如下：

建築材料——以木材為主。因木材的結構而產生形式上的特徵。至若磚灰石料，反居輔導地位，其原因不外(一)建築工人對於磚石內部應力，缺乏瞭解，蓋磚石能受壓縮，木材抗張力較大。(二)墊灰不良，多以石灰為主，且對墊灰功用，在使磚石面完全接觸黏牢，避免受力不勻，而生斷裂現象一點未能充分利用。

構架制的結構——四根立柱以樑枋聯繫，

成爲一間,(前後橫木爲枋,左右爲樑;樑架爲數層重疊的樑,樑架上承受椽條。此種構架制的特點,頗與近代建築中之鋼架或鋼筋混凝土樑架相似,即以屋面之力傳到椽條,再桁架再大梁,再立柱以至柱基,至若牆壁,除承受本身重量外,並不負担其他應力。

屋架構造——多係横竪相互交接,並無斜支撑,若細細分析屋架中的應力,全受壓縮力;所以我國的建築,沒有高到數層樓的,因若將風力計算在內,勢非屋架之結構所能承受。

建築的外觀——我國屋面落水,採用曲綫,推敲引用曲綫的原因,各學者意見頗不一致:(甲)天幕說,以爲落水的形式,係模做布幕帳頂而來,但在漢朝以前,我國並無帳幕。(乙)構造起源說,(法格生所創),主屋頂成人型,底則較傾,接廊的屋頂更緩,有三段折綫,此說較有理由。(丙)喜馬拉雅杉式,其枝垂下如人字型,然學近臆說,並無科學根據。(丁)日人伊東忠太原謂係民族固有趣味使然,依審美觀而言,曲綫較美,亦有理由。

平面的設計——我國重禮教,故建築地基的分配,屋宇的組織,均採用對稱式,但觀瞻上生莊嚴的感覺,若僅以平面設計而言,組合稍感簡單,但我國大的建築,由許多堂宇走廊互相連絡,雖不如歐西諸寺院的巨大,但主屋從屋門廊樓閣大小高低各異,形式不同,在變化中有一脈相承,構成渾然雄大的規模。

彩色與裝修——我國建築,輪廓簡單,陷於呆板,裝修生變化,可以彌補此缺點。裝修的變幻,多依據匠與當時建築物的調和爲主,全憑經驗,無學理的根據。又除裝修外,我國建築亦爲色彩的建築,而所以喜用色彩的原因不外(一)木料易於塗色增加美感,(二)工作粗劣,可藉色彩補其缺陷,(三)色漆藉可防腐,增長建築壽命,至於色彩的配合,大半與季節方位有關,但多喜用朱紅色,緣紅色爲幸福,歡喜的稱美心理;殊可反映我民族社會理想及個人主義氣氛之特種意味?

宮室本位——中國建築發達的次序,無論何國,宗教建築必先發達;原始時代,居民每見偉大不可思議之自然現象,便發生恐懼之念,以爲萬物由神靈所主使,因而生崇拜,有神祠之建築,彼等當在竭力經營屋宇之前,必先竭力建立廟宇;我國則反是,究其原因,或爲各個人對於自已本位之思想,較宗教之思敎尤强之故,如桀紂之營建宮室,未見其築造廟宇之故。又孔子曰:「未知生,焉知死?」亦可見當時個人主義思想的發達,所以對建築壽命一事未暇竭盡能事,因木架結構,重建時亦頗簡易。

道德觀念的限制——我民族一向崇尙儉德,遂使建築活動以節約單純爲主。又我民族素崇尙排場,舊式住宅建築,恒以較優的地位,作爲客室或餐室,以陰暗狹小之房間,作爲臥室,不僅如此,還堆滿傢俱什物,如此若欲保持清潔,光線充足,空氣流通,等衛生條件,實非常困難,「文弱書生」,豈偶然所之事?

再者,我國歷代工程技術,多憑傳授歸納之經驗,故除師徒相傳外,建築工人,多不通曉文字,且建築所用術語,一般人士不解其詳,雖四千年中,有宋代李誡的營造法式與清代的工部工程法則例二專書,但世人仍視作天書,至若士人的專攻土木一科,從事建築學理的研究,使我國建築有合理的改革與開拓,不過是近三四十年的事了。

中國農村電氣化的萌芽！

錫常地區的電力灌溉

許萃華

農作物和水的關係

植物的生長全靠水分來作爲攝取養料的媒介。因爲水能溶解植物所需要的肥料，由根部吸收，再經葉面的呼吸作用及日光的同化作用，而變成養料，佈散植物的全體以資發育，故土壤中的水分爲植物不可缺的要素。

土壤中所含的水量可分爲自由水，毛細管水和附着水三部分，其意義爲：(1)自由水——在浸透的土壤中若開掘一溝，則存於土壤顆粒間，大部分的水量因地球的引力作用會從溝中流出，而土壤中所留空隙，會由空氣充滿這種流出的水，叫做自由水。(2)毛細管水——土壤中自由水排出後，因土壤間的毛細管中作用所存留的水量，叫做毛細管水，隨土壤顆粒的粗細而不同，粘土的顆粒較沙土爲細，故其中含有的毛細管水比較多，毛細管水與空氣並存，故對於植物的生育最宜，但毛細管水爲植物所吸收，需要源源補充，否則到達萎凋點以下，則農作物即行枯萎了，灌溉的目的就是補充這種水。(3)附着水——非用人工烘焙土壤，雖至極乾亦不會消失。土壤顆粒四周包圍一極薄水膜着的，這種水叫做附着水，與植物的生長毫無關係，土壤愈密含有附着水的量也愈多。茲將各種土壤含水的情形列表如下：

表一　各種土壤的含水量(重量百分數)

土壤種類	重量 磅/立方呎	附着水 %	萎凋點 %	毛細管水上限 %	自由水上限 %	總量
粗沙	81	1.0	1.5	13	11.5	33
細沙	82	2.1	3.3	14	10.7	34
沙性壚坶	82	4.7	7.0	15	8.0	35
細粒沙性壚坶	83	6.9	10.8	16	5.2	37
壚坶	83	9.1	13.4	18	4.6	38
粘土壚坶	83	11.8	15.0	19	4.0	40
粘土	86	13.2	16.5	20	3.5	42

由於農作物造成纖維質或澱粉質一磅所需的水量隨作物之種類與養料而不同；如爲普通農作物，每磅(乾質)所需的平均水量如表二所示：

此表中農作物所需水率爲農作物發育時由根

表二　每磅農作物(乾質)需水重量(磅)

籼稻	392	燕麥	541	玉蜀黍	297	蕎麥	518
粳稻	395	大麥	435	馬鈴薯	931	蘿蔔	662
麥	530	豌豆	363	黃豆	238		

部吸收溶解肥料的水量，來滋養枝幹，開花開實再由葉面蒸發。植物的吸水與蒸發的量並不因地中水分的降低而減小，除非水分減到了萎凋點，不能維持牠的蒸發爲止。麥最能耐旱，雖吸收的水量被蒸發完了；還可維持蒸發，而不枯槁；稻穀類的吸水量隨土壤中的水量減少而減少，且其收穫量亦將隨之減少；故稻的灌溉比麥爲重要，就是這個緣故。

灌溉工作的肇始與進展

莊子天地篇內就載有：子貢南遊於楚，反於晉，過漢陰見一丈人方將爲圃畦，鑿隧而入井抱甕而出灌搰搰然用力甚多而見功寡，子貢曰:「有機於此，一日浸百畦，用力甚寡而功見多，夫子不欲乎?」爲圃者仰而視之曰:「奈何?」曰:「鑿木爲機，後重前輕，絜水若抽數如泆湯，其名爲槔」這是灌溉之始。又李冰父子在四川灌縣都江堰，鑿山引水，利用了天然的水力來灌溉成都平原一帶。其後鄉間亦有用爲木製鏈帶的龍骨車利用人力牛力戽水。可是到了現代的電力世界，情形就大大不同，如在中國，民國九年江蘇，安徽各地就有使用柴油引擎及電動機戽水，到了民國十五年滬杭線一帶有抽水機一千架以上。正式的電力灌溉當首推戚墅堰震華電廠(即前戚墅堰電廠)，後更形擴充成立灌溉區。現在農村間電水一詞已婦孺皆知了，即遇旱荒亦不足憂慮，眞所謂人定勝天。

錫常地區歷年電力灌溉的成績

無錫及常州地區爲產米區，兩縣農田面積約有二百四十餘萬畝，西南一帶地勢高亢，人工灌溉比較困難。民國十三年，由戚墅堰震華電廠舉辦電力灌溉，爲我國電化農田灌溉的新記錄，(參見表三) 到十九年建設委員會接收戚墅堰電廠成立灌溉區，二十七年戚墅堰電廠輸電至丹陽，於是沿途各鎭如新閘，奔牛，呂城陵口直至丹陽都實行了電力灌溉，丹陽一帶亢旱的農田也變成了肥沃的良田。

表三 戰前歷年用電戽水量比較表

年度	田畝數(畝)	電度數(KWH)	每畝用電(KWH/畝)	每畝灌水量(美加侖/畝)	戽水量(糎)	雨量(糎)	蒸發量(糎)	雨量加戽水量(糎)
17	42,884.87	429,260	10.0	55,500	342	——	——	——
18	38,884.87	564,930	14.5	80,500	496	——	——	——
19	49,033.69	457,070	9.3	52,900	326	——	——	——
20	46,333.69	365,415	7.9	43,500	268	844.9	450.0	1112.9
21	45,796.28	652,812	14.2	78,275	483	353.1	682.0	836.1
22	46,173.78	548,737	11.9	66,600	410	708.4	728.1	1118.4
23	50,744.78	784,182	15.5	69,0′0	424	529.6	863.6	953.6
24	36,331.40	581,024	16.0	71,340	439	482.8	704.9	921.8
25	35,674.00	418,559	11.7	52,490	323	657.9	652.0	980.9
平均數	43,539.71	533,554	12.3	63,345	390	596.1	680.1	987.3

表四 三十五年度灌溉畝數及用電比較表

區別	畝數	電度						每畝平均用電度數(KWH)
		六月份	七月份	八月份	九月份	十月份	共計	
無錫	14,000	26,671	70,804	97,568	50,847	3,270	194,797	13.91
武進	45,500	——	238,127	97,568	114,649	6,925	457,269	10.04
丹陽	約 84,000	——	63,354	2,225	3,539		69,118	0.81
共計	143,500	26,671	372,285	142,998	169,035	10,195	721,184	5.09

各地區每畝平均用電度數大有不同，因其灌溉方法不同。在無錫常州一帶的灌溉爲將河水直接戽入田畝中，在丹陽一帶地區爲集體灌溉，將河水自大塘河戽入溝溪中再供農民用簡便方法灌溉田畝，這種灌溉與塘河水位的高低大有關係。若民國三十五年，水位較高，故每畝平均用電較錫常區要小得多祇有0.81KWH。(參見表四)

灌溉的組織和設備

錫常丹三縣的灌溉組織，都是由當地農民聯合組織灌溉合作社，凡向電廠申請接電，購機及一切費用均按田畝攤派，這種合作社，眞正做到了合作二字。灌溉合作社規模較大，成績優良者有湖塘橋及姚觀巷等鎭。電廠方面供給高壓配電(2,300伏或6,600伏電源，在合作社各戽水站的負荷中心，建立變壓器及高壓錶表(High-tension Kilo-watthourmeter)，低壓配電線(380伏)，由合作社與電廠方面合作經營之。

戽水站的設備有活動及固定兩種。農民稱之謂活車頭與呆車頭，所謂活車頭，就是將電動機及抽水機裝在普通的敞船上，可以流動接電戽水此種設備多在無錫方面適用，灌溉的面積分佈很大，便於戽水的分佈。呆車頭應建築灌溉站房屋，電動機及附屬設備與抽水機等共裝在屋內；此種進水處必須近於河岸，地土要堅固適宜，安置電動機的底脚亦須堅實，電廠的電表亦裝在灌溉站的房屋中，這種裝置多合宜於灌溉地區廣大而集中在一起者。如武進丹陽等縣多屬此種裝置。無論活車頭呆車頭，所用的電動機都是三相感應電動機；鼠籠式和滑環式都有。抽水機都屬離心式(農民叫牠水風箱)，根據歷年的經驗及植物所需要的水量，大概灌溉一千畝的戽水站需要20馬力的電動機以及10吋進水管的離心抽水機一具。此類離心抽水機與電動機一同裝在洋松木架上，用皮帶傳動，亦有固定底脚者，在鄉間匪類常有一種綁馬達之舉，農民的戽水用電動機有被盜匪綁架的危險，所以基礎及基礎螺栓常裝得非常牢固，務使在幾小時不可能拆除；此亦是農民在政府對於治安不能保障下的苦法子。你想可憐不可憐！

電力灌溉的前途

任何一種事業有牠特殊的優點，才會在艱難困苦的環境中，仍舊進行着，發展着，按電力灌溉的優點有五：

1. 如遇旱荒雨量稀少，河水乾涸，人力畜力決難勝任此項灌溉工作，即柴油機戽水日夜運轉，易於損壞不十分可靠，惟電力灌溉電機的使用及管理簡易而可靠。

2. 柴油機戽水與電力灌溉兩者的設備費用差不多，但是柴油機戽則須全由農民自已負擔，而電力灌溉的綫路設備等一部分由電廠負擔。經常費用電費較相當的柴油燃料便宜，而且機械的修理費亦很少。

3. 武進及丹陽等高田很多，戽水的力量要大，尤其是塘河戽水，常要數百匹馬力之巨，如用柴油引擎戽水，設備費用太大，農民不堪舉辦，非用價廉物美的電力灌溉不可。

4. 電力灌溉無煤烟灰塵的不潔的而且有電力灌溉綫即可相輔而行電燈事業，常有許多鄉村因電燈用電的不多而電廠方面不肯放綫供電。如有電力灌溉則亦可托福而享受光明了。

5. 一般電廠的供電情形，在冬季甚大而夏季甚小，如利用此多餘之容量電力而發展灌溉事業，對於電廠甚是有益。

凡此種種電力灌溉的前途無限量的。祇要政府能真心誠意的復興農村。中國的農村已有了這種基礎，不難達到登峯造極的電化程度，與歐美並駕齊驅。否是徒然高唱復興農村而僅進行些有弊無益的什麽農貸等，無非是便利土豪劣紳而真正農民是絲毫得不到實惠的。

12626

建設中國重化學工業的主力軍！

永利化學工業公司素描

稽　戴

『近世爭生存，競言鐵與血。中華自古盛文化，量力比權今何拙。頻年苦戰足明證，惟工業化國始活。自來舉國昧此理，坐待吾儕奮微烈。塘沽崛起廿年前，基本化工鹼先茁。錏廠繼踵卸甸旁，硫硝二酸酸中傑。皚皚硫酸錏，足食先稼穡。戰陣恃足兵，炸藥取不竭。國防工業二骨幹，酸鹼化工與鋼鐵。吾儕府瑙二中一，自餘屬望朝野切。』

摘錄自靜觀：永利川廠歌

「永利」的名字，在中國重工業建設歷史上是不可磨滅的！無論在工業生產的規模上來說，或是從化工技術的進展上來說，「永利」由於創辦人人范旭東先生和侯德榜先生等各技術專家們的努力，不但是爲國人工業家的表率，而且也樹立了國際間技術界上的地位！永利化學工業公司現在的範圍，經過了抗戰的洗禮之後，除了塘沽的鹼廠以外，尚有六合卸甲甸的硫酸錏廠和四川的侯氏製鹼法鹼廠。出品主要有純鹼、肥田粉、燒鹼、阿摩尼亞和硫酸等。將來的進展情形更是未可限量，因爲，除了目前的鹼廠和硫酸錏廠正在努力擴充生產外，在六合的硫酸錏廠，正籌備恢復硝酸廠，因爲新近業已將日本於抗戰期間侵占去的硝酸廠機件逐漸搬回；同時又準備在湖南建築新的硫酸錏廠、玻璃廠、煉焦廠，和水泥廠等；如果國內時局能安定，也許范先生所計劃的染料廠、製藥廠及塑料廠等，都要一一實現，到那時候，永利化學工業公司爲國家重化學工業的貢獻將更宏大了。

本刊對於永利化學工業公司的事業，先後有二次介紹，讀者諸君如果方便的話，可以參閱二卷四期34頁的永利南京硫酸錏廠參觀記和三卷七期9頁的范旭東，前面一篇文字有匯照說明，是中國技術協會參觀團的實地攝影，很有價值；後者則爲創辦者百折不撓堅苦奮鬥的史實，可爲後人借鏡。本期因值永利塘沽鹼廠成立紀念(十月廿四日)，因此我們來這裏做一個簡單輪廓的素描，以供關心中國重工業人士們的參攷。

塘　沽　鹼　廠

——酸鹼工業是一切工業的基本——

永利鹼廠是永利的第一個事業，它的正式成立，是在民國六年。成立之初，爲了製鹼原料原鹽的免稅問題等，重重周折，雖然創了二千年來中國鹽業史上的先例，獲准財部批准免稅，而繼因歐戰結束，鹼價大落，發起人所出的創辦費，已所剩無幾，一時頗爲困難。幸當時在天津的一批發起人，包括范旭東先生，並不灰心，再接再厲，十一年侯德榜氏由美返國，着手在塘沽設廠，先後四、五年，從掉換炭酸塔的水管，另行設計新分解爐起，歷次加强設備，改進濾鹼機和石灰窰，侯先生寢饋於工廠內，全力從事，等於是一件新發明。終於永利在塘沽建立了遠東唯一的「蘇爾維」法鹼廠。

抗戰後塘沽淪陷，日本人佔領鹼廠，設法復工。但因爲日本人技術上差得太遠，八年中開工之平均日產量僅26噸，(未淪陷前爲180噸)。勝利後復員，發現機械方面因日人不善利用，大部受損，經熟練的技術員工搶修下，很快就復工了。現在廠裏有一千多工友和一百多職員，其中除了已有二三十年經驗的老人馬外，新進的陣容也非常整齊。這樣才能運用三十年的老舊機器，在原料和燃料供不應求的困境下，仍能出產比舶來品强得多的產品。

蘇爾維法製鹼

蘇爾維法製鹼，在原理上十分簡單明瞭，不十分難懂，但輕於着手的沒有不感到十分棘手，這就是所以蘇爾維法會獨霸世界鹹業達數十年的緣故。工作程序大概如下：

(1)製飽和食鹽溶液，水的溫度須適當，過高會影響以後的吸氨效力，過低則影響濃度。溶液並須充分澄清。

(2)製二氧化碳及生石灰，用石灰石與焦碳置入石灰窰通風燒之即得。再將所得生石灰溶於水，愈濃愈好，得石灰乳$Ca(OH)_2$

(3)製氨，將硫酸銨或氯化氨與石灰乳作用加熱，即得氨。

(4)製碳酸氫鈉。將氨導入飽和食鹽溶液，得氨化滷，再將二氧化碳(俗稱碳氣)通入：

$$NaCl + NH_3 + CO_2 + H_2O \rightarrow NaHCO_3 \downarrow + NH_4Cl$$

過濾之，得固體碳酸氫鈉，濾液Motter liquid中含有氯化銨，可用作製氨原料。

(5)將所得碳酸氫鈉加熱乾燥：

$$2NaHCO_3 \xrightarrow{\text{加熱}} Na_2CO_3 + H_2O \uparrow + CO_2 \uparrow$$

即得純鹼，純度可達99%以上。(即永利紅三角牌純鹼。)

製燒鹼則將純鹼與石灰乳作用，即得苛性鈉。(即永利紅三角牌燒鹼。)

製造程序中氨是要補充的原料，雖然理論上在製碳酸氫鈉的母液中有氯化銨可製氨，但總有點損失。現在永利南京錏廠可以供給這項原料。氨在製造中損失的多寡，就用來看蘇爾維法運用的成敗。

× × ×

永利鹼廠不僅為我國化學工業打開了大門，同時在國際上已獲得崇高的聲譽。創辦之初，永利和獨霸中國市場的卜內門苦鬥，終於在范旭東，侯德榜，和千百個為永利的事業而貢獻的員工努力下，創出了今天的局面。永利的鹼在戰前便銷售到國外，最近亞歐美各國聘請侯先生代為設計指導設置鹼廠並亞金聘請永利技術人員協助進行。侯氏的 Manufacture of Soda 一書，在美國化學會出版而受到普遍的重視。根據許多年來的實際經驗，侯氏創出了侯氏製鹼法，抗戰時建立的永利川廠就是用侯氏製鹼法在生產的。無疑的永利和她的工作者們已在化學工學史上寫下了新的一頁！

六合硫酸錏廠

——中國重化工業的又一翅膀——

范旭東先生說：侯先生於第二期的成就，當然要算硫酸錏廠的創建。這個工業能夠不為外商攫去，而由永利接過來自辦，未嘗不是國家之福。

永利的硫酸錏廠，設在南京對江六合的卸甲甸。她是民國廿五年完成的。當時日產硫酸錏(肥田粉)達一百五十噸，硝酸十噸。廿六年抗戰後陷於敵手，遭到很大的破壞，整個硝酸廠的設備被日本人拆回國去。勝利後又受到不少接收的損失；後幾經永利當局向政府交涉，設法收回。積極整修開工，被拆的硝酸廠，亦經赴日交涉拆回，現在已經漸漸回復到日產150噸的能力了。

有關農作國防的工業

硫酸銨是肥料的一種，俗稱肥田粉，由硫酸和氨化合而成的。主要的用途，在於肥田。以前中國沿海各省所用的肥田粉，仰給於英德二國，每年進口要三四十萬噸，中國平時不能杜塞肥料的進口，急時還要依賴洋米進口。當時有識人士看到有這個需要，就有自創錏廠的動機。

並且，氨一向是煤炭蒸溜的副產品，1908年德國 Haber 法由大氣取氮和水中取氫經高壓觸媒製氨辦法，稱做「合成氨」。氨氧化後便為硝酸，這是有關國防的原料。所以可以看到硫酸錏廠關係的重大！

空中的氮和水中的氫

永利的硫酸錏廠，製造程序可分合成氨廠，硫酸廠和硫酸錏廠三大單位：

(1)合成氨廠：這裏包括焦氣，氧化，精煉，高壓和合成五部。

焦氣部的主要工作，是在取空中的氮和水中的氫。取氫的方法是用水煤氣爐(Water Gas Generator)二座，爐中置焦炭，吹入空氣燃燒至紅熱，便吹入水蒸氣，蒸氣就分解得氫。至於空中取氮，則用煤氣爐，只吹入空氣不吹入水蒸氣，使紅熱的焦炭，吸空中的氧而成一氧化碳和二氧化碳，剩下的就是游離的氮。這些混合的氣體，貯入粗氣櫃，送入氧化部。

氧化部是在把一氧化碳氧化成二氧化碳。使粗氣打入飽和塔上昇，熱水由頂部下降，使夾有飽和量的水蒸氣通過換熱器，提高至450°C，經過轉化器（CO Converter），使水蒸氣分解。

受氧化了的氣體，經過精煉部，便剩下純粹的氮和氫，再經高壓至300氣壓，最後送入合成器，經過冷凝，即凝成液體阿摩尼亞。合成器的效率是10%，其餘未化合的氮與氫，以一定比例混合新的混合氣體，送回合成器，這樣不斷的循環，繼續合成工

永利錏廠製造程序圖

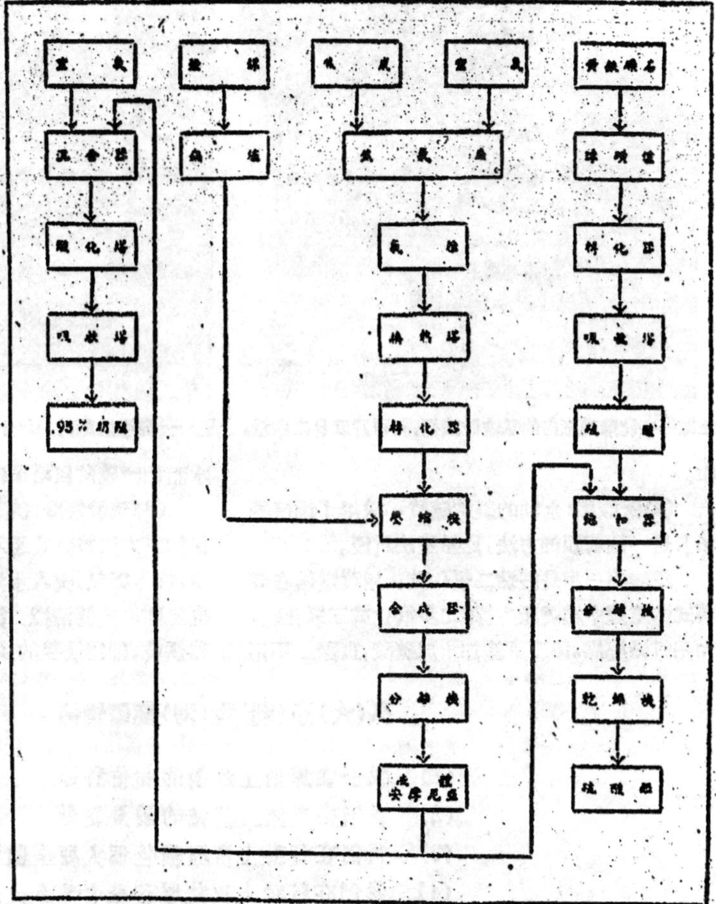

上圖——硫酸錏廠內的二氧化硫潔淨塔

上圖——硫酸錏廠的高壓精煉部硫酸銅氨溶液洗滌塔及燒鹼溶液洗滌塔，

12629

上圖——硫酸錏廠內的氨液貯藏桶，約可貯五日之產量。

上圖——硫酸錏廠的一氧化碳氧化器，以氧化鐵為接觸劑。

作。

(2)硫酸廠：永利的製造硫酸，採用「釩接觸法」，是一個新穎的方法，比鉛室法為優。

步驟第一步是製造二氧化硫，用黃鐵鑛在旋轉式燃燒爐中燃燒產生。第二步氧化成三氧化硫，和用釩做觸媒。第三步就加水成硫酸，實際上不用水而用稀硫酸自塔頂雨淋而下。

(3)硫酸錏廠：硫酸錏是永利錏廠最後的生產目的。方法將硫酸通入貯有硫酸錏母液的飽和器中，打入氨氣，吹入水蒸氣，硫酸錏即可結晶析出，經過離心式濾清機，濾去母液，送入乾坤式乾燥器烘乾，即得最後的成品。

久(大)永(利)黃(海)團體信條

(1) 我們在原則上絕對的相信科學

(2) 我們在事業上積極的發展實業

(3) 我們在行動上甯願犧牲個人顧全團體

(4) 我們在精神上以能服務社會為最大光榮

本刊徵求各地工業通訊

本刊行銷全國遍及海外南洋各地，茲以工業環境及生產條件各地均有其特殊情形，博采徵聞足以集思廣益，作為中國工業化之借鏡，故擬自即日起向各地讀者徵求有關工業建設之材料，無論工廠的素描或工事進行的現狀都是通訊的範圍。最好能附照片圖表，用後可負責歸還，稿費從優；但請用橫行書寫，並附詳細地址，俾便通訊。

12630

鍛鐵的ABC

屠樺

對於各種修理或製新的工作，無論是家庭中一段熱水汀管子的掉換也好；或者是一個大工廠的整套機械裝置也好，選擇耐久的材料總是個先決而最重要的步驟。

尤其是在必須使用金屬材料的地方或有受腐蝕（Corrosion），振動（Vibration），和劇烈撞擊（Shock）危險的地點，這種選擇是格外的主要了。除非所用的材料有足能夠抵抗這些影響的特性，否則便會很快而且常常需要修理和換新了。材料應用適當的意思就是說要經久耐用，使用上沒有困難，而所費低廉。

事實上可供我們選用的材料往往多到數十種，但是各種材料互相矛盾的解說，對於選用者，非但沒有幫助反而令人莫所適從。而且大多數的解說都忽略了一個基本的事實，即是說：『僅靠某一種的金屬是不能應付各種不同的工作的』。舉一個例來說，如果需要一種完全不會發生腐蝕的金屬，事實上是不可能的。雖然有些金屬不會發銹，但是所有的金屬都是免不了要腐蝕的。就是一般認爲永久不變的金子，也是不能避免，它在空氣中很快的失去光澤，便是發生了腐蝕的緣故。不過各種不同的金屬抵抗腐蝕的能力相差得很大，有的幾個星期或幾個月就要腐蝕，有的則可以維持幾年罷了。

總之，如何選擇耐久的材料，並沒有頂簡捷的方法，也沒有『萬靈劑』可以適合各種不同的條件。那末怎樣才能算是合理的選擇方法呢？精明的醫師們所奉行的方法是值得我們做效的，即是說：先要診斷以決定個別的病情——條件，再開列藥方——材料，去醫治它。

我們知道，鍛鐵（Wrought Iron）是一種金屬材料。那末怎樣的成份和結構才是鍛鐵？爲什麼它能具備我們所需要的某些特性？在什麼地方，用什麼方法才可以適當而有利地把它應用起來？——這許多問題都是對於我們選擇材料時重要的參考，也是本文所要詳爲解說的。

鍛鐵是什麼？

要解釋鍛鐵獨特的成份和結構，最好的方法便是假想將材料用機械的方法分析開來講。

試取一雜質減少到最低限度而普通可以說是純粹的鐵條，假定它的斷面是一吋見方，現在把它切斷，用細小似比我們頭髮還要細上好幾倍的鑽頭在它的斷面上打上二十萬到二十五萬的細孔（圖1），再將像黑色玻璃一樣的矽酸鹽熔滓（Silicate Slag）的纖維一根一根的穿過這些細孔（圖2）。

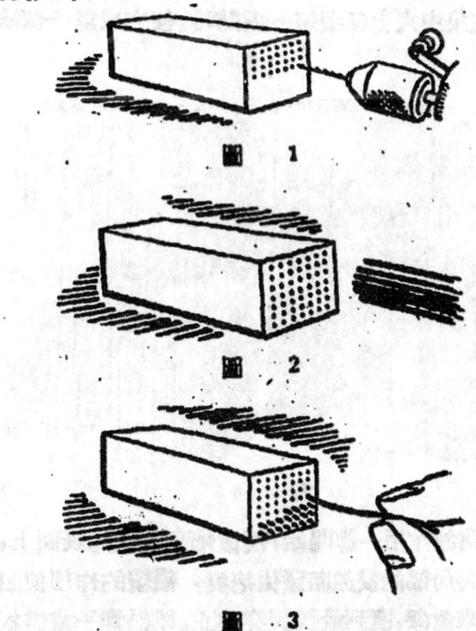
圖 1

圖 2

圖 3

當你將每一個細孔都穿上一根纖維後，你便得到鍛鐵的近似組織了。所以鍛鐵的組織就等於在純粹的鐵中穿插着許許多多玻璃狀矽酸鹽熔滓的纖維，而不過兩者之間並沒有化學作用存在，鐵依舊是鐵，而熔滓還是熔滓。所以冶金學家稱之爲『二種分子的金屬』（Two-component metal），這是鍛鐵獨特的結構；至於其他的許多金屬，組織的分子間則大多有着化學的或合金的關係。

從科學的立場上來說，鍛鐵的定義應當是：『鍛鐵是一種鐵類金屬。它是由糊狀的純粹鐵質顆粒凝固堆疊而成；而同時，毋須再經熔合，已有非常細小的矽酸鹽熔滓纖維十分均勻地分佈在它的本體之內』。

鍛鐵中矽酸鹽熔滓所佔的重量不過是全重量的百分之二至三。不過矽酸熔滓比較要輕得多，所以假使以體積的百分比來講，大約要等於重量百分比的一倍。要知道鐵類金屬中除了鍛鐵含有這種玻璃狀的矽酸鹽熔滓以外，其他的鐵類金屬是沒有這種成分的。這一點很爲重要，因爲鍛鐵之所以能普遍地被認爲在應用上具有優秀的特性者，完全是基於它這種含有二個成分的特殊組織。

何以鍛鐵能抵抗腐蝕作用？

當腐蝕作用侵害普通的鐵類金屬時，它的情形正好像一支勁旅襲擊敵人的陣地一樣。先是向整個的前線來一個全面攻擊，一發現某處有弱點後，便集中火力傾襲這一處防地。使它成爲一個缺口。

圖 4

腐蝕作用一經開始，便散佈到整個的表面上，然後再局部的侵蝕而發生疤痕，繼續的作用使凹痕愈來愈深，直到最後洞穿爲止。雖然管子或鐵板百分之九十九的部份仍是完好，但要是一有了一個小洞，便結束了它整個的功用，不得不加以掉換了。

鍛鐵就具備抵抗這種腐蝕作用的防禦工事。圖4的左面是冶金學家所稱爲『顯微放大』的照相圖，它是從一粒比砂粒還小得多的鍛鐵小粒經過五十倍的顯微鏡放大而照得的。這個圖可以表示鍛鐵內部防禦工事的佈置情形。

在圖中前面和兩旁可以很清晰的看到黑色玻璃狀的矽酸鹽熔滓，並有一點點的纖維末端顯現在頂部。不過這張圖中的頂部祇是一方吋的極小一部份的斷面，所以僅能看到不多的纖維，而且雖然已經放大了五十倍，但是還有許多纖維實在細小得使我們無從看出，照相也不能攝得。

假使能使鐵的本身變爲透明的話，這些纖維的分佈情形便如右面的圖所示。它是一排挨地排列着，長短大小並不一律，但是分佈得極爲均勻，像監獄的欄柵一樣，形成一道一道强有力的防禦工事，以阻撓一切腐蝕作用的侵犯。

鍛鐵怎樣阻撓腐蝕？

如果把一根鍛鐵管子剖爲二，我們就可以看到內面一個極小部份的腐蝕情形，（當然管子外面的情形也相同）。

圖 5

從管子旁邊切斷部份的放大圖上，可以看出矽酸鹽熔滓纖維分佈於管壁的情形。

腐蝕作用首先侵蝕到整個表面上，最後集中在一點，進行深入，直至碰到第一根不爲腐蝕所影響的矽酸鹽纖維爲止。

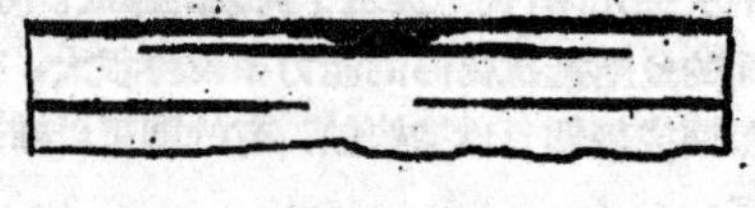

圖 6

腐蝕於是祇能從此點沿着纖維向左右進行到兩盡頭後，方才能再行深入，受阻於第二根纖維時仍只得向兩端進行至末尾後繼續深入，這樣的動作便一直繼續下去。管壁的矽酸鹽熔滓纖維不下萬千，每一根纖維都担任着一部份的工作以阻撓腐蝕的進行。

這是很明顯的，完全是這些纖維在阻止集中和局部化的腐蝕，而使之分散在一個極大的面積上；愈深入進行愈慢，分佈的情形愈散開而均勻，疤痕愈少。這樣看來，要決定材料的有用壽命，實在應當以腐蝕作用使整個金屬體減到安全限度的厚薄要多少時間爲準，而不能以腐蝕作用在某幾處蝕成幾個小洞要多少時間來估計。

同時纖維還有其他的效用。當腐蝕作用開始時，表面所形成的氧化表皮即爲纖維網所固緊，這一層表皮能抵抗腐蝕的進行，保護下面的金屬。這點也是其他材料所不能及的特點。

鍛鐵怎樣抵抗撞擊和振動？

金屬材料的第二個損壞原因自由於（1）在應變(strain)之下不斷的振動，或（2）突然的撞擊所造成的破裂。

金屬受不斷的振動而發生疲乏，最後疲乏過度而破裂。撞擊的情形亦很相同。

金屬受外力作用時，內部發生變形，此種應變局部化時，即使一部份材料所受的力超過其强度等到不能抵抗而發生破裂的時候，更將過度的應變再傳到其他的部份。

假使能將局部的應變分散到整個金屬物體的各部，好像將腐蝕分佈於全部表面一樣，那末破裂的威脅便也可避免。鍛鐵因具備着獨特的纖維組織，所以同時也能完成此項分散的工作。

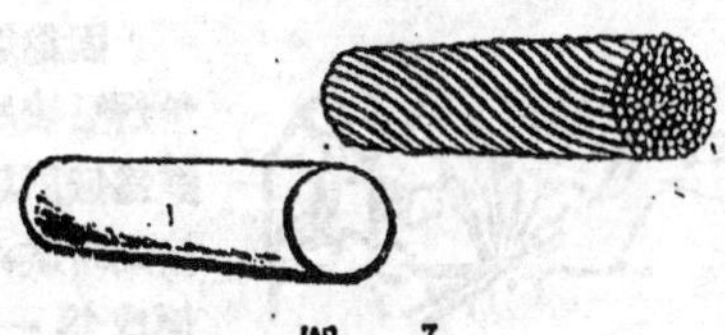

圖 7

以固體金屬和鋼絲索受振動和撞擊所生的抵抗能力來比較，可以很明顯的看出鋼絲索的抵抗力要强得多。因爲當任何一股繩受到外力發生應變以後，鄰近的細繩立刻受到影響產生抵抗。這樣傳播下去，每一股繩都支持着一部份的荷重。

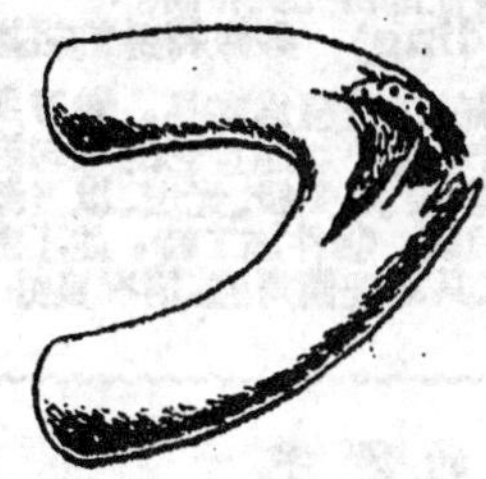

圖 8

鍛鐵的構造和鋼絲索極爲相似，所以在別的材料快要毀壞的情形之下，鍛鐵還能耐持。某處發生裂口以後，還能保持其堅韌的特性，不再繼續的開裂下去。如圖 8 所示，這祇有纖維性的金屬具有此種特性，至於細粒狀或結晶形的金屬一旦發生裂口，即顯脆弱，不久便歸於破碎了。

和鍛鐵不同的其他鐵類金屬

鍛鐵既是鐵類金屬的一種，但是其他的鐵類金屬，例如鋼和鑄鐵（生鐵），它有什麼不同的地方？也應有一個簡單的認識。

鋼(Steel) 在目前被製成千百種的合金，應用於各種不同的工作。至於普通用以製造管子和鐵板的則是所謂『軟鋼』(Mild Steel)。這一種軟鋼無論在性質上或從分析上都與鍛鐵不同，它不含有矽酸鹽熔滓纖維，質地也不純粹，所含的碳較鑄鐵爲少。

鑄鐵(Cast Iron) 含有特多的碳，此種碳分對於腐蝕的抵抗能力很有幫助。極脆，容易碎裂，完全沒有可鍛性，也沒有韌性和類似鍛鐵的纖維組織。

鍛 鐵 如 何 製 成 ？

以前討論到鍛鐵的性質，是用一塊極純粹的鐵鑽上許多細孔，然後再穿過許多矽酸鹽熔滓纖維來做比擬的。至於實際的製造方法自然不是這樣。現在可以把它的製造方法分爲人工攪煉法(Hand-Puddling Process)和機械攪煉法(Mechanical Puddling Process)二種來講。

人工攪煉法 將生鐵放入底部及周圍預先準備妥貼，含有氧化鐵砂的反射攪煉爐(Reverberatory Puddling furnace)內，加熱使之熔融，並在熔鐵上面蓋上薄薄的一層熔滓。用攪棒不停的加以攪動，使雜質易於消除，主要的是使矽，較多量的錳及部份的磷發生氧化；再加熱，並放入適量的鐵屑或礦鐵，使碳化合爲一氧化碳形成氣泡透出熔滓燃燒而被除去。碳被除去以後鐵的熔點便升高；最後冷凝時，鐵分子漸漸硬化，並與液體熔滓相混合，集成海綿狀球體；待海綿狀球體逐漸緊密，即移出爐子，通過一有齒而轉動的滾筒和一固定的圓筒以除去多餘的熔滓。將緊壓的球體輾成粗坯(Muck bar，約¾″至1″厚，2/2″至8″闊)；再經重複加熱，便可滾成鐵條、鐵板、鐵片等所需要的形狀。

機械攪煉法 要減低生產成本，當然應利用機械來製造。最成功的機械攪煉方法是美國來定鋼鐵公司所應用的路氏法(Roe Process)及美國製鍊公司的愛來氏法 (Ely Process)。至於改良頂完善而適合於大量生產的方法，要推美國貝斯公司 (A. M. Byers Co.) 所採用，愛司東博士 (Dr. James Aston)所發明的方法爲最佳。

愛司東法是先以標準的柏思麥生鐵 (Bessemer grade Pig iron) 熔解於熔鐵爐 (Cupolas)內，加入苏打灰(Soda Ash) 使硫 (Sulfur) 的成份減低到百分之 0.05，再將熔鐵移入10噸酸性(Acid-lined) 柏思麥吹風爐 (Bessemer Converter)，產生適合於鍛鐵成份的純鐵。然後再將此項純鐵以均移入能控制灌注速度的機器，傾入分別預備裝存有矽酸鹽熔滓的平爐(Open Hearth Furnace)。該項熔滓保持在2400°到2500°F 間的溫度，比純鐵矽凝固點要低上 500到600°F，所以鐵分子通過熔滓便即刻硬化。在這時，因爲鐵內原含有若干量的氣體，且溫度降低時由於下述的作用也可能發生氣體。

圖 9

FeO(熔滓 +C(鐵內所含之碳)⇌Fe+CO(氣體)

這種氣體紛紛奪重圍而出，故發生爆炸，是爲『發射動作』(Shotting Operation)。因發射動作飛散的硬化鐵質顆粒，沉澱在熔滓的底部，凝集成一大堆組織疏鬆的物質；將多餘的熔滓除去後，剩下約重6000到8000磅的海棉狀團塊；再放入900噸的壓機內，除去多餘的熔滓，並壓成鐵塊。此種鐵塊即立刻以適當的機器滾成鐵條或鐵板。(圖10)

圖 10

貝斯公司用此種方法製造鍛鐵，每日產量可達 800 噸以上。從熔鐵直至滾成最後的形狀，都能控制良好的品質，並保持內部均勻的組織。且因指示及控制儀器的改進，人工所可能發生的不良情形也完全可以消除。

鍛鐵的工作特性

平常我們都以爲玻璃是很脆弱的，既然鍛鐵含有玻璃狀的矽酸鹽熔滓，我們便會發生它在工作時是否將發生困難的疑問。但是我們應記起上面所稱謂的玻璃狀熔滓纖維是從顯微鏡放大看出來的。事實上像這樣細的質的玻璃纖維也可以像縫級用的線一樣隨意彎曲，而所織成的織物也柔軟光滑像綢緞一樣。所以鍛鐵內部纖維的組織非但不會限制鍛鐵的施工情況，却在許多地方增強了鍛鐵的性能。

彎曲(Bending) 祇要使用通常適當的彎曲辦法，不論在冷的或熱的時候，以人工或是機械，都可以將鍛鐵彎曲成所需要的形狀；例如半徑極小的空氣煞車管和冷藏器管子，都是鍛鐵管子彎曲成的。此外因爲鍛鐵的質地純粹且具有纖維狀的組織，一經彎曲成形，即能保持現狀，很少甚至沒有彈回原狀的情形。

圖 11

焊接(Welding) 鍛鐵可以應用任何普通的方法加以焊接，不論鍛焊(Forgewelding)電阻焊 (Electric Resistance Welding) 或氣焊 (Gas welding)等等，都可以工作得極爲完美。

因爲熔滓的熔解點較純粹的鐵爲低所以在焊接的時候，熔滓便成爲一種熔劑，對於工作的進行大有幫助。且經過多次試驗的結果，可以證明焊接部份的强度和其他部份完全相同。

鉸螺絲(Threading) 鍛鐵特殊的組織使得鍛鐵管子上鉸螺絲的工作極爲容易，鐵刀所受到的阻力比其他的材料爲小。而且它的均勻組織可以使得螺旋紋常常保持尖銳、光潔、以及深度的完全。至於對於鍛鐵，物件施工時，並不需要特殊的設備；祇要工具的配備齊整，情況良好，都可適用。

鍛鐵的數字

1. 比重 7.85
2. 每立方吋重 0.2834 磅
3. 熔解點 2750°F
4. 抗牽强度48,000 磅/平方吋
5. 抗壓强度46,000磅/平方吋
6. 抗剪强度40,000磅/平方吋

12634

別小看這輕輕的一環啊！
它是內燃機的生命！

活塞環之話

孔繁柯

內燃機中的附件和零件大小不下百數種。可是我們隨便抽出一種而論，似乎除了活塞環那樣小而極重要的可說很小了。以人體比作一部機器來說——譬如說汽車吧。內燃機相當於心臟，活塞環是心臟中的膜瓣。膜瓣控制着心臟，心臟主宰着人的生命。同樣，活塞環是內燃機的生命，內燃機是汽車的靈魂。別小看了這負有重大使命的輕輕一環啊！

活塞環的種類

通常我們所見到的活塞環，大別可分爲二類：一種是油環，一種是平環也叫壓縮環。(如圖1)

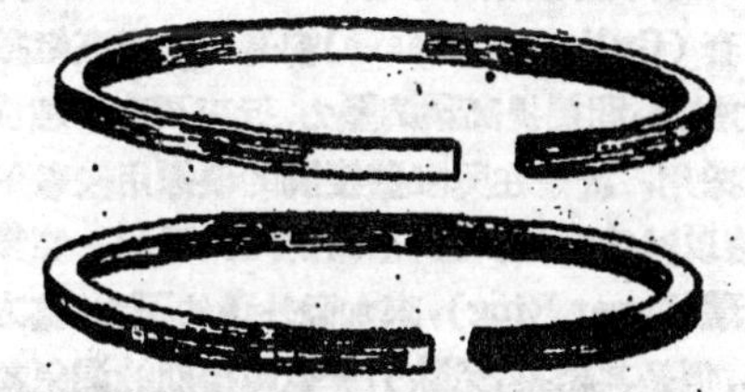

圖1 平環和油環

活塞環大多以生鐵鑄成，有若干成分之矽，錳，鎳，鉻加入來加强他的耐熱性。他的形式可以從開口情形和切面的不同分爲下列數種。

以開口分：(1)直角開口，(2)斜角開口，(3)梯形開口三種環(圖2)

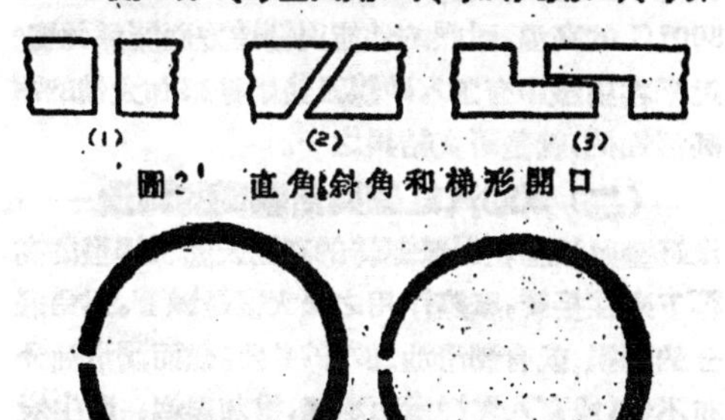

(1) (2) (3)

圖2 直角斜角和梯形開口

圖3 同心和偏心環

以切面分(沿環平面切)：(1)同心的，(2)偏心的，二種(圖3)

其他有特殊作用，而具特種形式的更有襯環，封油環等。但是這種都不很普遍應用。

活塞環的功用

活塞環的功用，扼要的說可以分爲三種：第一，使汽缸中燃料爆炸時所生的高壓，不致因活塞在汽缸內上下的移動而漏氣，以致壓力減低，馬力減小。

第二，利用活塞環的壓力，平均分布潤滑油在汽缸壁上，同時也避免過多的潤滑油竄入燃燒室(Combustion chamber)。

第三，汽缸內燃燒時的高溫，可藉活塞環和活塞從氣缸壁發散出去。現在再詳細說明如下：

(一)減除汽缸的漏氣——欲達到不漏氣的作用，首需在活塞環能與汽缸壁緊壓。圓周的壓力相等，則緊密的程度也等，高壓氣體也就無暇可擊。這一點特性的具備同時與第二第三點要求也有連帶的關係。因爲圓周壓力相等，那末缸壁的潤滑油也就平均分布成爲一油層(Oil film)，而減除了有多有少，有厚有薄的現象。因爲環能和汽缸緊密接觸，熱量的傳導也就較爲直接，快速。所以同等壓力是活塞環最重要的條件。

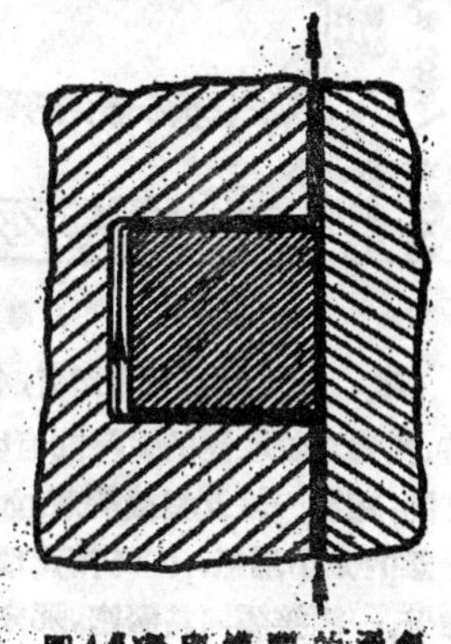

圖4 環與槽間的漏氣

我們仔細研究活塞的外形。在他已裝入汽缸中時圓周各點應與缸壁緊

12635

接，壓力並且相等，自然是一個很準確的圓。如果在牠未裝入汽缸時來看，當是一個極不規則的形狀。牠的曲率半徑在開口處和汽缸口徑（Bore）幾屬相等，而是最小值。在開口對面是最大值，形成一個類似橢圓的形狀。這種特殊形狀與平均壓力及環內部應力關係甚大。我們要求的是平均周壓，但是也得考慮到牠內部應力的分佈，不致相差太大。這就是偏心活塞環設計的由來。不過偏心環的兩端較狹，故較不堅固。因此應用不廣。（圖3）

今試將活塞和活塞環在汽缸內的情形切一剖面視之就如圖4所示，很明顯的告訴我們漏氣作用除了環和汽缸壁之間外，環與環槽之間也可能發生。（如圖箭頭所示）。活塞在汽缸內上下移動。因曲軸運轉的關係，活塞在下行時，緊靠汽缸壁的左側，在上行時靠右側。雖然活塞有左右的移動，但是我們不希望環也隨着或左或右，或緊壓，或分離，因為這種現象的存在，使漏氣作用毫無因裝用活塞環而減低。所以環在槽中要有自由左右移動的餘地。當牠緊緊壓着氣缸壁時只能因活塞上下而上下，不能因活塞左右移動而移動。這便是環與槽之間間隙的產生。在環的上下者我們叫作邊隙（Side Clearance）在環內側和槽底間的叫槽深（Groovedepth）。當活塞下降時，環與槽在上緣接觸；上升時則在下緣接觸。就是說在引擎運轉時，槽與環的接觸，在活塞的移動中，除了於行抵二個死點（Top dead center, bottom dead center）

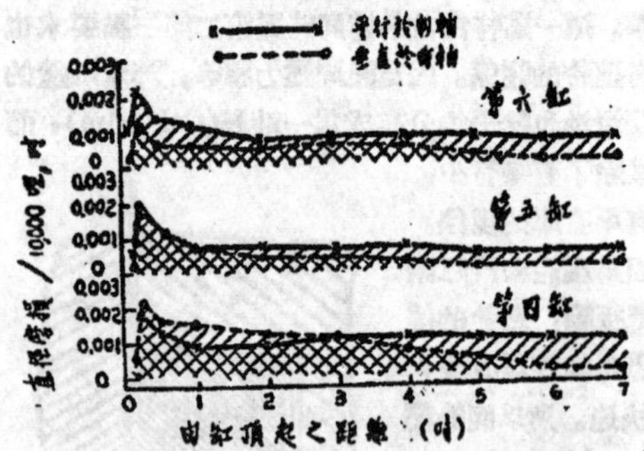

圖5 汽缸磨損（正常路面，使用空氣濾清器）

時，接觸地位改變的瞬時間有頃刻的分離外，其餘時間，總有一緣互相接觸着。如果不計在瞬期槽環分離的微小漏氣，同時槽與環上下邊緣都極平直準確，一經接觸即甚緊密，那末關於這方面的漏氣作用就可以免除。所以環的上下兩平面必須準確正直。如稍有高低彎曲，就失去效用。

當一個氣缸是新的，或者剛搪過氣缸的，改裝了新環。一切以上的設計就說都合於理想，漏氣情形自然減除到極小。可是引擎行轉稍久，汽缸內壁的磨蝕使他成為一個極不規則的形狀。以活塞行程而論，近缸頂磨蝕最大，中部次之，下部最小。垂直曲軸方向的磨蝕又較平行曲軸方向者為烈。（幾形成橢圓）此種情形而又因汽缸地位不同而異。（圖5）。

如此，環即使適合於起始的條件，也難免使牠久不漏氣。因為汽缸不圓，雖有圓的環也無濟於事，汽缸磨蝕既為不可免的事，那末關於這種漏氣自不得不設法予以補救。通常是加強環的壓力。這樣設計，使環能向外具有強大的壓力，雖因磨蝕而造成圓周上的缺陷，均可因之緊密接觸，而不致漏氣。不過一般的製造材料多是具有一種特性，當壓力加強後硬度也加大。硬度之增，反足使缸壁更易磨蝕。加強壓力之利未見，汽缸磨損之弊將益甚。所以加強壓力要以環之硬度不超過汽缸壁者為限。另外還有用熱處理（Heat Treatment），汽缸套（Cylinder sleeve）都是用來增高缸壁硬度的辦法，間接提高環的壓力。近來更有一種混合環的採用，就是在與缸壁接觸的環採用較軟的生鐵，藉以減低磨蝕。在這種環的內側再加一條鋼製的襯環（Inner Ring），來加強外環的壓力。其方法雖異，但是其結果，免除引擎運轉後期的漏氣和汽缸磨損却是一樣的。

尚有一點不得不考慮到的，有許多材料在高溫下，牠的各種性質與低溫時絕然不同。我們所設計到的很周詳，但如不計這點，將功虧一簣。因為汽缸中溫度之高達300°C，汽缸壁與環也可以受到300°C 的高溫。耐熱的性能與鑄造方面關係極密。近來在生鐵中有加入矽鎳及鉻鉬等來加大他的耐高溫性的，就是研究結果之一。

（二）幫助汽缸壁與活塞間的潤滑—— 汽缸壁與活塞在引擎運轉的高速及燃料爆發的高壓下來往接觸，摩擦作用之強大很是顯著。為免過分的磨損，就有潤滑油加入的必要。然而潤滑油分布不勻，或竄入燃燒室而燃燒，增加黑烟，產生炭渣，破壞火星塞的功用等，都當極力除去。活塞環的一大功用也在此。

如果沒有活塞環的話，活塞下行向左側缸壁

12636

圖6　環之斷面右側顯示刮油的切邊

緊靠，右側活塞與隙縫多於左側，潤滑油藉噴洒(Spray)或壓力作用分布和留存在右側的自然也較多。可是當引擎轉到下死點(Bottom dead center)再繼續轉動時，活塞由左靠忽而右靠。原來右方較多的潤滑油雖有一部分被擠到左側較大的隙縫裏去，但也將一部分擠進燃燒室內。再來一個運轉又擠入一部分，這情形不很好。如果有活塞環的裝置，環不會隨活塞而左靠右靠，自然不會使油左擠或右擠，進而進入燃燒室。同時活塞環分布同等的壓力在缸壁上；所以油層也能平均的塗在缸壁上。這種工作由活塞最上方的兩根平環擔負了。有許多平環作成如圖6的斷面，目的在使下緣形成一個切邊(Cutting edge)作刮油層的功用。

在引擎內各部門所循環的潤滑油，須要新鮮或清潔。大多的引擎都有潤滑油濾清器的裝置。每一滴潤滑油從油盤經油唧筒隨而分布到各潤滑部分後再流回油盤的一個循環中必有一次濾清。因此我們不希望有骯髒或陳舊的潤滑油長期停滯在機件的某一部分，失去了濾清的作用，影響了滑潤的效果。環的切面作成凹形，在凹下去的部分開有油槽或油孔若干，與活塞環槽底所開的通油孔相連通。被油環所括下的油可經過兩相對的孔流入活塞內部，再流入油盤。完成了潤滑油流通的功用。

(三)散發汽缸內部的高溫——我們研究氣缸內部的溫度和冷却情形。可以知道燃燒室及活塞頂溫度最高。由活塞傳與汽缸壁再散發到冷却器水中去的熱，所占部分很大。因活塞環的媒介，傳遞活塞缸壁間的熱，幾又占到前項所說的50%到80%。環的影響之大，很是顯著。

熱的傳導與導熱係數，溫度差，和傳熱面積等有關。這是指一個均勻的整個物質而言。如今經過了兩個相接觸而不相同的金屬，除了上述幾點得計入外，各個接觸面的緊密接觸程度自然也是傳熱上一大問題。如果活塞環設計得法，除了在行程方向轉變的一霎那，有瞬時間的環與槽分離外。平時無論活塞上升下降，總有一邊環和環槽密切接觸(在討論第一功用時已說過)。活塞環和缸壁的嚴密接觸亦已討論過。各個接觸面都有足够的面積。由活塞經過環到缸壁熱的傳導自無問題。由此我們可以知道活塞環和溫度關係的重要。近來國內自製的成品都合不到理想的主要原因卽在此，而就因這一項的影響破壞牠的全部功能。

活塞環的檢驗和裝置

下面再談談活塞環的裝置：

首先是選擇環的大小，道奇廠中有這樣的規定：小於 0.004″O.S.(逾標稱直徑 over size 的簡寫)用標準尺寸，大於0.004″O.S.的用0.010″O.S.其餘0.020″,0.030″,0.040″,………O.S.各用其相當尺寸的環，並且可以在其左右有點伸縮。譬如0.020″O.S.的環可以用在0.015″到0.024″O.S.的活塞上，就是說超過0.004″O.S.,就要用下一種較大尺寸的環了。不過，通常我們都是用整數來搪缸，如加大20，加大30，那末環自然也依照搪缸尺寸來決定的。

克勒斯雷(Chrysler)廠另有一種特種活塞環，稱爲：Mopar 省油鐵環(oil saver iron ring)及Mopar主鋼環(master steel ring)是分別用於

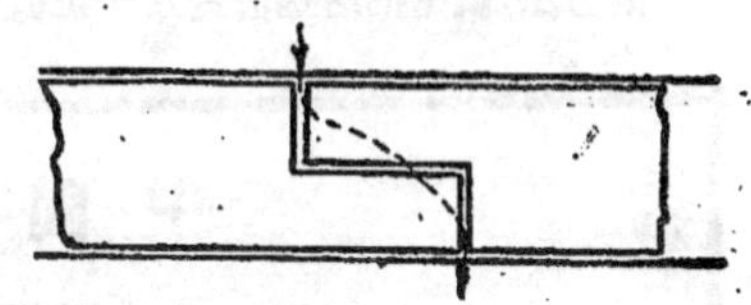

圖7　環之開口處漏氣情形

汽缸磨蝕斜度(taper wear)在0.005″——0.015″及0.015″——0.030″O.S.而不需搪缸，只換活塞環時，所特製的。

活塞環的尺寸決定之後我們得將活塞和連桿(Connecting rod)在連桿校正器上加以校檢。不正的連桿可以阻止活塞的自由行動，破壞油層，消耗大量潤滑油，甚至毀壞活塞環發生很大的摩擦。這種弊病多在活塞梢及軸承的校緊不準確，和連桿的扭轉等，都需要設法免去或糾正。

然後對於活塞環的間隙作三處檢驗：

(1)端隙(End clearance)——端隙與活塞材料，直徑，及引擎運轉特性等有極難以具體數字來表示的關係。通常當垂直於氣缸行程而裝置於氣缸內時，其端隙爲每吋直徑 0.003 到 0.004 吋。

所以一般的汽車引擎的端隙多在0.007″至0.015″之間。以上指平直或新搪的氣缸而言。如果只換活塞環而不搪缸時，間隙的校檢，應將環裝置在缸的下部，或磨蝕最小的部份爲準。並且千萬記得環在缸內必需與行程垂直，平常我們是用活塞頂部，將裝在缸中的環頂下去就算平準了，因爲活塞頂部總是與活塞周面垂直的。而活塞周與缸內壁自然是平行的。

端隙的形式，以往有多種的特殊設計(見圖2)目的都是在免除因端隙存在的漏氣。但是經過仔細研究的結果，並沒有什麼顯著成績。因爲高壓氣體並不只是從開口處直接由上向下漏出，而是由開口上緣鑽入環之背後沿槽下行，再由環的下緣逸出。所以不論形式如何改變，開口的上下二緣和槽與環間的間隙都不能沒有或取消，漏氣情形自然也不能改良。如圖7。

(2) 邊隙——活塞環因需在缸中自由活動而有邊隙前面已經說過。邊隙太大漏氣較烈，太小不易活動。所以有一個最小的限度約在0.0010——0.0015吋之間，可用千分片來量。一個簡單而可用的方法：就是把活塞置於水平位置，裝在缸內的環可以自由作用從一邊滑向另一邊，這個邊隙就足够了。

(3) 槽深——槽深寧大毋小。當活塞或左或右緊靠時如槽深不足，活塞環不能與活塞平齊而凸出，則活塞所受之傍壓力(Side Thrust)幾乎全部由凸出的環所負荷。面積既小單位面積上的壓力必大，損壞自在意料中。

槽深通常只須計算環背與槽間的餘隙，大約在0.030吋左右爲宜。(此數通用於汽車引擎即活塞直徑在4.5吋間者)。槽底如是圓角(round corner)而活塞環內圈上下如是直角時，槽深自應加大，或將圓角改爲直角。

活塞環的檢查與準備工作如已就緒，可以開始裝置。因爲環多爲生鐵鑄成，極易脆斷，在張大套入活塞時宜特別小心。一與原形不同自失其功效。例如超過其彈性限度等均足破壞其作用。氣缸內在未納入活塞及環以前先須拭刷清潔，檢查是否光滑。注意上下相鄰兩環的端隙，不要互相在一直線上，最好相隔180度。以免端隙太接近時的漏氣發生。未裝入缸前各環與槽間塗上點潤滑油。那末工作可說告成了。

沒有克拉子踏板，只消用手扳動槓杆，就可以得到平穩的速率。

最新式的汽車傳動機構—液體轉矩傳變器

蔣邦宏

也許你有這樣的經驗吧！當五點鐘敲過，你拖着疲乏的身子離開辦公室踏上公共汽車，又適巧坐在司機旁邊的座位上，你閉了眼瞼，原想在車上打一個瞌睡，但是那車子忽停忽駛，忽快忽慢，使你的身子不停的前仆後仰，更可惡的是那掉排檔時咖喳咖喳齒輪的摩擦聲音，你再看一看那司機，却是在那裏手忙脚亂輪流不停的煞車，踏風門，掉排檔，那末在你面前的，便是一幅觸目、刺耳，可詛咒的狀象，使得你愈發覺得頭昏腦脹，睡意全消了。不過你也許會想到：『如果我是坐在一輛最新式的小轎車上面，是不是也會有這種種難堪的感覺呢？』你也許知道有好幾種牌子的的汽車早已裝有自動排檔，汽車自開動後，可以自動的自頭檔移至二檔，自二檔移至三檔，而得到最高的速率，並不需要手忙脚亂的用手去掉排檔，不過這種自動的掉檔，雖然免了手續上的麻煩，仍避免不了掉檔時因速比變動而生衝動。你是不是見過或乘過1948年別克（Buick）轎車呢？你是不是知道這種汽車已不用傳動齒輪箱（transmission gear）的傳動方法，而是代以所謂『轉矩傳變器』（Torque Converter）的呢？有了這種傳動的方法，汽車自開動以至達到最高的速率就不像以前三級跳式的增高，而是等於中間有無數的齒輪，將速率一點一點的增高起來的。所以現在的答案是：——你若是坐上裝有轉矩傳變器的汽車，你將覺得和乘了小汽艇蕩漾在水中一樣的舒適而大可以安眠了。

轉矩傳變器，毋庸說，自是本年來美國汽車工業的新猷。美國人士在1947年底原已期望新型汽車的出現，却不知別克已製成了『路上霸王』（Roadmaster）式轎車，已試車多日，不過外觀與1946，1947式汽車相類，故直至本年年初方為大衆所知。此式汽車即以所謂轉矩傳變器代替傳動齒輪箱的地位，而連繫汽車引擎與傳動軸（propeller shaft）者也。美國汽車業的中心提特勞(Detroit)，本有若干大廠家從事相類的研究，惟別克以路上霸王式汽車問世，可謂異軍突起，亦可說是這半世紀內傳動機構上的偉大成就。

蒸汽引擎或電動馬達起動後即有勻滑的運轉，這是大家所熟知的。飛機引擎利用變節螺旋槳（variable-pitch propeller）將動力傳至螺旋槳，亦能得到勻滑的起動。現在有扭力傳變器的發明，使得汽車引擎動力的傳達也能達到同樣勻滑的目的了。這種汽車從靜止狀態起動時，風門（accelerator）一踏，牠的行動就好像在坡道上鬆了煞車從上向下滑行一樣；也可以說所謂『排檔』者是名符其實的增為無限數的變速比，可隨意擇用的了。

在未說到扭力傳變器本身之前，轉矩（Torque）的傳變究竟是怎樣一回事呢？汽車的引擎是怎樣推動汽車前進的呢？所謂引擎的馬力即是引擎賦予車輛某種推進力而使能獲得相當速率前進

轉矩爲什麽需要改變？

汽車在水平道路上前進時，引擎的推進力，已足夠保持其運轉。

但是……

到了山坡上，後輪必需有增強的推進力，才能前進，所以必需有改變轉矩的機構。

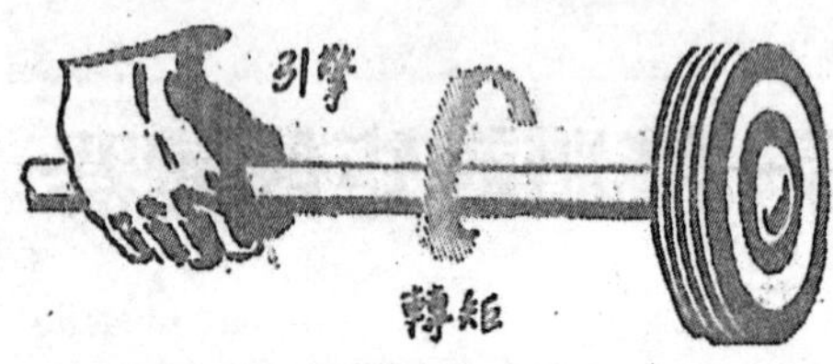

轉矩改變的機構

轉矩

增强的
轉矩

怎樣來改變轉矩呢？

假使不加齒輪，引擎的速率較大。……

現在，

加入一對齒輪，使轉速較慢，轉矩就可以增強不少。

的能力。引擎的力量是先傳給彎軸(crankshaft)而使之轉動，故稱轉矩。此種扭力經過傳動機構而傳之於車輪，車輪所能得到的推進力是與速率相關的；換言之，需要推進力較大時，只能犧牲前進的速率，反之速率較高，則推進力愈小。假定以通常齒輪傳動的汽車而論，如需要較大的推進力而速率可以不計時，只要使用頭檔即可，此時車輪所得到的扭力大爲增加，可稱爲轉矩的增强(Torque multiplication)也。

如果我們能用流質爲介媒，傳達動力，而使車輛亦能獲得適當的扭力與速率，且此種流質雖非具形的齒輪，但亦能供應適當的齒輪速比 (gear ratio)，這就是所謂『流體的轉矩傳變』(Hydraulic torque conversion)。轉矩傳變器就是利用流質來傳變扭力的。

代替液體離合器的作用

吾人如欲明白『流體的扭力傳變』作用的原理，最好先將所謂液體離合器(fluid clutch)研究一番。液體離合器是代替摩擦離合器 (friction clutch) 利用液體爲介媒傳遞旋轉運動的簡單機構。故又可稱之爲『液體聯動器』(fluid conpling 此種機構僅能傳遞扭力而不能變更扭力的大小，故只是簡單的聯動機構。克勒斯雷 (Chrysler) 和奧斯摩別爾 (Oldsmobile) 等廠出品的汽車所裝的離合器(克拉子)即是此種液質聯動器。

液質聯動器是將附有葉子板的轉動軸與被動軸封閉在同一個油槽之內。牠們的作用，就如同一對電風扇面對面的立着，其中一個插於電源，葉子板旋動鼓風，空氣衝擊另一個電風扇的葉子板而使之跟隨發生旋轉。所以這種聯動的方法是不用齒輪而以流體爲介媒傳遞引擎方面的動力的。

要注意的是：無論兩只電風扇具有如何良好的效率，主動的電風扇所能傳給第二只電風扇的扭力，最多祇能和牠本身旋轉軸所具有的扭力相等。換言之，即第二只電風扇不能經過流體介媒而獲得更高的扭力。

一輛汽車中所用液體離合器的作用與上述相同，所以並不能獲得扭力的增强。如果汽車引擎與傳動軸之間僅有液體離合器，那末汽車起動的情形，就等於發動之後一直處在三檔，以高速運轉。所以後輪在需要較大推進力的時候，仍需要經過

液質聯動器和轉矩傳變器的基本原理

兩只風扇，一只通電，一只不通電，但藉空氣聯絡，另一只也能轉動。

如用油質作爲介媒，也能產生同樣的效果。可是這種聯動的方法，不能增強轉矩，因此我們得用下面的方法：

如果我們加上特殊的裝置，使損失的能量收集起來，就可以增高轉矩，卽……

這樣一來，馬達的馬力不變，雖然被動風扇（透平）的轉速減低了，可是卻增強了轉矩；液質聯動器就改成了轉矩傳變器。

齒輪降低被動軸的速率不可。此種於起動時必需的條件，在若干車輛中雖有自動掉換排檔的機構以簡化手續，但此種機構仍舊是數組齒輪的結合，並未脫離齒輪傳動的規範。現在所要說的別克的扭力傳變器，則不僅取消齒輪代替了齒輪箱的工作，同時本身又是一個液力離合器。

油質的兩種流動方式

扭力傳變器怎樣能同時完成兩種工作呢？牠的原理乃是根據油質的流性將普通液力離合器的設計加以適當的改造而已。油質在器內的流動是有轉動式與旋渦式兩種。器內的主動軸可稱之爲離心幫浦（Centrifugal pump），被動軸可稱之爲透平（turbine）。油質轉動式的流動與二者作圓周運動者相同，其旋渦式的流動則係作蝸線（Spiral）式的向前推進。

玆假定幫浦以低速率轉動，油質從中央輪轂（hub）向外流至其圓周，曲線狀的葉子板將此外流的油質加以擊蕩使成爲旋渦形向前推進，衝擊透平的葉子板，即能將其動能傳遞於透平而使之旋轉。

葉子板的作用與戽斗相似

葉子板的動作可以說是與戽斗取水的作用相類似的，不過裝在幫浦上的戽斗是依照旋轉的方向向內凹的，裝在透平上的戽斗則是依照旋轉的方向向外凸的。

說到上面爲止，油質的動作是順利而敏速的。但是當油質從透平的圓周向下流向輪轂時，就發生了下述的阻礙。因爲這時向下流的油質仍舊含有一部份的動能，跟循着透平葉子板曲線的方向向幫浦方面發生回流，此種回流衝擊到幫浦的葉子板上，使幫浦方面經常受着回流的反擊而發生旋轉頑滯的現象。

欲要在低速時依賴流體介媒獲得扭力的增強，照上述的情形，不僅沒有助力，反而發生障礙，自然不能應用。那末，怎樣才能避免這種障礙而同時加以助力呢？

補救的方法就是在幫浦和透平之間放一個固定的定子（stator），牠是粗短堅强的葉子板，裝在油質從透平向幫浦回流的內部地點。從透平回流的油質衝到定子上，就迅速的改變了方向，再以適當的角度衝到幫浦的葉子板上。所以這時的動作已不是妨礙幫浦的運轉，而是在增强牠的轉矩了。

現在不妨再用電風扇來做譬喩。假使把從第

12641

汽車上應用的液質聯動器內部原理：

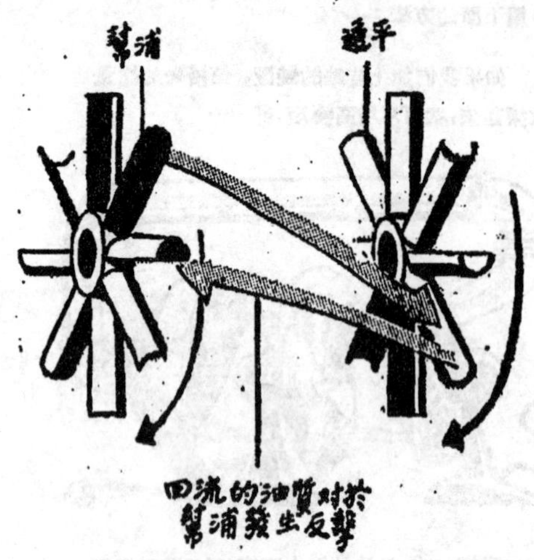

——這裏表示聯動器內部液質流動的情形……

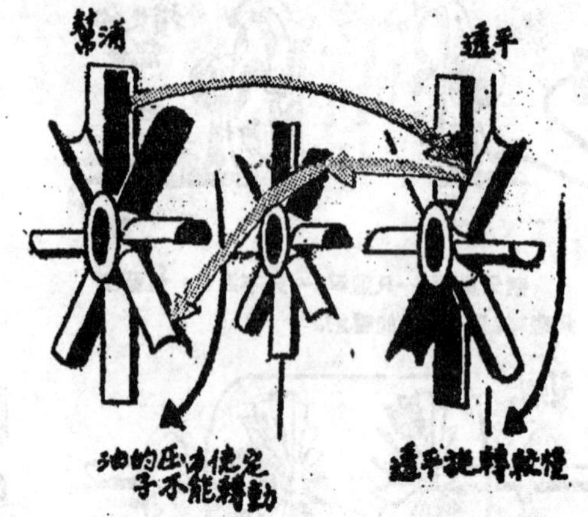

加了定子以後，就將回流油質方向改變，使它和幫浦的轉向相同，故能幫助轉動，使轉矩增強。

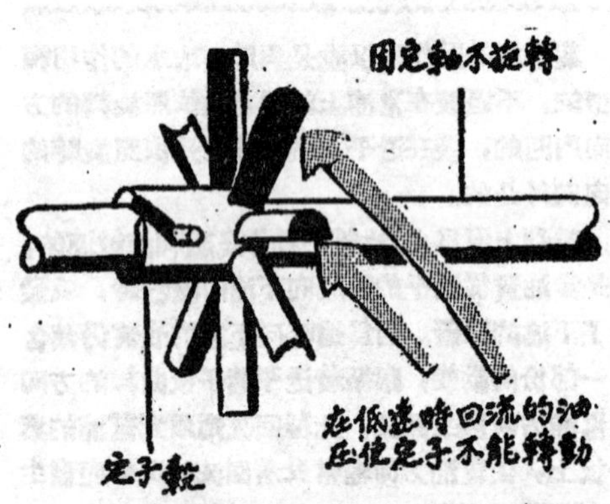

但是當轉速漸漸增高，需要的轉矩逐漸減少，中間的定子反而產生了阻礙。所以定子的裝置，必需使之只能向一個方向轉動，即與幫浦的轉向相同。

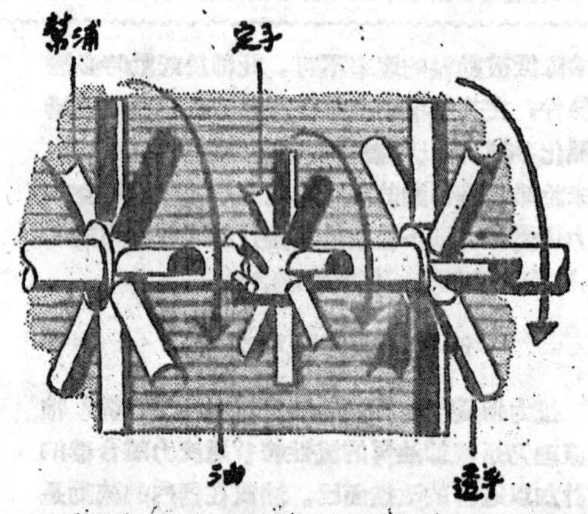

在高速運轉時，需要的轉矩大爲減少，同時油質好似固定了的一般，把幫浦與透平聯合了起來。此時，定子所受到的油壓消失，因此定子脫離了固定的地位，跟其他葉子在油中浮轉。這裏一來轉矩傳變器就變成簡單的液質聯動器了。

二只風扇流出的空氣加以收集，用管子通到第一只風扇的後面，使空氣吹到第一只風扇的葉子板上，很明顯的就增强了牠的扭力。換言之，這時旋軸所具有的扭力，實際上比馬達本身所能產生的轉矩爲高。旋軸旣具有較高的轉矩，由牠所鼓動的氣流自亦得到較多的能量，此種較多的能量傳達到第二只風扇即使得第二只風扇獲得『轉矩的增强』的目的。試問這種能力的增添從何而來呢？這不過是將逃散的廢氣不讓牠損失，而是將牠收集起來，把牠所具有的剩餘能量加以應用罷了。

後輪得到加强推進的力量

扭力傳變器的作用和上述的情形相同。幫浦是固定在引擎飛輪上的，曲拐所產生的轉矩經過飛輪直接傳給幫浦；器內油質適當的流動則增强幫浦的轉矩；再傳給透平，使得汽車後輪上產生較

裝在汽車上實際的轉矩傳變器

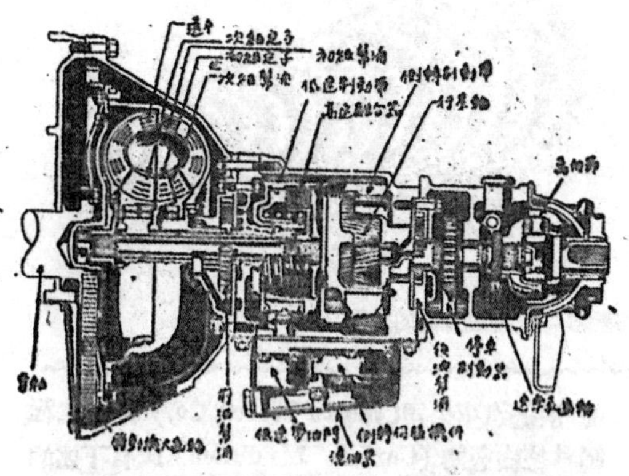

上圖是別克『動流式』(Dyn fl w)傳動機構的剖面圖，轉動車輪的透平裝在靠近引擎的一側，鷙浦反在後面。這樣的裝法雖然看起來顛倒，事實上却是便利而有效的。

轉矩傳變器的葉片部分透視：自右至左，順次爲初級離心鷙浦次級離心鷙浦。二級定子和透平。箭頭表示爲各葉片的轉動方向。圖示爲高速度時的情形定子，自由旋轉，與鷙浦和透平的方向相同；但在起動時，定子固定不動。

大的推進力量。

利用流質爲介媒傳變轉矩，是二十世紀初期的發明，這種發明是動力傳遞技術上一種偉大的改進。這種傳動機構用之於等速運轉的機器，其作用非常優良；巨型能量的減速傳動亦近乎理想。

高速時所發生的問題

但是『轉矩傳變器』應用到汽車上面，還有另外一個重要的關鍵。因爲工程師們將上述的流體傳動機構試裝到汽車上的時候，發現牠在低速的時候雖然作用極其優良，但是行車的速率繼續增高時機件的騷動即足以該器內的油質激盪而發生吼聲，最後油質的流動完全變成了旋轉運動，定子也失去了牠的作用，於是發生動力巨大的損失，遂使油質發生激熱且有燃燒的危險了。

上面所說的流體傳動機構僅於低速時有效，而前面所說過的液質聯動器則是適用於高速。所以要解決上述的困難，祇要設法將兩者合而爲一，就能使牠成爲一個適用於任何速率而合乎理想的傳動機構。

現在再把前述的作一檢討：(一)汽車裝上液質聯動器後，在起動時油質的回流的確予鷙浦以反擊；不過速率一經增加，油質迅速旋轉，內部反呈穩定，即變成一個良好的聯動機構。(二)如果在液質聯動器鷙浦與透平之間加一個固定的定子，就能將從透平回流油質的方向加以調整，幫助鷙浦運動增加其扭力，這樣就獲得於低速時增加推動力的目的；不過速率增高時，定子失去作用，反而妨礙油質旋轉，虛耗能量，產生高熱。

所以別克的轉矩傳變器，其另一個重要的關鍵，即是使得定子在高速時脫離固定的地位，浮旋油中，使得傳變器內部的作用完全和一個簡單的液質聯動器相同了。

作用的情形是這樣的：當鷙浦需要助力的時候，可由定子的作用獲得之，已如上述。汽車後輪得到巨大的推動力起動後，速率漸增，換言之，透平轉動的速率漸漸接近鷙浦轉動的速率，此時定子所受的壓力也漸漸減少。以後後輪需要的推進力更少，從鷙浦到透平以及從透平回到鷙浦油質的流動也減少，扭力的增強的作用便告終止，而定子亦完全不受油壓，可以脫離牠固定的地位，自由浮懸油中，跟隨鷙浦及透平一同旋轉了。所以，在此時，鷙浦，透平及定子三者就變成一個簡單的液質聯動器了。

此地應加以聲明的，浮式的定子，在二次大戰前期即有人應用到公共汽車上面，所以別克廠並不是第一個發明者，不過別克廠將牠加以改良，用到大量生產的高速度轎車上，則是首創的。但是特別的低速及後退的行動仍舊是要用齒輪的，所以目前的別克傳動機構尚不能說是完全使用流體

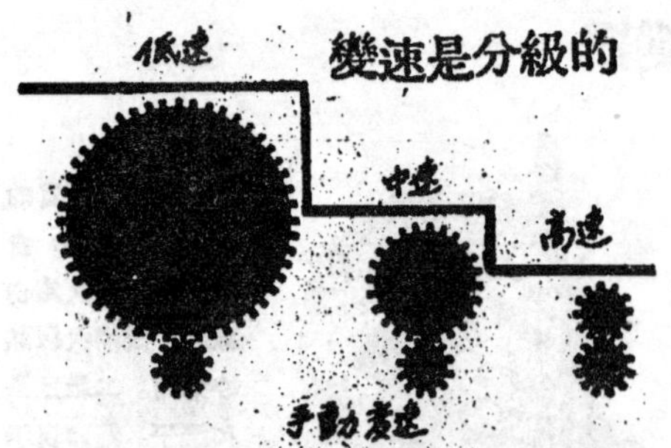

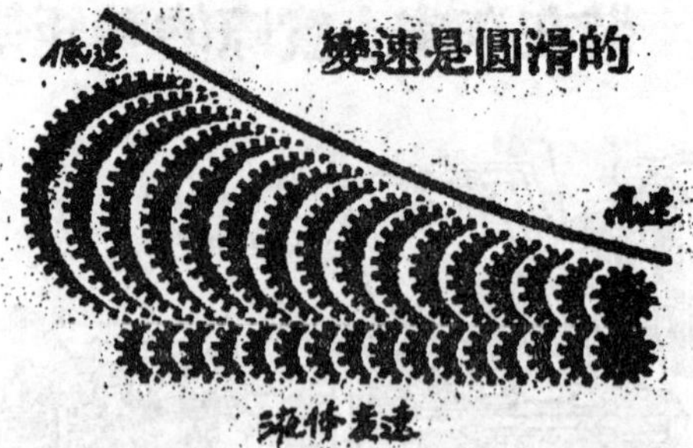

手動式變速器和動流式轉矩傳變器二種變速方法的比較

的。且此種裝置僅用於路上霸王式橋車上,而牠的生產費用也是較高的。

液體轉矩傳變方法在理論上並不十分複雜,但付諸實用則發生很多的煩難。別克廠所設計的定子是分為三個階段排列的;離心幫浦亦有二個,在某種負荷之下,可有不同的動作;另有二個齒輪式幫浦控制各種行車速率時油質的壓力;油質所產生的過剩熱量則由散熱器(Radiator)散播;並有其他各種零件不勝枚舉。

轉矩傳變器的作用如何方能廣泛的為大衆所了解?在這方面,別克已在美國設校指導運用。此外,這種傳動機構需要比較多一點的燃油,則是應加以改良的問題。

柔和而勻滑的駛車

美國社會上對於轉矩傳變器的批評是怎樣呢?懷德汽車公司(White Motor Co.)的總工程師林德白魯姆(Carl A. Lindblom)氏有下述的介紹:『……牠增强了汽車的起動力,而同時可以自動的完成柔和而勻滑的行駛;牠的作用好像有無數對順序排列的齒輪,可隨意擇用的。』

這就是說踏下風門,無異於拉動火車的氣門(Throttle)。

『……牠使得引擎可以在最有效出力(output)的範圍內動作。牠可以消除低速時汽缸內爆炸性的衝擊聲音;也可能得到較好的點火時間(sprak timing)及較高的壓縮比率(compression ratio)……引擎及機件間的震動全可免除。(如同在家中坐在安樂椅上一樣的感覺)。汽車的壽命加長,駕車者的動作減少,而乘客也大大地感到舒適。』

這就是說裝有轉矩傳變器的汽車,駛車時,正如飛機在靜流中飛行一樣地平穩。

12644

怎樣避免
因電焊而引起的冷縮變形？

顧澤民

近年來電焊技術突飛猛進，使機械工程方面平添異彩，機件的修理或製造，大部份都可以採用電銲方法，以求省料和省工，使成本大大減低，而其牢固程度亦遠勝於鉚釘接合。因此目前小至機器上的一桿一輪，大至坦克車和兵艦，都已採用經濟、迅速、美觀的電焊方法來製造了。電銲工程中最大的困難，是在電銲後銲件因冷熱不勻而起的冷縮變形，以致使原來很準確的製品變成了不準確或不合用了，所以，做電焊工作的應該設法來避免這種弊病。

冷縮變形的原因

爲求明瞭冷縮變形的原因起見，今以普通鋼棒受熱後所起的變化說明之。倘使該棒係經完全而且均勻的加熱，棒之各部同時進行，則因「熱脹冷縮」的物理性，它就會向四周膨脹出去。假定膨脹得完全自由毫無拘束，這根棒就會達到如圖1所示的 a-b-c-d 大小。再讓它無拘束地均勻冷卻，此棒即能回復其原來的形狀和大小 ABCD，一些也沒有扭曲或變形。如果棒的兩端是頂住在老虎鉗上，如圖2所示，再經均勻地加熱，它要向兩端膨脹伸長就受到了限制，祇能夠向橫裏發展了。這樣棒中的金屬分子就發生了「位移」，冷卻收縮後便告顯著，結果該棒變得較短較粗，竟不再回復它原來的形狀了。見圖3。事實上，在工作過程中極少均勻加熱的情形，今設熱源係來自一側，此時棒的膨脹遂成爲局部的而非均勻的。

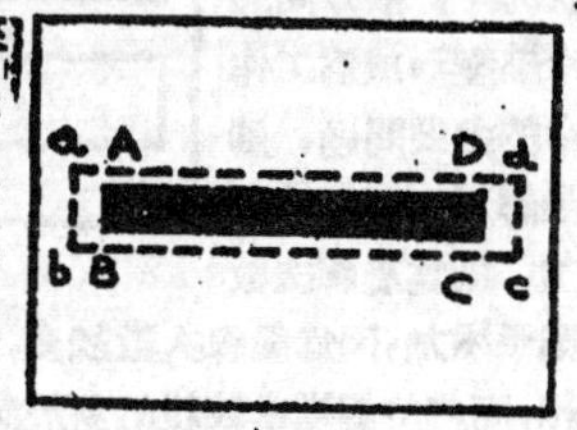

圖 1

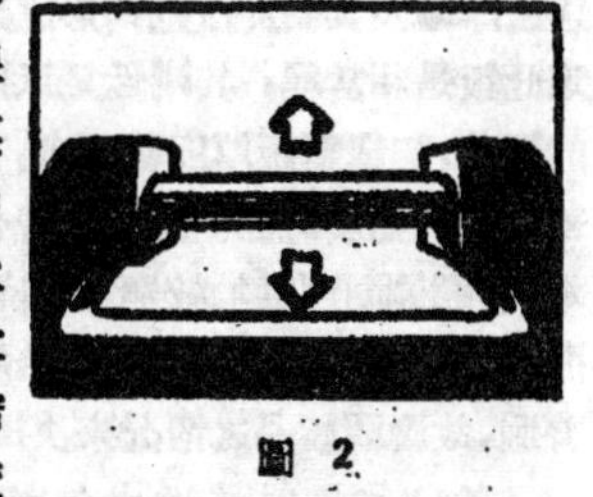
圖 2

在受熱部份周圍溫度較低之金屬，阻止受熱部份向四面膨脹出去，但表面部份可自由膨脹，因此發生金屬分子的位移現象。圖4所示爲局部加熱之情形，與電銲時受熱部份之情形相同。當這部份開始冷卻與收縮之時，某種的位移不能再回復原狀而成永久性，造成不均勻的收縮現象。一股金屬的天然凝聚力雖然能使全部分子自行進行調整，但在這種比例下的棒形物體，它冷凝時的收縮力是大於棒的本身的天然阻力，結果造成扭曲，見圖5。

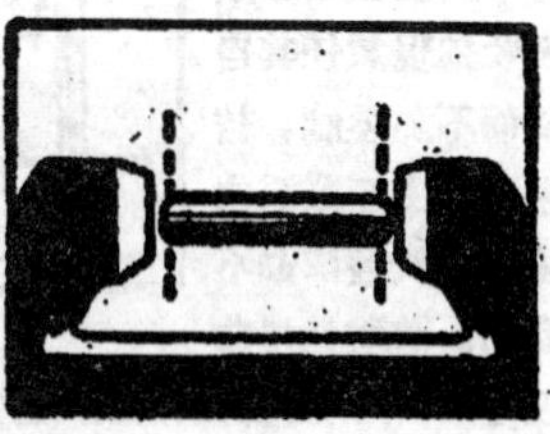
圖 3

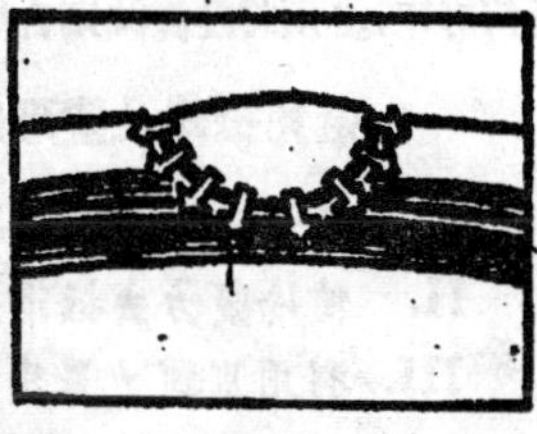
圖 4

幾根鋼棒並在一起經過上述的不均勻地加熱，便和一塊跟這鋼棒直徑那樣厚的鋼鈑受熱後發生變形的情形相似。因此，鋼棒受熱後冷縮變形的原理也同樣可以應用在鋼鈑上，見圖6。

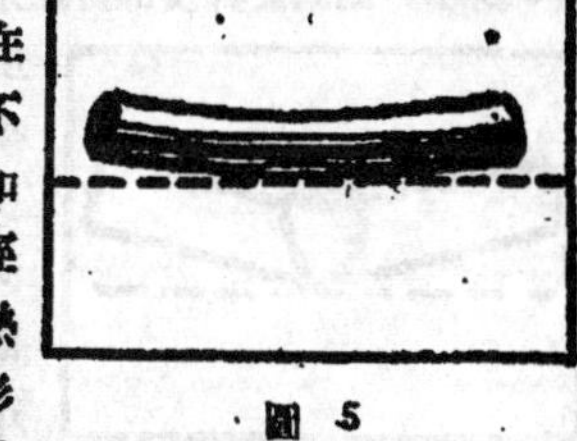
圖 5

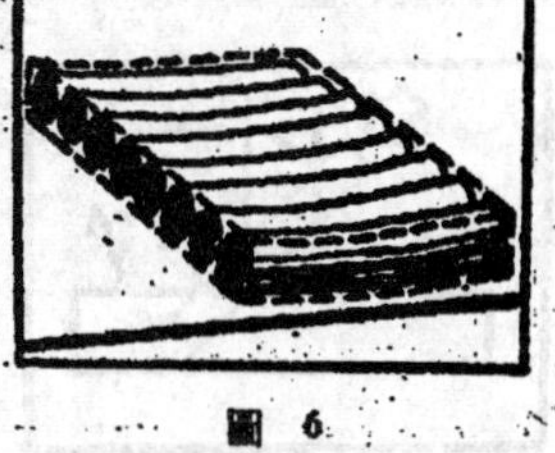
圖 6

把上述原理應用在簡單的電焊工作上，例如用對接法銲接兩塊鋼鈑。當電焊之時，熔融金屬滴及電弧向其四周傳播熱量，造成很可觀的不平均膨脹。當電銲繼續進行時，該熔融金屬立即開始冷卻與收縮，但同時電弧之熱度在此收縮部份前面又造成不平均膨脹。尤須注意者，當熔融部份冷却收縮時，其鄰接四周鈑之溫度升高而發生膨脹現象，如圖7，在鈑本身冷却時，彼等亦將收縮。

倘使在電銲工作中所發生之膨脹及收縮現象任其自然而不加控制，結果即發生極嚴重之變形，使製成品不合用。欲避免扭曲及變形，下列三條法則必須嚴格遵循。在某種情形下，應用其中一條法則已够達到目的，但在另外幾種情形下，必須將幾條法則合用才行。

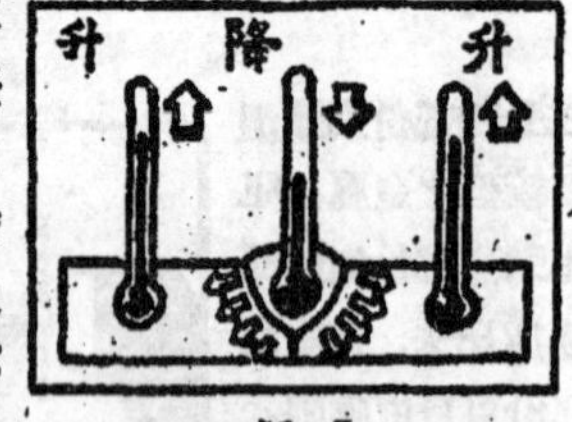

圖 7

避免扭曲及變形的法則

I. 盡力減少有效的冷凝力，

II. 使冷凝力去抵消冷縮變形，

III. 利用別種力量來平衡冷凝力。

I. 盡力減少有效的冷凝力

（1）切勿「過量堆銲」—— 將過多的熔鐵銲在工作物上使所需電銲部份堆積過厚時，稱爲「過量堆銲」。過量堆銲爲冷縮變形之一大原因（見圖 8 所示）而對於銲接部份並未增進其美觀或强度。因此，實際上僅爲時間與金錢之損失。銲量必須設法減至最小，以正合該接頭之需要爲標準，切勿「過量堆銲」。

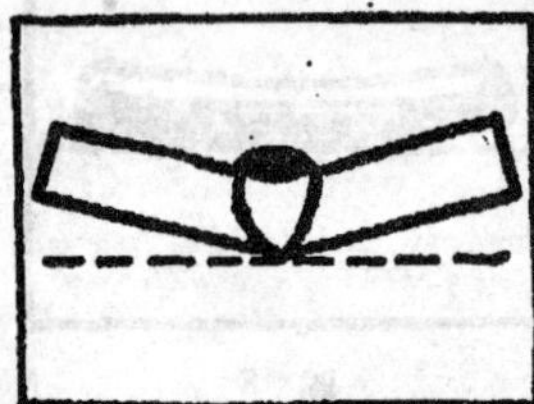
圖 8

換言之，儘可能愈少用銲料愈佳，而須巧妙地利用所用之銲料，以求適合需要。例如在丁字接合上之「角銲」，其强度是決定於「有效銲接面」（見圖9）。圖中所示 A-A 虛線上部之銲料全屬浪費，旣未增加强度。亦未增加美觀，而使冷凝力額外地增加。欲增加强度，可採用「深角銲」（見圖10）以減少冷凝力。「深角銲」較「普通角銲」熔入較深，約可使强度增加15%，而銲條用量反減少30%，少用銲條即減少冷縮變形之一法。

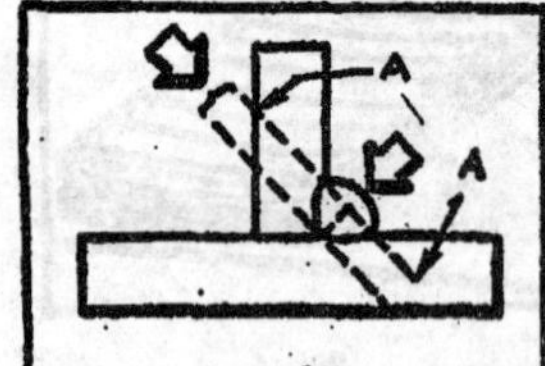

圖 9

圖 10

（2）採用適當的銲槽及銲縫 —— 採用大小適當的銲槽亦爲減少冷凝力之一種方法，且可使銲接部份熔合良好，又不浪費銲條。銲槽開口以不超過30°爲度。適度的銲縫亦極重要，因此待銲合之兩銲應相距1/32″至1/16″。爲減少冷縮變形起見，銲之一端應較另一端安置稍開，約爲 1/16″～1/8″。如此始可利用最小之銲量以得到最强的接合。

（3）儘量減少疊銲之次數 —— 在側面的冷縮變形爲主要問題時，應特別注意這一項，採用粗銲條，而減少疊銲次數，可以減少側面冷縮變形，見圖11在普通情况下，側面冷縮變形之程度約爲每疊銲一次增加一度。雖然，在某種狀况下，縱方向的冷縮變形成爲工作中的主要問題，則疊銲次數應予增加，則爲疊銲次數應予增加，因爲疊銲次數旣多，每次所用銲料可較細，而細的銲道當較粗的易於向縱方向伸長，使該方向的冷縮變形減小。此點表面似乎矛盾，其實係鈑之厚薄及其對於冷縮變形之天然阻力問題。假定此鈑是相當厚，其剛性足以抵抗本身作縱方向的彎曲。輕級鋼鈑厚度較薄者，在此方向之剛性亦差，因此易於彎曲。除非在銲合中之兩鈑加以軋牢，普通側面剛性均較弱，因此兩鈑極易移動使其間之平角關係改變，而發生冷縮變形之可能亦較普遍，故應視製品之情况來決擇疊銲之方法。

圖 11

（4）使銲料接近中性軸綫 —— 減少冷凝力之另一種方法爲使銲料接近中性軸綫。今以通用式角銲爲例（見圖10），銲料距中性軸綫頗遠，故有相當的力臂足以拉動銲件使其變位，採用深角

12646

式角銲使銲料緊靠中性軸可以減少其力臂，亦即可以減少冷凝力的收縮作用(見圖12)。

(5)採用間斷銲法——更進一步的防止冷凝力的方法是減少銲料，有許多情況下可採用間斷銲法(即點銲法)以代替一長條連續的銲道。通常用此法約可省去⅔銲條而結果對牢固程度並無影響。採用點銲法同時可使製品散熱比較均勻而廣。

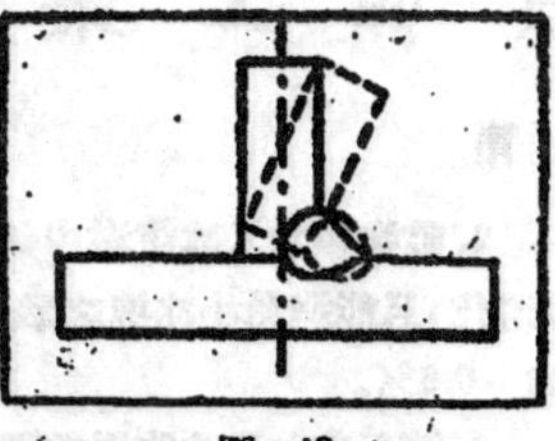
圖 12

(6)採用倒退銲法——如製品非用長條銲合縫不可，則亦可採用倒退銲法來減少冷凝力。所謂倒退銲法，即全部銲接工程係自左至右，但每段則自右至左。當每段開始銲接時，其熱量使鈑膨脹，有使B點分開之傾向(見圖13)，而當工作向左進行時，其膨脹力又有使B點復原之傾向，逐步進行，可使其冷縮變形愈趨減小，因爲已銲接處均有拉力之故。

圖 13

若向一個方向作連續長銲，有時會使兩鈑發生展開現象，但這和銲弧進行速度大有關係，通常銲弧行進愈快，展開愈烈。但有時速度減低即可避免此項現象，甚至速度過慢倘可使鈑合攏。此項現象和電流之大小無關。

II. 使冷凝力抵消冷縮變形

(1)將銲接品變更位置——在銲接之前，將銲品收縮之餘地先予留好，如圖14表示一丁字形銲接，先將直立之鈑略向後傾斜，當銲合處收縮時，正好將其拉至 90° 垂直。

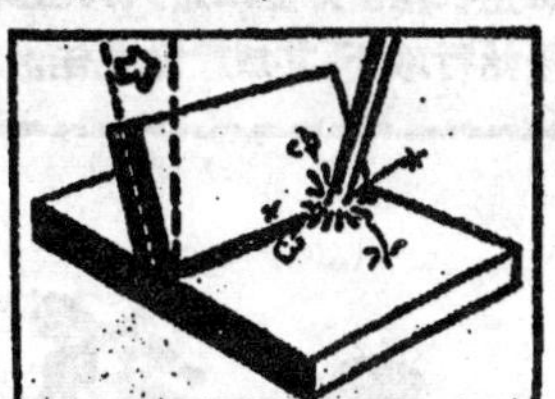
圖 14

(2)預留收縮之餘地——所留餘地之大小必須由經驗決定之，庶銲接後恰好正常。例如圖 15 中探照燈之燈架半圓臂必須將「X」略爲放大一些，待銲合後經收縮自動減小，恰正合用。

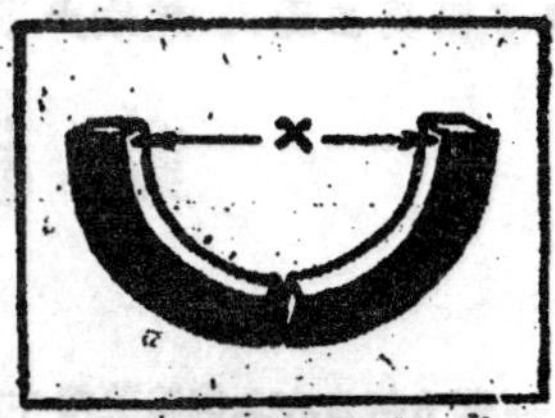

圖 15

(3)預彎法——將銲品先行向收縮之反方向彎好，如圖16所示，將銲接之兩鈑用夾鉗夾住，並且墊妥，銲接時夾鉗可抵抗其收縮力而使其屈服，當夾鉗放開時，仍有一小部份之餘剩的收縮力可使它回復平整狀態。

圖 16

III. 利用別種力量來平衡冷凝力

需要銲接之結構材料本身之剛性常能抵消電銲部份之冷凝力，這種情形在用粗大之材料時尤爲明顯，因粗大材料本身內在的剛性亦較大之故。假定此項平衡力不存在時，必須設法利用其他力量來平衡冷凝力，以減少冷縮變形。

(1)使數個冷凝力彼此互相平衡——此法可由採取適當位置之銲道以完成之，則當某一銲道收縮時，它正好抵消先前銲好的相對銲道之冷縮變形。單層並接用雙V形銲槽時，在中立軸之兩側交互銲合即爲良好的例子，見圖17。或如圖18所示，將點銲處相對或互相參差，使其兩側之冷凝力互相對消，以取得平衡，減少變形。

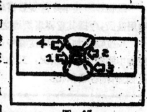

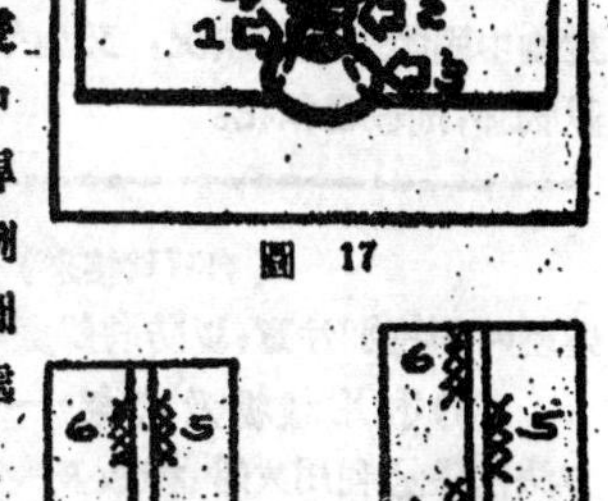

圖 17

(2)鎚擊或剷平——將銲合處鎚擊或剷平即有使其伸長之作用以抵消其收縮，但要

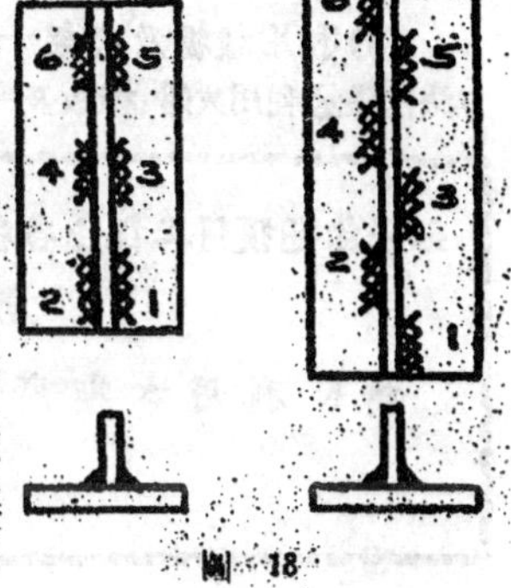

圖 18

12647

很多糖菓西點內,總缺少不了的小東西,——

動物膠與食品工業

陸長剛

吾人每日在魚肉等菜肴中所食膠質,為數不少,但平時對動物膠之營養價值,罕加注意。實則吾國自古取動物膠為補品者,種類不鮮,如黃膠,驢皮膠,鹿角膠,及虎骨膠等。凡動物之皮,骨中,均含有大量膠質;且各種膠質之化學成分亦大同小異,內中均係不完全蛋白質(Incomplete Protein),極易消化,供人體內各部份吸收;且能促進胃內其他食品消化之速度,據美國霍普金大學(Johns Hopkins University)教授麥柯倫氏謂動物膠對於保持健康,尤其對於孩童發育期之營養價值,竟高於牛乳中之主要成分——乳酪素(Casein)。

通常市場上大量供應之純潔動物膠,僅牛皮膠一種,商品名曰白明膠,或直接譯音為"及拉丁"(Gelatine)我國製造尚多,西藥房及牛皮膠廠內均可購得,其多用於醫藥,照相及食品等工業上。食品工業所取之動物膠必須經過嚴格檢定其所含礦物質,不能超過下列各數值;AS_2O_3 0.0014%;Zn, 0.1%;Cu, 0.03%;Pb 0.02%;SO_2微量。

動物膠除其本身營養豐富外,在食品工業上功用甚廣,今擇其重要者例述之:——

1. 動物膠加入嬰兒食物中,作保護膠體,避免食物中固體呈沉澱狀況,又如牛乳中加以少量之動物膠,則較易消化。

2. 動物膠加入冰淇淋中,可作固定劑,使之不易溶化,且能避免小冰塊之形成,通常動物膠,佔0.3－0.6%。

3. 糖果內加入少許動物膠,可保持其甜味,不致因分解而遞減,並在製造時可避免小粒子結晶糖之產生。據美國梅倫研究院(Mellon Institute)報告,糖果在製造時,若加入0.9%至1%之動物膠能增速其結晶反應,但加至1%以上,則反能阻止其結晶反應。

4. 肉醬中通常含有0.25－0.5%之膠質方可結凍,故後者實為使其硬化之固定劑。

5. 果醬加以動物膠,則能增加稠性,且動物膠本身為蛋白質,加入果醬中,無異增加其營養價值。

6. 動物膠可用作乳液液之固定劑,食物中之乳液液體如剎拉油(Salad Cream)及多種飲料,若加以動物膠,則可避免沉澱之生成。

動物膠在食品工業中除上述各用途外,常加入其他各種食品中,如菓子粉,肉汁粉,奶粉,肉汁,蛋糕,麵包,巧克力,可可,布丁,糖霜,漿醬,蛋黃汁……等等。其功用,不外乎作粘稠劑,乳液液固定劑,保護膠體,助消化,使食物外表美觀,增加光澤,增高溶點及增加營養價值等。

(自37頁接來)

與劑時須特別注意,以防將銲處破壞。

(3)利用樣板及夾架——避免收縮之最好方法為儘量利用夾鉗,樣板及夾架以夾持工作物,使其固定然後銲合,在這種情形之下,銲合部之冷凝力大部為夾持物所平衡,而且可使銲道伸展以阻止收縮。如能用鉗夾持直到製品自然緩緩冷卻後始行取下,其成績當更佳。

12648

冲床的安全裝置

·永　華·

冲床（或稱銑床、衝床、壓床）是大量生產的利器。各種鐵皮、銅皮、鋁皮等金屬片的物品，不論式樣如何奇特，祇要先做好一付鋼模，就可在冲床上源源不絕的壓製出來，迅速非常，並且只只一樣，眞可算得是最經濟的製造方法了。

冲床的使用方法雖很簡易，祇要普通的技工就會運用，但它却是非常危險的東西。工作者若偶一不愼，往往便發生斷指斷手的慘劇。若要避免這種不幸事件，祇靠工作者自己謹愼小心還是不够的，因爲人終究不是機器，難免有疏忽的時候。廠方應該擬定具體的安全方案和安全計劃，並且切實執行，那末才能保障工人的安全。其實這也是廠方的責任。對於廠中所有的職工，都應使他們知道防患於未然的益處。工場管理員更應負責一切製造工作不違反安全的規則，並且確定正當安全的工作步驟，認眞訓導新雇用的工人，以及在冲床上多設防護的裝置。

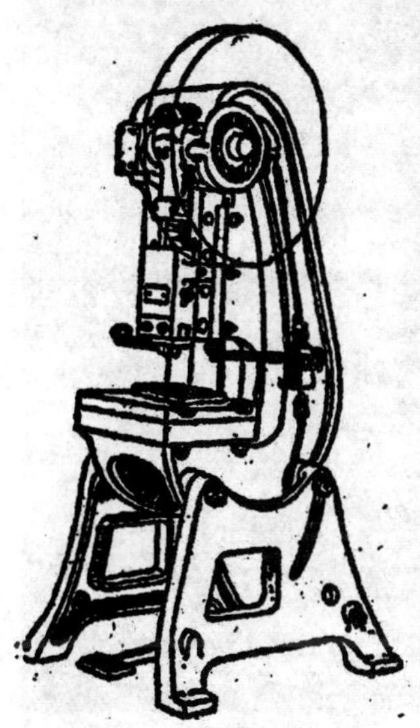

左——雙手連鎖安全裝置，雙手必須同時扳動左右扳手，冲床方才能作用，可免軋手之虞。

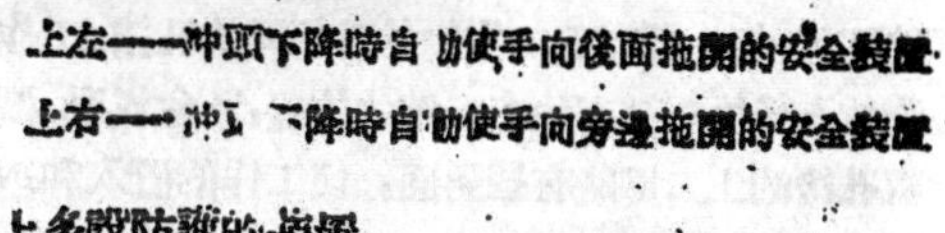

上左——冲頭下降時自動使手向後面拖開的安全裝置

上右——冲頭下降時自動使手向旁邊拖開的安全裝置

若要有效地防止不幸事件的發生，那末在第一步設計製品和鋼模的時候，就應該預先顧慮到製造時的安全問題。例如以下所述的幾點，在設計時都要仔細加以研究和考慮：

一、推送方法——工作物在落料以後再做第二步工作時，常須個別將它們放入鋼模；但假使製造的數量很多，那末最好採用連環鋼模，一次就完成幾個工作，可以減除手與鋼模接觸的機會。凡是冲床上的工作，不論是落料或加工，在可能範圍內總要裝設推送的裝置，以免工作者必須將手伸到危險的鋼模裏去。推送的方法很多，例如落下、推進、跟進、彈匣式、自動彈匣式、轉盤、滾進、往復、鈎拉、以及轉移等，可以斟酌情形而選擇一種。

二、製成品的取出——物品製成或工作完畢後，不可用手自鋼模挖出。應該利用彈簧或橡皮的彈起裝置，自動將製成品推離，或者用壓縮空氣自動將製成品吹入盛具。此外尙可用自動撥桿或空氣活塞推動的彈起裝置。

三、廢料的排除——物品製成後餘下的廢料，應該自動落下或跌出，而用不到冒險用手自鋼模取去。物品落料後再行加工時常留下碎屑微粒，必須取出以防鋼模受損，此時可利用高壓空氣將碎料吹去。大張的廢料可利用冲頭上添裝的刀口鑿碎，以便除去。廢料長條若自冲床伸出在外或堆置地上，容易使人絆跌，並且搬除也不便。倘在冲床上加裝由彎軸作用的切刀，將廢料切成小片，就可免除這種困難，那些碎片可用壓力空氣吹到廢料盛器裏。

四、傾斜式冲床——應該儘量採用傾斜式冲床，因爲製成品和廢料的除去都可利用自己的重力落下，比較方便而安全。

五、推送限規——推送限規不可太低，否則材料容易滑脫。止釘的地位應很準確，使廢料減至最少。止釘愈長愈好，釘頭須略有些斜圓，使推送材料方便。有時可利用冲頭的下降力量使止釘自動作用。

六、擱板——除了長條的材料以外，在冲頭壓下時不可用手將工作物握住。鋼模上可加裝一塊擱板，板上開有與工作物外形相同的孔槽，工作物放入後恰巧被套住在正確的位置，不會鬆動。擱板孔槽的上口應略有些斜圓，使工作的置入和取出容易。

七、材料擱板——假使在冲床旁添加一塊擱板或小桌，使長條的材料可以擱置在上面，那末工作者在落料時更容易落得準確經濟。擱板應與鋼模同樣高低並且要放得下最長的材料。

八、鋼模與長條材料的潤滑——用漆刷抹油的方法並不妥當。鋼模可用自動作用或人力控制的油槍加油。長條材料可用滾軸或壓板加以適當的油潤。

九、鋼模夾板——設計鋼模時最好使它能用標準尺寸的夾板夾住在冲床上。倘若臨時用二根鐵條將它夾住，校正位置既很費時，並且容易鬆動，以致鋼模受損。

十、安全裝置——設計新鋼模時就應想到安全防護的方法。假使現有的防護設備不適用或不够安全，那末應另行添設必要的安全裝置。通常在冲床上應裝設安全罩欄，例如門狀的防護柵；或者設法使工作者必須將雙手同時扳動左右拉手，冲床方能作用；或者在冲頭落下的時候，使安全裝置自動先將工作者的手臂向後牽拉或向旁撥開。此外凡是冲床上的飛輪、皮帶盤、皮帶、踏脚、和其他危險的活動部份，也都應加以遮護。至於粗陋的臨時性安全裝置，既不够安全，又易損壞，所以不可因貪它簡便而採用。

除了以上所述的幾點以外，對於冲床本身的養護也要注意。例如冲床上的克拉芝、軋頭、摩擦盤、踏脚、皮帶、壓力空氣設備、以及安全裝置等，都應有定期的檢查和修整。各部份經常要好好加

左——校正冲床上鋼模用的緩降裝置，應用此裝置，可不必再開動冲床或用力撥動皮帶盤。

右——冲切牛皮用的防護柵

12650

上圖——圍住鋼模的防護柵

油，以防機件損壞而傷人，而且修換機件也不經濟。

鋼模應由專門負責的熟練技工裝到冲床上去，他在校正以後應先自己試用數下，認爲安全滿意時才可讓工人使用。他應使工人澈底明瞭正確的工作方法，並且隨時注意工作的情形。

工場裏必須隨時維持整潔，方能提高工作效率及減少事變。冲床工作者不可坐在往來運送頻繁的通路裏。冲床四周要留有充分的空地，以便堆置原料和製成品。廢料不可任它亂堆在工場裏，必須規定搬除廢料的方法，以免妨礙製造工作的進行。原料和製成品也不要散置地上，儘可能應將原料放在冲床旁的擱板或小桌上，在製造中的物品也要放在盛器裏。鋼模及其附屬品在不用時要好好安藏，不可留在工作地區。冲床自身要保持清潔，四周地上也不可有油污。

必要時在冲床上要加裝電燈，使工作時可以看得更淸楚。燈光應照在鋼模的面上，而不可耀眼。電線裝置要常常察看，以免有觸電的危險。

冲床工作者的座位也不可忽視。如果椅櫈的高度適宜，那末工作比較順手而不費力。但若工作者坐得不舒服，那末工作容易疲勞，並且因爲身體不易維持平衡，會使工作手續錯亂而闖禍。

倘若萬一仍有不幸事件發生，應該立刻查明出事的原因，然後馬上設法補救或改正，務使不再發生同樣的事件。如果安全裝置並不適用或不够安全，應該修改或另製。如果鋼模設計得不好，應該依照前面所講的幾點加以改良。如果未曾採用推送裝置，應該想法採用一種。總而言之，如果發現了可能引起事變的任何原因，便應該盡力除去它。

我國有冲床的工廠很多，但是能够合乎安全條件的恐怕很少。希望老闆們在冲床闖了禍的時候，不要再埋怨可憐的工人不小心，應該撫心自問，對於保障工人的安全是否曾盡了自己的責任。

上——透明的防護罩，可做精細的工作，但撥動工作物的小工具，應用較軟的金屬製，可免損傷鋼模。

工程材料管理心得

材料號碼的編製問題

王定元

工程材料的管理，表面看來一定以爲是很簡單的事，但是稍微經過思索，或者曾經管理過的人，一定也會聯想到其中的複雜。例如請購材料，務使規範與尺度(Descriptions and dimensions)註得明確合適，太繁即使採購者因限於所給條件，而無從下手。太簡則往往購入之料，不合應用。其次請購數量之恰當分配，尤應熟悉實際需要，勿使有擱置或匱乏現象；匱乏當然不行，但擱置在現今物資珍貴之情況下，最能影響整個資金之周轉。材料購入後的驗收，又是重要的技術問題，諸如辨別膺品，檢驗損傷及檢查配件等是。驗收入庫後，其安置地位，保護方法及記賬統計等，這是經常的工作，亦是最繁複的問題。如果沒有系統的科學管理，往往是事倍功半，如何彌補的方法，即是本文所欲討論的主要目標。

材料編號的功用

欲使材料管理有系統，必需編製材料編號。材料編號（Stock number）者。即以一定的規則表示材料之性質、用途、規範、尺寸的專用號碼也。材料編號的功用，簡言之有四，玆述如下：

(一)能使所有材料依性質、用途作有系統的歸併排列，整齊美觀。(無論倉庫中實物佈置，或賬面次序，皆準此。)

(二)材料排列既有次序，無論發料或查賬，皆可省時省力。

(三)材料編排有已定方針，即無重複登賬之弊。

(四)材料名稱往往有很多別名，領料者所列名稱與倉庫所列者，時有似是而非或與另一材料混同，如發料後不即填入材料規定名稱，往往在登賬時誤入別料。(此情形在發料與登賬分實者，最易發生。)而使賬面數量失眞。若將材料編號於發料時塡入，則絕無混誤之弊病。

材料編號因其有表示規範尺寸的任務，故不是完全連續的。(連續的編號，是最幼稚的作品。)牠的格式以分級制爲最普通，級之多寡，隨需要而定。每級的命名，如爲四級制，本文以第一級表示類，第二級，項，第三級，目，第四級，節。(以下皆準此。)級與級之間，分別以短畫(Hyphen,-)連接，每級字數之多寡，亦隨需要而定，普通數千種材料，可採四級制，其類、項、目、三級每級爲二位數，節爲四位數者。已够應用。

編號的步驟

材料編號工作開始之前，首要的條件，是熟悉材料名稱、用途、型狀、品質等，以爲歸類取決之要點，其次是考慮應該列入編號的材料範圍，然後再依以下的步驟工作：

(一)確定類項——類項區劃，可就物料品質分，亦可以物料用途分。就品質分，往往易使一次領用的材料，在登賬時覺得帳頁分散，殊感不便。依用途分，往往有一部份通用材料，無法歸列，而感困難；但是就實際經驗告訴我們，還是依用途分比較適合，寧可將少部份通用材料，再依品質分爲輔。

(二)收集名稱——類項區劃既經確定，第二步工作就得收集名稱，將各種材料就已確定各類，分別歸列，然後再編入各項，作成初步預備工作。

(三)草擬整個編號——將已列入各類、項之材料，分別提出，給與整個編號。(如爲四級制，則將四級之數字，全部擬出)。

(四)校核類項目劃分是否確當——分項分目，在初擬時似乎很順利，但將某類材料會聚後，往往會感到臆想不到的困難，或難斷難確的疑點。如規範的複雜，不能於各級中盡行表達，凡而(Valve)即是一例，凡而以型式分，有球形(Globe)、閘門(Gate)、逆阻(Check)、考克(Cock)等，以品質分有銅、鐵、鋼等，以連接情形言有接緣(Flanged)、螺絲(Screwed)等，以用途言又有各種耐壓（或强度）之不同，再細分之尙有轉角凡而、(Angle valve) 二路、(Bypass) 及三路(Cross)等。至於尺寸，那當然是主要的表示重點。這許多規範，欲完全表示，的確會大傷腦筋。

（五）整理編號次序——草擬編號旣已完成，就應將材料編號，依數碼大小順序排列，詳細核對，有無重複。

（六）加註英文名稱——中國人又爲何要在中國人的材料名稱中，加註英文名稱呢？這恐怕一定有人要質問，這一點我將聲明，就是我們所用的材料中，有很多是外國傳來的；中國雖有譯名，但皆不統一，音譯、意譯往往一種材料，可以有五六個別名，這樣如果不用原文，就根本無法辨明這是什麼材料，而且尙有很多專門材料，中國根本沒有譯名，那就更非此不行了。

（七）確定單位——單位（Unit）是材料管理的數量問題，也是材料管理的最主要目標。單位規定得是否確當，可約略看得出管理的是否有成績，單位的種類普通有論件、論重、論面積、論體積等，如何確定的方法，非三言二語能盡，本文暫略。

各級編號的涵義

我已經說過材料編號有類、項、目、節四級，倒底這些表示什麼？如何表示呢？我預備在下面作一簡單的介紹，類的多寡隨實際需要，事前劃分。項目的表示乃將同類之物料，逐步細分，而於其每一位數字中分別表示異同之情形，如傳輸電力用材料類，有包線(Covered wire)、裸線(Bare wire)、等；包線又有紗包線(Cotton covered wire)、漆包線(Enameled wire)、膠皮線 (V.I.R. wire)、風雨線(Wheather proof wire)、電纜(Cable)等，而紗包線又有單紗包 (Single cotton covered wire) 與雙紗包 (Double cotton covered wire) 多紗包線等。膠皮線又有單根與多根之別，(如7根，19根，37根等)，每種線又有絕緣好壞之不同。再如截斷電路用開關；有刀型開關(Knife switch)、電磁開關(Magnetic switch)、油開關(Oil ckt-breaker)等，而刀型開關又分單刀(Single pole)、雙刀(D.T.)、三刀(T.P.)等，其下再有單擲(Single throw) 雙擲 (D.T.) 等，更有裸型 (Open type) 蔽形 (Safety type) 等，最後還有各種耐壓之不同，這些都是項、目如何產生的好例子。但是還有一種情形就是尺度特別複雜，如五金中的工字鐵(Joist or I beam)、槽鐵(Channel or U beam)、T 字鐵(Tee)等，(皆三尺度。) 或建築材料中的木料等。如欲尺寸完全表示，看來似乎很困難，但沒有關係，這幾種尺寸可在項或目中表示一部分，留下來的再在節中表示。普通這種尺寸，二位數即可表示一個，其表示之法如爲英制，可先調查實際情形，明瞭各該材料其尺寸之可能最大與最小極限，然後參照下表採用之：

所需表示尺寸範圍(吋)	1/64"～1 9/16"	1/32"～3 1/8"	1/16"～6 1/4"	1/8"～12 1/2"	1/4"～25"	1/2"～50"
應採用之基本單位	1/64"	1/32"	1/16"	1/8"	1/4"	1/2"

凡尺寸在這範圍內，很少會碰到行不通的地方。如 1/8"—12 1/2"一項，決不會有 6 5/16"，7 7/32"或其他類似比 1/8"小的單位出現，這一點可放心。即使有之，亦只有幾種特殊材料，不過這應該在節中以四位數表出，不在此限。

節之數字之取得，可分爲下列數種：(一)表示尺寸。(二)表示限額。(如馬力數〔HP〕、壓力數〔lb/□"〕、電流數〔amperes〕、電壓數〔Volts〕等。)(三)表示號碼，如某標準之規定號碼，或某廠家本身編號，爲與一致起見，有時亦值得採用。(四)表示顏色、用途、質料等，這種往往是有些材料無尺度等表示，而程式又多得不可勝數，故直伸至節中，仍表示顏色。如油漆等是。茲將各種表示法約述如下：

（一）表示尺寸——這是最困難而亦是本人最感興趣研究的事，尺寸表示尤其在英制中(British system)更爲複雜，公制 (Metric system) 較簡，現在先就英制加以陳說。關於這事我不知爲他費了好多時光，我曾經參考過好幾本人家自用的材料編號，但是總覺得尺寸表示不够清楚，有的簡直無表示，有的以首二位表示吋，末二位表吩，(fen 1/8")吩以下 1/16"，1/32"，1/64" 分別用 0.5，0.25，0.125 等寫在後面，這樣把本來很整齊的四位節級，變成五位，六位，七位這是多麽不雅觀。現在我把牠再三變換排列的結果，覺得 1/64″ 制最爲適宜，因普通尺寸，差不多皆以 1/64″爲最小單位。1/128″或以下的就很少，(雖然 1/1,000〔mil〕爲表示單位的亦很多，但這又當另文述之。)1/64″ 制的用法，是這樣的：節之首二位在小物件中表示吋，末二位表不滿一吋之 1/64 尾數；如 $12\frac{1}{4}$″，節可書爲 1216，此首二位 12 表 12″，末二位16表$\frac{1}{4}$″，因$\frac{1}{4}$=16/64″故也。$3\,^{5}/_{32}$″ 可寫成 0310：03表3″，因無十位故第一位補以0，末二位10表 10/64″=5/32″。$1\,^{7}/_{64}$″可寫成 0107，01 表1″，07表7/64″，因7不滿 10，故亦補以 0，這樣在100或8(ft) 呎以下的尺寸，皆可表達無遺。如在大件物料中，則將首二位表呎，(或其他更大單位。) 末二位表吋，如此則100呎以下物料之尺寸，皆可表示。又如在最精確材料，或表示厚度的情況下，常有以 1/1,000″ 爲表示單位，這種表示法既統一而又明晰，看編號即可想像材料尺度，既知尺寸編號立即現呈腦中，這是多麽便捷的事。

公制尺寸之表示比較簡單，在普通情形中皆以粍(mm)爲最小單位，則十公尺以內之材料皆可表示，如特大或特小材料，則隨需要將最小單位放大或縮小，欲二位數表一尺寸時，亦應先考察材料之最大最小限，爲取決應行採用之最小單位。總之公制表示較英制爲簡，因公制爲十進位，同樣二位或四位數，可表示之範圍可增大。

「註」上面我曾經提起過關於尺寸繁複之材料，其尺寸常須於節之四位數字中表示示二種尺寸，而且爲適合需求起見，其所採最小單位，常不一致，(最小單位之採用確定，可就前表參考決定之。)在這種情形，比較特殊，是需要特別說明的。說明的方法可於每類前置一檢查表，該表一則表示各項、目所表之材料種式、範圍，另一專門註解各項、目、或節中數字表示之特殊情形。

(二)表示限額——應熟知材料之可能最大最小極限，而以1單位，1/10單位，1/100，1/1000或十倍100倍，1,000倍單位爲實際採用標準。但是在有些間斷而有定値之情況下，可以指定連續數字表示之。如電壓通常只有 110^{v}，220^{v}，380^{v}，500^{v}，2200^{v}，及3300^{v}等這都可以1,2,3………等數表示之。

(三)表示號碼—— 材料之粗細，(如砂布等)大小，(如電線號碼，皮帶等)等，常以一定之號碼表示；此在材料編號中亦可採納，所需考慮者即外國的號碼，常有半號之零數，這種就應留末一位爲其伸縮。

(四)表示顏色——顏色、用途、質料等，在節中表示較少，但是事前如無考慮或預作規定，亦是最討厭的一種。其法可另行列表，以1,2,3………等數字分別給與所表之特質。如顏色，我曾用0，1，2，3，4，5，6，7，8，9，………等分別表黑、白、紅、橙、黃、綠、藍、紫、灰、棕等，這是參酌無線電中顏色表示電阻之方法，以助記憶，其中大都相同，唯以白與棕二色之數碼互以1與9對調，因白色材料甚多，而棕色者較少，如白列後，則甚有不便，故調之。)此表亦可將定値之電壓，或水管耐壓(普通可分75#/□″，125#/□″，250#/□″，300#/□″及400#/□″等)等，一併列入，則在材料編號時其屬某種情況者，查表即可得一規定數字，甚爲便利而統一。

·通俗汽車講話之三·

火　花　塞

沈　惠　麟

在前兩節我們已經說明了引擎是怎樣動作的，現在我們要繼續討論是什麼東西來完成這種動作，以求得性能優良的汽車引擎。我們現在自火花塞開始講起。火花塞俗名扑落。

火花塞在汽車引擎中，只不過是一件小小的零件，但是他對於引擎性能的影響却很大。用了好的火花塞，可以使引擎像生龍活虎一樣，倘若用了壞的火花塞可以將引擎的動作破壞無遺。所以引擎中所用的火花塞，必定要是製造商所指定的一種，因為否則引擎就無法校正到最高效率。每當我們要做一個引擎校準工作的時候，我們就要注意這引擎上所裝的是否是廠商所指定的火花塞，其次再研究所用的火花塞是否合適，這為什麼以後再詳細談。

能够使火花塞出毛病的原因只有四個：絕緣體破裂，（這和引擎本身沒有關係，大多數是因為拆裝火花塞時，不當心給套筒所擊碎的）；火花塞有汚穢，（這或者因為火花塞空隙，俗稱扑落開檔過大，火花塞不能着火，油汚就堆積在點火點間）；火花塞用得太長久，可能超過可用時期，空隙燒得過大；或因用得太長久而整個火花塞，全壞了。圖13同14就是說明火花塞的損壞，你看火花塞的中心電極，幾乎完全燒去，這是引擎運用達一萬哩後應有的正常現象。

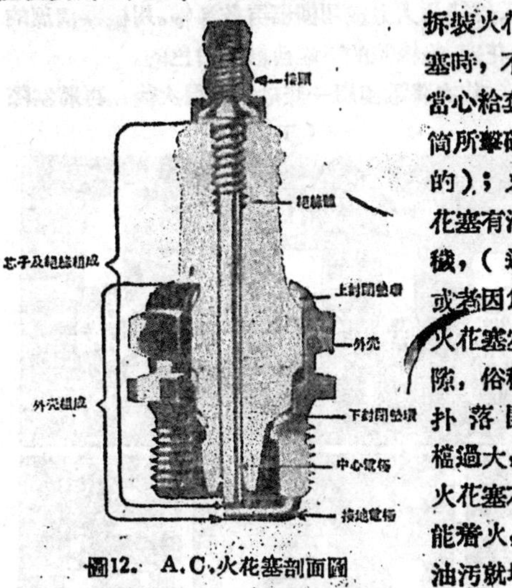

圖12. A.C.火花塞剖面圖

圖13.14. 火花塞正常損蝕狀態

像這種火花塞，應該立刻加以更換。否則在空轉的時候或者可以有火，但是當高速度或上坡的時候，那就靠不住要斷火了。結果引擎就沒有力量同窗頭。所以車子踏不出，結果查出來，常常可能是為了火花塞壞了的緣故。

圖15.16. 火花塞的斷裂絕緣體

火花塞絕緣體碎裂，平常極難找出。這種損壞，常出於無心擊碎，或因為裝拆時用錯扳頭。最初對於這種火花塞的碎裂，不易注意到，一直要等引擎裏外的油透滲至碎裂的地方，方才覺得，同時火花就由此跳過，而不跳過火花塞空隙，因此就要斷火。

圖17. 可整理清潔的髒火花塞

所以當我們將火花塞從引擎中取出後，就要將他洗擦乾淨，詳細檢查絕緣體是不是碎裂。

圖17中是一個髒汚的火花塞。這常因為汽油過多或汽缸上的油所造成的。因為油同汽油混合生一種膠狀物，這種物體附着在火花塞底上，並不燃燒。

倘若用一個新引擎，那麼火花塞在『初用期』內極容易變髒，因為在這個時期，引擎之活塞環尚未『落位』，引擎轉動的速度又很低。有時則因為所

圖18. 冷，熱火花塞

圖19. 火花塞過熱

圖20. 火花塞過冷

用的火花塞，又不是規定適用於這種引擎的。若是火花塞過『冷』，那麼絕緣體上就有炭煤積存，使火花塞斷火。若火花塞過熱亦相同。

因爲各種引擎使用之冷熱不同，所以火花塞都依一定的『熱限』製造。像一個卡車引擎，常在重荷載下運用，那麼應該用一個在這種狀態下較冷的火花塞。名爲『冷火花塞』。或者像一個搭客所用的汽車，常用得很多走得很快，亦要用這種『冷火花塞』。因爲這種引擎使用一定比較那種只不過用來每天上辦公室或者在星期日出去玩玩用的車子的引擎來得熱。圖18中是一只『熱火花塞』同一只『冷火花塞』。

在圖18的說明中，絕緣體長的一個火花塞是比較熱的一個，因爲在這個火花塞中，引擎的熱，必定要經過比較長的路徑，才能够達到冷却水。換句話說，『冷火花塞』的比較來得冷，亦就因爲絕緣體較短，達到冷却水的距離近。

有種車子常走得『太熱』，那麼若要得到牠的性能達到顚峯狀態，必定要換用較冷的火花塞。另外有種車子走得太冷，不容易變熱。霍風必定要關好多時候，才能使引擎達到正常應用狀態。圖19表明一火花塞用得過熱，圖20表示一個火花塞用得過冷。

倘若一個火花塞用得過熱，那麼牠的絕緣體表面上就有一層灰棕色的氧化物遮着。這個指示出火花塞空隙很容易燒大，使得牠斷火，尤其在高速時更容易有這種情形發生。

這樣你就可以明白爲什麼不能用一個太熱的火花塞，因爲這正同不能用一個太冷的火花塞一樣的重要。你將火花塞旋出來查看後，就可以明瞭牠的情況。倘若火花塞下底上附着有很多的氧化物，那就是說這火花塞太熱，應該換用較冷一號的火花塞；利害的時候就要換用冷二號的火花塞。倘若上面附着的是炭，煤或濕油，那就要換用較熱的火花塞。圖21爲一張AC火花塞熱限度，每一個火花塞都有一個號碼，號碼越高，火花塞越熱。

裝拆火花塞亦有一定的工具和方法，不能亂來。倘若你隨便拿一件工具像鉛皮匠的管子鉗去拆裝火花塞，既不容易拆裝，又容易將絕緣體打碎，使火花塞完全無用。

所以裝拆火花塞，應當用一個適合的火花塞套筒扳頭，買這樣一個套筒化不了多少錢，但是可以減少不少的無名損失。

當你將火花塞上的電線拿去後，（這種線，你必須要記淸那一根連至那一只火花塞，因爲你將火花塞裝回去時，這種線不能裝錯。）將套筒套住火花塞旋出引擎，更須注意墊環必定要同時取出來，因爲不論用新火花塞或舊火花塞，都要用一個新墊環。同時在裝新墊環前，最好將火花塞孔四周弄乾淨。

火花塞取出後，就加以檢查。看是不是太熱或太冷，或者絕緣體碎不碎，火花塞電極燒壞不燒壞。然後用人力或用機器弄乾淨牠。用機器淸潔的火花塞，絕緣體的下端應該是白色的。

其次將電極用一條砂紙磨幾次後，再將空隙

（下接48頁）

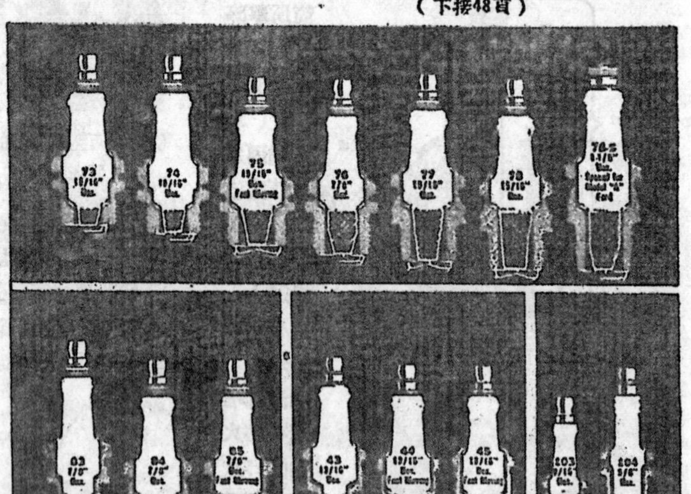

圖21. A.C. 火花塞熱限度表

12656

新發明與新出品

『空中機器脚踏車』

衝吸噴氣式旋翼機

我們有過水上脚踏車，也有過空中的飛船，最近，又發明了一種空中機器脚踏車，——衝吸噴氣式旋翼機(Ramjet Helicoptor)。

飛機的發動機越來越簡單了。以前用構造複雜的內燃機，推動螺旋槳而使機身前進；這次大戰時，發明了氣渦輪噴氣推進式，構造比較簡單，重量也輕了不少。氣渦輪的作用，是推動一具壓氣機，把空氣壓入燃燒室，供燃燒之用，飛機卻靠燃氣噴出時的反作用前進，氣渦輪不過是供給高壓空氣的附屬裝置。聰敏的讀者，立刻會想到，這個附屬裝置，可不可以變得更簡單些？

「空中機器脚踏車」

戰時德國人便已發明一種發動機，把壓氣機和氣渦輪完全省去，只剩下一個兩端開口的圓筒。這個圓筒，以高速向前衝進時，便把空氣兜進筒中，產生相當的壓力。同時把燃料噴入筒中燃燒，燃氣從後端噴出，利用反作用推機前進，只要燃料不斷噴入，機身便可繼續前進。這種發動機的空氣，藉衝進而吸入，所以叫做「衝吸噴氣機」Ramjet。此機構造，除作爲燃燒室的圓筒外，只有一個燃料系統，可說簡單到極頂，重量也輕到極頂。它的前進速率，以每小時 400哩至500 哩爲最適宜。不過它不能自己起動，必須用別種發動機，把它或它所裝的飛機，帶到每小時 400 哩以上，才能開始發動。因此，用作普通飛機的發動機，尚未能成功。

但是，最近美國人試用作旋翼機的發動機，獲得意外的成績。附圖示其構造。

這是萊特(Wright)和麥克唐納(Macdonold)飛機廠經兩年研究的結果。這種衝吸噴氣式旋翼機，實際上是一輛空中機器脚踏車。它具有一個雙葉板式旋翼，直徑18吋，葉板尖端，各裝一個衝吸噴氣機。機的形狀，好像一段爐筒，見圖中最高的部分。

下面是鋼管製的機架，支持油箱，駕駛人和控制機構。後端有個小舵。全機重僅310磅，但可載重300磅，以每小時50哩的速率前進。衝吸噴氣發動機，僅重10磅，因爲動力直接作用於旋翼的葉板尖端，所以齒輪或傳動裝置都用不着。

旋翼轉動，尖端速率甚高，空氣即衝入圓筒，燃油從翼內噴入筒中，而起燃燒。燃氣自後端噴出，發生反動力，推翼旋轉。起動另用始動機拖動，至葉板尖端速度達每分600呎時，衝吸噴氣機即能產生動力。

燃料係用丙烷 Propane.，但用汽油爲燃料，亦在試驗中。機身內具有油箱兩只，用油管將燃料通至葉板。燃料初次輸上後，即可由離心力作用，自動繼續供給。

此種衝吸噴氣式旋翼機於

1947年五月作初次飛行。經六個月的試驗，認爲成功。也許不久的將來，會像機器脚踏車一樣被人們普遍地利用着！（張煒）

★磁力液體離合器——美國華盛頓國立標準局的一位三十八歲，蘇聯生長的科學家賴平鮑氏（Jocob Rabinbow），新近發明了一種由鐵屑，油料與磁力組合而成的磁力液體離合器。能使汽車或其他內燃機及動力機等有平穩而儘捷的運轉性能。

新式離合器的原理爲：將無數小粒鐵屑散佈在油料中，通以電流，於是它們則被磁化而排列成鋼夾一樣堅强的鍊條形狀。根據此發現而製成的離合器是以鋼片裝在傳動軸與從動軸上。在鋼片的中間，充塡油料與鐵屑的混合物。當電流通入時，鋼片與鐵屑極易磁化，於是鐵屑與油料的混合物逐漸漸地變硬直至變成與鋼一般的堅强。反之電流閉斷以後，鐵屑失去磁性，互相脫離，同時油料也恢復正常流體狀態，此種由液體逐漸變成如鋼堅固的過程使離合器在應用時，不但可靠而且頗具伸縮性。另一優點爲：磨損可使混合物中鐵屑數量增加，藉以促進鐵屑的效用。此外又因其可靠性與伸縮性，故同樣的組合，可被應用到制動器上，即改爲電磁作用的方法，來控制加速與減速作用，如與控制電動機一樣的簡便。

磁力液體離合器已被美政府註册專利。因它可在任何速度下有平穩而高效率的運轉，故被認爲現今所有各種發明中最進步的動力傳遞工具。（李家恒）

★高壓縮引擎可節省汽油——美國汽車工業界正在計劃製造裝有較高效率發動機的車輛。此種轉變會影響到車輛生產量及沿數千哩公路線上對於燃料的分配與製造。美國的通用汽車製造廠現正在研究高壓縮引擎，其目的在求節省車用汽油的消耗量。據估計節省燃料最高量約在33%至40%。然而因爲新式發動機在發展期中，困難尙多，故其問世仍須有待也。工程師們早已知道，欲從每介侖汽油獲取更多的動力的方法爲提高壓縮比，或增加活塞在發動機汽缸內行程的空間。高壓縮的意義爲將氣體與空氣的混合物在未經電火花點火之先，即被擠入一較小的空間如此能使燃燒更爲澈底；也就是更合算地利用氣體。已往三十年中，壓縮比由4:1起增加至目前爲7:1，General Motors現在進行設計之壓縮比初步目標爲8.5:1，最終目標爲12.5:1。G.H.研究實驗室發表關於設計高壓縮引擎的結果；認爲高壓縮需要較高級品質之燃料。壓縮比8.5:1的引擎能够應用現有的高級汽油（Premium Gasoline）而其效率約二倍於三十年前之引擎效率。美國最大產油公司宣稱：稍待時日，將可儘量供應特質汽油以配合高壓縮引擎之用。裝有新式高壓縮引擎車輛之大量生產計劃，希望在1950年以後將能實現。（李家恒）

★鉄合金製造的精密算尺——美國加州阿爾哈白拉城的Pickett & Eckel, Inc.，廠現在出品一種用鉄合金製造，外面罩以塑料的Log-Log算尺，有不彎撓和不受天氣變化影響的特點。重量亦甚輕，只有三兩至四兩重。最大的優點，是刻度特別精密，可以讀出小數點以下10位的數字，現在製造出品的式樣，適合工程上應用的共有四種，適合於商用的共有二種，但在中國市場上尙未見有出售。（C.G.）

★砂製的海綿橡皮——海棉橡皮（Sponge Rubber）如果用矽（Silicone）製，可以忍受高溫和低溫的影響。現在美國Connecticut硬橡皮公司，業已製造成功，據試驗結果可以在華氏500°至零下70°之間穩定不變，密度只有固體矽橡皮的一半，很適用於航空工業各種製件，如飛機艙的密封材料或爐灶的保溫材料等。（C.G.）

（自46頁接來）

校正至規定的大小。不要用鋼板或者別的東西去校正牠，必定要用一個火花塞空隙規。

現在將新墊環套在火花塞上，用手指將火花塞旋入。旋好一點後，就將套筒套上，將火花塞旋入，到覺得牠已經在壓擠墊環時，再旋四分之一圈，然後將電線裝上。這種種手續看看很容易，但一定要做對，否則將來不勝其麻煩。

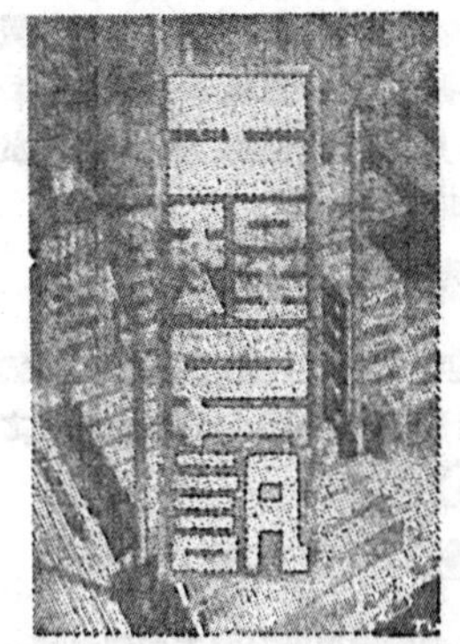

技協籌備新技術展覽會
十一月中旬將在滬舉行

中國技術協會已定本年十一月中舉行本年度年會，同時將舉行一次新技術展覽會。該會去年雙十節開年會時，曾在徐家匯交通大學舉行盛大的工業模型展覽會，為期十天，觀衆十萬人，與該會三十五年三月成立時所舉辦的上海工業品展覽會，同為膾炙人口之創舉。本年的展覽會重心則將在作者有系統簡要地介紹技術的知識，使參觀者在短短的瀏覽中能夠對於技術怎樣改善生活，和技術怎樣才能改善生活二個問題有一淺明的印象。這個展覽會的對象主要將是一般的市民。 （請參閱本期第六頁）

錢江大橋橋墩開始重建

有名的錢塘江大橋，通車已久，但北岸五、六兩號橋墩的損壞部份，迄未修復。現在已決定由中國橋樑公司負責將墩脚拆卸重建。在不阻礙行車的原則下，開始施工。先築圍堰，然後搭起鋼架，將鋼樑架起，並將橋面混凝土敲去，暫設洋松單行路面。以減輕載重。茅以昇博士說，這項工程在全世界尚屬罕見。預計全部工程約四個月可以完成。

練湖開墾意外阻撓

丹陽練湖第二墾區已經開始動工了，墾土工作本由機械農墾管理處江蘇分處進行。現因該處不肯履行前約，蘇墾委會決定自購曳引機四架，約需二萬金圓，尚在洽借中。練湖的水站不久亦可完工了；那水站裝着64匹馬力的抽水機四架，8匹馬力的四架，北首有廿五年所建的練湖閘，控制練湖的水量。連接第一及第二兩墾區的六孔大橋，已經完工了。

撫順煤礦減產
今冬禦寒成問題

在半年來殺鷄取蛋方式的採掘下，撫順煤礦已成不可收拾的局面。產量每日由五千五百噸銳減至一千餘噸。公庫制度在東北實施之後，礦局無週轉金，更將加速它的停頓。今冬禦寒之煤，勢必大成問題。

賠償物資配價可能減低

賠償物資配售民營廠商的配價，將酌予減低。該項辦法已由工商部擬訂，送呈行政院核定中。

日本鋼鐵生絲產量迭創高峯
盟總努力助日增加煤產

日本本年六月份鋼鐵產量共50,692噸，為戰後產量之最高額，八月份又創新高峯，計鉄鐵73,744公噸；鋼塊145,596公噸。又據農林省發表八月份機械生絲為11,993件，亦為戰後最高紀錄。

同時盟總煤礦管理處正從事協助日本，務使在本會計年度內達成36,000噸之煤產量。

聯合國會所破土

紐約第四十三街的聯合國永久會所工程，於九月十四日舉行破土典禮。造價總數為六千五百萬美元。預定一九五〇年可完成第三十九層的聯合國秘書處大樓，其他大廈將於一九五一年建成。

調查嚇走了科學家
美原子能專家紛辭職

美全國原子實驗所中百分之四十科學家最近已辭職，重要的研究已依比例減少，工作人員在水準以下。美原子能委員會主席李林塔爾斥責議會的間諜調查嚇走科學家。

國際科學工作者在普拉格集會

國際科學工作者協會代表大會，九月廿一日在普拉格附近開幕，由著名女科學家居禮主席，報告由十八個國家科學工作者全國性團體組成的該協會活動情形。

英即將恢復舉行電動機工業展覽會

戰前英國電動機製造商協會主辦之電動機工業展覽會，經一度中止後，現定自本年十月一日起至九日止在倫敦國際陳列大會中再度出現，該展覽會將陳列四百二十餘製造廠商之出品，觀衆並可獲致電動機工業每一部門之生產情形。

大上海都市計劃第一步
本市建成區營建區劃規定了

上海市工務局最近公佈了市政府通過的上海市建成

區營建區劃規則，配合了大上海都市計劃需要，就現有建成區規劃成三種住宅區，二種商業區，工業區，倉庫碼頭區，油池區，鐵路區，綠地帶等。

這裏規定第一住宅區只准建造散立式或半散立式的公寓式住宅，和有關文化教育等之公共建築物和另售商店。第二住宅區並得建造聯立式住宅及使用三十匹馬力以下不妨礙居住安寧及衛生的特許工場。第三住宅區並得設立家庭工場及商業工場。第一商業區限定建築有關行政金融貿易等之公私公共建築物，包括公寓式旅館，戲院，菜館等；第二商業區並得建築商店住宅兩用建築。

此外工業區，油池區除特定建築物外，得建築公共建築物。倉庫及鐵路區不得有其他建築。綠地帶則除特准之建築外，不得有任何建築。

第一住宅區在舊法租界西部，長樂路以南，陝西南路以西。第二住宅區包括愚園路一帶及滬南與舊法租界南區，閘北西區，楊樹浦滬昌路眉州路平涼路一帶。徐家匯，日暉港，舊公共租界北區，滬南西藏南路東，為第三住宅區。中區及虹口為第一商業區，跑馬廳一帶為第二商業區。工業區則在沿南黃浦；大連路及曹家渡等處。詳圖市工務局有售。

石景山鋼鐵廠擬煉製低矽生鐵

華北鋼鐵公司石景山鋼鐵廠的二五〇噸煉鐵爐，自出鐵以來，情形殊為良好，六月份出產生鐵約四，七九五噸，最近並準備煉製低矽生鐵以增其副產。（中國工程週報）

全國汽車修理保養網擴充現況

公路總局對於擴充全國汽車修理保養網工作，經二年餘之努力，其在收復區之建廠工作，大致已漸告完成，並配合舊有廠場正在使用中。根據卅七年上半年統計，新建廠場及舊有廠場已共有修車廠二十四所，保養場四十四所，救濟站二十八所，本年內計整修汽車二九五次大修2448次，小修47228次。目前公路總局正從事下半年工作，並開始擴充重慶，昆明，迪化等修車廠場。（汽車機料）

川滇鐵路測量完成

川滇鐵路測量工作，業經全部完成，年內即可開始土石方工程，屆時省府將分飭沿路各縣實行義務勞動，民工口糧，則由糧食部統籌辦理。該路沿鹽至恩施一段，工程最為艱鉅，須開鑿大隧道數個，故需款亦極鉅。

浙省計劃築象山港

浙省今後建設事業，已有一統盤之籌劃，浙贛鐵路為此計劃之骨幹，杭甬鐵路將展至鎮海，使成為橫貫浙省之大動脈。並於鎮海之南象山灣口，築一商港，以分上海業已飽和之吞吐量，另於溫台二地，建輔助港而以運河貫通之。此計劃實現後，湘贛浙三省大部物資，均將經由此橫貫之幹線，自新港出口，用以刺激農業生產。同時復於沿路修築輕便鐵道，以輔助公路運輸。

閩贛鐵路路線決定

閩贛鐵路路線，業經中央決定，由贛省鷹潭起，經金谿南城黎川入閩，以南平為終點，至負責與修該路之員工，已由浙贛路局調用。

高雄設DDT工廠

政院善後事業委員會半年前就打算在台灣創辦一個DDT工廠。現在這個工廠已在高雄着手興建了，希望明春就可以開始生產。工廠的機械，是全套購自美國的。製造的原料除氯氣和水電是由台灣碱業公司和電力公司供應外，其餘也要由美國運來。

江南鐵路通車典禮

江南鐵路京、蕪段修復通車後的第三天，蕪市忽傳有機車在中途脫軌的事，經往訪該路負責人，據告蕪湖市郊鳳凰山一帶路軌初鋪，石渣未填平，機車行駛效率緩慢有之，若說出軌，而又抬起重上軌道，當然是揣測之詞了。鐵路當局對於目前行車秩序和設備都未認為達到標準，正儘量改善中，約期一月後，就可以嶄新服務姿態出現。並于十月一日舉行正式通車典禮。

天蘭鐵路半途而廢

自天水至蘭州之天蘭鐵路，全線山洞共四十五個，最長的七百五十呎，開工至今，已鑿成山洞十三個，土方工程完成十分之六，一部份鐵軌和器材已運到浦口漢口重慶等地，後因交通困難運費無着，以致尚未起運。近又因工款支絀，土方工程除蘭州市郊外，亦均紛紛停工。

中央電工廠自製水力電機

中央電工器材廠有限公司，最近已與長壽電廠簽約，承製四川龍溪河上清淵洞發電所需之三千瓩水力發電設備全套，計四千三百三十匹馬力法朗西型立式水輪機一具，水輪機之控速器及打油機設備一套，八呎蝴蝶式進水塞一具，三千瓩交流發電機一具，發電控制電板及油開關一套，水輪機之蝸式管進水口徑已有七呎之巨，轉速為每分鐘六百十五轉，有效水頭八十八呎。蝴蝶式進水塞之口徑為八呎。發電機之電壓為六千九百伏，轉速每分鐘三百三十轉，電功因數為百分之八十，發電容量為三千瓩。預計一年半可以完成。該公司與美國西屋公司莫根斯密斯公司等，簽有技術合作契約。對於執行此項工程，當無任何困難。

本刊讀者意見的統計和分析

這次本刊徵求讀者們的意見，承各地讀者踴躍塡寄，有的更另外寫了許多有價値的意見附了來，使我們非常興奮。由於整理和統計的費時，到今天方才能向熱心的讀者們作一個綜合的報告，而且只是截至六月底所收到的374份的統計，這是得向讀者們致歉的。

這374位讀者的意見自然不一定能代表大多數讀者的意見，因爲這數目不但沒有接近本刊銷數，卽使是直接定戶，也只佔了很小的百分比。不過大體上說來，我們至少已經可以明瞭了一部分讀者的個人環境和意見。我們仍希望讀者們隨時投寄可貴的意見來，使本刊能不斷地改進，以符合讀者諸君的雅意。

我們有一點小小的事引以爲憾：在投寄來的意見書中有極小的一部分塡得實在太簡略了。前些時我們就把這幾份退還給他們，請他們補塡一下。結果，大部分是補塡了寄來的，但還有一部分却至今沒有回音。我們恐怕是因爲讀者的遺忘或郵遞的疏漏關係。現在技術小叢書第一種『熒光燈』業已出版，凡是指定需要該書或是不指定者均免費贈閱一本，各位讀者大概在看到本期工程界的時候均已收到，如果還未收到的話，請來函詢問，但補塡未覆者，恕不奉贈。至於指定其他兩種小叢書者，因該兩書尙未出版，只得暫緩；但如需改寄『熒光燈』者，請來函申明，本刊亦可遵辦。

(一) 讀者環境的分析

1. 年齡的統計

投寄意見書的讀者最小的只有十三歲，最大的是四十八歲。約百分之七十的讀者是由十六歲到廿五歲，可知本刊的讀者大部分都是年靑人，這對於本刊的今後風格方面，是一個指針，就是，本刊要儘量使體裁活潑化，以符合年靑人的胃口。

年齡	16歲以下	16—20	21—25	26—30	31—40	40歲以上	不明	總計
人數	5	116	137	74	36	1	5	374
%	1.34	31.9	36.7	19.8	9.64	0.27	1.34	

2. 性別的統計

投寄意見書的讀者中有四位是女性，在中國，工程似乎一向對女性絕緣的，可是現在證明女性對工程有興趣的，雖然不多，却也不是完全沒有。

性別	男	女	不明	總計
人數	365	4	5	374
%	97.5	1.07	1.34	

3. 地域的統計

投寄意見書的讀者可說是遍及全國各省，甚至遠在南洋也有我們的讀者，可是我們一看本市的讀者佔到了三分之一以上；連江蘇和南京的合起來，要佔到總數的一半以上，這是本刊不夠普及的證明，以後當在發行方面注意邊疆僑胞方面的讀者，並深盼各地讀者能爲本刊推廣介紹，以達到無遠弗屆的地步。

省市	上海	江蘇及南京	廣東及香港	山東	河北及北平	四川	浙江	湖北
人數	135	59	45	19	15	15	14	14
%	36.1	15.8	12.0	5.1	4.0	4.0	3.7	3.7

省市	安徽	台灣	湖南	貴州	江西	廣西	福建	山西	雲南
人數	10	10	8	7	7	5	3	2	2
%	2.68	2.68	2.14	1.87	1.87	1.37	.81	.54	.54

省市	寧夏	新疆	馬來亞	不明	總計
人數	1	1	1	1	374
%	.27	.27	.27	.27	

4. 教育程度的統計

投寄意見書的讀者中有五分之四以上都是具有高中以上程度的，約二分之一以上是大學程度的，這樣看來，本刊的內容似乎很適合高中以上的程度。

教育程度	小學		初中		高中		高職		大學		其他	不明	總計
	肄業	畢業	肄業	畢業	肄業	畢業	肄業	畢業	肄業	畢業			
人數	3	5	24	22	63	43	32	26	63	67	1	25	374
%	.81	.54	6.41	5.87	16.9	11.5	8.5	6.95	16.9	17.9	.27	6.7	

5. 職業的統計

投寄意見書的讀者中有職業的約佔一半，在校的學生佔十分之四強，其餘的不詳。在校的學生中百分之九十六以上是高中以上的。有職業的讀者中才分之六服務在交通和工程機關，內中尤其以機械方面的爲最多。

職業分類	學生	在職者										不明
		機械	交通	化工	紡織	土木	電工	公務	商務	教育	性質不明	
人數	164	58	22	20	19	17	11	9	8	8	10	28
%	44	15.5	5.87	5.5	5.1	4.54	2.94	2.4	2.14	2 14	2.7	7.5

6. 擅長外國語的統計

外國語	英語		日語	德語	法語	其他	無長	不明	總計
	擅長的	略知的							
人數	126	23	30	20	5	1	25	145	374
%	33.7	6.15	8.05	5.4	1.37	.27	6.41	38.8	

7. 工程經驗的統計

投寄意見書的讀者中有不少是不止有一種工程經驗的，所以總數是超出了 374。沒有工程經驗的人約佔三分之一。而有工程經驗的讀者中約三分之一是只有一年二年三年經驗的。

工程分類	機械	電機	土木	紡織	化工	不明	無經驗	總計
人數	136	59	28	23	20	55	131	452
%	30.0	13.0	6.2	5.1	4.4	12.2	28.9	100

經驗年數	一年以下	一年	二年	三年	四年	五年	六年	七年	八年	九年以上	不明	總計
人數	7	20	41	22	14	15	14	12	7	16	75	243
%	2.88	8.2	16.9	9.05	5.75	6.16	5.75	4.94	2.88	6.6	30.9	100

(二) 讀者的意見和分析

在這裏我們只把讀者不滿意的地方舉出來，雖然百分比並不過高，但是因可作爲我們今後改進的南針，至於對本刊的過分贊美，因爲受之有愧，只好省却不錄了。

1. 封面方面，分析起來，不滿意的有下列幾點：

欠清晰(19人),欠鮮明(5人),取景不佳(1人),不須彩色(5人),太呆板(5人),色彩不調和(3人),欠佳(5人),用紙太薄(2人)。

2. **目錄**方面,讀者不滿意的意見有這幾點:太簡單(5人),應放在封裏或第一頁(5人),不十分醒目(3人),太雜(1人),太另碎(1人),不易找到(1人);爲了尊重讀者意見,同時也爲了顧全編排方面的各種困難起見,我們從本期起就把目錄改放在封裏第二頁,也許可以使讀者便於找尋吧?

3. **工程另訊**的意見很多,有62人要求多登,可是也有6人認爲不必要;至於內容的批評,則有這幾種意見:欠詳盡(13人),應改成工程新發明(5人),本國方面的太少(7人),應再充實(3人)等等;此外有認爲太亂、太呆板、太另碎、太枯燥、太平常的;本刊以後當再力求改善。

4. **工程論壇**方面,完全認爲不需要倒不多,只有6人。但亦有認爲太多(13人),不夠淺明(3人),欠佳(2人),欠詳盡(2人)以及還有建議少說官面文章,有認爲不切實際的。這許多意見,當由本刊尋根溯源,使缺點減少,力求言之有物,至少要做到能代表不大有聲音的中國工程界,說幾句中肯的話。

5. **各科論著**的批評,有認爲太少(18人),有認爲太深的(3人),不詳細的(4人),不切實(2人),不平均(3人)不廣泛(1人)等等;這是實在的情形,我們是接受外稿的刊物,而外稿內容很少十全十美適合讀者要求的。所以我們才做這個調查,以後當可設法改進的。

6. **編排**方面,有這樣的意見:有認爲須減少或避免轉接的(12人),有認爲欠活潑的(5人),還有以爲須縮小字體(4人),頁數應註在上角(1人),標題應藝術化(1人)等等,這許多意見,要待編輯方面顧全到實際條件,才能夠改進。例如,關於轉接問題,爲了避免浪費紙張起見,原是不可少的編排技術;但以後本刊當竭力設法減少,即有,亦當轉接於本文的後面幾頁內,使便於閱讀。

7. **篇幅**方面,認爲應增加的很多(159人)。佔總數的42.5%;這雖然是多數人的意見,可是在目前本刊各項人力物力條件不夠的情形之下,我們只能俟之將來經濟條件充裕,購買力好轉後,再行增加了。

8. **印刷**方面,有認爲銅圖欠清楚(12人),常有錯字(4人),以及應加彩色插圖(2人)等意見,在目前中國恐很難做到像英美的成績,這當非本刊能力所及的了。

9. **廣告**的意見,有太多(32),還應增多(8人),不宜放在正文間(4人),應放在正文以前(5人),多登有關工程的廣告(2人),不醒目不活潑(1人),應多登出版目錄(1人)等等。

10. **圖照**方面的批評有:

圖照太少(35人),應更清晰(44人),須多圖解(12人),欠佳(2),要彩色(1人),要藍圖(1人),以及等等,最後一點,不知何義,是否是要本刊套印藍圖的意思,如果是的,在目前本刊是還不能有力量辦到的。

11. **紙張**方面,有這樣的意見:

欠佳(11人),有圖照者須用實地較佳紙張(5人),應該用道林紙(2人),紙張不白(2人),應該用國貨紙張(1人)。這許多意見,雖是讀者們的要求,在目前紙張供應並不充沛的情形之下,恐怕只好委屈讀者們了。

12. **各科的分配比例**,三百多位讀者中,大概因爲研究對象有別,對於各科需要百分比并沒有全部填註,所以我們只好做如下的統計:

科別	機械	電機	土木	紡織	化工	農業	建築
填註人數	340	335	326	328	328	322	322
百分比總和	8496	6376	4121	4039	3934	3617	3078
平均百分比	25%	19%	12.6%	12.4%	12%	11.3%	9.5%

這樣看起來,最合我們讀者需要的比例大體上應當是:機械佔四分之一,電機和土木各佔五分之一,化工和紡織各佔八分之一,農業佔十分之一。

13. **各欄的需要程度**,我們只發表大多數的結果:

(甲)認爲每期必需發表的,計有下列七欄:

工程材料(117人),機械工程(195人),新發明與新出品(148人),工程界應用資料(124人),各種工作法(130人),機工小常識(162人),電機工程(145人)。

(乙)認爲不必每期登載的,計有下列十一欄:

工程專論（186人），建設計劃（229人），建築結構（232人），化學工程（134人），航空工程（146人），工業報導（131人），工程書刊（120人）電子工程（162人），工程界名人傳（150人），工程文摘（156人），座談記錄（147人）。

我們分析上面的結果，顯然讀者們的好惡，與他們本身所從事的職業及專長有極大的關係。由於我們的讀者是從事機電工程方面居多，同時在市上暫時還沒有專門性的機械雜誌，（但是，附告讀者們一聲，有二本純粹的機械雜誌，現已於十月中出版，就是中國機械工程學會上海分會所主編的機械世界和汽車世界，請參閱本期內廣告。）因此，他們希望工程界成爲一個機械材料較多的雜誌。讀者們的厚望固然使我們感到興奮，而且，我們也準備接受這種意見；可是，工程界在任何角度看來，它終究是一個綜合性的實用刊物，我們不能因爲這一次的調查結果，而改變了本刊的性質；所以，我們不能偏廢任何一欄，除非有絕對大多數的讀者們，表示可以完全不需要的時候。

本來還有一個統計，就是對於各篇個別文章的受歡程度，由於意見的分歧和沒有一定的標準關係，統計所得的結果，僅可供編輯同人們的一個參攷，此地不預備發表了。但我們很期望着熱心的讀者們，對於本刊各期所登的文字，如果發現什麼錯誤或是難懂的地方，或是任何方面的批評，請來函詢問及提出。本刊編者無不樂予答覆或接受的。

編　輯　室

首先要向本刊的長期定戶告歉的就是：由於本刊人事上的變動使得本刊原定在八月出版的三卷八期到十月份才能够出版；在這時期中，本刊的發行部和編輯室均接獲很多讀者來函詢問，現在可以用這本篇幅特多的十月號來答覆各位關心本刊的讀者們了！

爲了彌補定戶們的損失，同時也爲了本刊發行部方面便於計算和記錄起見，定閱半年或全年的定戶，一律延長二個月，湊足六期或十二期，本期特大號，定戶們不另收費，以示優待。雖然美中不足的在三卷中缺了八九月出版的兩期，也許可以略補所失吧？不過，這種情形，無論如何是本刊的缺陷．來日方長，今後我們將在讀者們的鞭策之下，做到不脫期的地步。

本期特大號，一方面固然爲了容納二個月的材料，同時也爲了紀念中國工程師學會暨各專門工程學會在台灣舉行第十五屆聯合年會的緣故。預計本期出版後，恰趕上年會開幕之期。本刊過去在台灣，固然也擁有甚多讀者，但對於各工礦的技術先進尙少進一步的聯絡，這次趁開年會的時候，將請中國技術協會來台灣的代表攜來本刊甚多，分贈台灣工礦各級技術人員，以謀今後長久工程技術知識上的聯繫。希望台灣的讀者們，能常爲本刊撰稿、通訊；希望台灣的出版界，能與本刊交換；希望台灣的工礦事業能常與本刊取得聯繫，如刊登廣告或報導概況等；因爲這都是我們工程界雜誌最迫切需要的。

與台灣工礦事業相交流，也許在本期中的事業介紹——永利化學工業公司素描中，可以看得到，我們在這一期介紹了內地的化工事業，希望以後常有台灣省的工礦自動地來報導它們的情況和員工努力生產的實際情形等，稿費從優，如有照片最佳，如公司當局擬利用本刊封面登載足以代表公司的彩色照片，則祇須將照片寄來，本刊可以代爲製版，收費概照成本。

本期中精彩文字特多，大部分并非本刊的特約編輯所寫，却是讀者們的作品。雖然編輯室方面，曾對每篇文字作過文字上的修飾和理論上的校正，但大多數文字的語氣，仍保持原狀。所以本刊是完全依賴讀者的刊物，如果讀者需要什麼，我們可以請特約編輯替我們寫，如果讀者有什麼文字要發表，也請送到工程界來。

下期（三卷九期）將於十一月中旬出版，中國技術協會將於該時期舉行年會，本刊也將編一特輯插入。

本期并準贈讀者1949年日歷與參攷數字紀念卡片一張，讀者可反覆利用，或放在玻璃板下，常備查攷。

讀者信箱

·插秧機及農業機械參考書·

★(64)重慶國立重慶大學李聯邦先生。

所詢各問題謹簡答如后：

(一)我國耕作，春末耕土，使泥土鬆頓，並另備苗床播穀於其上名為秧田，清明左右開始分秧，插於已施耕之土壤上，歐美各國採用農業機械，其工作程序略有出入，彻亦利用機械犂耙鬆土，然後直接播種穀子於其上，故無需分秧手續，分秧使稻禾分佈平均，土壤肥料供應充分，故單位平均產量可以提高，但分秧手續較繁且秧苗輭弱，必需直接移植水田上始能恢復生長力，現時尚無法解决工作機在水田內運行問題，如不用笨重機器改用手動機件或有可能，惟是否實用頗成問題。

(二)至於農業機械參攷書有：

Jones: Manual of Farm Shop Practice (1940)U.S.$1.00

Smith: Farm Machinery and Equipment (1937) U.S.$3.50

Stone: Farm Machinery(1942) U.S.$3.25

Etcheverry and Harding: Irrigation Practice and Engineering Vol. I. U.S. $2.75-

以上各書均可向中美圖書公司直接訂購(史炳)

(三)熒光燈與量電儀器為本協會最新發行之二種技術小叢書，前者已在八月三十日出版定價三角，至於量電儀器不日亦將出版。(L.)

(四)本協會歡迎初級會友參加，入會手續可參見三十六年十月號工程界。(S.)

·蟲膠唱片·

★(65)天津南開太平里劉炳南先生：

所詢問題遲遲作答敬請原宥。

製造唱片，一般都用蟲膠，惟也有用聚合乙烯系塑料或苯駢呋喃(Coumarone)茚(Indene)樹脂(Resin)的，惟以聚合乙烯塑料製成者成本最高，而効用最好。

(一)唱片外面所塗，係氯乙烯醋酸，乙烯共聚物或苯駢呋喃樹脂等，至於何家有售，一時不易調查。

(二)唱片係純墨色膏子者為蟲膠所製。

(三)(四)氯化乙酸複合物及乙烯樹脂，可函詢上海天津路協和行有否進口。

(五)苯乙烯不能製造唱片，氯乙烯醋酸乙烯共聚物可用在(一)上。

(六)蟲膠唱片表面無光澤因模塑時模子表面不光潔

12665

所致，至於唱片粘附模型，係成份中缺少潤滑劑；唱時掉沫係製品硬度不夠或蟲膠太少之故。

·製蔴機械·

★(66)上海甘肅路中國機織膠布管廠李名川先生所詢製蔴問題謹簡答如后。

製蔴機械種類頗多，以其種類及纖維之不同而異，如黃蔴(Jute)係用乾紡法，而亞蔴(Flax)，苧蔴(Ramie)大蔴(Hemp)則常用溼紡法。普通蔴紡大概程序不外：(一)浸洗將含有纖維素之蔴皮與蔴本身脫離，並將膠質洗去。(二)軟蔴，使蔴經過數吋至數十吋 Roller 之輾軋並加少許水或油類使之柔軟(三)堆置蔴加水及油後加以堆置，使之吸收，然後加以紡製，須經一道或二三道之梳蔴，及併條，然後再將之粗紡而成蔴線，或撚合數根以成為股線，至於製網及膠布管所用之蔴線，不能用黃蔴，而亞蔴，大蔴，苧蔴均可採用，其中以亞蔴最佳，關於製造及機械之參攷書，在我國現僅『纖維工業』雜誌曾有刊載可參照。英文本參攷書有：

Caldwell: The Preparation and Spining of Flax Fibres

Herbert: The Spining and Twisting of Long Vegetable fibres

Marshal: The Practical Flax Spinnor

以上均為英國倫敦 Charles Griffin.& Co.所出版。

·香草油·

★(67)福州林世榕先生：

所詢問題：

一，苛性鈉售價昂貴可用純鹼(碳酸鈉)加石灰水使苛性化後使用以代替苛性鈉。

二，油類遇有不良氣味，以活性碳除去最為理想，礦物油與植物油去臭劑大致相同。

三，香草油英文名 Citrouella Oil 為製皂之香料。

四，生鐵鑄品和粗砂或赤鐵礦砂盛於容器內一同置入爐內加熱，約二日使溫度至70J°C以上，其中之碳化鐵分解而成鐵與游離碳，游離碳更燃燒而剩鐵，保持高溫約2—3日後，使每小時以5—7°C之速度冷却至達500—600°C為止，再此以稍急之速度冷却至100°C，最後於大氣中冷却之即成。

·機器脚踏車·

★(68)河間路亞細亞鋼業廠王樹华先生。

承詢本社有無機器脚踏車一書出版，原先我們曾有過這個計劃。現在我們已出版的小叢書第一種為鎢光燈，另二種工場藍圖讀法等尚未脫稿。關於出版機器脚踏車的計劃我們仍在進行，一俟决定，當即奉告。

茲特介紹坊間現有關於機器脚踏車書籍二册

新編汽車駕駛術　　龍門版

最新實用汽車機械學　　范鳳源著

內均附有機器脚踏車方面文字，可供參閱。(L)

·車床算輪法·

★(69)天津河東旺道莊李洪延先生：

承詢各題遲復爲歉。茲簡答如下：

(1)碳鋼，錳鋼，矽鋼，矽錳鋼，鎳鋼，合金鋼，灰鎢鐵均無俗名；至於鎳，在江浙一帶依音譯稱之爲鎳格爾，又白鎢鐵稱爲白口鐵，此兩名稱在北方不知是否相同。

(2) 未知貴廠所用之車床，主軸與短軸之速比爲多少，及調換齒輪以幾齒爲一級，今將公式列後。

$$\text{主軸與短軸之速比爲}\ \frac{\text{短軸內側齒輪齒數}}{\text{主軸傳動齒輪齒數}}$$

$$\text{導程數(Lead Number)}=\frac{\text{短軸內側齒輪齒數}}{\text{主軸傳動齒輪齒數}}\times\text{長螺旋桿每吋牙數。}$$

$$\frac{\text{導程數}}{\text{所需之每吋牙數}}=\frac{\text{主動調換齒輪齒數}}{\text{從動調換齒輪齒數}}$$

圖(一)爲簡式齒輪系，圖(二)，(三)爲複式齒輪系圖(一)，(二)，(三)中，爲

A主軸傳動齒輪，
B爲倒順向齒輪
C爲短軸內側齒輪
D，G爲主動調換齒輪
F，E爲從動調換齒輪
H爲中間齒輪

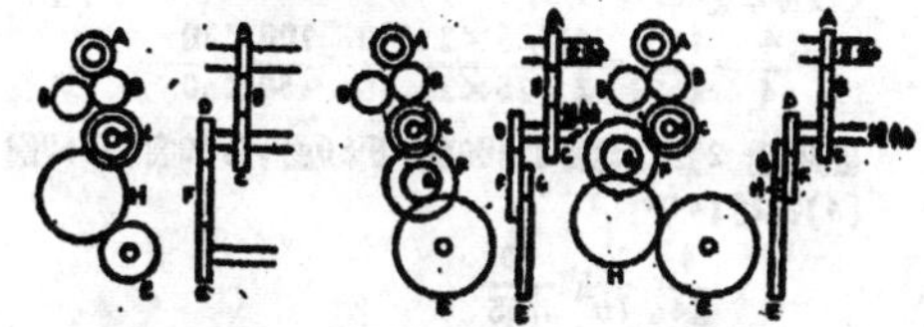

圖(1)　　(圖2)　　圖(3)

今假定貴廠之車床爲最通用者，主軸與短軸之速比爲1/1調換齒輪以5齒爲一級，最少爲20齒，最多爲120齒，長螺旋桿爲每吋4牙，

速比爲1/1，得導程數爲4.

(1)每牙$1\frac{1}{2}$(即每$\frac{2}{3}$吋牙)

填入公式得

$$\frac{4}{\frac{2}{3}}=\frac{12}{2}=\frac{6}{1}=\frac{120}{20}$$

可應用圖(一)之裝置法，D爲120齒，E爲20齒，如不能直接嚙合，可加入中間齒輪H，齒數隨意。

(2)每牙$1\frac{3}{4}''$(即每吋$\frac{4}{7}$牙)

$$\frac{4}{\frac{4}{7}}=\frac{28}{4}=\frac{14\times2}{4\times1}=\frac{14\times5\times2\times30}{4\times5\times1\times30}=\frac{70\times60}{20\times30}$$

可用圖(2)之裝置法，D70齒F20齒，G60齒，E30齒如G與E不能嚙合，可應用圖(3)之裝置法，加入中間齒輪H，齒數隨意

(3)每牙$\frac{1}{4}''$(即每吋4牙)

$$\frac{4}{4}=\frac{4\times1}{2\times2}=\frac{4\times25\times1\times30}{2\times25\times2\times30}=\frac{100\times30}{50\times60}$$

應用圖(2)或(3)得D100齒，F50齒，G30齒，E60齒

(4)每吋14牙

$$\frac{4}{14}=\frac{20}{70}或\frac{30}{105}$$

應用圖(1)得D20齒E70齒，或D30齒，E105齒。

(5)每吋26牙

$$\frac{4}{26}=\frac{4\times1}{13\times2}=\frac{4\times5\times1\times25}{13\times5\times2\times25}=\frac{20\times25}{65\times50}$$

應用圖(2)或圖(3)，D20齒，F65齒，G25齒，E50齒

(6)每吋32牙

$$\frac{4}{32}=\frac{4\times1}{8\times4}=\frac{4\times5\times1\times25}{8\times5\times4\times25}=\frac{20\times25}{40\times100}$$

應用圖(2)或(3)，D20齒。F40齒，G25齒，E100齒

·登陸艇·

★(70)橫浜橋黎仁智先生：

所詢關於登陸艇零件，簡復如下：

登陸艇上所用之Thermal-Couple Wire之質料，乃Chromel及Alumel二種，係用以測知汽缸內爆炸溫度，可由pyrometer上讀出。其作用如下：兩Wire之一端係熔接成一measuring or hot junction置出在所欲量溫度之處。另一端保持常溫，稱之曰Reference or Cold junction。此二端之溫度差別所誘生之Electromotive force與溫度之差數(Temp. diff.)成比例。同時即可由指示儀器如一millivoltmeter或potentiometer量出(此儀器乃pyrometer之構成要件)。

·晒圖紙·展覽會·

★(71)徐家匯任紹基先生：

所詢關於晒圖紙各節，謹答如下：

晒圖紙上海可買之處甚多，如需少量可向四馬路共和書局購買。如需大量可向北京西路35號馬江晒圖公司洽購。至太陽直晒時間，如過長則感光太久，易成白色；感光不足則糊模。普通約十分鐘左右。

承你關切本會，希望今年有一個類似去年雙十節的模型展覽會。可以奉告的是中國技術協會近日正在積極籌備一個新技術展覽會。詳息見本期專文及另訊。

讀者信箱

本公司出品之一：4+16廿門無繩式小交換機

中國自動電器股份有限公司

CHINESE AUTOMATIC ELECTRIC CORP. LTD.

1366 SZECHUEN ROAD N. SHANGHAI 5.　CABLE "AUTOMATIC"

上海(五)四川北路一三五六號　電話(02)61236轉接各部(二綫)　電報掛號上海593258

教育界的空前巨獻　化學界的最新創製

教育部審定京滬蘇浙皖湘等教育廳局通令各校採用

今後每個學校應該有而且可能有化學實驗了！

育發化學公司

“Always Satisfies You”

非常節約的器材(配合)特殊設計的書本

	育發中學化學實驗成套器材(金圓券)				育發中學化學實驗叢書
1. 高中化學示教實驗	A. 基本實驗儀器 B. 基本實驗材料	170件 140種	$100.0 $ 75.00	共175.00	每本0.50
2. 初中化學示教實驗	A. 基本實驗儀器 B. 基本實驗材料	153件 103種	$ 0.00 $ 60.00	共140.00	每本0.40
3. 高中學生化學實驗	A. 組用儀器10組 B. 公用儀器1組 C. 藥品材料供12組用 D. 損壞補充儀器	594件 33件 83種 98件	$120.00 $ 18.00 $ 74.00 $ 8.00	共220.00	每本0.30
4. 初中學生化學實驗	A. 組用儀器10組 B. 公用儀器1組 C. 藥品材料供12組用 D. 損壞補充儀器	450件 19件 39種 41件	$ 100.00 $ 7.00 $ 20.00 $ 3.00	共130.00	每本0.20

終止無實驗的黑板學法，提倡效率高消費少的實驗。

本公司除設計節約實驗器材外，更致力於製造純粹化學藥品(C. P. Chemicals)如：純硫酸，純鹽酸，純硝酸，純硫化銨，純溴素，純氯化鈣，純氯化鈉，無水酒精，純磷酸鈣，純甲酚磺酸鈣等供各大學研究室，藥廠之用歡迎垂詢

※外埠貨款請交銀行或郵局匯交上海吳淞路345號本公司，一待匯到當立即代爲裝運穩妥迅速。

※成套器材安裝於特製之木箱內不另收裝箱費。木箱可利用改裝爲器材儲藏櫥，方法書中詳告。

※外埠購買酌加運費10元，待後根據實際付出多還少補。如在上海本埠交貨者免收。

※每套器材中「器」與「材」可分別分組或分件分種供應。

※定價上落以本公司所訂者爲準。

※購買育發成套器材者附贈相配之書本一冊。

上海(5)吳淞路345號　電話43983　電報掛號598121

亞光實業公司

Asiatic Industrial Company Ltd.

經理歐美各大名廠出品

馬達變壓器發電機

油開關配電盤

無線電收音機

電風扇

火表水表

銅線電纜

測量器具光學儀器

彈子培令

紡織機械及另件

人造絲

地址：上海廣東路九三號二〇三室

電話：14723　12037

電報掛號535017或ASMAC

資源委員會

中央電工器材廠

出品內容

電線　電纜　電燈泡　電話機

電話交換機　開關設備　電動機

發電機　變壓器　電表　電

·製造一切電工器材·

·供應全國電工需要·

營業處

南京	中山東路東海路8
上海	廣東路137號3樓
漢口	北京街業銀行2樓
天津	羅斯福路298號
北平	崇文門大街48號
重慶	中一路四德里一號
昆明	環城東路46號

欲使研究製造工作順利完成

請請選用

商標之

化學玻璃儀器

中央化學玻璃廠出品

上海(11)漢口路566號
電話 95593
南京(2)太平路412號

申新紡織第二五廠

精工製造各支棉紗

管理處： 上海江西路421號 電話 19620

第二廠： 上海宜昌路52號 電話 34234

第五廠： 上海長陽路1316號 電話 51926

商標

天女散花 童子軍 寶塔

國內著名之電器製造廠

華成電器製造廠

性能卓越
工作可靠

出品要目

發電機
變壓器
電動機
配電板
各種開關

兼辦各種電氣設備之設計保養及修理事項

辦事處　上海廣東路一五三號
電話一四五八九　電報掛號二六三二

廠址　上海周家嘴路九五九號

江蘇南翔鎮北市梢

燈泡權威

亞浦耳

中國首創

省電耐用

中國亞浦耳電器廠出品

總發行所：上海北京東路四九二號　電話九四四三三

中國科學期刊協會聯合廣告（以筆劃多少爲序）

中國技術協會出版
工程界
通俗實用的工程月刊
·編輯發行·
工程界雜誌社
上海(18)中正中路517弄3號
·總經售·
中國科學圖書儀器公司
上海(18)中正中路537號

國內唯一之水產刊物
水產月刊
介紹水產知識
報導漁業現狀
民國廿三年創刊卅四年復刊
上海魚市場編印
發行處
上海魚市場水產月刊編輯部
上海江浦路十號

通俗性月刊
化學世界
普及化學知識
報導化學新知
介紹化工技術
提倡化工事業
售價低廉 學生另有優待
中華化學工業會主編
上海(18)南昌路203號
中國科學圖書儀器公司
上海(18)中正中路537號

全國工程界唯一的
建築讀物
中華工程週報
工程消息 報導詳實
專家執筆 內容豐富
中國工程事業
出版公司
南京(2)中山東路
四條巷163號

中華醫學雜誌
中華醫學會出版
上海慈谿路41號

世界農村
介紹最新農業科學
設計改良農村切實辦法
全國唯一大型農業月刊
專家執筆 內容豐富
插圖精美 售價低廉
世界出版協社發行
主編人：常宗會
總經售處：世界書局及各分局

世界交通月刊
提倡交通學術
推進交通效率
世界交通月刊編輯部
南京白下路93號
各地世界書局經售

科學
發行最久 內容最新
傳佈學者研究心得
報導世界科學動態
爲科學界
決不可少的刊物
每月一日出版 絕不脫期
中國科學社編輯
中國科學圖書儀器公司
上海(18)中正中路537號

大衆的科學月刊
科學大衆
闡述世界科學進展
介紹國內建設情況
專家執筆 圖文並茂
創刊一年 全國爭誦
中國大衆出版公司
出版
上海博物院路131號323室

科學世界
科學專家 大學教授執筆
研討高深科學知識
介紹世界科學動態
出版十五年 銷路遍世界
中華自然科學社出版
總社：南京中央大學
上海分社
上海威海衛路二十號
電話 六〇二〇〇

理想的科學雜誌
科學時代
內容豐富 題材新穎
科學時代社編輯
發行
上海郵箱4052號
利華書報聯合發行所經售

風行全國十五年
科學畫報
出版以來 從未間斷
讀者衆多 風行全國
專家執筆 內容充實
插圖豐富 印刷精美
楊孝述主編
中國科學圖書儀器公司
上海(18)中正中路537號

國內首創之紡織工業雜誌
紡織染工程
中國紡織染工程研究所出版
中國紡織圖書雜誌社發行
上海江寧路
1243弄91號

現代鐵路
鐵路專家
集體寫作
曾世榮 洪紳 主編
現代鐵路雜誌社發行
上海(9)南京西路612/9
上海郵政信箱2453號

婦嬰衛生
月刊
楊元吉醫師主編
以新奇，有趣，生動，通俗，之筆墨介紹衛生常識。
是婦女的良伴
是嬰兒的保姆
大德出版社發行
上海江寧路二九三號
大德助產學校

電工
中國電機工程師學會會刊
中國工程師學會合作刊物
·登載·
電工專門論文
電工學會消息
發刊十五年
第十六卷本年出版
中國電機工程師學會主編

電世界
介紹電工智識
報導電工設施
信箱——解答疑難問題
資料室——供給參考資料
實驗室——介紹簡明實驗
中國 機工程師學會
上海分會主編
電世界社出版
上海九江路50號106室轉
中國科學圖書儀器公司
上海(18)中正中路537號

民國六年創刊
學藝
中華學藝社編印
上海紹興路七號
上海福州路
中國文化服務社代售

民國八年創刊
醫藥學
黃勝白 黃蘭孫 主編
綜合性醫藥報導月刊
民國三十六年五月復刊
訂閱請函
上海(0)北京東路226號
二樓68室
電話19360
醫藥學雜誌社

紡織染界實用新型雜誌
纖維工業
纖維工業出版社出版
上海餘姚路698號
作者書社經售
上海福州路271號

斯太靈牌濾油機

STREAM-LINE OIL FILTER

欲節省潤滑油消耗請從速採用●

斯太靈牌濾油機

潤滑油價格昂貴，若不時常更新，必致損壞寶貴機件，若隨濾隨棄，徒增國家外溢消耗，欲節省外溢，合理解決辦法，唯有從速採用**最新式斯太靈牌**(Stream-Line)**濾油機**，本機構造堅固，功效偉大，凡污濁滑油，**經本機過濾後**，所**得油質，與清潔新油相等**，設備一具，所有全部費用，即可於短期間內，自節省潤滑油中補償，純無耗費，確為對於潤滑油用戶之一個重要貢獻。

(備有詳細目錄函索即寄)

VACUUM GAUGE
THERMOMETER
HEATER SWITCHES
CLEAN OIL RECEIVER
FILTER
VACUUM PUMP
MOTOR
AIR BOTTLE
DIRTY OIL CONNECTION

發電廠必備

斯太靈牌絕緣油濾油車

斯太靈牌活動濾油車，專供發電廠用於濾除變壓器絕緣油內所含一切潮氣雜質固體，為維持電源供給最高效率所必需，今世界所有大小電廠，早已競相採用，不脛而走，洵為一最實用之器械。

用戶一班

中國公共汽車公司　淮安電氣公司
錫滬長途汽車公司　香港電燈公司
江南汽車公司　九龍公共汽車公司
上海法商電車公司　亞細亞火油公司
上海自來水公司　香港黃埔船廠
濬浦局　太古船廠
中華煤球公司　鼓浪嶼中華電氣公司
浙江省公路局　油蔴地渡輪公司
大冶富華煤礦公司　岐關汽車公司
江陰華明電氣公司　南通大生紗廠

用戶衆多　恕不備載

中國總經理

馬爾康有限公司

上海匯豐銀行大樓一一七號　電話一一二二五

上海郵政管理局執照第二四二六號

內政部登記證京警滬字第一一七四號

本期特大號定價每冊五角

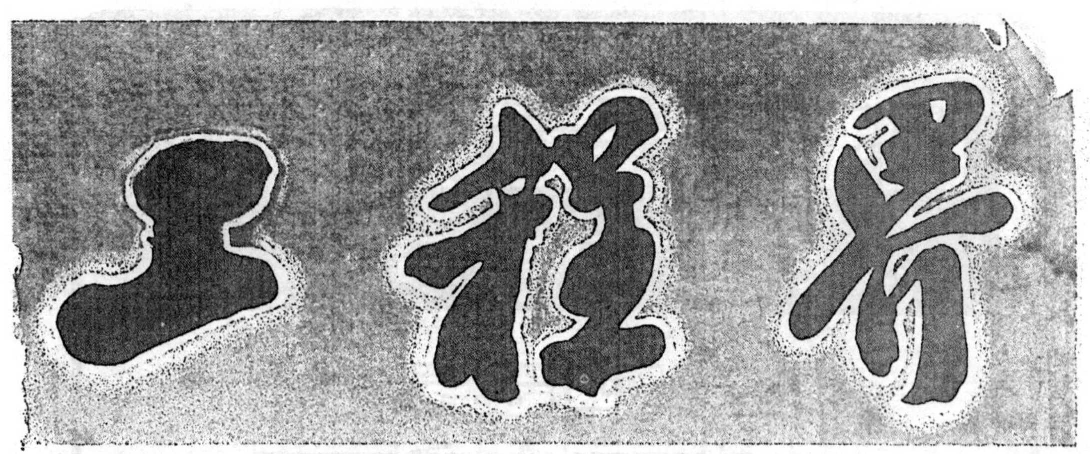

第三卷　第九期　　　　三十七年十一月號

上圖：大威工業公司出品之標準化三相感應電動機（參閱本期專文）

中國技術協会出版

新安電機廠

股份有限公司

主要出品

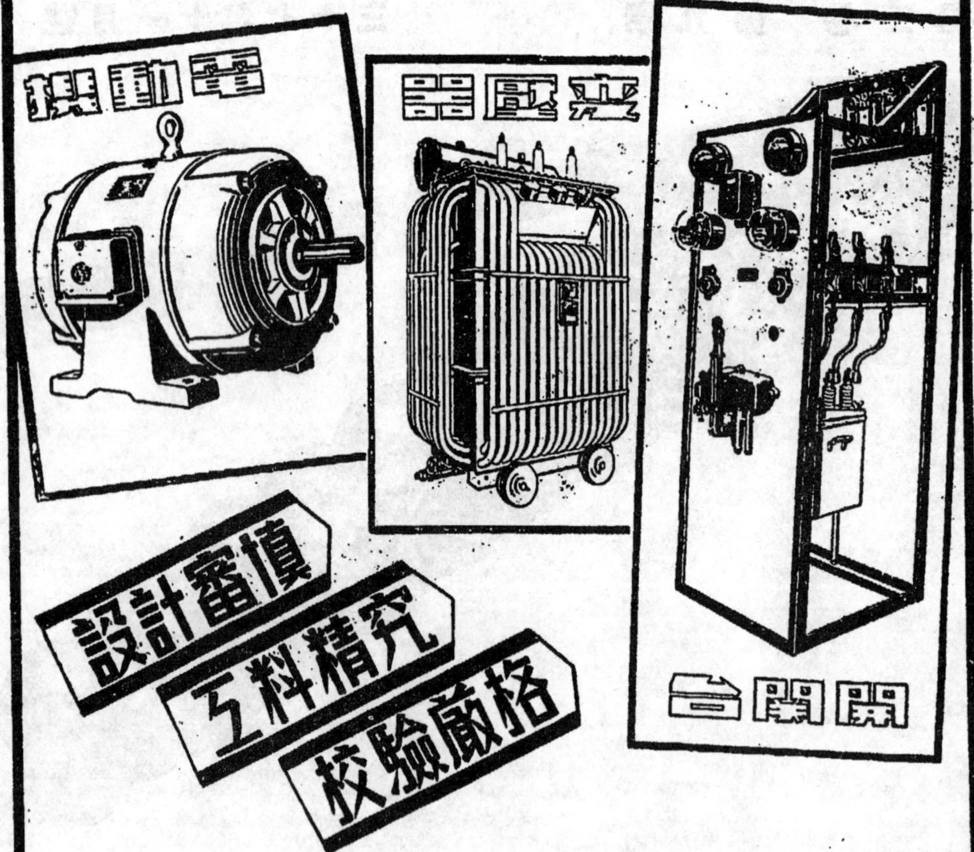

電動機
變壓器
開關台
設計審慎
工料精究
檢驗嚴格

事務所·上海南京西路八九三號大滬大樓五樓 電話··六〇〇九〇

廠址·上海常德路八〇〇號 電話·三五七五三(電報掛號·〇七八九)

——中國技術協會主編——

·出版·發行·廣告·

工程界雜誌社

代表人　宋名適　鮑熙年

上海(18)中正中路517弄3號（電話78744）

·印刷·總經售·

中國科學公司

上海(18)中正中路537號（電話74487）

·分經售·

南京　重慶　廣州　北平　漢口

各地

中國科學公司

本期基價每册金圓捌角

按照上海雜誌同業協議倍數發售

倍數如有變更請參上海大公報廣告

訂閱辦法詳見插頁說明

POPULAR ENGINEERING

Vol. III, No. 9 Nov. 1948

Published monthly by

CHINA TECHNICAL ASSOCIATION

517-3 CHUNG-CHENG ROAD,(C),

SHANGHAI 18, CHINA

·通俗實用的工程月刊·

第三卷　第九期　三十七年十一月號

目　錄

註册商標
TRADE MARK
雙馬 富貴
"DOUBLE HORSE" "FUKWEI"
國內規模最大設備最全
申新紡織第九廠
Largest Establishment with best Equipment in the Country
SUNG SING COTTON MILL NO.9
140 MACAO RD. TEL. 39890
SHANGHAI • CHINA
上海澳門路一四O號 電話：三九八九O

12683

台灣工業必需和中國大陸的工業周密配合地起來，才能有前途！

台灣工業展望

楊 謀

自從台灣光復以來，它地位的重要，已漸為國人所認識。在這遍地烽火的大陸上，遙望這孤懸海外的寶島，自然格外令人感覺得它的安定；而日人統治五十年來榨取台胞血汗所經營的建設事業，也已經奠定了一個很好的基礎，吸引着國內工業界人士的興趣。在大家的眼光集中向着台灣看齊的時候，對於台灣自應有一個概略的認識。

台灣的地理環境

台灣位於我國東南，屹然獨立，形像芭蕉葉，合本島及澎湖列島並其他附屬島嶼，為台灣省之總稱。東臨太平洋，東北毗琉球羣島，南與菲列賓僅隔巴士海峽，西南與福建之金門廈門相望，在國防上講，台灣實是東南的門戶，地位非常重要。

台灣全省面積為三萬五千九百六十一方公里強，約為福建省面積三分之一。境內多山，中央山脈縱貫全省劃分為東西兩部，東部地勢傾斜，西部則甚平坦。海岸山脈緊依東部海岸，自北向南，與中央山脈平行，大屯山脈自琉球羣島之南端至本島之西北端，再向西南延展，而形成澎湖羣島。這些山脈，蘊藏着台灣的礦源。北回歸線橫跨本島中部，南部近熱帶，北部近溫帶，氣候溫和，雨量充沛，因此本島為極適宜於農業的區域。

但是，就自然環境言，台灣亦有其缺點：就資源言，煤鐵不足，因此無法發展重工業。就土地言，土壤並不十分肥沃，亟須肥料的供給，而颶風、地震，更隨時可使蒙受到慘烈的破壞。雨量雖然充足，但是均集中於雨季，每年雨季中降下的雨量，約占全年雨量百分之七十至八十，因此往往造成雨季時洪水泛濫，農作時又缺水的現象，而台灣的河流，洪水位與枯水位相差極巨，也就根本無航運可言。

電力·交通

台灣今日工業的發達，主要的原因是由於電力、交通的儘量開發。電力和交通本來是一切工業之母，工業發展的先決條件，必須看這關鍵工業的興衰。我們翻閱日本統治台灣的歷史，它曾經有過放棄台灣的計劃，可見當初的台灣，並不是就有這麼好的工業基礎的。而在電力、交通事業開發的過程中，也幾次因為戰爭、經濟的原因停頓，可見建設事業，也本不是一蹴可就的事情。

台灣現可運轉的發電所，共二十八所，裝置發電量共 274,019 瓩。其中利用水力者二十一所，裝置發電量為 219,795 瓩，約占全發電量百分之八十。火力發電者共七所，裝置發電量共 54,224 瓩，其中『大觀』及『鉅工』兩水力發電所，共發電量115,000瓩，最爲舉足輕重。台灣巳完成之水力發電所皆係水路式，內除大觀及鉅工二發電所，利用日月潭水庫作季節調整外，其餘皆係天然流量發電所，毫無貯水及調整作用。但因南北各水力發電所，均巳聯成一系，如中部南部冬季枯旱，日月潭貯水低落時，北部則正値雨季，河流流量充沛，因此各河流流量之分散作用，可充分利用。

台灣的交通，在光復以前，公路方面巳經完成的幹線和支線達三千七百九十七·五公里，連鄉村道路併計，共達一萬七千五百十五·六公里，平均每百平方公里，有公路約四十八公里，非但密度遠較國內任何一省爲高，路基，橋樑，涵洞亦較優勝。鐵路方面，省營線共九一六·一公里，私營線共二九二九·〇公里，共計三八五四·一公里。建築工程，極爲艱巨。如國營線中，橋樑共達一二六九座，共長三十三公里餘，隧道共五十七座，共長十八·五公里。其中淡水溪橋長一五二六公尺，草嶺隧道長二一六六公尺，均係鉅構。

在台灣的建設事業中，還有値得一提的，便是嘉南大圳。台南縣雨量充沛，但因雨量集中雨季，因此久旱無以灌漑，氾濫無以排水。對沿海一帶的强鹽分地，和中部一帶的沙土地約十五萬餘公頃，無法可以改良，農作物生產，完全仰賴天時，舊稱『望天地』。但嘉南大圳完成以後，此十五萬公頃土地，遂一躍而爲肥沃，生產力增進二倍至五倍，確係功效卓著。

目前工業概況

台灣今日工業的發展，無容諱言的是日人統治時代榨取的結晶，日本人從事的工業建設，當然是和日本國策所配合。在初期建設中，它一方面努力求自足，以減輕負荷過巨的建設費用，而一方面興水利、開發電力、交通，以培植工業的基礎。在第二時期，它便實行工業日本，農業台灣的政策，以遂其榨取的目的，工業方面，均係儘量利用台省物資並將糖米農產加工。其後日本南進之意益急，台灣遂進而爲南進的基地，以攫取南洋華南等地物資。台灣光復以後，我們目前的初步目標也只是在恢復台灣工業在戰爭中所受的摧毁和損害，至於今後台灣工業建設的目標，也是一個極値得研究的課題。

台灣現有工業，主要的有下列數類：

糖業——台人製糖原始於十六世紀。全用甘蔗提製，日本佔台期中，極力推廣經營，改用新式機器，故生產量極大，占世界總產量百分之六，占亞洲百分之十四强。製糖工廠原有四十二所，原產糖量年一百二十萬噸，戰時受空襲損壞甚重，現均巳陸續修復，預計本年度可產糖四十萬噸，爲台灣最大之企業。

化學工業——台灣化學工業中，以肥料業占最主要地位。原因係本省需用化學肥料，年約三十餘萬噸，而本省產量，過去僅達五萬餘噸，不足之數，向賴日本源濟。全省肥料六廠，均因戰爭損失甚巨，修復者現有五廠。據台省農林處的估計，年需氮磷質化學肥料約四十萬至五十萬噸，與目前生產量相去極遠。紙業部份，本省紙廠及紙漿工廠，戰前大小共十六家，接收時僅有二三廠開工，經努力修復後，現巳有十五廠復工。樟腦部份。有省樟腦局負責產銷，爲本省特產之一。此外橡膠、化學製品、油脂、碱各種化學工業，亦均經逐漸恢復努力生產。

纖維工業——過去日本不欲台灣工業與本國工業利害相衝突，因此對纖維工業不甚注重。台產纖維植物甚多，而以苧蔴爲大宗，可製蔴袋、蔴線、及軍用衣布。

食品工業——台省食品工業甚爲發達，其中以砂糖爲主，再製茶次之，罐頭食品又次之，以下爲餅乾、蜜餞、醬油、麥酒等。

水泥工業——水泥之原料爲石灰石，在台灣南部及東部產量頗豐，現年產量即可到達戰前數字，年可產四十萬噸。

金屬工業——鋁業與國防關係，至爲重要，日人時代共有煉鋁廠二所，一在高雄，一在花蓮港，受轟炸損失極烈，最高年產量氧化鋁爲三萬二千噸，可出鋁錠一萬二千噸，接收後拆拼湊用，巳修復高雄工廠，年產氧化鋁一萬六千噸，鋁錠四千噸。原料由國外源源運入。金銅礦務局係在基隆金瓜石，設備亦巳逐漸修復，現月產黃金一〇〇〇至一五〇〇市兩，白銀一〇〇〇至一五〇〇市兩，電銅五〇——一〇〇公噸。

綜觀台灣的工業，完全是以農產加工爲主，而重工業的發展，因爲地下蘊藏的不够，似乎沒有什麽希望。今天台灣的所以爲工業界人士所矚目，主

12686

要的原因是由於它環境的比較安定，而政府對於這塊新的工業基地，最重要的任務也還是怎樣增加它的安定性。

台灣能自給自足嗎？

到現在爲止，台灣的工業還只是在努力復原，因此像菌業，像石油業，雖然原料須仰仗國外，但是爲了利用原有的設備，也在加以修復。而新的工業的發展，尙有待於工業界的努力。

但是，台灣工業的發展，應該向那一條道路走呢？

毫無疑問的，台灣工業應該和中國大陸工業相配合。因爲不只大陸工業的發展需要台灣的協力，而台灣的工業事實上也必須大陸的合作。不過，因爲大陸戰火的深從，幣值的動盪，而台灣則有台幣作它的防波堤，因此，台灣和大陸，在目前情況下，很難密切地配合。

很多人在想台灣的自給自足，把台灣的工業劃出動盪的圈子。當然，這也不是完全自私的打算。沒有安定的環境，工業決不會有發展，而工業的發展，對國家當然有百利而無一弊。不過，工業的發展，也不是全可憑人力的控制，對於天賦的地理環境，還是一個極有力的影響因素。

今後的工業，發展有二個原則，第一是儘量利用資源，第二是儘量供應本省的需要。過去日人時代，很多粗製品如糖銅鋁等均須運日精製後再銷售各地，這種工業上的殖民地性，當然必須要加以剷除。利用資源方面，如電石、蔗渣的利用，木材乾餾樹皮及木屑的應用，樟腦油副產品的利用，均可作爲新設工業的對象。供應本省需要方面，如肥料工業，機器工業，更應迅促求自足。大陸和台灣，必須要用周密的配合計劃，使原料、技術、生產、運銷都能相配合，否則過份斤斤於自給的原則，一定是不會有利的。

在目前，台灣的工業建設，的確比大陸好，然而着眼於將來的發展，那末台灣究竟囿於一個島上，資源也自有限，可是，在全國性長期建設中，因爲台灣工業的發達，無疑地它將擔起一份極重要的擔子，爲了促進中國的工業化。

美國人估計的
蘇聯工業生產數字

蘇聯的工業生產數字對於世界工業生產素來是一個謎，因爲官方發表的數字都是用百分率來表示的，而英美各國對於它底數字也都不屑一顧。近來，也許需要"知已知彼"的緣故吧，英美對於蘇聯的生產數字也特別感到興趣起來，下面一張表是一家美國雜誌 Business Week 所編製的重要生產數字估計，發表在該誌六月五日出版的109期上：

主要工業	單位	1940	1946	1947	1950（計劃）	1947占戰前生產之百分比
石油	百萬公噸	31.2	22.9	27.2	35.4	87.1
鉎鐵	百萬公噸	14.9	10.0	11.4	19.5	77.5
鋼	百萬公噸	18.3	13.1	14.0	25.4	76.5
煤	百萬公噸	166	166	175	250	105.4
曳引機	千輛	34.0	14.0	28.0	112.0	82.4
棉織品	百萬方公尺	4,030	1,891	2,515	4,686	62.4
毛織品	百萬方公尺	124	74	98.6	159	78.4
發電量	百萬仟瓦	13.2	12.7	14.7	22.4	111.3
職工人數	百萬人	30.4	30.3	31.5	33.5	102.9

香料廣用於日常生活化學製成品中，我國的香料工業還是落後的！

我國的香料工業

若　中

香料工業在我國除了光復後的台灣以外，原是非常幼稚的，比起歐美各國的 Bush, Schimmel, Polak等歷史悠久的工廠來，眞是瞠乎其後。台灣產香料很富。經日人經營後，大規模的香料工廠不少，其中如「高砂」之類，在遠東很負盛名，在日人經營時代，曾培養出不少化學人材。

我國香料工廠，大抵集中在台灣和上海兩地，現約略分述於後，但筆者見聞有限，掛一漏萬，在所難免，幸讀者諒之。

台灣的香料工業

台灣的香料工廠，戰後合併成化學製品公司，所屬有台北化學廠，竹東化學廠。松山化學廠，台北香料廠，員林香料廠，中山太陽堂，和台灣香料廠等廠。其中台北化學廠規模最大，就是從前有名的「高砂」，廠設在台北大安，附設農場數百甲，工場有十三所，化學工業上的蒸餾，冷凍，分離，乾燥等設備很完全，竹東化學廠就是從前日本鹽野竹東工場，設在竹東，主要設備是蒸汽蒸餾和眞空蒸餾，也附有農場。松山化學廠是從前日本香料藥品會社台灣分社，設在松山五分埔，主要製品爲 Linalcol 和 Linalyl Acetate，亦有農場。台北香料廠是從前日本曾田台灣工場，在台北三重埔，製花精及果皮油，無農場。員林香料廠從前是小川分社，設在員林，製果皮油和食品香精，有農場三百甲，分佈於魚池，嘉義和大湖三地方。中山太陽堂設在台北三重埔，製花精和化粧品爲主。台灣香料廠設在大湖，有香茅草蒸餾設備。

上海的香料工業

上海的香料工廠，與台灣的作風不同，大抵以製造香精原料爲副，製造混合香精爲主。因爲製香精原料，設備大利潤薄，製混合香精則設備小利潤厚。全市已入公會的正式工廠約二十餘家，較著名者有鑑臣，百里，嘉福，隆建利，生豐，亞美斯古，茂林，華元，溢芬，綜合，開隆，等數家。因爲商業競爭關係，各廠都略帶秘密性質，想確實知道各廠的實際情形，不甚容易。現就傳聞所得，略記於後：

鑑臣歷史最久。創辦人李潤田現任香料業公會理事長，販售外貨香精原料，自製的貨品以混合(Compounding)爲主，製造香精原料的設備却不甚完全。所以它對香料工業眞正的供獻並不多。(本文所說的混合香精就是把香精原料以不同成份併起來的製成品，除攪和外，不經任何工業手續的)。百里却與鑑臣相反，製造的香精原料很多，如乙酸丁酯，水楊酸戊酯，乙酸苄酯，Geraniol等。嘉福設有利培化學廠，主要出品是用 Safrol 製 Heliotropin。隆建利主要業務也在混合香精，自製的有 Ionone。亞美斯古以食品香精爲主，現在也兼營化粧品香精，自製原料有乙酸丁酯，Oenanthic ether, Dihydro-methyl-ionone, Dihydro-ionone等，但僅供自用。茂林主要業務是販售原料和製造混合香精。華元專製酯類，不做混合香精，它的主要市場或許在噴漆方面。溢芬據說曾作精煉肉桂油等工作，以便外銷，但主要業務也在化粧品用混合香精。

所以，要是拿上海的香料工廠來說，離開眞正稱得上香料工業還遠，現在只做到小數點後的第三位。(雖然上海那些工廠能賺很多錢，但要眞的香料工業成立，還得由一般不專圖厚利的有心人負起責任來！)

香料的原料

其次再談到香料的原料問題，我國麝香在內地產得很多，西藏所產尤富，佔我國產量百分之八十左右，但品質却次於雲南所產的麝香。用於化粧品香料。人造麝香出現後，已受相當打擊。人造麝香通常有三種 Musk xylol, Musk ketone 和 Musk ambrette，其中以第三種最佳最貴，每磅在國外約七元五角美金，這三種人造麝香我國因原

12688

料關係，沒有一種可以自製。

薄荷油和薄荷腦是東方的特產，在太倉嘉定浦東等地都有種植。以前崇明也種過。但因糧食和燃料問題，所以曾禁種過，至今這島上已多年不種薄荷了。上海有薄荷廠多家，但因原料關係，停工的日子常多於開工的日子。

八角茴香油是我國的特產，產於廣西西南部，雲南東部也出產，每年出口很多，香味稍遜於大茴香油。國外市場上每磅的美金六角至七角。

肉桂油一名月桂油，產在我國南方，從肉桂樹的皮葉等用土法鹽水蒸餾而得，色共深，如能脫色，當更利於外銷。

松節油也盛產於我國，加工改製後用作肥皂及廉價香料。

台灣所產原料很多，在嘉義有溶劑廠大量製造丁醇丙酮，用發酵方法，這非但是香料原料，更作他種溶劑用。

樟腦附產油在台灣每年最高產量達數千噸，分白油，芳油，赤油及 Terpineol 等，全部由南門工廠產出，亦由該廠控制。「高砂」所用的主要原料就是這些油類。香料中主要原料如 Linalool, Safrol, Cineol 等都從這些附產油中提出。又台灣所產栳樟、有樟、牛樟等。也都含有香料，如有樟油中含 Safrol達百分之九十五左右。

台灣香草中以香茅草最重要，產於新竹大湖，多由日人自南洋移植而來，每年最高產量曾達三百噸。現在百噸以下，Citronellal, 和 Geraniol 含量在百分之八十以上。此外有 Patchouli, Lemon grass及薄荷等。前一種是固定劑，Lemon grass 可提 Citral 製Ionone。又有一種印度羅勒草，含有Eugenol，也是一種重要原料。

果皮油在台灣也很多。如橘子油，檸檬油等產量尤富。

花精中以橘花，茉莉花、玫瑰花三種用途最廣，台灣產斗柚花與秀英花，前者與橘花相似，後者爲茉莉之一種，台北草山，新竹苗栗，台中等地都有這些花地。抽花精在台灣只有台北香料廠和中山太陽堂有這種設備。

我國香料工業的前瞻

總觀中國的香料工業，在台灣因由日人的政策，只做些粗製原油，在上海却因主持者多商人而少工業家，所以無形中似乎脫了節。更可笑的是上海這些商人在過去直到目前，用種種手段想獲取數百元至一萬餘元(美金)的限額外匯。向國外定購香料。依一般情形說來，用限額外匯向國外購香料往往比自己做這種香料便宜，因此定來的香料並非自己都不能做，只是在營利的目的下，什麼都不顧了。這樣下去，很可能造成一種可怕的現象，即：台灣依然是他國獲取粗製原料的場所，而上海却成爲外國買辦，向自己國內傾銷外國加工原料的地方了。

根本的辦法還得着自利用已有的原料，假使在台灣目前還不能完成整個香料工業（就是繼粗製後，加以精製和調和）。在上海的香料工業家應負起這個責任，與台灣密切聯繫。甚至合併到台灣去，將我國既有的香料作一整理，不使原料的供應有所偏枯。設法移植別地方的佳種，使新的原料能陸續產生，閩廣浙台等地都宜於栽培。在人造香料方面，我國因工業原料的缺乏（尤其煤膏工業原料，）目前雖感困難，但以我國產煤之富，將來煉焦工業發達，我們的人造香料工業總有建立的一天。

最後想一談香料工業的本身。一般人的誤解，以爲它是一種奢侈品工業。但事實上未必盡然；除了化粧品之外，他的用途廣及藥物。飲料，糖果，糕餅，以至牙膏，肥皂等等，假使肥皂中不加香料，洗衣時將盡是牛油氣；牙膏中不加香料，將無涼爽的感覺；所以它也可說是一種與日常生活有關的工業，事實上對於國計民生也有密切關係的呢！

生物學在工程上的應用,把人類從病苦中拯救出來!

"肺病特效藥"—鏈黴素的製造

明　希

一九四八年在醫學界出足了風頭的"肺病特效藥",雖然在中國說來,還只是少數人的享受品。然而,人類在主宰自己底命運過程中,畢竟發現了一線曙光!它是生物學、醫學和物理化學在工程上應用的一個例子;最值得注意的是:推究這"肺病特效藥"在今日所以能大量製造,大量生產的緣故,使我們深深地感到:在目前任何一種新技術的完成是必須仰仗集體的力量,那就是說:科學家們和工程師們必須協力同心,方才能克服種種困難,完成最終的目標—為人類增進幸福。

STREPTOMYCIN

鏈黴素的構造式

在工程界裏進步得最快的,目前要算是化學工程了。當化學工程在開始發展的時候,我們祇有化學家和機械工程師,前者是終日埋首於化驗室各項機械中的試管工作,而後者又專門從事於廠中各項機械和存儲器的製造和運用,在這裏,一個兼有化學和機械訓練的工程師的產生已經是一件非常自然的事情了。但實際的發展,卻並不如理想一般的迅速,經過了許多人們的努力,尤其是最近的,William H. Walker 等諸氏,化學工程開始在單位程序(unit process)的基礎上建立起來。所以在目前化學工程師已經不是化學家兼機械工程師了,他必須具有各方面的科學和工程知識,而不再是淺膚的化學和機械知識而已。

"生物工程"這名詞,在這裏也跟着建立了起來。雖然"生物化學工程"也許比較更適合些,但事實上,生物化學和生物物理卻是同樣重要。同時我

鏈黴素是怎樣開始大量生產的?

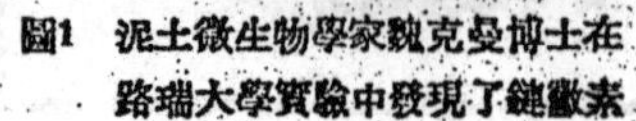

圖1　泥土微生物學家魏克曼博士在路瑞大學實驗中發現了鏈黴素

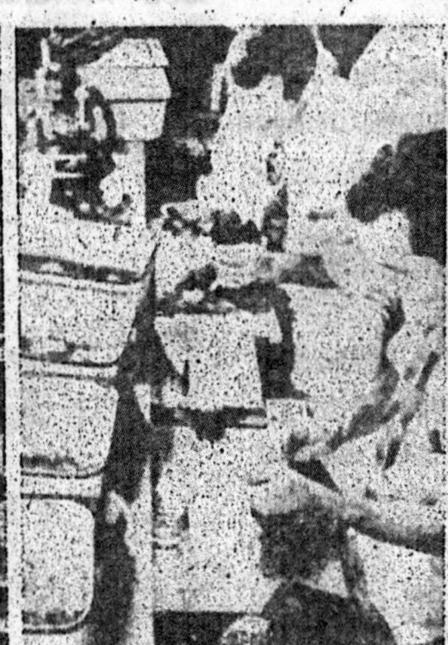

圖2　動物試驗的結果證明了鏈黴素對於人類的貢獻

圖3　在實驗室中的研究工作奠定了大量製造的基礎

12690

圖4 鏈黴素製造的第一步，在15.000介侖的容器內進行發酵作用

圖5 從發酵後的廢液內收回多餘之鏈黴素

們也不要忘記，化學工程如果可用數字來表示化學和物理的成果，那末消耗者的費用也要同時予以計算在內。

從配尼西林到"肺病特效藥"（青黴素）（鏈黴素）

青黴素對於一部份有機體克蘭氏陽性反應細菌（Gram-positive Organisms如梅毒、白喉、獸類傳染病細菌都屬這一類）。的驚人殺菌力給於人類的偉大貢獻，已經是毋庸否認的了。但對於另一部細菌——克蘭氏陰性反應細菌（如結核、傷寒、流行性感冒等細菌均屬此。）却完全無效。於是接着就有數萬種微菌在世界各地數百個實驗室中被微生物學家做起試驗來，最著成效的當首推魏克曼博士(Dr.Solmon A. Waksman)，他在路瑞大學(Rutgers University)的實驗室中從事於泥土中各種不同有機體——主要的是菌和黴——新陳代謝產物的抗菌作用，在初次的試驗中，他從某種放射菌，Actinomyces Favendulae中找到一種叫Streptothricin的東西，牠對於克蘭氏陰性反應細菌具有特殊功效，臨床試驗的結果認爲如用作醫藥毒性太強，於是魏克曼博士在Actinomyces族中再繼續他的研究工作，在1944年正月，他和路瑞大學工作的同伴們發現在培養黴菌Streptomyces griseus的表面上產生一種抗菌素，牠對於克蘭氏陰性細菌具有更強的殺菌力，初次的粗製產物，毒性很低，這啓示了牠在醫療上新的前途。

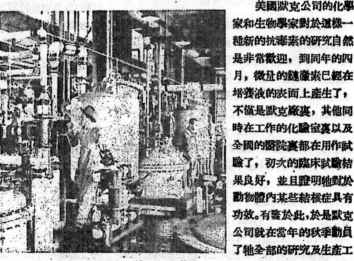

圖6 使鏈黴素先行附著於活性碳上，然後溶解於鹽酸酒精中

美國默克公司的化學家和生物學家對於這樣一種新的抗毒素的研究自然是非常歡迎，到同年的四月，微量的鏈黴素已經在培養液的表面上產生了，不僅是默克廠裏，其他同時在工作的化驗室裏以及全國的醫院裏都在用作試驗了，初次的臨床試驗結果良好，並且證明牠對於動物體內某些結核症具有功效。有鑒於此，於是默克公司就在當年的秋季動員了牠全部的研究及生產工作，希望能產生較多的鏈黴素以備進一步的研究和

圖7 酒精蒸發後，部分純化之鏈黴素結晶從濃出縮溶液中析

圖8 經過最後提純步驟，獲得了最純的鏈黴素氯化鈣複鹽

試驗之用。

鏈黴素的增產

在開始的時候，鏈黴素祇能從培養液的表面獲得，但是到1945年正月，由於微生物學家和工程師們的共同努力，鏈黴素已經能從培養液內部產生，產量也因之增加，牠不僅可供臨床試驗之用，更可用來作進一步的化學研究工作，無論是在提純方面，或是在增產方面。

終於在1945年六月二十日，一個具有歷史性的會議上，鏈黴素被確定了牠的功效，牠不但能尅制許多克蘭氏陰性細菌，而且在目前還是尅制結核病的最好武器，鏈黴素的功效旣經確定，大量的生產計劃也跟着成立了，到1946年八月，每月的產量已達二十萬公分，目前，每月的產量已增至八十萬公分，而且還繼續在增加。

鏈黴素能附着於活性炭上，這在牠的提純工作上是有着重大意義的，附着於活性炭上的鏈黴素可以溶於鹽酸酒精液中，此溶液中如將酒精蒸去，加入丙酮，粗製的鹽酸鏈黴素卽可析出，進一步的研究，可以獲得純鹽酸鏈黴素，於是分子量，實驗式，甚至於結構式也可因之而確定，同時，微生物學家却在從事於發酵程序的改進，因爲培養液的改良可以縮短發酵期的過程。

鏈黴素在富有蛋白質的培養液中繁殖得最快，如果將肉湯來代替米湯，結果自然要改進得多，醫師現經宣佈鏈黴素的應用量要較靑黴素大，且時期需長，所以這種改進是非常重要而且必需的。

這裏生物化學工程師又遇到了他的困難，臨床試驗和製造程序的改進不能同時進行，當從事於醫藥研究的時候，製造程序就不應該有所更變，除非一切的微生物試驗，動物和化學試驗都證明這最後產物的性質毫無變更，於是製造程序就不能不暫時保持不變，但這對於負責改進生產的化學工程師却不能不說是一件頭大的事情，但是我們也毋庸否認，在這裏所有的微生物學家，化學

（下接第16頁）

12692

中國農業機械公司南京分廠的建成

中國農業機械公司南京分廠籌備主任

陳 錫 祥

本年二月份工程界曾為敝公司出了一個「中國農業機械公司特輯」，那時錫祥曾作了一篇「中國農業機械公司總廠之長成」，報導總廠的建設情形。這期工程界出版的時候，適巧敝公司決定要把南京分廠積極建設起來的時候，公司又調錫祥去南京籌備京廠。當國內一切建設都因內戰而大部停頓之際，但本人却能有這樣二次創業的機會，的確是終身莫大之幸事。一方面總算能為國家做一點建設工作，對於個人更是一個難得的機會來訓練和磨勵自己。

現在京廠已開工出貨，籌備工作告一段落，經編者之鼓勵，故又不揣謭陋，爰將京廠籌備經過及概況，略為報導如下，希望讀者惠予指教，無任感盼。

京 廠 的 成 立 經 過

中國農業機械公司是在抗戰期間生長的。最先發起的是農林部，中國農民銀行，以及抗戰間在大後方對工業方面很有建樹的貴州企業公司。以我國國情（仍為一農業經濟社會）及發起者對全國農業定策和經濟上之重要性

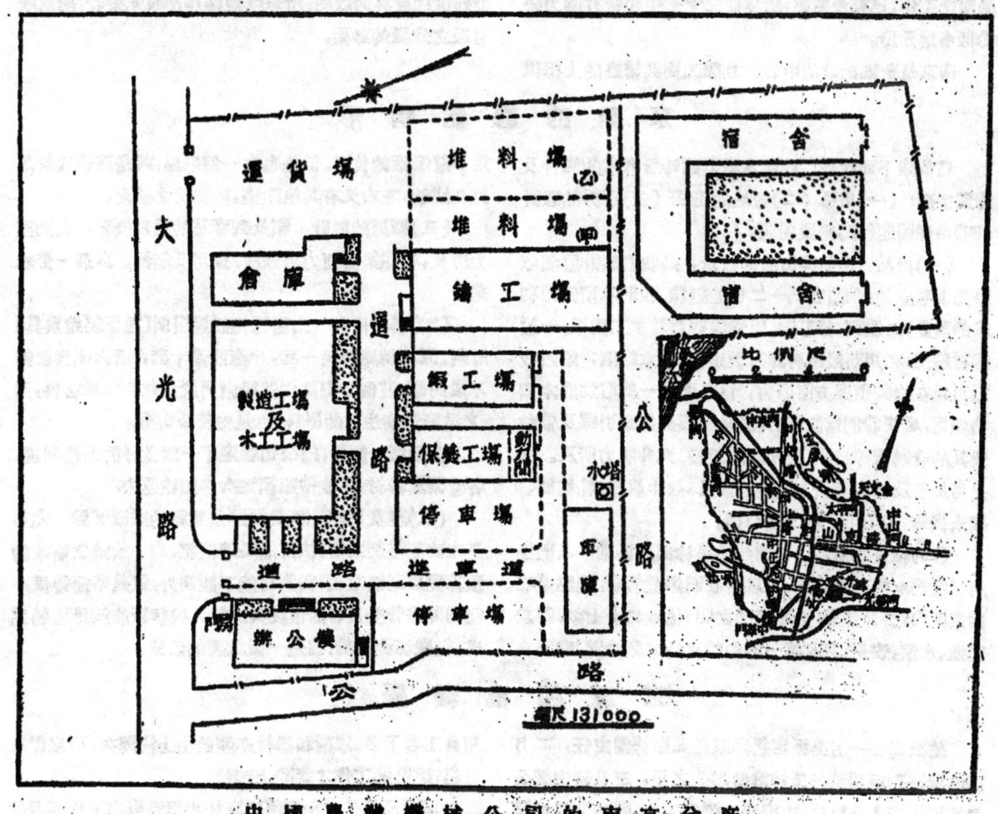

中國農業機械公司的南京分廠

而言，無疑的，本公司對我國農業前途將發生很大的作用。

第二次世界大戰結束以後，聯合國產生了一個機構。它對全世界的復興，確有卓越的功績。這個機構就是善後救濟總署。該署運來我國的器材，差不多價值五億多美金。內中有一個偉大的計劃，就是「設廠製造農具計劃」；當初預定的有一個總廠、十八個分廠、和與總廠分廠構成製造網的三千個鐵工舖。因爲動亂的關係，好多地區運輸困難，加之建廠的一筆龐大資金，很難籌措，所以設廠的數量，一減再減，將來大致會減少到十個以內的分廠。

這個計劃在三十五年夏天，善後救濟物資大量運到時，就積極進行了。當時政府即委託新在上海改組的本公司去經營和承辦。

三十五年下半年，器材開始由外洋運來。當時在上海虬江碼頭附近，由農林部撥給一塊四百多畝的基地。三十五年下半年至三十六年年底；這一年多時間裏，可以說大部份的努力都化費在接收器材上。器材總數有六萬多噸，吸運、堆放、儲存、登帳等，都是極繁重的工作。

到了三十六年年底，器材已接受得差不多了，而上海的建廠工作，已初步完成，所以從三十七年起始有餘力來籌設各地分廠。

南京是全國的政治中心，且離工商業繁盛的上海很近，在這個地方設廠，條件上似不夠理想，但是基於下列三項理由，所以在本年初決定積極籌建京廠。

第一、本年初聯總及行總改組爲善後事業委員會保管委員會，事權較爲統一，南京又爲中外人士萃集之處，所以決定在這裏先試辦一個分廠，如果這個分廠能夠成功，將給予這個計劃有關的各方面和關心這個計劃的中外人士一個信心，所以這個分廠的成敗，對於整個計劃的成就，有莫大的關係。

第二、南京有很多農業方面的機構和團體：如農林部以及該部之中央農業試驗所、農業推廣委員會、金陵大學、中央大學等。最近美國 Int rnational Harvester Company 又派來了四位有名的專家：Dr. J. Brownlee Dividson, Archie A. Stone, Howard F. McColly 和Edwin L. Hanson 來協助改良農具。有了這個分廠，一定可以與上列各方面取得密切聯繫，對本計劃的推行與成功也有莫大的幫助。

第三、南京似較上海更能接近農村；北面緊接蘇北與皖北(廣大的黃汎區)兩個大農業區，東西南三面又是長江下游最富庶的三角洲，在這樣好的環境下，正可以充份發揮供應農具的效能，所以就農業經濟眼光來看，南京確有設立分廠的必要。

京廠的籌備情形

茲依據下列次序，說明本廠籌建時所考慮的條件及籌備情形：(一)出品 (二)廠址的選擇 (三)廠房的設計 (四)供應問題(五)經費問題。

(一)出品　出品與出品的數量，是我們設計這個廠最先要考慮的。依照我們一二年的經驗，我們不預備做初級的農具，如鋤頭、鐮刀等。因爲這些農具施工簡單，一般鄉村鐵工，利用舊廢鐵料即可製造，其成本較廉；固然我們可以在物美價廉方面努力，但是運費一項增加成本價格頗巨，足使我們無能爲力。高級的農具如牽引機及帶動農具的發動機等，因限於分廠的設備，又非能力所及。於是易於普及簡單而便宜的中級農具，如中耕器、軋棉機、碾米機等，成爲我們致力的目標。

(二)廠址的選擇　一開始承農林部的協助，他們告訴了我們有這一塊地皮，可以給我們辦這個廠。地點是在南京城內，介於通濟，光華兩門之間，佔地二十七畝。基於交通、水電、安全、以及第一節中說明的本廠性質，我們決定了這個廠的位置。但是也有一個缺點，就是前後限於馬路及城牆，左右又有其他建築，無法使之擴充。

(三)廠房的設計　顧及到廠基的難以擴充，我們盡力所及，在建築方面力求堅固，實用及經濟。以期一勞永逸。

(四)器材問題　上面已經說過這個「設廠製造農具」計劃，原有總廠設備一套，分廠設備十套，所以機器設備不成問題，這個計劃除機器設備外還接收到大批材料，因之這廠最初生產的原料，也是由總公司撥來。

這個廠一開始，總公司就定了一個良好的供應制度，各種機具器材，多能按照預定次序陸續運來。

(五)經費問題　經費問題是建廠的成敗關鍵，尤其是在改革幣制之前，法幣的迅速貶值，使一般國營事業的預算變成毫無意義，我們當然不能例外，但是幸運得很，我們得保管委員會的信任與支持；這個廠能夠迅速的完成，經費源源供給，確是一個重要的因素。

京廠的建廠經過

總公司在一月裏派定錫祥兼任此廠籌備主任，二月裏在廠址對面租到民房爲籌備辦公之用。三月初由總公司調派技術人員數位，來廠參與籌備工作。同時又就地雇用員工若干名。車輛和器材亦開始由上海運來，所以從三月起，建廠的工作才實際上開始。

爲醒目起見，我們將建廠的主要過程在下面逐月的

12694

分述：——

·二月·

農林部撥給我們的大光路廠基，佔地二十二畝，大部份是農田，上面還有若干房屋，所以在農作物的剷除和房屋的遷讓上面，都化了不少的錢。

二月初總廠技術人員數人來京實地測量，對道路、溝渠、以及廠房的佈置，均有所設計與決定。

房屋的建築及佈置如下：

(一)活動場房三座　地位如圖所示，兩個場房的面積各為一〇〇英尺長，四〇英尺寬，作為動力及鍛煉工場，另一個面積是一六〇英尺長，六十三英尺寬，作為裝鎔工場。這三座房子因係鋼鐵建築，能承造這種工程的包商很少，所以決定由我們自已造。

(二)車庫一座　是一個洋灰磚瓦建築，面積為100′×40′，可停車八輛。

(三)鋼筋水泥及磚瓦建築三座　一座為兩層樓房作為料庫，面積100′×40，地基墊高，如是則由汽車上卸貨或裝貨車上均極方便，並裝置起重設備，以便庫內樓上樓下間及庫與製造工場間搬運材料之用。

一座為製造工場，面積為160′×100′，在工場的中部一邊有一個小辦公室，建築為兩層，樓上為工場管理人員的辦公室，在這裏居高臨下，全工場的工作情況盡於一瞥，樓下為盥洗室。

另一座為辦公大樓，面積為100′×40′，亦為兩層樓房，內設辦公室十四間，盥洗室兩間，鍋爐間一間，醫務室一間，及藍圖室一間。

在此月建築工程尚未開始。

·三月·

這個月是我們建築工程開始的一個月，上海總公司調派的人員及運來的器材，已經陸續到達。

辦公樓及製造工場的工程，由總公司在上海招標簽訂合約；分別於月底開工。三座活動廠房的材料，亦次第運到。鍛工場及動力間之地面工程，分交包商承造，動力間內發動機及空氣壓縮機等底脚工程，一併招商承做。但這個月裏逢到十一個雨天，對於工程的進度，影響不小。

·四月·

我們建築宿舍需地，又由農林部加撥空地五畝，地位在翻砂場後面，連前廠基共有二十七畝了。

由上海運來器材，日漸增多，防衛工作益感困難。遂組織警衛班。設長警五人，並由首都警察廳撥給步槍數枝，以資防守。

圍牆及路面工程　均已完成，動力間及保養工場也都竣工，該部份員工已遷入工作。

四座的永久建築物，辦公樓及製造工場於上月開工了。這個月又開始了車庫與倉庫的工程。

·五月·

製造組開始檢查運來的各項母機及設備，並在鍛工場後半部成立臨時工場，如發覺機件有損壞或缺件時，隨時加以修配。

為增進員工福利，先後成立了圖書室，醫藥室，娛樂室。

一二〇KVA的發電機安裝好了，並經試車，結果良好。

這個月中鍛工場完成了，其他工程在順利的進行。

·六月·

六月颶風，使多數承包廠商蒙受極大損失，所以建築工程的進度，也不能如預期的那麼迅速。

製造組開始研究製造圖樣，確定製造程序，並且與有關各組商定生產管制方面的制度。

宿舍工程開始了，各工場及車庫倉庫等電路工程亦同時裝置。

·七月·

建築工作，非常緊張，這個月共用工人八十五名，(臨時工尚不在內)屬於建築方面的倒有六十三人。為了趕造鎔工場，曾一度將辦公時間延長到十二小時，但是整個工程的進展，仍未如預期的那樣迅速，其主要原因有(一)承辦工程包商的木工電工等因受南京工潮影響，也曾一度罷工，這樣時斷時續的將近兩個禮拜。(二)軍事當局抽丁，使雇用小工及助手，非常困難。(三)物價波動太甚，營造廠商購置材料，困難重重，間接影響到工程的進度，我們原定的全盤計劃，遂被迫更動，將正式生產時間，不得不改到九月。

一部份小工具及生產用的材料，已經陸續運到，製造組會同供應組把他檢驗整理，如果有確切需要而未運來的，再向上海總公司申請撥發。

上月裝置的電路工程，已經完成了。

·八月·

這是建廠時期的最後一個月，建築工程，大部告竣；機器安裝工程，亦將次第完工。

全工場的機器，於八月十六日開始遷入，清洗及修理工作，同時進行，於月底即全部安裝竣事。

製造用的模子樣板，已經全部運到，製造組以全力清理及檢驗，不合之處，加以修正。

建廠工作，於此一告段落，下一個月進入試造階段，至於建廠未完的零星工作，亦在下月中繼續完成。

·九月·

九月初已開始生產，先擬試造五齒中耕機三十部，軋棉機十部，碾米機十部，中耕機零件已大部製成。

建築未完的零星工程，正趕建中，廠內場地積極清理，本月底左右，全體員工可遷入工作。

我們看了上面這一節的建廠情形，實不能表達締造艱辛於萬一，我們再略爲統計一下，更感到創業之難。即以人來說，連上海總公司方面間接或直接爲本廠而工作的，加上包工，差不多每天有五百人爲了這個計劃而工作，連續的達七月之久，人力消耗的總和，確是一個驚人的數字。器材由上海運來的有八〇〇噸之多，在南京購買的亦將近六〇〇噸，再加上營造商運進的建築材料約一萬一千噸，總共有一萬二千四百噸之巨。

從這幾個簡略的數字裏，我們可以見到一個工廠的設立，所需要的人力物力，是如何的來鉅。

京廠的設備概況

本廠建築完成後最初試製的出品，在籌備之初即已決定爲中耕機，碾米機，軋棉機三種。所以在機器設備方面，也是以能大量生產上列三種農具爲準繩。但是翻鑄工場及鍛工場的設備，都已超過這個標準，因爲一經建立，改造非易，所以力求完善，永久。茲將廠內各工場設備情形擇要分述如左：

（一）製造工場　這是製造方面的主要工場，包括金工場，木工場，冷作工場，及裝配工場。廠房面積是160′×100′，場內交通方便，管理緊湊。金工場有新式大型殺臂鑽床一座，六角車床三部，新式美國車床四部，凡拿門廠出品萬能銑床二部，新新納底廠出品龍門刨床一部，史密司廠出品牛頭刨床一部，工具磨床一部，以及其他普通美式鑽銑刨磨等機具共三十餘部，冷作工場方面亦有大型剪刀車(Canlon Shear)龍門剪，勃立司廠出品冲床，電焊機等十餘部，木工場方面配有車，刨、鑽、鋸機全套。設備完善，在農具製造上可以有相當大的生產能力。

（二）翻鑄工場　翻鑄工場是用活動鋼屋改造的，長一六一英尺，寬六三英尺，設有白氏冲天爐(Whitiny No.2 Cupala)一具，溶銅爐一具，大號製模機一具，小號製模機二具，泥心機一具，二噸電動吊車一具，(2-ton overhead crane)氣動磨機壓砂機多具，電動磨砂機二具，泥心乾燥爐一具，去砂機一具，以及其他零星翻鑄用具，設備可稱完善，以目前的製造工場所有機器而論，翻鑄工場顯得稍大了一點，不過爲了將來擴充業務，我們不得不力求完善。

（三）鍛工場　鍛工場分兩部份，一部份是鍛工場，另一部份則是熱處理工場，鍛工部份有二五〇磅彈簧錘一部，小型氣錘一部，小型彈簧錘一部，七五噸熱壓床一部，油爐二具，小型鍛鐵爐四具，熱處理部份主要機具有退火爐一具，淬火爐一具，高速鋼淬火爐一具，赤血鹽淬火爐(Pat Furnace "Sunbeam")淬火箱二具等。

（四）保養工場　保養工場的任務有二：一是負責供給各項動力，一是使全廠設備在完美狀態下應用。主要的設備有一二五千瓦的Venn Serverin柴油發電機二座，Le Roi一〇五方呎分的空氣壓縮機一座，工程車一套，車床一部，小刨床一部，以及其他修理所用工具全套，又以用水量較大，建立一〇〇〇〇加侖水塔一具，以資調劑。

（五）運輸工具　運輸部份有卡車四部，吊車三部，交通車一部，目前足敷應用，將來視實際情形，再作調整。

京廠的工作能力和初步出品

一個廠的生產力如何，生產效率如何，全維繫在適當的分工，緊湊的配合，務使翻鑄鍛淬車焊裝配等工場，大家儘量運用，不使間斷，生產能力才能充分表現。本廠爲達到上述目的，特設立生產調度部份，負責生產方面的調查，計劃，紀錄，及支配各項工作。每一工作決定後，生產調度部份馬上開始計劃一個工作進度時間表，準備材料工具，圖樣，規定工作程序及方法。以及每一工作程序所需之人工時間和機器工作時間，然後按照預定的時間表分發各工場去執行，預計將來生產方面必能達到最高效率。

最初四個月，各項工作還未能上軌道，難免錯誤以及配合未盡協調之處，所以定名爲試造期間。在第一個月裏，我們只預備製造中耕機三十部，軋棉機十部，碾米機十部。第二個月內中耕機可以增加到一百部，軋棉機，碾米機各增到五十部。第三個月的生產量，可能較第二個月增加百分之五十。到了第四個月，各項都入正軌，每月可以出產中耕機二〇〇部，碾米機與軋棉機各一〇〇部，這也算是本廠在現有機器之情況下的最高產量。

本廠出品，以中級農具爲對象，以經濟實用爲原則，最初四個月，擬大量製造五齒中耕機，足踏皮滾式軋棉機，和滾筒式碾米機，茲將三種機器的構造與用法，分別略述如左：

（一）中農式五齒中耕機　除草及翻土，是耕種過程中最費時費工的工作。我們農民對於這一項，一直沒有較好的工具，因此每年爲消耗的工時，誠無法統計。我們看到了這點，所以決定設計這五齒中耕機，將大量製造，儘可能的低價配給農民，以節省他們的人力。

中農式五齒中耕機長五十六英寸，闊二十六英寸，約重七十四磅，其軀架及犂尖，均採用上等鋼鐵製造，經久耐用。左右犂尖間的距離自八英寸至二〇英寸間，可以隨時調整。曳引輪之高低，犂尖角度，都可視實際需要，隨時調整。犂尖之式樣和大小，亦可隨意更換。所以中耕機器在各種不同的農作物中，都能適用。

現在我們再來說一些使用上的優點及性能。五齒中耕機使用時只需一人管制，利用牲畜一頭曳引卽可。其功效除了除草外，並附帶翻土碎土的能力，犂尖距離角度，可視農作物行列之寬狹加以調整。不致使農作物受損。犂尖入土之深淺，可調節曳引輪之高低，除草乾淨，翻土均勻，轉彎靈活，若能大量採用，收效必大。

（二）足踏皮滾式軋花機　軋花機之作用是將棉子和棉花分開。我國產棉地區極廣，需要該項機器極多，爲適應需求，特設計這種機器。

軋花機的種類很多，大別有二：一種是鋸齒式，效率甚高，但構造複雜，製造成本較高，適合於大量生產，但中國農民多數是窮困，財力固不允許，而棉花集中，尤不容易，這種機器，最低限度可以說在目前的中國，不甚實用。其次一種是滾式軋花機，構造簡單，成本低廉，雖然效率稍差，終不失爲一經久耐用的機具，滾式軋花機亦可用引擎及電力爲原動力，不過這樣一來，成本高了，農民還是買不起，爲了適合我國農村實際情形，我們決定先做足踏皮滾式的，以便推廣。

這種軋花機高四二、五英寸，長四五英寸，闊三二英寸重三三二磅，滾筒係採用最上等皮革製成，直徑四又八分之三英寸，長一六、五英寸，皮滾內側裝有固定刀及活動刀各一把，二刀之間隙，均可任意調整，以切實用。

這種軋花機只要一個人使用，起動時先用手將飛輪向前推動，再用脚踩踏板，卽可轉動，並可避免倒轉之弊，使用者一脚踏板；一脚站於地上，兩肘撐撐於平板上，雙手將子花送入花子柵，滾筒迴轉時，黏着纖維，而將花衣從固定刀之間隙處帶出，活動刀則不斷彈打纖維，彈去棉子，所出花衣都成薄片，色白，纖維毫不受損，每日工作十小時，可軋子花一百三十市斤，如以兩人工作，每日可達二百餘市斤。機身用鋼鐵製成，堅固耐用，輕便經濟，實爲目前最合用而最經濟的軋花機。

（三）滾筒式碾米機　米是我國最主要的食糧，向來穀粒的加工，都靠人力、畜力、或水碾，費時費力，出品又不均勻爲了適合一般的農民經濟狀況，才設計並製造這簡單而實用的機器。

這種碾米機長三五英寸，闊二〇英寸，高五〇英寸，滾筒直徑五英寸長十七、五英寸，係用鑄鐵做成，澆鑄時用表面冷却法，使表面堅硬而內部軟韌，（Chillo Casting），故經久耐用，底篩與滾筒間之距離，可以隨時調節，米刀用純鋼鍛製，有久磨不蝕之利，其與滾筒間之間隙，亦可加以調節，所用皮帶盤直徑一四英寸，寬四英寸。

碾米機之動力爲八馬力，每分鐘旋轉七〇〇轉，出產量每小時可達一二〇〇斤，使用時必先將底篩及米刀加以調整，然後拖動機器，工作時先將出米門開啓，再將進米門開至米量暢流而機蓋微熱時爲止，停車時必先關進米門，使其內所存熱米出淨後再行停車。

京廠的業務計劃

本廠初步出品，已決定爲五齒中耕機、滾正軋棉機、滾式碾米機等三種，在第六章中已經說明。至於今後的生產計劃當以適合一般的需要爲前提。

無疑的，一個農具廠的主要對象是農民，你的出品如何能夠適合他們的胃口，應首先了解農村經濟實況、現有農具使用情形，以及各種農具的使用區域等問題，然後加以詳細研究和分析，用爲我們設計和製造的主要資料。這樣做去，總比較實際得多。

爲了解決上述各項問題，我們曾與有關各方聯繫，俾能多瞭解一些實際情形，後來終於找到了兩個殊途同歸的伙伴，一個是中國農民銀行、一個是農業推廣委員會。他們的工作中心是針對着農民利益，於是和他們商定了一個合作推廣改良農具計劃，計劃的主要內容是這樣：由中國農民銀行貸款，農業推廣委員會推廣，本廠負責製造，三方面通力合作，來農民服務。

計劃的初步，先從調查入手，調查區域暫以蘇、浙、皖三省爲限。每一區域裏，關於當地的自然環境、農民數目、以及原有農具的種類、構造、價格、工作效率、使用情形、分佈地區，供需數量，利弊得失等項，均翔實記載，以爲製造改良推廣之依據。

第二步是根據調查結果，然後擇其急需而適用的，加以設計改良，製成農具樣品，經示範成功，卽大量生產，轉貸農民使用，其價款分期償付。

此外我們願意對顧主們盡力服務，在機器賣出的時候，關於裝配修理所需的零件工具，也一併售給。平時有各地的農業推廣所及農業推廣委員會之輔導區等機構負責指導並協助，必要時本廠隨時派員前來指導或修理。

農業機械的未來展望

中國是以農立國家，農民佔全人口的百分之八十以上，由於科學的落後，直到今天，「農業機械」這個名詞，在一般人聽起來還是陌生得很，幾可說全部農民耕種時，還是保持那原始時代的簡單農具，這種低能的工作方式，旣耗時，又費力，要增加農產，改善農村經濟，非採用新的生產方法不可，所以農業機械化實則刻不容緩的當前急務八年的抗戰和三年來的勘亂，農村完全破產，農民生活日苦，環境的動態，間接的影響到農田的生產，以致形成今日嚴重的糧荒，我們要挽救這種命運，還得要努力從事增產運動，比較安定的地區，要儘量推廣農業機械，本廠認定了這個目標，不避任何困難，製造新式農具，以期民生日趨富裕，希望關心農業問題的人們，一致來參加這一艱鉅的工作。

本廠得到農林部農業推廣委員會和中國農民銀行的合作，在業務上奠定了很好的基礎，他們對於農村情形比較瞭解，且與農民關係較深，在推廣方面，我們可以得到不少的助力，同時我們的產品，經詳細調查後，慎重設計，精密製造，絕對適合農民需要，所以在實用方面講，本廠的產品，一定可以取得農民的信心。

同時本廠所負的使命，在增加生產，以推廣業務爲主，不以營利爲目標，故本廠之出品售價擬訂，係參考成本，從低定價，俟生產數量增加，成本減低，定價當更低廉，將來能得到農民銀行農貸處的合作以貸給方式給農民，其價款卽可分期償還，減輕農民鉅額負擔，這種良好的辦法，農民想必樂於購用。

根據上述的情形，農業機械的前途，確然可持樂觀，而本廠的任務亦將日漸繁重。

最後幾句話

敝公司本年度全付力量在充實上海吳淞廠及建設各地分廠，上海的總廠(現改名吳淞廠)，現經工業界的傑出人材支秉淵先生，親自主持，短短十四月該廠已成爲上海工業界無人不曉的大廠了。而在總經理林繼庸先生的領導之下，各地分廠次第興辦，其中尤以南京這個廠，因距上海總公司較近，而各方又特別重視之故，半年來雖然物價瘋狂地飛漲，仍能在短短六七個月中，自破土動工，而完成建築，而安裝機器，而準備工具，及配備人員，終於能如期出貨；這不能不說是一個很難能可貴的收穫。所以好多有關的外賓，如保管委員會，麥密倫氏及中美農業復興委員會委員貝克氏與莫萊氏等，均稱譽本廠的建成爲這二三年來，國際方面協助中國，最有具體表現的，最能代表國際以及美國方面協助的工作。

我們常會看到聽到「天時」「地利」「人和」的說法，這三個要素，不但辦廠，任何事業的成功，都是缺一不可。這廠發動於今春，工程最緊張時期在夏季，所以我們選擇「天時」很適合，因爲那時期日長夜短，雨水又少，可以才能在短短六七個月完工。——這短短六七個月是我們最值得誇耀的一點，也是最能予外國人士深刻印象的一點。南京的「地利」已在第二節談過了，關於「人和」，在整個本文中讀者可見得我們是如何的得各方協助和鼓勵。

上面已說過，本公司的對象是人口百分之八十的農民，目的是改善農業經濟，工作是艱鉅而悠長，任務更是異常重大。這需要廣大的力量來促進來推廣，所以各位讀者的指教或關農具設計方面，或關農具推廣方面或關廠務管理方面，或關分廠建立地區及各該地區製造何種農具等等寶貴的意見，敝公司無不竭誠歡迎指教的！

編輯室

當看到了本期的清樣以後，編輯室同人都倒抽了一口氣；這一個月(十一月)，原先計劃在月初就可以出版的，但是短短的十幾天中，上海，不，整個中國的人民好似經過了幾十年的歷史，物價在限價開放後如野馬脫韁的瘋狂上漲，印刷成本，紙張價格當然也在意料之中的今非昔比；然而等一切步驟都決定了之後，銀根又因時局突變而緊縮，物價平疲得使人害怕，也使人不敢對任何事業有所企圖！——就以本刊來說，當初因爲本期卽將付印，因此就以高價購進各項應用紙張等十數令，然而由於印刷所工作未能正常，到出版的時候，恰逢紙張大跌；如果這種情勢繼續發展下去，等到我們能收回成本的時候，不知道是否能彌補？簡直使辦出版事業的人不敢想像，尤其是我們辦技術性期刊的傻子們！

然而，我們還是鼓着勇氣辦下去，其目的當然不在貿一時之利：如果我們在這一個混亂的時代，還不能鎮定，守住自已的技術崗位工作下去，中國工業化還敢指望嗎？

這一個時期中，很多人看中台灣這一個寶島，還有不少工業家準備遷地爲良，想到台灣去一展所長，然而台灣眞能獨立地發展工業嗎？本期的專論就是一個答覆，作者楊謀先生，新近參加台北十五屆工程師年會，攷察台灣歸來，對於這一個名不符實的寶島，提供了不少可貴的意見！

時局動盪不定，中國農業機械公司的陳錫祥先生在籌備設南京分廠工作之餘，特地爲本刊寄來了一篇京廠建成的報導，動亂中的建設事業使人感慨萬分，而中農員工的百折不撓精神，更使人無限欽佩！

技協年會決定於十二月二十六日舉行，因此，年會與展覽會的特輯移在下期發刊了。　下期雜刊的精彩文字將有滾動軸承的故事，熱偶金屬，怎樣焊製鎢合金製品等幾篇，希望讀者密切注意，同時也希望印刷所能幫忙，不致延遲出版。

感應電動機的標準化

杜　惠

電動機俗稱馬達，爲工業之原動力，應用甚爲普遍。電動機種類甚多，但我們所通用則爲感應電動機，佔一般所用電動機百分之九十九以上。普通工廠所用，馬力較大，均爲三相感應電動機，家庭所用，多爲半匹馬力以內之單相感應電動機，如電扇電冰箱內之電動機便是。

我們知道電動機均係矽鐵皮冲製後疊壓而成一整體，並繞以線圈。我們有時因加油清潔或修理電動機時，將電動機拆開，可見到一些線圈繞製在矽鐵內的大概情形。關於感應電動機之原理及構造各雜誌常有介紹，本篇則僅就感應電動機大小之標準化問題略加討論。

感應電動機爲什麽需要標準化？

感應電動機的馬力大小與轉速快慢決定外型的大小。同一馬力如轉速較快，電動機外型較小，轉速快慢由磁場的磁極數來決定。通常用的磁極有二個四個六個八個十個等各種，在我們中國所規定的標準週率 50 cycle/sec. 下，其轉速卽爲每分鐘3000，1,500，1,000，750，600轉等各種。而最常用則爲每分鐘1,500及1,000轉二種轉速。如果製造工廠不將電動機的大小予以標準化，那末一匹馬力至一百匹馬力的三相感應電動機的製造廠家，就只少要備足幾百個電動機外殼鑄鐵的模型，才能適應每一馬力的各種快慢轉速。果眞如此，其製造管理之不便利，將不堪設想。然而現代的製造工廠都已將感應電動機的大小標準化了。下述的幾節將說明自一匹至一百匹馬力的各種快慢轉速的三相感應電動機，其矽鐵皮外圓的大小只有七種，亦卽其外殼的高與闊的尺寸也只有七種，但每種外殼有二種長度，換言之，共有十四種。

承大威電機廠供給我們一張實貴的照相，也就是本期封面的那張照相，作爲本文的例證。照相內共有十二種大小的該廠出品三相感應電動機，我們可以看到其中每二種高闊相同僅長度不同。但因爲是照相，放在前面的看起來比較大，其實後面的電動機實際尺寸比前面的要大好幾倍。大威電機廠所出品的尙不只此十二種大小，因記者索求照相甚急，該廠便將廠內製成而未出廠的十二種照了一張贈與記者，併此誌謝。（大威電機廠事務所在上海北京東路一五六號，詳見本期廣告）

電動機標準化的原則

現代的製造廠怎樣將感應電動機的大小標準化呢？第一，將電動機的馬力種類儘量減少，意卽僅製造幾種標準的馬力，譬如，自一匹至一百匹馬力之間規定十四種標準馬力，卽 1HP，2HP，3HP，5HP，7.5HP，10HP，15HP，20HP，30HP，40HP，50HP，60HP，80HP，100HP。此十四種馬力，以最常用的1500R.P.M.爲標準，來設計一套十四種大小的外殼。十四種馬力以外如1.5HP，4HP，25HP等，如客戶需要，則在與其較大馬力的外殼內應用。第二，更使製造簡單起見，電動機設計時，將同一轉速而馬力鄰近的如一匹與二匹馬力應用尺寸全部相同的矽鐵皮，但二匹的矽鐵皮疊成的整體長度較一匹長。如此，十四種外型大小中，其外型的高與闊的尺寸却只有七種了。第三，如轉速不同，電動機設計時，矽鐵皮的內部尺寸，各種轉速儘可不同，但矽鐵皮的外圓尺寸務使遵守一種規律，此種規律用舉例來說明。譬如10HP，1,500R.P.M. 的矽鐵皮外圓與 7.5HP，1000R.P.M. 及 5 HP，750R.P.M. 的矽鐵皮外圓相同，而且其所用外殼完全相同。換句話說，其他轉速的電動機須設計安放在上述 1,500R.P.M. 的十四種外殼內。上述幾點的結果，歸納成下表：（實際上各廠或與下表所列，略有出入）

12699

表一　電動機的各型標準機壳

轉速	1HP	2HP	3HP	5HP	7.5HP	10HP	15HP	20HP	30HP	40HP	50HP	60HP	80HP	100HP
3,000 R.P.M.		A1	A2	B1	B2	C1	C2	D1	D2	E1	E2	F1	F2	G1
1,500 R.P.M.	A1	A2	B1	B2	C1	C2	D1	D2	E1	E2	F1	F2	G1	G2
1,000 R.P.M.	A2	B1	B2	C1	C2	D1	D2	E1	E2	F1	F2	G1	F2	
750 R.P.M.	B1	B2	C1	C2	D1	D2	E1	E2	F1	F2	G1	G2		

表內A1,A2,B1,B2,……表示十四種外壳,A1與A2,其高與濶相同,而A2比A1長。感應電動機的外壳構造迅爲筒狀即中間爲壳座,兩面爲蓋子。A1與A2之不同處通常爲蓋子相同,而壳座長短不同而已。

至於矽鐵皮尺寸及設計詳情,各廠不同且各廠多保守其商業上之秘密。玆由英人Say Pink所著Design of AC Machines一書中抄錄一表如表二,內詳矽鐵皮外圓及叠成長度尺寸,惜該書未註明該表之尺寸屬於何種馬力及轉速儘統指自一匹至一百馬力者。該表內所列則有十六種標準大小,但自該表內足可窺見三相感應電動機大小之標準化之大概情形。

表二　各種標準機壳的矽鐵皮尺寸

機壳類別	A		B		C		D		E		F		G		H	
	1	2	1	2	1	2	1	2	1	2	1	2	1	2	1	2
矽鐵皮外圓 大小cm.	21.0		24.0		29.0		34.5		41.5		46.5		53.0		59.0	
矽鐵皮叠成 長度cm.	5.0	7.0	6.5	9.0	9.0	12.0	10.5	14.0	12.0	15.0	12.0	16.0	13.0	18.0	16.0	20.0

肺病特效藥

(自頁8接來)

家,和工程師都有着同一目標,那就是在可能的最短時期內,用最低的成本來完成最多量的至上成品,就由於這許多努力,依默克的鏈黴素已經從每公分二十五元美金的售價減至五元左右了,

對於這人類的恩物——鏈黴素的完成。我們自然要歸功於科學家和工程師的共同合作和力,努但他們的責任也正就是去控制和運用自然的力量和產物來謀求人類的幸福,同時更可確信,生物學在工程上的應用,可使人類成爲他們自己命運的主人!

點火線圈

(自頁37接來)

壓線去試驗火花的時候,最好拿在有橡皮的地方,不要碰着線頭子或者其他金屬部份,以免火花跳過時,你遭受刺痛放聲高叫。

圖29中是一個完全的點火系。包括:點火線圈,斷電接觸點,火花塞,點火開關,蓄電池,同一個與斷電接觸點並聯,使減少接觸點燃燒用的容電器。容電器同斷電接觸點的運用在下次講話中說明。

機車的製造

照片由英國新聞處供給

↑ 製造機車引擎的第一部：翻砂廠內正在澆鑄汽缸。

↑ 搪製汽缸的內徑，其準確性可至數千分之一吋。

↓ 機車裝配工場內景：一部分工人正在將鍋爐裝在機車車架上。

↑ 機車鍋爐的製造。

本頁所示圖照均爲英國有名之Vulcan鐵廠製造機車時之內景，車頭重70噸；適用於3'6"之軌道。

↑ 巨型鉋床鉋製機車車架。

↓ 巨型車床正在車製引擎的彎軸。

交通是國家的大動脈！

機車是創造大動脈中的

紅血輪！

↓ 製成之機車頭正在髹漆車身。

↓ 龍門銑床銑製車架。

每分鐘投梭可達225次，重要運轉機件都用輕金屬製造的

凱洛克式高速凸輪傳動織布機

張 令 慧

美國凱洛克公司 (M.W. Kellogg Co., Jersey, N.J.)織機製造部近製凱洛克100型織機(Kellogg Model 100 loom)一種，能供高速運轉，藉以增加織物之生產量，該型織機之基本運動，大致與普通織機所具有者相同，但其所以能提高運轉速度者，蓋具有下述改善諸特點:

輕金屬的機件

圖1及圖2即爲凱洛克100型織機之正面圖及左側面圖。通常織機運轉速度不能過快，筘框(Lay beam)之重量，實爲主要原因之一，因筘框多爲木質製造，具有相當重量，筘框之運動，復係往復直線運動，因筘框所產生之慣性作用，每使織機在較高速度時，運轉不能圓滑，本型織機爲避免此一缺點，乃設法應用輕金屬來製造筘框，冀使慣性作用大量減少，長八呎之筘框乃全採鋁合金鑄成者，至梭箱部份之機件，亦全用鋁合金製成後，裝置於筘框之左右二側，是以整個筘框部份之運動，極爲輕巧靈活。

傳動系統之構造

傳動系統如圖3所示各主要軸承均採用斜錐滾柱承軸(tapered roller bearing)每一錐柱軸承之上，均附裝一貯油杯(Grease fittings)潤滑油能應需要而自動注入軸承中，可不需每日施行加油工作，織機之動力，由一850R.P.M. 1HP之馬

圖 1——凱洛克式織機的正面圖

達，經三角皮帶傳傳動而來，爲避免二側牆板（Loom Sides）稍有高低或偏傾情形，使傳動不能圓滑起見，乃在彎軸上裝置萬向接頭（Universal joints）二只，使織機之二側軸承不能準確在一直線上時，對傳動可毫無影響；綜絖凸輪軸（Harness camshaft）裝置於織機之底部，其與綜絖傳動軸（Harness drive）之接合處亦裝有活絡接頭（shaft flexible coupling），綜絖凸輪表面均經淬火處理，以避免磨損，而增加其使用壽命，自打梭盤齒輪（Pick cam gear）傳導至綜絖凸輪軸（Harness cam shaft）所應用之過橋齒輪（Idler gear）可因織物組織之改變而隨時取下更換，以適合開口與投梭之相互關係。

制動器之打梭機件

爲減少軋梭等缺點發生，故本機之制動裝置採用鞋形自動制動器，使制動作用極爲靈敏，又傳動部份所應用之齒輪，樂用銑牙，全採銑牙，對傳動圓滑及動力減省有極良好之效果。

梭子之運動平穩，有恃乎打梭棒打梭作用之完善，通常打梭棒頭端在打梭時均作圓弧形擺動，每使梭子所受之作用力不能成一直線，常易促成梭子作不規則之運動，尤其在織機運轉速度轉高時，更易產生跳花，飛梭等弊端，本機打梭棒之底部，另置一機構，能使打梭棒之打梭作用與筘框面成絕對平行，俾梭子之運動，能穩妥而有力。

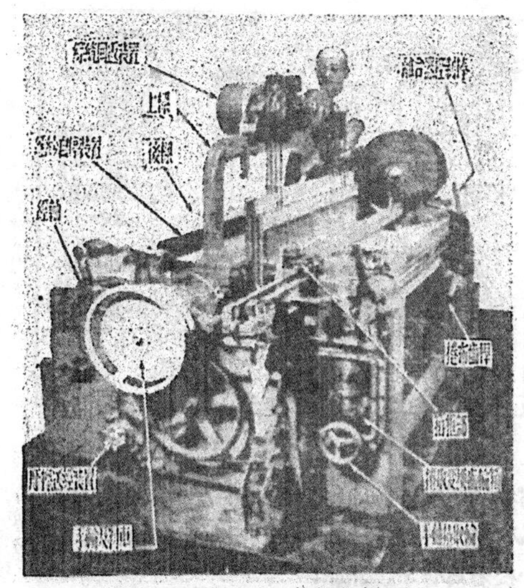

圖 2——凱洛克式織機的側面圖

鋼板焊合之牆板

本型織機之牆板（Loom sides）係由¼″厚度之鋼板焊合而成，狀如殼形，此種牆板之利點乃能免除各主要傳動軸之懸臂樑支持（Cantilevered Supports），且彎軸等傳動部份均有牆板罩蓋，棉屑雜物，不致落入，能保持傳動部份之清潔。

基於以上諸種利點，故本型織機之投梭速度，

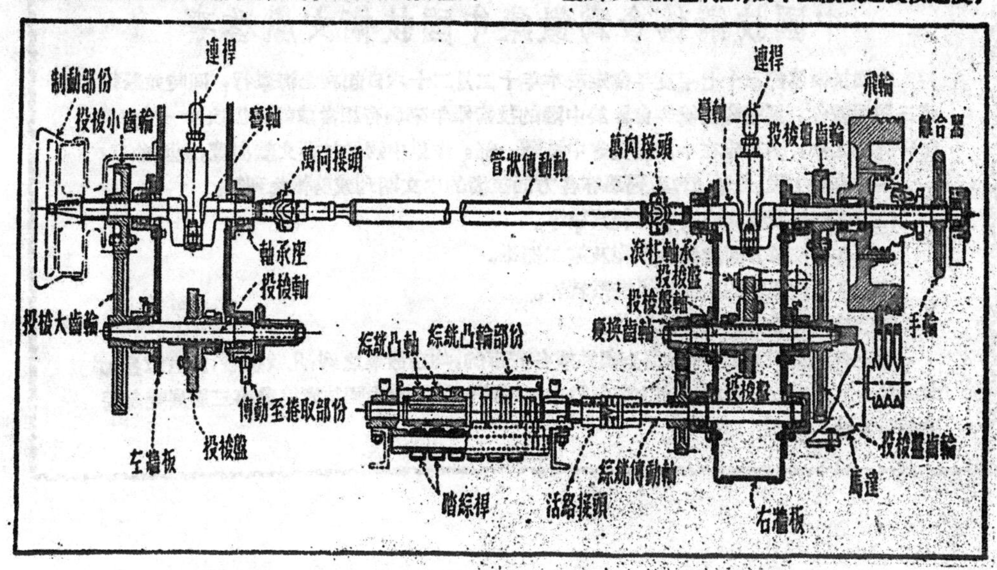

圖 3——凱洛克式織機的主要傳動部分

12705

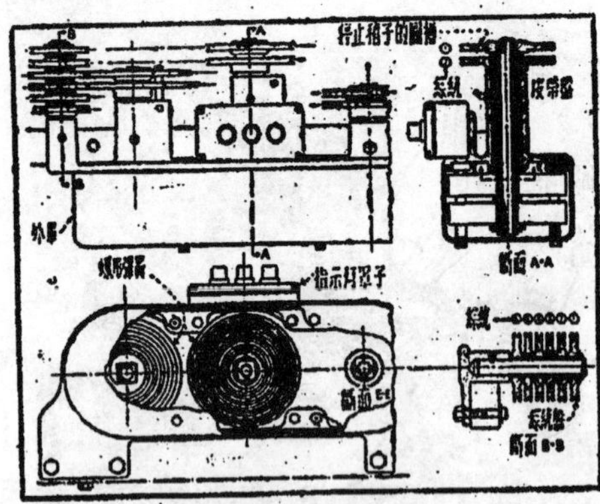

圖 4——綜絖運動機構

可提高至每分鐘225次以上，對增加織物之生產，具有莫大裨益，此外本型織機中之其他部份值得一提者尚有下述諸點：

送經運動和綜絖運動

經軸之送經運動採用消極式，利用鋼質及銅質圓板各一塊所組成之調節式離合器（Adjustable Clutch)在機油潤滑之情況下，互相接觸，藉摩擦作用以達成送經之使命。

綜絖之運動係由綜絖凸輪所傳動，但凸輪僅能壓使踏綜桿向下運動，其向上回返之力，另賴一組螺形彈簧作用之，如圖4所示，此種螺形彈簧裝置於上橫樑(Arch) 上特製之方盒內，藉以控制每一綜絖之運動。

自動信號燈

上橫樑之頂端，並裝有信號燈，計有紅色，綠色，白色電燈各一只，紅燈發亮表示織機因故停轉，值車女工應即前去接續紗頭，綠燈發亮表示織機發生故障，召喚機匠前去修理，白燈發亮表示捲布輥捲布已滿即需落布，至白燈與綠燈同時發亮時即爲了機的表示，通知上軸工了機上軸。

減少停機時間的修配機件

在設計上本型織機尚有一特點即機件之每一部份均能單獨拆除，織機之某部份發生故障時，可立即將該部拆下，另換以預先裝妥備用之機件，以減少織機因修理而停機之時間，使生產效率大爲提高。

無論棉織物或人造絲織物之製織，本型織機均能勝任，且在改變織物之種類時，可毋需將另件作重大的調整。

本型織機筘幅範圍自40吋至60吋，40吋織機每台之重量約爲3100磅。

中國技術協會爲徵集中國技術文獻啓事

中國技術協會三十七年度年會定於本年十二月二十六日起在上海舉行，同時並舉行第三屆展覽會。展覽會的籌委會鑒於中國的技術雖年來均有相當成就，但缺少一種蒐集和研究的工作，頃決定在本屆展覽會中特闢一部，作爲中國的技術文獻展覽，範圍如下：

(一)有關工程、農業、管理、醫學等各方面技術的中文期刊或剪報彙刊等。

(二)各項技術論文或發明專利原稿等。

(三)各項技術方面之法令規範及施工標準。

(四)各技術機關的概況及組織系統等。

(五)技術界名人的史實或照片。

以上各項資料文獻，不論爲全國性或各省市的，均在徵集之例，凡我讀者，如有意參加者請於十二月十五日以前送交上海(18)中正中路517弄5號中國技術協會第三屆展覽會籌備委員會收。

現代工業上效率最高的金屬切割術

用氧乙炔焰切割金屬

楊啓賢

在工業製造上，常常需要把鐵料或鋼料截斷，或截成一定的形狀。在設備簡陋的工廠裏，用手錘和鑿子一下一下地去鑿；在設備較佳的工廠裏，則可以利用冲剪床。但前者費工費時，而後者也有很多的限制和困難。若使用氧乙炔焰來切割，就可以彌補這些限制與困難；因爲這種方法不但使用方便，可以切成我們所需要的各種形狀，同時切割的速率也很高，例如，對於各種不同厚度的鋼鈑，氧乙炔焰的切割速率，大概如下表所示：

鋼鈑厚度（吋）	$\frac{1}{16}$	$\frac{1}{8}$	$\frac{1}{4}$	$\frac{3}{8}$	$\frac{3}{4}$	1	20
切割速度（吋/分鐘）	19–27	18–26	17–25	15–23	13–21	12–18	$\frac{1}{2}$–1

由於這種切割術效率很高，現代工業上應用日廣，我們下面就大概的向讀者作全面的介紹；

氧乙炔焰切割的原理

切割時，須先以氧乙炔焰把工作物預熱到白熱的溫度，再用吹管放出一股純粹的氧氣，使與白熱的工作物接觸，這時候工作物立刻劇烈地氧化而燃燒，這時如果移動吹管，便可進行各種切割工作。根據理論，一磅的鐵完全氧化時，需要4.58立方呎的氧氣。但實際上，則需2立方呎至6立方呎的氧氣方能從工作物上除去一磅的鐵（指氧化而燃燒的鐵）。

焊接用用與切割用的噴嘴（Nozzle 俗稱龍頭）是大不相同的。前者噴嘴上僅一個孔，氧及乙炔的混合氣，便由此孔中噴出；而後者（俗稱割刀龍頭），它中央有一個小孔，可供給純粹的氧氣，作切割之用，而氧氣孔的周圍，有四小孔，氧及乙炔的混合氣，使由此四小孔噴出，用以預熱工作物，如圖1。

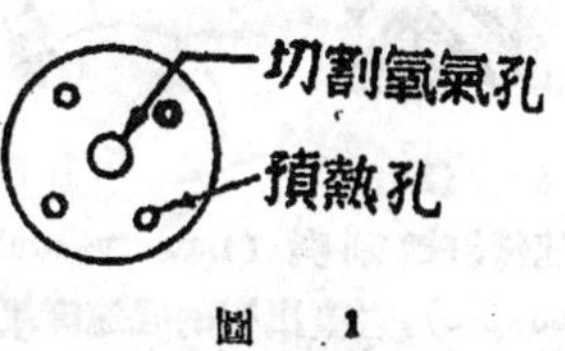

圖 1

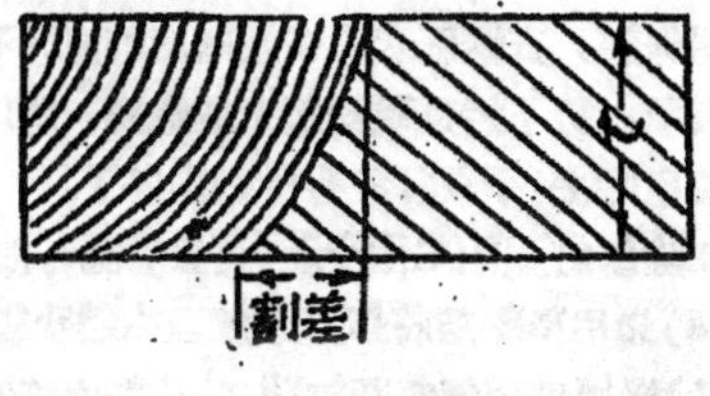

圖 2

在切割的時候，鋼鈑的上部離焰較近，氧化較速；而鈑的下部離焰較遠，氧化較慢；上下二部割痕相差的距離，通稱爲割差（Lag 或 Drag），此割差量，常以工作物厚，t之百分率表之，即：

［割差距離（吋）/t（吋）］×100＝割差率％。

在直割時，如割差太大，影響切割之精確度尚不致多，僅使割面粗糙而已。但作曲線切割時，必需避免過大割差，使弧線得以正確產生。

用氧乙炔焰切割鋼鈑或鋼棒等工作物的方法

鋼板割切——在切割之前需作必要的準備工作，假設現需切割[illegible]″厚12″寬之鋼鈑，那末第一步先將鋼鈑拭淨，再用粉筆將切割尺寸劃出，然後將鋼鈑放於焊桌（Welding table）上，使劃綫處在桌外約1″的地位；第二步用鋼鈑或其他避火材料做的罩子，來保護工作者，免被火星或鎔渣所灸傷；第三步依照吹管（Blowpipe）製造廠的說明。選用適當號數的噴嘴，這噴嘴是可以切割[illegible]″厚鋼鈑的，然後調節氧及乙炔的氣壓力；第四步，戴上眼鏡及手套；第五步，點燃吹管，打開氧氣閥後，並調節預熱焰（Preheating flame）。使至中性火焰（Neutral flame）後，然後關閉；這樣就準備好了切割的步驟。

如果一切都已準備，那末就可開始切割，工作者可用右手握着吹管，并控制氧氣閥，左手放於右手前面，扶着吹管，使噴嘴與鋼鈑垂直，並調節預熱焰的內層火焰（Iner Cone）使距鋼鈑約[illegible]″的地步，切割可從粉筆綫的左端開始（見圖3），起初只要把持吹管不動，向着一點燒，直燒至該點呈白熱溫時，就可按下氧氣閥，氧氣經噴嘴吹向白熱

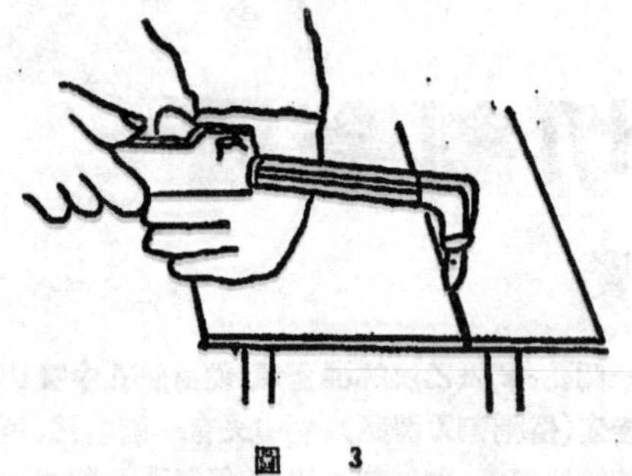

圖　3

點，就會劇烈氧化，這時有火星及鎔渣自鋼鈑下射出，使吹管沿着粉筆棧慢慢向右移動，鋼鈑就開始割離了。

吹管移動的速度應適宜，要使切割焰能完全穿透，不令切割處有過氧化及熔融的現象發生。

若吹管移動太慢，那末從預熱焰產生的熱，將使切割處邊緣熔化，形成粗糙的切口，同時又有熔融金屬凝結一起之弊。若吹管移動太快，則不能切穿鋼鈑。如有這種情形，應立即將氧氣閥關閉，重用預熱焰放在停止切割處加熱，直至該點白熱，方才開啓氧氣閥，繼續切割。

穿孔方法——鋼鈑需要穿孔時，亦可以用氧乙炔焰來工作，其步驟如下：

(1) 先用預熱焰燒穿孔處，噴嘴須與鋼鈑垂直，嘴的鈑約$\frac{1}{4}$"—$\frac{5}{16}$"，如圖4(a)；

(2)當穿孔處預熱到鎔化時的地步，可把噴嘴提高，使距鈑約$\frac{1}{2}$"—$\frac{5}{8}$"，如圖4(b)；

(3)慢慢將氧氣閥啓開，如圖4(c)；

(4)將噴嘴慢慢放低至$\frac{1}{4}$"，同時使吹管慢慢地作螺旋狀運動。當切割作用開始時，則鎔渣可被吹出。於是更把噴嘴放低，繼續切穿，並作螺旋狀運動，至該孔至所需之圓徑爲止，如圖4(d)。

切割圓板——欲從鋼鈑上切割圓鈑時，可先將圓鈑之尺寸在鋼鈑上用粉筆劃出，再將鋼鈑架於耐火磚上，如圖5　切割時，先自鈑邊開始，沿鈑頭方向切割，切至一半時，再自鈑邊開始。相反方向切割，切割時的動作與切割普通鋼鈑相同。

切取舊鉚釘——在修理鍋爐或船殼時，常

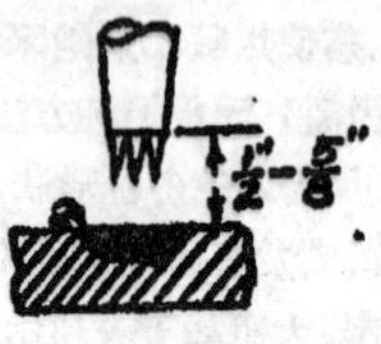

(a)　(b)　圖　4　(c)　(d)

須更換鉚釘，則必先鏟去舊鉚釘。若用氧乙炔焰作此工作，則不但方便，而且迅速，惟所用噴嘴，則爲一種低

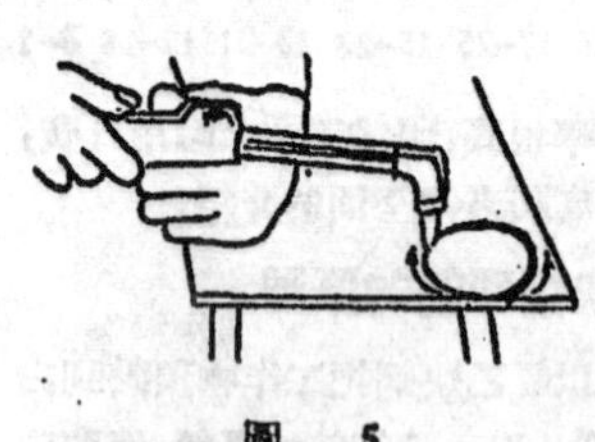

圖　5

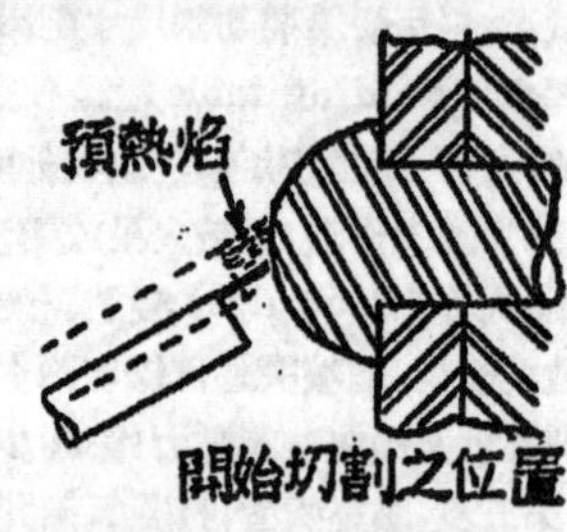

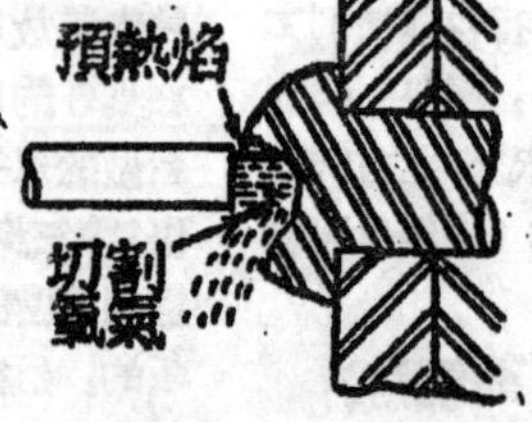

(a)　圖　6　(b)　(c)

速鉚釘切割嘴 (Low velocity rivetcutting nozzle)，它噴出來的低速度氧氣，可使鉚釘迅速氧化，而不影響鄰近的鋼鈑。因爲鋼鈑上常有一層鐵銹保護，在鋼鈑未受多量熱度的情況下，低速度氧氣，勢不能貫穿鋼鈑上的鐵銹，所以鉚釘頭部使已除去，鋼鈑却沒有什麼損傷了。

切除鉚釘頭的工作步驟，可參看圖6，即：

(a)先用預熱焰將鉚釘頭燒至白熱狀態；

(b)慢慢地將氧氣閥打開，使白熱之鉚釘頭迅

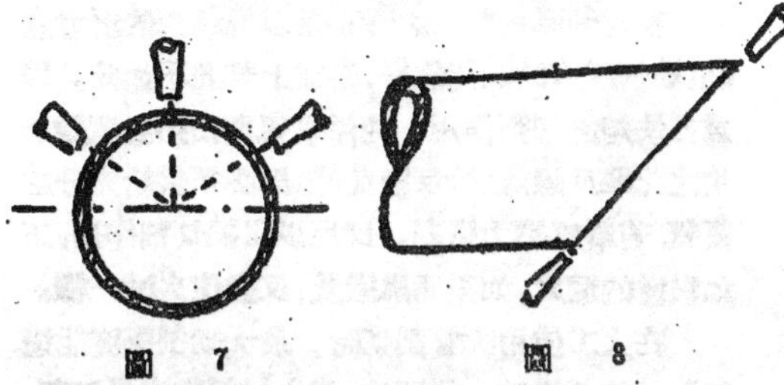
圖 7　　圖 8

速氧化，鎔渣飛出；

(c)，切割時，把噴嘴作螺旋狀運動，繼續切割，直至把鉚釘頭完全去掉爲止。

鋼管切割——對於鋼管可以有二種方法，來切割，即

(1)直切(Square cut)：切割法，與切鋼鈑略同；不過切割時係由頂部向下，噴嘴隨時對準管之中軸。切至下部時，將管子翻轉，再自頂部向下切。切割較大管子時，可將管子架於二滾軸上，這樣在切割時，管子可以自由轉動，較爲便利。(圖7)

(2)斜切 (Beveling cut)；其方法與直切略有不同，除噴嘴仍對準管之中軸外，並須將噴嘴傾斜，其傾斜度即等於與斜切之度數。(圖8)

挖切(Flame-Gouging)——挖切的意義，就是從鋼鈑，鍛件或鑄件上用氧乙炔焰挖去一條狹槽，其方法有二種：

1. 從鈑之邊緣起始挖切(圖9)：

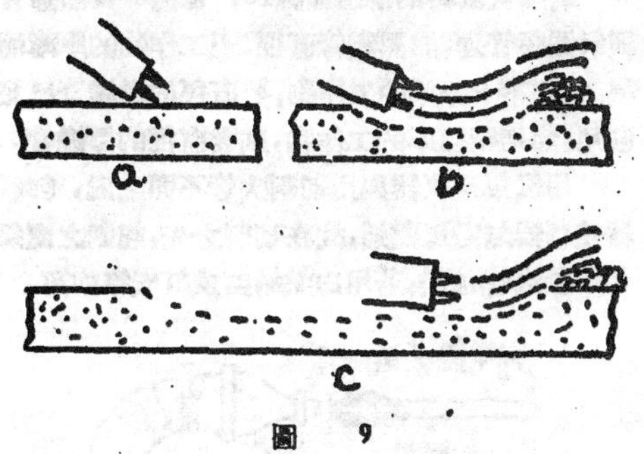

圖 9

(a)先將鈑之邊緣預熱至白熱狀態。

(b)將噴嘴與鈑間的夾角，略爲減少，並將氧氣閥打開。

(c)將鈑挖切至適宜之深度，

(d) 依挖切之方向移動噴嘴，至所需長度而止。

2. 從鈑之中部開始挖切(圖10)：

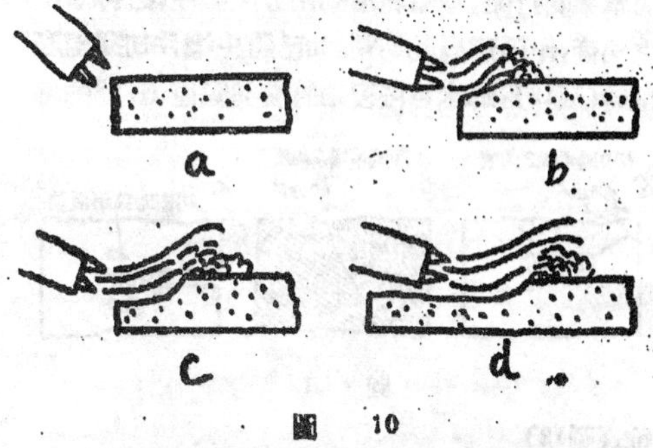

圖 10

(a)預熱鈑之欲開始切割處，預熱時，噴嘴與鈑成20°至40°。

(b)待預熱至充分熱度時，打開氧氣閥，並將噴嘴之角度放低。

(c)挖切至所需深度，再將噴嘴之角度放低，約5°至10°，方才開始切割。

圓棒切割——在切割粗大之鋼鐵圓棒時，宜選用較大之噴嘴。先用鑿子在棒上欲割切處鑿一痕跡，切割時由鑿痕處開始，自較容易。

用氧乙炔焰切割生鐵的方法

生鐵切割之技術，與鋼略異，所需預熱之溫度較高，而切割時，噴嘴須作孤形之擺動，同時氧氣的壓力較切割相同厚度之鋼鈑高25%甚之二倍，其預熱焰亦須調節成含乙炔二倍至二倍半的。

普通切割法——先將生鐵件整個加熱後，再預熱切割處。如圖11(a)切割時，要從生鐵件最

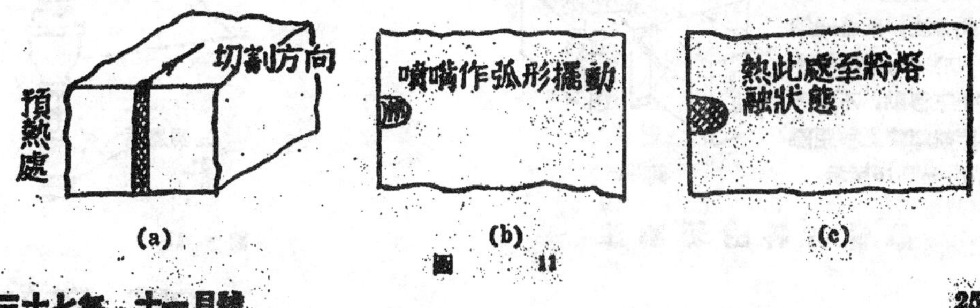

(a)　(b)　(c)

圖 11

12709

厚部分開始，方可減少切割的困難。總而言之，如將整個生鐵件預熱的溫度愈高，則切割愈為容易。如預熱圖11 (a) 所示部份時，可自上而下，並使噴嘴內層火焰距工作物約$\frac{1}{8}$"—$\frac{1}{4}$"，將噴嘴沿切割方向成45°之角度。開始切割應從工作物之邊緣起，先熱一半圓面，如圖11(b)，直徑約$\frac{1}{2}$"—$\frac{3}{4}$"。候有氣泡發生時，再將氧氣閥打後立即關閉，吹去鎔渣，再將氧氣閥打開，使噴嘴沿切割方向與生鐵件成45°之角度，作弧形擺動切割。如已將生鐵件切穿至底部時(圖12)，那末可慢慢地將噴嘴豎直至75°的地

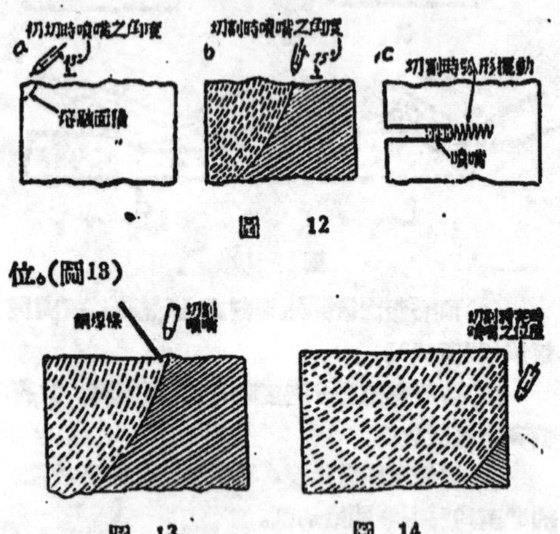

圖 12

位。(圖13)

圖 13 圖 14

熔劑切割 (Flux cutting)法——當切割各種低切割性能 (Low cuttability) 之材料時，因鎔渣之流動性很低，使與鎔渣混合，以增其流動性，使切割便利，此謂熔劑切割。割劑之材料，通常為鋼焊條 (Steel welding rcd) 或鐵條，鋁條及矽鐵條，其法與前節所述相同，割劑條之用法及使用之位置，如圖14所示。

合金工作物的切割法

當切割含鉻10%以上之合金鋼時。其預熱方法，與普通鋼同，切割時，噴嘴需不停上下移動，不過下移距離應較上移距離為多，如圖15所示。

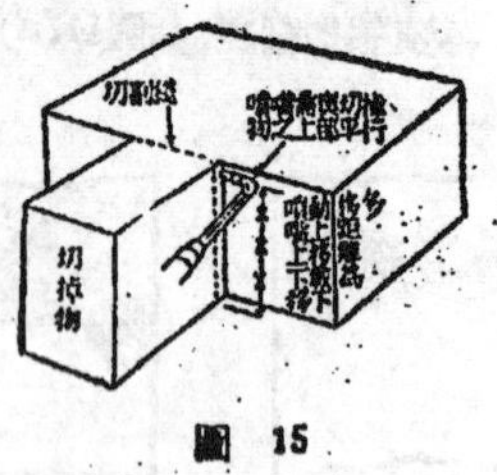

圖 15

厚件材料的切割法

在切割厚件材料之時，常以為氧氣的壓力愈高，切割厚度的性能愈好，事實上却並不如此。因為乙炔焰之切割作用，純係氧氣與白熱之鋼鐵所生之化學反應。如欲反應良好，則必須供給充分之氧氣。若氧氣壓力過高，反足以阻撓切割作用。正如點燃的燈火，如果通風過量，反能使火滅一樣。

在人工使用吹管割切時，最大切割厚度能達12"。用切割機時，雖厚達20"之材料亦容易切割。若用機動水冷却之吹管，則能切28"厚之鋼鈑，或稍厚一點也成。在厚件材料上的工作法分述如後：

切孔——欲從鐵塊或鋼塊上切一圓孔時，先用粉筆在工作物上劃出所需孔徑之圓圈，然後在離圓圈內$\frac{1}{4}$"處開始切割，先預熱該處，直到將要鎔化時，則慢慢將氧氣閥打開，同時使噴嘴工作物垂直，緩緩向圓圈移動，候已切穿時，方將氧氣閥完全打開。沿圓圈循箭頭方向切割，如圖16所示。

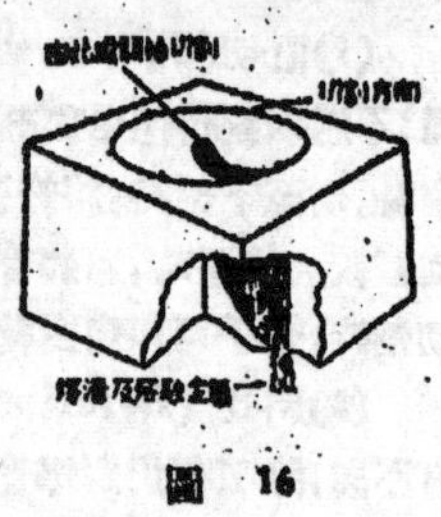

圖 16

氧氣重割器——氧氣重割器可單獨使用或與吹管併合使用，專為切割物厚材料之用，切割厚度可達八呎，

氧氣重割器的構造如圖16，包括一長黑鐵管與氧器膠管連結；黑鐵管直徑，視工作物的厚薄而異。切割不十分厚的工作物，$\frac{3}{8}$"直徑的黑鐵管已足應用。如切割極厚的工作物，則需直徑的黑鐵管。

用氧氣重割器與用切割吹管不同之處，即氧器重割器無需預熱焰，故在切割之先，起割之處須用切割吹管加熱，若用白熱鉚釘或紅炭等亦可。

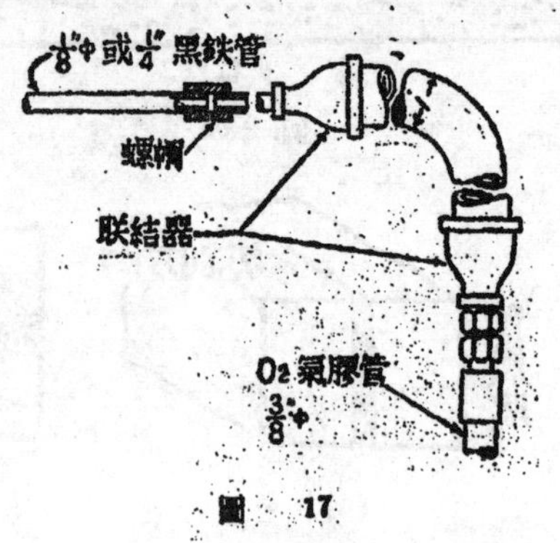

圖 17

12710

穿孔——僅用氧氣直割器，其穿孔作用非常有效而且迅速。設欲從一塊鋼塊上穿一$2\frac{1}{2}$"直徑之圓孔，孔深1呎。其方法其簡，即先將穿孔處預熱，持氧氣直割器垂直對準穿孔處工作即可，惟在穿孔過程中，須不斷使氧氣直割器往後轉動，至1呎爲止。

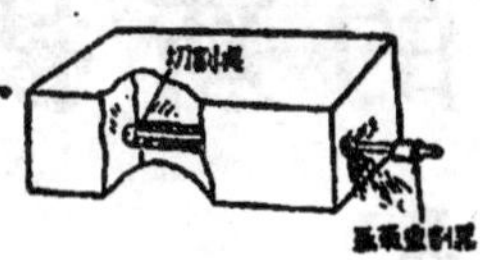

圖 18

切割——若須切割除去厚料，可將氧氣直割器及切割吹管合併使用，二者均與工作物垂直，吹管在前，氧氣直割器在後，用吹管割去工作物之上部；而用直割器切穿其割差部分。如圖19所示。

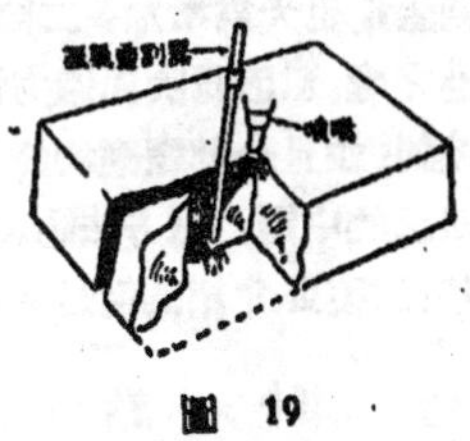

圖 19

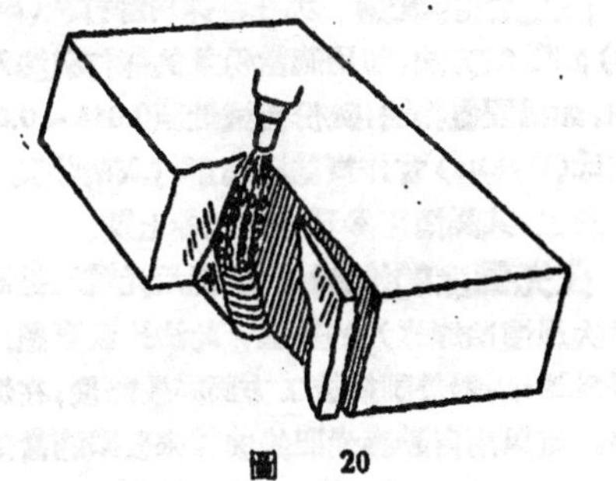

圖 20

切割工作的各種影響

氧氣壓力太高——如氣壓太高，那末氧氣流之渦轉作用(Swirling action)可使工作物不能對直切穿，底部呈魚鱗狀，如圖20。

氧壓不高速度太低——如果氧壓不高，而切割之速度太低，那末影響到底部切痕括大，割面往往傾斜。如圖21(a)所示。

優良的切割情況——在適當之氧氣壓力及切割速度時，切痕甚平，切痕上寬$\frac{3}{8}$"，下寬$\frac{3}{4}$"，良好結果就十分良好，如圖21(b)。

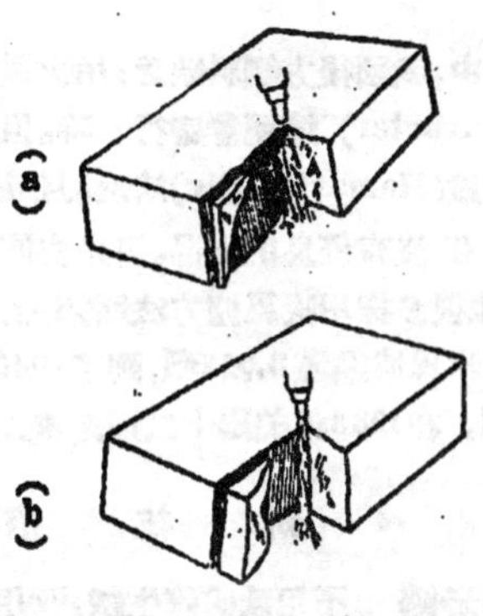

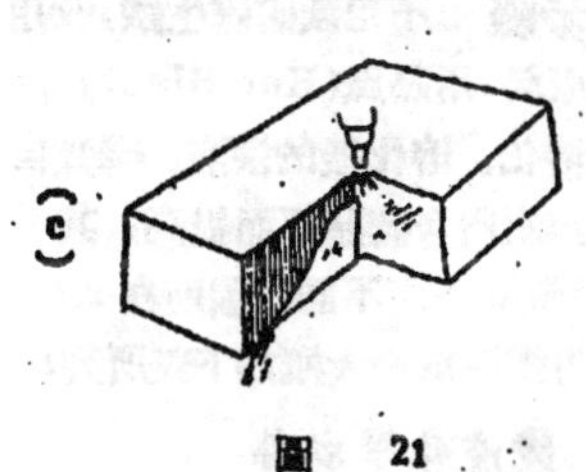

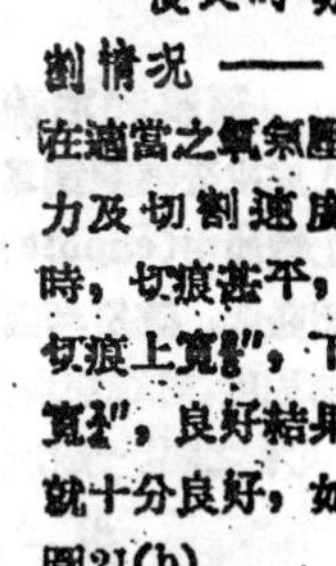

圖 21

切割速度加快——若以加快切割速度來補償過高之氧氣壓力，那末就有圖21(c)中之結果，割差很大。

中央標準局制定機械工程類新標準三十三種

工商部中央標準部年來對於制定各項標準，不遺餘力，據最近消息，現在又有機械工程方面之新標準三十三種制定，本年十月八日經部令公佈施行，此項標準，該局備有大量印本，各界需要，可逕函南京(四)水西門下浮橋菱角市五號該局選購，主要項目如下：

軸心高度，柱軸銷，錐軸銷，稜角修圓，光製墊圈，半光墊圈，毛製墊圈，毛製大墊圈，毛製方墊圈，長方保險墊圈，有舌保險墊圈，有鼻保險墊圈，彈簧墊圈，銷子概覽，嵌斜銷，平斜銷，鞍斜銷，切線銷，半月銷，銷子鋼截面及偏差，銷子槽公差等。

吹風爐煉鋼的新技術

陳應星

在抗戰的幾年中，我國後方鋼料缺乏，用吹風爐(Side-Blow Converter)煉鋼曾盛行一時。但後來因為低磷硫生鐵(Hematite Pig)缺乏，且甚難獲得，以致成績不佳，沒有優良的出品。可是在同一時期，英美兩國也很多採用吹風爐方法煉鋼的，美國在1933年年產吹風爐鋼僅3,012噸，到了1940年即增至25,000噸。在1933年美國十二所鑄鋼工場祇有吹風爐十二座，到1944年美國三十七所鑄鋼工場已增置了六十六座。同樣在英國的吹風爐鋼產量也大為增加，二國在冶煉技術方面也有改進之處，這因為吹風爐方法煉鋼，一方面比較易於控制，並且全部廢鋼均能利用作原料，所以在物資缺乏的中國，這方法對於鋼鐵生產當有極大的利益，這裏要介紹的就是吹風爐煉鋼新技術的要點：

新技術的特點

原料和冶煉步驟 不用低磷硫生鐵，改用八成或全部廢鋼為原料，用熱風(Hot Blast)在化鐵爐中(cupola)溶化。溶化後的鐵溶，磷質自然甚低，硫份却因焦炭內含硫關係而提高，其增加程度，需視焦炭品質高下而不同。碳則在2.6—3.5%之間。一般所得鐵液成份大概如下表所列：

表一 鐵液化學成份

C(碳)…………2.75-3.50(吸收焦炭炭素)
Si(矽)…………1.50-2.00(加入矽鐵)
Mn(錳)…………0.5-0.6
P(磷)…………0.04(無變動)
S(硫)…………0.10-0.20(吸收焦炭硫份)

此種鐵液含硫量仍太多，須除硫後方能應用。

除硫法的改進 現在都採用蘇打灰(Soda Ash)除硫的方法，即用適當份量的蘇打灰滲入鐵液內，如果配置得法，硫份可減低至0.045—0.025。伊文氏(Evans)曾作實驗獲得蘇打灰的除硫百分比如表二，其詳情可參看本刊二卷七期。

火光強度的控制 現應用光電池控制來指示吹風爐冶煉火光的終點，此法比較專憑肉眼觀察為準確，對於訓練技工方面亦較簡便，在煉鋼廠中，可以用自動感光記錄曲線來攷察適當的冶煉終點，其記錄曲線的樣子如圖1所示。

表二 蘇打灰的除硫能力

鐵液本身含硫成份 \ 每噸鐵液用蘇打灰磅數	1.2	5	10	20	30	40	除硫百分數
	除硫後含硫成份						
0.15	0.13	0.11	0.07	0.055	0.045	0.040	73%
0.12	0.11	0.09	0.06	0.048	0.042	0.036	70%
0.09	0.085	0.075	0.055	0.045	0.037	0.032	65%
0.07	0.07	0.06	0.05	0.032	0.030	0.028	60%

應用這種改進方法，吹風爐冶煉控制，比較從前的老法自然有把握得多而且鋼材性能之佳，尤為鋼鐵界所重視。用新型的煉鋼術中，還有所謂三聯法(Triplex Method)的，就是用化鐵爐，吹風

爐與電爐三者配合應用的意思，現在美國應用這方法主要在利用電爐以存儲鋼液使能供應源源不絕的鋼，適應機械化鑄工場內的循環皮帶傳遞制度，對於大量生產甚有幫助：第二次大戰時期，美國應用此法增加生產大爲成功。

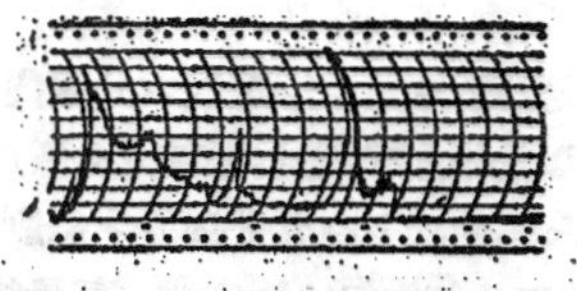

圖1——火光强度自動記錄曲線一例

冶 煉 新 法 的 促 成

在此次大戰時期，英國同樣受低磷硫生鐵供應的限制，同時爲撙節矽鐵（FeSi）消耗起見，就促成了新冶煉法的研究。多年以前，英國菲索特氏（P.C. Fassotte）已注意碳在吹風爐冶煉過程中因氧化作用而有增高鋼液溫度必要。菲氏認爲如將化鐵爐所出鐵液溫度提高到1450°C－1500°C，那末在吹風爐內的碳就可能立刻氧化發熱，增加鋼液溫度，不必靠矽的氧化作爲燃料了。換言之即高溫度之鐵液可以不需矽鐵，即使應用，其含矽量也可減小到最低限度也沒有關係了。照煉鋼的通常情形（美國現亦如此），在鐵液成份內，矽份極重要，常在1.50至2.00％之間，鐵液溫度，則較不注意，因化鐵爐內的鐵液溫度，都在1200°C至1300°C之間，再也不能提高的緣故。此後在吹風爐內冶煉時，矽首先氧化，充作燃料，將鐵液溫度增加到1500，C時，碳也發生了氧化作用，這樣來完成冶煉程序，所以足見矽份只有作爲鐵液內燃料，用來增加溫度，使碳能完成氧化作用而已。如果全部用廢鋼作爲原料，鐵液中的1.50－2.00％之矽，通常由外加的矽鐵補充而來，可是此項矽鐵在冶煉過程中事實上是全部損失的，英國高山氏（F. Cousans）曾做過如下的實驗足以證明。

用 實 驗 證 明 高 溫 低 矽 的 冶 煉 法

用低矽（含矽1.03）鐵液在溫度1300°C（並未提高）時，注入吹風爐冶煉，八分鐘後即停止鼓風，取樣化驗，其成份如表三，鐵液傾入盛鋼罐（Ladle）時，溫度已增至1495°C。鐵液在罐中去渣後重新裝入爐內時，溫度降至1460°C。第二次開始冶煉（即鼓風進爐）爐口就冒白光，（這是因碳在氧化）再三分鐘後，冶煉完成。鋼液溫度甚高，極合鑄件之用。該項實驗因有高溫計插在鋼液中測量，故記錄準確可靠。此項實驗足以證明祇需鐵液溫度稍高即可減少含矽量，仍能使鋼液達到適當溫度。

表 三　第一次實驗的成份損耗與溫度增高記錄

時間	鐵液成份				
	碳	矽	硫	燐	錳
未冶煉前鐵液溫度1280°C	3.16	1.03	0.034	0.033	0.13
八分鐘後　溫度1475°C	2.56	0.14	0.033	0.035	0.14
（共增溫度 195°C 其損耗成份爲）	0.60	0.89	——	——	0.29
第二次冶煉　溫度1460°C	2.56	0.14	0.033	0.035	0.14
三分鐘後　溫度1640°C	0.08	0.05	——	——	0.04
（共增加溫度 180°C 其損耗成份爲）	2.48	0.09			0.10

表 四　第二次實驗的成份損耗與溫增高記錄

鐵液重量45cwt.　鐵液溫度1240-1280°C　每分鐘鼓風量約2500立方呎

時間	鐵液成份			鐵渣成份 %			增加溫度
	碳	矽	錳	SiO_2	FeO	MnO	
未冶煉時	3.0-3.2	.70-.09	.40-.60				
三分鐘後	3.0-3.2	.40-.35	.30-.25	37-47	40-45	9-12	80-105°C
六分鐘後	2.6-2.7	.10-.15	.07-.10	35-40	42-46	9-11	250-260°C
九分鐘後	1.5-1.7	.05-.10	.04-.08	50-55	30-35	10-11	275-305°C
十二分鐘後	1.1-1.3	.05-.10	.03-.08	54-58	26-30	10-11	315-330°C

第二次實驗，再用含矽量更低的鐵液爲原料，溫度也并未提高，在開始冶煉後六分鐘內，見溫度增加極快，以後增加率漸減。開始六分鐘內矽份的氧化比較平均，而碳要在九分鐘後才急劇氧化。此項實驗在十五分鐘內即冶煉完成，而最終鋼液溫度增加370°C(即1610°C)，其化驗成分見表四。

上面實驗鐵液溫度並未提高((1250°C)。含矽量在1%左右即足應用，可見慣常方法含矽在1.50－2.00%實已太多。如將溫度提高至1450°C，則此1%之矽即可減少到最低度，毫無疑義。不過這種用高溫度來冶煉低矽鐵的方法，在實行時應注意下列二點：

(1) 鋼液溫度既全靠碳的氧化發熱，故鐵液含碳不宜少於3.20%，同時化鐵爐的爐井(Well，即進風口與爐底之距離)需要加深，以便廢鋼在爐內溶化時儘量吸收碳，同時鐵液的硫份亦將增高(視焦炭含硫多少而增減)，惟該項硫份可用上述除硫方法除之。

(2) 冶煉時因鐵液的含矽量太少，鐵渣中氧化鐵(FeO)勢必侵蝕爐壁，故必需在開始冶煉前在鐵液面上加沙一層用以保護爐壁。

再說這個方法的優點是：(1)節省爐襯之消耗，(2)縮短冶煉時間。通常因爲要使矽氧化每爐需時十八分鐘左右，而用此法則祇需時十五分鐘，可以減少鐵液冶煉過程中之損耗(通常在15%左右)。(3)應用全部廢鋼作原料，較爲經濟，可是爲了要提高鐵液的溫度起見，就需增加冶煉的必要設備。

適用於我國的鑄鋼工場

我國目前的鑄鋼工場，大部份採用電爐來熔解廢鋼，勝利後各處接收的工廠，多有日人所造的電爐設備，不過如用電冶煉祇需有廉價電力供應(如水力發電)方能減低成本，這件事在現今我國各地電力不足，電價高昂之際，電爐恐難利用，我以爲能改變方式，將電與吹風爐配合，那末各取其利，也許能得到一個滿意的解決吧？

實際的辦法是如此。因爲目前有電爐設備的工廠大概都有化鐵的設備，假使添一吹風爐，即可應用三聯法，先以化鐵爐溶化廢鋼轉至電爐提高溫度，然後再送至吹風爐冶煉。電爐作用，僅爲提高鐵液溫度，用電較省，祇及原來熔化廢鋼電量的20%左右，而生產量却可增加五六倍，當能減輕成本不少；以實際的數字爲證：平常電爐煉鋼每噸需用電700－800KwH每爐需二至三小時，如電爐祇作加熱用，則每噸用電不致超出150KwH，而每爐加熱所需時間至多二十分鐘至三十分鐘，吹風爐冶煉每爐時間亦不過二十分鐘。採用此方法後，每爐鋼由三小時減至半小時，顯然生產量可增加六倍。爲使讀者瞭解操作的步驟起見，圖2簡明地表示了這個三聯法的全部過程。至於配合各爐的容量和鼓風量等，可參看表五。

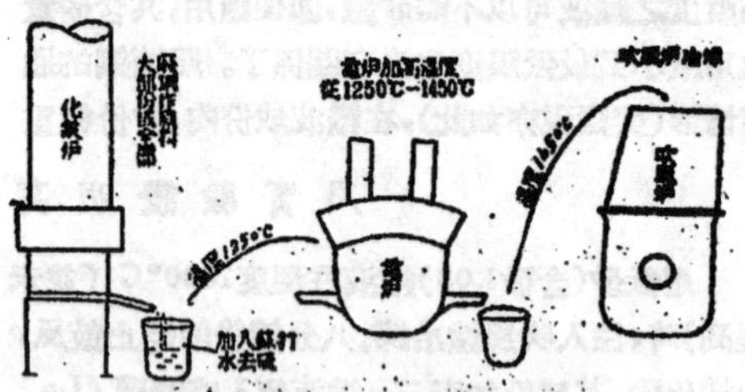

圖 2——三聯法煉鋼步驟

表五 吹風爐容量配合表

每爐容量	配合電爐容量	配合化鐵爐容量	每小時產鋼	鼓風風量	鼓風機馬力
		每小時化鐵			
1 噸	1 噸	4噸	2-3 噸	1750立方呎	40
2 噸	2 噸	7噸	4-6 噸	3250立方呎	75
3 噸	3 噸	10噸	6-9 噸	5000立方呎	125

新型吹風爐鋼的性能

也許有很多人以爲吹風爐鋼性能不及電爐鋼來得優良，事實上也並非如此，因爲近年來不斷研究與改進，吹風鋼的溫度與成份均能如意控制，成品經過幾年來應用，也已足證明其性能，可與其他任何冶煉方法的產鋼相較而無遜色。茲將近年的新型吹風鋼的性能列如表六，以供參攷。

(下接頁31左下角)

12714

緊急接電用的

流動電力廠

樂

當戰爭或災荒來襲的時候，設或一個城市的饋電線突然遭到破壞，或總電廠被燬，那末居民將要如何的恐慌和騷動呢？最近美國的阿里斯·却爾梅工程公司（Allis-Chalmers Co.）的工程師們在計劃著一種流動電力廠，企圖用鐵道車載運著全部電力廠的設備，以便在緊急的時候，即可驅至接電的地方接通電源。雖然還在設計製圖的階段，但相信不久就可實現的。如附圖所示：整個一列車，可產生3000至6000仟瓦（K.W.）的電力，如果預先計劃得妥善，這一個電源和原來電力廠所供給的完全相同。這種流動電力廠的發電機是用氣輪機的，氣輪機的燃料用柴油，柴油的供給可用另外一節油車，但小型的流動電力廠不必另備油車，本身亦可攜帶維持六小時發電量的柴油。起動氣輪機時需要一只電動機(圖之右端)這電動機的電是由一架以狄塞爾機驅動的起動發電機來供給(圖之左端)。氣輪機經過一減速齒輪，與一3600R.P.M.的發電機聯合，經過控電室，即可接出電源。整個流動電力廠，在必要時，只消兩名工人就可設置，運轉時，則只要一名工人就够。如果這種電力廠能够大量設置，那末在緊急的時候就不怕電力的中斷了。

（自30頁接來）

表六　新型吹風爐鋼的性能

吹風爐鋼成份 C,0.21; Si,0. 8; Mn,0.90; S,0.033; P,0.037%

屈服點 千磅/平方吋	最大拉力 千磅/平方吋	在2″內之伸展百分比	斷面收縮百分比
17.45	30.12	33	57
15.12	30.00	32	52
15.32	30.00	32	57
15.64	30.60	33	59
17.60	31.00	33	57
16.72	30.92	32	54
17.20	30.80	33	54
15.72	31.24	33	57

這是一種有用的工具，無論做木工或做金工都需要它。

砂皮的故事

樂　章

從在小學校裏做勞作的時候起，你也許對於砂皮已經很熟悉了吧？我們所常用的砂皮有二種：一種是用牛皮紙來做襯底的，另一種是用布做襯底，前者常用來做木工，稱爲砂皮紙；後者可用於金工，稱爲砂皮布；但是二者都有一個粗糙的表面，可供摩擦工作物的用途。

你也許要問：砂皮上面塗著的是我們日常所看見的砂嗎？——不，一點也不是，如果你真的把砂放在顯微鏡下觀察的時候，那末可以看出一點點都是渾圓的外形，沒有切割作用，如果作爲摩擦用，怎末能除去材料呢？事實上，現在砂皮上面所用的一層摩擦料，是經過硬度檢定後再壓碎磨成一定粗細的一種礦物質點。質點的粗細就是砂皮的號數，這是現在我們去買砂皮時，常常要附帶說明的。

砂皮的號數表示摩擦料的粗細

關於砂皮的號數，事實上有二種表示的方法：第一種是我們日常慣用的，以0爲標準，0越多，砂皮就越細，最細的砂皮可有十個0，表示法爲10/0；如果比0粗，那末就1號，1號半，(1½)，2號……等，按次序挨下去，最粗的砂皮可以有4號半。然而這種表示法完全假定的，缺少比較的標準；所以新式一點的表示法，就是根據篩這種摩擦料粉末的篩子在每一根線上面，1吋內有多少篩孔來計算其粗細程度的，例如100篩孔，就是意思在1吋內有100個孔，或是每1平方吋內有10,000個篩孔，當然篩孔愈多，能經過這篩子的摩擦料也就愈細；現在這二種制度可以交換使用，關於各種砂皮的相對號數，請參考右頁的附表。最細的二種是沒有號數的，只能用篩孔多少表示。

用作砂皮摩擦料的礦物

有五種礦物常用來作爲砂皮的摩擦料。這五

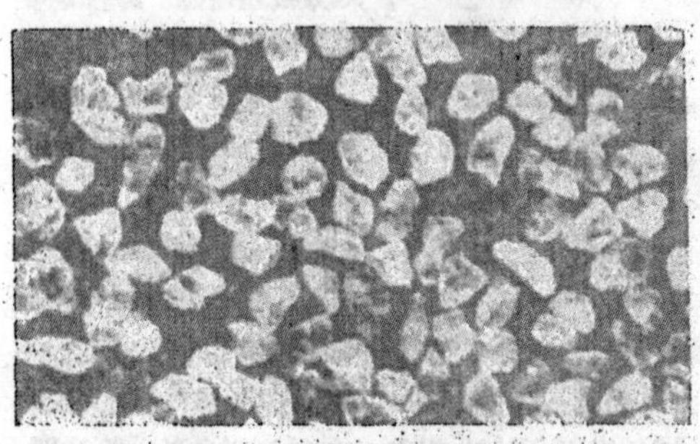

圖 1——火石的結晶

圖 2——石榴石的結晶

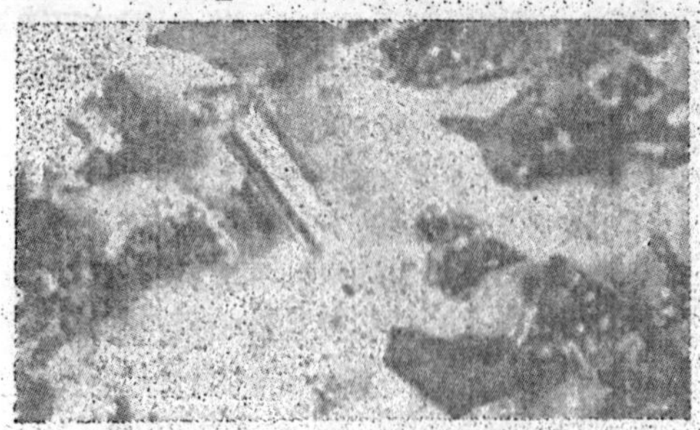

圖 3——碳化矽的結晶

圖 4——氧化鋁的結晶

普通各類砂皮的號數表

砂皮種類	碳化砂	氧化鋁	石榴石	火石
極細	600	....	....	......
	500	500	....	......
	400	400 (或10/0)	....	......
	360	....	....	......
	320	320 (或 9/0)	....	7/0
	280 (或 8/0)	280 (或 8/0)	280 (或 8/0)	6/0
	240 (或 7/0)	240 (或 7/0)	240 (或 7/0)	5/0
	220 (或 6/0)	220 (或 6/0)	220 (或 6/0)	4/0
細	....	....	....	3/0
	180 (或 5/0)	180 (或 5/0)	180 (或 5/0)	......
	150 (或 4/0)	150 (或 4/0)	150 (或 4/0)	......
	....	....	....	2/0
	120 (或 3/0)	120 (或 3/0)	120 (或 3/0)	......
	....	....	....	0
	100 (或 2/0)	100 (或 2/0)	100 (或 2/0)	......
中	....	....	....	½
	80 (或 0)	80 (或 0)	80 (或 0)	......
	....	....	....	1
	60 (或 ½)	60 (或 ½)	60 (或 ½)	......
	50 (或 1)	50 (或 1)	50 (或 1)	1½
粗	....	....	....	2
	40 (或 1½)	40 (或 1½)	40 (或 1½)	......
	....	....	....	2½
	36 (或 2)	36 (或 2)	36 (或 2)	......
	30 (或 2½)	30 (或 2½)	30 (或 2½)	3
極粗	24 (或 3)	24 (或 3)	24 (或 3)	3½
	22 (或 3¼)	....	....	......
	20 (或 3½)	20 (或 3½)	20 (或 3½)	......
	18 (或 3¾)	....	....	......
	16 (或 4)	16 (或 3)	....	......
	14 (或 4¼)	....	....	......
	12 (或 4½)	12 (或 4½)	....	......

種礦物的硬度各有高下，我們可用馬氏硬度(Moh's scale，詳見本刊三卷五期，頁29)來區別其程度，這五種礦物硬度的馬氏數是：

碳化砂(Silicon Carbide)·········9.6,
氧化鋁(Aluminum Oxide)····9.4,
金剛砂(Emery) ··················8.5—9,
石榴石(Garnet) ···············7.5—8.5,
火　石(Flint) ······················6.8—7

我們平常所看見的砂皮紙，上面亮晶晶的一層，就是磨碎了的火石，它的顏色是透明發白的。砂皮布上灰黑的一層，就是金剛砂。其他三種在國內用得還不多，碳化砂是亮晶晶的黑色，氧化鋁是帶暗棕的紫色，石榴石却是紅色的；我們看見了砂皮各種不同的顏色，就可以決定它是何種礦物所製。

每一種礦物的發現和應用，却有一段有趣的故事：例如火石吧，它實在是砂皮的老祖宗，我們

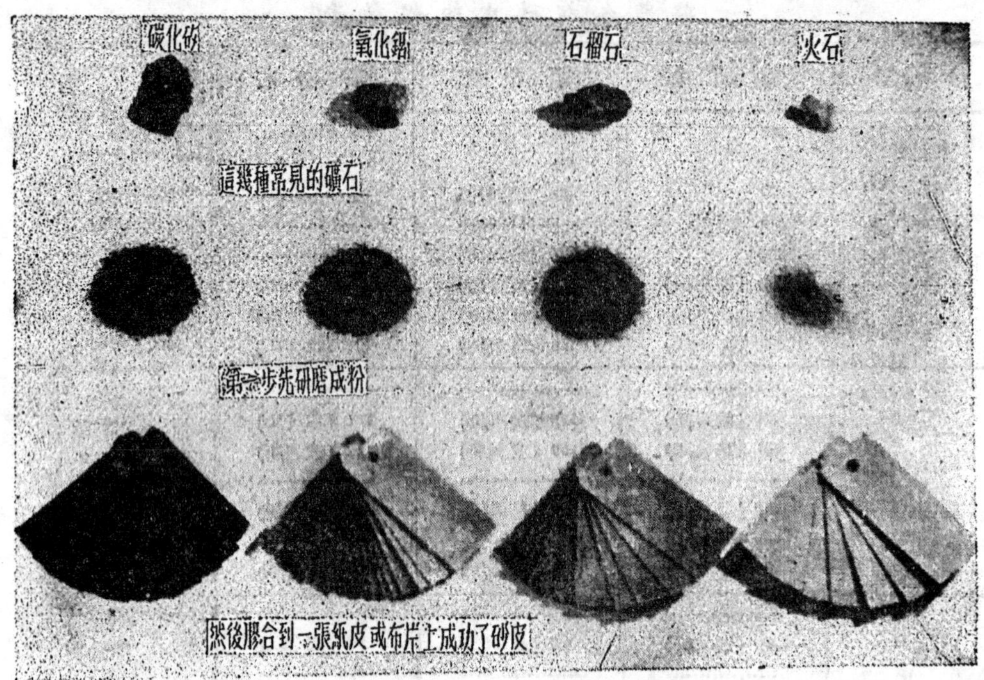

圖 5——砂皮的製造步驟

常把砂皮紙上的摩擦料誤為白砂，也是因為它的外形實在太像砂粒的緣故。從前在沒有把火石來作為摩擦料的時候，人們常把玻璃碎屑膠在紙上應用的，後來火石出世，就取而代之，成為現代的砂皮紙，雖然硬度不够高，在使用時，很易碎裂，但在手工砂磨時，因為時常要撕去一段可免阻塞之故，却是非常適用的。

石榴石是紅寶石的一種，上古時已用來作為裝飾品，在中世紀時，佩戴這種寶石，據說可以有强心，避雷以及增加財富的功用。後來有一個珠寶匠，首先用它來作為摩擦料，就一直沿用至今；是木工上用的最好摩擦料，因為硬度較火石硬，而顆粒的組織又不像金剛砂的圓滑，這可以從圖2中看得出。金剛砂作為摩擦料，其實並不是最理想的，但因為它有很高的硬度，雖然摩擦木材不甚相宜，却是打磨金屬最好的材料。

還有二種摩擦料，却是人造的礦物，碳化矽是在半世紀以前，有一位化學家因試驗人造金剛石而造成的，其結晶形狀如圖3；可用於對塑料、玻璃、皮革或銅鋁等軟金屬的摩擦工作，顆粒的切削邊甚大，硬度也較高，只是性質較脆，對於硬鋼的摩擦就不甚相宜了。氧化鋁是在1897年時，有一羣化學家因為想把氧化鐵從金鋼砂內分析出來而發現的，它底結晶形狀如圖4，有硬韌的特性，適用於機械摩擦，即使摩擦速率到每分鐘5000呎，也不致脫膠；對於木材和金屬都能適用。

砂皮怎樣製造？

砂皮的製造很是簡單，圖5表示了全部的工作過程。用作摩擦料的礦物先過磨粉機，磨成相當粗

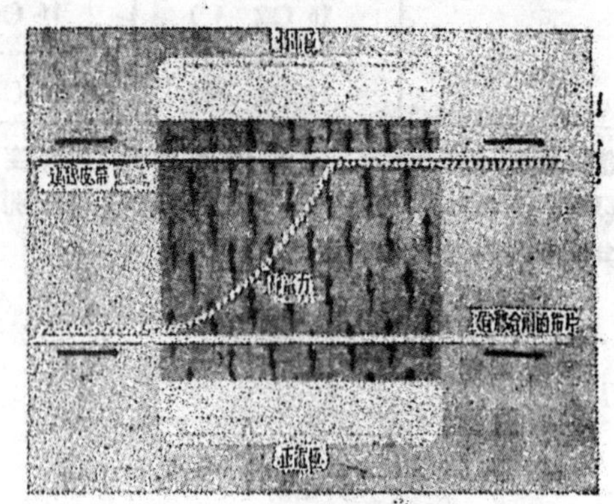

圖 6——靜電膠合法

12718

細細的粉末，然後用膠合劑使粉末膠在一張堅韌的紙張或布料上面，就成功了砂皮紙或砂皮布。膠合的方法普通有二種：一種叫重力法（Gravity Method），另一種是靜電法（Electrostatic Method）；前者利用摩擦料本身的重量，自動跌落在一條已經塗布膠合劑的紙皮或布皮，這條皮恰巧在摩擦料的盛器下面，用運送機器拖動，所以生產率很是快的。所謂靜電法，（詳見圖6），却要使摩擦料粒子先帶上電荷，然後利用靜電的力量，使粒子本身跳上去，跳到在上面運動着的塗有膠合劑的紙皮，粒子本身也用一條運送皮帶拖動；這一個方法現在只用於氧化鋁和碳化矽的膠合，因爲這二種粒子有大小端的區別，利用靜電力量可使每一粒子的大端吸住，讓小的一端露在表面，那末可以增加砂皮的磨除效能；同時，由於靜電力比較平均的關係，膠合成的砂皮表面也比較精緻而勻落。

砂皮怎樣應用？

砂皮雖然是一種極普通的工具，但是如不懂方法，却要常常浪費砂皮或是損壞你的工作物。木工製造上，應用砂皮的機會較金工製造上來得多，這是因爲金工製造的最後加工需要精密準確，因此只能藉機械來完成砂皮的用途也就減少；木工方面，除了機械的模型以外，考究的傢具和物件，無不需要砂皮來打光後再加以髹漆，因此砂皮的應用較多。

在木工製造上最廣用的砂皮，可備二種；一種是粒子較粗的，如石榴石砂皮的1號，1/0及3/0（或火石砂皮的1號半，1號及0號）；還需要一種較細的砂皮，作爲最後加工用，如石榴石砂皮的5/0及7/0（或火石砂皮的3/0及5/0）。

雖然現在國外已發明了幾種用電力的砂磨機（如圖7，8，9，），但是在中國盛行的還是手工的砂磨，到現在還不大有人買了一架砂磨機來裝砂皮紙呢！所以這裏所提的就是怎樣的手工砂磨才是正確的？——正確的砂磨動作必需順着木材的紋路，來回的動作，均需用手指按住了砂皮紙加重壓力。（却和銼刀的工作法相反，銼刀向前要用力，退後則不用力；而往復動作的砂磨機，也是根據這一個原理製成功的！）在工作開始的時候，儘可能將工作物放在水平位置才砂磨，那末可以得到滿意的成績。應用的砂皮，粗細號數應該自粗而細，

圖 7——用皮帶拖動的圓輪砂磨機，可以固定在鉗桌上工作。

圖 8——直接傳動的圓輪砂磨機，對於較大工作物的施工，甚爲便利。

圖 9——另一種直接傳動的帶狀砂磨機。

不可以越級。如果木材較爲粗糙，那末先用1號或1號半，然後再1/0，2/0或3/0逐級精磨。普通的木器，用到5/0砂皮已經够光滑，除非要極其精細，才用到6/0或7/0的細砂皮。

對於纖維的木材，砂磨後也許仍有不少隙縫，那末可以在第一次砂磨後嵌入油灰或塗一層蟲膠（Shellac）在上面，待乾後，再用較細砂皮，將隙縫處高起的蟲膠砂平；最後用同樣粗細的砂皮全部砂磨光滑；普通的木器傢具，在油漆之前，就是經過這樣工作的。

如果想把物件罩光漆（凡立水），噴噴漆或搪磁，那末必須先經過砂磨的步驟，使漆刷的刷痕或灰塵除去；砂皮布要用最細的，同時預備一點淡的肥皂水作爲潤滑劑，工作時將砂皮布時時浸入，按照平常的動作來砂磨；經過這一個過程，再來罩光漆，那是再好沒有了。

點火線圈

沈惠麟

在上一次，我們講明了火花塞的作用，現在我們再要來研究什麼東西使這個火花塞產生火花，凡是用來產生這個火花的機件都包括在一個系統中，叫做『點火系』。

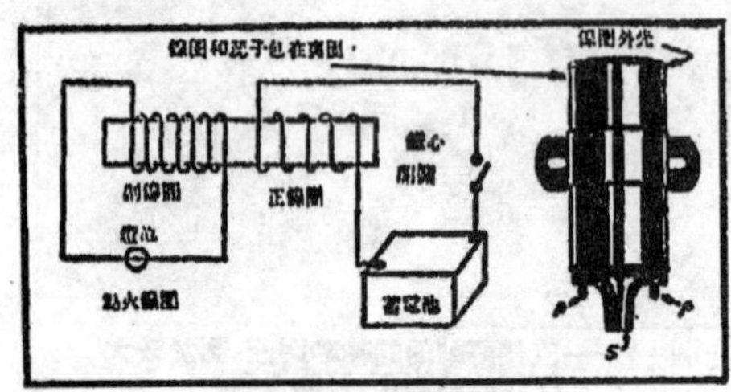

圖22. 點火線圈的構造

在汽車點火系中有兩種線路或電路。一種叫正電路，又叫原電路，初級電路，或低壓電路，包括燈線，喇叭線，發電機線等都在內。一種叫副電路，又叫二級電路或高壓電路，包括自點火線圈引至分電器的電線，經過一個配電轉子的作用，將電流分配至每個火花塞來產生一個熱火花。

低壓電流不能跳過火花塞間的空隙，所以一定要設法將電壓變高方有用，但是這空隙亦不能太大。

汽車電池所有的電壓只有 6 到12伏特。但是要用來使電流跳過火花塞空隙的電壓，頂少亦得14,000到20,000伏特。換句話說，我們就得想法子將這 6 伏特的電壓(引擎不動或者空轉的時候，電池供給 6 伏特的電壓；但是車上發電機開始充電後，電壓就可增高到 8 伏特。)變高至 14,000 到20,000 伏特。這就是我們要用點火線圈的緣故。點火線圈又叫變壓線圈，感應線圈或誘導線圈。

這個點火線圈正和一個變壓器一樣。牠有一個正線圈同一個副線圈，同繞在一個軟鐵心子上。牠將6到8伏特的電壓變高到14,000到20,000伏特。一個點火線圈的構造見圖22。

讓我們不要講得太專門，簡單一點說，當蓄電池或發電機的6到8伏特的電壓，進入點火線圈的正線圈，在正線圈環繞的軟鐵磁心的四週即生一磁場。

當這個電流繼續流通的時候，並沒有什麼變動。但當這個電流忽然停掉了的時候，在磁心四週所產生的磁場亦就突然消失，這樣使得在副線圈中生一電氣衝動。

圖23. 火花塞電路

因此我們就可以得到所要的高電壓，像汽車點火線圈中所要的就是14,000到20,000伏特。在圖22中，當正線圈電流突然停止的時候，在副線圈所生的電衝動，足够使電路中的燈泡點亮。

這種電衝動的時間很短，只不過是一瞬間的事。但是在汽車點火中，所需要用來產生那個點燃在燃燒室中經過壓縮的可燃混合氣的火花的時間，亦只要這一瞬息就够了。在圖23中，用火花塞代替了圖22中的燈泡，使電路完成。

普通汽車上所用的普通點火線圈，所能產生的高電壓，大概從一萬四千到一萬八千伏特。這樣的電壓在普通情況下是很够的了。因為倘若點火線圈情狀良好，同時火花塞的空隙適當，那去換裝一個高壓點火線圈是毫無意思的。

但是倘若火花塞空隙太大；或者因為別的緣故而需要一個更强的火花的時候。像負載過重，或者常爬高坡等等，那麼最好能用一個電壓較高的

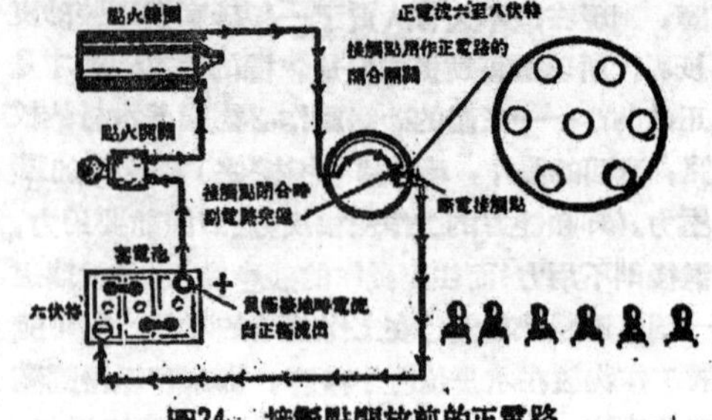

圖24. 接觸點開放前的正電路

點火線圈。

倘若電氣系中多裝額外的電燈，無線電等等的時候，亦有同樣的需要，因為牠們都從點火系中提去了電流。所以廠商都規定不得多有額外裝置。但是要我們換用較廠商規定電壓要高的點火線圈的唯一理由，還是因為這引擎常用的負載超過了牠所設計的能力，或者是副電路所必需的零件當時損壞，使電路中生高電阻。

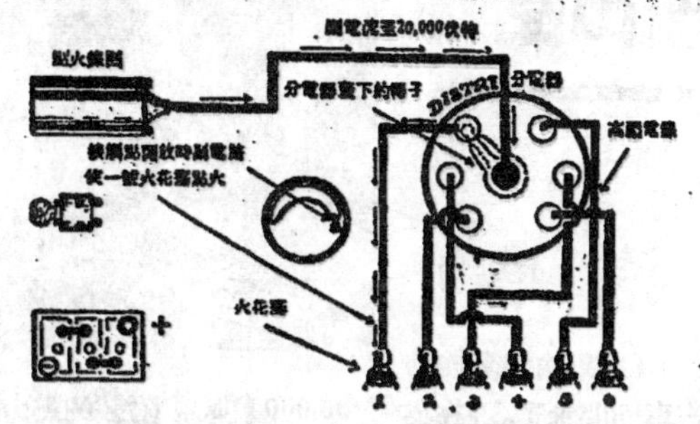

圖25. 接觸點開放後的副電流

圖24及25中，說明一個點火線圈的正電路。自電力的源流——蓄電池——起始；同副電路在正電路的斷電接觸點斷電時的作用。

圖26. 線圈出火試驗

試驗點火線圈的方法有好多種。最好是用一個點火線圈試驗器來試驗一下。在這個儀器上，我們將這個被試驗的點火線圈同一個完全優良的線圈，做一個性能的比較。

圖27. 損蝕的火線

倘若一時沒有點火線圈試驗器在手邊，那麼可以這樣做：將引擎轉動，取下第一個火花塞的連接電線，拿住這電線，使牠的頭子離開汽缸蓋或者別的金屬部份約四分之一吋，看看有沒有良好的火花跳過這空隙。或者取出插在點火線圈中心小塔中的高壓電線，拿住牠像圖26中一樣，亦可以試驗出點火線圈的效率怎樣。

同時我們要檢查從分電器到火花塞的高壓電線是不是良好。因為舊壞或碎裂的電線，使火花在半路上跳去，在汽缸中火花塞的空隙當中，就不能產生火花去點着那經過壓縮的可燃混合氣體。所以電線假若同圖27中的情形相同的時候，就應該立刻換最好用新線。

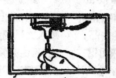

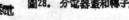

在檢查這種高壓電流逃電的時候，我們更要同時檢查分電器蓋有沒有碎裂。倘若蓋上有裂縫中間貯滿了油污，那麼電火花就可以從這裏逃去。同時檢視蓋中的接觸點是不是鬆動或燒壞或者有別的損傷。轉子的檢視亦正相同。見圖28。若分電器蓋同轉子任何一樣損壞，將兩樣都換去。

圖28. 分電器蓋和轉子。

有很多的時候，我們認為點火線圈內部出了毛病，但是事實上牠的毛病卻在外面。因為當電壓增高到近兩萬伏特，牠與任何接近牠的金屬或者其他良好導體，都能產生一個半吋長的火花。點火線圈外殼上的潮汽同油污等，都是良好導體。所以當我們看見點火線圈外面不很乾淨的時候，就用汽油或其他溶劑，將牠擦洗乾淨，等到完全乾燥後，再起動引擎。這個工作當然點火線圈在車上亦能做，但是擦洗的時候，引擎決不可轉動。

雖然兩萬伏特是一個很高的電壓，但是偶然你碰着了火花塞線，卻不致觸電致死。

理由是這樣，牠所以不能致你死命是因為牠所有的只是電壓而已。因為點火線圈要將六至八伏特的電壓變到兩萬伏特，牠必定要犧牲一點東西，牠所犧牲的就是電流度。簡單的說：電流度是燃燒的力量，電壓度是支持燃燒力量的壓力。唯有兩樣都高才能致人死命。

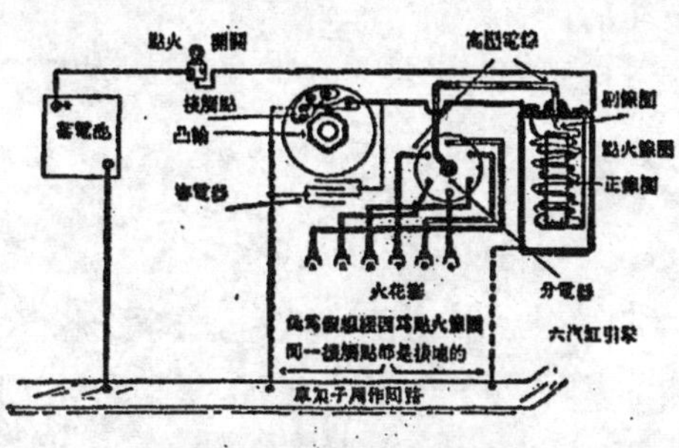

圖29. 點火系全圖

但是這個觸電雖不致命，震動卻亦不十分好受。所以當你握住這種高

（下接第16頁）

新發明與新出品

用氣輪機推動的

新式小汽車

在不久以後，眞正的"汽"車(用氣輪機來推動的)將要繼汽油引擎推動的汽車而問世了。現在英國有二家公司Rover Co. Ltd.和Centrax Power Units Ltd.的汽車工程師已裝置了氣輪機(Gas turbine)，陳列在最近的英國工業展覽會中，相信不久這種汽車就可以成爲一種大衆可坐的商品。

根據各方面的研究，氣輪機比了高壓縮引擎，有不少優點：它不需要更換速率的齒輪箱，(不用排檔)，因爲氣輪機的速率是可以調節的，只要裝一只倒車和一只前進的減速齒輪，駕駛起來，就和最新式的液力傳動汽車沒有高下。點火系統也簡單化，祇需一只點火塞就可以。它也不需要風扇、散熱器或水汞浦等組成的冷却系統，因爲它能自動冷却。氣輪機的燃料也比較少限制，火油柴油都能用，只要這種燃料能連續燃燒就可以。重量也減輕不少，行駛時的震動幾乎沒有。

圖1所示是氣輪機裝在一輛小輪車上的位置，Rover 廠製造的氣輪機本身的總尺寸爲3呎長，18吋闊，20吋高，氣輪直徑5"。在正常速率時，每分鐘有55,000轉，馬力爲100匹，重量爲475磅；另外一家 Centrax 廠造的則有 160 匹馬力(在每分鐘35,000轉時。附裝的熱力交換器可節省燃料的消耗。

氣輪機在運轉的時候，空氣經過濾氣器，進入燃燒室，在室中將燃料燃點，氣體膨脹後，由通管導入二只獨立的氣輪，一只加强壓力，一只發生動力；再由齒輪箱傳至汽車的車輪，即可前進；詳細構造可參看圖2。

關於製造這種氣輪機所用的材料，工程師們的確費了不少心機，因爲氣輪產生的溫度極高，如果都用特種鎳鉻合金鋼，價格一定非常昂貴，所以現在還在繼續研究中，設法用價格較低廉的金屬來代替。此外因製造時所需的精密公差，現在大規模生產還不可能；而燃料消耗量要較引擎大二倍(雖然可用低價的燃料)，這些都是目前遭遇到的問題，如果不解決，恐怕還沒有普及的希望。

(天 P.M.S.,)

★檢驗管子漏氣的電子槍——通用電氣公司(G.E.)發明了一種儀器，外形很像一根槍(見圖3)，可以檢查罐子或管子中漏出來的少量氣體，如氯、溴、氟、碘等的化合物都可以檢查。檢驗

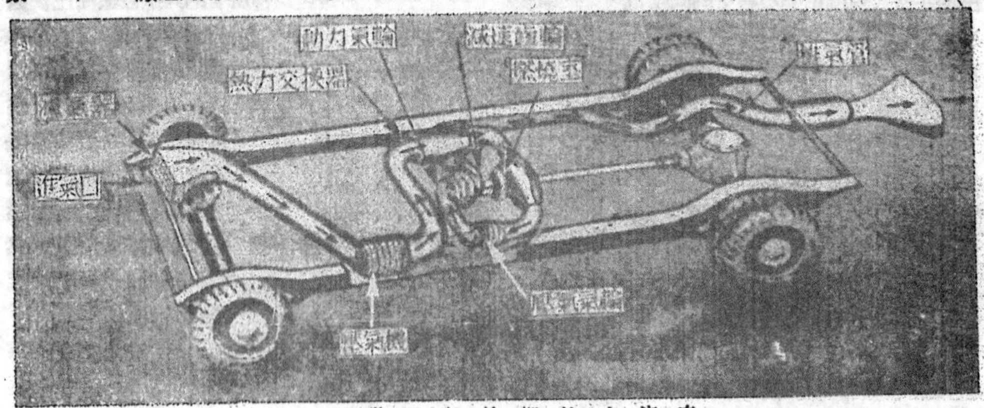

圖 1 裝 置 氣 輪 機 的 小 汽 車

12722

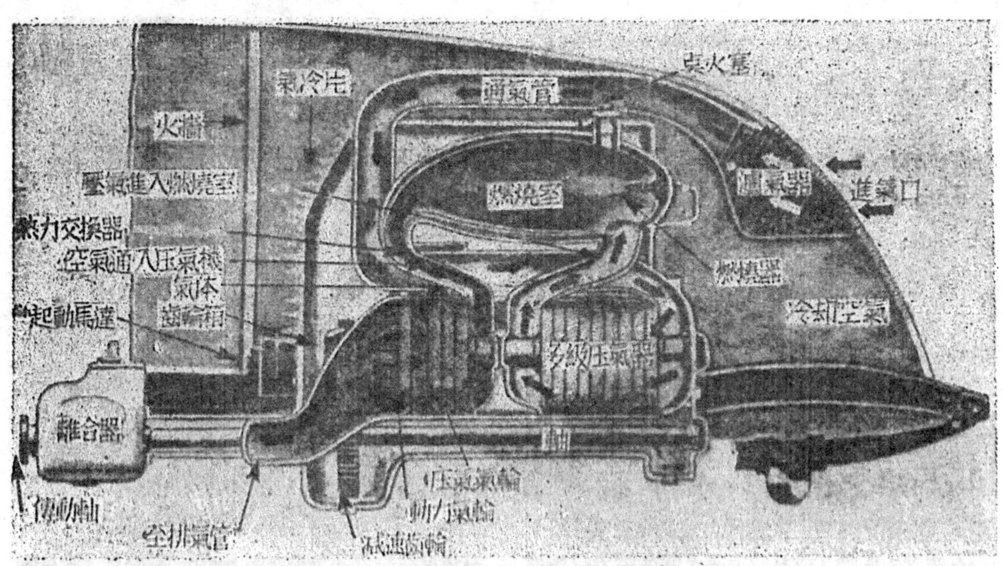

圖 2　汽車用氣輪機的解剖

儀器包括一套電子管的裝置，當這把"槍"對準了可能漏氣的地方後，槍口可將漏氣吸入，然後由儀器來自動分析其成份，記錄出來。利用這種儀器，曾檢查出冷氣機中用的弗理翁"Freon"的漏氣率是每年百分之一兩。(P.M.9)

圖 3　電子槍

★蘇聯的超音速噴射推進機——美國的飛行雜誌(Aviation Week)最近曾發表了幾種蘇聯製造的噴射推進飛機，如圖4至圖7所示，此種飛機曾在最近的蘇聯五一節大檢閱時出現過。其中

圖 4　DFS—346超音速噴射飛機

DFS—346(圖4)的速率據說已超過音速，它的尾能很是奇特，空氣是從機身端進去，尾部出來。圖5

圖 5　四噴射器的轟炸機，"伊柳興"

所示的四噴射器重轟炸機"伊柳興"(Ilyushin)與美國的XB—47型頗相似，機翼甚薄，下面懸掛着

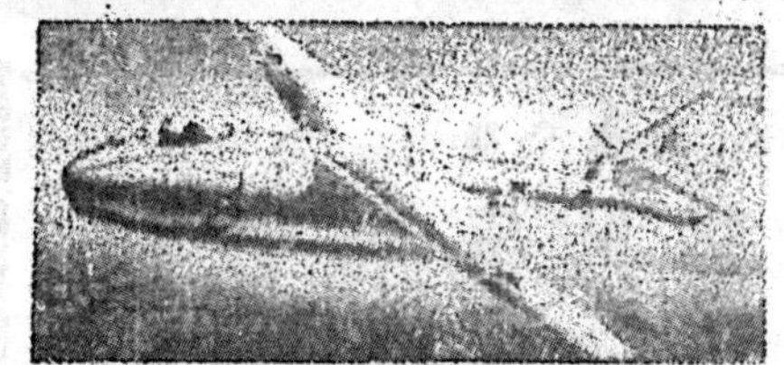

圖 6　單噴射器的戰鬥機，"米開揚"

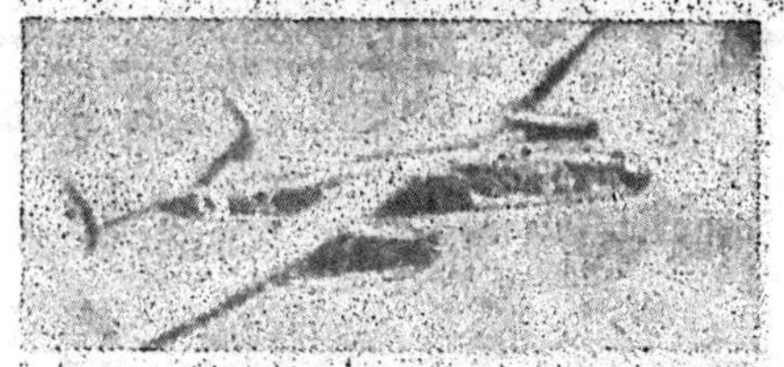

圖 7　雙噴射器的輕轟炸機，"多佩隆"

四只噴射器，機身下有三只登陸輪，飛行時可收進機身內去。圖6所示的"米開揚"(Mikayan)，是一種戰鬥機，只有一個噴射器，尾部有凸出部分，尙未明瞭其用途。最後一種雙噴射器的輕轟炸機，"多佩隆"(Tupelon)，如圖6所示，有二只尾舵，所用噴射器，美國人相信大概是德國人的容克 13 級軸流式噴射器。(M.D.8)

圖 8 零度螺旋角尺齒輪

★零度螺旋角尺齒輪——即 Zerol Bevel Gears，這是螺旋角尺齒輪 (Spiral Bevel Gears) 的一種，也可算是這次大戰中關於齒輪方面的新出品。大家差不多都可以知道螺旋角尺齒輪是比較普通直線形角尺齒輪來得好，因爲它在運轉的時候，由於齒輪接觸是不間斷的緣故，在傳遞力量的時候就不會有突然的振動（或是齒與齒之間的壓力有驟然的變化），因此在高速率轉動時，沒有很大的噪音發生。可是它的齒形彎曲，因與節圓間有傾角(名爲螺旋角)的關係，軸向推力 (Axial Thrust) 是免不了的。因此軸向推力也幾乎沒有，它可以與普通的角尺齒輪交換代用，然而却有螺旋角尺齒輪的優點。所以在高速運轉的螺旋角尺齒輪的軸承必須能承受很大的軸向推力。現在這一種零度螺旋角尺齒輪就不同它的螺旋角恰等於0°（參見圖9,a,b,c）此外又因爲它的齒與另一配合齒的接觸部分在中央，受力部分都在牙齒上面，所以沒有可能將力集中到牙齒的邊緣部分。現在這種齒輪已應用爲減速齒輪，美國最大的齒輪製造家格理遜工廠 (Gleason Works) 已有專門製造這種齒輪的工具機和檢驗設備及淬火設備等問世。(欣)

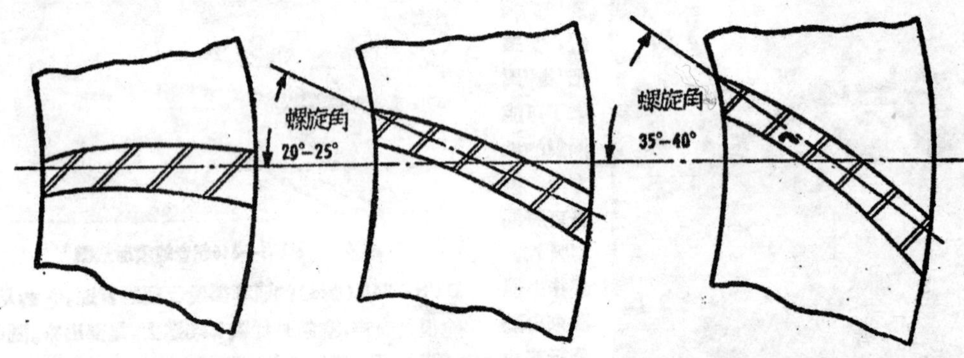

(a)軸向推力等於0　(b)適度的軸向推力　(c)高度的軸向推力

圖 9 三種螺旋角尺齒輪因螺旋角的大小而推力也有不同

12724

技協年會十二月廿六日舉行

工業技術展覽會同時揭幕

中國技術協會第二屆年會，已定於本年十二月二十六日在上海舉行。第三屆展覽會——工業技術展覽會亦定同時在徐家匯交通大學揭幕。年會會期爲三天，包括展覽會在內則前後將有九天。展覽會將在二十八日或二十九日正式公開展覽，至明年元月三日閉幕。

展覽會除原有計劃中機械技術，電力事業，化學工業，紡織事業及原子能五部外，并將加設『技術文獻展覽』之部，以表現吾國年來各方面在工程技術上之成就。內容將包括(1)各種技術書報雜誌，(2)各種技術論文圖表專利發明，及(3)各種技術法令規範，施工標準等，不論全國性或各省市，某一特別工程(如某鐵路等)，均在徵集之列。這些文獻在展覽之後，將作爲技協成立資料室之參攷資料。此項文獻，希望從事實際工程之各界人士多多徵集珍藏，參加展覽。

新型肺病特效藥

即可有大量生產

★美國梅爾克公司最近研究鏈黴素——Streptomycin 肺病特效藥有了新的發展。就是製造成功一種新型的鏈黴素，『二氫鏈黴素』。這種新型的肺病特效藥，在醫治肺病時，可免去舊型鏈黴素所引起的神經系某部份中毒或有昏瞶及破壞平衡作用的不良現象。這種『二氫鏈黴素』已能大量生產，不久可開始供應。

蘇聯十五年造林計劃

用來防止週期性旱災

★蘇聯最近通過設立中央森林掩蔽帶建造局，負責作一個十五年的造林計劃。這項偉大的計劃內容，是建立一橫貫歐洲俄羅斯大草原的有系統的廣大森林掩蔽帶，自聶斯德河東至烏拉山脈；自莫斯科南至高加索，包括裏海和黑海地域。該項計項將完成主要國有森林帶八條，全長三千三百英里。這個掩蔽帶的主要作用是在掩蔽窩瓦河北岸和高加索的農產地，以免受中亞細亞沙漠區的熱燥氣流侵蝕引起的週期性旱災。計劃中南北向的森林帶，寬將達一英里，沿三條主要河流，烏拉河，窩瓦河和頓河植林。掩蔽帶總面積達一千四百萬英畝，其中將有集體農場八萬單位。

★南中國海波笠恩島海底下發現藏存石油甚豐，英國工程師多人已在該島建造房屋，開始鑽鑿。

台糖廠長黃振勛獲得專利

所發明的『熱氣煮糖法』

★台灣糖業公司苗栗廠廠長黃振勛，今春發明了一種『熱氣煮糖法』，在廠中試驗非常成功，現已獲得工商部核准專利三年，這一種『熱氣煮糖法』，尤其在設備困難之內地，將有極大的供獻。

★首批日本賠償機器，計共工具機二千一百四十四箱，其中除一百四十四箱爲零件外，整機有一千三百〇三部。這一批機器已有永安三廠等前往提取。

台灣煤礦糾紛獲解決

台北縣區全部讓民營

★台灣煤礦，前發生礦產問題及礦權人與租包業的糾紛，經工商部陳啓天部長親自前往商討後，決定台北縣境內礦產礦全部價讓民營，所入款項撥充公營公司開發新竹南莊煤田之資本。至於礦權人與租包業的糾紛，經決定三種解決途徑，即(一)讓渡礦權，或(二)讓渡租包設備，或(三)合作經營。

金門島鋁礦着手開採

浙省決定設置造船廠

★廈門對面的金門島有蘊藏鋁礦，已着手開採。資委會將在金門設立工程處，先開始試驗礦產品質，即將開始大量開採後運赴台灣。資委會已行文金門縣政府准予出口。

★浙省決在寧波，溫州和海門三地設造船廠，利用漁救物資，先造內河航輪出售，再造外海漁輪。

·杭甬鐵路分段興築

長樂濬流工程放水

★杭甬輕便鐵道，分二段興築。杭州至百官一段由浙贛路局建造。百官至寧波一段將由省府與資委會合辦，同時並伸展建造甬象(山)輕便線，以便利象山錦礦開採。

12725

工程師第十五屆年會

台灣博覽會琳瑯滿目

十月二十五日,在光復了二年的台灣,有盛大的工程師學會及各專門工程學會的十五屆聯合年會和盛極一時的台灣博覽會的揭幕。

年會是從廿五日參加慶祝台灣光復節起,廿六日在中山堂舉行開幕典禮後起,直到十一月三日參觀台灣省各地工業止,前後共九天。博覽會則自廿五日揭幕至十二月五日止 實為台灣光復以來學術界僅有的盛況。

年會在廿六日上午九時在台北中山堂開幕,到全國各地工程師一千五百餘人。由前任總會長茅以昇氏主席。中午應各機關團體聯合招待公宴,下午為工程師學會會務報告及討論。廿七日至廿九日分別舉行演講(台灣建設之介紹——台省建設廳長楊家瑜)專題討論(台灣工業發展之可能性,中國建設投資問題,台灣建設與大陸配合問題等)及宣讀論文。此次年會中各項學術性論述,大部均述及台灣。

★福建長樂蓮柄港機械水利工程第一期已完成,已於十月卅一日上午通水。該項工程渠道幹線長四十華里,最深處達五十公尺,平均為八公尺,寬丈餘。裝有400匹馬力之抽水機兩部,分段抽取閩江水。灌溉面積現為三萬六千畝,待第二期完成後,可灌溉十萬畝,該工程前在抗戰中破壞,勝利後由行總工賑重建,第一期工程費時三年。

限價政策下工業損失慘重

各業陷窘境請求開放工貸

★限價政策已放棄了一個月,統計本市工業之損失驚人:紗業達五千萬金圓以上,橡膠業一千萬以上。永利化學公司售出六萬袋純碱,每袋限價三十八元,但當時在天津運出時每袋自衛特捐就要四元,蔴袋每只要廿四元。損失不貲。

目前各工業均入窘境,機器業限價期內所接定貨無法交貨,電機廠亦復如是,成本已相差十五倍。據云政府在工業界要求下,已允即行開放工貸,但收購成品則恐難實行。

★工商部以英美度量衡制之『磅』和『碼』不合我國度量衡制,已令中央標準局通令各地遵照更改。

★金圓問世後一時如雨後春筍之本市房地產業,現已復冷落。前二個月計流入之資金達一億金圓之譜。限價開放以來,資金多南逃,局勢又多變,建築材料價慘落,問津者仍寥寥。

侯德榜榮獲工程獎金

大會並改選下屆會長及董監事。結果當選者會長沈怡,副會長趙祖康,錢昌祚,董事茅以昇,朱其清等。

本屆范旭東先生工程論文獎金,由永利化學工業公司總工程師侯德榜氏獲得,獎金為廿噸硫酸錏,已由侯氏全部捐贈化學公司。

博覽會包羅萬象

台省工業一覽無遺

同時揭幕的台灣博覽會,可說富麗堂皇,琳瑯滿目。這次博覽會得省府協助,有不少便利,會場佈置費約計二億台幣,其他全部費用約計為此數之二十倍不止。

博覽會約分三部:第一會場主要是台省工業會主辦的民營工礦館,台省工業在此一覽無遺。內分七室。包括紡織,製革;化學,食品,釀造;製糖,汽水;玻璃,木材,營造,窯礦等;造紙,橡膠;製藥肥皂;及機器等。這裏表現了民營工礦業長足之進步,許多製品是日本人統治時代所不能製造的。

第二會場中包括了樟腦局,肥料公司,台糖,台電及鋼鐵機械等。予人印象最深的,無疑是糖、電二部,其中屏東糖廠模型,使人尤如身歷其境,參觀真廠反不如之。可惜的就是全部博覽會沒有人講解,不易於短時期中全部明瞭。整個博覽會也缺少一個系統,如作為各單位各自的成績表現,則相當可觀。

第三部為各地商品展覽,上海各廠競往參加者亦不乏人。此外還有一部就是文教館的文獻部門,頗有深長意義。

工礦醞釀南遷

華北實施軍管理

★隨着東北華北局勢急變,各地工礦紛紛醞釀南遷。即京滬一帶各大機構亦有南移台粵之計劃。留滬待運穗之公營廠礦設備,及一部份北方南遷設備與日本賠償物資,總重約三萬噸,中央已下令限期運清。資委會最近決定華北國營工礦不擬南遷,由傅作義實施軍管理。至於吳副委員長兆洪之赴穗,據稱係與粵省討論如何加強在粵之煤電工礦事業云云,

紡建公司首批紗錠五萬至七萬錠即將運台粵,據稱因上海原棉動力均缺乏。

讀者信箱

『讀者信箱』最近每天收到好幾封的讀者來函，有希望能爲解决一些實際技術上困難的，有希望解答若干理論上問題的，也有希望介紹書籍或詢問材料出售處及價格的，更有向本刊建議的。總之，讀者來信的踴躍，是表示了讀者的信賴本刊，我們在欣慰之餘，是更加値得儘量改進爲讀者服務的。

收到的各種信件中，有許多很實際的問題，又如詢問價格書籍等，都要聘請各有關方面解答，一來一往，常常是很費時的，本頁篇幅又有限，每使讀者等待過久，這是我們要向諸位賜函的讀者致歉的。因此，我們準備以後凡有關實際技術的問題，一收到後，先在本頁摘要披露，以備在各該方面有經驗的讀者，一同來解决，必要如可以讓大家來討論。這樣不但可以收迅速之效，而且可以集思廣益，藉對讀者諸君研究進修有所裨益。零星問題儘量直接函復。『讀者信箱』是準備爲讀者作任何種的服務的。

鋼的熱處理與汽車齒輪

★(72)廣州市甫南路四興街溫陶敏先生：

1. 關於鋼之熱處理問題，近來日新月異，已蔚成一專門之學科，本刊以後當擇專題，再加討論。至參攷書方面，中文本尙無所見，英文本以下列一書爲最詳：Sauer: The Metallurgy & Heat Treatment of Steel 惜此書篇幅甚鉅，購買不易，請向大學圖書館一詢，或可借到。本刊不久正在計劃編寫此類技術之專書，請隨時注意本刊之廣告可也。

2. 汽車上之齒輪等硬度甚高機件，均先由工作機切削成形後，再行熱處理。淬火時固甚易變形，但可用適當之技術或夾持工具減少其影響。淬火後，變形在一定限度之內，尙可用精磨方法減除之。

3. 銑刀上之字樣：No.5D.P.16意即徑節 (Diametrial Pitch)爲16之5號銑刀，此號數視齒輪齒數之多寡而應用之，如5號銑刀，則可用於銑製21牙至25牙之齒輪。其餘號數可參見下表：

銑刀號數	可銑齒輪範圍	銑刀號數	可銑齒輪範圍
1	135牙至百脚牙	5	21牙至25牙
2	55牙至134牙	6	17牙至20牙
3	35牙至 54牙	7	14牙至16牙
4	26牙至 34牙	8	12牙至13牙

Depth＝0.1348" 爲銑製時牙齒之標準深度，H.S.爲High Speed Steel 之縮寫，表示此銑刀之材料爲風鋼。如爲普通碳鋼，此字當略去。

水利和農業機械書籍

★(73)本市1335郵箱傅子炎先生：來信收到已久，遲復爲歉。

關於水利工程，範圍很廣，它包括治河，防汛，給水，濬渠，灌溉，水力發電，港灣，疏濬等各種工程，不是一二本書所能概括的。較爲基本的書籍，有商務版王壽寶著水利工程學，及工學小叢書中之自來水，河工等，內容頗淺近實用。至於英文本，通俗之讀物不多見，普通用作教本的有 Meyer: Hydrology (水文學), Van Ornum: River Regulation (河工學)，(以前龍門均有翻版)。價格方面，請直接向書局詢問。

但水利工程大多涉及計算，尤以水力學應用更多，如欲對水利工程作進一步研究，則應對水力學有基本的知識。關於農業機械學書籍，請參閱本刊十月號信箱。

『時計學講義』

★(74)台灣台中東勢台電公司馬治平先生：承詢有關鐘錶技術方面問題及書籍，查上海有中國時計研究學會主編之『時計學講義』，即鐘表修理者可供參攷。全書分十章，分解甚詳，爲一般鐘錶修理從業人員及鐘表修理具有興趣者實用之參攷書，該書分上下二册，外埠可向郵局匯款郵購，另加寄費，經售處爲上海南京東路一九〇號科藝公司。

鋁箔氧化

★(75)天津路陳超鳳先生：

鋁箔在用熱軋方法製造時，因鋁本性易於氧化，表面自有氧化薄膜生成，不需另行加工製成。所詢方法步驟及藥品等，未知擬作何用，不妨提出來研究。(椽)

鐵的表面硬化

★(76)江蘇路西諸安浜殷興瑞先生：

(1)尊題所述之現象，可能爲鐵質不佳（碳素含量過高，超過 0.25%），亦可能爲碳化物品質不佳，舖墊不均勻，碳化時間熱度不夠，致表面不能生成均勻之硬膜。可試就這數方面檢核之。

(2)須隔絕空氣。氮化物普通用燒熱之氨氣。

(3)普通市上出售之各式鋼鐵皮，成分性質並無嚴密規格，須自行加以鑒定。要用合乎規格者，最好向國外直接訂購，可利用進口商或工廠之配額，但少量恐有困難。(椽)

讀者信箱

徵求南洋各地特約經銷處
Midland
中原
各式電話機
本廠磁石機採用(SHIFFIELD)鋼廠之磁鐵效能高超
出品
中原電話器材製造廠股份有限公司

註冊可大商標
運動球賽當然必備
遊山玩水誰說不宜
徵求外埠代理商
紅一
可大球鞋
上海紅星橡膠廠
中正東路二一八號

五三牌

呢帽

上海 華商製帽廠 出品

總發行所 金陵東路一四八至一五〇號 電話八九一二八

事務所 廈門路一三六弄十七號 電話九六四〇八

第一製造廠 浙江中路六九六號 電話九〇六五九

第二製造廠 西體育會路一八五號 電報掛號 HWASHANG

地址

總廠 上海海寧路三五五號

一廠 上海歸化路一〇八二號

二廠 上海齊齊哈爾路一二四號

貨棧 上海金陵東路卜鄰里八號

事務所 上海金隆街二五號至二七號

柔軟舒適 經久耐穿

香鐘牌

網球鞋·套鞋·球鞋·自由鞋·長統靴

無敵牌 各式車胎

車商用戶 一致讚揚

無敵牌

三輪車胎 自由車胎 人力車胎

宏大橡膠廠出品

到處有售

電話

一廠 三七二三九

二廠 五一八九八

貨棧 八六六七二

事務所 九六八三四

電報掛號 五三一〇六六

上海區電工器材工業同業公會會員

設計製造裝置經銷電話電報無線電以及各種電器材料

▲介紹新穎出品▼

▲協助國內建設▼

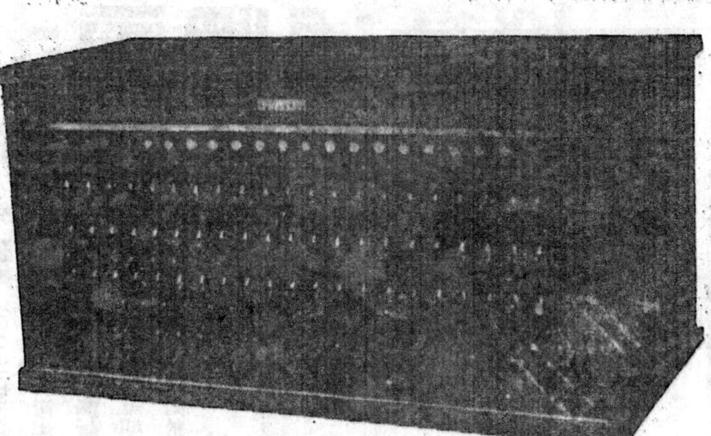

本公司出品之一：4+16廿門無繩式小交換機

中國自動電器股份有限公司

CHINESE AUTOMATIC ELECTRIC CORP. LTD.

1366 SZECHUEN ROAD N. SHANGHAI 5. CABLE "AUTOMATIC",

上海(五)四川北路一三五六號 電話(02)61236轉接各部(二綫) 電報掛號上海593258

新豐電器製造廠

SAFE ELECTRIC FACTORY

廠址上海江寧路一三五三號 電話六一五四八

設計，製造，修理；

高低壓配電用開關台設備，

各種大小電力用變壓器，

油浸式Y△馬達起步開關，

交直流發電機及馬達等。

出品精良，負責保用。

本廠出品之一：牆式六〇〇A油開關外形

斯太靈牌濾油機

STREAM-LINE OIL FILTER

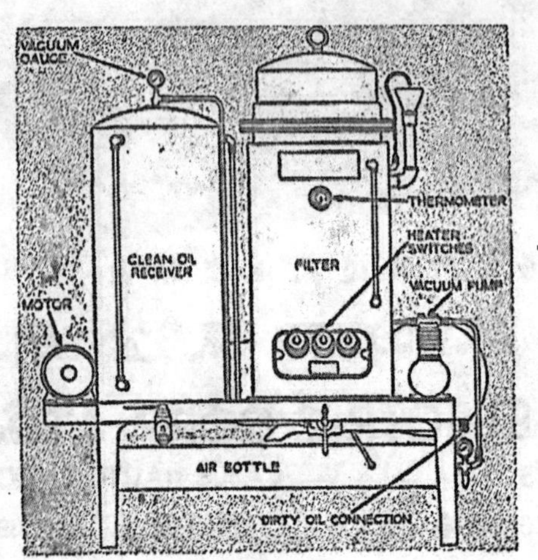

欲節省潤滑油消耗請從速採用

斯太靈牌濾油機

潤滑油價格昂貴，若不時常更新，必致損壞寶貴機件，若隨意毀棄，徒增國家外滙消耗，欲節省外滙，合理解決辦法，唯有從速採用**最新式斯太靈牌**（Stream-Lire）**濾油機**，本機精造堅固，功效偉大，凡汚濁滑油，**經本機過濾後**，所得油質，**與淨潔新油相等**，設備一具，所有全部費用，即可於短期間內，自節省潤滑油中補償，純無耗費，確爲對於潤滑油用戶之一個重要貢獻。

（備有詳細目錄函索即寄）

發電廠必備

斯太靈牌絕緣油濾油車

斯太靈牌活動濾油車，專供發電廠用於濾除變壓器絕緣油內所含一切潮氣雜質固體，爲維持電源供給最高效率所必需，今世界所有大小電廠，早已競相採用，不脛而走，洵爲一最實用之器械。

用戶一斑

中國公共汽車公司　淮安電氣公司
錫滬長途汽車公司　香港電燈公司
江南汽車公司　九龍公共汽車公司
上海法商電車公司　亞細亞火油公司
上海自來水公司　香港黃埔船廠
濬浦局　太古船廠
中華煤球公司　鼓浪嶼中華電氣公司
浙江省公路局　油蔴地渡輪公司
大冶富華煤礦公司　岐關汽車公司
江陰華明電氣公司　南通大生紗廠

用戶衆多　恕不備載

中國總經理

馬爾康有限公司

上海匯豐銀行大樓一一七號　電話一一二二五

經中華郵政登記認為第一類新聞紙類
上海郵政管理局執照第二四二六號
內政部登記證京警滬字第二一七四號

自民國三十七年十一月二十日起
上海市雜誌同業議定之統一售價
發售倍數如有調整請參閱大公